LA LAITERIE

PARIS. TYP. DE E. PLON, NOURRIT ET Cie, 8, RUE GARANCIÈRE. — 10.

LA LAITERIE

ART DE TRAITER LE LAIT
DE FABRIQUER LE BEURRE
ET LES
PRINCIPAUX FROMAGES FRANÇAIS ET ÉTRANGERS

PAR

A.-F. POURIAU

DOCTEUR ÈS SCIENCES, INGÉNIEUR DES ARTS ET MANUFACTURES
CORRESPONDANT DE LA SOCIÉTÉ NATIONALE D'AGRICULTURE DE FRANCE,
ANCIEN SOUS-DIRECTEUR ET PROFESSEUR AUX ÉCOLES D'AGRICULTURE
DE LA SAULSAIE ET DE GRIGNON, ETC.,
LAURÉAT DE LA SOCIÉTÉ NATIONALE D'AGRICULTURE,
DE LA SOCIÉTÉ D'ENCOURAGEMENT A L'INDUSTRIE NATIONALE, ETC.

CINQUIÈME ÉDITION

PARIS
LIBRAIRIE AUDOT. LEBROC ET Cie, SUCCESSEURS
8, RUE GARANCIÈRE

1895

AVANT-PROPOS

Nous avons l'honneur d'offrir au public la CINQUIÈME ÉDITION de notre ouvrage : *la Laiterie,* traité devenu classique et dont le succès s'affirme toujours de plus en plus.

Ce succès est dû à ce que chaque nouvelle édition, bien loin d'être une réimpression des précédentes, constitue en quelque sorte un ouvrage nouveau, comme on peut en juger par l'énumération suivante :

La quatrième édition renfermait 735 pages et 385 figures intercalées dans le texte, celle-ci comporte 898 pages, 423 figures intercalées dans le texte, 8 planches et 14 plans de laiteries, beurreries, fromageries, pour petites, moyennes et grandes industries.

Quant aux nouveaux sujets traités dans ce volume, il nous suffira d'en faire une énumération rapide pour démontrer aux lecteurs que nous leur offrons aujourd'hui le traité le plus *récent*, le plus *pratique* et le plus *complet* sur les différentes branches de l'industrie laitière.

La PREMIÈRE PARTIE, augmentée de 100 pages, renferme trois chapitres entièrement nouveaux et consacrés à l'étude des questions suivantes :

Des microbes du lait et de leur rôle dans la laiterie. — Des divers procédés de conservation du lait. — Pasteurisation. Stérilisation. Laits stérilisés du commerce. — Alimentation des nouveau-nés, etc.

De la vente du lait en nature. — Transformation des grandes laiteries destinées à l'alimentation de Paris. — Industrie des nourrisseurs.

Dans la SECONDE PARTIE consacrée à l'industrie *beurrière*, les sujets nouveaux ou ceux traités plus complètement que dans la précédente édition, sont :

Les appareils centrifuges à moteur et à bras. — Les écrémeuses Alpha, Colibri, Mélotte, etc. — Les barattes nouvelles. — Les malaxeurs les plus récents.

L'acidification de la crème. — Les ferments lactiques purs et commerciaux.

Le matériel complet pour le commerce en gros des beurres ou leur exportation. — Les machines à produire le froid et leurs applications en industrie laitière. — L'industrie beurrière dans le monde entier, Europe, Australie, Nouvelle-Zélande.

La TROISIÈME PARTIE de cette CINQUIÈME ÉDITION, consacrée à l'industrie *fromagère*, renferme de nouveaux renseignements sur la fabrication des fromages à pâte molle et leur affinage, sur celle des fromages pressés ou de chaudière. Dans les chapitres consacrés aux fromages de Hollande, de Gruyère, de Port-du-Salut, etc., nous avons décrit, avec figures à l'appui, les appareils perfectionnés, tels que chaudières, presses, etc., reconnus indispensables aujourd'hui dans les fromageries et fruitières modèles.

Enfin, le dernier chapitre de cette troisième et dernière partie est entièrement nouveau, notamment en ce qui concerne les essais des laits et les instruments de précision, dont l'emploi s'impose aujourd'hui dans les laiteries, beurreries et fromageries.

Nous croyons inutile d'insister davantage auprès de nos lecteurs anciens et futurs, pour leur démontrer que cette CINQUIÈME ÉDITION constitue réellement un livre *nouveau*, dans lequel toutes les questions qui touchent à l'industrie laitière sont traitées aussi complètement qu'ils peuvent le désirer. Comme récompense des efforts faits pour assurer à cette nouvelle édition le même succès qu'aux précédentes, l'auteur comme les éditeurs se plaisent à espérer que le public continuera à lui faire le même accueil favorable que par le passé.

A. Pouriau.

PREMIÈRE PARTIE

CHAPITRE PREMIER

DU LAIT

LAIT DE VACHE. — COMPOSITION, PRODUCTION ET CONSERVATION. — LAITS DE CHÈVRE ET DE BREBIS.

Le lait est un liquide sécrété par les glandes mammaires des femelles des animaux après la naissance du petit ; celui de vache étant le plus universellement consommé à l'état naturel, ou sous forme de beurre et de fromage, nous commencerons par étudier ce produit, et nous dirons ensuite quelques mots des laits de chèvre et de brebis qui sont employés à la fabrication de certains fromages.

LAIT DE VACHE. — CONSTITUTION PHYSIQUE ET CHIMIQUE.

Le lait de vache sécrété dans des conditions normales, c'est-à-dire environ quinze jours après le part, est un liquide blanchâtre, opaque en masse et translucide en couche mince ; il a une saveur légèrement sucrée et une odeur spéciale que la chaleur rend encore plus appréciable. — Son poids spécifique à la température de 15°

est compris entre 1029 et 1033, et un litre de ce même lait écrémé pése 1032 à 1036 grammes.

La composition moyenne d'un lait normal peut être représentée comme il suit :

Beurre	3.20
Caséine	4.20
Sucre	4.30
Sels	0.70
Eau	87.60
	100.00

ce qui correspond à 12 à 13 pour 100 de matières solides et 87 à 88 pour 100 d'eau.

Mais si, au lieu de considérer un lait *moyen* fourni par le mélange des laits de vaches de races différentes, on analyse séparément ces mêmes laits, il arrive de trouver entre eux des différences de composition souvent considérables, comme on peut en juger par les chiffres suivants[1] :

	MAXIMUM	MINIMUM
Beurre	5.40	1.45
Caséine	4.30	1.90
Albumine	1.50	1.09
Sucre	4.25	3.90
Sels	0.88	0.65

On voit que, dans certains cas, la proportion de beurre peut varier du simple au quadruple, celle du caséum, du simple au triple, etc.; par suite le poids spécifique de ces laits peut s'écarter sensiblement des nombres (1029 à 1033) cités plus haut, et nous aurons l'occasion de rappeler ce fait quand nous traiterons des essais du lait.

Les vaches qui fournissent habituellement un lait riche en beurre sont dites *beurrières* : telles sont les vaches de Jersey, de Kerry, en Irlande, un grand nombre de vaches bretonnes, cotentines, etc. Celles

[1] *Annales de l'Institut agronomique*, 1852, Doyère.

dont le lait est plus riche en caséum qu'en matière grasse sont dites *fromagères :* telles sont les vaches hollandaises.

Du reste, comme nous le verrons plus loin, un grand nombre de circonstances peuvent influer sur la quantité et la qualité du lait fourni par les vaches.

DES ÉLÉMENTS CONSTITUTIFS DU LAIT.

Le lait, comme la plupart des autres liquides organiques, est en voie de transformation continue dès qu'il arrive au contact de l'air, et cela par le fait des *ferments* qu'il recèle dès l'origine. Ces ferments proviennent du pis de la vache, des mains des vachers, des parois des récipients ou de l'air ambiant. Il est donc indispensable, quand on veut étudier la constitution du lait, de le recueillir préalablement dans des conditions telles qu'il ne puisse être envahi par les ferments; c'est ce qu'a fait M. Duclaux au début de ses belles études sur le lait de vache, dont nous allons indiquer ici les résultats les plus importants. D'après ce savant, les seules matières solides contenues dans le lait seraient :

1° *Le caséum ou la caséine.*

Jusqu'ici, on admettait que le lait renfermait de l'*albumine* en dissolution, et, en nous appuyant sur les recherches d'un grand nombre d'auteurs français et étrangers, nous avons indiqué, autrefois, cette matière albuminoïde comme un des éléments constitutifs du lait.

Mais aujourd'hui nous dirons, avec M. Duclaux, que le lait *normal* ne renferme qu'une seule matière albuminoïde, le *caséum* ou la *caséine*, et que toutes les autres, signalées par un grand nombre d'analystes, ne sont qu'une seule et même chose, de la *caséine* à divers états.

On savait depuis longtemps que la caséine existait dans le lait sous deux états différents, une partie en *suspension*, l'autre en *dissolution;* mais M. Duclaux a considérablement élucidé la question en démontrant expérimentalement que l'on devait distinguer dans le lait :

1° *La caséine en suspension*, celle qui, renfermée dans un lait recueilli dans un ballon (système Pasteur) à l'abri de toute altération subséquente, cède à l'action de la pesanteur et se dépose au fond du vase, par le repos.

2° *La caséine colloïdale*, celle contenue dans le lait à l'état muqueux, et qui, dans une expérience de *dyalise*, ne peut passer à travers un tube poreux de porcelaine et reste en suspension dans le liquide.

3° *La caséine dissoute*, celle qui, dans la même expérience, filtre à travers les cloisons poreuses du tube de porcelaine.

Nous aurons l'occasion d'étudier plus complètement ces trois états de la caséine quand nous traiterons de la fabrication des fromages.

Un grand nombre de substances, et notamment les acides, la présure, déterminent dans le lait un précipité de caséine.

Si cette coagulation a lieu dans du lait *non écrémé*, le caséum entraînant avec lui la majeure partie de la matière grasse, on obtient ainsi la matière première des fromages *gras*.

Si, au contraire, le lait a été préalablement écrémé, la coagulation ne peut fournir qu'un caillé plus ou moins *maigre*.

Le liquide jaune verdâtre que laisse écouler, en s'égouttant, le caséum coagulé, est désigné sous le nom de *sérum* ou de *petit-lait*.

Ce sérum entraîne avec lui une proportion variable de caséine *soluble* et *insoluble* dont on peut déterminer la précipitation en faisant agir simultanément sur ce liquide la chaleur et un acide. Dans la fabrication du fromage de Gruyère, par exemple, on porte le petit-lait à l'ébullition et l'on y ajoute ensuite un peu de sérum *aigri* provenant d'une opération précédente ; le précipité formé porte le nom de *sérac* ou de *sérai ;* nous en reparlerons au chapitre des fromages.

2° *La matière grasse ou le beurre.*

Elle est constituée par des globules graisseux, sans enveloppes, de dimensions variables, à la présence desquels le lait doit une grande partie de son opacité et de son aspect émulsif. Ces globules extrêmement petits et invisibles à l'œil nu étant plus légers que le liquide qui les tient en suspension, si l'on abandonne le lait à lui-même dans un vase placé à la cave, la matière grasse ne tarde pas à se rassembler à la partie supérieure, en entraînant avec elle un peu de *caséum* et de *sérum.*

Ce mélange, dont la couleur jaune tranche sur la teinte bleuâtre du reste du liquide, constitue la *crème.* Si l'on enlève celle-ci avec une cuiller et qu'on l'introduise dans un récipient, en l'agitant pendant un certain temps, les globules graisseux finissent par s'agglomérer en une masse qui constitue le *beurre,* et le liquide blanchâtre duquel le beurre s'est ainsi séparé se nomme *lait de beurre.*

La formation des petites pelotes de beurre s'obtient très facilement dans un tube en verre d'environ 2 centimètres de diamètre, 20 à 25 centimètres de longueur, dont on ferme chaque extrémité par un bouchon en caoutchouc, après qu'on y a introduit la crème et une ou deux petites billes à jouer.

Dans la deuxième partie de cet ouvrage, consacrée exclusivement au beurre et à sa fabrication, nous étudierons en détail la composition et les propriétés de cette substance.

3° *La lactose ou sucre de lait.*

C'est à ce principe légèrement sucré que le lait doit sa saveur douceâtre. 100 grammes de lait en renferment environ 4 grammes, et, en Suisse, le petit-lait qui provient de la fabrication du fromage de Gruyère est une source abondante de ce produit. Sous l'action des infiniment petits (ferments) et suivant les circonstances, la lactose peut éprouver plusieurs sortes de fermentations, telles que *l'alcoolique, la lactique, la butyrique*, etc., dont nous reparlerons en détail dans les chapitres suivants. D'autre part, dans la coagulation de la caséine, le sucre de lait se concentre surtout dans le sérum qui imprègne le caillé ; il y est retenu par un phénomène d'adhésion moléculaire qui rend le gâteau très difficile à purger des dernières traces de cette matière sucrée. Or, comme sous l'action des ferments le sucre de lait donne, avec la plus grande facilité, des produits acides qui nuisent considérablement à la maturation des fromages, on comprend combien il est important de débarrasser le mieux possible le caillé de sa lactine ou des produits de sa fermentation. Nous verrons, en traitant de l'industrie fromagère, comment on y parvient dans la préparation des diverses sortes de fromages.

4° *Les sels minéraux.*

Le lait de vache renferme en moyenne 7 décigrammes pour 100 de sels minéraux, parmi lesquels dominent les chlorures alcalins et surtout les phosphates (de chaux, de magnésie, de fer) qui, jusqu'à l'époque du sevrage, concourent au développement du squelette des jeunes animaux. D'après Duclaux, le phosphate de chaux existe dans le lait sous deux états différents, en *suspension* et en *dissolution*, et c'est le seul élément minéral tenu en suspension dans ce liquide. Dans la fabrication des fromages, le sérum n'entraîne que le phosphate de chaux qui était en solution dans le lait, et celui en suspension est englobé en totalité dans les mailles du caillé et entraîné avec lui.

5° *Gaz du lait.*

Le lait de vache fraîchement trait renferme des gaz

qui sont : l'acide carbonique, l'azote et l'oxygène, le premier gaz représentant environ les trois quarts du volume du mélange gazeux.

Du colostrum. — Le lait fourni par une vache aussitôt après la naissance du veau, est appelé *colostrum;* il offre des caractères bien tranchés comme aspect et composition. Le colostrum a une consistance visqueuse, une couleur jaunâtre et une saveur âcre; il contient moins d'eau et de sucre et beaucoup plus de matière albuminoïde et de sels minéraux que le lait normal. Ce colostrum, beaucoup plus nutritif que le lait ordinaire, exerce, en outre, sur l'intestin du veau, une action purgative très favorable; on doit le réserver exclusivement pour la nourriture du jeune animal, pendant 12 à 15 jours, et ne pas le mélanger avec celui des autres vaches de l'étable.

Nous avons donné, p. 2, la composition moyenne d'un lait *normal* de vache, nous croyons intéressant d'y ajouter les résultats obtenus par M. Duclaux en appliquant sa nouvelle méthode d'analyse à quelques laits de vaches du Cantal.

1° Mélange des laits de toutes les vaches entretenues dans la vacherie de Fau (20 octobre 1883).

2° Mélange des laits apportés à la fromagerie de Cuelhes (12 septembre 1883).

	FAU — ÉLÉMENTS		CUELHES — ÉLÉMENTS	
	en suspension.	en dissolution.	en suspension.	en dissolution.
Matière grasse	4.30	»	4.28	»
Sucre de lait	»	5.37	»	4.81
Caséine	3.53	0.37	3.38	0.59
Phosphate de chaux.	0.23	0.17	0.22	0.16
Sels solubles	»	0.40	»	0.38
	8.06	6.31	7.88	5.94
	14.37		13.82	

Si l'on voulait comparer les résultats de ces analyses avec les chiffres donnés p. 2, on pourrait les grouper comme il suit :

	FAU	CUELHES	LAIT MOYEN
Matière grasse	4.30	4.28	3.20
Sucre de lait	5.37	4.81	4.30
Matières albuminoïdes	3.90	3.97	4.20
Sels	0.80	0.76	0.70
	14.37	13.82	12.40
Eau	85.63	86.18	87.60
TOTAL	100.00	100.00	100.00

DE LA PRODUCTION DU LAIT DE VACHE.

D'après M. Tisserand, directeur au ministère de l'agriculture (Statistique de 1882), la production annuelle du lait, en France, est d'environ 68 millions d'hectolitres.

La quantité de lait que peut fournir annuellement une vache, dépend d'une foule de circonstances, telles que sa race, son âge, son état de santé, la nature et la quantité de sa ration, le climat du pays où elle vit, les soins qu'elle reçoit, etc. Ces diverses conditions ont aussi une influence sur la qualité du lait qu'elle produit.

A l'exemple de beaucoup d'auteurs, nous admettrons comme *durée moyenne* de la période lactaire d'une vache le chiffre de **300** jours, avec un rendement de **6 litres et demi** par jour; ce qui correspond à un total de **1,950** pour la période entière.

Dans le cas où le lait fourni pendant les 15 jours qui suivent le vélage est consommé par le veau, il faut retrancher de ce total environ 100 litres, ce qui réduit la production annuelle à 1,850 litres.

Il est bien entendu que ces chiffres n'ont rien d'absolu et que nous ne les donnons qu'à titre de renseignements, le rendement annuel d'une vache dépendant des diverses circonstances énumérées en tête de ce chapitre et pouvant s'élever jusqu'à 3,000 litres et au delà.

En outre, quand on établit les calculs de prévision du rendement en lait d'une vacherie, il est indispensable de tenir compte des saillies manquées, des avortements, des parts difficiles, des maladies, etc., qui réduisent ordinairement le nombre des vaches traites dans la proportion de 12 à 15 pour 100.

La quantité de lait fournie par une vache ne se répartit pas également sur tous les mois de la période lactaire; maxima après la naissance du veau, elle diminue progressivement jusqu'au moment où la vache tarit tout à fait, ce qui a lieu, en moyenne, six semaines ou deux mois avant le nouveau vêlage.

En même temps que le rendement en lait diminue, la composition de ce liquide se modifie. Le lait d'une vache *fraîche* vêlée est toujours moins butyreux que celui d'une autre plus voisine du part.

Parmi les circonstances qui exercent une grande influence tout à la fois sur le rendement en lait d'une vache et la qualité du produit, il en est une sur laquelle il convient d'insister plus particulièrement; c'est le *régime*.

On sait, en effet, que les vaches qui paissent presque toute l'année les gras pâturages de la Normandie, donnent un excellent lait, et par suite un beurre très estimé. Or, on admet généralement que la supériorité de ces produits tient à la présence dans les herbes fraîches de certains principes aromatiques que le fanage ou le séjour dans les fenils font disparaître.

Ailleurs, lorsque les vaches sont nourries à l'étable, il convient de leur donner de la luzerne, du sainfoin, du maïs en vert, aliments à la fois nutritifs et aqueux, ce qui pousse au lait bien plus les que aliments secs. En hiver, les grains ou leur farine, les tourteaux de palme, d'arachide, de sésame, de coton, les touraillons associés en petite quantité au foin et aux betteraves, contribuent également à améliorer la qualité du lait; la carotte et le panais le rendent plus butyreux. Par contre, un certain nombre d'aliments, tels que les tourteaux de lin, de colza, la drêche ou résidu de brasserie, communiquent un mauvais goût au lait; il en est de même des feuilles de chou, lorsque, comme cela arrive souvent en Bretagne, elles sont consommées en trop grande quantité par les vaches. La pulpe de sucrerie ou de distillerie rend aussi le lait plus aqueux et moins butyreux, ce qui nécessite d'ajouter à cet aliment une certaine quantité de son ou de remoulage.

L'art de nourrir les vaches en vue de la production laitière est poussé par les cultivateurs de Jersey à ses dernières limites; l'alimentation est des plus variées, suivant l'époque de l'année et même l'heure du jour. Il y a des rations pour les vaches à lait et d'autres pour les vaches à beurre; la betterave domine dans les premières, et le panais dans les secondes. Certains cultivateurs donnent un repas à leurs animaux toutes les deux heures. Nous aurons, du reste, l'occasion de revenir sur cette question, notamment quand nous traiterons de l'alimentation des vaches chez les nourrisseurs de Paris.

LAIT DE CHÈVRE.

Les laits de chèvre et de brebis offrent entre eux une certaine analogie de composition et diffèrent du lait de vache par la plus forte proportion des matières azotées et grasses qu'ils renferment.

Le lait de chèvre est onctueux, peu sucré, d'une saveur et d'une odeur particulières, et convient particulièrement à la fabrication des fromages en raison de sa richesse en caséum.

RENDEMENT D'UNE CHÈVRE EN LAIT ET EN FROMAGE.

D'après M. Ysabeau, une chèvre peut être considérée comme bonne laitière quand elle donne, en état de paissance, 2 litres de lait par jour, pendant cinq mois, après le sevrage du chevreau, qui a lieu ordinairement au bout d'un mois.

Les meilleures chèvres donnent, pendant la même période, 3 litres de lait, quelques-unes 4, mais ces dernières sont rares.

A raison de 2 litres par jour, pendant cinq mois, le rendement annuel serait de 300 litres de lait disponibles pour la fabrication des fromages. L'enquête préfectorale de 1872 dans la Savoie a indiqué comme rendement moyen et annuel des chèvres, non compris le lait consommé par le chevreau, 331 litres pour la Haute-Savoie et seulement 243 litres pour la Savoie.

On peut compter que 1 litre de lait de chèvre donne un fromage pesant *frais* environ 150 grammes et valant de 15 à 20 centimes, ce qui met le kilogramme à 1 fr. 33 c.

En 1872, l'arrondissement de Saint-Claude (Jura) a produit 56,474 kilogr. de fromages dits *chevrets,* au prix moyen de 1 fr. 26 c. le kilogr.; en 1872, ce prix s'est élevé à 1 fr. 80 c.

D'après M. Huard du Plessis, une chèvre indigène, bien nourrie à l'étable et bien choisie comme laitière, donne, en moyenne, deux litres de lait par jour et pendant neuf mois, ce qui correspond à un rendement annuel de 540 litres.

Il y a cinquante ans, d'après Martegoute et Grognier, le nombre des chèvres entretenues au mont d'Or lyonnais dépassait 11,000, et chaque chèvre fournissait en vingt-quatre heures, pendant neuf mois de l'année, 2 litres 2 décilitres de lait en moyenne, quantité suffisante pour la fabrication de deux fromages valant ensemble 40 centimes dans les chèvreries.

D'après les mêmes auteurs, une chèvrerie composée de 24 têtes donnait annuellement : 48 chevreaux, 14,000 litres de lait ou 13,872 fromages, et par suite, un bénéfice net de plus de 100 pour 100.

Sauf au moment de la monte, les chèvres du mont d'Or étaient nourries toute l'année à l'étable et recevaient en été de la luzerne, du regain, des feuilles de chou cavalier ou d'arbres, des herbes de sarclages, du marc de raisin ou de noix délayé dans de l'eau, etc. En hiver, la nourriture se composait presque uniquement de feuilles de vigne fermentées et additionnées de malt de brasserie et de son.

Aujourd'hui, cette industrie a disparu presque complètement, ou du moins les fromages qui se vendent actuellement sous le nom de mont d'Or sont fabriqués exclusivement avec du lait de vache.

Ailleurs, dans les pays de montagne où l'on entretient un nombre plus ou moins considérable de chèvres, le lait qu'elles fournissent sert à fabriquer des fromages dits *chevrets,* ou bien encore, mélangé tantôt au lait de vache, tantôt aux laits de vache et de brebis, il concourt à la fabrication de certains fromages particuliers, tels que ceux de Sassenage, de Septmoncel, du mont Cenis, etc. M. Sanson a fait ressortir avec raison, dans son *Traité de zootechnie* [1], l'importance économique de l'entretien des chèvres en vue de la production du lait. Dans les pays pauvres et montagneux, là où les brebis ne pourraient plus vivre, les chèvres, entretenues au

[1] Deuxième édition, t. V, pages 23 et 220.

régime presque exclusif du pâturage, trouvent encore à se nourrir et à utiliser les plantes ligneuses qui croissent sur les pentes escarpées ou les sommets inaccessibles.

Ailleurs, ces mêmes animaux soumis, dans les chèvreries, à la stabulation et à un régime plus nutritif peuvent, comme nous l'avons dit plus haut, donner un bénéfice net de plus de 100 pour 100.

A propos du lait de chèvre, nous croyons intéressant d'ajouter ici une petite note que nous devons à l'obligeance de M. Noël Rouchès, secrétaire général de la chambre syndicale des laitiers-nourrisseurs, etc.

Commerce des laitiers-chevriers ambulants. — Les chevriers arrivent du sud de la France vers le commencement de février, au nombre de cinquante environ, chacun avec un troupeau de huit à quinze chèvres. Ils s'établissent dans des terrains vagues à Montrouge et au Grand-Montrouge; les talus des fortifications remplacent pour eux les montagnes natales, et l'habitude d'errer sur les pâtures communales de leur pays ne leur inspire pas suffisamment le respect des terres cultivées.

Le matin et l'après-midi ont lieu la promenade à travers les rues de Paris, l'appel du client par la sonnerie des clochettes ou de la *quiterne* (chalumeau du berger), la vente du lait à raison de 0, 20 à 0, 30 centimes le gobelet; ce qui procure à ces industriels un bénéfice qui n'est pas à dédaigner.

Le départ des chevriers a lieu vers octobre ou novembre.

LAIT DE BREBIS.

C'est le moins aqueux de tous les laits, c'est-à-dire celui qui contient la plus forte proportion de matières solides, 18 à 20 pour 100 en moyenne.

Il est aussi le plus riche en *beurre,* car il renferme

7,5 pour 100 de ce principe et quelquefois davantage; enfin la proportion de *caséum*, 6 à 7 pour 100 en moyenne, est notablement élevée.

La crème du lait de brebis est blanche, onctueuse, et d'un goût agréable, mais le beurre qu'elle fournit rancit vite à l'air.

RENDEMENT EN LAIT ET EN FROMAGE.

D'après M. Coupiac, directeur des Caves réunies de Roquefort, le rendement annuel d'une brebis laitière, ayant allaité, est de 55 litres, correspondant à 10 kilos de fromage bon à être mis au sel.

A Saint-Aunès, près Montpellier, on ne consomme guère que du lait de brebis, et d'après M. Gobin, ces animaux en donnent de novembre à la mi-avril, c'est-à-dire pendant cent soixante jours, 50 litres chacun en moyenne.

Les 50 litres vendus aux consommateurs à raison de 0 fr. 50 c. le litre représentent une valeur de 25 francs, qui, ajoutée au prix de l'agneau, 12 à 14 francs à six semaines, donne un total de 37 à 39 francs.

L'entretien de ces brebis coûte fort peu, car, dès après la vendange et tout l'hiver, les troupeaux mangent dans les vignes les feuilles encore sur souches, ou bien ils pâturent sur les guarrigues, le long des chemins ou sur les bords de l'étang de Mauguio et des marais voisins.

Le lait de brebis sert principalement en France à la fabrication du fromage de Roquefort; mélangé aux laits de vache et de chèvre, il concourt à la fabrication du fromage dit du mont Cenis ; pur ou mélangé seulement au lait de vache, il sert à fabriquer en Savoie le fromage de fantaisie appelé *tignard*.

Les fromages que l'on consomme le plus en Espagne, en Portugal, en Turquie, sont ceux fabriqués avec du lait de brebis; en Grèce, ce sont les laits de chèvre et de brebis séparés ou mélangés qui servent à la préparation de tous les fromages.

LAIT CONDENSÉ OU CONCENTRÉ.

Le lait dit *condensé* est du lait qui a été réduit par évaporation au quart ou au cinquième du volume primitif et additionné d'une certaine quantité de sucre pour l'amener à l'état sirupeux et en assurer la conservation.

C'est au Français Appert que l'on doit les premières recherches sérieuses sur la conservation du lait, et les produits préparés suivant sa méthode paraissent avoir été en usage dès 1827, pour l'approvisionnement de la marine française.

Gail Borden, de New-York, mort en 1874, peut être considéré comme le véritable fondateur de l'industrie du lait condensé. En Europe, le premier établissement de ce genre ne fut fondé qu'en 1886 par une compagnie qui se constitua en Suisse sous le nom de *Anglo-Swiss condensed Milk C°;* elle fut installée à Cham, canton de Zug, sur les bords du lac de ce nom et à trois lieues de Lucerne.

Depuis 1866, un certain nombre de fabriques de lait condensé ont été créées en Europe, notamment en France, mais beaucoup n'ont pas réussi, et les seuls établissements véritablement florissants sont ceux de

Suisse, ce qui doit tenir surtout au bas prix du sucre dans ce pays.

Quant à la France, qui a vu germer cette industrie chez elle, elle se trouve aujourd'hui dans la nécessité de demander au dehors, en Suisse ou en Allemagne, un produit qui lui arrive, grevé de frais de transport et de droits d'entrée considérables.

FABRICATION DU LAIT CONDENSÉ.

A l'origine, la concentration s'effectuait sur du lait naturel, *non écrémé*, mais aujourd'hui cette fabrication est peu usitée, et c'est du lait préalablement *écrémé*, en partie et même *en totalité*, qui sert de matière première à cette industrie.

Examen des laits. — Dès leur arrivée à l'usine, les laits des divers fournisseurs sont dégustés et ceux douteux soumis à une série d'épreuves pratiques que nous décrirons dans un chapitre spécial (V. *Essais des laits*); quant aux laits reconnus bons, ils sont passés à l'Écrémeuse centrifuge.

Chauffage du lait. — Le lait écrémé et filtré est dirigé dans un bac où s'opère le mélange des laits de toutes les provenances, puis soutiré dans de grands vases cylindriques en cuivre jaune, placés eux-mêmes dans une cuve circulaire pleine d'eau, munie d'un faux fond et qui fait office de bain-marie. Un courant de vapeur dirigé dans le faux fond, porte en dix minutes la température du liquide à 90°, ce qui permet de paralyser l'évolution des germes nuisibles que le lait peut renfermer.

Sucrage du lait. — Au sortir de ce bain-marie, le lait est conduit dans une autre cuve où s'opère le sucrage, à raison de 10 à 12 pour 100 de sucre de canne très pur qui se dissout très rapidement dans le liquide chaud.

Concentration du lait sucré. — Cette concentration

doit s'effectuer à une basse température pour que le produit puisse se redissoudre totalement en présence de l'eau; en outre, il faut que le sirop contienne encore 25 à 30 pour 100 d'eau, au moment de sa mise en boîtes. Si l'évaporation est poussée plus loin, la lactose se précipite et, lors de la consommation du produit, elle donne sous la dent, en raison de sa faible saveur sucrée, la sensation du sable.

Le lait convenablement sucré est conduit par aspiration dans les chaudières d'évaporation. Ces appareils sont semblables à ceux employés dans les sucreries pour la concentration dans le vide des jus sucrés; ils sont à double fond, chauffés à la vapeur et réunis à une colonne de condensation qui communique avec des pompes à air (fig. 2).

La concentration du lait sucré au degré voulu est une opération délicate qui exige la pratique d'un ouvrier expérimenté et qu'il serait inutile de décrire ici. Nous nous contenterons de dire que le lait est concentré à point, quand il pèse en moyenne 1,280 grammes le litre, ce que l'on vérifie avec un aréomètre ou pèse-sirop.

Refroidissement du lait concentré. — Ce degré obtenu, on fait écouler le lait sirupeux dans des récipients en fer-blanc de 20 litres de capacité, fixés sur des plates-formes circulaires, renfermées elles-mêmes dans un un grand bac où circule un courant d'eau refroidie à 5°. Un arbre moteur fait tourner à la fois toutes les plates-formes et les récipients, et pendant la durée du refroidissement, qui est de 2 heures environ, le sirop est continuellement remué automatiquement, par des spatules dont le mouvement est combiné de façon à rendre la masse parfaitement homogène et prévenir tout dépôt de sucre cristallisable sur les parois.

Mise en boîtes. — Des réfrigérants, le lait sirupeux est transvasé dans des réservoirs à robinet et distribué dans les boites en fer-blanc qui servent à l'expédier et que l'on ferme avec un couvercle soudé. Ces boîtes renferment environ 450 grammes de lait concentré, et quand on veut employer ce produit, il convient d'ajouter environ quatre fois son poids d'eau au contenu d'une boîte.

Le lait concentré le plus connu est celui de la Compagnie anglo-suisse dont la marque est indiquée ci-dessous (fig. 1).

Fig. 1.

Composition moyenne d'un grand nombre d'échantillons de lait condensé[1].

	CHIFFRES MOYENS	CHIFFRES EXTRÊMES
Eau	25.1	12 à 36
Matière grasse	10.9	7 à 19
Caséine	11.9	8 à 20
Sucres de lait et de canne	48.7	43 à 54
Matières minérales	2.4	1,5 à 6
	100.0	

On voit que ce produit est très riche en sucre et celui de canne constitue, en moyenne, les deux tiers du chiffre total. Or, cette richesse présente à la fois un avantage et un inconvénient : un avantage pour le fabricant, qui vend le sucre au prix du lait condensé; un

[1] DUCLAUX, *Principes de laiterie.*

inconvénient pour le consommateur, qui, lorsqu'il a étendu le produit de la quantité d'eau prescrite, soit quatre fois son poids, se trouve en présence d'une boisson beaucoup trop sucrée. En outre, comme le fait observer Duclaux, si l'on tient compte de la composition moyenne du lait et de sa teneur en *caséine* et *matière grasse*, on voit que, pour reconstituer un lait *normal*, ce n'est pas de quatre fois son poids d'eau qu'il faudrait additionner le contenu d'une boîte, mais de deux fois et demie au plus; dans ce cas, la proportion de sucre dépasserait 10 pour 100, soit plus de 6 pour 100 en sucre de canne, dont la saveur bien plus prononcée que celle de la lactose serait encore supportée moins volontiers par le consommateur.

Falsifications du lait concentré.

La falsification la plus simple consiste à fabriquer ce produit avec du lait passé préalablement à la centrifuge et soumis à un degré d'écrémage de plus en plus complet. Nous avons eu la preuve de cet écrémage excessif en parcourant un compte de fabrication de lait condensé dans lequel, pour **100** litres de lait, le *beurre* figurait au chapitre des recettes pour la somme de 10 francs, ce qui représentait 4 kilos de beurre à 2 fr. 50 le kilog.

Une autre fraude signalée par Duclaux consiste à remplacer le beurre enlevé par de l'oléo-margarine ou de l'huile d'arachide préalablement émulsionnées avec le lait maigre.

Lait condensé sans sucre.

Bien que le lait condensé, loyalement préparé, soit préférable, dans certains cas, à beaucoup de laits falsifiés par écrémage, addition d'eau, etc., il faut reconnaître que ce produit *sucré* ne plaît pas à tous les

APPAREIL DE M. DEROY FILS AINÉ [1].

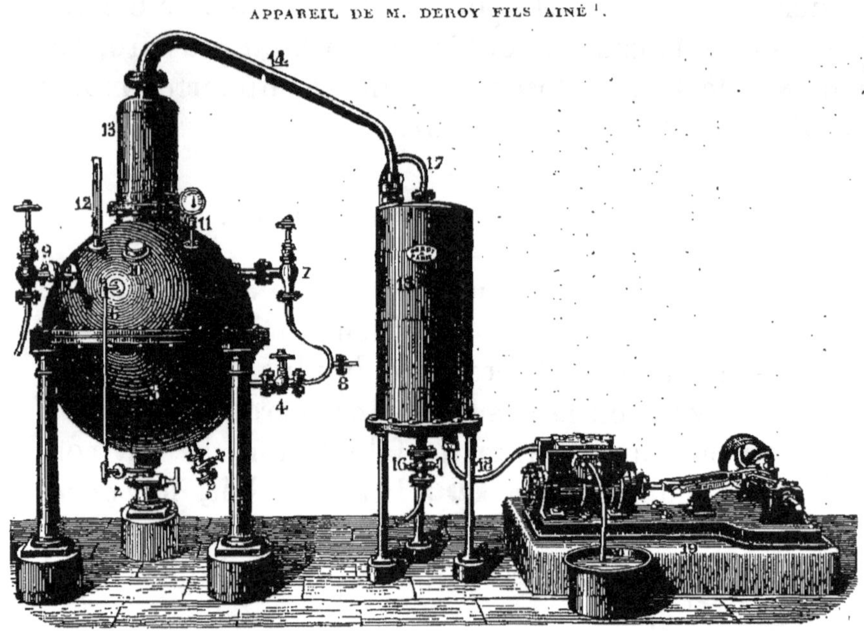

[1] Ingénieur-constructeur, rue du Théâtre, Paris-Grenelle. (Fig. 2.)

consommateurs et que, surtout quand il s'agit de l'alimentation des enfants, le lait de vache naturel et pur est infiniment préférable. Ce sont ces considérations qui ont conduit certains industriels à préparer des conserves de lait *sans sucre.*

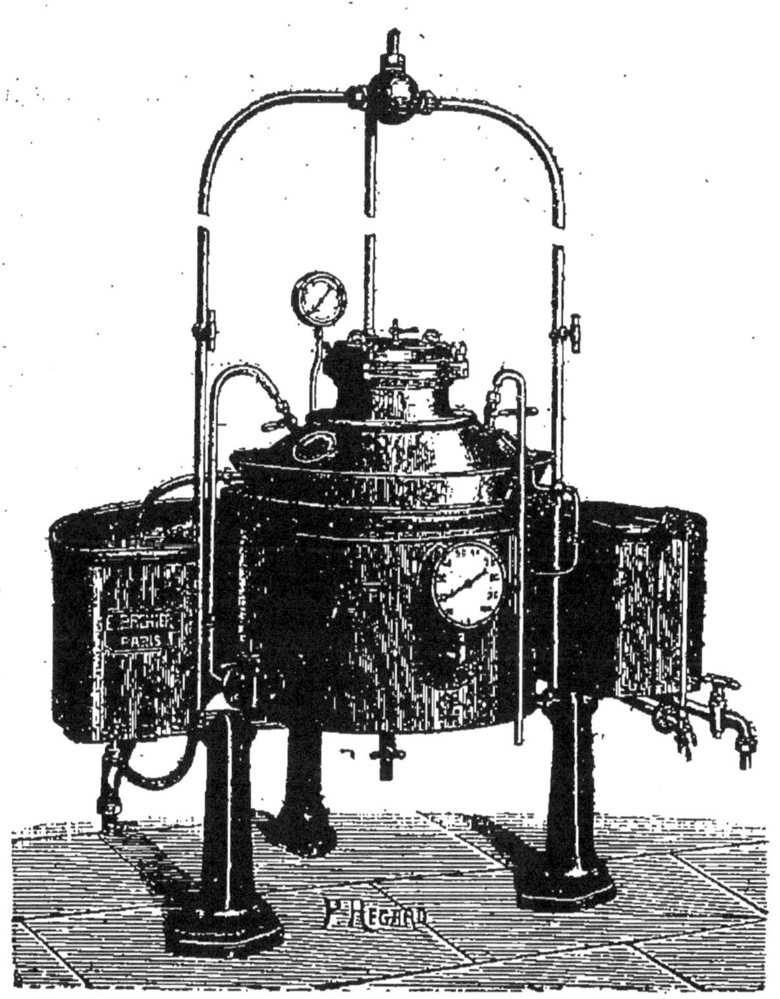

Fig. 3.

D'après Fleischmann, ce lait, qui peut se conserver frais et en bon état pendant environ huit jours, est l'objet d'une consommation importante dans certaines villes de l'Amérique et notamment à New-York. En France, ce lait est à peu près inconnu, ce qui tient à ce que, comme nous le verrons bientôt, la capitale est alimentée journellement de laits parmi lesquels on peut en trouver de purs et d'excellente qualité, à la condition d'y mettre le prix.

Appareils pour la concentration du lait dans le vide.

Nous terminerons ce chapitre en signalant à nos lecteurs deux systèmes d'appareils à concentrer le lait dans le vide. Le premier (fig. 2) est celui construit par M. Deroy fils aîné; il comporte trois grandeurs permettant de condenser de 30 à 300 litres de lait à l'heure. Nous l'avons déjà signalé dans nos précédentes éditions. Le second (fig. 3) est l'appareil E. Brehier et Cie, ingénieurs-constructeurs, 50, rue de l'Ourcq, à Paris.

Cet appareil est très pratique et convient parfaitement pour la concentration du lait dans le vide.

La chaleur transmise par bain-marie se règle avec facilité et précision, quel que soit le mode de chauffage employé : feu nu ou vapeur. De plus, le mode de réfrigération adopté pour la condensation des vapeurs permet, dans certains cas, de supprimer la dépense d'une pompe à air.

CHAPITRE II

I. DES MICROBES DU LAIT ET DE LEUR ROLE DANS LA LAITERIE. — FERMENTATIONS DIVERSES DU LAIT, LAIT BLEU, ROUGE, JAUNE, AMER, FILANT. — II. LACTOSE OU SUCRE DE LAIT, BOISSONS DE LAIT FERMENTÉ, KOUMISS ET KÉFYR, ETC.

Généralités sur les microbes [1].

Nous avons énuméré, dans le chapitre précédent, les éléments constitutifs du lait, mais il nous reste à parler des êtres infiniment petits que l'on rencontre également dans ce liquide, les microorganismes ou *microbes,* qui jouent un si grand rôle en industrie laitière.

Les principaux représentants de ces êtres que l'on ne peut apercevoir qu'à l'aide de microscopes puissants sont: 1° *les microbes ou bactéries ;* 2° *les levures;* 3° *les mucédinées ou moisissures.*

I. *Des microbes ou bactéries.*

Les bactéries sont tellement petites, que l'on a dû

[1] Pour la rédaction de ces généralités nous avons mis à contribution un petit livre tout récent, extrêmement bien fait et que nous recommandons à ceux de nos lecteurs qui voudraient avoir des notions plus complètes sur la bactériologie; il est intitulé : *Les microbes et leur rôle dans la laiterie,* par Ed. DE FREUDENREICH, directeur du Laboratoire bactériologique de l'École de laiterie de la Rütti, à Berne.

adopter pour les mesurer une unité spéciale, *le micron*, qui équivaut à la millième partie d'un millimètre. La plupart des microbes ont une longueur de un à quelques microns au plus, de telle sorte qu'un millimètre cube de liquide peut renfermer jusqu'à un milliard de bactéries.

On admet généralement que les bactéries sont des organismes *végétaux* unicellulaires composés d'une partie

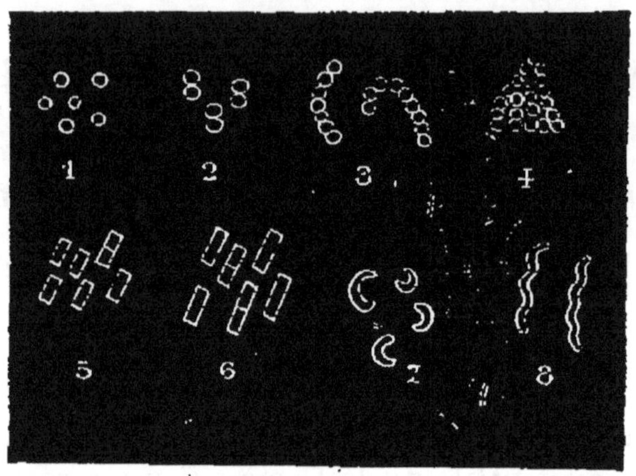

Fig. 4. — Formes principales des microbes.

Formes rondes. — 1° Isolées; 2° groupées deux à deux; 3° en forme de chaînettes; 4° en grappes.

Formes en bâtonnets. — 5° bâtonnets très courts (*bacteriums*); 6° bâtonnets allongés (*bacilles*).

7° Bacilles recourbés ou virgules; 8° spirilles.

interne (le protoplasma) recouverte d'une membrane cellulosique; les formes de ces micro-organismes sont très variées; nous allons indiquer les principales (fig. 4) :

Rapidité de multiplication des microbes. — Comme tous les êtres vivants, les microbes se multiplient, mais ceux-ci avec une effrayante rapidité. La multiplication a lieu par *scissiparité*, c'est-à-dire que la bactérie se divise en deux parties dont chacune continue sa vie propre pour se diviser à son tour en deux moitiés, etc.

Cohn a donné les chiffres suivants relatifs à la rapidité de la multiplication des microbes :

Soit une bactérie qui se scinde en *deux* en une heure, les deux en *quatre* en deux heures, les quatre en *huit* en trois heures, et ainsi de suite ; au bout de 24 heures, leur nombre dépasserait 16 millions et demi.

Mais, pour qu'une semblable multiplication pût se produire, il faudrait que rien ne vînt l'entraver, tandis que, généralement, le manque de nourriture et d'autres causes viennent y faire obstacle. Certaines espèces de bactéries se multiplient par la formation de *spores,* mais toutes n'en produisent pas. Les spores sont beaucoup plus vivaces, plus résistantes que les bactéries qui leur donnent naissance ; elles germent à la manière des graines, et quand leur membrane éclate, il en sort un bacille.

Conditions d'existence des microbes. — Les microbes ont besoin pour vivre de trouver certaines conditions d'existence, telles que :

1° Une température convenable, variable avec les espèces, mais comprise généralement entre 30° et 35° ;

2° La présence de l'*oxygène* dans le milieu où elles se trouvent ; ce sont les microbes *aérobies.*

L'absence de ce même oxygène ; ce sont les microbes *anaérobies.*

3° Les éléments nutritifs indispensables à leur développement, c'est-à-dire du *carbone* et des matières *azotées.*

Résistance aux agents extérieurs. — Les microbes offrent généralement une très grande résistance aux agents extérieurs, surtout quand ils ont des *spores ;* la plupart des bactéries adultes, *sans spores,* sont tuées à 60° ou 70° ; quelques spores sont détruites à 100°, mais d'autres, très résistantes, peuvent supporter pendant quelques instants des températures de 110° à 115°. Nous reviendrons sur ce sujet, quand nous traiterons de la pasteurisation et de la stérilisation absolue ou fractionnée du lait. La résistance des microbes à l'égard du *froid* et des hautes pressions est extrême, surtout de ceux qui ont des *spores;* ces mêmes micro-organismes supportent généralement bien *la dessiccation.*

Les substances chimiques, telles que le sublimé corrosif, la chaux, les sels de cuivre, l'acide phénique, sont des poisons pour les bactéries; exemple : les diverses préparations à base de cuivre employées pour combattre le mildiou ou peronospora viticola dans les vignobles.

Des microbes pathogènes[1]. — On appelle ainsi les microbes qui vivent et se multiplient dans un organisme vivant et sont la cause de diverses maladies, telles que le choléra, le typhus, le charbon, la tuberculose, etc. Nous aurons occasion d'en reparler, surtout à cause de cette dernière maladie, si fréquente aujourd'hui chez l'espèce bovine.

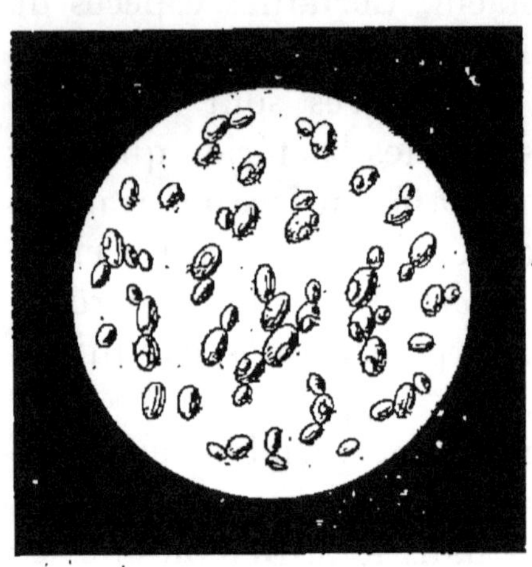

Fig. 5.

II. *Les levures* (fig. 5). Ce sont des microorganismes généralement ovales, d'un diamètre de plusieurs millièmes de millimètre, et par suite plus gros que les microbes.

Les levures ne se multiplient pas comme les bactéries par scissiparité, mais par *bourgeonnement;* les petits bourgeons qu'elles engendrent croissent peu à peu et finissent par se détacher de la cellule mère.

Les levures jouent un rôle important dans un grand nombre de fermentations, telles que celles du vin, de la bière, et aussi celles de la lactose ou sucre de lait, dont nous reparlerons bientôt.

III. *Mucédinées ou moisissures.*

Ces microorganismes appartiennent à la classe des

[1] Pathogène, de *pathos*, maladie, et *genesis*, génération.

cryptogames ; ils ne se multiplient pas par scissiparité comme les microbes, mais par la production de longs filaments qui se ramifient à leur tour et constituent un feutrage épais appelé *micelium*. Quelques-uns de ces filaments deviennent *fructifères*, c'est-à-dire donnent naissance à des fruits ou *spores* appelées aussi *conidies*.

Plusieurs mucédinées jouent un rôle important dans l'industrie laitière ; nous citerons notamment : le *Penecillium*, l'*Aspergillus*, le *Mucor*, l'*Oïdium*, etc.

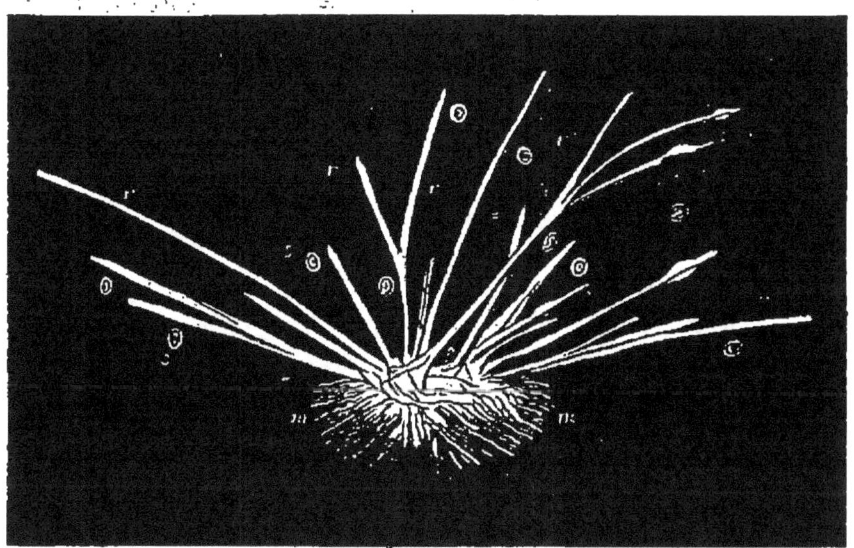

Fig. 6. — *Penecillium glaucum*, avec spores mûres (700 diamètres).

1° Le *penecillium* (fig. 6). — La moisissure commence par un développement de tubes *mycéliens* m sur lesquels naissent des rameaux r. Chaque rameau aérien produit un nombre variable de rameaux secondaires r' qui peuvent eux-mêmes se subdiviser de façon à fournir un ensemble de ramifications en forme de petits pinceaux, d'où le nom de *penecillium* (pinceau) donné à ce genre.

C'est sur ces ramifications que se trouvent les *spores* (fig. 7), qui, à un moment donné, se détachent pour ensemencer de nouvelles parties de la surface et engendrer de nouveaux penecilliums[1]. Nous reparlerons de ce penecillium, quand nous traiterons de l'industrie fromagère.

2° L'*aspergillus*, le *mucor*, sont des espèces dont les

Fig. 7. — *Penecillium glaucum.* Moisissure du fromage (700 diamètres).

filaments fructifères donnent naissance à des spores, comme le penecillium.

3° L'*oïdium lactis* est une variété d'oïdium qui se rencontre assez fréquemment dans le lait.

Les microbes se rencontrent partout où il y a vie organique, par conséquent dans l'air, la terre et l'eau.

[1] Les figures 6 et 7 ont été prises en 1878, sur un fromage, et dessinées d'après nature et au microscope par M. Bourgeois, un de nos anciens élèves à Grignon, aujourd'hui professeur distingué d'agriculture dans Meurthe-et-Moselle.

DES MICROBES DANS LE LAIT, DE LEUR MULTIPLICATION ET DE LEURS FONCTIONS.

Dans une mamelle absolument saine, le lait est privé de microbes, comme l'a démontré Pasteur, et on peut le recueillir à cet état, soit en allant le chercher directement dans la glande mammaire, au moyen d'une canule stérilisée, soit en procédant à la mulsion, comme à l'ordinaire, mais après avoir eu le soin de bien laver le pis de la vache avec un liquide antiseptique et en recevant le lait dans des vases stérilisés.

Au contraire, on trouve dans le lait du commerce, examiné *immédiatement* après la traite, un grand nombre de microbes dont la rapidité de multiplication est telle qu'on a pu compter, après quelques heures, jusqu'à 100,000 bactéries par centimètre cube, dans un lait encore marchand, c'est-à-dire pouvant supporter l'ébullition sans se coaguler.

Vitesse de multiplication. — Knopf a étudié la vitesse de multiplication des bactéries dans un même lait, conservé à deux températures différentes, et a trouvé :

	ACCROISSEMENT	
	à 34°	à 12°5
Au bout d'une heure.........	7.5 fois	Nul
Au bout de quatre heures.....	215 —	8
Au bout de six heures........	3,800 —	435

La température la plus favorable à cette prodigieuse multiplication des microbes paraît être comprise entre 30° et 40°.

Nous pourrions citer beaucoup d'autres chiffres semblables qui démontreraient également combien il est important de refroidir le lait immédiatement après la traite, mais nous reviendrons bientôt sur ce sujet.

D'où proviennent les microbes qui peuplent le lait aussitôt la traite? Ils sont empruntés au *pis,* dont ils couvrent la surface extérieure et dans les conduits duquel ils pénètrent jusqu'à une certaine profondeur ; ils proviennent aussi des mains du vacher, des récipients à lait mal lavés et des matières excrémentielles dont sont souillées les mamelles et qui tombent dans le lait.

Relativement à ces sources de contamination, dit M. Duclaux, *l'air ne compte pour ainsi dire pas,* et si on l'accuse si souvent, c'est pour se dispenser des soins de propreté qui faciliteraient considérablement la conservation du lait. On sait, en effet, combien il est fréquent de voir *tourner* le lait, c'est-à-dire se coaguler en devenant acide. Or, d'après Lister, il est extrêmement rare de trouver en dehors de la laiterie, soit dans l'eau, soit dans le sol, les germes des microbes qui peuvent produire cette acidification, ils doivent donc provenir presque toujours de la malpropreté des vachers, du pis de la vache, ou des vases à lait.

La conclusion à tirer de ce qui précède, c'est que l'on ne saurait trop recommander au personnel des vacheries de tenir les étables et les ustensiles de laiterie aussi propres que possible, de se laver les mains à grande eau et de laver le pis des vaches avant chaque traite.

FONCTIONS DES MICROBES DU LAIT.

Les microbes que l'on rencontre dans le lait peuvent être partagés en deux groupes principaux :

1° *Les microbes pathogènes;* 2° *les microbes habituels.*

I. *Microbes pathogènes.*

Nous avons dit, page 27, que l'on désigne ainsi les microbes capables de s'installer dans l'organisme, d'y former des colonies ou de l'envahir complètement et, par suite, de donner naissance à une maladie spéciale.

Il y a moins de vingt-cinq ans que l'on a constaté, d'une façon certaine, que le lait pouvait servir de véhicule aux microbes pathogènes. En 1870, le Dr Ballard l'a démontré, à l'occasion d'une petite épidémie de fièvre typhoïde qui, à Islington, en Angleterre, avait frappé les clients d'une laiterie dans laquelle, peu de temps avant, il y avait eu une typhoïque. A la suite d'une enquête, il fut démontré que l'eau employée dans la laiterie avait dû se trouver en contact avec les infiltrations de la fosse d'aisances.

Depuis cette époque, on a relevé une série de coïncidences semblables pour d'autres maladies telles que la diphtérie, la fièvre scarlatine, qui paraissent aussi avoir été transmises plusieurs fois par le lait.

On sait également, aujourd'hui, que certaines épizooties, comme la péripneumonie du porc, la surlangue, etc., peuvent se transmettre par le lait.

Nous compléterons ce paragraphe relatif aux microbes pathogènes en parlant plus longuement du microbe de la *tuberculose*, dont on constate bien plus fréquemment la présence dans le lait.

MICROBE DE LA TUBERCULOSE.

Ici, nous nous trouvons en présence d'un microbe pathogène contre la transmission duquel il est plus difficile de se prémunir, parce que c'est la vache elle-même qui produit et introduit dans le lait l'agent infectieux.

Le plus souvent, le bacille tuberculeux provient d'une glande mammaire affectée de lésions tuberculeuses; mais on l'a trouvé aussi dans le lait de vaches dont le pis était tout à fait sain, ce qui indiquait que la maladie, invisible à l'extérieur, avait son siège ailleurs. De nombreuses expériences ont démontré que le lait des vaches tuberculeuses renfermait des bacilles tuberculeux, et si, dans bien des cas, la consommation d'un lait tuberculeux semble ne pas provoquer *nécessairement* la tuberculose, d'autre part, on est en droit de dire qu'un tel lait constitue un véritable danger pour la santé. En effet, la clinique a relevé chez des enfants des cas fréquents de tuberculose déterminée uniquement par le lait, et, de son côté, Brouardel cite ce fait que l'introduction, dans un pensionnat, d'une vache tuberculeuse dont le lait était consommé sur place, avait suffi pour rendre tuberculeuses cinq jeunes filles sur quatorze.

En présence de ces faits, il est naturel de se demander si la tuberculose est une maladie très répandue chez les bovidés. D'après Hirsberger, 10 pour 100 des vaches vivant à proximité des villes seraient tuberculeuses, la moitié de celles-ci donneraient un lait tuberculeux, de telle sorte que 5 pour 100 des laits consommés dans les villes renfermeraient ce dangereux microbe.

D'après M. Ed. Nocard d'Alfort, le nombre des vaches tuberculeuses, en Allemagne, en Suède, en Angleterre, varie entre 15 et 25 pour 100.

En France, si certaines régions sont encore indemnes, comme l'Auvergne, le Limousin, la plus grande partie de la Normandie, il en est d'autres, comme la Champagne, la Bretagne, le Nivernais, le Béarn, par exemple, où la maladie fait des ravages considérables; quant à la Beauce et la Brie, elles sont tellement infectées que des vétérinaires expérimentés estiment que 25 à 30 pour 100 des vaches y sont tuberculeuses!

On voit donc combien il est urgent d'enrayer les progrès effrayants de cette maladie, et, pour ce faire, de mettre à profit, sans tarder, les prescriptions formulées par M. Ed. Nocard d'Alfort dans un petit opuscule spécial récemment publié [1].

D'après l'auteur, il faut se défendre surtout contre la *contagion*. Le voisinage *immédiat* et *longtemps prolongé* d'une bête malade, surtout quand cette bête tousse et projette autour d'elle les germes de la maladie, est la

[1] *La tuberculose bovine et sa prophylaxie par la tuberculine.*

seule cause *vraiment efficace* de la propagation de la tuberculose; quant à l'*hérédité*, elle ne joue qu'un rôle tout à fait secondaire et pratiquement négligeable, dans les progrès incessants de la tuberculose bovine.

Si donc le rôle prépondérant de la contagion est démontré, il devra suffire, pour mettre fin à la propagation de la tuberculose, de séparer les animaux reconnus sains de ceux malades. Or, cette séparation est rendue facile aujourd'hui, grâce à l'emploi de la tuberculine.

DE LA TUBERCULINE.

La tuberculine est un simple extrait, à base de glycérine, des cultures du *bacille* de la tuberculose, cultures préalablement stérilisées à 110°, de façon à tuer tous les autres bacilles qu'elles pouvaient contenir. C'est le fameux produit qui, sous le nom de *Lymphe de Koch*, avait fait naître naguère de si grandes espérances, alors qu'on le croyait capable de prévenir et même de guérir la tuberculose. Or, si la lymphe de Koch a manqué à toutes ses promesses au point de vue de la médecine humaine, les vétérinaires ont démontré aujourd'hui, par des expériences effectuées sur des milliers d'animaux, que, grâce à la tuberculine, le diagnostic de la tuberculose est trouvé aujourd'hui. Cette belle découverte peut se formuler comme il suit :

Injectée à faible dose sous la peau d'un animal suspect, la tuberculine reste sans action appréciable, si le sujet n'est pas tuberculeux; dans le cas contraire, elle provoque une réaction fébrile intense permettant d'affirmer l'existence de lésions tuberculeuses, si peu graves et si peu étendues qu'elles soient.

Il est bon d'ajouter que l'injection de tuberculine effectuée par un vétérinaire[1] ne présente absolument aucun danger pour l'animal, elle ne diminue pas le

[1] L'Institut Pasteur, rue Dutot, 25, à Paris, expédie la tuberculine nécessaire, à tous les vétérinaires qui en font la demande.

rendement en lait des vaches laitières et n'apporte aucun trouble à l'évolution de la gestation, même chez les vaches prêtes à vêler.

La place nous faisant défaut dans cet ouvrage, ceux de nos lecteurs qui ont des étables et qui voudraient mettre à profit les renseignements qui précèdent, n'auront qu'à se procurer l'opuscule de M. Nocard; ils y trouveront l'indication de la marche à suivre pour s'affranchir d'eux-mêmes, rapidement et à peu de frais, des lourdes pertes que leur fait subir, chaque année, la tuberculose.

Lait cru et lait bouilli. — Une autre conclusion à tirer de ce que nous venons de dire, au sujet de la tuberculose, est la suivante :

Quand il s'agit de la consommation du lait, il est prudent de renoncer à boire ce liquide à l'état *cru*, et préférable de le faire bouillir auparavant. Les personnes qui aiment à boire le lait *froid* pourront toujours laisser refroidir, dans un endroit frais, ce lait bouilli, en ayant soin de recouvrir d'un linge fin le vase qui le renferme. Cependant le consommateur pourra boire, en toute confiance, le lait tel qu'il sort du pis de la vache, toutes les fois qu'il aura la certitude que ce lait provient d'étables bien tenues et ne renfermant que des vaches ayant été soumises préalablement au diagnostic de la tuberculine, avant d'y entrer.

II. *Des microbes ordinaires du lait.*

Ces microbes sont ceux dont l'habitat ordinaire est le lait, et qui, par suite, nous offrent le plus d'intérêt au point de vue de l'industrie laitière, parce que ce sont eux qui provoquent dans le lait, la crème, les fromages, des fermentations spéciales, utiles ou nuisibles, dont nous aurons à nous occuper dans les diverses parties de cet ouvrage.

Au sujet des microbes présents dans tous les laits, Duclaux s'exprime ainsi[1] : « Une fois arrivés dans le

[1] E. Duclaux, *Principes de laiterie.*

canal digestif, ces microbes se confondent avec des milliards d'autres qu'ils y rencontrent, et non seulement ils ne troublent pas le travail qui s'y accomplit, mais ils y aident même par la secrétion de leurs *diastases* qui viennent en aide à celle de l'organisme. Cependant, ajoute ce savant, il peut arrriver que ces microbes ordinaires deviennent dangereux, notamment quand ils se développent en trop grande abondance à un moment donné. »

Cette action nuisible a été observée chez les enfants nourris avec des biberons tenus insuffisamment propres; dans un milieu chaud, les microbes habituels du lait se multiplient alors prodigieusement; la fermentation lactique (voir p. 36) détermine une acidité nuisible à l'estomac de l'enfant, des troubles digestifs variés et l'apparition de la *diarrhée verte*. Cette forme d'entérite, si commune chez les enfants à la mamelle, est beaucoup plus rare quand on les nourrit avec du lait *bouilli*, et la maladie elle-même cède le plus souvent à cette simple médication. (Voir p. 97.)

Alimentation des microbes ordinaires du lait. — Nous avons vu (page 29) avec quelle prodigieuse rapidité ces microbes se développaient, mais, pour qu'une pareille multiplication soit possible, il faut que ces infiniment petits trouvent dans le lait les éléments nécessaires à leur nutrition; parmi ceux-ci nous citerons plus spécialement :

1° La lactose ou sucre de lait;

2° La caséine sous ses diverses formes.

Nous allons étudier les diverses fermentations auxquelles les microbes ordinaires donnent naissance en s'attaquant à ces substances.

1° *Fermentation de la lactose.*

La lactose peut subir des fermentations diverses parmi lesquelles deux principales : 1° la fermentation alcoolique, 2° la fermentation lactique.

Fermentation alcoolique. — La fermentation alcoolique de la lactose consiste en son dédoublement à peu près complet en *alcool* et *acide carbonique* sous l'influence de *levures* spéciales (voir p. 26) dont on connaît aujourd'hui trois espèces principales qui portent le nom des savants qui les ont découvertes : Adametz, Duclaux et Kayser; nous reviendrons bientôt sur cette fermentation, quand nous parlerons de deux boissons fermentées du lait le *koumys* et le *kéfyr*, qui en sont la conséquence.

Fermentation lactique. — Cette fermentation est celle que la lactose subit le plus facilement; elle est l'œuvre des microbes appelés *ferments lactiques*. Le type de ces ferments est celui découvert par Pasteur, ferment qui dédouble la lactose en acide carbonique et *acide lactique*, et c'est ce dernier acide qui, déterminant habituellement la coagulation du lait, le rend si difficile à conserver. On connaît aujourd'hui un grand nombre de ferments lactiques correspondant à autant de microbes différents. En général, les ferments lactiques aiment la chaleur sans craindre le froid, mais ils sont peu résistants au chauffage, parceque d'habitude ils manquent de *spores* (voir p. 25), et la plupart sont détruits aux environs de 70°, ce qui explique ce fait, connu depuis longtemps de nos ménagères, qu'un lait qu'on a fait bouillir devient rarement acide et reste plusieurs jours sans se coaguler.

Les ferments lactiques contenus dans le lait sont tantôt *nuisibles*, tantôt *utiles*, en industrie laitière. Nuisibles, quand ils provoquent la coagulation spontanée du lait ou que, trop nombreux à l'origine, ils déterminent plus tard une trop grande abondance de gaz dans la pâte des fromages; nous reviendrons sur ce sujet dans la troisième partie de cet ouvrage. Ces mêmes ferments sont utiles quand, par exemple, la crême destinée à la fabrication de certains beurres (voir 2e part.) doit avoir acquis un certain degré d'acidité avant d'être barattée.

II° *Fermentation de la caséine.*

Les ferments de la caséine ou de la matière azotée du lait constituent un second groupe de bactéries dont le nombre est considérable et l'étude à peine ébauchée; ils coagulent le lait comme les ferments lactiques, non pas en transformant la lactose en acide lactique, mais en sécrétant une *présure* qui paraît identique à celle que sécrètent les cellules de la muqueuse du veau en lactation (voir 3e part.). Mais, comme les phénomènes auxquels donne naissance l'action de ces ferments sur la caséine trouvent surtout leur application en industrie fromagère, nous préférons en renvoyer l'étude à la troisième partie de notre livre.

Pour terminer ce chapitre, il nous reste à parler très succinctement de quelques autres fermentations spéciales dont le lait peut être le siège.

Lait bleu, rouge, jaune, amer, filant. Lait filant de Norvège.

Lait bleu. — Une des maladies les plus fréquentes du lait consiste dans l'apparition de taches *bleues* à la surface de ce liquide conservé dans la laiterie pour obtenir de la crème. Cette couleur est due au développement anormal d'un bacille auquel Ehrenberg a donné le nom de *bacillus cyanogenus;* c'est un petit bâtonnet toujours en mouvement.

Ces taches bleues n'apparaissent que dans le lait non stérilisé par la chaleur, ce qui tient à ce que le bacille cyanogène a besoin de se trouver en présence d'un acide pour former son pigment bleu. Or, dans le lait stérilisé, les ferments lactiques sont tués et l'acide lactique ne se produit pas. A la température de 80°, ce microbe est tué en une minute, et quand, dans une laiterie, cette fermentation nuisible s'est établie, le mieux pour la faire disparaître est de traiter par l'eau bouillante tous les locaux, ustensiles, etc.

Lait rouge. — On connaît aujourd'hui plusieurs bacilles donnant au lait une couleur *rouge*, notamment celui isolé par Hueppe. Ce bacille n'aimant pas les milieux acides, il en résulte qu'il doit être rare en industrie laitière, où presque toujours le lait conservé finit par présenter cette réaction.

Lait jaune. — Ce lait, comme le précédent, peut provenir de l'action de plusieurs espèces bactériennes; la plus connue (bacillus synxanthus) est un bâtonnet très mobile qui envahit rapidement le lait cuit en lui donnant une coloration *jaune d'or;* ce microbe appartient à la catégorie des ferments de la caséine.

Lait amer. — D'après Duclaux, il n'y aurait pas de bacille spécial du lait amer, mais une foule de microbes capables de sécréter une ou plusieurs substances amères en vivant aux éléments du lait; tels sont : le *bacille de Weigmann*, le *tyrothrix geniculatus de Duclaux*, etc.

Lait filant. — Dans cette maladie connue depuis longtemps, le lait (et aussi la crème) prend, 12 à 15 heures après la traite, une consistance visqueuse telle que lorsqu'on y plonge le doigt, on peut l'étirer en longs fils. Un grand nombre de savants, et notamment Duclaux, ont étudié ce mode de décomposition du lait et ont décrit les espèces bactériennes qui le produisent.

D'après M. Freudenreich, l'agent le plus fréquent de cette maladie du lait, du moins en Suisse, serait le micrococque (bactérie ronde) découvert par le professeur Guillebeau à Berne et appelé par lui *micrococus Freudenreichii;* cette bactérie a été trouvée dans une laiterie dont le lait persistait à devenir filant après chaque traite. Depuis, M. Freudenreich l'a rencontrée dans d'autres laits filants recueillis dans les cantons de Berne et de Soleure. Introduit dans du lait préalablement stérilisé et refroidi ensuite à 20°, ce microbe le rend très rapidement visqueux, au point qu'on peut l'étirer en filaments de $0^m,50$ à 1 mètre de longueur.

Cette bactérie est douée d'une grande vitalité et résiste à la dessiccation pendant trois jours; mais d'autre part, quand elle est soumise à la température de 100°, elle meurt au bout de deux minutes.

L'expérience ayant démontré que ce microbe trouvait dans les étables des conditions d'existence très favorables (ce qui fait qu'il est très difficile de l'en chasser), on doit, dès que la maladie apparaît, s'empresser de la combattre en soumettant les locaux à une désinfection énergique. La cause la plus fréquente de cette maladie paraît être une infection du lait, pendant ou après la traite, infection résultant de la malpropreté des locaux, des ustensiles et surtout du personnel de la vacherie.

Lait filant de Bretagne. — Déjà, dans notre deuxième édition, en 1874, à propos de l'industrie laitière dans le Finistère, nous avions cité le lait *filou*, qui n'est autre chose que le lait *long* ou *filant*. Celui-ci se consomme, en hiver, avec des pommes de terre et le plus souvent, en été, en y faisant tremper du pain. C'est un aliment rafraîchissant et d'une digestion facile.

Aux environs de Morlaix [1], on fait avec ce lait filant un fromage qui, frais, est très recherché et se vend relativement assez cher. On l'obtient en mettant le lait filant à égoutter dans une fine mousseline et en brassant ensuite le caillé avec de la crème.

Dans ce pays, quand on veut se livrer pour la première fois à la fabrication de ce genre de fromage, on emprunte du *ferment* à son voisin, comme on le ferait pour le *levain* de la pâte à pain. Ce ferment est bon pendant quinze jours, et on l'emploie comme il suit : en hiver, on prend huit litres de lait, on les porte à l'ébullition et on les laisse ensuite refroidir jusqu'à 35° environ. A ce moment, on y verse environ *un décilitre* de lait filant que l'on mêle au lait avec une spatule, en tournant lentement pendant 3 ou 4 minutes. On place ensuite le

[1] Godin, *Journal de l'agriculture.*

vase couvert dans un endroit où la température ne descend guère au-dessous de 15° à 18°.

En été, on met un peu moins de lait filant et on maintient le récipient dans un endroit frais, afin que la température ne s'élève pas au-dessus de 18°.

Nous aurons occasion de reparler de ce lait filant quand nous traiterons de la fabrication du fromage d'Edam ou tête de Maure, dans la troisième partie de ce livre.

Lait filant de Norvège. — En Norvège, on prépare avec du lait filant un produit spécial fort en usage dans ce pays et appelé *tattemyek.* Quant au lait filant, on l'obtient avec des feuilles d'une plante appelée *grassette* (pinguila vulgaris) que l'on ajoute au lait ou que l'on donne à manger aux vaches. Ici c'est la plante qui sert de véhicule au microbe.

LACTOSE OU SUCRE DE LAIT. — BOISSONS DE LAIT FERMENTÉ, KOUMYS ET KÉFYR. — BOISSON ALCOOLIQUE DE PETIT-LAIT.

Sucre de lait. — Nous avons dit, page 5, que la lactose était un des éléments constitutifs du lait et que ce sucre se retrouvait en dissolution dans le sérum ou *petit-lait* qui provient de l'égouttage des fromages.

Pendant longtemps, la séparation de la lactose s'effectuait presque exclusivement en Suisse et par des moyens très primitifs; mais depuis que ce sucre est devenu l'objet de quelques applications médicales ou industrielles, des procédés d'extraction et de raffinage notablement perfectionnés ont été mis en œuvre dans certaines grandes laiteries.

Prix de revient. — Les frais d'évaporation et de raffinage, par les procédés les plus perfectionnés, ne sauraient dépasser 1 fr. 25 à 1 fr. 50 au maximum par kilog. de lactose; or, chez les fabricants de produits chimiques, le sucre de lait est coté 6 francs le kilogr.; on voit donc qu'il y aurait de la marge pour un sérieux bénéfice, si le débouché était assuré. La lactose peut être convertie en sucre fermentescible, en l'attaquant préalablement par les acides dilués ; cette réaction a été mise à profit en Allemagne pour la distillation des mélasses de betteraves. A cet effet, on amène la mélasse au degré aréométrique voulu en y ajoutant une quantité déterminée de petit-lait dont la lactose a été transformée préalablement en sucre fermentescible, et on soumet le mélange à la fermentation. Il y a donc là un certain débouché industriel du sucre de lait ; nous en indiquerons un autre plus loin.

BOISSONS DE LAIT FERMENTÉ. — KOUMYS ET KÉFYR.

Koumys. — Ce liquide, qui est la principale boisson d'un grand nombre de peuplades de la Russie méridionale et des steppes de l'Asie centrale, est connu depuis les temps les plus reculés. Il est préparé généralement avec du lait de *jument*, beaucoup plus riche en lactose que celui de vache : 6 à 7 pour 100 au lieu de 4 en moyenne.

Le koumys est un liquide blanc laiteux, mousseux, d'un goût acidulé et piquant. Au début on lui a fait, en Europe, un grand accueil, surtout en raison de ses excellentes qualités médicales, mais comme la matière première est difficile à se procurer, et que les frais de production sont très élevés, son usage ne s'est pas répandu, et le koumys a été remplacé par une autre boisson beaucoup plus économique et tout aussi favorable aux malades, c'est le *kéfyr*.

Kéfyr. — On appelle ainsi la boisson faite avec du lait de vache, de brebis ou de chèvre, et on donne également ce nom à la semence qui sert à la fabriquer.

Pendant longtemps, les peuplades du Caucase et les musulmans ont gardé avec un soin jaloux le secret de la préparation de leur boisson favorite, mais aujourd'hui il est connu et l'on peut même se procurer dans le commerce les germes de kéfyr. D'après le Dr Kern, ces germes se composeraient de deux êtres différents, une levure et un bacille (dispora caucasica); la levure toute seule ne pourrait pas transformer la lactose en alcool : il faut, au préalable, que ce sucre soit modifié, et c'est le bacille qui s'en charge.

M. Kayser, directeur du laboratoire des fermentations à l'Institut agronomique, a mis la préparation du kéfyr à la portée de tous en en donnant les détails dans un travail spécial.

Le bon kéfyr doit avoir une écume persistante pendant quelque temps, un goût aigre-doux et ne présenter en suspension que de très minces débris de caséine coagulée.

Quand il est fait, le sucre que le lait renfermait au début a subi deux fermentations, l'une *lactique*, l'autre *alcoolique*, et la proportion d'alcool contenu dans le kéfyr peut varier de 1 à 5 pour 100. En outre, les matières albuminoïdes du lait ont aussi été transformées; elles ont été *peptonisées*, c'est-à-dire rendues beaucoup plus facilement assimilables.

Par suite, le kéfyr est un aliment d'une digestion extrêmement facile et qui convient parfaitement aux estomacs affaiblis ainsi qu'aux anémiques, phtisiques, etc.; depuis un certain nombre d'années on fait des cures de kéfyr, en France et à l'étranger.

M. Martin, directeur de l'école de laiterie de Mamirolle, a beaucoup contribué à la vulgarisation du kéfyr en Franche-Comté.

Boisson alcoolique de petit-lait.

M. Kayser est arrivé à utiliser le petit-lait des fromageries, en le transformant en une boisson acceptable et de degré alcoolique variable avec la quantité de lactose ajoutée directement.

A cet effet, le petit-lait aussi frais que possible est d'abord neutralisé par une solution de potasse, puis soumis à l'ébullition pour le débarrasser de la majeure partie des matières albuminoïdes et obtenir un liquide clair par décantation. Dès que la température du liquide est redescendue à 20°, on y ensemence une levure de sucre de lait, en quantité suffisante pour déterminer une fermentation régulière. On pourrait augmenter la richesse en sucre du petit-lait en concentrant préalablement ce liquide, mais celui-ci deviendrait trop salé, et il est préférable d'ajouter directement du sucre de lait.

Avec une addition de 50 grammes de sucre par litre on peut obtenir une boisson à 5 pour 100 d'alcool qui se conserve facilement pendant quelques mois et dont la mise en bouteilles améliore sensiblement la qualité.

Le prix de revient d'un hectolitre de ce liquide ne dépasse pas 10 francs, et cette boisson pourrait rendre des services aux agriculteurs, d'autant plus que, ne renfermant que de l'alcool éthylique pur, elle serait beaucoup plus saine qu'un grand nombre d'eaux-de-vie du commerce.

Observations relatives au chapitre II.

Depuis quelques années, les études microbiennes du lait et de ses produits prennent une importance toujours croissante. En France et à l'étranger, il existe aujourd'hui des laboratoires dans lesquels on effectue ces études spéciales ; nous citerons notamment ceux de M. Duclaux à l'Institut Pasteur, de M. Kayser à l'Institut agronomique, et aussi celui de M. Freudenreich à Berne.

D'autre part, au programme des concours de laiterie, à l'Exposition universelle d'Anvers, on a vu figurer, cette année (1894), l'article suivant :

« Le concours comprend tous les travaux spéciaux de la bactériologie laitière et notamment les procédés de préparation de cultures pures, les appareils pour la préparation de ces cultures, l'exposition de celles-ci, etc. Une somme de 500 francs est affectée à ce concours. »

Pour tous ces motifs, et sans perdre de vue l'esprit

essentiellement pratique que nous tenons à conserver à ce livre, nous avons cru devoir fournir à nos lecteurs les éléments scientifiques nécessaires pour les mettre à même de comprendre le rôle capital que jouent les microbes en industrie laitière. Les applications indiquées déjà dans ce chapitre, et celles plus nombreuses qui suivront, justifieront amplement à leurs yeux l'incursion que nous venons de faire sur le domaine scientifique; quelques-uns même, je l'espère, regretteront qu'elle n'ait pas été plus complète.

CHAPITRE III

DES DIVERS PROCÉDÉS DE CONSERVATION DU LAIT : 1° PAR LES AGENTS CHIMIQUES ; 2° PAR LE FROID ; 3° PAR LA CHALEUR.

Après avoir étudié, dans le chapitre précédent, les microbes du lait, pathogènes et ordinaires, il nous reste à passer en revue les divers moyens dont nous pouvons disposer pour nous défendre contre la multiplication et la transmission de ceux qui sont nuisibles.

En ce qui concerne les *microbes pathogènes,* nous avons traité longuement de l'un des plus dangereux, le microbe de la tuberculose, et indiqué la marche à suivre pour mettre fin à la propagation de ce fléau. Nous avons dit également que les épidémies typhiques causées par le lait avaient très fréquemment pour origine le mélange des matières fécales, de purin ou d'eaux d'égout, dans les puits ou les citernes; avec les eaux qui servent dans les laiteries, à abreuver les animaux, nettoyer les ustensiles, etc., nous reviendrons sur ce sujet dans le chapitre suivant et indiquerons les moyens de prévenir cette contamination du lait par les eaux.

Quant aux *microbes ordinaires,* les soins de propreté dans les étables, recommandés dans le chapitre II, auront bien pour conséquence d'en diminuer considérablement le nombre, au moment de la traite; mais, comme nous l'avons dit page 29, les bactéries présentes dans le lait ne tarderont pas à se multiplier avec une vitesse prodigieuse, si l'on ne soumet pas immédiatement ce liquide à divers procédés de conservation que nous allons décrire.

I. CONSERVATION DU LAIT PAR LES AGENTS CHIMIQUES OU LES ANTISEPTIQUES.

Les principales substances employées dans ce but sont : le carbonate et le bicarbonate de soude, l'acide borique, le borax, l'acide salicylique, etc.

Les carbonates de soude sont des sels alcalins dont l'introduction dans le lait a pour effet de neutraliser l'*acide lactique*, au fur et à mesure de sa production, sous l'influence des *ferments lactiques* (voir p. 36), et par suite d'empêcher la coagulation du lait. Les laitiers en gros qui expédient du lait à Paris à l'époque des grandes chaleurs peuvent, grâce à cette addition, assurer la conservation du liquide pendant le temps nécessaire à son transport et son débit dans la capitale. Ajoutés à raison de 1 à 2 grammes par litre de lait, au maximum, ces sels que les laitiers appellent *le Conservateur* ne peuvent avoir d'action nuisible sur l'économie; mais comme, en général, plus il fait chaud, plus on force la dose, soit au moment de l'expédition, soit chez les détaillants, il en résulte que finalement le lait prend un goût de lessive en même temps qu'il peut devenir purgatif et nuisible, surtout aux enfants et aux malades.

Nous sommes heureux d'ajouter que depuis l'introduction des *Pasteurisateurs* (voir plus loin) dans les grandes laiteries qui alimentent de lait la capitale, l'emploi du *Conservateur* dans les dépôts a été complétement supprimé, le lait se conservant bien de lui-même pendant le temps nécessaire à son transport et sa distribution. Pour certaines sociétés qui fournissaient le Conservateur aux chefs des dépôts, cette suppression représente annuellement une économie de plusieurs milliers de francs.

L'acide borique, le borax, l'acide salicylique sont des antiseptiques qui gênent bien plus le développement des microbes et l'action de leur *présure* que les sels alcalins et, par suite, retardent davantage la coagulation du lait, comme nous l'avons constaté autrefois, par des expériences directes.

Le borax (borate de soude) est à la fois antiseptique comme l'acide borique et alcalin comme le carbonate de soude; aussi peut-il retarder plus longtemps la coagulation du lait que l'acide borique seul. Il y a quelques années, on a vu apparaître sur le marché un produit conservateur désigné sous le nom de *glacialine* et qui n'était qu'un mélange de borax et d'acide borique.

En résumé, comme l'introduction de ces diverses substances dans le lait constitue une adultération passible des tribunaux, que l'abus de leur emploi peut exercer des effets fâcheux sur la santé publique et que, d'autre part, ces agents chimiques ne font que retarder le développement des microbes ordinaires, tout en restant absolument inertes vis-à-vis de ceux dits *pathogènes*, nous n'hésitons pas à en condamner l'emploi, d'une façon absolue. Malheureusement, cette condamnation n'empêchera pas que l'on continue à offrir au commerce de la laiterie, sous forme d'annonces insérées dans tous les journaux agricoles et autres, des mélanges diversement composés de ces mêmes substances chimiques ou antiseptiques.

CONSERVATION DU LAIT PAR LES AGENTS PHYSIQUES.

Dans le but de débarasser le lait des germes qu'il contient, on a essayé de le filtrer, sous pression, à travers des bougies de porcelaine (filtre Chamberland); mais le filtre retenait en même temps les globules de graisse et la caséine en suspension, et le liquide qui passait était du petit-lait.

M. Freudenreich a essayé, sans succès, de stériliser le lait porté préalablement à 60 et 65°, en le soumettant à une pression d'acide carbonique ou d'oxygène comprise entre 60 et 90 atmosphères.

Les microorganismes du lait ont également résisté jusqu'ici à l'action des courants électriques.

II. CONSERVATION DU LAIT PAR LE FROID.

Nous avons vu, page 29, que les microbes se développaient d'autant plus vite dans le lait que celui-ci reste plus longtemps à une température élevée. D'autre part, l'expérience ayant démontré que, malgré la résistance des microbes à l'égard du froid, le lait qui est refroidi *rapidement* et *immédiatement* après la traite se conserve *doux* plus longtemps que celui non refroidi (la multiplication des microbes étant enrayée momentanément), il était naturel de recourir au froid pour retarder la coagulation du lait destiné au transport et à la consommation dans les villes. A cet effet, on emploie depuis une quinzaine d'années en France et à l'étranger des appareils dits *Réfrigérants* qui servent au refroidissement, non seulement du lait, mais aussi de la crème; nous allons indiquer ceux les plus employés pour le lait.

On compte aujourd'hui trois types de réfrigérants pour le lait : 1° *les réfrigérants à surface ondulée ou plane;* 2° *les réfrigérants tubulaires;* 3° *les réfrigérants cylindriques.*

1° RÉFRIGÉRANTS A SURFACE ONDULÉE.

Réfrigérant Lawrence [1] (fig. 8 et 9).

Cet appareil se compose de deux feuilles de cuivre

[1] Lawrence et Cie, rue du Chevalier Français, à Saint-Maurice-lez-Lille (Nord). M. Tighe-Fox, directeur.

étamé, courbées et disposées comme l'indique la figure 8.

Le lait à refroidir coule en un mince filet sur les deux faces extérieures de cette grille, tandis que l'eau de réfrigération passe *à l'intérieur* en suivant une direction inverse.

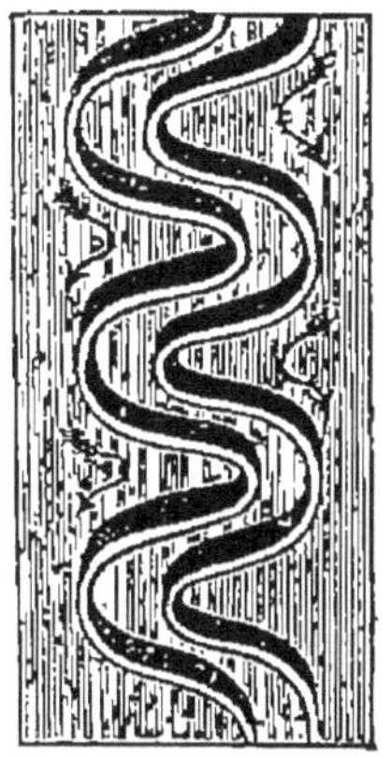

Fig. 8.

Dans l'appareil représenté (fig. 9), le lait à refroidir est versé dans le récipient supérieur aussitôt que possible après la traite ; il tombe dans une gouttière longitudinale, percée de trous, qui le répand uniformément sur les deux surfaces de la grille, et il arrive dans un récipient inférieur, refroidi à *un* ou *deux* degrés au-dessus de la température à laquelle sort l'eau de réfrigération.

Le réservoir d'eau froide doit se trouver à un mètre, au moins, au-dessus de l'appareil ; il est mis en communication avec le tuyau inférieur, et l'eau, qui entre froide en bas, sort tiède en haut et peut être utilisée à divers usages dans la laiterie.

Fig. 9.

A l'époque des grandes chaleurs, si l'on veut refroidir le lait à une température inférieure à 11° ou 12°, il suffit de mettre dans le réservoir à eau froide une certaine quantité de glace.

MM. Lawrence construisent des réfrigérants de toutes dimensions, diversement disposés, comme l'indiquent les figures suivantes.

Réfrigérant mobile (fig. 10).

Cet appareil peut être transporté et installé où l'on veut, au-dessus d'un récipient destiné à recueillir le lait refroidi.

Réfrigérant incliné (fig. 11).

L'eau de réfrigération entre par la tubulure inférieure gauche et sort par celle supérieure droite.

Réfrigérant fonctionnant à l'abri de l'air extérieur.

Dans cet appareil, le réfrigérant

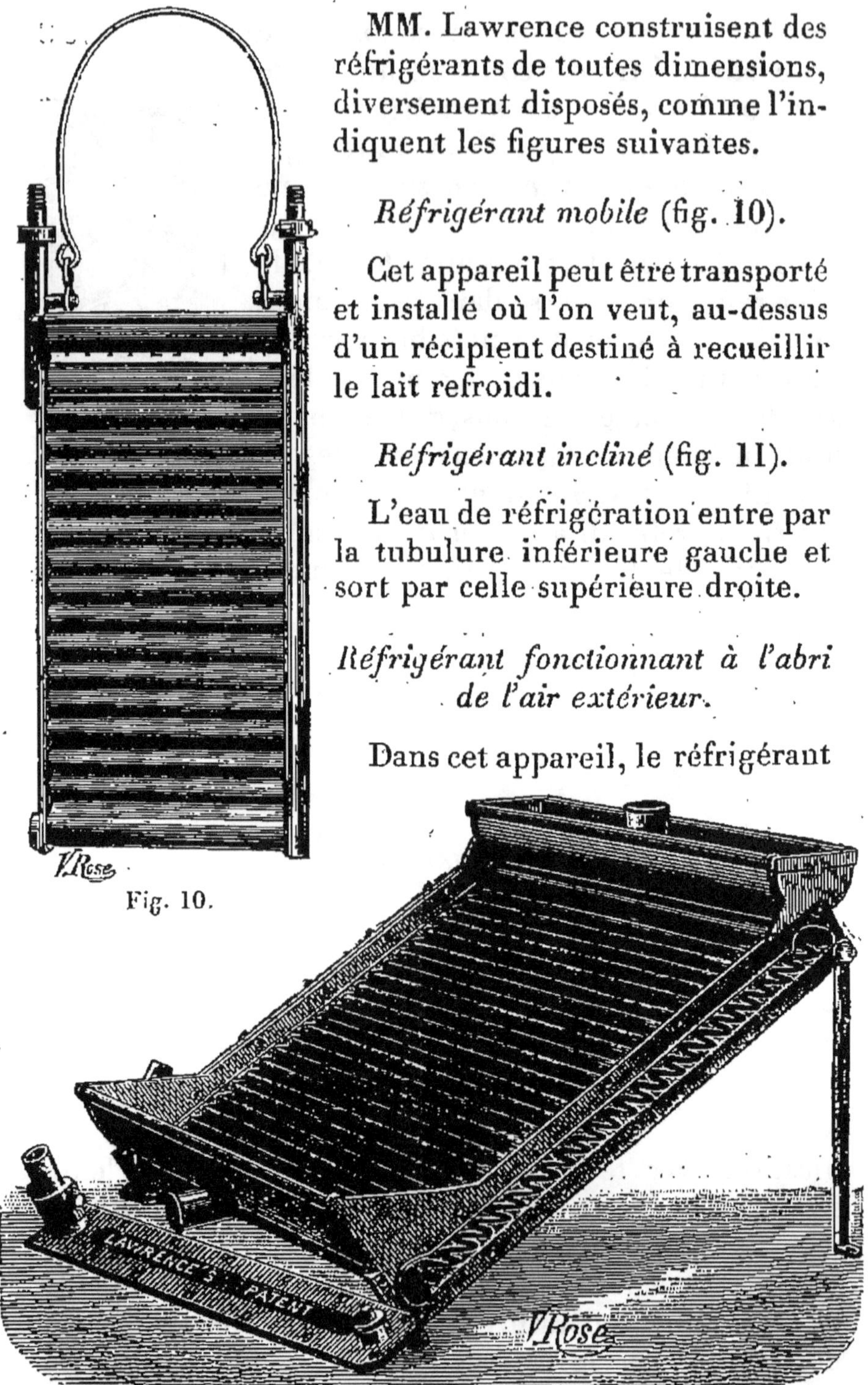

Fig. 10.

Fig. 11.

est recouvert d'une enveloppe, sorte de cloche aplatie dont le bord inférieur plonge dans une gouttière pleine d'eau.

MM. Lawrence construisent des réfrigérants à lait permettant de refroidir *à l'heure* depuis 250 litres jus-

Fig. 12.

qu'à 2,000, 5,000 et même 10,000 litres; à partir de 4,000 litres, ils sont montés sur colonnes en fonte avec tourillons permettant de les faire basculer (fig. 12).

Réfrigérant Lawrence pour grandes laiteries.

Beaucoup de ces derniers appareils sont installés dans les laiteries qui alimentent les grandes villes de France et surtout Paris; nous les retrouverons notamment dans les établissements appartenant à la Société des Fermiers réunis. Les réfrigérants Lawrence sont bien connus et justement appréciés; ils ont obtenu les plus hautes récompenses dans les concours et notamment la médaille d'or, à l'Exposition universelle de Paris, en 1878.

Réfrigérant Chapellier (fig. 13).

M. Chapellier, inventeur d'une baratte très répandue

Fig. 13.

aujourd'hui, construit aussi à Ernée (Mayenne) un réfrigérant pour le lait qui, en raison de son prix peu élevé, convient très bien aux petites exploitations. Dans cet appareil, le réfrigérant étant mobile autour d'un axe horizontal, on peut lui donner diverses inclinaisons, de façon à faire varier la vitesse d'écoulement du lait sur la surface ondulée.

Enfin, nous terminerons l'étude de ce premier type de réfrigérants en signalant un dernier appareil qui, par son efficacité et son prix peu élevé, convient très bien, comme le précédent, aux petites laiteries.

Réfrigérant à surface plane de Brehier et Cie (fig. 14).

Dans cet appareil, le lait s'écoule du réservoir supérieur dans une gouttière qui, percée d'une façon spéciale, distribue le lait sur toute la surface d'un premier plateau à double fond, légèrement incliné et muni de chicanes qui ralentissent la circulation. De ce premier plateau, le lait tombe sur un second incliné en sens inverse et arrive ainsi jusqu'au dernier, qui le déverse dans un récipient quelconque. L'eau froide, comme dans tous les réfrigérants, suit un parcours inverse; elle entre dans le double fond du plateau inférieur pour sortir par celui du haut, après avoir été mise en contact avec toutes les surfaces à refroidir.

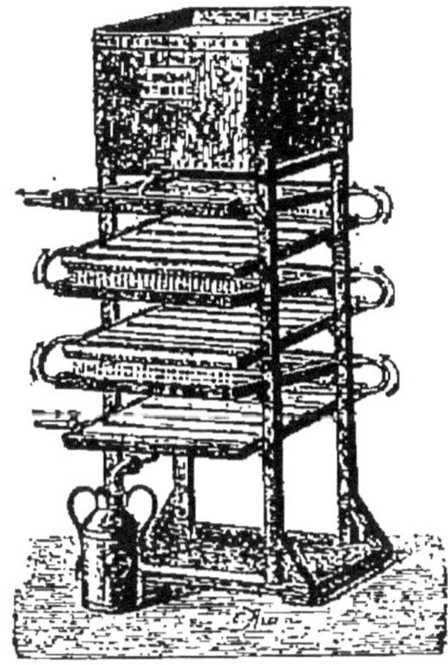

Fig. 14.

Ce réfrigérant peut fonctionner à l'air libre ou à l'abri de l'air; il est facilement nettoyable et se construit, à la demande, en fer battu ou en cuivre étamé.

2° RÉFRIGÉRANTS TUBULAIRES.

Ces réfrigérants diffèrent des précédents en ce que l'appareil de réfrigération sur lequel coule le lait en nappe mince, au lieu d'être formé de deux feuilles ondulées, est constituée par une série de tubes superposés B.

La figure 15 donne la vue extérieure du réfrigérant de M. Ahlborn, constructeur à Hildesheim (Hanovre), et la figure 16 la coupe des tubes dans lesquels circule

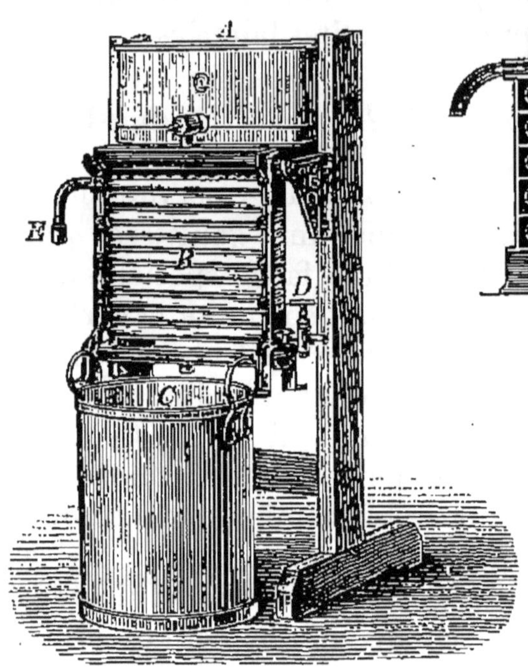

Fig. 15.

Fig. 16.

l'eau froide, qui entre en D pour sortir en E. Dans cet appareil, l'auge qui distribue le lait au réfrigérant et celle qui le recueille s'enlèvent; ce qui rend facile le nettoyage extérieur de toutes les parties de l'appareil. Quant au nettoyage intérieur des tubes, il n'offre aucune difficulté non plus, parce que les parois latérales du réfrigérant peuvent se détacher de ces tubes.

3° RÉFRIGÉRANTS CYLINDRIQUES.

Ces nouveaux appareils, d'origine allemande, sont de construction simple et d'un emploi très pratique; ils peuvent servir à refroidir le lait fraîchement trait, le lait pasteurisé et la crème.

Refroidissement du lait fraîchement trait (fig. 17).

L'appareil se compose essentiellement d'un serpentin en cuivre étamé, de section plat-ovale, qui présente avec

Fig. 17.

l'eau de réfrigération une surface de contact beaucoup plus grande que celle des autres systèmes, à grandeur égale.

L'eau froide entre, comme d'habitude, par le bas dans le serpentin, circule de bas en haut, et redescend ensuite par un tuyau qui se trouve à l'intérieur. Le vase distributeur de lait est posé librement sur le serpentin et peut être enlevé pour le nettoyage.

Le lait transvasé directement dans ce distributeur ou amené par un tuyau quelconque s'échappe en minces filets par les trous répartis uniformément à son pourtour; cette mince couche se répand sur toute la surface du réfrigérant et se rassemble, convenablement refroidie, dans une cuvette d'où elle sort par un robinet pour remplir des pots. Le lait sort à la température de l'eau de réfrigération, à 1° ou 2° près.

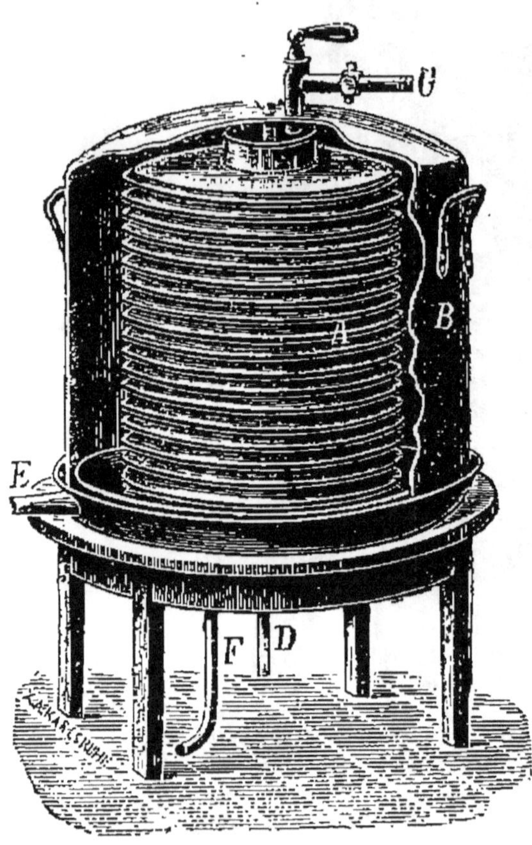

Fig. 18.

Dans ces réfrigérants, toutes les parties en contact avec le lait sont en cuivre étamé.

Refroidissement du lait pasteurisé (fig. 18).

Le lait pasteurisé est, comme nous le verrons plus loin, du lait chauffé à 70° dans des appareils spéciaux, immédiatement après la traite.

Cet appareil se compose des mêmes parties que le précédent; seulement la surface réfrigérante est beaucoup plus grande, afin de tenir compte de la température plus élevée à laquelle arrive le lait en sortant du pasteurisateur.

Quand on veut réfrigérer le lait dans le vide, afin de le mettre à l'abri des germes que l'air extérieur pourrait lui apporter pendant le refroidissement et éviter en même temps que la buée du lait pasteurisé se répande au dehors, on adapte un manteau à l'appareil (fig. 18).

Ce manteau B repose dans une rigole remplie d'eau, et l'on peut même purifier complètement l'espace intérieur en y envoyant un jet de vapeur, avant de commencer l'opération.

Les mêmes appareils sont employés aussi pour la réfrigération de la crème sortant des écrémeuses; nous en reparlerons dans la 2e partie de cet ouvrage.

M. Edmond Garin, à Cambrai (Nord), fournit des réfrigérants de ce nouveau modèle, de toutes grandeurs, sur demande. Voici un aperçu des prix de ces appareils :

Pour lait fraîchement trait. — Refroidissement de 30° à 1° au-dessus de la température de l'eau de réfrigération. Rendement par heure de 120 à 1,800 litres. Prix de l'appareil complet : de 75 à 420 francs.

Pour lait pasteurisé. — Refroidissement de 100° à 1° au-dessus de la température de l'eau de réfrigération. Rendement par heure de 700 à 2,500 litres.
Prix sans manteau : 290 à 810 francs; avec manteau : 350 à 900 francs.

Après avoir constaté expérimentalement que l'emploi des réfrigérants permettait de conserver *doux*, le lait, plus longtemps que celui non refroidi, il était naturel de soumettre ce même lait à des températures de plus en plus basses, afin d'essayer de prolonger davantage encore la durée de sa conservation, surtout à l'époque des grandes chaleurs.

Les essais effectués dans cette voie ont été les suivants :

1° *Introduction dans les laiteries des machines à produire le froid.*

C'est M. Lecomte, un des laitiers en gros de Paris, qui, le premier, en 1873, a installé ces machines dans deux de ses établissements, et son exemple a été suivi dans un certain nombre d'autres grandes laiteries.

Dans ces machines, auxquelles nous consacrerons un chapitre spécial, les mouleaux à glace sont supprimés et le liquide *incongelable* circule dans de grands bacs où sont placés les pots contenant le lait à refroidir.

A l'époque (1876) où nous avons visité l'une de ces laiteries, celle de Dammarie-les-Lys, près Melun, les pots de lait chauffés d'abord à 95° dans les anciens bains-marie (voir p. 125), refroidis ensuite à 12° par un courant d'eau de source et plongés enfin dans les bacs à liquide incongelable, étaient amenés promptement à 2° ou 3° au-dessus de zéro et expédiés à Paris dans ces conditions.

Pot calfeutré pour le transport du lait refroidi.

Comme complément de l'application des machines à produire le froid, au refroidissement du lait, M. Lecomte avait eu l'idée de transporter, à l'époque des grandes chaleurs, le lait refroidi, dans des pots à double paroi et dont l'intervalle était garni de feutre (fig. 19). Grâce à la mauvaise conductibilité de cette substance, le lait refroidi à 1° ou 2° au-dessus de zéro, et transvasé dans ces pots, restait sensiblement à la même température pendant le voyage et arrivait à Paris dans les meilleures conditions de fraîcheur et de conservation. Mais comme, à capacité égale, les pots *feutrés* pesaient notablement plus que les pots ordinaires, ce qui augmentait sensiblement les frais de transport au départ, M. Lecomte obviait à cet inconvénient en employant des pots fabriqués avec une tôle d'acier spéciale et dont le poids était peu différent de celui des pots en fer étamé.

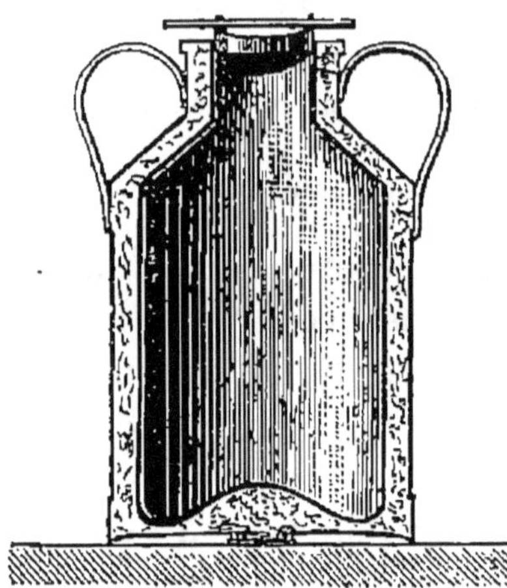

Fig. 19.

Laiterie de Meulan. — Cette laiterie, une des plus

importantes de celles appartenant à la Société des fermiers réunis, expédie journellement à Paris de 8 à 10,000 litres de lait. Jusque dans ces derniers temps, le lait, préalablement chauffé à 95° dans les chaudières à bain-marie (ancien système), était immédiatement *refroidi* à l'aide de deux grands réfrigérants Lawrence superposés. Sur le premier, le lait était ramené à 13° ou 14°, et sur le second, à 3° ou 4°, à l'aide d'un courant d'eau refroidie, en *été*, à 2° ou 3° avec de la glace fournie par une machine à produire le froid (système Rouart). Nous indiquerons bientôt les importantes transformations dont ces grandes laiteries ont été l'objet.

Congélation du lait. — Enfin, pour rendre l'action du froid plus efficace encore contre le développement des microbes, on a été conduit à essayer de congeler le lait et de l'expédier sous forme de blocs dans les villes; mais cette pratique n'a pas tardé à être abandonnée pour deux raisons :

1° La résistance des microbes à l'égard du froid est extrême (voir p. 25), surtout de ceux qui ont des spores.

2° Pendant la congélation, la crème monte rapidement, le lait et la crème se congèlent séparément, et après le dégel, il est très difficile de reconstituer le lait primitif dans ses conditions normales.

Application inverse des réfrigérants. Chauffage du lait refroidi.

On a souvent besoin, en industrie laitière, de réchauffer le lait, soit avant de le faire passer par les centrifuges pour l'écrémer, soit avant de le mettre en présure pour le transformer en fromage. Or, on comprend que si l'on a un réfrigérant quelconque à sa disposition, il suffira, pour porter le lait à la température voulue, de faire circuler, à l'intérieur de l'appareil, de l'eau plus ou moins chaude, au lieu d'eau froide. Nous reparlerons de cette application inverse des réfrigérants, quand nous traiterons de la fabrication du beurre et du fromage.

III. CONSERVATION DU LAIT PAR LA CHALEUR.

Pasteurisation et stérilisation.

Le froid ne pouvant que retarder l'évolution des microorganismes contenus dans le lait, et par suite ne lui assurer qu'une conservation temporaire, il en résulte que le seul procédé absolument efficace pour conserver le lait réside dans l'emploi de la *chaleur ;* mais l'action de cet agent sur le lait dépend du degré de température auquel on soumet ce liquide. Jusqu'à 70°, le lait n'éprouve pas de modification sensible dans son aspect et son goût; néanmoins, cette température est suffisante pour tuer la plupart des bactéries adultes qu'il renferme : seules leurs *spores* survivent ; quant aux microbes *pathogènes* (voir p. 30), aucun d'eux ne résiste à cette température.

Le chauffage du lait à une température ne dépassant pas 70° a reçu le nom de *pasteurisation*[1] ; il facilite très efficacement la conservation du lait, mais une conservation temporaire seulement.

Si le chauffage à 70° suffit pour détruire les bacilles lactiques qui sont les agents de la coagulation du lait, il est tout à fait insuffisant pour tuer les *spores* des microbes habituels du lait; l'expérience a démontré, en effet, que pour détruire tous les microbes que ce liquide peut contenir, il est nécessaire de chauffer le lait à 110°, pendant 5 minutes au moins.

Ce second mode de chauffage du lait a reçu le nom de *stérilisation.*

Ces préliminaires exposés, nous allons maintenant passer à l'étude détaillée de ces deux modes de chauffage

[1] Hommage rendu à notre illustre savant, M. Pasteur, et à ses admirables travaux sur les fermentations.

du lait et indiquer les principaux appareils imaginés pour les exécuter.

I. DE LA PASTEURISATION DU LAIT.

Nous avons dit plus haut que la pasteurisation du lait consiste à chauffer celui-ci, pendant un certain temps, entre 68° et 69° et à le refroidir immédiatement.

Au début, pour réaliser cette double opération, on employait des appareils à double effet dits *calorisateurs réfrigérants* et qui se composaient de deux réfrigérants Lawrence superposés. Dans le premier, dit le *calorisateur*, on faisait circuler à l'intérieur, pendant que le lait coulait en nappe mince à l'extérieur, un courant de vapeur destiné à chauffer le lait à la température voulue. Arrivé à la partie inférieure du calorisateur, le lait chaud tombait en nappe mince sur le réfrigérant, à l'intérieur duquel circulait cette fois de l'eau *froide* destinée à ramener le lait à la température de 11° à 12°.

Mais l'expérience a démontré que ce mode de pasteurisation laisse souvent à désirer : 1° parce que le temps pendant lequel le lait coule sur le premier réfrigérant est généralement trop court pour que le chauffage agisse efficacement sur les microbes ; 2° parce que si l'on prolonge le contact du lait avec la surface chaude, la température du lait dépasse facilement 70°, et le liquide prend alors un goût de *cuit* très défavorable. Par suite, l'industrie laitière a dû avoir recours à des pasteurisateurs d'un autre genre dans lesquels le lait est également chauffé par la vapeur, mais en même temps agité constamment par un agitateur spécial qui l'empêche de prendre le goût de *brûlé*. Dans ces appareils, le lait n'est généralement pas chauffé à plus de 68° ou 69°, mais on compense l'abaissement de température par une prolongation du chauffage, qui dure de 25 à 30 minutes. Comme type de ces nouveaux pasteurisateurs, nous indiquerons celui du professeur Fjord.

PASTEURISATEUR FJORD (fig. 20).

Depuis sa première apparition en France, le pasteu-

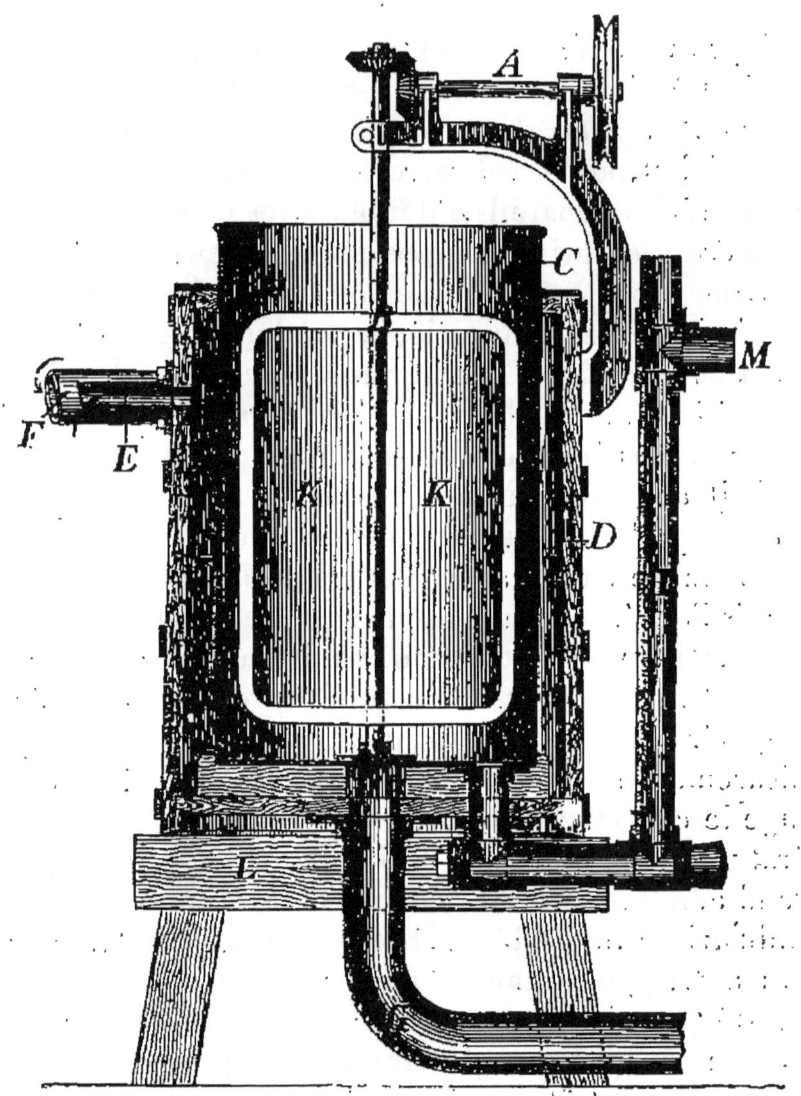

Fig. 20.

risateur du professeur Fjord, de Copenhague, a été l'objet d'une série de perfectionnements; nous allons le décrire tel que son importateur, M. Hignette, le livre aujourd'hui à l'industrie laitière.

Cet appareil consiste en une cuve D en bois, portant latéralement deux ouvertures par lesquelles pénètrent deux tuyaux F et E, le plus gros F amenant dans cette cuve la vapeur d'échappement d'une machine à vapeur et l'autre E, plus petit, fournissant de la vapeur prise sur le générateur même, dans le cas où celle d'échappement est insuffisante pour chauffer la totalité du lait. La vapeur en excès ainsi que l'eau de condensation sortent par un tuyau G, fixé à la partie inférieure de la cuve et qui reste toujours ouvert.

La cuve D renferme un autre récipient C, en tôle galvanisée ou en cuivre étamé, concentrique au premier et destiné à recevoir le lait. Il est muni d'un agitateur à palettes KK auquel on imprime un mouvement de rotation de 130 tours par minute, à l'aide d'une poulie fixée sur l'axe A.

Le conduit M amène par le bas le lait, dans le récipient C, et quand il a été chauffé par la vapeur à la température convenable, 68° à 69°, il sort par un tuyau fixé à la partie supérieure du récipient et qui le conduit immédiatement sur un des réfrigérants précédemment décrits, page 49. Pendant le chauffage du lait, on peut suivre constamment la marche de la température à l'aide d'un thermomètre, que l'on introduit dans un orifice spécial situé sur le conduit de la sortie du lait.

L'appareil est placé sur un bâtis en bois L et mis en en rapport par le tuyau H avec le réservoir contenant le lait à pasteuriser.

Perfectionnements. — Quant aux perfectionnements dont cet appareil a été l'objet dans ces derniers temps, on peut les résumer ainsi :

1° L'espace compris entre l'enveloppe D et le récipient à lait C, où circule la vapeur, est divisé en compartiments formant une sorte d'hélice ou serpentin ; il en résulte une meilleure utilisation de la chaleur et par suite une économie de combustible.

2° Un couvercle ferme le récipient à lait C, à la partie supérieure.

3° Les organes intérieurs et le support de la poulie

Fig. 21. — Pasteurisation du lait doux (installation Hignette.)

sont démontables, ce qui permet d'enlever le récipient à lait et de nettoyer facilement celui-ci, ainsi que toutes les parties en contact avec la vapeur.

Pour qu'une opération de pasteurisation marche bien,

il est nécessaire de prendre les précautions suivantes :

1° Alimenter l'appareil avec du lait tranvasé préalablement dans un réservoir et soutiré par le bas, afin que, l'écume surnageant toujours, celle-ci ne soit pas entraînée dans le récipient C.

2° Ne jamais laisser entrer la vapeur dans la cuve D avant que le récipient C soit complètement plein de lait et l'agitateur en mouvement. Si l'on néglige ces dernières précautions, on porte le lait à une trop haute température, et il brûle.

Le lait chauffé prenant toujours un goût particulier, celui de lait bouilli, il est nécessaire de le refroidir immédiatement après la pasteurisation, en employant l'un des systèmes de réfrigérants précédemment indiqués.

L'appareil Fjord peut également servir à réchauffer le lait destiné à être écrémé au centrifuge ou celui *écrémé*, après sa sortie de l'appareil; nous en reparlerons par la suite.

Fig. 22.

La figure 21 représente une installation de pasteurisation (système Hignette).

Le lait à pasteuriser tombe d'un réservoir supérieur dans un entonnoir d'alimentation muni d'un flotteur à la partie supérieure. Quand une opération est terminée, il suffit d'ouvrir le robinet inférieur pour vider le pasteurisateur et l'alimentateur. Quand il s'agit de lait pasteurisé destiné à l'alimentation publique, il est indispensable de le recevoir, à sa sortie du réfrigérant, non pas dans des seaux, mais dans les pots destinés à son expédition et préalablement stérilisés (fig. 22). Ces pots sont immédiatement bouchés et plongés dans une eau courante ou refroidie avec de la glace, dans laquelle ils séjournent jusqu'au moment du départ.

Expériences de M. Bitter.

M. Bitter a effectué de nombreuses expériences, dans

le but de vérifier l'efficacité d'action, sur les microbes du lait, des pasteurisateurs construits sur les mêmes principes que celui du professeur Fjord, et nous croyons intéressant d'en donner ici le résumé :

1° Une pasteurisation de 20 à 30 minutes, comprise entre 68° et 69°, tue sûrement les germes pathogènes que peut contenir le lait.

2° Dans une série d'expériences, le nombre de bactéries trouvé dans le même lait, par centimètre cube, avant et après la pasteurisation, a été de :

AVANT	APRÈS
102.600	2 à 3
251.600	30 à 40
25.000	3 à 5
37.500	2 à 5
94.000	0 [1].

3° Un chauffage de 20 minutes diminue tout autant le nombre des microbes qu'un autre de 35; on pourrait donc, dans la pratique, ne pas dépasser 25 minutes au maximum.

4° La différence de conservation, entre le lait *pasteurisé* et le même non soumis à cette opération, est d'autant plus prononcée que le premier subit un plus grand refroidissement immédiatement après le chauffage :

LAIT PASTEURISÉ et abandonné à	RETARD DE SA COAGULATION par rapport à celle du même lait non pasteurisé.
30°	6 à 8 heures.
25°	10 —
23°	20 —
14° à 15°	50 à 70 —

[1] Dix-neuf expériences semblables effectuées par M. Freudenreich ont confirmé les résultats de M. Bitter; seulement comme celui-ci pasteurisait le lait immédiatement après la traite, tandis que M. Freudenreich opérait en été, avec du lait pris sur le marché, par conséquent, plus riche en microbes, le savant bernois a obtenu, en moyenne, des nombres un peu plus élevés.

5° La stérilisation préalable des vases destinés à recevoir le lait pasteurisé a une grande influence sur la durée de sa conservation.

A la température de 20° à 24°, le lait pasteurisé et recueilli dans des vases préalablement stérililisés à 100° par de la vapeur ou de l'eau bouillante, a tourné après un nombre d'heures qui a varié entre 46 comme *minimum* et 130 comme maximum, et a été, en *moyenne*, de 87 heures.

Ce même lait, recueilli dans des vases non stérilisés au préalable et abandonné à la même température de 20° à 24°, a tourné après 24 heures comme minimum, 66 comme maximum, et, en *moyenne*, au bout de 43 heures, c'est-à-dire moitié plus vite que l'autre.

Conclusions. — Il résulte de tout ce qui précède que, tandis que du lait *cru*, non pasteurisé, se coagule, en moyenne, après 15 heures à la température de 28° à 30°, et, après 20 heures, à 20°, ce même lait pourra être conservé absolument bon pendant 30 et même 40 heures en le soumettant successivement aux opérations suivante :

1° *Pasteurisation du lait à* 68° *ou* 69°, *immédiatement à son arrivée dans la laiterie ;*

2° *Réfrigération immédiate du lait pasteurisé sur un des appareils précédemment décrits et abaissement de sa température jusqu'à* 11° *à* 12° ;

3° *Mise en pots préalablement stérilisés à* 100° *du lait rafraîchi à* 11° *ou* 12°, *bouchage et expédition ou conservation du liquide à cette même température, jusqu'au moment du départ.*

Quand nous traiterons, dans le chapitre suivant, du commerce en gros du lait, nous verrons que maintenant, dans toutes les grandes laiteries qui alimentent Paris, les opérations que nous venons de résumer y sont effectuées à l'aide des appareils les plus modernes.

CHAPITRE IV

DES DIVERS PROCÉDÉS DE CONSERVATION DU LAIT. 3° CONSERVATION PAR LA CHALEUR (FIN).

II. DE LA STÉRILISATION DU LAIT.

Nous avons dit (page 60) que, pour détruire dans le lait *tous les microbes* qu'il peut renfermer, il est nécessaire de chauffer ce liquide à 110° au moins pendant *cinq minutes,* et que ce second mode de chauffage avait reçu le nom de *stérilisation.*

Malheureusement, cette haute température détermine dans le lait des modifications d'autant plus profondes qu'on s'éloigne davantage de 70° (Duclaux), et qui portent d'abord sur les propriétés organoleptiques de ce liquide en lui faisant prendre ce qu'on appelle le *goût de cuit.* En outre, ces modifications se manifestent à la vue par un changement dans la couleur du lait, qui, du blanc, passe au café au lait, puis au brun plus ou moins foncé à mesure que la température se rapproche ou dépasse 110°[1].

[1] M. Duclaux a constaté que la stérilisation détermine dans le lait des modifications de constitution qui portent surtout sur la caséine et retardent de plus en plus sa coagulation sous l'influence de la *présure.* Ce serait un grand inconvénient si le lait stérilisé devait servir à la fabrication des fromages (ce qui n'est pas le cas), un certain nombre de microbes détruits par la stérilisation étant indispensables aux fromages

STÉRILISATION DU LAIT.

Le goût de cuit et les modifications que l'action de la chaleur apporte dans les propriétés organoleptiques du lait stérilisé constituent donc une sérieuse difficulté dans l'application du procédé. Aussi les industriels qui s'occupent de cette question cherchent-ils, par tous les moyens possibles, à obtenir cette stérilisation sans provoquer dans le lait d'altérations trop sensibles.

Les préceptes qui leur servent de guide peuvent se résumer comme il suit :

1° Ne soumettre à la stérilisation que des laits irréprochables à l'état frais;

2° Compenser l'abaissement au-dessous de 110° de la température de stérilisation, par une prolongation dans la durée du chauffage (cette température restant généralement comprise entre 103 et 106°, avec une durée de chauffage de 20 à 30 minutes);

3° Refroidir immédiatement et énergiquement le lait à la sortie du stérilisateur.

Nous allons maintenant passer en revue les divers appareils de stérilisation qui, bien conduits, peuvent fournir des laits stérilisés de bonne qualité, et, parmi ceux-ci, nous distinguerons : *les appareils industriels* et *les appareils domestiques*.

I. APPAREILS INDUSTRIELS POUR LA STÉRILISATION DU LAIT.

1° *Appareil autoclave de M. F. Fouché*[1].

Dans cet appareil, la stérilisation industrielle du lait

à pâte molle pour arriver à parfaite maturation. Par contre, le lait simplement *pasteurisé* se comporte, vis-à-vis de la présure, comme le lait cru ou naturel, fait important sur lequel nous aurons occasion de revenir quand nous traiterons de l'industrie fromagère, dans la troisième partie de cet ouvrage.

[1] Ingénieur-constructeur, 38, rue des Écluses-Saint-Martin, Paris.

en boîtes ou en flacons s'obtient par le chauffage en vase clos, sous pression et, par conséquent, à une température supérieure à 100°. Ce sont ces appareils, habituellement désignés sous le nom d'*autoclaves*, qui sont, depuis une quarantaine d'années, en usage dans l'industrie des conserves alimentaires.

Fig. 23. — Autoclave avec fourneau pour le lait stérilisé.

Autoclaves (fig. 24). — Les autoclaves sont des chaudières en tôle forte pouvant résister à une pression d'un kilogramme par centimètre carré et fermées au moyen de couvercles maintenus par des boulons à charnière.

Ces autoclaves sont chauffés sur des fourneaux ou par la vapeur d'un générateur (fig. 23).

Ce dernier mode de chauffage doit être préféré pour un établissement de quelque importance.

Les autoclaves sont pourvus de *soupapes de sûreté* et de *thermomanomètres* métalliques, indiquant la pression et la température de la vapeur.

Les flacons ou les boîtes renfermant le lait qui doit être stérilisé sont placés dans des paniers (fig. 25) en tôle galvanisée, que l'on enlève au moyen d'un appareil de levage (fig. 26) pour les descendre dans l'autoclave dont, ensuite, on referme solidement le couvercle au moyen de boulons à charnière.

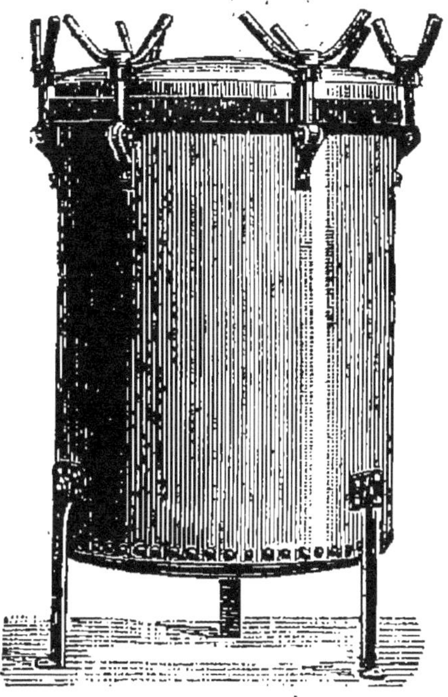

Fig. 24. — Autoclave à vapeur pour le lait stérilisé.

Le lait stérilisé se prépare en flacons de verre ou en boîtes de fer-blanc soudées à l'étain pur. Les flacons sont préférés dans les grandes villes, tandis que les boîtes en fer-blanc conviennent surtout pour l'exportation et la marine. L'embouteillage du lait ou sa mise en boîtes s'effectue rapidement au moyen de rampes à robinets ou de tireuses à siphon. Les flacons ne doivent pas être complètement remplis, afin d'éviter la rupture ocasionnée par la dilatation du liquide pendant le chauffage.

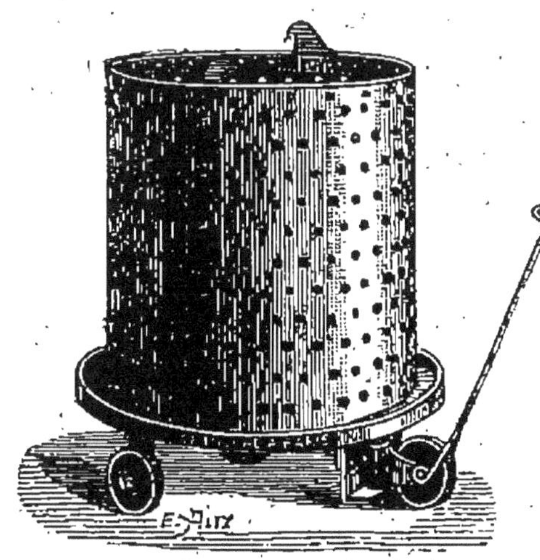

Fig. 25. — Panier en tôle galvanisée pour flacons ou boîtes en fer-blanc.

Les boîtes en fer-blanc sont remplies complètement, l'élasticité de leurs parois suffisant au jeu de la dilatation, et on les ferme au moyen d'un petit opercule en fer blanc soudé sur le trou de remplissage.

Lorsque le chauffage est achevé, on laisse échapper la vapeur, on ouvre le couvercle de l'autoclave et on procède au refroidissement rapide des boîtes ou des flacons.

Bouchage des flacons. — Pour cette opération,

Fig. 26. — Autoclave avec appareil de levage pour le lait stérilisé.

M. L. Bochet[1] rejette tout système de fermeture dans lequel entre le caoutchouc et recommande de l'effectuer à la machine avec des bouchons de liège de très bonne qualité enduits de *paraffine* après chauffage et refroidissement. Les fermetures avec caoutchouc, dit

[1] Ingénieur attaché à la maison Fouché.

M. Bochet, donnent mauvais goût au lait, sont difficiles à nettoyer et coûtent cher; en outre, la fermeture n'est pas assurée parce que le caoutchouc se durcit et se gerce, et, par suite, la conservation du lait devient incertaine. Nous verrons bientôt jusqu'à quel point ces assertions sont fondées.

Supériorité des boîtes de fer-blanc sur les flacons. — M. Bochet donne la préférence, d'une manière absolue, aux boîtes de fer-blanc pour les raisons suivantes :

1° La stérilisation dans les boîtes est plus facile à exécuter, parce qu'il n'y a pas de casse à redouter comme avec le verre et que le chauffage est plus régulier.

2° La conservation du lait est complètement assurée dans les boîtes, parce qu'on peut les remplir complètement et leur appliquer la fermeture par soudage qui est la plus parfaite; de plus, on évite *le barattage* qui, pendant le transport, se produit dans les flacons incomplètement remplis, et aussi la rentrée de l'air extérieur comme cela arrive dans les flacons insuffisamment bouchés.

3° Avec les boîtes, celles-ci ne servant qu'une fois, il n'y a plus de lavage à effectuer, et enfin, les prix d'emballage et de transport sont bien moindres que pour les flacons.

Comme on le voit, la supériorité des récipients en fer-blanc sur les flacons en verre est évidente ;et l'on devra toujours leur donner la préférence, toutes les fois qu'il s'agira de préparer du lait *stérilisé* destiné à être expédié au loin et auquel on demande, en quelque sorte une conservation indéfinie.

Mais, quant à celui destiné à la consommation journalière dans les grandes villes, le lait en flacons sera toujours préféré, parce que le public aime à voir le produit qu'il achète et que les conditions dans lesquelles ce lait doit être consommé sont différentes.

En effet, les véritables consommateurs de lait stérilisé, dans les villes, sont surtout les malades et les enfants soumis à l'allaitement artificiel. Or, pour ces derniers,

5

la préparation et la distribution du lait stérilisé exigent absolument l'emploi de petits appareils et de flacons en *verre*, diversement gradués, que nous décrirons un peu plus loin.

Prix de revient du lait stérilisé industriellement avec les autoclaves.

D'après M. Bochet, ingénieur de la maison F. Fouché, le prix de revient du lait stérilisé en *flacons de verre*, s'établit ainsi pour 1,000 litres de lait :

POUR FLACONS D'UN LITRE			POUR FLACONS D'UN DEMI-LITRE		
Bouchons.....	1.000...	20 »	Bouchons.....	2.000...	34 »
Étiquettes....	1.000...	4 »	Étiquettes....	2.000...	8 »
Paraffine.....	2 kilog..	6 »	Paraffine.....	3 kilog..	9 »
Chauffage.............		3 »	Chauffage..............		4 »
Main-d'œuvre..........		3 »	Main-d'œuvre..........		5 »
Casse 2 p. 100 sur 1000 fl. à 22 fr.............		4 40	Casse 2 p. 100 sur 2000 fl. à 16 fr..............		6 40
	fr.	40 40		fr.	66 40

A ces prix de fabrication il faut ajouter les prix de transport, que l'on calculera en se basant sur ce que 1,000 litres de lait en flacons d'un litre pèsent 1,600 kilogrammes, emballage compris, tandis qu'en flacons d'un demi-litre, le poids est de 2,000 kilogrammes. Les emballages consistent en caisses ou en paniers, et les flacons sont protégés par des paillons.

Prix des flacons en verre recuit. — Le litre, 22 francs le cent; le demi-litre, 16 francs le cent.

Pour le lait en *boîtes de fer-blanc*, on calculera le prix de fabrication avec les données suivantes :

Prix des boîtes, y compris remplissage, soudure et toutes les opérations de la stérélisation :

0 fr. 19 par boîte d'un litre, 0 fr. 14 par boîte d'un demi-litre.

Poids total à transporter pour 1.000 *litres de lait.* — En boîtes d'un litre, 1,200 kilogrammes; d'un demi-litre, 1,300 kilogrammes.

Crème stérilisée. — Cette crème se prépare industriellement par les mêmes procédés que le lait ; sa conservation est la même et elle peut être transformée en beurre à un moment donné; nous reviendrons sur ce sujet dans la seconde partie de notre livre.

Débouchés. — L'exportation offre des débouchés considérables au lait stérilisé fabriqué industriellement, et ce produit commence à être connu et apprécié dans l'Extrême-Orient et sur les côtes d'Afrique. Les compagnies de navigation l'ont adopté et en font une consommation de plus en plus considérable[1]. Il est à souhaiter que ce lait remplace un jour complètement le lait *concentré* fabriqué à l'étranger et dont la pauvreté en matière grasse va toujours en augmentant par suite d'un écrémage effréné (voir p. 19).

2° APPAREIL DE TH. TIMPÉ, A MAGDEBOURG (SAXE).

J. Hignette, concessionnaire pour la France, boulevard Voltaire, 162, Paris.

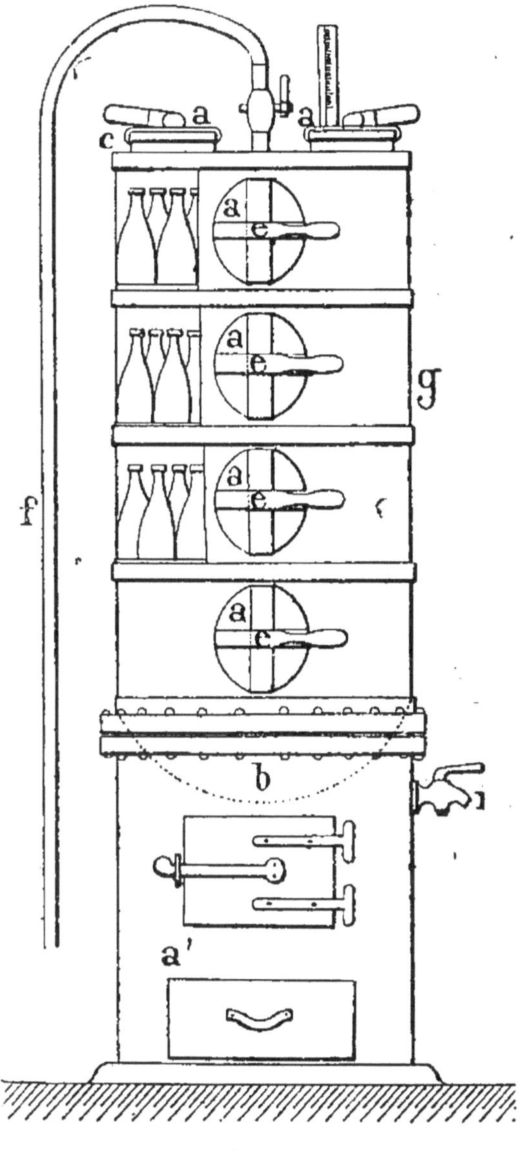

Fig. 27.

Cet appareil (fig. 27) se compose de trois parties principales, savoir : 1° un fourneau de chauffe; 2° une chaudière en fonte émaillée qui contient de l'eau; 3° un

[1] Louis BOCHET, ingénieur, *Conférences sur les laits stérilisés.*

cylindre en fer galvanisé qui est le stérilisateur proprement dit.

La chaudière peut être chauffée avec du coke ou tout autre combustible, mais si l'on veut utiliser la vapeur produite dans l'usine ou la laiterie, l'appareil est muni, à cet effet, d'un robinet spécial.

Le stérilisateur placé au-dessus de la chaudière se compose de compartiments en nombre variable, quatre par exemple, dans lesquels on introduit les flacons ou les récipients à lait, de formes diverses; chaque compartiment peut contenir 50 flacons (système Timpé). Cet appareil porte sur son couvercle un manomètre, une soupape de sûreté, un thermomètre et deux orifices pour la sortie de la vapeur. Il ferme d'une façon absolument hermétique et un feutre spécial assure son isolation et celle de son enveloppe.

Les trous d'homme correspondant aux quatre compartiments permettent d'introduire facilement le bras jusqu'au fond de l'appareil pour y mettre ou en retirer les flacons, sans l'emploi d'une pince.

Les obturateurs de ces trous d'homme sont entourés de bagues en caoutchouc et, après mise en place, serrés avec un crampon sur lequel agit un levier excentrique en fer étamé; on obtient ainsi une fermeture hermétique par un simple mouvement de pression, lequel agit à la fois sur les rondelles et les obturateurs.

Une fois les flacons remplis de la quantité de lait voulue, on les bouche imparfaitement et on les place sur les grilles des divers compartiments; on ferme les trous d'homme, on chauffe, et la température s'élève rapidement jusqu'à 103° ou 104°.

Le robinet d'échappement de la vapeur n'étant pas complètement fermé, celle-ci s'échappe en partie par le tuyau en cacoutchouc recourbé (que l'on voit à gauche de la figure) et se rend dans un bassin plein d'eau contenant les flacons à nettoyer.

Pour compenser la température relativement basse

adoptée pour la stérilisation, on fait durer le chauffage environ trois quarts d'heure, à partir du moment où le thermomètre atteint 103 à 104°.

La stérilisation terminée, on diminue le chauffage ou on ferme le robinet d'introduction de la vapeur; on ouvre tous les trous d'homme, la vapeur s'échappe rapidement de l'appareil, et en se garantissant les mains avec un gant spécial, on retire immédiatement les flacons dont on complète la fermeture à la main, si cela est nécessaire. Quent à la fermeture des flacons au moment où ils sont introduits dans l'appareil, elle a lieu au moyen de bouchons particuliers qui permettent à la vapeur produite pendant le chauffage de sortir des flacons et empêchent toute rentrée d'air après. Nous allons indiquer les principaux systèmes de bouchons imaginés par M. Th. Timpé et en faire ressortir les avantages.

Systèmes de bouchons de M. Th. Timpé.

1° *Bouchon pneumatique en porcelaine.*

Ce premier système de bouchon est le plus simple et est destiné aux envois journaliers dans les villes voisines de l'usine ou de la ferme; il se compose des deux parties suivantes : 1° *un bouchon en porcelaine* (fig. 28) qui entre librement dans le goulot du flacon; 2° *une rondelle conique* en caoutchouc (fig. 29) qui sert en quelque sorte de collerette audit bouchon. Une fois ce bouchon ajusté, les vapeurs qui se produisent dans l'intérieur des flacons pleins de lait, pendant le chauffage, soulèvent la collerette et s'échappent à l'extérieur avec l'air. Par le refroidissement, les vapeurs, en se condensant, produisent un vide à l'intérieur des

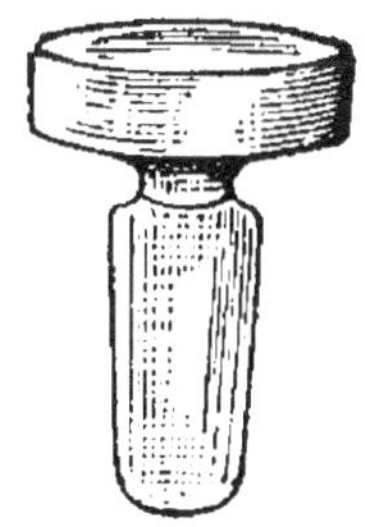

Fig. 28.

Fig. 29.

flacons; la pression extérieure appuie alors sur le bouchon de porcelaine, qui, à son tour, presse sur la collerette et rend la fermeture hermétique. Les fig. 30 et 31 représentent, *avant* et *après* la stérilisation, un flacon fermé par le bouchon pneumatique de porcelaine.

M. Timpé a perfectionné ce premier système de bouchage, déjà très simple et très efficace, de la manière suivante :

Fig. 30 et 31. — Bouchon pneumatique de porcelaine avant et après la stérilisation.

Un fil de fer étamé traverse horizontalement la tête cylindrique du bouchon en porcelaine et vient former étrier au-dessous de la bague en verre qui termine le goulot du flacon.

Avant la stérilisation, la pression intérieure et extérieure se faisant équilibre, les deux crochets maintiennent le bouchon d'une façon rigide sur le goulot du flacon, mais une fois le vide fait à l'intérieur et le bouchon enfoncé sous l'action de la pression extérieure, les deux crochets flottent librement, ce qui indique après l'opération, d'une part, que le vide intérieur a été bien fait, de l'autre, que ce vide se maintient, car dès qu'il y a rentrée d'air le bouchon se soulève et les deux crochets cessent de flotter librement.

Ce système de bouchage est infiniment supérieur aux fermetures ordinaires en caoutchouc, parce que ce dernier est attaqué facilement par le lait chaud et que, pendant la stérilisation, de petites parties de soufre et d'antimoine qui servent à sa préparation peuvent s'introduire dans le lait. Au contraire, dans le bouchon que nous venons de décrire, le caoutchouc n'est jamais en contact avec le lait, la partie prolongée du bouchon de porcelaine arrêtant les gouttelettes de lait qui peuvent sauter à la partie supérieure.

Nous ajouterons que les rondelles coniques en caoutchouc qui constituent une des parties du bouchon sont l'objet d'un traitement spécial avant d'être employées. On commence par les faire bouillir pendant environ deux heures dans une solution alcaline composée de 60 grammes de carbonate de potasse par litre d'eau, et si elles n'ont pas perdu toute odeur de caoutchouc, on recommence l'opération pendant deux autres heures.

Ceci fait, on rince et on conserve dans l'eau froide les bouchons en porcelaine munis de leurs rondelles, jusqu'au moment où on les place encore humides sur les orifices des bouteilles pleines de lait et destinées à la stérilisation. Enfin, si les rondelles se déforment au moment où on les adapte aux bouchons de porcelaine, il faut avoir le soin de les étirer de manière qu'elles recouvrent exactement l'orifice du flacon.

Comme nous l'avons dit plus haut, ce mode de fermeture est parfaitement suffisant pour du lait stérilisé qui doit être consommé le jour même de l'opération ou le lendemain; mais quand il s'agit de lait stérilisé destiné à être transporté au loin et dont la stérilisation doit se maintenir parfaite, sinon indéfiniment, du moins pendant plusieurs mois et même davantage, il devient nécessaire d'assurer d'une façon plus énergique encore la fermeture des flacons. C'est pour satisfaire à ces nouvelles exigences que M. Timpé a imaginé d'autres systèmes de bouchons qui permettent toujours à la vapeur produite de sortir des bouteilles avec l'air intérieur, mais qui, en même temps, s'opposent plus énergiquement à toute rentrée de l'air extérieur.

2° *Bouchon pneumatique mécanique* (fig. 32 et 33).

Avant. Après.
Fig. 32 et 33. — Bouchon pneumatique mécanique.

Ce bouchon ne diffère du précédent que par l'addition d'un levier en fil d'acier galvanisé (semblable à celui qui sert à la fermeture des canettes de bière) et qui ajoute son action à celle de la pression atmosphérique, lorsque le vide a été fait dans le flacon. La figure représente ce bouchon avant et après la stérilisation.

3° *Bouchon pneumatique mécanique* (autre système, fig. 34.)

Enfin nous citerons un autre bouchon pneumatique du même inventeur qui, quoique très ingénieux, a pour nous le défaut d'être plus compliqué dans son ensemble. Ce bouchon se compose d'une pièce en porcelaine perforée obliquement par rapport à l'axe et attachée à la bouteille au moyen d'un levier en fil d'acier galvanisé. Ce canal ou conduit est fermé extérieurement par une bague en caoutchouc. Pendant le chauffage du lait, les vapeurs produites à l'intérieur soulèvent cette bague et s'échappent à l'extérieur

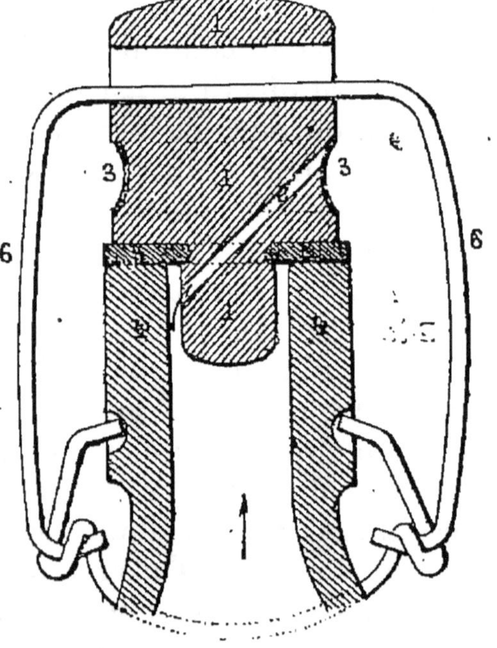

Fig. 34.

par le conduit oblique, tandis que, l'opération terminée, la pression atmosphérique appuie sur la bague qui, en bouchant l'orifice extérieur du conduit, s'oppose à toute rentrée d'air.

Appareils à un ou deux compartiments pour médecin ou pharmacien (fig. 35).

Ces appareils sont absolument identiques aux grands;

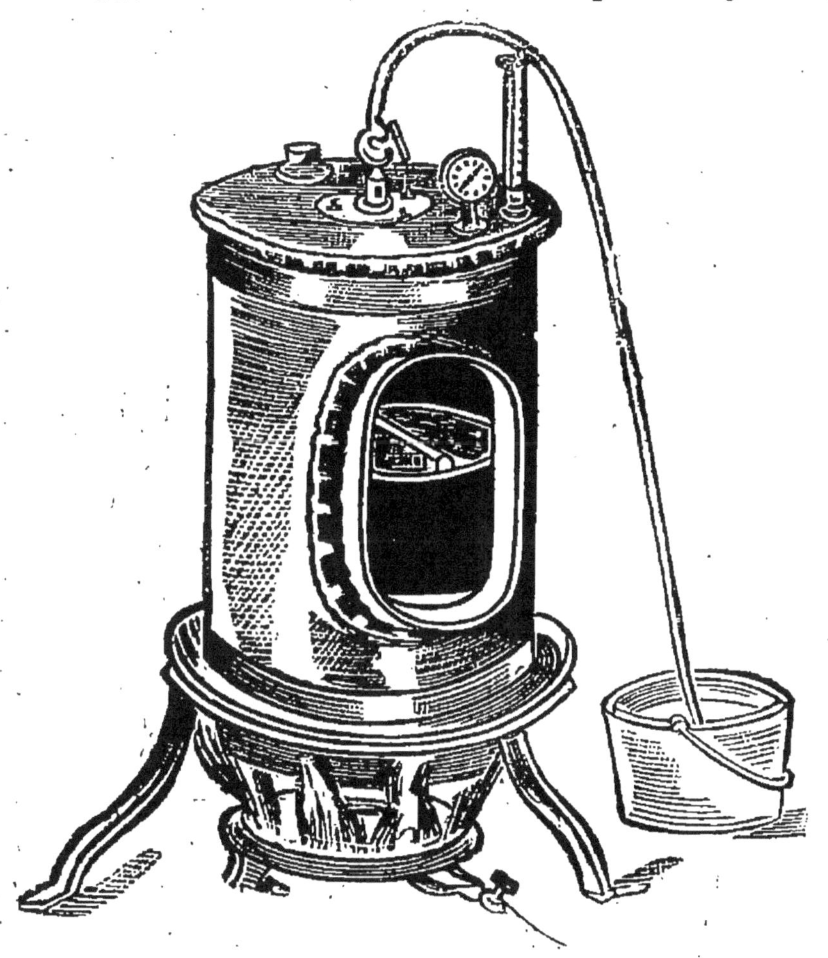

Fig. 35.

on peut les chauffer à l'alcool, au gaz ou sur un petit fourneau au charbon, après avoir versé 2 litres et demi d'eau sur le fond percé qui surmonte la marmite; la durée du chauffage est d'une heure, entre 102° et 103°.

Il est presque inutile d'ajouter que ces appareils conviennent parfaitement pour la stérilisation de l'eau à boire et préalablement filtrée.

L'eau stérilisée bien rafraîchie joue maintenant un rôle important comme boisson de table; elle ne demande pour sa stérilisation qu'un bon filtre et deux heures de chauffage à 102° ou 103° centigrades.

M. Timpé fabrique encore tous les appareils domestiques employés pour stériliser chez soi, ainsi que les divers ustensiles employés pour l'alimentation artificielle des nouveau-nés; nous en reparlerons un peu plus loin.

Avant de passer à l'étude des appareils domestiques, nous indiquerons encore les appareils de MM. Bréhier et Cie [1] pour le chauffage *industriel* du lait en flacons.

1° *Appareil de chauffage des flacons au bain-marie.*

Cet appareil (fig. 36), se compose d'une chaudière

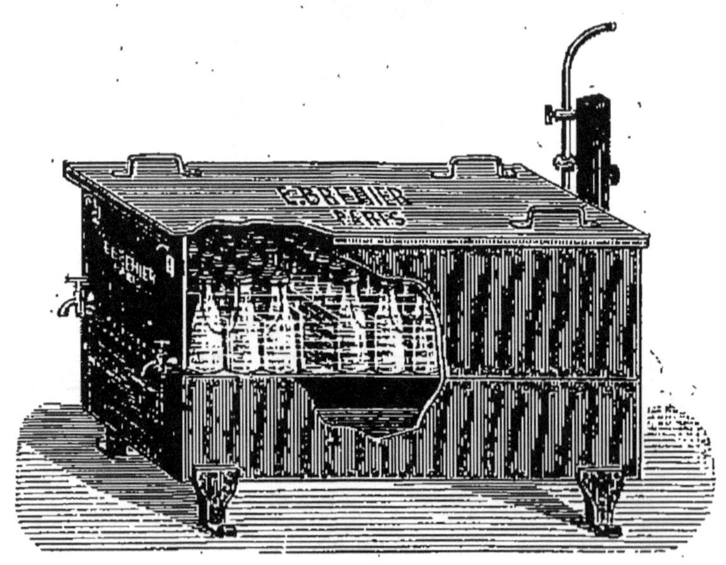

Fig. 36.

[1] Ingénieurs-constructeurs, 52, rue de l'Ourcq, Paris-Villette.

à eau dans laquelle les flacons sont posés sur un faux fond percé de trous ou rangés dans des paniers mobiles et séparés. Le chauffage a lieu à feu nu ou par serpentin de vapeur, et l'on peut, à l'aide d'un robinet de jauge ou d'un trop-plein formant siphon, régler le niveau de l'eau dans la chaudière à une hauteur convenable, suivant le type des flacons employés. La mise en panier des flacons est préférable dans les installations un peu importantes, parce qu'elle permet d'en simplifier la manutention au moyen d'un petit palan à chemin de fer desservant les différents bains-marie.

2° *Appareil de chauffage des flacons à la vapeur.*

Cet appareil (fig. 37) peut être construit soit sous forme d'armoire proprement dite avec un socle reposant directement sur le sol, soit sous forme d'étuve adossée à un mur et maintenue par des consoles.

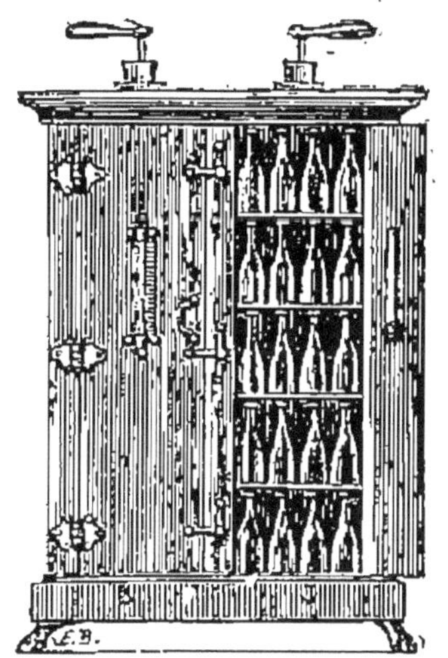

Fig. 37.

Un diviseur de vapeur répartit au même instant et également la chaleur dans toutes les parties de l'étuve, ce qui évite presque complètement la casse des flacons qui se produit lorsque la vapeur vient frapper directement sur le verre.

La fermeture des portes par un système à pression avec plaques de glissement est à la fois simple et commode. Les rayons sont fixes ou mobiles ; dans ce dernier cas, chaque rangée de bouteilles supporte elle-même le rayon supérieur, et le tout est maintenu par un plateau de serrage commandé par une vis à la partie supérieure.

Nota. La maison Bréhier et Cie a obtenu dans les diverses Expositions, en France et à l'étranger, des récompenses importantes pour ses divers appareils appliqués à l'industrie laitière.

II. APPAREILS DOMESTIQUES POUR LA STÉRILISATION.

Nous donnons ce nom aux petits appareils avec lesquels on peut, chez soi et sans difficulté aucune, stériliser le lait soi-même. Ces appareils sont nombreux; mais comme ils reposent tous sur le même principe et qu'ils ne diffèrent entre eux que par la forme des flacons et le mode de fermeture, nous ne décrirons que les plus connus et ceux qui nous paraissent les meilleurs.

Avant de procéder à cette description, nous commencerons par bien établir la différence qui existe entre la stérilisation absolue et celle obtenue avec les appareils domestiques.

Nous avons dit précédemment à quelle température (110°) il fallait chauffer un lait pour y détruire tous les microbes, spores, etc., qu'il peut contenir à un moment donné, et indiqué les modifications qui en résultent pour le lait. Nous avons décrit également les appareils industriels à l'aide desquels on peut obtenir cette stérilisation complète et en quelque sorte indéfinie du lait.

Avec les appareils domestiques, le lait dit *stérilisé* n'est en somme que du lait simplement porté à 100° et non à son point d'ébullition, puisque, d'après de nombreuses expériences effectuées par M. Chavane[1], l'ébullition du lait n'a lieu qu'à 101°, 5.

Cette stérilisation pratique n'a d'autre prétention que de s'appliquer à la provision du lait faite *chaque jour* pour les enfants; elle met le lait qui y a été soumis à l'abri des germes de l'atmosphère qui peuvent l'infecter, détruit tous les microbes pathogènes et arrête les fermen-

[1] *Du lait stérilisé, son emploi dans l'alimentation du nouveau-né*, thèse du docteur A. CHAVANE, ancien interne de la Maternité de l'hôpital de la Charité. Avril 1893.

tations qui se seraient produites, en attendant le moment où le lait est donné en tétée.

Le lait stérilisé obtenu, ajoute M. Chavane, avec les appareils employés à la Charité (appareils Soxhlet, Gentile) (voir plus loin), conserve tous ses caractères organoleptiques, et il est difficile, en goûtant comparativement le lait *cru* et le lait *stérilisé* qui en provient, de les distinguer l'un et l'autre. Le lait porté simplement à 100° diffère absolument du lait porté à l'ébullition; tandis que le premier est parfaitement accepté par le nouveau-né, le second détermine très souvent chez l'enfant, dans les premiers mois de son existence, des troubles digestifs graves. Cela tient surtout aux modifications de volume que subit le lait pendant l'ébullition et, par suite, aux changements qui en résultent dans la proportion des éléments nutritifs qu'il renferme. MM. Chavane et Lesage ont constaté que du lait maintenu en ébullition à l'air libre pendant cinq minutes diminuait de près d'un quart de son volume.

Cependant, il résulte des analyses exécutées par M. Vassal, à la demande de M. Chavane, sur les mêmes laits, avant et après la stérilisation à 100°, que cette stérilisation pratique apporte néanmoins une légère modification dans la composition du lait, en ce qui concerne la proportion de caséine *soluble* (Duclaux; voir p. 4) ou de ce que Fleischmann appelle les *albumines solubles*. Pendant le chauffage à 100°, cette caséine soluble est précipitée, et au lieu de 3 gr. 50 par litre, en moyenne, M. Vassal a constaté qu'il n'en restait que de minimes quantités difficiles à doser.

Le lait de vache chauffé à 100° est donc un peu moins nutritif que celui qui ne l'a pas été, et M. Chavane en tire un argument pour conseiller d'administrer *sans coupage*, aux nouveau-nés, le lait stérilisé. (Voir p. 99.) Nous allons maintenant donner la description des appareils domestiques les plus simples et les plus employés.

1° *Appareil de famille dit à vapeur coulante de M. Th. Timpé* [1].

Cet appareil est destiné à satisfaire aux besoins des nourrissons; il est construit en fer-blanc émaillé et se compose des parties suivantes :

Fig. 38.

1° *Un récipient à eau* (fig. 38) dans lequel on introduit un autre récipient (fig. 39), dont le fond est percé de trous et qui renferme un support pour 10 flacons fermés avec le bouchon pneumatique en porcelaine (fig. 28).

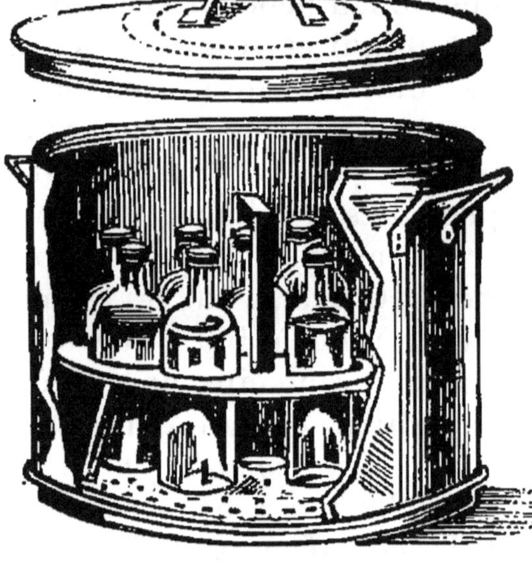

Fig. 39.

On met dans le premier récipient environ un litre et demi d'eau, on pose le second récipient dessus, on ferme avec le couvercle et on chauffe. En peu de temps, l'eau entre en ébullition, la vapeur formée passe à travers les trous du second récipient, enveloppe les flacons pleins de lait et en stérilise le contenu beaucoup plus efficacement que si les flacons étaient plongés dans l'eau bouillante. On compte 40 minutes pour stériliser le lait pur ou coupé avec de l'eau.

Pour donner le lait à l'enfant, si ce liquide s'est refroidi après la stérilisation, on commence par tremper

[1] Chez J. Higuette déjà cité.

la bouteille dans de l'eau à 40° environ, pendant quelques instants, on agite fortement son contenu deux ou trois fois pour émulsionner la crème et rendre au lait son aspect primitif; on retire le bouchon du flacon et on le remplace *immédiatement* par un suçoir en caoutchouc, préparé comme il a été dit pour les rondelles à bouchons, page 79.

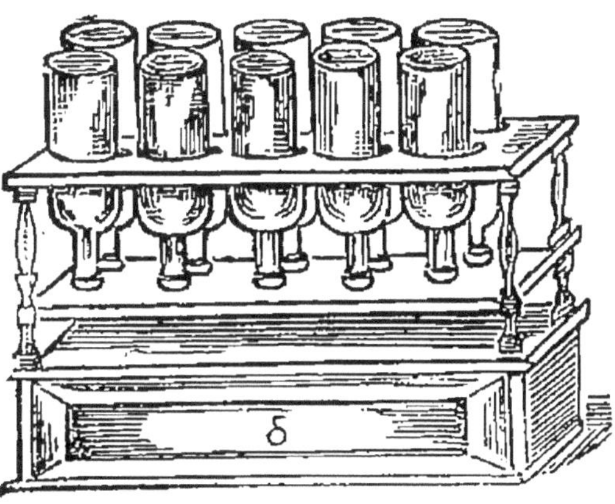

Fig. 40.

L'appareil complet comprend, en outre des trois pièces précédentes, un support en bois (fig. 40) avec dix bouteilles et dix bouchons de réserve, quelques suçoirs, deux brosses à nettoyer les flacons et les suçoirs (fig. 41), un gobelet à mesurer et à couper le lait (fig. 42), ainsi qu'un autre gobelet (fig. 43) pour tiédir le lait au moment de le donner au nourrisson.

Fig. 41.

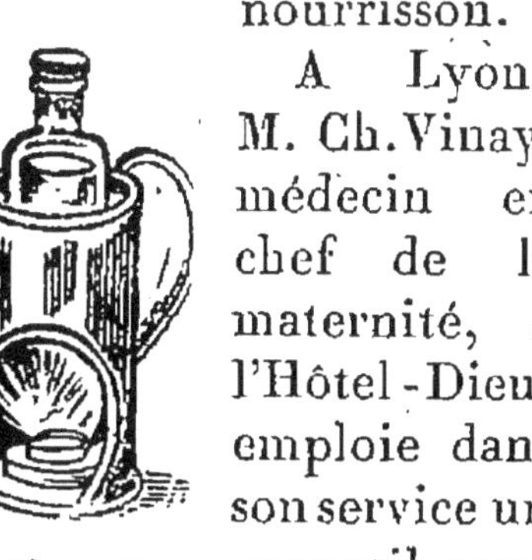

Fig. 42. Fig. 43.

A Lyon, M. Ch. Vinay, médecin en chef de la maternité, à l'Hôtel-Dieu, emploie dans son service un appareil semblable au précédent, sauf que les flacons qui renferment le lait sont simplement bouchés par un tampon de coton que l'on remplace par une tétine au moment du repas de l'enfant.

2° *Appareil Soxhlet* (fig. 44).

Cet appareil très connu en France se compose, comme le précédent, d'un bain-marie fermé, dans lequel on plonge un porte-bouteilles dont les flacons, d'une contenance de 200 grammes, sont préalablement remplis au tiers. On place sur leur goulot un petit disque *d* en caoutchouc de 4 millimètres d'épaisseur et d'un diamètre rigoureusement égal à celui de l'ouverture en entonnoir du goulot.

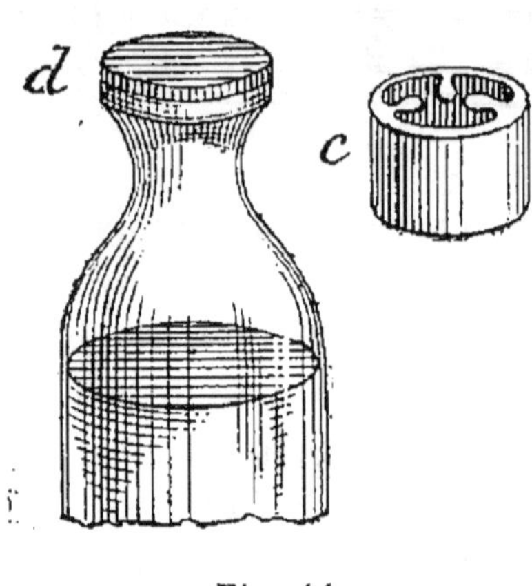

Fig. 44.

Pendant le chauffage, pour éviter que la vapeur et l'air qui sortent du flacon ne déplacent ce disque, on coiffe le goulot, surmonté de sa rondelle, d'un petit cylindre *c* en métal armé de trois griffes qui doit se placer sans frottement. La durée de l'ébullition est de quarante minutes.

La hauteur de l'eau du bain-marie ne doit pas dépasser la moitié de celle de la bouteille, qui plonge ainsi partie dans l'eau bouillante, partie dans la vapeur. Le temps pendant lequel on prolonge l'ébullition permet au lait d'équilibrer sa température avec celle de l'eau, et M. Chavane [1] s'est assuré, par des expériences directes, que pendant l'opération la température du lait était de 100° aussi bien dans les couches supérieures qui plongent dans la vapeur que dans les plus profondes.

[1] A. Chavane, *Du lait stérilisé, etc.*, thèse déjà citée.

Dès que les bouteilles sont retirées de l'eau, le vide se fait par refroidissement dans l'intérieur du flacon et la pression atmosphérique extérieure fixe le disque sur la bouteille en le déprimant à son centre.

Ce disque très ingénieux n'est pas sans inconvénients; par l'usage, il arrive à s'étendre, glisse à frottement contre les parois du cylindre à griffes, et quand on enlève ce dernier, le disque le suit et l'opération est alors à recommencer.

Nous ajouterons que ce système d'obturateur rentre dans la catégorie de ceux qui mettent le caoutchouc en contact avec la vapeur qui se dégage du flacon, pendant toute la durée de l'opération, ce qui, à nos yeux, est un grand inconvénient et nous fait préférer, surtout pour les appareils de famille, le bouchon pneumatique Timpé (page 77) composé simplement d'un obturateur en porcelaine avec bague conique en caoutchouc et d'un petit crochet qui indique à chaque instant si le vide se maintient dans le flacon (voir p. 78). Nous pourrions citer encore d'autres systèmes d'obturateurs, d'invention récente, tels que celui de M. Gentile, mais comme tous méritent la critique ci-dessus, nous les passerons sous silence.

Enfin, nous croyons devoir reproduire ici l'indication d'un moyen extrêmement simple de stérilisation pratique dont MM. Budin et Chavane conseillent l'emploi aux femmes qui quittent l'hôpital.

Dans une marmite ordinaire, mettre un peu de paille et un tiers d'eau et y placer ensuite la provision de lait pour la journée, répartie dans un certain nombre de bouteilles remplies aux deux tiers et contenant 100 gr. de lait environ. Porter l'eau à l'ébullition, l'y maintenir pendant trois quart d'heure, après quoi retirer du feu le bain-marie et fermer chaque bouteille avec un bon bouchon de liège préalablement plongé dans l'eau bouillante.

Nous reconnaissons, dit M. Chavane, que ce procédé

est très imparfait, mais dans les classes sociales où se recrutent les malades de l'hôpital, le prix de l'appareil même le plus simple est encore trop élevé, et l'emploi du lait ainsi préparé nous semble préférable à celui du lait bouilli.

3° *Flacon pasteurisateur et stérilisateur Legay* (fig. 45).

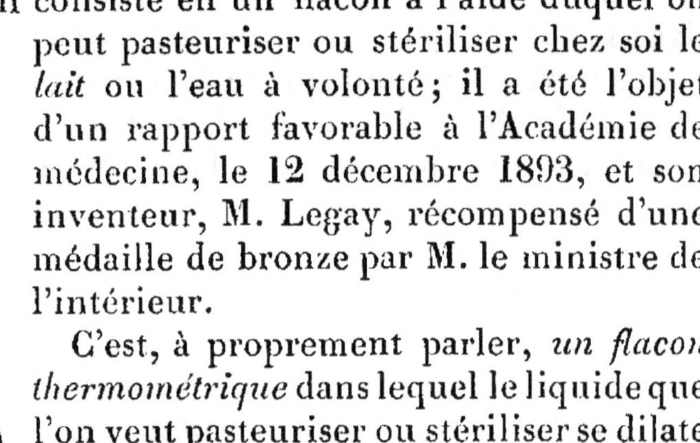

Cet appareil consiste en un flacon à l'aide duquel on peut pasteuriser ou stériliser chez soi le *lait* ou l'eau à volonté; il a été l'objet d'un rapport favorable à l'Académie de médecine, le 12 décembre 1893, et son inventeur, M. Legay, récompensé d'une médaille de bronze par M. le ministre de l'intérieur.

Fig 45.

C'est, à proprement parler, *un flacon thermométrique* dans lequel le liquide que l'on veut pasteuriser ou stériliser se dilate sous l'action de la chaleur et indique lui-même, en venant affleurer l'une des deux graduations gravées sur le verre, qu'il a été chauffé au degré voulu.

Quant au bouchon, c'est le même que celui représenté figure 32, sauf que la rondelle conique en caoutchouc y est disposée en sans inverse.

Les deux graduations gravées sur le col du flacon correspondent aux deux températures de :

85° pour la pasteurisation et 106° pour la stérilisation.

Nous savons que tous les microbes *pathogènes* sont détruits à des températures voisines de 68° et que jusqu'à 70° le lait n'éprouve pas de modification sensible dans son aspect et son goût, tandis qu'il en est tout autrement à mesure que l'on dépasse davantage cette température ; par suite, bien que l'inventeur nous prévienne que c'est dans le but de se placer dans des conditions de sécurité absolue que la température de la pasteurisation a été fixée à 85°, nous regrettons qu'il n'ait pas cru devoir s'arrêter à 70°.

D'après l'inventeur, ce chauffage à 85° fournit un lait qui a conservé toute sa saveur, ses qualités nutritives et digestives, et que l'on peut consommer en toute sécurité pendant les deux jours qui suivent la pasteurisation.

Quant à la *stérilisation,* nous savons aussi que, pour débarrasser complètement le lait de tous les microbes qu'il peut contenir, il est nécessaire de le chauffer et de le maintenir pendant cinq minutes au moins à une température voisine de 110° ; ici, l'inventeur est resté en dessous de cette température, en fixant celle de la stérilisation à 106°, mais on sait que l'on peut compenser dans certaines limites la diminution de la température par la prolongation du chauffage.

Pour se servir de l'appareil Legay, il suffit d'avoir chez soi deux bains-marie, l'un à l'eau ordinaire, l'autre contenant 350 grammes de sel de cuisine par litre d'eau douce, cette dissolution salée n'entrant en ébullition qu'à 106°

Mode d'opération. — 1° *Pasteurisation.* —On introduit le lait froid dans le flacon jusqu'au trait niveau, on ferme avec le bouchon spécial, on l'introduit dans le bain-marie simple que l'on chauffe jusqu'à ce que le niveau du liquide s'élève, en se dilatant, jusqu'au trait marqué 85°. On retire le flacon et on laisse refroidir *lentement,* dit la notice, tandis que les divers auteurs recommandent un refroidissement immédiat et rapide du lait pasteurisé.

2° *Stérilisation.* — Si l'on veut conserver le lait pendant plus de deux jours, on opère comme ci-dessus, mais après avoir plongé le flacon dans le bain-marie *salé,* et on chauffe jusqu'au moment où le niveau du liquide qui se dilate atteint le trait 106°.

La graduation des flacons Legay est faite à la main sur chaque flacon et vérifiée de telle sorte que les traits 85° et 106° correspondent réellement à la température du lait traité, lorsqu'il vient affleurer ces traits.

L'idée qui a guidé l'inventeur dans l'établissement de son appareil est ingénieuse dans sa simplicité, et dans notre opinion ce stérilisateur essentiellement pratique est appelé à rendre de réels services, non seulement pour la consommation courante du lait, mais surtout pour l'alimentation des enfants allaités artificiellement.

Cependant, d'après ce que nous avons vu précédemment, on peut regretter aussi que l'inventeur n'ait pas cru devoir adopter, comme température de sa stérilisation pratique, 100° seulement au lieu de 106°.

Pour se procurer les stérilisateurs Legay, il suffit de s'adresser à M. Delafon, administrateur-gérant de la Société, 14, quai de la Rapée, Paris. Les flacons, pris au magasin, coûtent :

Flacon d'un demi-litre, 1 fr. 50; flacon d'un litre, 2 fr.

Un nourrisseur de Bois-Colombes, près Paris, a eu l'idée de livrer le lait de ses vaches, non pas dans de simples bouteilles comme celles employées habituellement, mais dans des flacons stérilisateurs Legay, de telle sorte que les clients reçoivent du lait soigneusement cacheté à raison de 0 fr. 60 le litre, et pour le *pasteuriser* ou le *stériliser*, il leur suffit d'employer l'un des deux bains-marie, ordinaire ou salé, dont nous venons de parler.

Considérations générales sur l'allaitement artificiel des enfants avec le lait stérilisé.

La grande majorité des savants et des médecins admettent, aujourd'hui, au point de vue de l'alimentation des nourrissons, que si rien ne peut égaler l'allaitement maternel, d'autre part, quand on est obligé de recourir à l'alimentation artificielle avec du lait de vache, il faut que celui-ci soit *stérilisé* au préalable.

En outre, beaucoup de nos praticiens recommandent de tenir compte, dans cette substitution, des notables différences que présentent les laits de femme et de vache et que nous croyons devoir rappeler ici.

Composition comparée des laits de femme, de vache et d'ânesse.

Nous avons dit (chap. I, p. 2) que la composition moyenne d'un lait normal de vache pouvait être représenté comme il suit :

	LAIT DE VACHE
	—
Beurre	3.20
Caséine	4.20
Sucre	4.30
Sels	0.70
Eau	87.60
	100.00

Nous donnerons ici la composition moyenne des laits de femme et d'ânesse[1].

	FEMME		ANESSE	
	—		—	
Beurre	3.80		1.50	
Caséine	0.34	1.64	0.60	2.15
Albumine	1.30		1.55	
Sucre de lait	7.00		6.40	
Sels	0.18		0.32	
Eau	87.38		89.63	
	100.00		100.00	

Or, si l'on compare la composition moyenne des laits de femme et de vache, on constate immédiatement des différences notables, bien que les proportions des matières solides y soient sensiblement les mêmes.

A l'époque où Doyère a effectué ces analyses, on dis-

[1] DOYÈRE, *Annales agronomiques*, 1852.

tinguait dans le lait l'*albumine* de la *caséine* proprement dite; aussi cet analyste a-t-il eu soin de faire remarquer que la caséine, abondante dans le lait de vache, manque presque complètement dans le lait de femme et y est remplacé par l'*albumine,* qui représente la majeure partie de l'élément azoté; en outre, il a noté aussi la richesse en sucre de ce même lait.

Plus récemment, M. Duclaux a signalé la pauvreté en *caséine,* en suspension et en dissolution, du lait de femme, et son analogie avec celui d'ânesse. Il a constaté que ce lait se coagulait difficilement sous l'action de la présure et ne donnait, comme celui d'ânesse, que des coagulums légers, muqueux, et d'une digestion très facile dans l'estomac de l'enfant.

Il était intéressant de rappeler ici la composition toute spéciale du lait de femme et si différente de celle du lait de vache, pour expliquer pourquoi un grand nombre de médecins recommandent, quand on est obligé de substituer ce dernier lait à celui de la mère, de ne pas le donner *pur,* mais préalablement additionné d'une certaine quantité d'eau, en rapport avec l'âge même du nourrisson. Nous reviendrons plus loin sur cette question.

Ces préliminaires exposés, il nous reste à examiner les conditions auxquelles il faut satisfaire pour que la distribution, aux nouveau-nés, du lait stérilisé, au lieu et place du lait maternel, ait lieu dans les meilleures conditions possibles.

DISTRIBUTION AUX NOUVEAU-NÉS DU LAIT STÉRILISÉ.

Dans cette distribution, il faut tenir compte de trois circonstances principales :

1° *Du système de biberon adopté;*

2° *De la qualité du lait stérilisé employé;*

3° *Du coupage ou non-coupage du lait.*

Nous allons les passer rapidement en revue.

1° *Système de biberon adopté.*

Tous les biberons à long tube en verre plongeant dans le lait et relié lui-même à un autre long tube en caoutchouc doivent être bannis d'une façon absolue, parce que l'impossibilité de nettoyer et stériliser complètement un appareil aussi compliqué en fait forcément un foyer de nombreuses colonies de microbes.

Le modèle de biberon le plus parfait que nous connaissions est celui adopté à l'hôpital de la Charité par M. le Dr Budin; nous allons en donner la description, d'après les indications de M. Chavane.

Biberon en usage à l'hôpital de la Charité (fig. 46). — Le biberon se compose : 1° d'une bouteille ordi-

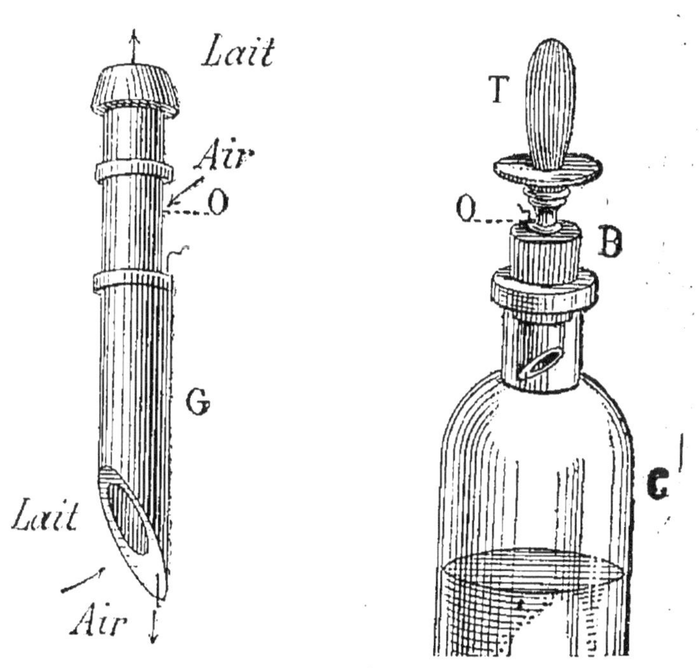

Fig. 46.

naire C, celle même dans laquelle a eu lieu la stérilisation du lait et qui a été soigneusement contrôlée, après l'opération, au point de vue du bouchage et du vide à l'intérieur;

2° D'un instrument spécial G appelé *galactophore,*

constitué par un tube en étain fin portant deux conduits, l'un plus gros de 4 millimètres de diamètre intérieur et destiné à livrer passage au lait, l'autre capillaire pour la rentrée de l'air seulement.

3° D'une tétine T avec rondelle en os qui s'adapte à l'extrémité du galactophore. La longueur totale de cet instrument est de 9 centimètres au maximum. Quand on veut donner à boire au nourrisson, on prend une bouteille de lait stérilisé, on la plonge dans l'eau tiède à 38° environ, jusqu'à ce qu'elle soit en équilibre avec le bain-marie, on la retire, on fait sauter la fermeture et on goûte le lait pour vérifier sa température et son bon état de conservation. Ceci fait, on applique le galactophore sur le goulot de la bouteille à l'aide du bouchon B, et le flacon est transformé en biberon. Il suffit alors de placer la tétine entre les lèvres de l'enfant et d'incliner légèrement le biberon pour qu'au moindre mouvement de succion le liquide arrive dans sa bouche.

Lorsque le nourrisson a puisé la quantité de lait qui doit constituer son repas, s'il reste du lait dans le biberon, celui-ci ne doit jamais être employé plus tard, et l'excédent doit être jeté; c'est pour ce motif qu'à la Charité la stérilisation du lait s'effectue dans de petites bouteilles graduées de 50 à 150 grammes.

Après chaque tétée, ces biberons sont soigneusement nettoyés à l'eau bouillante pure et les galactophores conservés dans l'eau.

Avantages de ce biberon [1]. — Les tétines appliquées directement sur le goulot des flacons contenant le lait stérilisé ont l'inconvénient de ne pas avoir de prise d'air et de laisser arriver brusquement, au moment de la reprise, une trop grande quantité de lait à la fois

[1] Les flacons divisés, ainsi que les galactophores (système Budin), se trouvent chez M. Huclin, 43, rue du Roi de Sicile, Paris. Prix : flacon, 0 fr. 15; galactophore, 0 fr. 75.

dans la bouche du nourrisson, lait qui peut tomber dans les voies aériennes.

Au contraire, le galactophore, tout en ayant les avantages des tétines, puisqu'il s'applique directement sur les bouteilles de lait stérilisé, n'en a pas les inconvénients, parce qu'il possède un conduit spécial qui laisse rentrer l'air dans la bouteille, sans permettre la sortie du lait.

Le conduit capillaire est nettoyé avec un petit fil métallique visible dans le flacon de la figure 46; il est presque inutile de dire que ce fil doit être retiré au moment où l'on opère la stérilisation du lait.

2° *De la qualité du lait stérilisé employé.*

Si nous prenons comme exemple le lait distribué aux nouveau-nés à l'hôpital de la Charité, M. Chavane nous donne encore, à ce sujet, les renseignements suivants :

Le lait est fourni par l'administration de l'hôpital, qui, chaque matin, le reçoit d'une des grandes sociétés laitières de Paris[1], et il est immédiatement stérilisé dans de petites bouteilles de 50 à 150 grammes (voir p. 96) que l'on place dans l'un des appareils domestiques dont il a été fait mention pages 84 et suivantes.

Après cette opération, les bouteilles sont déposées dans des paniers en fil de fer que l'on porte dans un endroit frais, d'où on les retire au fur et à mesure des besoins pour distribuer ce lait aux nourrissons dans les conditions que nous venons d'indiquer, page 96. Aux renseignements déjà donnés précédemment, nous ajouterons que M. Chavane a constaté expérimentalement que ce simple chauffage du lait à 100°, sans ébullition, suffisait pour déterminer dans le liquide une modifi-

[1] La Société des Fermiers réunis, qui livre journellement de 3,000 à 4,000 litres de lait à l'Assistance publique.

cation de la caséine dans l'état de division du caillot et son état moléculaire, ce qui, toutes choses égales d'ailleurs, rend le lait de vache stérilisé plus facile à digérer que les laits *crus* ou *bouillis* et explique pourquoi ce lait est parfaitement toléré et assimilé par le nouveau-né.

De son côté, M. le Dr Tarnier déclare que le lait chauffé à 100° est mieux digéré par les enfants que le lait cru.

Le mode de stérilisation *pratique*, si bien défini et étudié par MM. Budin et Chavane, est donc le plus recommandable pour la préparation journalière du lait destiné à l'alimentation mixte ou totale des nouveau-nés, mais à la condition d'en effectuer la distribution dans les conditions que nous venons d'indiquer en détail.

Laits stérilisés du commerce.

La quantité considérable de lait stérilisé mise journellement à la disposition du public chez les détaillants, pharmaciens, épiciers, crémiers, etc. (on parle de 15 à 20,000 litres), prouve que beaucoup de personnes ne stérilisent pas elles-mêmes et achètent, *tout stérilisé*, le lait qui leur est nécessaire.

Or, dans ces derniers temps, les laits stérilisés du commerce ont été l'objet de nombreuses plaintes, qui, notamment, ont été formulées dans la *France médicale*, en mai 1894, par M. le Dr Boissard, accoucheur des hôpitaux de la ville de Paris. D'après l'enquête de ce dernier, sur dix bouteilles de lait stérilisé actuellement livré à la consommation, trois à quatre seraient mauvaises, nuisibles ou dangereuses, ce qui tiendrait à ce que, s'il n'est pas difficile de stériliser *temporairement* le lait, il n'est pas aussi facile de le conserver plus ou moins longtemps en cet état.

En effet, dans le but d'assurer au lait stérilisé un

goût et un aspect plus agréables, les fabricants se contentent de chauffer le lait à une température insuffisante pour en assurer la conservation au delà de quelques jours. Il n'est donc pas étonnant que beaucoup de ces laits invendus s'altèrent dans les vitrines des détaillants, surtout si le mode de bouchage employé est imparfait. Mais ce que nous savons aussi, c'est qu'un certain nombre de fabricants, sans porter le chauffage du lait à une température aussi élevée que celle nécessaire à la stérilisation *industrielle*, arrivent, avec l'appareil Timpé, par exemple, à préparer des laits stérilisés d'excellente qualité et susceptibles d'une conservation prolongée. Nous reviendrons sur cette question, quand nous décrirons la laiterie de M. L. Nicolas, à Arcy en Brie (Seine-et-Marne).

3° *Du coupage du lait.*

Nous avons dit, page 94, que beaucoup d'enfants ne pouvant supporter le lait de vache pur, un certain nombre de médecins se sont préoccupés de le rendre plus facilement digestible, en ayant recours *au coupage,* c'est-à-dire en y ajoutant une quantité d'eau pure calculée de façon à donner au lait de vache une composition aussi rapprochée que possible de celle du lait de femme.

A cet effet, dans beaucoup de pays et en Allemagne surtout, on a imaginé de se servir de biberons portant, inscrites sur le verre même, les indications des quantités de lait et d'eau stérilisés à mélanger ensemble, suivant l'âge de l'enfant.

Il est hors de doute, comme les expériences d'Arthus et celles plus récentes de M. Chavane l'ont démontré, que le coupage diminue la densité du caillot dans l'estomac, le rend plus léger, etc., et qu'il doit être attaqué plus facilement par les sucs digestifs; c'est aussi l'opinion de M. le Dr Vinay, médecin en chef de la Maternité à Lyon. Mais, d'autre part, M. Chavane reproche à ce procédé de diminuer considérablement la valeur nutritive du lait et, par suite, d'exiger de la part du nouveau-né l'absorption d'une quantité de liquide beaucoup plus grande. Finalement M. Chavane, en compagnie d'autres adversaires résolus du coupage, tels que MM. Galanine, Perron, se prononce contre cette pratique.

Enfin, d'autres praticiens admettent le coupage temporaire dans le cas où les premières tétées de lait de vache stérilisé occasionnent une légère diarrhée ou quelques vomissements.

Le Dr Appert conseille dans ce cas de couper le lait avec un 1/10e d'eau bouillie, ce qui, dit-il, ramène les proportions des matériaux du lait de vache à celles du lait de femme. A mesure que l'enfant s'habitue au lait de vache, on diminue peu à peu l'eau de coupage, jusqu'à la supprimer tout à fait.

Quant à nous, nous déclarons notre incompétence absolue pour nous prononcer sur cette matière, et nous dirons à ceux de nos lecteurs que cette question pourrait intéresser à un moment donné : « Consultez votre médecin dans le cas où vous seriez obligés de substituer à l'allaitement maternel l'alimentation artificielle mixte ou complète. »

APPENDICE

Aujourd'hui, les appareils à stériliser (Hignette) ont pénétré dans un grand nombre d'exploitations laitières, parce que les installations qui fournissent les meilleurs produits sont celles où la stérilisation a lieu à la ferme même. Cependant, dans quelques grandes villes, comme le Havre, Caen, etc., ce sont des pharmaciens qui pratiquent la stérilisation avec succès. Enfin, on retrouve ces mêmes appareils dans nos Écoles de Laiterie, comme à Mamirolle, Poligny, Coetlogon, etc.

CHAPITRE V

DE L'ÉTABLISSEMENT D'UNE LAITERIE. — DES TROIS MODES DE SPÉCULATION EN INDUSTRIE LAITIÈRE. — I. VENTE DU LAIT EN NATURE.

DE L'ÉTABLISSEMENT D'UNE LAITERIE.

La laiterie est le local où l'on dépose le lait après les traites; elle est aussi celui où l'on fabrique le beurre et les fromages.

Les plans d'après lesquels les laiteries peuvent être installées sont très variables, parce qu'ils dépendent des conditions souvent très différentes auxquelles ces laiteries sont appelées à satisfaire; mais, parmi ces conditions il y en a un certain nombre de générales que nous allons indiquer.

Conditions générales auxquelles les différentes laiteries doivent satisfaire.

Une laiterie doit être installée dans un lieu éloigné des étables, des tas de fumier ou d'immondices, des fosses à purin et généralement de tout ce qui peut laisser échapper dans l'air des microorganismes vivants susceptibles d'introduire dans le lait des germes de fermentations nuisibles (voir chap. II). L'expérience ayant démontré que, dans presque tous les cas de transmissi-

6.

bilité de maladies par le lait, la cause initiale était due à la contamination de ce lait par les eaux, dans les fermes, on devra installer la laiterie de façon que jamais, *dans aucun cas,* les matières fécales, le purin, etc., ne puissent, par infiltration ou autrement, souiller l'eau destinée à la boisson des animaux, au lavage des locaux ou des ustensiles de la laiterie, etc.

On y parviendra : 1° en établissant le tas de fumier sur une plate-forme bétonnée, entourée de caniveaux imperméables qui conduiront le purin dans une fosse parfaitement étanche ; 2° en dirigeant dans cette même fosse, par des rigoles également étanches, tous les liquides tels que purin, eaux de lavage de l'écurie, de l'étable, de la laiterie, etc. ; 3° en établissant le puits destiné à fournir l'eau propre aux usages domestiques dans des conditions telles qu'aucune cause extérieure ne puisse souiller la nappe souterraine qui l'alimente.

On doit pouvoir entretenir dans une laiterie la propreté la plus minutieuse et y maintenir, autant que possible, en toute saison, une température ne dépassant pas 12°. Pour obtenir cette constance de température, on établit fréquemment la laiterie dans un lieu légèrement souterrain et voûté, et l'on choisit l'exposition nord quand on le peut.

Les petites laiteries sont rarement voûtées parce que, le plus souvent, on les installe dans un des corps de logis de l'habitation ou de la ferme, mais alors le plafonnage doit être épais ou creux. Cependant, comme une voûte est toujours préférable à un plafond de plâtre ou de blanc de Meudon, sous le rapport de la propreté, nous rappelerons que l'on trouve dans le commerce des poutrelles en fer qui permettent de faire des plafonds presque plats, composés de petites voûtes en briques d'un mètre à deux mètres de portée seulement.

On ménage entre ces voûtes et le plancher qui les surmonte un espace vide très favorable au maintien d'une température constante dans la laiterie.

Le sol d'une laiterie doit être tout à fait imperméable; on le fait souvent en dalles de pierres posées sur ciment et bien jointoyées; d'autres fois, c'est un carrelage en briques sur le même enduit, ou bien encore on établit sur une couche de pierres cassées, préalablement damée, une couche de béton hydraulique de 12 à 15 centimètres que l'on recouvre ensuite de quelques centimètres de mortier et, en dernier lieu, d'un bon enduit de ciment hydraulique. L'asphalte est encore préférable, mais revient généralement trop cher.

Les murs (et le plafond s'il y a lieu) doivent être soigneusement crépis et enduits d'une sorte de lait de chaux ou de craie broyée avec du petit-lait au lieu d'eau, ce produit offrant le précieux avantage de ne pas s'écailler.

Dans certaines laiteries, on revêt les murs de ciment romain jusqu'à une hauteur de 1 mètre ou 1m,50; ailleurs, on emploie les dalles en pierre ou en marbre quand ces matériaux sont à bas prix dans la localité.

La porte d'une laiterie doit posséder à la partie supérieure une ouverture assez large (imposte), que l'on ferme en hiver avec un petit volet et qui est garnie intérieurement d'un châssis sur lequel est clouée une toile métallique assez serrée pour empêcher l'entrée des mouches et des autres insectes.

Les fenêtres, également munies de châssis à toile métallique, doivent pouvoir être closes en hiver par des croisées vitrées et des volets.

Au moyen de ces châssis, il est facile d'établir dans la laiterie un courant d'air rafraîchissant, propre à chasser les mauvaises odeurs et à enlever l'excès d'humidité au besoin.

En été, c'est pendant la nuit que l'on entretient cette ventilation.

La plus grande propreté, avons nous dit plus haut, doit régner constamment dans une laiterie; il faut donc laver soigneusement les places où tombe du lait, avant que celui-ci ait pu aigrir, n'y laisser séjourner aucune ordure, enlever les toiles d'araignée, laver, en été surtout, le sol à grande eau, ainsi que les tables, etc. Toutefois, on doit s'abstenir de multiplier ces lavages au point d'entretenir dans la laiterie un excès d'humidité qui pourrait communiquer au lait un goût de moisi, et que l'on doit toujours faire disparaître en ayant recours à une ventilation suffisamment énergique.

Nous ajouterons que, dans les laiteries bien tenues, aucun ustensile ne doit servir deux fois de suite sans avoir subi un nettoyage complet, d'abord à l'eau bouillante et ensuite à l'eau froide. En outre, le matériel doit être soumis, au moins une ou deux fois par semaine, à une lessive complète effectuée avec une solution de *cristaux* (carbonate de soude cristallisé).

Toutes les eaux qui ont traversé la laiterie doivent trouver un écoulement rapide et facile au dehors; il convient donc de donner au sol une pente convenable et d'y ménager les rigoles nécessaires. A leur sortie de la laiterie les conduits de déversement doivent être fermés extérieurement par un grillage en fer assez serré et assez résistant pour que, tout en permettant la sortie des liquides et des impuretés, il puisse s'opposer à l'entrée de tout animal nuisible.

Quand la laiterie est en contre-bas du sol, le plus simple est de faire écouler les eaux dans un puisard creusé à l'intérieur, mais à la condition que ces eaux sales puissent se perdre dans des couches distinctes et séparées de celles qui alimentent la localité d'eau employée pour les usages domestiques[1].

Quand une laiterie, plus ou moins importante, est l'objet d'une construction spéciale, elle est le plus souvent voûtée et enclose par des murs faits en matériaux peu conducteurs et assez épais, briques ou pierres; quand les briques creuses ne sont pas trop chères, on peut les employer avec avantage. Dans les grandes laiteries, on

[1] Circulaire ministérielle du 31 juillet 1882.

fait quelquefois les murs doubles, mais cette disposition est évidemment beaucoup plus coûteuse.

Dans les parcs et quelques petites fermes, les laiteries isolées sont souvent couvertes en chaume ou en roseaux, matières qui conduisent mal la chaleur. Dans les grandes laiteries, on préfère harmoniser la couverture à celle des autres bâtiments, et on la fait en tuiles avec lambris en plâtre à l'intérieur.

L'ardoise peut à la rigueur remplacer la tuile, mais il faut écarter soigneusement les couvertures métalliques, en raison de leur grande conductibilité. Dans tous les cas, on doit toujours faire avancer d'une façon notable l'égout du toit, afin d'empêcher plus efficacement les rayons solaires de pénétrer à l'intérieur de la laiterie et d'en élever la température. Il est aussi nécessaire, dans les grandes laiteries surtout, de pouvoir ventiler énergiquement à certains moments, notamment pendant les grandes chaleurs; à cet effet, on devra ménager, au plus haut de la voûte, une ouverture munie d'un registre et surmontée d'une petite cheminée d'appel communiquant avec l'extérieur. Dans beaucoup de grandes laiteries, on obtient ce résultat à l'aide de ventilateurs spéciaux tels que ceux que nous allons indiquer.

1° *Ventilateur Ahlborn, à Hiledsheim (Hanovre)* (fig. 47).

Ce ventilateur, dont on trouverait facilement l'équivalent en France, est destiné à être placé au sommet d'une cheminée d'appel; il coûte de 40 à 50 francs, suivant sa grandeur.

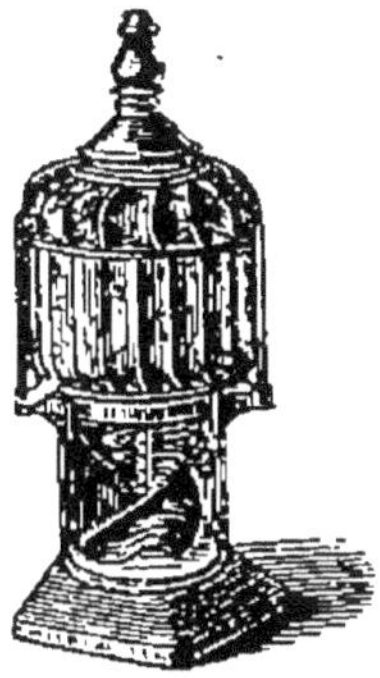

Fig. 47.

2° *Ventilateur Blackmann* (fig. 48).

Ce ventilateur, d'origine anglaise, est d'une grande puissance et fonctionne parfaitement, comme nous l'avons constaté chez MM. Pilter, qui sont les concessionnaires du brevet pour la France.

Cet instrument peut, à la rigueur, être actionné à

bras, tant que son diamètre ne dépasse pas 50 centimètres, mais au delà il nécessite l'emploi d'une force motrice d'une puissance en rapport avec le volume d'air déplacé par minute.

MM. Pilter fournissent des ventilateurs Blackmann de onze diamètres différents, compris entre 0^{m},35 et 2^{m},10. Le nombre de tours par minute va de

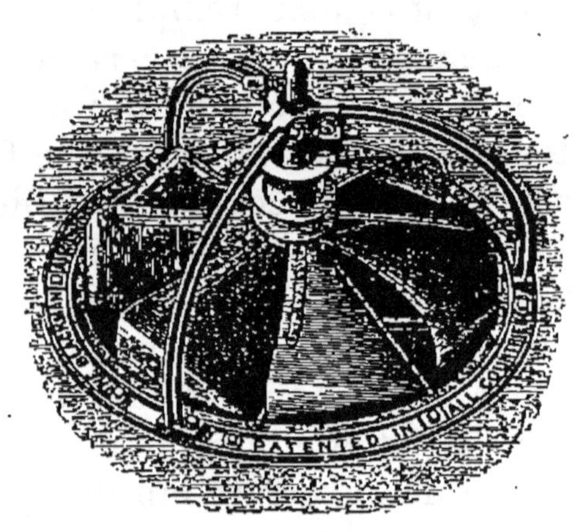

Fig. 48.

1,500 à 300, le volume d'air déplacé de 70 mètres cubes à 2,500, la force motrice nécessaire en chevaux, depuis moins de 1/4 jusqu'à 7, et le prix, de 150 à 1,500 francs.

Ce système de ventilateur présente cet avantage que, fixé verticalement le long d'une paroi, l'air appelé arrive horizontalement dans les ailettes et en sort perpendiculairement, de telle sorte que, dans un atelier, pendant que le ventilateur fonctionne, les ouvriers placés à l'intérieur ne sont nullement gênés par l'air aspiré au dedans et rejeté à l'extérieur. Nous avons vu également, chez MM. Pilter, ce même ventilateur actionné par l'électricité.

Enfin, pour terminer cette étude de la ventilation des laiteries, nous dirons que l'on peut encore établir souterrainement un large drain, qui va puiser l'air frais au dehors, loin des étables et des fumiers, et l'amène dans la laiterie, où il remplace l'air chaud ou vicié aspiré à la partie supérieure par une cheminée d'appel ou un ventilateur.

DES TROIS MODES DE SPÉCULATION A ADOPTER EN INDUSTRIE LAITIÈRE.

En dehors d'une laiterie de maison particulière (dont nous reparlerons plus tard), les dimensions à donner aux autres laiteries, ainsi que le matériel dont elles doivent être pourvues dépendent exclusivement de leur *destination* c'est-à-dire de la spéculation adoptée pour la plus fructueuse utilisation du lait dont on dispose.

Ces modes de spéculation sont au nombre de trois :

1° *Vente du lait en nature;*

2° *Fabrication du beurre;*

3° *Fabrication du fromage, ou du beurre et du fromage, simultanément ou alternativement, suivant les saisons.*

Nous allons étudier les diverses circonstances qui peuvent guider dans l'adoption de l'une de ces spéculations.

I. *Vente du lait en nature.*

Toutes les fois que le voisinage d'une ville permet de trouver une vente facile du lait en nature, c'est à ce genre de commerce qu'il convient généralement de donner la préférence; car, avec lui, point de laiterie spéciale, simplification de main-d'œuvre, absence d'avances pour l'achat du matériel nécessaire à la fabrication du beurre et du fromage, bénéfice assuré et qui se réalise tous les jours avec très peu de chances de perte.

Souvent, le producteur peut encore vendre son lait en nature sans même avoir besoin de le porter lui-même à la ville; il suffit pour cela qu'il se trouve dans le rayon d'approvisionnement d'un laitier en *gros* qui se charge de faire *ramasser* le lait chez les cultivateurs. Il en est de même pour les nombreuses sociétés *coopératives* qui se sont fondées sur divers points de la France, notamment dans le Nord, l'Aisne, les Charentes, la Vendée, etc.

Ailleurs, comme dans la Marne, la Meuse, la Seine-Inférieure, l'Yonne, etc., il existe de grandes fromageries dans lesquelles les producteurs trouvent également un débouché facile pour le lait.

Enfin, il y a encore une autre combinaison dont nous parlerons à la fin de ce volume, et qui consiste à porter chaque jour le lait dont on dispose à une association dite *Fruitière*, où il est transformé en beurre et en fromage. Les associés partagent ensuite les bénéfices au prorata de leur apport en lait.

Vente de la crème. — Le cultivateur peut encore trouver à vendre la *crème* seule et garder le lait écrémé, qui sert à la nourriture des jeunes animaux d'élevage ou à la fabrication de fromages plus ou moins maigres. Ce cas se présente notamment dans le pays de Bray, à Gournay et à Ferrières, où l'on fabrique journellement des milliers de fromages *double crème*, dits *suisses.* Il en est de même, en été, pour les fermiers qui se trouvent dans le voisinage des villes ou des plages balnéaires.

Enfin, quelques producteurs profitent également de ce qu'ils sont très rapprochés d'un chemin de fer, pour expédier sur Paris de la crème, pendant la saison chaude, époque où la bonne fabrication du beurre devient plus difficile.

II. *Vente du beurre.*

Si la ferme est plus éloignée de la ville, ou si les facilités que nous venons d'énumérer font défaut, c'est à la *fabrication du beurre* qu'il convient d'employer le laitage.

Quand on apporte à cette opération tous les soins dont elle est susceptible, elle récompense généralement le cultivateur de ses travaux en lui faisant toucher de l'argent à intervalles plus ou moins rapprochés, suivant les ressources locales, les jours et les lieux des marchés. En outre, le lait écrémé ou battu, ainsi que le lait de beurre, présentent une grande ressource pour l'élevage des jeunes animaux, ou l'alimentation du personnel de la ferme.

III. *Vente du fromage.*

Sauf dans les pays où l'on fabrique des fromages tels que ceux de Brie, de Coulommiers, de Camembert, de Pont-l'Evêque, etc., ou leurs similaires, fromages recherchés par les consommateurs et vendus habituellement à un prix rémunérateur, on ne doit songer à cet emploi du lait dans les fermes que lorsque l'on ne peut recourir avec avantage aux deux modes précédents d'utilisation du lait.

La fabrication du fromage est, en effet, le mode qui exige le plus de travail et de soins, le plus de frais pour l'établissement du local, l'acquisition et l'entretien du matériel, et qui fait attendre le plus longtemps la réalisation des avances et des bénéfices parfois trop éventuels.

Nous devons ajouter, cependant, qu'en ce qui concerne les fabrications du beurre et du fromage, il peut être avantageux pour un cultivateur de prendre ses dispositions pour pouvoir, à un moment donné, changer son mode de spéculation suivant les saisons, les circonstances économiques du marché, etc. Nous verrons, par la suite, qu'aujourd'hui beaucoup de laiteries d'une certaine importance sont aménagées de façon à permettre de fabriquer simultanément beurre et fromage et faire prédominer l'une des deux industries à volonté.

Après ces considérations générales, nous allons exposer la marche que nous suivrons pour étudier successivement les trois modes de spéculation qui précèdent. Cet ouvrage sera divisé en *trois* parties, chacune correspondant à l'un de ces modes, et dans chaque partie nous indiquerons : 1° la série des machines, appareils, ustensiles propres au mode de spéculation adopté; 2° les conditions particulières d'établissement du genre de laiterie correspondant.

Dans cette première partie, nous ne traiterons donc que de la vente du lait en nature; la seconde sera consacrée à l'industrie beurrière, et la troisième à l'industrie fromagère.

PREMIER MODE DE SPÉCULATION LAITIÈRE.

Vente du lait en nature.

Ustensiles nécessaires pour cette industrie. — Cette classe comprend les ustensiles propres à la *traite*, au *coulage* et au *transport* du lait hors de la ferme; nous y ajouterons ceux employés pour le *mesurage* ou la *pesée* et qui sont indispensables dans les laiteries, quelle que soit la destination que l'on doit donner au lait.

1° *Les seaux à traire.* — Autrefois, tous les ustensiles des laiteries étaient en bois, et l'on se sert encore pour la traite du lait, dans certains pays, notamment ceux de montagnes, de petits seaux en bois blanc, légers et bien cerclés. Ceux-ci ont une douve plus longue que les autres et percée, à la partie supérieure, d'un trou qui sert à passer la main pour porter le seau. Ailleurs, ces seaux ont deux oreilles auxquelles est fixée une anse en corde ou en osier. — Si les ustensiles en bois coûtent peu et peuvent être construits partout, ils ont aussi le défaut de se détériorer assez rapidement et d'exiger des soins beaucoup plus minutieux sous le rapport de la propreté. — Ces inconvénients ont donc fait renoncer aux seaux en bois dans beaucoup de fermes, et l'on y a substitué les vases en métal étamés à l'intérieur.

Dans les pays de montagnes, on emploie généralement, pour transporter le lait des pâturages à la laiterie, de grands récipients en bois appelés *gerles*, à base plus large que l'ouverture et fermés par un couvercle. Deux hommes passent un bâton à travers les trous de deux douves plus longues que les autres et chargent sur leurs épaules cette *gerle*, que nous retrouverons quand nous traiterons de la fabrication des fromages.

Fig. 49.

Fig. 50.

Dans le Bessin, les traites sont recueillies dans des vases en cuivre jaune étamés à l'intérieur et nettoyés avec le soin le plus minutieux.

Ces vases, appelés *cannes* (fig. 49) dans le pays, sont apportés, des prairies où l'on trait les vaches, à la ferme, dans des cages portées par un âne, ou le plus souvent par un petit cheval appelé *trayon*.

Dans le pays flamand, le transport des traites s'effectue aussi dans des *cannes* (fig. 50), que l'on pose sur la tête, ou bien à l'aide d'un joug de cou et de deux seaux en bois ou en fer battu.

2° *Ustensiles pour le mesurage ou la pesée du lait.* — Le lait qui arrive dans une laiterie doit toujours être mesuré ou pesé.

Quand il s'agit de la vente du lait en nature, c'est le mesurage qu'il faut adopter, parce que le lait est toujours vendu à la mesure.

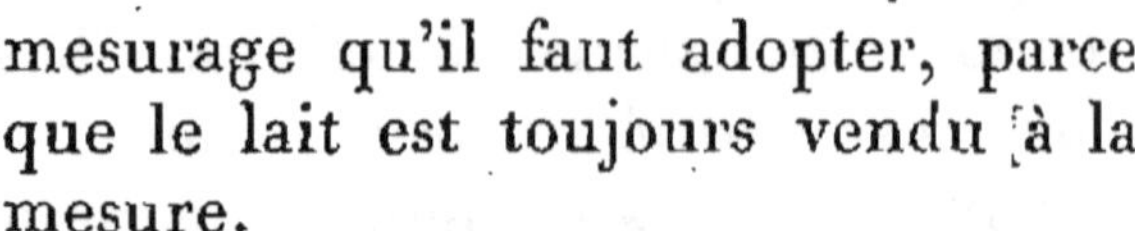

Pour effectuer ce mesurage, le procédé le plus simple consiste à verser le lait dans un récipient et à y plonger, bien verticalement, un bâton portant dans toute sa hauteur des entailles qui correspondent à des volumes déterminés de lait contenus dans le récipient. Si le niveau du liquide affleure, par exemple, à la vingtième entaille du bâton, et que chaque division représente 1 ou 5 litres, suivant le diamètre du récipient, on en conclut que le volume de lait transversé est de 20 ou 100 litres.

Fig. 51.

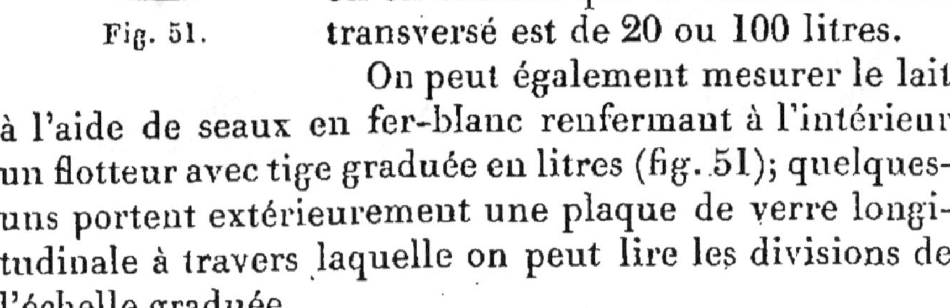

On peut également mesurer le lait à l'aide de seaux en fer-blanc renfermant à l'intérieur un flotteur avec tige graduée en litres (fig. 51); quelques-uns portent extérieurement une plaque de verre longitudinale à travers laquelle on peut lire les divisions de l'échelle graduée.

Pesée du lait.

Lorsque dans une laiterie il s'agit de déterminer exactement le rendement en beurre et en fromage d'une quantité de lait déterminée, il est préférable de substituer la pesée au mesurage.

La pesée peut s'effectuer soit avec une balance à plateau, soit avec une balance à levier semblable à celle représentée (fig. 52 et 53) et qui est employée depuis plus de trente ans dans les fruiteries des montagnes du Jura.

Le musée d'industrie laitière créé par nous à Grignon renferme un modèle de cette balance offert gracieusement à l'École par MM. Bichet frères, de Pontarlier (Doubs).

3° *Ustensiles pour le coulage du lait. Tamis ou cou-*

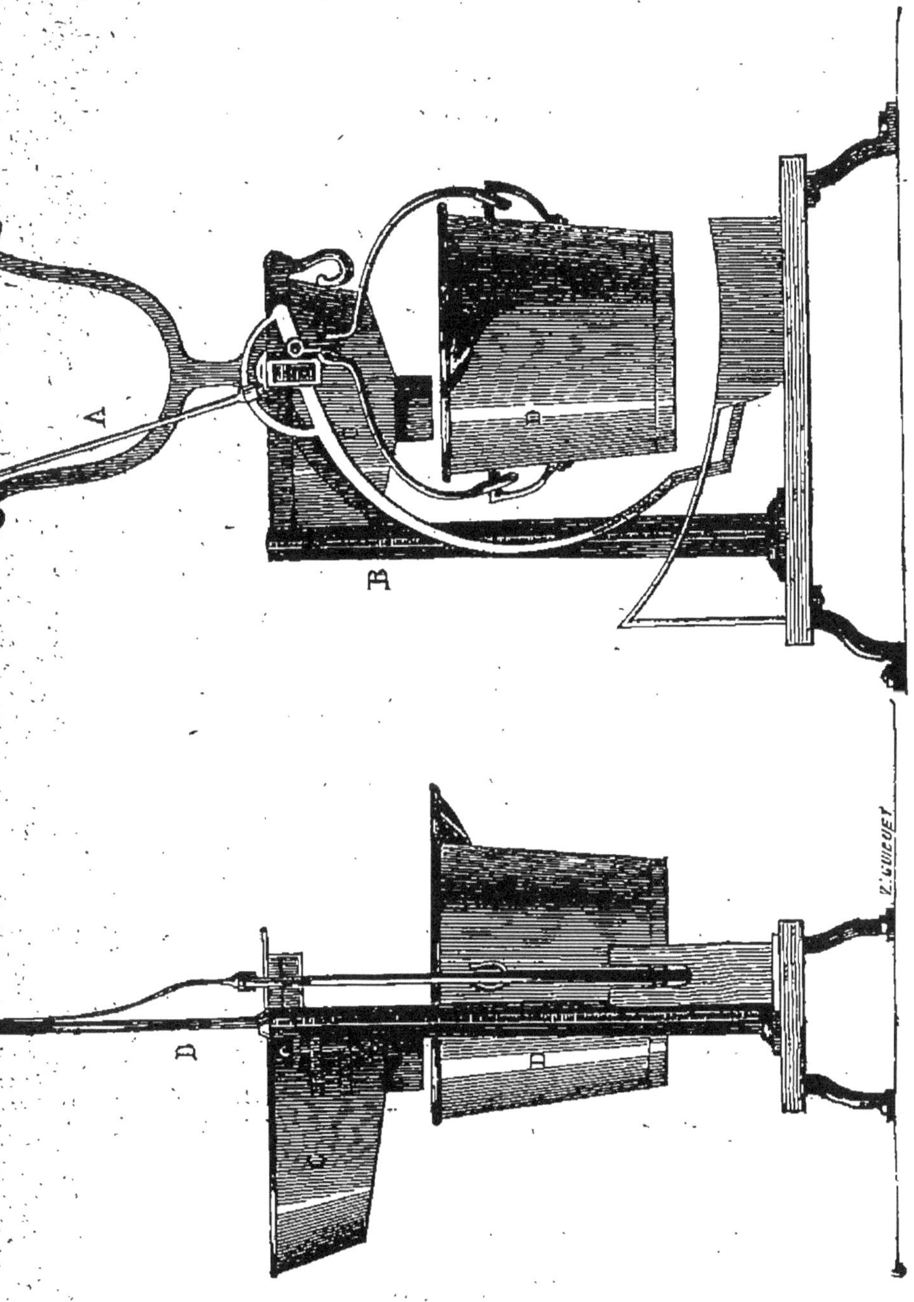

Fig. 52. Fig. 53.

Balance pèse-lait de MM. Renaud et Bailly-Comte, constructeurs à Morez *(Jura).*

loirs. — En arrivant à la laiterie, le lait doit toujours être *coulé* à travers un tamis destiné à débarrasser le liquide des poils et des ordures qui peuvent y être tombés pendant la traite.

Dans le Bessin, on emploie souvent à cet usage une *passoire* en terre commune ou en bois qui a la forme d'une sébile sans fond et sur laquelle on applique un linge blanc et bien sec qu'on lave ensuite avec soin après chaque coulage.

Mais aujourd'hui, on se sert généralement dans

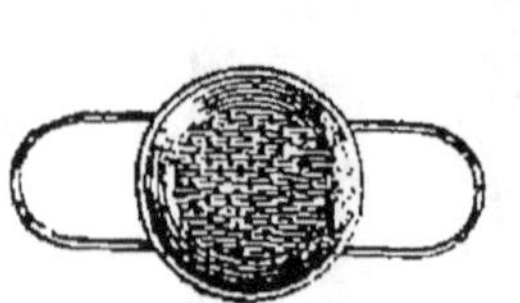

Fig. 54.

Fig. 55.

toutes les fermes de passoires en fer battu garnies intérieurement d'un linge très propre (fig. 54), ou de tamis simple ou double, en crin ou en fil de laiton, et dont la partie inférieure peut s'emboîter dans le col du vase destiné à recevoir le lait (fig. 55).

4° *Vases destinés au transport du lait à la ville.* — Le lait destiné à être vendu à la ville est ordinairement transporté dans des récipients en fer-blanc dits *pots à lait*, dont la forme la plus habituelle est celle représentée figure 57, et dont la contenance est ordinairement de 20 litres. La figure 56 est celle des pots auxquels les nourrisseurs donnent la préférence.

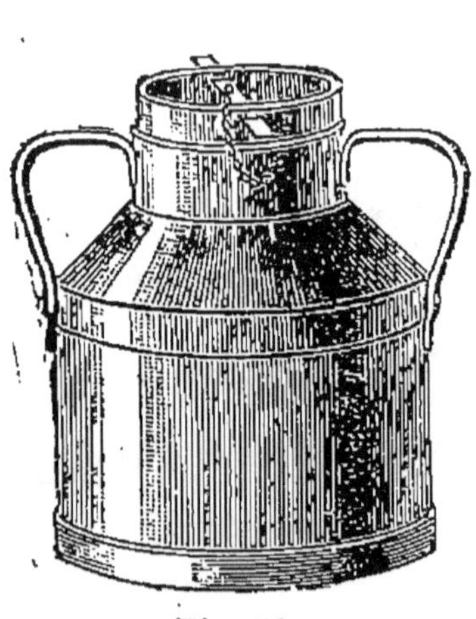

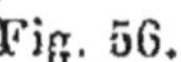

Fig. 56.

Fig. 57.

Les figures 58 et 59 représentent les pots ronds et carrés dont on se sert dans le nord de l'Europe; les mêmes récipients peuvent servir pour le transport ou l'expédition de la crème.

Fig. 58.

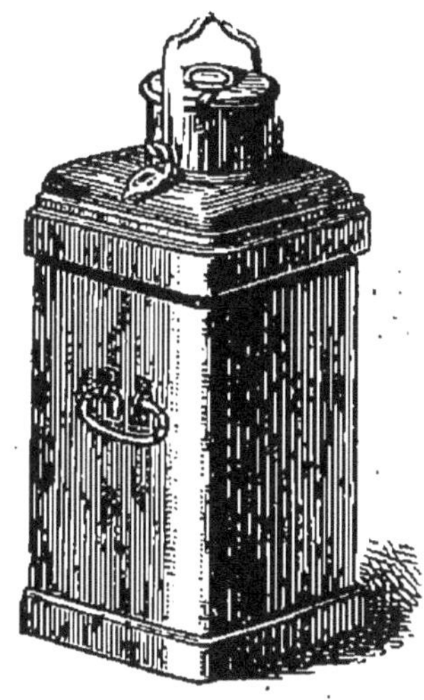

Fig. 59.

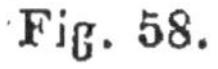

Brouettes à lait (fig. 60). — On emploie encore, et surtout dans le nord de l'Europe, pour le transport du lait de l'étable à la laiterie ou de la laiterie à la ville voisine, des brouettes dont

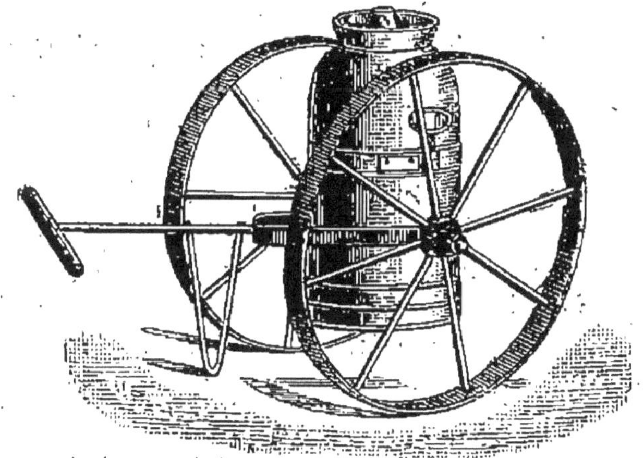

Fig. 60. — Brouettes à lait, monture en fer forgé [1].

les récipients sont indépendants du chariot et peuvent être déposés à terre en soulevant la flèche.

[1] Chez Edmond Garin, à Cambrai (Nord).

CONTENANCE	PRIX
De 75 à 100 litres.	120 à 175 fr.

Avec fermeture à clef et robinet, 15 francs en plus.

Nota. Parmi les nombreux fabricants auxquels on peut s'adresser pour se procurer les divers ustensiles de laiterie en fer étamé ou galvanisé, dont il sera question dans cet ouvrage, nous citerons :

MM. Bréhier et Cie, ingénieurs-constructeurs, 50, rue de l'Ourcq, Paris.

M. Pilter, 21, rue Alibert, Paris.

Anciens établissements Godillot, 54, rue Rochechouart, Paris.

M. Edmond Garin, ingénieur-constructeur, à Cambrai (Nord).

M. E. Regnault, à Louviers (Eure).

INSTALLATION D'UNE LAITERIE POUR LA VENTE DU LAIT EN NATURE.

Cette installation dépend avant tout de l'importance journalière de la vente et nous conduit à distinguer trois cas principaux :

1° *Laiteries des petites fermes ou des petits nourrisseurs.*

2° *Laiteries des laitiers en gros.*

3° *Laiteries des grands nourrisseurs* (intrà muros) *de Paris.*

I. LAITERIES DES PETITES FERMES OU DES PETITS NOURRISSEURS.

Le lait ne devant séjourner que peu de temps dans la laiterie avant d'être porté à la ville, le matin ou le soir, celle-ci ne comporte généralement pas de grandes dimensions et son aménagement est simple; mais dans sa simplicité, elle doit satisfaire néanmoins à toutes les conditions d'hygiène et de propreté énumérées au début de ce chapitre.

Cette laiterie ne se compose habituellement que de deux pièces : 1° *la chambre à lait;* 2° *la laverie*, pièce plus petite qui précède la première et qui lui sert de vestibule.

La laverie doit renfermer :

1° *Un réservoir* placé à une certaine hauteur et dans lequel on fait arriver, à l'aide d'une pompe, l'eau destinée à la réfrigération du lait ainsi qu'au nettoyage et rinçage des pots à lait et autres ustensiles.

2° *Un fourneau et sa chaudière* pour chauffer l'eau froide.

3° *Un évier, des crochets, des égouttoirs, des arbres à seaux,* etc.

Le réservoir doit être établi à l'intérieur de la laverie, afin de le mettre à l'abri de la gelée en hiver. Si la laiterie est située dans la direction nord-sud et la laverie exposée au sud, elle offrira l'avantage de préserver la chambre à lait des ardeurs du soleil en été; mais pour empêcher la chaleur du fourneau, installé dans le vestibule, de nuire au lait, il sera bon, si les dimensions du local le permettent, de séparer les deux pièces par une double porte, et mieux encore par un petit corridor transversal. En hiver, au contraire, si la température extérieure devient extrême, on peut réchauffer la chambre à lait en laissant ouverte la double porte de communication pendant que le fourneau de la chaudière est allumé, ou bien encore en faisant passer momentanément le tuyau de fumée de ce fourneau par la seconde pièce.

Dans une laiterie destinée à l'entrepôt du lait vendu en nature, *la chambre à lait* doit renfermer :

1° *Une table* (dressoir) située au milieu de la pièce et sur laquelle on place les vases contenant le lait qui vient d'être trait. Cette table peut être en pierre dure à grains fins, telle que celle dite de *liais*, en briques recouvertes de ciment, en ardoise, en carreaux de faïence, en chêne, en marbre, etc., suivant les moyens du propriétaire ou les ressources de la localité.

Le dessus de la table repose sur des piliers en pierre ou en briques à joints refaits en ciment. C'est sur le dressoir que l'on filtre le lait dès qu'il arrive à la laiterie, et on le recueille dans les pots qui serviront à l'expédition.

2° *Une auge rectangulaire* en bois, en tôle ou en

maçonnerie hydraulique, avec enduit intérieur en ciment romain et dans laquelle on fait couler à volonté un courant d'eau froide fournie par le réservoir de la laiterie.

Suivant la facilité avec laquelle on peut faire écouler au dehors l'eau échauffée, cette auge est installée à la surface du sol ou encastrée plus ou moins profondément. Les pots renfermant le lait filtré sont plongés dans cette auge, dont la profondeur doit être suffisante pour que le niveau de l'eau froide qui circule soit sensiblement le même que celui du lait dans les récipients; ils séjournent dans l'auge jusqu'au moment de l'expédition au dehors.

Quand les laiteries qui nous occupent offrent une certaine importance, il est avantageux, avant de plonger les pots dans l'auge, de faire passer préalablement le lait chaud sur l'un des *réfrigérants* précédemment décrits (chap. III), de façon à ramener immédiatement le liquide, de la température de la traite à celle de 11 à 12°. Dans ce cas, il convient d'installer ce réfrigérant près de l'auge dans laquelle on plonge les pots, au fur et à mesure qu'on les remplit de lait refroidi et filtré. L'eau nécessaire à la réfrigération est fournie par le réservoir et amenée par un tuyau jusqu'au réfrigérant. Nous avons déjà dit, page 29, que la réfrigération immédiate du lait, aussitôt la traite, était une opération qui permettait de prolonger très notablement la durée de conservation du lait destiné à l'alimentation des habitants de localités voisines. Mais, si ce lait doit être transporté à de grandes distances et que l'on veuille lui assurer une conservation plus longue encore, on devra dans la laiterie remplacer la chaudière de la laverie par un appareil spécial de chauffage du lait en *topettes*, tel que celui représenté (fig. 61)[1].

[1] Chez Bréhier et Cie, déjà cité.

Appareil de chauffage du lait pour les petites fermes ou les petits nourrisseurs (fig. 61).

Cet appareil, établi comme les grands fourneaux rectangulaires décrits plus loin, page 125, est de forme ronde ou elliptique et disposé de façon que l'on puisse remplacer une ou plusieurs *topettes* par une marmite destinée à un autre usage, tel que chauffage d'eau pour lessive ou nettoyage, soit cuisson d'aliments pour bestiaux ou tous autres besoins de la ferme ou de la laiterie.

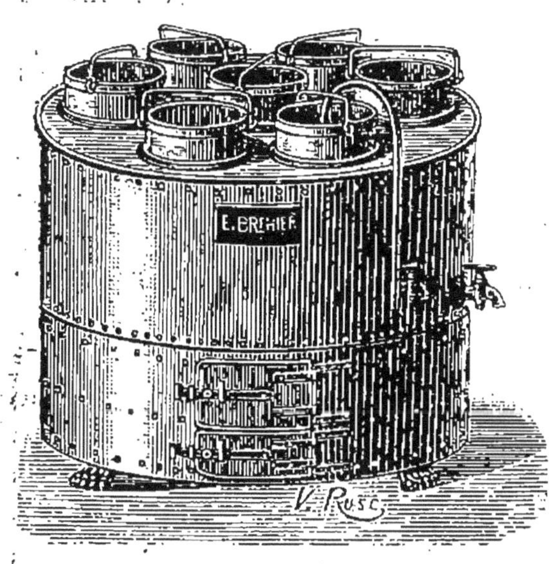

Fig. 61.

Une fois chauffé et maintenu pendant environ 10 minutes à la température de 97° environ, le lait est transporté immédiatement dans la chambre à lait, transvasé des topettes dans le vase alimentateur du réfrigérant et recueilli dans les pots que l'on ferme hermétiquement et qu'on plonge dans l'auge, où ils restent jusqu'au moment du transport à la ville.

II. LAITERIES DES LAITIERS EN GROS.

Du commerce du lait destiné à l'alimentation de Paris.

Il y a quarante ans, Paris et sa banlieue possédaient un grand nombre de vacheries, et le surplus du lait consommé dans cette ville n'arrivait que d'une distance de

25 à 50 kilomètres au maximum. L'établissement des chemins de fer a permis de reculer considérablement cette limite, et aujourd'hui la distance des lieux d'expéditions est comprise entre 40 et 120 kilomètres, mais atteint sur certains points 150 kilomètres.

Consommation journalière à Paris.

Actuellement, la consommation journalière du lait à Paris est de 550 à 600,000 litres, suivant l'époque de l'année ; en pleine saison (avril et mai) et pendant six semaines environ, le chiffre de 600,000 est même dépassé.

Cette fourniture colossale de lait provient des sources suivantes :

I. *Les grandes laiteries,* qui possèdent, à des distances variables de la capitale, des *dépôts* plus ou moins considérables, telles sont :

1° *La Société des Fermiers réunis.* Cette société recueille journellement, dans ses nombreux centres de réception échelonnés sur les différentes lignes de nos chemins de fer, 200 à 220,000 litres de lait et en expédie à Paris de 120 à 150,000, suivant la saison. Outre la cavalerie, les voitures, le matériel de transport, elle possède, dans ses établissements les plus importants, des machines à vapeur, des appareils à *pasteuriser* et à refroidir le lait, des beurreries centrifuges, des fromageries, porcheries, etc.

2° *La Laiterie centrale,* réunie à celle de MM. Arnoult et fils, établissement très important et qui fournit journellement à la capitale de 100 à 120,000 litres de lait.

3° *Les laiteries* Lecomte, Journault, Geurrain, Schramm, etc., dont l'expédition journalière sur Paris est de 80 à 100,000 litres.

Ces trois premières sources d'alimentation en lait représentent donc par jour :

Fermiers réunis	150.000	litres.
Laiterie centrale et Arnoult	120.000	—
Lecomte et divers	100.000	—
TOTAL	370.000	litres.

II. *Les vacheries des nourrisseurs*, *intrà* et *extrà muros*. Le nombre de ces établissements a considérablement augmenté depuis dix ans, et l'on peut évaluer leur apport journalier dans la consommation parisienne à 230,000 litres environ, comme nous le démontrerons dans le chapitre spécial que nous consacrerons à l'étude de cette industrie (voir chap. VI). Or, si l'on ajoute ce chiffre de 230,000 à celui cité plus haut, 370,000, on arrive au total de 600,000 que nous avons donné comme représentant la consommation totale et journalière du lait à Paris. On voit par les chiffres qui précèdent que c'est l'industrie des laitiers en gros qui offre actuellement le plus d'importance, ce qui nous conduit, dans l'étude du commerce du lait, à commencer par elle.

INDUSTRIE DES LAITIERS EN GROS.

Les laitiers en gros fournissent journellement à la capitale, comme nous venons de le dire, environ 370,000 litres de lait.

Du 15 octobre au 1er juin, la vente du lait représente 95 pour 100 de la quantité expédiée journellement sur la capitale ; pendant les autres mois, ceux les plus chauds ou pendant lesquels on consomme en abondance les fruits rouges et plus tard le raisin, la moyenne de la vente n'est plus que de 75 à 80 pour 100.

C'est pendant les mois de novembre, mars, avril et mai que la consommation du lait atteint son maximum ; de plus, il est à remarquer que de novembre à mai cette consommation est solidaire des variations de température, et qu'elle augmente dès qu'il fait plus froid.

Quant aux laits invendus (ce que les laitiers en gros appellent les *excédents*), ils sont transformés, comme nous le verrons par la suite, tantôt en fromages blancs plus ou moins gras, tantôt en beurre, suivant la saison.

Prix de revient du lait transporté à Paris.

Le prix d'achat du lait chez les cultivateurs varie suivant les pays et l'époque de l'année, mais on peut admettre, comme *prix moyen* des cent *pintes*[1], 24 francs, soit 12 centimes le litre.

Les frais de toute nature, tels que ceux résultant du ramassage, du chauffage et du refroidissement, du transport par le chemin de fer, de la distribution à domicile, de l'usure du matériel, des pertes causées par la *tourne* (lait tourné), les excédents non vendus, etc., portent de 39 à 40 francs le prix de revient des cent pintes vendues à Paris. Suivant la saison, le lait est vendu de 40 à 45 centimes la pinte aux détaillants de Paris, qui, à leur tour, le livrent à 60 et 70 centimes.

Le lait des nourrisseurs *intra muros* est ordinairement vendu 40 centimes le litre; le même, trait sur place, 50 à 60 centimes et, dans certains quartiers riches, jusqu'à 75 centimes et même un franc.

Nous ajouterons que, depuis quelques années, des agriculteurs dont les fermes ne sont pas très éloignées de Paris livrent journellement à la consommation, dans des récipients en verre, en porcelaine, en grès, etc., d'un demi-litre à deux litres de capacité, du lait garanti pur.

Les figures 62 à 67 représentent quelques spécimens de ces récipients[2].

Le nombre de ces fournisseurs de lait en bouteilles va toujours croissant, parce que ce lait se vend plus cher que celui au détail; malheureusement la qualité de ces laits n'est pas toujours en rapport avec le prix, surtout à Paris, où beaucoup de détaillants, crémiers, fruitiers, etc., ont des bouteilles à eux qu'ils remplissent

[1] Les laitiers en gros comptent encore par pintes de 2 litres.

[2] Fabrique spéciale de pots à lait de tous modèles, M. Durafort, 162, boulevard Voltaire, Paris.

simplement avec du lait puisé dans les pots expédiés par les laitiers en gros. Or, ce transvasement dans des petits récipients le plus souvent nettoyés imparfaitement,

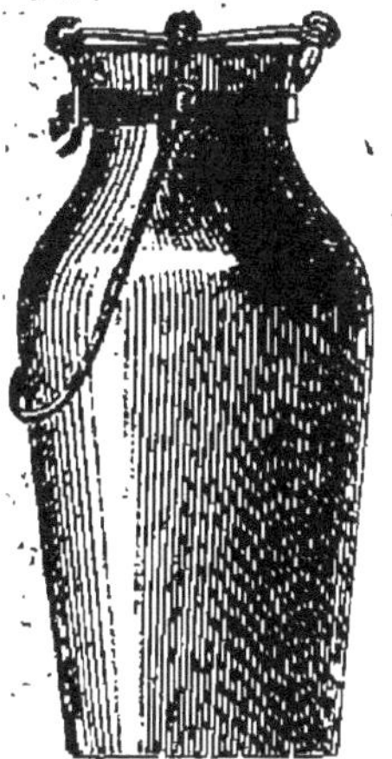

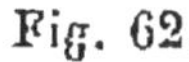

Fig. 62.

Fig. 63.

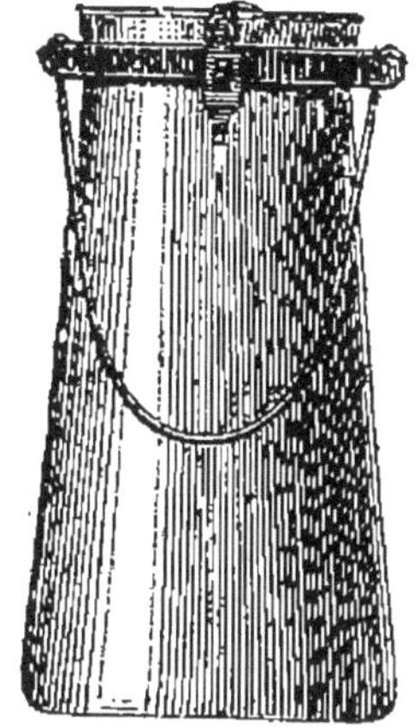

Fig. 64.

suffit pour peupler de microbes un lait primitivement de bonne qualité.

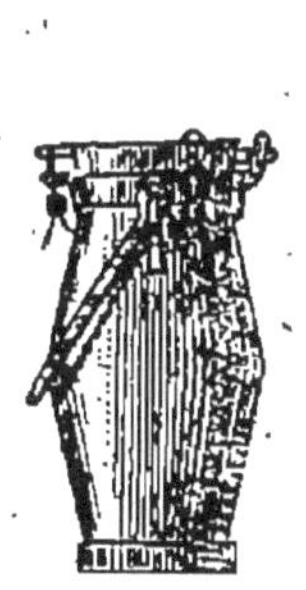

Fig. 65.

Fig. 66.

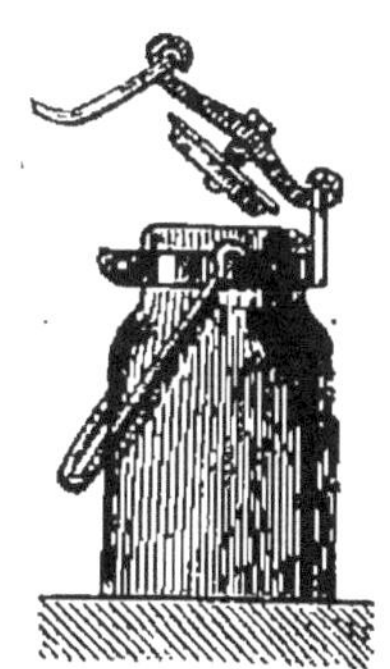

Fig. 67.

Parmi les fournisseurs de lait *pasteurisé* ou *stérilise* vendu en flacons, pots, etc., nous citerons tout spécialement M. Nicolas, à Arcy en Brie (Seine-et-Marne), dont nous décrirons un peu plus loin le magnifique établissement de laiterie.

INDUSTRIE DES LAITIERS EN GROS.

Les laitiers qui alimentent journellement Paris possèdent, sur divers points, et à des distances variables de la capitale, des *centres de réception* où leurs employés apportent le lait qu'ils *ramassent,* deux fois par jour, chez les cultivateurs environnants.

Le lait est recueilli dans les *pots à lait* (fig. 57) dont nous avons déjà parlé.

Ces pots sont chargés sur des voitures dont les parois sont à claire-voie, afin de faciliter la circulation de l'air entre les boites ; ils arrivent dans les centres de réception deux fois par jour, le matin entre huit et dix heures, suivant la saison et la longueur du rayon d'approvisionnement, le soir entre cinq et sept heures, et ce sont ces deux traites réunies que le laitier en gros expédie chaque soir sur Paris. Mais cette expédition exige, surtout pendant les chaleurs, des soins particuliers, si l'on veut que ce liquide arrive à destination dans de bonnes conditions et conserve toutes ses qualités au moins pendant vingt-quatre heures.

L'altération du lait étant due (voir page 29) à des microorganismes qui, au sein du liquide, y déterminent des fermentations nuisibles, les opérations effectuées jusqu'ici dans les centres de réception avaient pour but, en définitive, de paralyser l'évolution de ces germes et de prévenir, par suite, les altérations provoquées par eux.

Nous avons décrit en détail, dans nos éditions précédentes, ces opérations; mais, comme ce procédé de conservation du lait exige beaucoup de travail et de temps, et que son efficacité est souvent insuffisante, surtout pendant la saison chaude, on a été conduit à y renoncer dans les grands établissements de laiterie et à y substituer l'emploi des appareils à pasteuriser, installés comme nous l'avons indiqué page 64. D'autre part, comme cet ancien procédé ne saurait disparaître complètement, parce que c'est le seul accessible aux petits nourrisseurs, dont le commerce n'est pas assez considérable pour comporter économiquement l'emploi d'un générateur destiné à fournir la vapeur à un pasteurisateur, nous allons rappeler succinctement ici en quoi il consiste.

Ancien procédé de traitement du lait dans les centres de réception.

Ce procédé comprend deux opérations successives :

1° Le chauffage du lait dès son arrivée à la laiterie, de façon à porter sa température à 97° environ, et à l'y maintenir pendant 10 à 15 minutes.

2° Le refroidissement rapide du lait chauffé et son maintien à basse température jusqu'au moment de l'expédition.

Chauffage du lait.

Autrefois, le chauffage du lait avait lieu dans de grands bains-marie que nous avons décrits dans nos précédentes éditions, mais auxquels on a substitué, depuis, des appareils plus perfectionnés, tels que celui représenté figure 68.

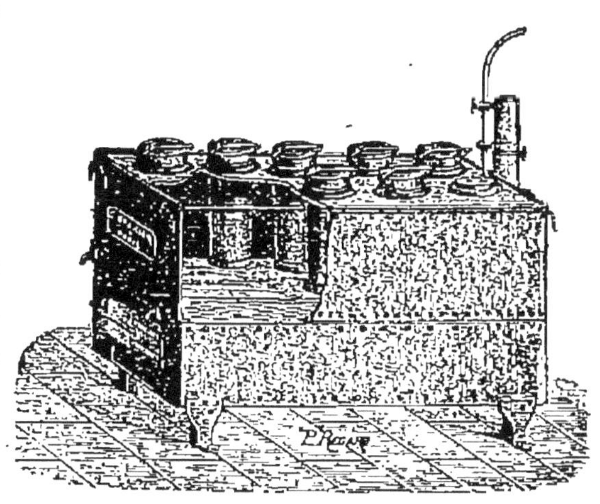

Fig. 68.

Cet appareil, construit par MM. Bréhier et Cie[1], se compose d'un coffre rectangulaire en forte tôle, partagé horizontalement en deux parties inégales par une plaque de même métal et fermé à la partie supérieure par une autre plaque percée de trous.

[1] Ingénieurs-constructeurs, 50, rue de l'Ourcq, Paris.

Dans le compartiment inférieur se trouve le foyer, et au-dessus une couche d'eau de 20 à 25 centimètres seulement.

La figure 69 représente l'un des récipients dans lesquels on transvase le lait à chauffer et que les laitiers en gros appellent *topettes*. Celles-ci sont introduites dans l'appareil par les trous de la plaque supérieure, mais au lieu de plonger complètement dans l'eau comme dans les anciens bains-marie, elles sont maintenues à quelques centimètres au-dessus du niveau de la couche liquide. Par suite, quand on porte l'eau à l'ébullition, la vapeur s'élève contre les parois de chaque topette, s'y condense en abandonnant sa chaleur latente de vaporisation et retombe en pluie; il en résulte un chauffage du lait plus régulier et plus efficace.

Fig. 69.

La fermeture des topettes dans les trous supérieurs est à joint hydraulique; d'autre part, un tuyau injecteur d'eau froide permet d'abaisser instantanément la température intérieure de l'appareil, si cela devient nécessaire.

Dans le cours d'une opération, quand on enlève une topette pleine de lait chaud pour la remplacer par une autre froide, on ferme le trou correspondant à l'aide d'un obturateur, afin que la vapeur ne puisse sortir et la température s'abaisser brusquement.

Prix des fourneaux Brehier et Cie.

4 topettes	de 25 litres	....	410 fr.
6 —	—	....	550
8 —	—	....	700

Refroidissement rapide du lait chauffé (fig. 70).

Après le chauffage, le lait est transvasé des topettes dans les pots qui doivent servir à son expédition et que l'on plonge immédiatement dans de grands bacs en ciment ou en tôle alimentés d'eau fraîche et courante par une source naturelle ou une pompe.

Ces pots restent dans les bacs jusqu'à l'heure où la traite du soir arrive à la laiterie.

Dans quelques établissements, à l'époque des grandes chaleurs, on ajoute de la glace dans l'eau du réfrigérant, de façon à maintenir la température de celle-ci entre 4° à 5°.

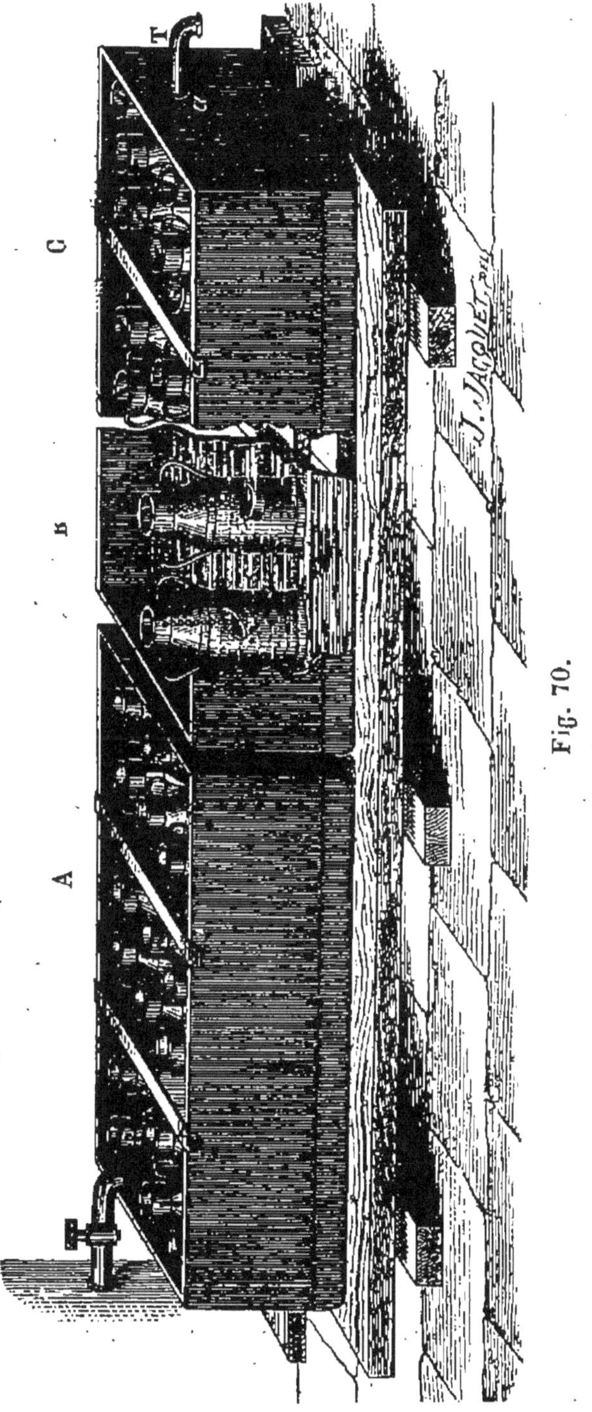

Fig. 70.

Refroidisseur perfectionné de MM. Bréhier et Cie (fig. 71).

On a constaté qu'il s'établissait toujours, dans ces anciens bacs, un certain nombre de courants et que tous les pots n'étaient pas également refroidis. Pour obvier à cet inconvénient et ménager en même temps l'eau de réfrigération, MM. Bréhier et Cie construisent des refroidisseurs qui offrent les perfectionnements suivants : les bacs portent un faux fond percé de trous sur lequel reposent les pots à refroidir, et, sur tout leur pourtour supérieur, une infinité d'autres trous qui communiquent avec une gouttière rectangulaire. L'eau de réfrigération amenée inférieurement entre les deux fonds, sort par les trous du faux fond en se répartissant également autour de chaque pot, passe par les trous supérieurs dans la gouttière et s'échappe à l'extérieur par un conduit.

Fig. 71.

Mélange de la traite du matin avec celle du soir.

Dès que les pots qui contiennent la traite du soir arri-

Fig. 72.

vent à la laiterie, on les plonge dans l'eau courante, et, au bout d'une heure de réfrigération, on procède au mélange des deux traites à l'aide de l'appareil (fig. 72) appelé *Mélangeur*, et qui se compose d'un grand récipient en fer étamé M et d'un tamis en forme de hotte B.

Quand, par le brassage, le mélange des deux traites a été rendu bien intime, on tourne le robinet R et on remplit les pots P, qui sont ensuite fermés de leur couvercle, ficelés et scellés d'un cachet de cire propre à l'expéditeur.

Ces pots sont chargés sur des voitures à claire-voie et transportés jusqu'au chemin de fer; ils sont ensuite placés sur des wagons spéciaux à double plancher; les parois de ces wagons, comme les planchers, sont à claire-voie, ce qui, en favorisant la circulation de l'air entre les boîtes, ralentit l'échauffement du lait pendant le voyage.

A l'arrivée en gare, les boîtes sont transportées des wagons dans des voitures également à claire-voie, et le conducteur de chaque voiture procède immédiatement à la distribution des pots dans le quartier où il doit faire *sa tournée;* au retour, il ramasse un nombre égal de boîtes vides qu'il ramène ensuite au chemin de fer.

Dans ce transport sur nos voies ferrées, le poids des pots est ajouté à celui du lait au départ, mais les compagnies retournent *franco* les boîtes vides.

Dans le chapitre suivant, nous continuerons l'étude de la vente du lait en nature et indiquerons les transformations si complètes dont les grandes laiteries, qui alimentent journellement Paris, ont été l'objet dans ces dernières années.

CHAPITRE VI

VENTE DU LAIT EN NATURE (FIN). — TRANSFORMATION DES GRANDES LAITERIES. — LAITERIE DES NOURRISSEURS « INTRA MUROS ». — LAITERIE DE M. L. NICOLAS A ARCY EN BRIE (SEINE-ET-MARNE). — LAITERIE D'UNE MAISON BOURGEOISE.

I. VENTE DU LAIT EN NATURE (FIN).

Transformation des grandes laiteries.

Nous avons dit, dans le chapitre précédent, que l'ancien procédé de traitement du lait dans les centres de réception exigeait une grande somme de travail et de temps et que, de plus, son efficacité était souvent insuffisante, surtout à l'époque des chaleurs.

Les laitiers en gros ont donc été conduits, dans ces dernières années, à transformer d'une façon complète leur outillage, afin de pouvoir traiter le lait destiné à l'alimentation parisienne, par des procédés basés sur les découvertes scientifiques les plus modernes.

Cette transformation a produit une véritable révolution dans la laiterie en gros, parce qu'elle a eu pour conséquence : 1° de supprimer tout ce que l'ancienne méthode avait de plus pénible pour les ouvriers; 2° de procurer une économie de temps considérable; 3° d'assurer au lait une durée de conservation inconnue jusqu'ici.

Pour donner une idée de cette transformation, nous en prendrons un exemple dans un des grands établissements appartenant à la Société des Fermiers réunis, dont le Conseil a bien voulu autoriser M. F. Biron, l'un des administrateurs, à nous fournir tous les renseignements nécessaires.

Avec une obligeance parfaite dont nous lui sommes très reconnaissant, M. Biron s'est mis à notre entière disposition pour nous faire visiter cette grande laiterie, et c'est avec les photographies et les notes qu'il nous a remises, ou que nous avons prises sur place, que nous avons rédigé le travail qui va suivre.

LAITERIE DE CHAUMONT EN VEXIN (OISE).

Cette laiterie, que nous avons visitée avec M. F. Biron, le 1er août 1894, est située à 61 kilomètres de Paris, sur la ligne de Gisors, et se compose des quatre grands ateliers suivants :

1° *La salle de réception du lait* (pl. I, fig. 73);

2° *La salle du réfrigérant et des bacs refroidisseurs* (pl. II, fig. 74);

3° *La salle des écrémeuses* (pl. III, fig. 75);

4° *La salle de la machine et du générateur à vapeur* (pl. IV, fig. 76).

Nous allons les décrire sucessivement.

1° *Salle de réception du lait* (pl. I).

Les voitures qui amènent le lait recueilli chez les cultivateurs environnants arrivent, par une pente douce, jusqu'au niveau du plancher de cette salle, de telle sorte que le déchargement des pots se fait très facilement.

Le lait est immédiatement contrôlé par un contremaître exercé qui déguste successivement chaque pot; en outre, un certain nombre d'échantillons sont prélevés pour être examinés à l'aide de l'acido-butyromètre Gerber.

Pl. I, fig. 73.

La dégustation permet de partager tous les laits examinés en deux catégories : 1° ceux reconnus bons pour l'expédition ; 2° ceux tout au moins douteux. Les laits de cette seconde catégorie sont immédiatement versés dans le bac n° 1, qui alimente les écrémeuses centrifuges installées dans la salle n° 3, à l'étage au-dessous (pl. III).

Quant au lait reconnu bon pour l'expédition, il est transvasé dans le bac n° 3 (salle 1), d'où il s'écoule, par différence de niveau, dans un *pasteurisateur* que l'on aperçoit à droite et en avant de la planche I. Le pasteurisateur est celui du professeur Fjord (voir page 62) ; seulement, au lieu de compartiments destinés à chicaner la vapeur, M. Biron fait circuler cette vapeur dans un serpentin qui entoure l'agitateur. Le volume de lait pasteurisé à l'heure est de 2,000 litres, et, au fur et à mesure de sa pasteurisation, le lait chaud s'écoule d'un courant continu, par un trop-plein, sur un grand réfrigérant installé au-dessous dans la salle n° 2, où se trouvent également les bacs refroidisseurs (fig. 74).

2° *Salle du réfrigérant et des bacs refroidisseurs* (pl. II).

Le réfrigérant peut refroidir, à l'heure, et ramener à la température de 10° à 11° plus de 2,000 litres de lait chaud, c'est-à-dire que, convenablement réglé, il peut fournir, dans le même temps, le même travail que le pasteurisateur ; de telle sorte que la marche de ces deux appareils est simultanée et continue tant qu'il y a du lait pasteurisé à refroidir.

Le réfrigérant a été construit par MM. Lawrence (voir page 51) avec quelques perfectionnements réclamés par M. Biron. Les spires qui composent les deux surfaces extérieures sont, notamment, plus rapprochées les unes des autres, et l'intervalle entre deux spires consécutives est plus creux, ce qui a pour conséquence d'augmenter notablement la surface totale de réfrigération du lait. D'autre part, les montants verticaux de l'appareil peu-

Pl. II, fig. 74.

vent se démonter et s'enlever, ce qui permettrait de nettoyer facilement l'espace intérieur, si, par hasard, il venait à être obstrué par un excès de sable entraîné par l'eau de réfrigération.

La cuvette inférieure de ce grand réfrigérant est munie d'un gros tuyau à genouillère articulée qui permet de diriger le lait refroidi sur le tamis de l'un des deux grands récipients situés en avant. Ceux-ci sont munis chacun d'un gros robinet à l'aide duquel le lait est immédiatement transvasé dans des pots de 10, 16 et 20 litres.

Les pots sont bouchés, ficelés et immergés dans des bassins (pl. II) où une circulation constante d'eau froide maintient le lait à la température de 10° à 11° jusqu'au départ. Le moment venu, les bassins sont vidés en quelques instants de l'eau qu'ils renferment, à l'aide de grosses vannes disposées à cet effet. Les ouvriers descendent alors à pied sec dans ces bassins et en sortent les pots, qui sont mis en rang de 10 ou 20, suivant l'importance du dépôt. On procède alors au cachetage ou plombage des pots et au chargement sur les chariots qui doivent les conduire au chemin de fer.

Durée des opérations précédentes. Nombre et heures des diverses expéditions. Importance relative de chacune d'elles.

Autrefois, dans les grandes laiteries, il y avait au moins deux expéditions par jour, l'une le soir, l'autre le matin; mais depuis que ces établissements ont été l'objet de transformations qui ont permis de reculer, même en été, la durée de conservation du lait jusqu'à trente-six heures, il n'y a plus, à proprement parler, qu'une seule expédition par jour, celle du soir.

Prenons pour exemple le grand dépôt de Clichy, dont M. F. Biron est le directeur, et voyons comment les choses s'y passent. En juillet 1894, toutes les laiteries qui dépendent de ce dépôt expédiaient journellement, à Paris, environ 30,000 litres, et celle de Chaumont en

Vexin, à elle seule, 8,000; or, sur ce total de 30,000 litres, les expéditions pouvaient se partager comme il suit :

Expédition du matin, environ	2.500 litres.
Expédition du soir	27.500 —
TOTAL	30.000 litres.

D'où il résulte, comme nous le disions plus haut, que la véritable expédition est celle du soir.

La cause de cette révolution est qu'avec les nouveaux appareils, le lait du matin est si bien préparé pour une longue conservation que, expédié le soir seulement, mais voyageant la nuit, il se comporte mieux, surtout en été, que celui expédié le matin et qui doit supporter la chaleur du jour pendant un certain temps, jusqu'au moment de sa distribution dans Paris.

A Chaumont, voici comment on opère : le lait du matin, convenablement traité et mis en pots, séjourne dans les bacs de refroidissement jusqu'au soir et est expédié simultanément avec le lait du soir, mais *sans avoir été mélangé* avec ce dernier. Les pots portent des cachets de cire de couleur différente, ce qui permet aux clients de prendre suivant leurs préférences du lait du matin ou du soir, mais la différence est insensible.

Le tableau suivant donne la récapitulation des opérations dans cette laiterie :

LAIT DU MATIN

Arrivée du lait dans l'établissement	Entre 7 h. et 9 h. du matin, suivant la saison.
Décharge des pots et dégustation du lait. — Transvasement dans les réservoirs. — Conduite au pasteurisateur. — Pasteurisation et réfrigération. — Mise en pots	Durée des opérations, environ 2 h. 1/2.

Séjour des pots dans les bacs de refroidissement jusqu'au soir.

LAIT DU SOIR

Arrivée du lait à l'établissement	Entre 5 h. et 7 h. du soir, suivant la saison.
Mêmes opérations que pour le lait du matin, sauf que les pots ne séjournent pas dans les bacs de refroidissement et sont expédiés immédiatement avec les pots du matin........................	Durée des opérations, environ 2 h. 1/2.
Départ de l'établissement..............	Vers 9 h. du soir.
Arrivée à Paris	A 2 h. du matin.
Distribution à la clientèle..............	Entre 3 h. et 6 h. du matin.

3° *Salle des écrémeuses* (pl. III).

Le lait non nécessaire à l'expédition ou celui reconnu, pour une cause quelconque, non susceptible d'être pasteurisé, est amené dans le réchauffeur alimentant les écrémeuses, et écrémé.

La crème qui sort des écrémeuses est transformée en beurre à l'aide d'une série d'opérations et d'appareils qui seront décrits dans la seconde partie de cet ouvrage, consacrée à l'industrie beurrière. Nous dirons seulement ici qu'à certains moments de l'année, notamment en été, une partie de cette crème est vendue en nature à Paris ; elle est expédiée aux crémiers, glaciers, restaurateurs ou fabricants de fromages double crème dits petits suisses.

Pour ces divers usages, cette crème doit rester douce le plus longtemps possible; aussi s'applique-t-on à la préserver de toute acidification. Dans ce but, elle est recueillie, à la sortie des écrémeuses, dans des pots que l'on plonge immédiatement dans un petit bac de réfrigération et que l'on maintient à la température de 10° à 11° jusqu'à l'heure de l'expédition du soir.

A la sortie des écrémeuses, le lait écrémé est repris par une pompe spéciale et dirigé sur une fromagerie ou porcherie, selon que l'établissement est complété par l'une ou l'autre de ces industries. A Chaumont, où il n'y

Pl. III, fig. 75.

a pas d'industrie annexée à la laiterie, le lait écrémé est transporté à une porcherie distante de 6 kilomètres et dans laquelle on entretient habituellement 150 porcs, en moyenne.

4° *Salle de la machine à vapeur et du générateur* (pl. IV).

La force motrice est donnée aux divers outils par une machine Wehyer et Richemond, de 10 chevaux, timbrée à 7 atmosphères, et qui sort des ateliers de cette Société, dont le siège est à Pantin, près Paris. La vapeur est produite par une chaudière à retour de flamme de 22 mètres carrés de surface de chauffe et qui sort des mêmes ateliers.

Renseignements complémentaires.

Le *nettoyage des pots* s'effectue, chaque jour, dans deux bacs rectangulaires que l'on aperçoit au fond de la salle de réception du lait (pl. I). Les bacs sont remplis d'eau, à laquelle on ajoute une certaine quantité de potasse brute et que l'on chauffe avec de la vapeur d'échappement ; on y plonge les pots qui viennent d'être vidés. Après un brossage intérieur et extérieur effectué à la main, ces pots sont renversés, l'ouverture en bas, sur un escabeau visible entre les deux bacs et qui livre passage à deux tuyaux, l'un d'arrivée de vapeur sèche à 120°, l'autre d'eau froide.

On fait arriver d'abord un jet violent de vapeur dans l'intérieur du pot, de façon à le *stériliser*, et ensuite de l'eau froide, à l'intérieur et à l'extérieur, pour ramener ce pot à la température de 10° à 11°. Les pots nettoyés, stérilisés et refroidis (dont on voit un certain nombre à gauche de la planche I), sont ensuite descendus dans la salle inférieure, où ils sont remplis, à nouveau, de lait pasteurisé et passé sur le grand réfrigérant.

L'*eau chaude* nécessaire aux besoins de l'établissement s'obtient à l'aide de la vapeur d'échappement que

Pl. IV, fig. 73.

l'on fait arriver dans le bac A, toujours rempli d'eau (pl. IV).

L'*eau d'alimentation* du générateur est préalablement traitée, dans les bacs B et B′, par des sels alcalins, de façon à réduire son titre hydrotimétrique primitif de 48° à 8° ou 10° environ.

Un système de canalisation enlève toutes les eaux de lavage des ustensiles, ainsi que les dépôts d'épuration des eaux d'alimentation du générateur, et les conduit dans des réservoirs extérieurs d'où elles sont transportées et employées comme engrais sur les prairies ou les jardins. Des prises de vapeur sont disposées partout pour servir au nettoyage de ces canalisations.

Dans tout le réseau de tuyauterie de ce vaste établissement, le lait ne circule à l'intérieur que dans quelques parties courbes et toujours très courtes, comme à l'entrée ou à la sortie du pasteurisateur, du réchauffeur, etc. Après chaque opération, ces parties sont nettoyées à l'aide d'un gros tube en caoutchouc branché sur le conduit de la vapeur d'échappement (120°).

Outillage. — Le nombre de pasteurisateurs installés dans les divers établissements de la Société des Fermiers réunis est d'environ 150, dont un certain nombre fournis par M. Hignette et les autres construits dans les ateliers mêmes de la Société, avec les perfectionnements apportés par M. Biron. Les réfrigérants, nous l'avons déjà dit, sortent des ateliers de MM. Lawrence et Cie, à Lille. Les bacs, les pots sont fabriqués dans les ateliers de la Société, à Picpus.

Enfin nous dirons, pour terminer ce travail, que M. Biron a fait installer, dans quelques-uns de ses dépôts, des réfrigérants Lawrence avec manteaux (page 50), mais qu'il n'a pas trouvé, avec ce système, de différence sensible dans la durée de conservation du lait; d'autre part, le réfroidissement est un peu moins rapide, et une certaine quantité de vapeur d'eau condensée vient se mêler au lait.

De l'emploi des excédents de lait dans les grandes laiteries.

La consommation parisienne en lait présentant de notables différences, non seulement avec les saisons, mais même d'une semaine à l'autre avec les variations de température et d'autres circonstances, on comprend que les laitiers en gros qui alimentent la capitale doivent avoir fréquemment des *excédents* soit dans leurs dépôts de province, soit aussi, à Paris, au dépôt central de chaque laiterie.

Les *excédents* de Paris sont ordinairement réexpédiés en province (avec tarifs spéciaux applicables aux résidus) pour être écrémés aux centrifuges, et le lait maigre est donné aux porcs.

Exceptionnellement, en mai et juin les excédents de Paris sont écrémés sur place, à un degré déterminé, et le lait écrémé est mis en présure pour la fabrication des fromages *blancs* dits à la pie (voir 3e partie); quant à la *crème*, elle est réexpédiée dans un dépôt de province pour être convertie en beurre que l'on envoie sur le marché des Halles.

Les excédents de province sont traités sur place comme ceux de Paris réexpédiés aux dépôts.

IMPORTANCE DES SERVICES RENDUS A L'AGRICULTURE PAR MM. LES LAITIERS EN GROS.

Pour donner une idée exacte de cette importance et compléter l'étude de l'industrie des laitiers en gros, nous croyons intéressant de mettre sous les yeux de nos lecteurs quelques chiffres relatifs à l'un des nombreux dépôts que la Société des Fermiers réunis possède sur les différentes lignes de nos chemins de fer.

Le dépôt n. 7, qui est celui de Clichy, comprend tous les centres de réception échelonnés sur les deux lignes du Havre et de Gisors, et est placé sous l'intelligente direction de M. F. Biron, auquel nous devons communication des chiffres qui suivent :

EXERCICE 1893

Achat de lait........................	13.163.446 litres.
Pour une valeur de..................	1.622.901 francs.
Soit une moyenne, par litre, de	12 centimes 34

Répartition de cet achat de lait :

Lait vendu en nature.................		10.203.480 litres.
Lait transformé	en fromage blanc, environ.	900.000 —
	en fromages divers........	1.000.000 —
	alimentation des porcs.....	1.000.000 —
Beurre fabriqué dans l'année...........		102.000 kilos[1].
Prix moyen net		3 fr. 22 le kilogr.

Commerce des porcs.

Porcs achetés, 1.520 Nés, 43 Vendus gras, 1.458
Morts ou abattus, 105

Nombre de cultivateurs fournisseurs de lait..........	1.520
Nombre de vaches à lait dans leurs étables...........	8.000

En 1893, les achats de tous les dépôts de la Société des Fermiers réunis ont dépassé le chiffre de 76 *millions* de litres qui, à raison de 12 centimes le litre seulement, représentent plus de 9 *millions* de francs.

Par ces chiffres relatifs à un *seul dépôt,* on peut juger des énormes capitaux que, chaque année, les laitiers en gros mettent au service de l'agriculture. Si l'on se reporte, en effet, aux renseignements donnés page 120, on voit que la somme totale de litres de lait recueillis *journellement* dans les campagnes par les laitiers en gros peut s'évaluer à environ 450 à 500,000 litres suivant l'époque de l'année.

Or, à raison de 12 centimes le litre seulement, cela représente :

Par jour, 54 à 60,000 francs, et par an, 19 *millions,* 7 à 21 millions 900,000 francs, payés aux agriculteurs dans

[1] Bien faible quantité qui suffirait pour démontrer combien est peu fondée cette assertion que MM. les laitiers en gros n'envoient à Paris que des laits préalablement écrémés.

un rayon autour de Paris qui, sur certains points, atteint jusqu'à 150 kilomètres.

III. — LAITERIES DES NOURRISSEURS INTRA MUROS.

Pendant longtemps, on a beaucoup critiqué les vacheries *intrà muros,* qu'on accusait de fournir du lait malsain et de constituer des centres de prédilection pour les maladies contagieuses. Il faut reconnaître que ces accusations n'étaient pas sans fondement, car, à cette époque, dans un grand nombre de ces établissements, les vaches étaient installées et entretenues dans des conditions absolument contraires à l'hygiène.

Les vaches soumises à la stabulation permanente dans des étables trop petites, maintenues aussi closes que possible, afin d'y conserver une chaleur humide contraire à la transpiration cutanée, mais favorable à la secrétion d'un lait aqueux et abondant; se trouvaient dans les conditions voulues pour devenir phtisiques et se contaminer les unes les autres. Aussi M. Nocard dit-il[1] : « Jadis les vacheries de Paris étaient si gravement infectées, que toutes les vaches qui en sortaient étaient reconnues tuberculeuses à l'abattoir. »

A cette même époque, la plupart de ces vacheries étaient installées dans des locaux qui laissaient aussi considérablement à désirer sous le rapport de l'imperméabilité du sol, l'éclairage, la ventilation, la propreté des animaux et des étables, l'écoulement des urines, l'enlèvement du fumier, la construction et l'installation des fosses à drèche, etc.

Pour s'en convaincre, il suffit de lire les rapports successifs de M. Goubaux, au conseil d'hygiène et de salubrité de Paris et du département de la Seine. Aussi ne faut-il pas s'étonner de la prévention que le public a eue longtemps contre le lait sortant de ces établisse-

[1] *La tuberculose bovine,* par Ed. Nocard, 1894.

ments et des diverses ordonnances de la préfecture de police tendant à la *relégation* de ces vacheries dans les quartiers les plus excentriques de Paris.

Mais, le même rapporteur ayant démontré que, d'après l'arrêté des conseils qui détermine les fonctions du préfet, ce fonctionnaire n'a pas le droit de réglementer, d'une façon générale, l'exploitation des établissements *classés*, ni d'interdire, d'une façon générale, l'exercice des industries *classées*, dans tel ou tel quartier de Paris, il ne restait plus au conseil d'hygiène qu'à étudier l'ensemble des conditions que doivent présenter les vacheries sous le rapport de la salubrité.

A la suite des rapports de M. Goubaux et de l'adoption de ses conclusions, M. le préfet de police, dans une circulaire en date du 31 mars 1888, a rappelé les conditions prescrites par l'administration, en ce qui concerne ces vacheries.

Nous allons les reproduire ici :

« Ménager à chaque vache un espace de 1^{m},60 au minimum et calculer le nombre d'animaux à placer dans une étable, de façon que chaque vache ait un volume de 20 mètres cubes d'air respirable.

« Donner aux étables une hauteur de trois mètres sous plafond, les ventiler par des cheminées d'aération de 0^{m},40 de côté à chaque extrémité, et les éclairer à l'aide de fenêtres ou de châssis placés au plafond.

« Conduire souterrainement à l'égout les urines provenant des étables et des fumiers, ou, en l'absence d'égout, les recueillir dans des citernes étanches.

« Disposer d'eau en abondance, afin d'opérer de fréquents lavages.

« Installer les fosses à drêche ou *autres* aliments *fermentescibles* suivant les prescriptions indiquées page 157.

« Blanchir à la chaux, tous les ans, les murs intérieurs des étables.

« Enlever le fumier plusieurs fois par semaine, suivant la quantité *maxima* qui doit séjourner chez chaque nourrisseur et qui est fixée par les inspecteurs des établissements *classés*, d'après le nombre d'animaux entretenus dans la vacherie.

« En ce qui concerne les urines, purins et eaux de lavage, il a été admis qu'on n'autoriserait à Paris aucune étable dans laquelle on ne pourrait assurer leur écoulement direct et souterrain à l'égout. Mais dans les quartiers excentriques et la banlieue, on a cru pouvoir autoriser, en l'absence d'égout, l'écoulement de ces liquides dans une fosse étanche.

« Or, l'expérience a démontré que ces fosses ne fonctionnent *presque jamais* régulièrement et que les liquides se perdent dans le sol ou s'écoulent au ruisseau de la rue.

« Pour remédier à ce fâcheux état de choses, le service d'inspection des établissements classés a proposé un système consistant en une fosse cimentée et étanche dans laquelle se trouverait un tonneau qui recueillerait les liquides des étables et le purin du fumier. Ce tonneau ne devra jamais déborder et sera remplacé par un autre dès qu'il sera plein. Quant à son contenu, il sera déversé à une bouche d'égout ou porté à un dépotoir de vidanges, ou, enfin, transporté sur un champ. »

A l'époque où cette circulaire (1888) a été publiée, il y avait déjà dans Paris un certain nombre d'établissements qui satisfaisaient, par avance, à toutes les prescriptions énumérées ci-dessus; mais il n'en est pas moins vrai que cette nouvelle ordonnance a largement contribué à amener une transformation à peu près complète, sous le rapport de la salubrité, dans la majorité des vacheries des nourrisseurs *intra muros*.

Actuellement, dit M. Noël Rouchès, en aucun pays du monde la surveillance médicale des animaux n'est poussée aussi loin qu'à Paris, les nourrisseurs ayant à subir le triple contrôle du conseil d'hygiène, du service vétérinaire de la préfecture et du laboratoire municipal.

Or, ce qui est bien en faveur des laiteries *intra muros*,

c'est que les inspecteurs sanitaires n'auraient pas constaté plus de vingt cas de phtisie en quatre ans, sur 7 à 8,000 vaches en lactation entretenues dans les vacheries parisiennes. D'autre part, M. Nocard explique comme il suit cette disparition de la tuberculose dans les établissements des nourrisseurs de Paris[1] : « Actuellement, dit-il, les conditions économiques de la production du lait dans les vacheries parisiennes sont changées du tout au tout; aujourd'hui le nourrisseur ne fait plus saillir ses vaches, il les achète *fraîches vêlées*, en pleine lactation, et dès que le rendement en lait cesse d'être rémunérateur, il les revend au boucher, c'est-à-dire au bout d'un an environ. Or, l'expérience a démontré qu'un séjour aussi court dans la vacherie est insuffisant pour qu'une bête achetée *même tuberculeuse* devienne phtisique et puisse infecter ses voisines. »

Mais il nous reste à signaler d'autres progrès accomplis dans l'industrie des laitiers nourrisseurs; ceux-ci, après bien des difficultés vaincues, sont arrivés à constituer une importante association sous le titre de *Chambre syndicale des laitiers nourrisseurs*, éleveurs et agriculteurs et qui, grâce à l'activité et au zèle du président et du secrétaire général, est, à cette heure, une des plus florissantes du commerce de l'alimentation[2].

La chambre syndicale a installé à la Villette, 186, rue d'Allemagne, un bureau où elle reçoit les arbitrages qui lui sont déférés par les tribunaux et par les tiers, suivant ses statuts; elle publie tous les deux ans un *annuaire* contenant tous les renseignements qui peuvent intéresser la corporation, et possède un organe officiel, le *Journal agricole*, qui est mensuel et constitue

[1] *La tuberculose bovine*, par Ed. NOCARD, 1894.

[2] Le conseil de cette chambre syndicale est à Paris, 7, rue Saint-Sébastien, et se compose pour l'exercice 1894 de : M. Cournier, président; MM. Escolier et Labro, vice-présidents; M. Noël Rouchès, secrétaire général; M. Chanson, trésorier. La chambre compte actuellement huit cent quarante-deux membres, de la Seine, Seine-et-Oise et Seine-et-Marne.

un excellent intermédiaire entre le producteur et le consommateur.

Enfin, la chambre syndicale a organisé à la Villette, en novembre 1890, un concours de vaches grasses et en lait qui a parfaitement réussi. Cette exhibition comptait environ quatre-vingts bêtes tirées d'un certain nombre de vacheries urbaines et suburbaines, et qui étaient en parfait état en même temps qu'en pleine lactation. En même temps, il est ressorti de ce concours la démonstration d'un fait fort intéressant au point de vue zootechnique.

La double aptitude des vaches à la lactation et à l'engraissement est généralement réputée *incompatible*, mais M. Sanson, notre ancien collègue à l'école de Grignon, professe depuis longtemps qu'elle est très conciliable et que l'on peut avoir des vaches tout à la fois remarquables par la production du lait et celle de la viande. Or, ce concours à la Villette a démontré que, pendant que les vaches des nourrisseurs *intra muros* fournissent du lait de bonne qualité, elles gagnent de poids et deviennent bonnes pour la boucherie, au moment où le rendement en lait cesse d'être rémunérateur.

Mais, pour arriver à ce résultat, il est indispensable que les nourrisseurs n'achètent que des vaches à la fois bonnes laitières et assez tendres pour prendre la graisse quand on cessera de les pousser au lait, c'est-à-dire des animaux de *choix;* les nourrisseurs constituent donc une excellente clientèle pour nos éleveurs français.

Un second concours de vaches grasses en lait a eu lieu au marché de la Villette en mai 1893, et son succès a surpassé celui du premier. Cette exposition sera la dernière, M. le ministre de l'agriculture ayant promis que les vaches des nourrisseurs figureraient désormais, mais dans une catégorie spéciale, au concours général de Paris, au palais de l'Industrie.

CONSIDÉRATIONS SUR LES VALEURS RESPECTIVES DU LAIT DES NOURRISSEURS ET CELUI DES LAITIERS EN GROS.

De tout ce qui précède il résulte que, si toutes les vacheries des nourrisseurs ne sont pas encore complètement réorganisées, du moins beaucoup d'entre elles ne laissent plus rien à désirer pour la tenue des étables, la sélection de leurs animaux et la qualité du lait qu'elles produisent. Mais s'ensuit-il pour cela qu'il faille admettre comme rigoureusement démontrées certaines assertions émises dans ces derniers temps, relativement au lait que les laitiers en gros introduisent journellement dans la capitale ?

Suivant les uns, la pasteurisation du lait serait plutôt nuisible qu'utile, en détruisant certains microbes *ordinaires* (voir p. 34) qui jouent un rôle important dans la digestion de ce liquide ; d'où cette conclusion qu'il ne faut jamais donner aux enfants ou aux malades du lait *bouilli*, mais, au contraire, du lait frais et *cru*[1], en s'assurant, bien entendu, qu'il ne contiendra pas de germes tuberculeux ou typhoïdiques.

Nous dirons, d'abord, que cette recherche des microbes *pathogènes* n'est pas à la portée de tout le monde, et que la réponse à la question ci-dessus se trouve tout indiquée dans les lignes suivantes, que nous empruntons à M. Duclaux et qui nous avaient déjà servi à formuler nos conclusions sur le lait cru et le lait bouilli (p. 34) :

« Il ne faut pas demander à la pasteurisation, dit ce savant[2], autre chose qu'une protection temporaire ; mais dans ces limites, ce chauffage peut rendre des services dans l'alimentation des *enfants*, dans les nourriceries,

[1] Nous avons vu précédemment (ch. IV) que M. le docteur Chavane a formulé et soutenu dans sa thèse, en 1893, des conclusions absolument contraires.

[2] DUCLAUX, *Principes de laiterie.*

les hôpitaux, etc. L'altération du lait est souvent une source de graves désordres intestinaux chez les enfants à la mamelle et chez les malades, et l'expérience a démontré que le chauffage préalable du lait destiné à la consommation journalière pourra rendre les plus grands services lorsqu'il se sera généralisé. »

Ailleurs (p. 83), M. Duclaux dit encore : « On peut affirmer aujourd'hui que nombre de tuberculeux doivent leur maladie au lait, et que, pour se précautionner contre ce danger d'infection, beaucoup plus grand qu'on ne serait tenté de le supposer, *il faut renoncer à boire du lait cru* tant qu'on n'est pas sûr de la vache qui le fournit, c'est-à-dire tant qu'elle n'a pas supporté l'épreuve de l'injection explorative de la tuberculine. »

Or, MM. les nourrisseurs sont-ils en mesure d'affirmer que toutes les vaches qui peuplent leurs étables, *intra* et *extra muros*, ont été soumises préalablement à cette exploration, comme celles d'un certain nombre de vacheries modèles installées dans le centre de Paris?

En cas de négative très probable, nous croyons qu'il convient d'être moins absolu sur l'infériorité du lait fourni par les laitiers en gros par rapport à celui qui sort des vacheries urbaines et surtout suburbaines. Il suffit, en effet, de se reporter à la page 131 de ce chapitre pour se rendre compte de l'excellente préparation que subit aujourd'hui le lait dans les grands établissements des laitiers en gros, avant d'être expédié sur Paris.

On verra que ce lait, loin d'être un produit *mort* quand il arrive dans la capitale, constitue, au contraire, un excellent aliment que l'on peut consommer en toute sécurité. On y verra également que, si ces laitiers ne savent rien de l'état sanitaire des vaches ayant fourni le lait recueilli chez les cultivateurs, du moins on peut dire que, dans leurs établissements, les laits douteux ont été éliminés, et les autres soumis à un traitement suffisamment efficace pour détruire les microbes pathogènes ou paralyser temporairement les microbes ordinaires qu'ils peuvent contenir.

Faut-il admettre aussi l'entière supériorité des laits des nourrisseurs pour les raisons suivantes?

Dans ces vacheries, dit-on, on peut voir traire le lait devant soi et, par conséquent, être certain qu'il n'est ni écrémé, ni additionné d'eau; il n'a pas à subir les altérations causées par le voyage, les secousses pendant le transport; il n'est pas nécessaire, pour en assurer la conservation, d'y ajouter des doses plus ou moins considérables de *conservateur*, ou d'autres substances chimiques, etc.

A toutes ces affirmations nous répondrons : Aujourd'hui, quand messieurs les laitiers en gros expédient le lait traité dans leurs établissements, comme nous l'avons indiqué précédemment, il est pur et vierge de toute addition de substances conservatrices; il voyage la nuit et arrive à Paris dans des conditions parfaites, puisqu'il peut se conserver facilement trente-six heures, comme l'expérience l'a démontré. Une fois ce lait entre les mains des garçons laitiers ou livré à la clientèle des crémiers, fruitiers, etc., il est vrai que les laitiers en gros ne peuvent plus répondre de leur marchandise d'une façon absolue; mais n'est-ce pas aussi le cas des laitiers nourrisseurs pour le lait destiné à être revendu au détail?

Et maintenant, si nous passons des vacheries *intra muros* à celles *extra muros, quatre* fois plus nombreuses, ne sait-on pas qu'un très grand nombre d'entre elles sont encore loin de satisfaire à toutes les nouvelles prescriptions, et que beaucoup d'animaux qui les peuplent sont loin de présenter les mêmes garanties que ceux des vacheries modèles?

Ne sait-on pas également que beaucoup des nourrisseurs *extra muros* font voyager leur lait pour le transporter deux fois par jour à Paris, qu'ils n'ont pas tous une sainte horreur de l'écrémage et des sels *conservateurs* du commerce, et qu'enfin il n'est pas rare de voir quelques-uns de ceux qui alimentent la banlieue de Paris se rendre à la gare la plus voisine pour compléter, avec du lait expédié par un laitier en gros, la quantité insuffisante pour sa clientèle que lui fournit le petit nombre de vaches entretenues dans son étable?

Enfin, nous dirons que les détracteurs actuels de l'industrie des laitiers en gros semblent oublier trop facilement les importants services que ceux-ci rendent à l'agriculture et dont nous avons donné un aperçu très incomplet page 142.

Comme conclusion des considérations que nous venons d'exposer, nous dirons :

Les laitiers en gros comme les nourrisseurs peuvent arriver à livrer à la population urbaine et suburbaine du lait de bonne qualité, mais à la condition que, dans chacune de ces industries, les mesures nécessaires soient prises pour que le lait fourni inspire toute confiance. Aux nourrisseurs, le commerce du lait *cru* fourni par des vaches exceptionnellement bien choisies, nourries et soignées, et surtout ayant subi préalablement l'épreuve de la tuberculine ; aux laitiers en gros, le lait pasteurisé, refroidi immédiatement après et livré aux clients absolument pur et vierge de toute addition de substances conservatrices quelconques.

Mais, en même temps, comme complément de garantie de la pureté de ces laits, nous nous associons complètement au vœu formulé par M. Cl. Nourry, savoir :

« Que l'industrie laitière soit soumise à une surveillance périodique et *imprévue* comprenant :

« 1° L'examen sanitaire des vaches laitières;

« 2° L'examen du lait dans les lieux de production et de vente, dans les dépôts et en cours de transport. »

DES VACHES ENTRETENUES DANS LES ÉTABLES DES NOURRISSEURS. — SPÉCIMENS DE RATIONS. — DE LA DRÊCHE ET DES FOSSES A DRÊCHE.

Vaches entretenues dans les étables des nourrisseurs. — Les vaches auxquelles les nourrisseurs donnent la préférence sont :

La *Flamande*, qui est très appréciée; elle donne en abondance un excellent lait et le conserve longtemps après le vêlage ;

Les vaches *schwitz*, *montbéliardes*, dérivées de la race fribourgeoise et auxquelles l'étable convient bien ;

La *Bernoise*, d'un entretien facile et peu dispendieux ;

La *Normande* est moins recherchée à Paris, parce que le pâturage lui convient mieux que la stabulation et que, d'autre part, elle conserve son lait moins longtemps que la flamande.

La *Hollandaise*, bien que très laitière, donne un lait trop aqueux qui la fait rejeter par un certain nombre de nourrisseurs *intra muros* [1].

Spécimens de rations. — D'après M. Noël Rouchès, le rendement moyen en lait de chaque vache entretenue dans les étables parisiennes pouvant être fixé à 15 *litres* par jour, et, d'autre part, ayant entendu dire que, dans certaines vacheries, des *Flamandes* donnaient en pleine lactation jusqu'à 26 litres par jour et conservaient leur lait pendant 18 mois après le vêlage, il nous a paru intéressant de recourir une fois de plus à l'obligeance de M. Rouchès pour le prier de nous indiquer quelques spécimens de rations usuellement employées chez les nourrisseurs; voici les types qu'il nous a transmis :

[1] Beaucoup de laitiers en gros stipulent dans leurs marchés passés avec les cultivateurs qu'ils n'auront point de vaches hollandaises dans leurs étables.

Spécimens de rations pour vaches laitières de 500 *à* 600 *kilos de poids vif.*

1° RATIONS D'HIVER.

SUBSTANCES	RATIONS 1 — kilos.	2 — kilos.	3 — kilos.	4 — kilos.
Betteraves	15	15	15	15
Menue paille, paille ou foin haché	3	3	6	»
Drêche de brasserie	5	»	»	»
Drêche de distillerie	»	5	»	»
Farine de cocotier	2	»	»	»
Cosses de fèves	»	2	»	»
Cosses de pois	»	»	4	»
Radicelles d'orge germée (touraillons[1])	»	»	2	»
Maïs concassé	»	»	»	3
Cosses ou foin haché	»	»	»	3
Tourteaux	»	»	»	3
Son	5	5	5	5
Sel	0,060	0,060	0,060	0,060

2° RATIONS D'ÉTÉ.

SUBSTANCES	RATIONS 1 — kilos.	2 — kilos.	3 — kilos.
Déchets de pois en vert, légumes frais provenant des Halles ou des fruitiers ; carottes, etc.	30	»	»
Paille hachée	5	»	»
Drêche	5	5	»
Fourrage en vert	»	35	40
Cosses de fèves	»	»	3
Son et sel (sel 60 gr.)	5,060	5,060	5,060

On voit que la base de ces rations est, en *hiver*, la betterave et le son, et en *été*, le son et l'herbe en vert

[1] Ces touraillons sont très à recommander, et, d'après la maison Springer, à Maisons-Alfort, 750 à 1,000 grammes par jour et par 500 kilos de poids vivant suffisent pour fournir des résultats déjà sensibles dans la production du lait.

que les nourrisseurs vont couper aux environs de Paris.

En dehors de ces données générales, M. N. Rouchès indique encore, comme conséquence de ses nombreuses expériences, la formule suivante, qui n'a qu'un défaut, c'est d'être un peu compliquée au point de vue des nombreuses pesées à faire.

(A) TYPE D'UNE FORTE RATION [1] de production pour vaches de 500 à 600 kilos de poids vif.	POIDS des aliments. — kilos.	ÉQUIVALENCE en foin. — kilos.
Regain de luzerne	5	4
Recoupettes ou gros son	4 à 5	5
Betteraves	10 à 15	5
Drêche de distillerie	5	3
Maïs concassé, tourteaux ou farine de cocotier.	2	2,500
Cosses de fèves ou pois	5	1,500
Paille d'avoine	5	1,500
Remoulage en boisson	2 litres.	2,500
Sel, 60 grammes par tête	0,060	Mémoire.
TOTAL		25,000

Cette ration très riche, dit M. Rouchès, serait utilement distribuée à des vaches pesant de 500 à 600 kilogrammes environ et peut servir de guide à ceux qui ont intérêt à nourrir fortement, comme à la ville, où l'on doit chercher à produire beaucoup, en quantité et qualité, en raison de la cherté des loyers, de l'espace restreint dont on dispose et du public qui compose la clientèle des vacheries urbaines. Cet habile nourrisseur ajoute que des bêtes laitières ainsi alimentées mangeront à discrétion et fourniront un produit égal à celui des vaches qui vivent dans les meilleurs herbages et qui

[1] Avec une ration aussi riche que celle A, la nourriture d'une vache ne revient pas à moins de 2 francs à 2 fr. 50 par jour, ce qui, pour un rendement moyen de 15 litres par jour, mettrait le lait de 0 fr. 13 à 0 fr. 16 centimes le litre. Or, avec la cherté des loyers dans Paris, la main-d'œuvre, l'intérêt du capital engagé, les frais généraux de toute nature, on comprend que MM. les nourrisseurs évaluent le prix de revient de leur lait, dans les années ordinaires, entre 0 fr. 25 et 0 fr. 30 centimes.

notamment sont destinées à approvisionner les établissements des laitiers en gros.

Enfin, M. Rouchès indique encore cet autre type de ration pour vaches laitières du poids vif de 500 kilogrammes.

Foin	5	kilos.
Paille d'avoine	5	—
Farine de maïs	5	—
Drèche (brasserie ou distillerie)	5	—
Betteraves	15	—
Son	15	—
Sel	60	grammes.

Ce qui, pour une vache du poids moyen de 550 kilogrammes, représenterait une ration égale à 4,5 pour 100 du poids vif de l'animal.

De la drêche et des fosses à drêche.

De la drêche. — Autrefois, on ne donnait le nom de drêche qu'au *malt* épuisé, résidu de la fabrication de la bière, et qui est composé d'orge germée, concassée et bouillie ayant servi pour obtenir le liquide appelé *moût*.

Aujourd'hui, on a étendu ce nom de *drêche* aux résidus des distilleries de grains ou de maïs dont la saccharification de la matière amylacée a eu lieu avec un mélange de seigle et d'orge maltés, et non avec les acides.

La drêche est très employée dans l'alimentation des vaches laitières par les laitiers nourrisseurs de Paris et des communes suburbaines, qui emploient, les uns, la drêche des brasseurs, les autres, la drêche des distilleries de grains et plus particulièrement celle qui leur est vendue par l'usine Springer de Maisons-Alfort.

Cette maison livre la drêche sous deux états différents : *liquide* ou *pressée*. A l'état liquide, elle constitue une eau blanchâtre tenant en suspension des débris de grains et présentant toujours une température élevée qui indique son état continuel de fermentation. Les nourrisseurs vont chercher cette drêche liquide dans de grands tonneaux en fer ou en bois, d'où elle est transvasée dans des baquets qui servent à la distribuer aux vaches. Chaque jour les nourrisseurs retournent à la provision et n'ont, par conséquent, pas besoin de fosse pour la conserver.

La drêche *pressée* est toujours additionnée par les nourrisseurs d'une certaine quantité de sel marin et donnée aux vaches dans un mélange de gros son et de betteraves. (Voir spécimens de rations, p. 154.)

Cette salaison légère appète les animaux en même temps qu'elle retarde la fermentation de la matière; mais elle est insuffisante pour l'empêcher tout à fait, et sa conservation nécessite l'emploi d'une fosse.

Les fosses à drêche. — La drêche contient toujours une certaine quantité de sucre glucose qui, sous l'influence des ferments, tend à se transformer successivement en alcool et en acide acétique, et c'est dans le but de retarder le plus longtemps possible cette fermentation acide que les nourrisseurs accumulent dans des fosses la drêche fortement pressée au préalable.

D'autre part, la fermentation alcoolique donne naissance à un dégagement d'acide carbonique qui, dans plusieurs circonstances, a causé des asphyxies d'ouvriers chez les nourrisseurs, et enfin, quand la drêche séjourne trop longtemps dans les fosses, elle finit par dégager une odeur désagréable qui devient un sujet de plaintes de la part du voisinage.

Pour ces divers motifs, l'administration a dû réglementer les conditions dans lesquelles les fosses à drêche doivent être installées aujourd'hui. Les nouvelles prescriptions sont relatives à l'aération, l'étanchéité des parois de la fosse, le facile écoulement du *suint* (liquide d'égouttage) dans l'égout voisin ou, en son absence, dans un puisard étanche construit et vidé suivant les règles applicables aux fosses d'aisances.

En outre, la profondeur totale de la fosse ne doit jamais dépasser 1m,20, afin que les ouvriers chargés d'en extraire la drêche aient toujours la tête au-dessus de la couche de gaz carbonique et ne puissent en éprouver les funestes effets.

Quant aux fosses déjà existantes, qui ont habituellement une profondeur bien supérieure à 1m,20 et qu'il aurait fallu combler en partie, l'administration, tout en exigeant les mêmes conditions au point de vue de l'aération, de l'étanchéité des parois et du facile écoulement du suint, tolère leur utilisation, à la condition que ces anciennes fosses soient divisées, par un plancher en fer à claire-voie, en deux étages : 1° l'étage supérieur, d'une profondeur *maxima* de 1m,20, qui reçoit la drêche destinée à la consommation courante; 2° l'étage inférieur, magasin de réserve qui ne reçoit que de la drêche pressée, *en vrac*, et dont le contenu ne doit servir qu'à combler les vides faits dans la couche du premier étage.

De la drêche au point de vue de l'alimentation des vaches.

On sait depuis longtemps que la drêche *fraîche* ou n'ayant pas encore subi un commencement de fermentation acide est un très bon aliment pour les vaches, dont elle augmente le rendement en lait, et nous avons indiqué, page 154, dans quelle proportion les nourrisseurs la font entrer habituellement dans les rations destinées à leurs animaux.

Mais on a constaté aussi que la drêche dont la fermentation est trop avancée agit défavorablement sur la santé des vaches, en même temps que leur lait prend un mauvais goût[1].

[1] Dans les marchés que les laitiers en gros passent avec les cultivateurs, il est généralement stipulé que leurs vaches ne seront jamais nourries avec de la *drêche*.

Dans les vacheries modèles installées dans le centre de Paris, on ne voit pas de fosses à drêche, et cette absence tient à plusieurs causes : 1° à l'influence que la drêche peut avoir à certaines époques sur la santé des vaches et la qualité de leur lait ; 2° au manque de place pour l'installation de ces fosses ; 3° à l'odeur que la drêche en fermentation dégage et qui pourrait être le sujet de réclamations. Mais, à mesure qu'on s'éloigne du centre, les fosses deviennent de plus en plus nombreuses dans les vacheries, parce que les nourrisseurs disposent d'un plus grand espace.

Quantité journalière de lait fournie à la consommation parisienne par les nourrisseurs intra et extra muros.

Cette quantité ne doit pas dépasser actuellement le chiffre de 230,000 litres ; voici comment nous établissons nos calculs, en nous servant des chiffres mêmes contenus dans l'*Annuaire du syndicat des laitiers nourrisseurs* (1893).

Nombre de vacheries dans le département de la Seine ...	2.200
1° VACHERIES INTRA MUROS, environ....................	600
Nombre de vaches par établissement..................	12 à 15
Prenons 15, ce qui donne : 600 × 15..................	9.000

Rendement journalier en lait :

12 à 15 litres pour ces animaux exceptionnellement nourris : 9,000 × 15........................	135.000
2° VACHERIES EXTRA MUROS : 2,200 — 600	1.600
Le nombre de vaches par établissement serait en moyenne, d'après M. Cl. Nourry, la moitié du nombre indiqué pour les vacheries *intra muros*, ou 8, mettons 10 d'après l'estimation de M. Rouchès, ce qui donne..............	16.000

Rendement journalier en lait :

Admettons, pour chaque vache, 12 litres, ce qui est un maximum pour des vaches qui ne sont pas nourries comme celles de Paris, d'où : 1,600 × 12............	192.000

D'où *la production journalière totale* dans les établissements des nourrisseurs de la Seine serait :

Pour les vacheries *intrà muros*	135.000
Pour les vacheries de la banlieue	192.000
	327.000

Nombre de vaches correspondant :

Vaches *intra muros*	9.000	
Vaches *extra muros*	16.000	
	25.000	25.000

Enfin comme, d'après M. Cl. Nourry, la *moitié* seulement de la production des vacheries de la banlieue servirait à l'alimentation parisienne, soit 192,000 divisé par 2, ou 96,000 litres, la consommation à Paris du lait fourni par les nourrisseurs serait de 135,000 plus 96,000, ce qui donne 231,000, nombre égal, à 1,000 litres près, à celui indiqué plus haut.

Pour terminer l'étude de l'industrie si intéressante des nourrisseurs, nous donnerons quelques détails sur le mode de fonctionnement de leur commerce : 1° dans la banlieue; 2° dans les agglomérations de la Seine et dans Paris. On verra que cette industrie ne laisse pas que d'être pénible et d'exiger une grande somme de travail[1].

1° *Laitiers nourrisseurs de banlieue.*

L'établissement se compose d'une ferme, petite ou grande, entourée de prés fauchables et de terres cultivées, avec une laiterie qui peut ne constituer qu'un des rouages industriels ou bien être la seule industrie annexée.

Pour le personnel de la laiterie, le lever a lieu à *deux* heures du matin, parce qu'il faut pouvoir commencer la distribution aux mêmes heures que les maisons

[1] Nous devons ces renseignements à l'obligeance de M. Noël Rouchès.

concurrentes de Paris. Le patron doit être levé aussitôt que ses hommes, car des litres de lait pourraient lui être dérobés, au moment de la traite, par les porteurs, qu'il doit du reste accompagner de temps à autre, afin de connaître la clientèle et ne pas dépendre d'un personnel parfois instable.

Le premier garçon ou vacher procède à la traite (5 à 7 vaches par heure), et vacher et porteur prennent ensuite le premier de leurs quatre repas par jour, une soupe et un verre de vin. Le porteur, qui a attelé son cheval, part immédiatement après; parfois il est accompagné d'un aide ou petit garçon qui fait la distribution de son côté et rejoint la voiture en des points fixés d'avance. L'heure exacte, précise, de cette distribution est capitale et ne doit pas dépasser cinq heures du matin.

D'autre part, la bonne de laiterie qui commence son travail à cinq heures du matin, fait le *portage* à la main dans les environs immédiats de la ferme, en se servant d'une barre de fer spéciale qui permet de porter un poids de 20 litres de lait; elle s'occupe ensuite des soins domestiques, car elle se confond le plus souvent avec une bonne ordinaire.

Le vacher prépare le manger des vaches, les étrille et les panse. Si la distance de Paris est courte, le livreur revient laver les boîtes à lait et autres ustensiles de livraison.

A midi a lieu le dîner, pris à la table du patron, et après, le repos, à moins que celui-ci n'ait été pris avant le dîner. Le nettoyage de l'étable et des boîtes recommence ensuite. A deux heures, c'est-à-dire douze heures après la première traite, a lieu la seconde, celle du soir. A cinq heures, troisième repas, le goûter, qui se compose de pain, fromage et d'un verre de vin et qui est suivi d'un second *portage,* dans la localité même et à Paris, pour les laiteries les plus rapprochées.

Dans les établissements un peu éloignés de Paris, le

portage du soir n'a pas lieu, et on conserve *par le refroidissement* la traite du soir jusqu'au lendemain matin. Quand les livreurs du soir rentrent, il est parfois dix heures, et après le nettoyage des ustensiles a lieu le souper. Dans l'intervalle, le vacher a pris un peu de repos; quant aux livreurs, quand ils sont deux, ils dorment à tour de rôle le matin et le soir.

La cuisine et les soins du ménage prolongent jusqu'à *onze* heures le travail de la patronne et de la bonne.

2° *Laitiers nourrisseurs des agglomérations de la Seine et de Paris.*

Dans ces établissements apparaît un élément nouveau, *la boutique* dans laquelle la consommation du lait sur place tend à prendre une certaine importance.

La patronne et la *bonne de laiterie* surveillent. Quant au régime du travail, il est à peu près identique au précédent, sauf que lever et la première traite ont lieu à trois heures au lieu de deux.

Ce léger changement tient à ce que la clientèle est moins éloignée de l'établissement et que le concours de la bonne de laiterie est rendu plus effectif, par suite des *portages* plus rapprochés.

Nous donnons ici la vue d'une des principales vacheries de laitiers nourrisseurs établie dans l'intérieur de Paris, chez M. Rouchès, rue du Faubourg-Poissonnière, n° 94.

Nous l'avons visitée en juillet 1894 et sommes heureux de dire que, grâce aux excellentes conditions de ventilation, on ne percevait aucune odeur dans cet établissement, malgré les 20 vaches qu'il renfermait ce jour-là.

Une autre vacherie modèle, dont nous conseillons la visite à nos lecteurs, est celle de M. Noël Rouchès, secrétaire général de la chambre syndicale et nourrisseur, 7, rue Saint-Sébastien, Paris.

Nous donnons également le croquis d'un projet de chalets-laiteries déposé à la préfecture de la Seine par

Fig. 77. — Vacherie *intrà muros* de M. Rouchès, 94, rue du Faubourg-Poissonnière.

Fig. 78. — Chalets-laiteries.

M. Noël Rouchès, officier du Mérite agricole. Ce projet consisterait à installer dans nos divers parcs, des chalets-laiteries dans lesquels seraient amenées tous les jours une ou deux vaches prises dans l'étable même de M. Rouchès et que les amateurs de lait verraient traire devant eux.

LAITERIE DE M. L. NICOLAS, PROPRIÉTAIRE AGRICULTEUR A ARCY EN BRIE (SEINE-ET-MARNE).

Nous avons dit, dans notre précédente édition, que M. L. Nicolas avait eu le premier l'idée, en 1874, d'introduire dans Paris du lait pur en boîtes d'un demi, un et deux litres, et qu'en 1884 les quantités de lait livrées annuellement dans la capitale avaient dépassé le chiffre de 400,000 litres, au prix moyen de 0 fr. 70 centimes le litre.

A cette époque (1888) nous avons décrit la laiterie modèle d'Arcy et les procédés mis en œuvre pour expédier journellement à Paris un lait pur d'excellente qualité.

Aujourd'hui, dans cette nouvelle édition, nous allons indiquer les importantes transformations dont cette laiterie a été l'objet depuis 1892, et que nous avons étudiées en juin 1894.

M. L. Nicolas, justement préoccupé des nouvelles recherches scientifiques dont le lait était l'objet depuis quelques années et notamment de celles relatives à la tuberculose des vaches, la pasteurisation et la stérilisation du lait, etc., entreprit un grand voyage en Hollande, Danemark, Allemagne, etc., à l'effet d'étudier sur place ces diverses questions, voyage qu'il eut la bonne fortune d'effectuer en compagnie de MM. Weber et Nocard.

C'est au retour que M. Nicolas a apporté dans sa laiterie les transformations suivantes :

1° Un atelier spécial éclairé, au besoin, à la lumière

électrique a été installé pour la pasteurisation et la stérilisation du lait;

2° Un bâtiment spécial (*sanatorium*) a été construit pour la mise en observation des vaches introduites sur le domaine.

Le stérilisateur adopté par M. Nicolas est celui dont M. Timpé est le concessionnaire pour l'Allemagne et que nous avons décrit page 75.

Le pasteurisateur est celui de Fjord, auquel il a été joint un réfrigérant cylindrique; l'installation en a été faite par M. Hignette, conformément à la disposition indiquée page 64, figure 21.

Traite du matin. — Le lait recueilli dans les étables est amené dans le nouvel atelier, et celui destiné à être pasteurisé est versé dans le réservoir spécial qui alimente le pasteurisateur Fjord.

Pasteurisation. — Le lait est traité dans ce pasteurisateur comme il a été dit page 62 et passé ensuite sur le réfrigérant cylindrique, où il est ramené de la température de 68 à 69° à celle de 5 à 10°, suivant la saison.

A la sortie du réfrigérant, le lait pasteurisé est recueilli dans des bidons de 20 litres et transporté dans l'atelier de remplissage des flacons (fig. 79) destinés à l'expédition du matin. Les pots qui contiennent l'excédant de lait pasteurisé sont plongés, jusqu'au soir, dans de grands bassins pleins d'eau refroidie avec de la glace.

Stérilisation. — Dès que le lait arrive le matin, dans le nouvel atelier, celui qui doit être stérilisé est introduit immédiatement dans des bouteilles spéciales dont le système de fermeture rappelle celui à bouchon pneumatique (système Timpé). Ces bouteilles, remplies de la quantité de lait voulue et imparfaitement bouchées, sont introduites dans le stérilisateur, où la durée du chauffage est de 40 à 50 minutes à la température de 102 à 103°. Le chauffage terminé, on achève de fermer complètement les bouteilles pour assurer un vide par-

Fig. 79.

fait à l'intérieur. Les rondelles en caoutchouc qui font partie constituante des bouchons employés à Arcy sont soumises au traitement préalable que nous avons indiqué (p. 79).

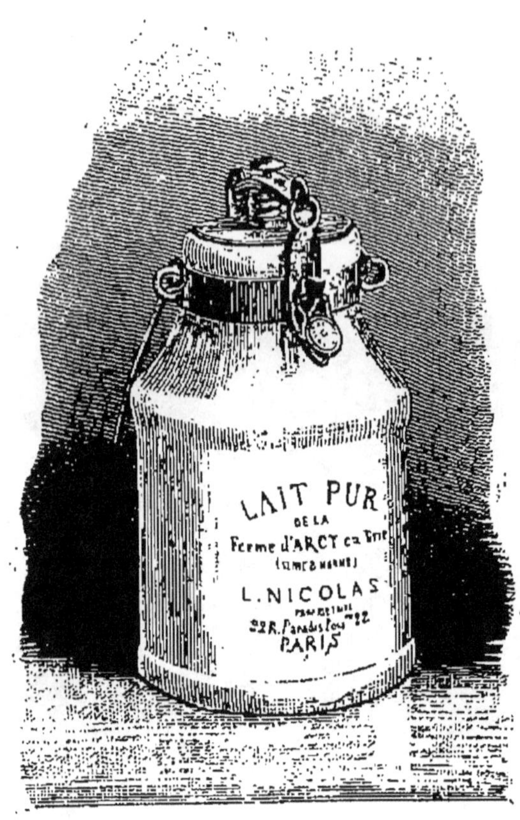

Fig. 80.

La quantité de lait stérilisé journellement à Arcy est de 200 à 250 litres par jour, et la contenance des bouteilles varie depuis 200 jusqu'à 800 centimètres cubes. Il y a également des bouteilles dites *biberons* de 120 à 150^{cc} et graduées extérieurement, afin que l'on puisse se rendre compte du volume de lait stérilisé donné à l'enfant.

Une fois les bouteilles renfermant le lait stérilisé retirées de l'appareil Timpé, elles sont mises au frais, dans un endroit à l'abri de la lumière, jusqu'au moment de l'expédition.

A Arcy, il y a *deux* expéditions par jour; celle du matin a lieu vers sept heures et se compose :

1° Des pots en cristal (fig. 80) qui ont été remplis de lait pasteurisé; 2° d'un certain nombre de bouteilles de lait stérilisé. La livraison à Paris a lieu l'après-midi. La seconde expédition, à huit heures du soir, comprend du lait pasteurisé, et aussi du lait stérilisé suivant les besoins.

Traite du soir. — Cette traite, à son arrivée dans l'atelier, est immédiatement pasteurisée, refroidie et mélangée à l'excédent du lait pasteurisé le matin et qui a été conservé, comme nous l'avons dit plus haut, dans un bac rempli d'eau dont la température est maintenue à 4° ou 5° avec de la glace concassée.

Les deux traites sont versées sur le tamis des petits mélangeurs (fig. 79), dans la proportion d'un pot du matin pour trois ou quatre pots du soir, et c'est ce mélange qui sert à remplir les flacons de cristal (fig. 80) qui vont être expédiés à Paris [1].

Les flacons, comme les bouteilles à lait stérilisé, sont soumis, chaque jour, à un nettoyage et une stérilisation au moyen d'un appareil mis en mouvement par une machine à vapeur; deux femmes peuvent nettoyer 1,500 flacons en moins de quatre heures.

L'expédition journalière du lait pasteurisé est, en moyenne, de 1,300 litres à 70 centimes le litre.

Des vaches laitières entretenues dans les étables d'Arcy en Brie.

Nous avons dit plus haut qu'au retour de son voyage M. L. Nicolas avait fait construire, à une certaine distance de ses vacheries, un bâtiment destiné à servir de *sanatorium*, et dans lequel les vaches qui arrivent dans le domaine sont préalablement installées. Là, elles sont soumises à l'inoculation préventive de la *tuberculine* (voir p. 33), et celles-là seulement qui supportent victorieusement l'épreuve et qui, par conséquent, sont reconnues indemnes de tout germe tuberculeux sont installées définitivement dans les vacheries, après six semaines d'observation.

Les étables d'Arcy peuvent loger 210 vaches; on n'y garde, d'une année à l'autre, que celles exceptionnellement bonnes; les autres sont vendues quand elles n'ont

[1] Dépot central des laits pasteurisé et stérilisé, 22, rue de Paradis, Paris.

plus que peu ou pas de lait et remplacées par des vaches prêtes à vêler. C'est avec ce roulement que M. Nicolas est parvenu au rendement moyen de 9 litres à 9 litres un quart de lait par tête et par jour.

En janvier 1894, les étables d'Arcy renfermaient 195 à 200 vaches préalablement inoculées par MM. Nocard et Weber, membres de l'Académie de médecine.

Wagon spécial pour le transport du lait.

Ce wagon, à double paroi calfeutrée, est divisé en deux compartiments, fermés chacun, supérieurement, par un récipient en zinc qui pénètre à l'intérieur et qui peut contenir 300 kilos de glace. On remplace tous les jours la glace fondue dans les deux réservoirs, dont la consommation est, en moyenne, de 300 à 350 kilos en vingt-quatre heures.

Cette glace est achetée à Paris pour une partie, récoltée et mise en glacière à Arcy, pour l'autre.

Toute l'année, ce wagon sert pour l'expédition du *soir*, qui est beaucoup plus importante que celle du matin.

Les pots pleins de lait restent dans ce wagon, à la gare expéditrice, de 8 heures du soir à 4 heures du matin, et ils sont distribués à la clientèle de Paris de 5 à 9 heures du matin. A sa sortie du wagon, la température du lait varie entre 5° et 7°.

En hiver, la glace devient inutile, mais le transport avec ce même wagon calfeutré offre le grand avantage de mettre les boîtes à lait à l'abri des fortes gelées et d'éviter ainsi le bris des vases.

En été, pendant les grandes chaleurs, le wagon-glacière sert deux fois par jour; la température, dans ce wagon, y est maintenue à 5° au-dessus de zéro, quelle que soit l'élévation de la température extérieure. En 1894, le matériel pour la vente du lait, à Paris, représentait une valeur de 85,522 francs. (Voir *Appendice*, p. 172.)

Nommé chevalier de la Légion d'honneur en 1884, pour services rendus à l'agriculture, M. L. Nicolas a remporté successivement la prime d'honneur au concours régional de Melun (1887), le prix d'honneur au concours général agricole de Paris (1888), et a été promu au grade d'officier de la Légion d'honneur en 1889.

LAITERIE D'UNE MAISON BOURGEOISE.

Une laiterie de maison bourgeoise doit satisfaire, au point de vue de l'installation et de l'hygiène, à l'ensemble des conditions générales que nous avons énumérées au commencement du chapitre v. Quant à son étendue, il suffira de lui donner 4 mètres de largeur sur 6 à 7 mètres de longueur au maximum.

En supposant que cette laiterie doive pourvoir uniquement aux besoins de la consommation intérieure, en lait, beurre et fromages *frais*, celle-ci devra se composer au plus de deux pièces et d'un petit cabinet.

I. La *laiterie* ou *chambre à lait* proprement dite, précédée d'une autre pièce plus petite, la *laverie*, qui sert de vestibule à la première.

La chambre à lait doit renfermer en son milieu : 1° une table dite *dressoir*, sur laquelle on pose les récipients contenant le lait qui vient d'être trait, ainsi que les vases dans lesquels on verse le lait à crémer, quand on veut faire du *beurre ;* 2° une *auge* contenant de l'eau froide dans laquelle on plonge les pots à lait ou les crémières; 3° une autre *petite table* sur laquelle a lieu le dressage et l'égouttage des fromages destinés à être mangés frais.

C'est également dans la chambre à lait qu'on procède à l'écrémage du lait, du barattage de la crème et au délaitage du beurre.

II. La *laverie* doit renfermer : 1° un réservoir à eau; 2° un petit fourneau avec son chaudron pour chauffer l'eau froide ; 3° un évier, des crochets, un égouttoir, un arbre à seaux, etc. (Voir chap. v, p. 117.)

Enfin, à l'autre extrémité de la chambre à lait, on peut réserver un petit cabinet, bien aéré au besoin, et qui sert à remiser la baratte et les ustensiles propres à la fabrication du beurre et des fromages frais.

Pour plus de détails, nos lecteurs n'auront qu'à prendre connaissance des chapitres consacrés à la fabrication du beurre et des fromages blancs (à la pie, à la crème, etc.) dans les petites exploitations (2e et 3e parties.)

APPENDICE

Pour fixer nos lecteurs sur le degré de résistance à l'altération des laits stérilisés d'Arcy, nous croyons intéressant de reproduire ici les notes suivantes :

1° 10 *novembre* 1892. Expédition au Havre, au directeur de la Société des chargeurs réunis, d'une caisse contenant 8 flacons de lait stérilisé d'Arcy.

Départ du Havre pour la *Plata* le 30 novembre 1892. — Retour au Havre le 18 février 1893. Envoi de ladite caisse à M. le Dr Budin, à l'hôpital de la Charité, le 21 février 1893.

Lait reconnu en parfait état et, soumis à l'analyse bactériologique, n'a pas cultivé.

Certificat du capitaine Bréant, commandant le paquebot *Rio-Negro*, constatant le voyage et le renvoi de la caisse à Arcy, avec ses cachets intacts.

2° 17 *mars* 1893. Autre expédition au Havre, par M. le Dr Budin, d'une caisse renfermant huit flacons de lait stérilisé d'Arcy. Départ pour le *Brésil*, le 25 mars 1894, sur le paquebot *Entre Rios*, capitaine Richard. Retour au Havre le 7 juillet 1893.

Réexpédition à M. le Dr Budin, le 12 juillet 1893. Examen du lait le 25 septembre 1893, en présence de MM. les docteurs Boissard et Legris et de MM. les internes de la Charité.

Lait reconnu absolument bien conservé.

3° M. Vassilière, inspecteur général de l'agriculture, envoyé à Chicago comme commissaire général de l'exposition, pour la section française, a fait usage du lait stérilisé d'Arcy, du jour de son départ à celui de son retour, c'est-à-dire depuis mars 1893 jusqu'à janvier 1894.

Le 22 juillet 1894, un des flacons rapportés par M. Vassilière a été ouvert, en présence d'un certain nombre de médecins de Paris venus à Arey, ledit jour, pour visiter les laiteries de M. L. Nicolas.

Le lait contenu dans ce flacon et qui comptait dix-huit mois de stérilisation et huit mois et demi de séjour à Chicago, a été reconnu *irréprochable* à la dégustation.

Nota. — Les trois notes qui précèdent nous ont été fournies par M. L. Nicolas.

Fabrique de lait concentré.

15 *décembre* 1894. — Nous apprenons à l'instant, par le *Journal de l'agriculture*, l'ouverture de la première grande fabrique de lait concentré construite en France. Cet établissement est situé à Maintenon, chef-lieu de canton d'Eure-et-Loir, et appartient à MM. Genvrain frères, qui exploitent, à Paris, un important commerce de lait.

Nous applaudissons au nouveau débouché ouvert à nos produits de laiterie, et nous espérons que les laits concentrés qui sortiront de cette usine resteront toujours vierges de l'écrémage abusif, ou des falsifications dont les laits concentrés étrangers ont été l'objet dans ces dernières années. (Voir p. 19.)

Production annuelle du lait en France.

Nous avons dit, page 8, que d'après la statistique de 1882, la production annuelle du lait en France était d'environ 68 millions d'hectolitres; nous ajouterons, d'après les derniers renseignements recueillis (1), que le nombre des vaches s'est accru, en moyenne, de deux cent mille par période décennale et qu'il est actuellement de **6** millions **600,000** à **6** millions **700,000**, correspondant à une production annuelle de **80** millions d'hectolitres de lait.

(1) Viger, Projet de loi pour la répression de la fraude des beurres.

FIN DE LA PREMIÈRE PARTIE.

DEUXIÈME PARTIE

CHAPITRE PREMIER

SECOND MODE DE SPÉCULATION LAITIÈRE
INDUSTRIE BEURRIÈRE
APPAREILS ET USTENSILES PROPRES A LA FABRICATION DU BEURRE

Quand, dans une ferme, le lait est destiné, en totalité ou en partie, à la fabrication du beurre, la laiterie doit renfermer les appareils et ustensiles nécessaires aux opérations suivantes : 1° le crémage[1] ; 2° l'écrémage : 3° le battage ou barattage ; 4° le délaitage et le travail du beurre.

[1] Nous appelons : *Crémage,* la séparation naturelle de la crème d'avec le lait ; *crémeuses,* les récipients dans lesquels a lieu cette séparation naturelle ; *écrémage,* l'opération qui a pour résultat final l'ablation de la crème, à la main ou mécaniquement ; *crémières,* les récipients à crème.

APPAREILS OU USTENSILES PROPRES A LA SÉPARATION DE LA CRÈME.

Les méthodes adoptées aujourd'hui pour séparer la crème du lait sont au nombre de deux, savoir :

1° Le crémage spontané à l'air libre, ou accompagné du refroidissement du lait pendant toute la durée de la crème;

2° Le crémage forcé ou mécanique obtenu en séparant la crème du lait à l'aide de machines dites *centrifuges*. Nous allons étudier successivement les appareils ou ustensiles employés dans chacun de ces procédés.

1° CRÉMAGE SPONTANÉ A L'AIR LIBRE, CRÉMEUSES.

Dans certaines parties de la France, notamment en Poitou, en Touraine, en Bretagne, etc., on emploie encore pour cet usage des pots C en terre, à col étroit et d'une grande hauteur (fig. 81). Ailleurs, dans beaucoup de fermes, on se sert de préférence de terrines tronconiques de 15 à 18 centimètres de hauteur, dans lesquelles on met de 9 à 10 litres de lait. Ces terrines munies d'un bec sont en terre vernissée à l'intérieur ou mieux en grès, parce que, avec les premières, lorsque le vernis s'écaille et se détache, la terre poreuse mise à nue absorbe le lait, qui s'y aigrit facilement.

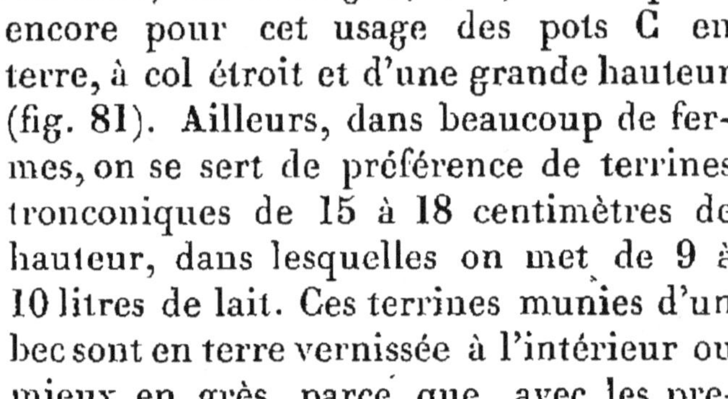

Fig. 81.

Crémeuses du pays flamand.

Dans une partie de ce pays, les crémeuses appelées *telles* sont des terrines qui ont à peine 8 centimètres de profondeur, sur 37 à 38 centimètres de diamètre supérieur (fig. 82). Dans l'arrondissement d'Avesnes, ces terrines également peu profondes (fig. 83) n'ont que 30 cen-

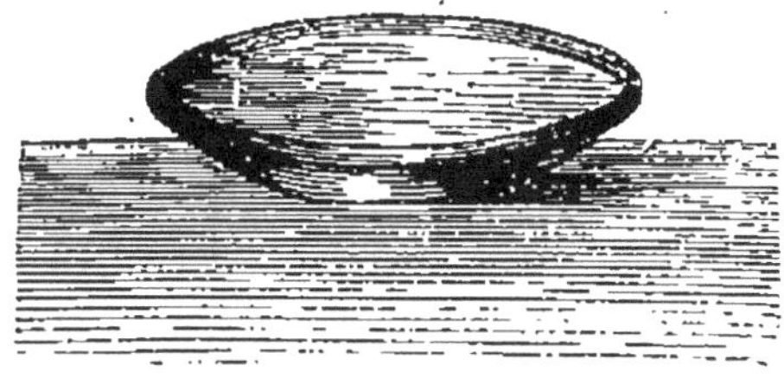

Fig. 82.

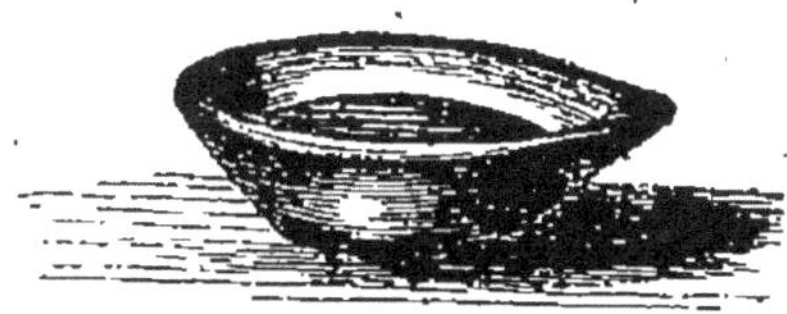

Fig. 83.

timètres de diamètre supérieur et sont munies d'un bec.

Crémeuses du Bessin, sérènes.

Dans le Bessin, les crémeuses ou sérènes ont la forme indiquée figure 84. Elles sont en grès de Noron (Calvados) ou de Vindefontaine (Manche). Ce grès est dur, homogène, et pendant la cuisson il se forme à la surface un vernis naturel et très résistant qui rend les parois internes imperméables en même temps qu'il en facilite le nettoyage. La capacité des sérènes est d'environ 18 litres.

Fig. 84.

Crémeuses de l'Auvergne, de la Suisse, de la Hollande, etc.

Dans les pays où le bois est à bon marché, on remplace les terrines par de larges *seilles* en sapin ou en peuplier très plates, de 60 à 90 centimètres de diamètre et de 5 à 8 centimètres de hauteur. Les récipients en bois offrent un double inconvénient : le lait s'y refroidit lentement après la traite, et leur nettoyage parfait est plus difficile. Autrefois, dans le Holstein et le Sleswig, les crémeuses étaient des baquets cylindriques en chêne, de 60 centimètres de diamètre sur 15 centimètres de profondeur, vernis en rouge à l'intérieur et en bleu à l'extérieur. On versait dans chaque vase quatre litres de lait qui formaient une nappe liquide d'environ 7 centimètres d'épaisseur.

Enfin, on trouve encore dans certaines laiteries des crémeuses en verre ou en parcelaine ; mais ces ustensiles ont le grave inconvénient d'être fragiles et chers.

Crémeuses en fer étamé.

Les crémeuses en fer étamé (et non en zinc) (fig. 85

Fig. 85.

Fig. 86.

et 86) sont employées aujourd'hui dans beaucoup de

Fig. 87.

laiteries, de préférence aux vases en terre, en grès, etc.,

parce que ces récipients sont légers, durables, faciles à nettoyer, bons conducteurs de la chaleur, et d'un excellent usage quand ils ont été bien fabriqués et fortement étamés.

On peut, comme dans le système Girard (fig. 87), disposer ces crémeuses en métal les unes à la suite des autres sur une table. Chaque vase est muni latéralement et à la partie inférieure d'un petit ajutage dont on enlève l'obturateur quand, avant ou après l'écrémage, on veut soutirer le lait maigre, qui se rend dans un récipient par l'intermédiaire d'une gouttière longitudinale.

Crémeuses des grandes laiteries du Holstein et d'Amérique.

Crémeuses Destinon (fig. 88).

Nous ne citons que pour mémoire cette crémeuse, déjà décrite dans nos éditions antérieures, mais dont l'usage est aujourd'hui à peu près abandonné, depuis que l'écrémage centrifuge tend à remplacer de plus en plus, dans les laiteries, le crémage spontané à l'air libre.

2° CRÉMAGE ACCOMPAGNÉ DU REFROIDISSEMENT DU LAIT.

Les crémeuses mises en œuvre dans ce procédé sont toutes construites sur un même principe qui consiste à rafraîchir le lait pendant toute la durée de l'ascension de la crème. Nous allons décrire celles qui sont le plus employées.

Crémeuse Reimers (fig. 89).

Cet appareil se compose de deux grands bacs rectangulaires et concentriques, l'un en bois, l'autre en fer étamé, ce dernier étant supporté par des traverses qui laissent un espace libre de 7 à 8 centimètres de hauteur entre les fonds des deux bacs.

On fait arriver le lait dans le bac en métal sur une

Fig. 88. — Crémeuses Destinon.

épaisseur de 16 à 20 centimètres environ, et pendant toute la durée du crémage on entretient une circulation d'eau froide entre les deux récipients.

Quant à l'écrémage, on l'effectue par en dessus ou

bien encore par en dessous, en soutirant d'abord le lait doux et ensuite la crème que l'on recueille dans un récipient spécial. Nous avons vu à l'Exposition de Ham-

Fig. 89.

bourg, en 1877, un appareil Reimers de 700 litres de capacité.

Crémeuse Wielandt.

En Amérique, où il est d'usage depuis longtemps de rafraîchir le lait dont on veut obtenir la crème, on se sert, dans ce but, d'appareils imaginés per Wielandt, et qui se composent de trois ou quatre crémeuses juxtaposées et renfermées dans une grande cuve rectangulaire en bois.

Crémeuse Swartz.

La méthode Swartz pour la fabrication du beurre, étant à peu près complètement abandonnée, nous indiquerons très rapidement le matériel dont autrefois elle comportait l'emploi (fig. 90).

Fig. 90.

1° *Des bacs réfrigérants;* 2° *des jattes à lait* pour la mise à crémer.

Les jattes sont en fer étamé, ovales, munies de deux anses, pour les plonger dans les bacs, et d'une capacité comprise entre 20 et 40 litres au maximum.

Pendant le crémage, le travail a lieu soit avec de l'eau très froide et courante, qui entre en *a* et sort par *b*, soit avec de l'eau immobile et additionnée de glace.

A l'origine, Swartz prescrivait une durée de crémage de 12 heures, avec une température aussi basse que possible, mais de nombreuses expériences ont démontré que, dans ces conditions, le crémage ne pouvait être terminé après un temps aussi court et qu'il était préférable de le prolonger pendant 24 et même 36 heures.

Crémeuse Cooley (fig. 91 et 92).

En 1876, M. W. Cooley, du comté de Washington

(États-Unis), a imaginé un système qui consiste à faire crémer le lait dans des vases complètement immergés dans l'eau froide ; l'appareil se compose :

1° D'un *bac* en bois doublé de zinc (fig. 91) muni d'un couvercle et que l'on maintient rempli d'eau froide ;

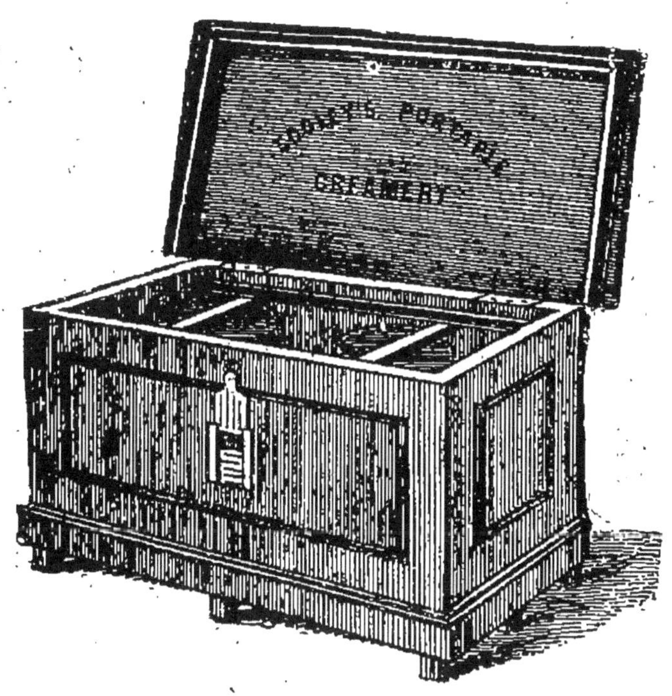

Fig. 91.

2° De *bidons* (fig. 92) ou récipients cylindriques en fer étamé, d'une capacité variable et qui peuvent être fermés par des chapeaux tronconiques maintenus par un système à baïonnette. Ces bidons portent à la partie inférieure un regard composé d'une petite vitre encastrée qui permet de suivre l'abaissement de niveau du liquide, lorsque l'on procède à son soutirage.

Enfin, près de ce regard est placé le robinet, que l'on manœuvre à la main, à l'aide d'un tube d'écoulement, recourbé en col de cygne, que l'on y adapte et qui, suivant la position verticale ou plus ou moins inclinée qu'on lui donne, interrompt ou règle la sortie du liquide.

Fonctionnement de la crémeuse Cooley.

On remplit les bidons de lait et on les recouvre de leurs chapeaux, qui laissent alors une couche d'air de 2 centimètres sur le lait, puis on les immerge complètement dans le bac, de façon qu'ils soient recouverts d'une couche d'eau, d'au moins 5 centimètres d'épaisseur. A ce moment, le liquide extérieur pénètre entre le bidon et son couvercle, et il s'établit un joint hydraulique, en même temps que la couche d'air emprisonnée dans le bidon se trouve comprimée et supprime toute communication avec l'air extérieur. En outre, les bidons complètement immergés sont maintenus immobiles dans l'eau du bac, à l'aide de petites barettes de bois qui pressent sur leurs couvercles et rendent la fermeture encore plus hermétique (fig. 91).

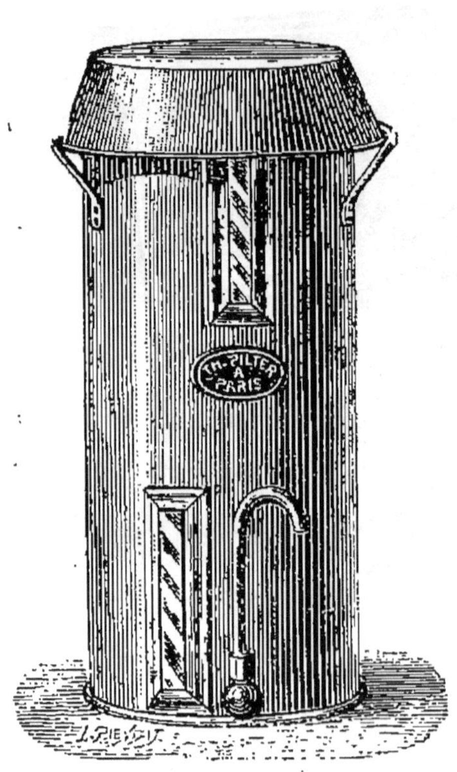

Fig. 92.

Avant la mise en place des bidons, le bac doit être à moitié rempli d'eau froide, et 15 minutes après leur immersion, il convient de renouveler l'eau de réfrigération, qui s'est déjà notablement réchauffée. A cet effet, on enlève le bouchon en bois du niveau d'eau et l'on fait arriver au fond du bac un courant d'eau froide qui chasse l'eau chaude plus légère; on répète cette opération jusqu'à ce que la température du lait soit la même que celle de l'eau froide. On laisse alors l'appareil au repos jusqu'au moment de l'écrémage.

Quand l'air environnant est plus froid que l'eau, le couvercle du bac peut rester ouvert; il doit, au contraire, être maintenu fermé, si l'air ambiant est plus chaud que l'eau.

Ce système donne des résultats d'autant meilleurs que le lait est versé plus rapidement dans les bidons, immédiatement après la traite.

D'après l'inventeur, la température de réfrigération la plus favorable serait comprise entre 7° et 8° (ce qui nécessiterait l'emploi de la glace, en été); mais, à notre avis, il est préférable d'opérer, toute l'année, à la température moyenne de nos eaux de source, soit entre 11° et 12°, parce que la quantité de crème recueillie d'une même quantité de lait sera plus considérable au bout du même temps. Mais, dans ce cas, on devra avoir le soin de renouveler l'eau de réfrigération aussi souvent que cela sera nécessaire pour conserver dans le bac une température constante.

Lorsque la crème est montée, c'est-à-dire au bout de 12 heures, d'après M. Cooley (et mieux, suivant nous, au bout de 24 heures), on enlève les bidons, on les place sur une table, et il ne reste plus qu'à faire manœuvrer les robinets de façon à recueillir successivement, sans imprimer au liquide la moindre secousse, le lait écrémé dans un récipient et la crème dans la crémière.

Dans cet appareil, le col de cygne est disposé de façon que, lorsqu'il ne reste plus de lait maigre dans le bidon, l'écoulement s'arrête de lui-même, sans entraîner la moindre parcelle de crème; il suffit alors de donner une inclinaison inverse au col de cygne pour qu'à son tour la crème s'écoule en totalité.

On voit que ce mode d'écrémage est simple, rapide, et ne nécessite en quelque sorte aucune surveillance; le seul reproche que nous pourrions lui faire, c'est de comporter l'écrémage en dessous, ce qui n'est pas sans inconvénient au point de vue de la pureté de la crème, comme nous l'expliquerons un peu plus loin.

Quoi qu'il en soit, il est démontré aujourd'hui que l'appareil Cooley donne de bons résultats en permettant d'obtenir une séparation rapide de la crème d'avec un lait maigre non altéré. L'occlusion complète des récipients à lait joue évidemment un rôle favorable dans cette pratique en mettant l'air confiné sous les couvercles, et par suite le lait, à l'abri des germes contenus dans l'atmosphère.

L'appareil Cooley convient parfaitement aux petites laiteries, et dans une petite ferme ou une laiterie de maison bourgeoise (p. 171), si l'on a eu le soin d'y faire installer un bac réfrigérant, comme il a été dit (p. 117), il suffira de faire l'acquisition de deux ou trois petits bidons Cooley, suivant la production journalière en lait.

M. Pilter fournit les appareils Cooley aux prix suivants :

Appareils complets. — Bacs et bidons. Contenance de 24 à 136 litres, 125 à 320 francs.

Bidons seuls — De 16 litres, 12 francs; de 8 litres, 11 francs; de 5 litres, 10 francs.

Tamis spécial pour les bidons : 4 francs.

NOUVELLE MÉTHODE DE CRÉMAGE DU LAIT[1].

Procédé de M. Georges Diéterle, à Criquebœuf (Seine-Inférieure).

Ce procédé a beaucoup d'analogie avec celui de Cooley que nous venons de décrire ; comme lui, il a pour base le refroidissement modéré du lait ; comme lui, il emploie comme *crémeuses* des récipients qui mettent le lait complètement à l'abri de l'air, mais il en diffère, d'autre part, par les détails que nous allons indiquer.

[1] *Journal de l'agriculture*, janvier 1892.

M. Diéterle a fait établir sous le sol de la laiterie de

Fig. 93.

sa ferme (fig. 93) une citerne ayant 3m,50 de profondeur et une surface de 2m,40 sur 1m,55, ce qui représente environ 12 mètres cubes de capacité. Malgré la chaleur abandonnée par le lait que l'on y fait immerger (en moyenne, 80 litres par jour), l'eau de pluie s'y maintient, en été, à 15° à la surface et 13° au fond; en hiver, entre 10° et 11°.

Des crémeuses (fig. 93). — Les crémeuses adoptées sont des flacons de 6 à 12 litres, en verre recuit, très résistants, épais d'un centimètre; ils ont une ouverture formée par un collet à large rebord ayant *huit* centimètres de diamètre, et à leur base une *seconde* ouverture de 6 millimètres qui se ferme au moyen d'un petit bouchon très court en caoutchouc.

On ferme l'ouverture du collet à l'aide d'une capsule plate, également en caoutchouc, et pour fixer ces capsules qui, à la longue, perdent un peu de leur élasticité, on ajoute une bague en caoutchouc qui les serre sous le collet[1].

Quant à la mise en place des flacons dans la citerne, celle-ci a, adossée au mur de la laiterie, une ouverture de 1m,55 sur 0m,55 et élevée de 0m,47 au-dessus du sol: elle se ferme par un couvercle composé de deux panneaux en bois glissant horizontalement l'un sur l'autre dans les rainures du cadre, de telle sorte qu'on ouvre un côté quelconque en faisant glisser l'un des panneaux.

Au-dessus de ce couvercle, des barres sont fixées dans le mur à 40 centimètres de distance; elles sont munies, chacune, d'un petit treuil à manivelle qui sert à remonter ou à descendre les flacons.

Le porte-flacon est une sorte de cage formée de deux tiges verticales en tôle galvanisée reliées par deux cercles.

Deux anneaux à l'extrémité des tiges reçoivent la barette de la chaîne.

Chaque flacon est ainsi descendu dans la citerne et, suivant la saison, est maintenu plus ou moins au fond

[1] Les capsules et les bagues en caoutchouc se trouvent chez MM. Gauthey et Hausmann, rue Grenéta, 24, Paris.

de l'eau par la chaîne qui s'accroche au cadre sous les panneaux du couvercle.

On verse dans les flacons, à travers un tàmis [1], le lait encore chaud et aussitôt après chaque traite, le matin, à midi, et le soir. Le lendemain matin, la première opération consiste à retirer ensemble *tous* les flacons et à faire couler le lait par l'ouverture du bas; puis la crème qui vient ensuite est récoltée séparément. Cette opération se fait plus facilement les flacons étant légèrement inclinés.

La crème ainsi récoltée est douce et peut être conservée trois et quatre jours sans qu'elle subisse d'autre transformation que la légère acidité voulue pour donner un beurre de *première qualité* qui est expédié à Paris, deux fois par semaine [2].

Analyses de M. Vaudin. — Il résulte des nombreuses analyses effectuées dans la laiterie de M. Diéterle, par M. Vaudin, chimiste à Fécamp :

1° Que le lait avant immersion contenait, en moyenne, 46 gr. 86 de matière grasse par litre; qu'après 10 heures d'immersion, il n'en contenait plus que 10 gr. 36; après 16 heures, 7 gr. 35, et après 24 heures, 2 gr. 80 seulement;

[1] Des tamis à charnière, permettant à volonté l'enlèvement de la toile métallique, se trouvent à Paris, chez M. Jay (rue Saint-Denis); ils ont l'avantage d'être d'un nettoyage très facile et d'avoir une forme spécialement commode pour les flacons.

[2] La baratte employée est fabriquée à Maubeuge (Nord) par M. Facon; son agitateur est à double mouvement contrarié, et elle possède à l'intérieur deux contre-batteurs, ce qui détermine un fouettage énergique de la crème. Anciennement, cette baratte était munie d'une double paroi dans laquelle on introduisait de l'eau chaude ou froide, de façon à ramener la température de la crème à baratter, à 13° en été et 17° en hiver. Dans ces conditions, la durée du barattage est toujours de 20 minutes.

Dans ces derniers temps, M. Facon a supprimé la seconde paroi, un thermomètre a été fixé contre la paroi extérieure du récipient à crème, et c'est à l'aide d'un vase en métal dans lequel on met de l'eau froide ou chaude (comme dans la baratte Chapellier, chap. III), et que l'on plonge dans la crème avant le barattage, que l'on amène à la température convenable le liquide à baratter.

2° Qu'en mélangeant les crèmes obtenues dans des flacons immergés pendant 12, 18 et 24 heures, le lait de *dessous* contient, *en moyenne*, 6 gr. 80 de matière grasse, c'est-à-dire qu'au lieu de retirer du lait 44 grammes de matière grasse (46 gr. 86 — 2 gr. 80), en conservant tous les flacons pendant 24 heures dans la citerne, on n'en enlève que 40 gr. 06, laissant dans le lait environ les 14 centièmes de la matière grasse.

Ces résultats sont vraiment remarquables; car, si l'on suppose égale à 100 la quantité de matière grasse (46 gr. 86) contenue primitivement dans un litre de lait, celle qui reste au bout de 24 heures de crémage naturel (2 gr. 80) représente 6 pour 100 de la richesse primitive, et par suite le degré d'écrémage serait de 94 pour 100, chiffre qui n'avait jamais été obtenu avec le crémage *naturel* du lait maintenu à une température comprise entre 10° et 15.

D'autre part, cette richesse initiale en matière grasse est exceptionnelle, car, à raison de 44 grammes par litre retiré du lait au bout de 24 heures de crémage, il faudrait moins de 23 litres de ce lait pour obtenir 1 kilogr. de beurre.

Du lait écrémé. — Dans cette méthode, le lait écrémé a la précieuse qualité de rester doux comme la crème; on le donne généralement aux jeunes veaux aussitôt après l'écrémage. Pour les veaux de huit jours, on ajoute, pendant environ une semaine, un peu d'eau de riz, pour bien les habituer à cette nourriture.

En laissant dans notre lait environ 6 gr. 80 de beurre par litre, nous lui avons conservé, dit M. Diéterle, une des qualités nécessaires pour qu'il soit d'une digestibilité très suffisante. L'élevage des veaux pour la boucherie étant un produit qui s'ajoute à celui du beurre, nous tenons pour certain que la crème laissée dans le lait de dessous est aussi payée que si elle avait été transformée en beurre.

Du reste, tout compte fait, ajoute cet habile agriculteur,

notre lait nous rapporte 20 centimes le litre, tandis que beaucoup de cultivateurs de notre contrée, en portant leur lait chaque jour dans les villes, n'en retirent que 15 centimes.

Dépenses pour installation du système Diéterle.

Citerne, couvercle, barres, rouleau et chaînettes	420 francs.
15 flacons[1] à 4 francs et 15 porte-flacons à 2 francs	90 —
15 capsules en caoutchouc à 70 centimes, petits bouchons, etc.	15 —
TOTAL	525 francs.

Quant à l'entretien, il est à peu près nul; avec cette installation, on peut écrémer à Criquebœuf jusqu'à 140 litres de lait par jour; avec deux ou trois flacons de plus et une augmentation de dépense de quelques francs on pourrait traiter aussi facilement 170 litres.

Cette méthode a encore l'avantage, en mettant le lait à l'abri de l'air pendant le crémage, de le préserver de certaines maladies, telles que celle dite du *lait bleu*, dont nous avons parlé page 37, et qui est assez fréquente dans certaines laiteries de la Seine-Inférieure.

Nous aurons l'occasion de revenir sur ce nouveau système de crémage du lait, quand nous traiterons de la fabrication du beurre par la méthode dite tempérée. (Voir chap. VI, IIe partie.)

Nota. — La troisième méthode, celle dite *centrifuge*, ne comportant pas l'emploi d'ustensiles spéciaux pour l'ablation de la crème montée à la surface du lait, nous allons indiquer immédiatement les outils ou procédés en usage pour cet objet, dans la méthode précédente, et nous décrirons ensuite les appareils centrifuges.

[1] Flacons faits sur commande par M. Haroux, verrier, rue de Jouy, Paris.

3° USTENSILES POUR L'ÉCRÉMAGE. — RÉCIPIENTS A CRÈME OU CRÉMIÈRES.

Ustensiles pour l'écrémage. — Dans la partie du pays flamand où l'on emploie encore les *telles* comme crémeuses, on opère l'écrémage comme il suit : on commence par détacher avec les doigts la crème adhérente au pourtour du vase ; on soulève la *telle* au-dessus d'un baquet, on l'incline et l'on y fait tomber la crème en la poussant légèrement du bout des doigts.

Ailleurs, comme dans l'arrondissement d'Avesnes, c'est le lait que l'on sépare de la crème ; à cet effet, la fermière incline la terrine entre ses deux bras et place ses deux pouces réunis vers le bec du vase pour arrêter la crème au passage. (Voir le frontispice de ce chapitre.)

En Bretagne, en Picardie, on se sert, pour arrêter la crème, d'une coquille de Saint-Jacques, dont le bord est uni et mince ; d'autres fois, on remplace cette coquille par une *crémette* en bois de hêtre (fig. 94), très mince, légèrement creusée au centre et de forme ovale ; son grand diamètre est de 25 centimètres ; son petit, de 12.

Fig. 94.

Ces procédés sont contraires aux bons principes de l'écrémage, parce que les vases renfermant le lait mis à crémer ne doivent jamais être remués au moment de l'ablation de la crème ; autrement une petite quantité de la couche crémeuse inférieure, moins dense que la supérieure, se mélange inévitablement avec le lait maigre.

Un autre procédé de crémage consiste à soutirer le lait maigre d'abord et la crème ensuite (crémeuses Girard, Reimers, etc.) ; il ne saurait non plus être recommandé, d'abord parce qu'il est difficile d'éviter la perte d'une certaine quantité de crème entraînée avec le lait maigre, et ensuite parce que la crème qui reste au fond du récipient se mélange aux impuretés contenues dans le lait, et que les tamisages successifs sont impuissants à retenir, comme le démontre l'emploi des centrifuges. En outre, ce soutirage comporte l'emploi de tubes, bouchons ou robinets difficiles à tenir en bon état de fonctionnement et de propreté. Pour toutes ces raisons, il nous paraît préférable d'enlever la crème à la surface du lait avec un des instruments mentionnés ci-après.

En Normandie, on se sert, pour séparer la crème du lait, d'un disque en fer battu (fig. 95) légèrement con-

Fig. 95. Fig. 96. Fig. 97.

cave et muni d'un manche de même métal ou de bois. Cet écrémoire est plein ou percé de trous très-fins, suivant le degré de fluidité de la crème qu'il s'agit d'enlever. — Cette crème est recueillie dans de petits vases en grès et transvasée ensuite dans un récipient appelé *crémière*.

Dans le système Swartz, l'écrémage dans les jattes ovales s'effectuait à l'aide d'une cuiller représentée figure 96.

En Suisse, et généralement dans les pays de montagnes où l'on fabrique le gruyère (chalets et fruitières),

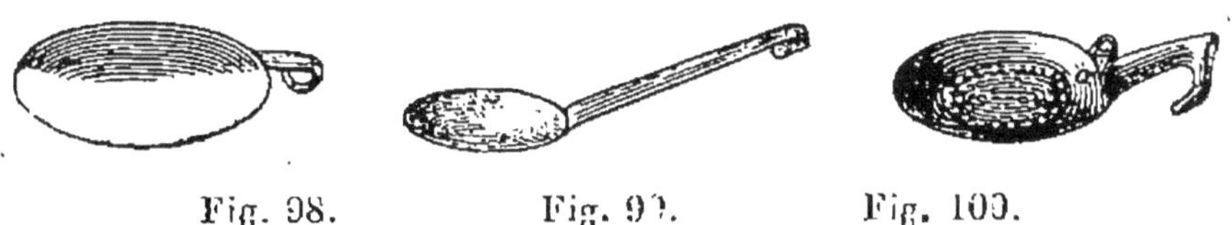

Fig. 98. Fig. 99. Fig. 100.

on écrème le lait avec une espèce d'écope à bords tranchants (fig. 97).

Les figures 98 à 100 représentent trois autres modèles d'écrémeuses également très employées.

Récipients pour la crème, crémières.

En Normandie, les crémières sont de grands récipients en grès (fig. 101) dans lesquels on transvase le contenu des petits vases qui servent à recueillir la crème pendant l'écrémage. — Ces récipients, dont l'orifice supérieur est fermé *imparfaitement* à l'aide d'une planchette, sont placés dans un local spécial maintenu à la même température que celle de la laiterie proprement dite.

Fig. 101.

En Normandie et ailleurs, dans beaucoup d'autres fermes, les crémières sont munies, à la base et latéralement, d'un petit trou fermé par un bouchon de bois. Cette ouverture sert à soutirer, avant la mise de la crème en baratte, le petit-lait et la matière caséeuse qui, entraînés lors de l'écrémage, se sont déposés au fond du vase, en raison de leur plus grande densité.

Les figures 102 à 104 donnent les modèles de crémières

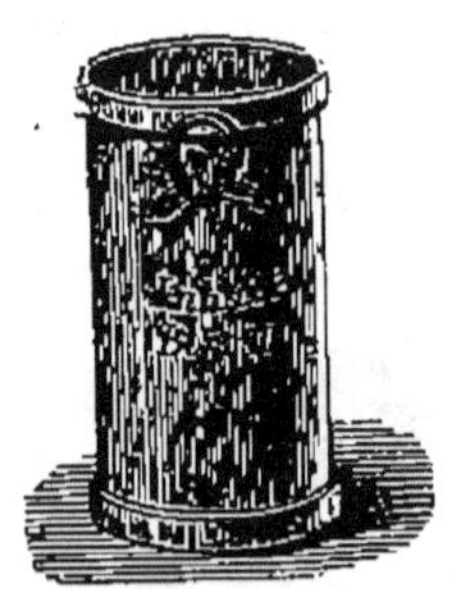

Fig. 102.

Fig. 103.

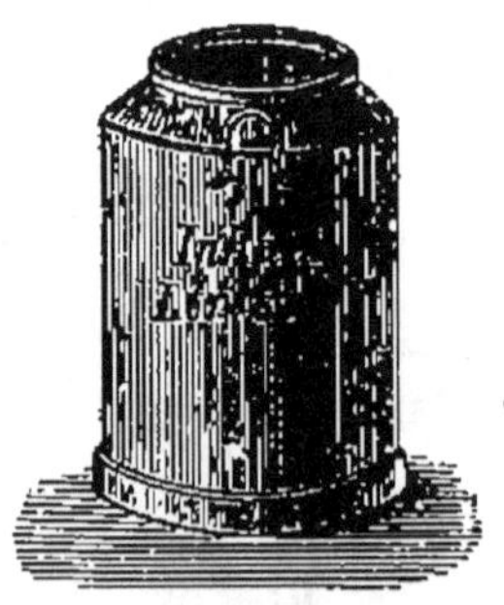

Fig. 104.

en fer étamé employées dans les pays du Nord. Enfin, quand nous traiterons de la fabrication du beurre par la méthode dite tempérée (chap. VI), nous proposerons d'employer comme crémière le pot *calfeutré*, dont nous avons déjà parlé page 58.

CONSIDÉRATIONS GÉNÉRALES SUR LE CRÉMAGE NATUREL ET LES USTENSILES EMPLOYÉS DANS CETTE MÉTHODE.

Nous venons de faire une revue rapide des divers ustensiles employés pour obtenir le crémage spontané du lait, à l'air libre ou en vases clos; mais nous rappellerons que, dès l'apparition des écrémeuses centrifuges *à bras*, nous avons dit que, toutes les fois que, la substitution serait possible économiquement, le crémage naturel était appelé à céder la place à l'écrémage centrifuge. Nos lecteurs seront bientôt convaincus de la vérité de cette prévision, quand nous leur aurons fait connaître une nouvelle écrémeuse à bras qui, sous peu, va faire son apparition en France, et qu'un enfant de douze ans peut faire mouvoir. (Voir chap. II.)

Cependant, comme cette substitution ne saurait être absolue, pour divers motifs que nous indiquerons plus tard, nous croyons devoir présenter ici quelques généralités sur le crémage naturel.

On sait qu'en abandonnant le lait au crémage naturel, on ne peut obtenir pratiquement la totalité de la crème qu'il renferme, parce que les microbes contenus dans ce liquide (les ferments lactiques surtout) en déterminent le caillement avant que tous les globules butyreux se soient séparés. Il en résulte qu'au moment où il faut arrêter le crémage naturel, le lait contient encore en moyenne 10 à 15 pour 100 de matière grasse.

Nous avons vu précédemment que, pour paralyser l'action des microbes sur le lait, il faut le stériliser par la chaleur; mais après cette opération, le crémage n'a plus du tout lieu dans les mêmes conditions qu'avec du lait *froid*, de telle sorte que c'est ce dernier qui doit être soumis au crémage naturel.

Mais, pour opérer dans les conditions les plus favorables, il faut :

1° Procéder à la traite avec tous les soins recommandés page 30;

2° Refroidir immédiatement ce lait à 12° ou 15° au maximum, soit en le faisant passer sur un réfrigérant (Voir p. 48), soit en entourant d'eau froide le récipient qui le contient.

Dans ces conditions, le lait pourra se conserver au moins 36 heures sans se coaguler, ce qui est amplement suffisant pour la durée du crémage naturel.

Dans les expériences dont il est question ci-dessous, il a été constaté que le lait était :

	FAIBLEMENT AIGRE	COAGULÉ
à 30°	après 8 heures.	après 16 heures.
à 25°	— 12 —	— 16 —
à 20°	— 16 —	— 28 —
à 15°	— 40 —	— 52 —
à 10°	— 64 —	— 136 —
à 8°	— 112 —	— 136 —

Au-dessous de 8°, le lait était encore doux après 136 heures de crémage [1].

MM. Kreuzler, Kern et Dahlen, à Poppelsdorf, ont fait des expériences intéressantes sur le crémage naturel, et M. Duclaux, en en discutant les résultats, a été conduit à formuler des conclusions tout au moins vraies pour les conditions [2] dans lesquelles les expérimentateurs se sont placés ; nous croyons devoir reproduire ici ces conclusions :

1° Toujours la quantité de matière grasse réunie dans la crème *augmente* avec la température;

[1] FLEISCHMANN, *Industries laitières*, p. 306.

[2] Le lait de la même traite était distribué dans des éprouvettes cylindriques plongées dans des bains-marie maintenus à diverses températures. Chacun de ces vases avait environ 6 centimètres de diamètre, et le lait une épaisseur d'environ 18 centim. 6 millim. La température de l'air extérieur variait autour des bains-marie entre 11°,5 et 14°.

2° C'est de 10° à 15° que le crémage semble à la fois le plus sûr et *le plus complet* : le plus sûr, en ce que les températures ne sont pas assez élevées pour favoriser l'invasion rapide des microbes; le plus complet, en ce sens qu'elles ne sont pas assez basses pour gêner le mouvement d'ascension de la crème.

Ces conclusions sont intéressantes à un double point de vue, pour les raisons suivantes :

1° Elles remettent en mémoire que, depuis un temps immémorial, les températures adoptées pour le crémage naturel dans les laiteries de la Normandie (et autrefois aussi dans celles du Holstein, avant l'introduction du procédé Swartz) étaient comprises entre 12° et 14°;

2° Elles sont en contradiction formelle avec les résultats obtenus par un grand nombre d'expérimentateurs en employant la méthode dite de *refroidissement*, de Swartz. Nous reviendrons plus longuement sur ce dernier point dans le chapitre V.

INFLUENCE DE LA FORME, DE LA MATIÈRE DU VASE, DE LA HAUTEUR DU LAIT, SUR LE CRÉMAGE NATUREL.

On sait depuis longtemps que ce sont les vases plats, renfermant le lait sous une faible épaisseur, qui donnent le crémage le plus rapide et le plus complet. « Partout où le lait, après la traite, n'est pas refroidi *autrement* qu'au contact de l'air, l'emploi des vases larges et peu profonds s'impose, dit M. Duclaux, parce que ce sont eux qui se prêtent le mieux à une évaporation abondante, nécessaire pour ramener le lait chaud à une température où il ne craigne plus l'intervention rapide des microbes. » C'est aussi la condition de refroidissement rapide du lait qui détermine le choix de la matière du vase, et conduit à préférer les crémeuses en métal quand il s'agit du refroidissement du lait au contact de l'eau, et à s'en tenir aux crémeuses en terre ou en grès quand l'air seul, aidé de l'évaporation, doit amener ce refroidissement.

CONCLUSIONS.

Quand on devra avoir recours au crémage naturel, voici, à notre avis, la marche à suivre :

Renoncer à l'usage des récipients qui restent ouverts pendant toute la durée du crémage, parce que le lait y est exposé à toutes les variations de température de l'air ambiant, en même temps que sa surface, restant en contact prolongé avec l'atmosphère, a trop de facilité pour s'ensemencer de germes nuisibles qui amènent la *tourne* du lait [1].

Donner la préférence à la méthode que nous appellerons : *Crémage à froid, en vases clos,* et qui peut être mise en œuvre comme il suit :

1° Faire passer le lait, aussitôt la traite, sur un réfrigérant, de façon à le ramener à une température ne dépassant pas 14° au maximum [2] ;

2° Introduire ce lait refroidi dans des crémeuses à couvercle, telles que bidons Cooley, flacons Diéterle ou tous autres récipients analogues, que l'on maintiendra complètement plongés, pendant toute la durée du crémage, dans des bacs pleins d'une eau dont on maintiendra la température entre 12° et 14°.

Dans ces conditions, on récoltera une crème aussi satisfaisante comme quantité et qualité que celle obtenue chez M. Diéterle avec son nouveau procédé, décrit

[1] Ce n'est que dans les laiteries où l'on fabrique depuis longtemps de bons beurres que cette exposition du lait à l'air, pendant la durée du crémage, ne présente pas les mêmes inconvénients, parce que les locaux et les ustensiles sont en quelque sorte imprégnés des germes favorables, qui prennent le dessus par rapport aux autres.

[2] Nous avons démontré expérimentalement, à Grignon, en 1880, que le lait qui a passé sur un réfrigérant laisse monter la crème au moins aussi rapidement que le lait naturel non refroidi.

page 186. Nous reviendrons, du reste, sur cette nouvelle méthode de crémage, au chapitre VI.

Nota. — Quand on disposera d'une quantité d'eau suffisante pour refroidir très rapidement la traite à 12° ou 14°, on pourra supprimer l'emploi du réfrigérant.

CHAPITRE II

APPAREILS PROPRES A LA FABRICATION DU BEURRE (*Suite*).

ÉCRÉMAGE FORCÉ OU MÉCANIQUE. — APPAREILS CENTRIFUGES.

Ce système d'écrémage consiste à séparer la crème du lait à l'aide de machines dites *centrifuges,* en se basant sur ce fait que les globules butyreux tenus en suspension dans le lait sont moins denses que le lait maigre. (Globules, D = 0,93; lait écrémé, D = 1,036 environ.)

A cet effet, si l'on introduit du lait dans un récipient circulaire auquel on imprime ensuite un mouvement de rotation très rapide, le liquide présente d'abord, sous l'action de la force centrifuge, une surface concave; puis, la vitesse de rotation devenant de plus en plus grande, les molécules forment bientôt un cylindre liquide et creux autour de l'axe (fig. 105), et à cet instant il se produit dans la masse une séparation des globules butyreux, d'où résulte l'*écrémage*.

Lorsque la rotation a duré un certain temps, l'équilibre s'établit dans ce cylindre liquide, et le lait primitif est alors partagé très nettement en deux couches verticales, savoir :

L, lait dépouillé de la matière grasse et qui, plus dense, se presse contre les parois du récipient.

G, matière grasse séparée et qui, moins dense, se tient plus rapprochée de l'axe.

On distingue même une troisième couche *i*, de teinte brune, appliquée contre les parois du tambour; elle est formée des éléments solides plus denses que le lait lui-même, ainsi que des impuretés accidentelles contenues dans le lait et que les tamisages successifs sont impuissants à retenir.

La séparation du lait maigre et de la crème une fois

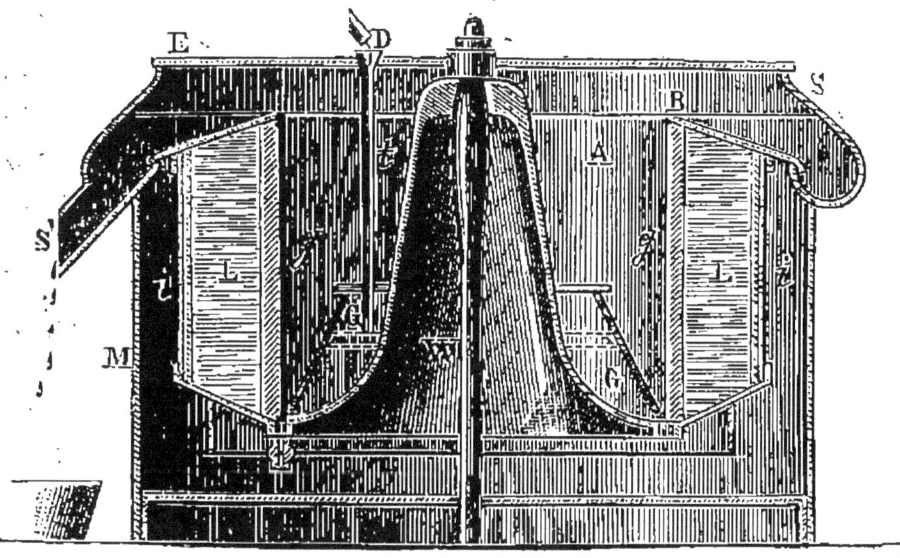

Fig. 105.

effectuée, il n'y a plus qu'à déterminer l'écoulement au dehors de ces deux liquides, à l'aide de conduits séparés.

Les premiers essais de construction de machines centrifuges à écrémer datent de 1850; mais le premier appareil qui ait fonctionné industriellement en Europe est celui imaginé en 1876 par M. Lefeldt, ingénieur à Schœningen (Brunswick) [1].

[1] L'emploi de la turbine pour la séparation des liquides de densités différentes et non miscibles, ou des solides en suspension dans les liquides, est d'*idée française* et appartient à M. de Mastaing, professeur à l'École centrale, et dont la mort prématurée est venue interrompre les expériences. Il est très probable que l'ingénieur Lefeldt n'a jamais eu connaissance de ces essais, et c'est bien au constructeur de Schœningen que revient l'honneur d'avoir appliqué, le premier, la force centrifuge

A l'origine, le centrifuge Lefeldt avait la forme représentée figure 105, et son travail était intermittent, ce qui présentait de graves inconvénients, la nécessité d'arrêter le centrifuge pour en faire sortir le lait doux occasionnant une perte de temps et de force motrice assez considérable. Au contraire, avec un appareil à travail continu, non seulement on évite cette perte, mais, de plus, la continuité de l'opération permet de n'agir que sur une petite quantité de lait à la fois, et, par suite, de restreindre les dimensions et le poids de la machine. Celle-ci peut alors, avec une force motrice moindre, prendre une vitesse de rotation beaucoup plus considérable et fournir un écrémage plus complet; enfin, le prix de ces machines peut être notablement diminué.

Depuis 1877, M. Lefeldt a modifié et perfectionné considérablement son appareil, et en 1887, M. le Dr Fleischmann nous écrivait que cette machine pouvait rivaliser désormais avec les centrifuges les plus parfaits.

Dans notre précédente édition, nous avons donné les dessins et la description du centrifuge Lefeldt et de son alimentateur spécial; mais comme ce centrifuge s'est fort peu répandu en France (peut-être à cause d'une représentation trop intermittente de l'inventeur), nous n'y insisterons pas davantage.

DES PRINCIPALES ÉCRÉMEUSES CENTRIFUGES.

Parmi les écrémeuses centrifuges imaginées depuis environ quinze ans, celles actuellement les plus répandues en France et à l'étranger sont au nombre de trois, savoir :

1° Le centrifuge de Burmeister et Wain;

2° Les centrifuges Laval et Alpha;

à la séparation de la crème dans le lait. (*Journal de l'industrie laitière*, Lézé.)

3° Le centrifuge Mélotte.

Les écrémeuses Alpha et celle de Mélotte présentant des dispositions absolument nouvelles, mais qui offrent certaines analogies entre elles, nous commencerons par étudier l'écrémeuse Burmeister et Wain, qui diffère essentiellement des deux autres.

1° ÉCRÉMEUSE CENTRIFUGE DE BURMEISTEIR ET WAIN.

Cette machine, inventée par MM. Nielsen et Petersen, de Copenhague, est maintenant désignée sous le nom d'écrémeuse de MM. Burmeister et Wain, premiers concessionnaires des brevets des inventeurs. Aujourd'hui, les agents généraux des écrémeuses danoises de Burmeister et Wain sont MM. Petersen et Cie à Copenhague, et en France le représentant général est M. J. Hignette, ingénieur mécanicien, 164, boulevard Voltaire, à Paris.

Description de l'écrémeuse Burmeister et Wain.

Cette machine (fig. 106), dont la forme et la disposition rappellent celles de la première turbine Lefeldt (fig. 105), a été l'objet de perfectionnements importants, surtout depuis 1891.

Elle se compose d'un bol cylindrique LL, en acier étamé, concentrique à un tambour fixe II, en fer, qui lui sert d'enveloppe et qui ne laisse libre, à la partie supérieure, qu'une ouverture égale à celle du bol.

Inférieurement, ce dernier est replié en cône et fixé sur un arbre vertical S, tandis que supérieurement il présente un rebord presque plat avec une large ouverture au centre. Un peu au-dessous de cette ouverture, le bol est divisé en deux parties par une plaque circulaire E en forme de couronne, supportée par trois ailettes verticales; la circonférence de cette plaque est fixée à une faible distance de la paroi interne du bol, afin d'établir une libre communication entre le lait et la crème pendant l'opération. Enfin, à la partie inférieure du bol et de distance en distance, sont soudées

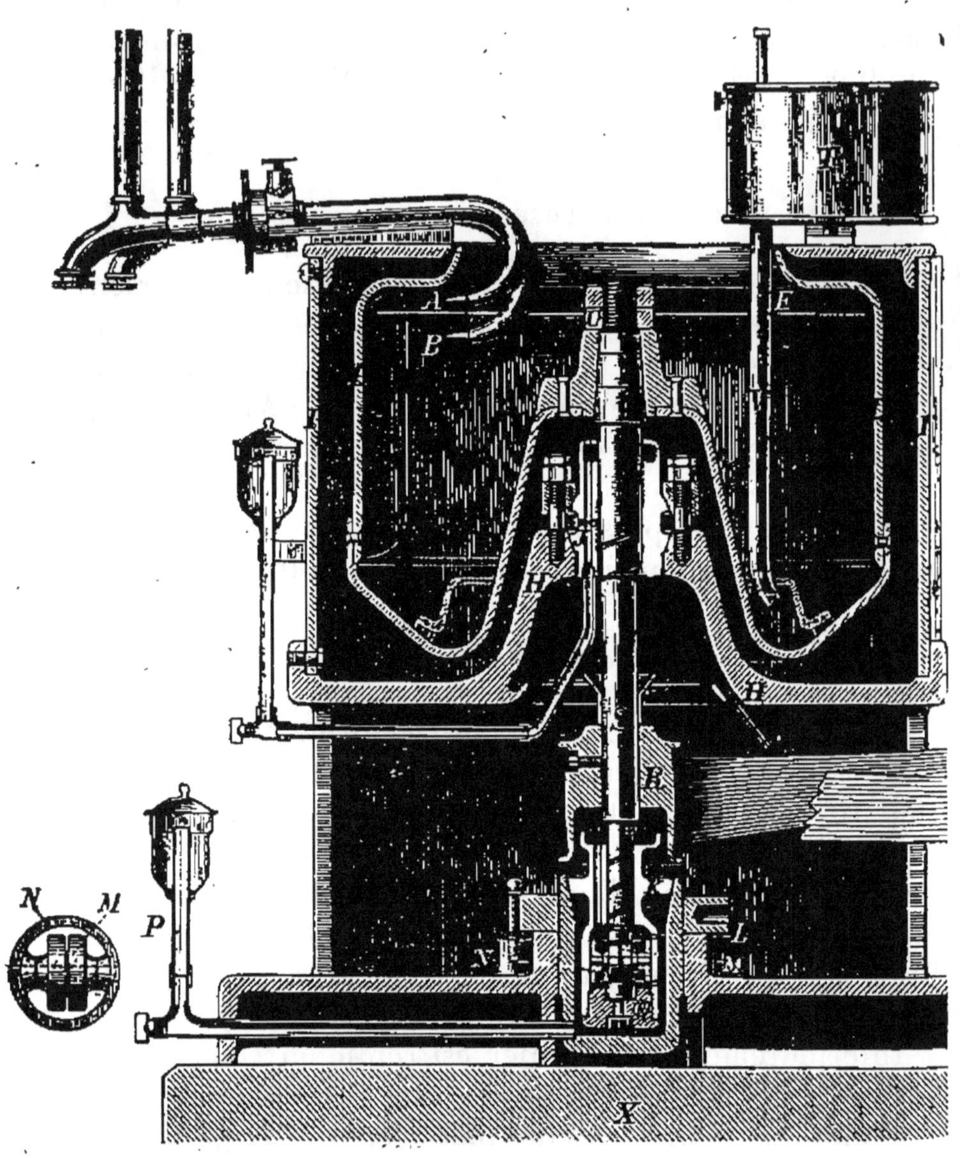

Fig. 106.

des cornières circulaires qui répartissent le lait horizontalement pendant la rotation, et l'obligent à suivre le fond même du bol. En même temps, les ailettes verticales soudées à la paroi forcent le lait à participer à la vitesse de rotation du système en mouvement, au lieu de lui permettre de glisser simplement.

D'après ce qui a été dit page 200, on comprend que, par suite de la force centrifuge développée pendant la rotation du bol, le lait se sépare en deux couches : le lait écrémé contre la paroi, et la crème plus rapprochée de l'axe. Le lait passe alors entre la paroi du bol et la circonférence de la plaque horizontale E, et vient se réunir en dessus, tandis que la crème reste en dessous. La récolte du lait maigre et de la crême s'opère séparément comme il suit :

Sur le couvercle de l'enveloppe du bol son fixés deux tubes horizontaux, dits d'*emprise,* recourbés en col de cygne et terminés en A et B par un ajutage en acier à bords très coupants et tourné horizontalement en sens *inverse* du mouvement du bol. L'un de ces tubes B descend *au-dessous* de la cloison horizontale et pénètre dans la crème, tandis que l'autre A reste au-dessus et plonge dans le lait maigre.

Sous l'action de la force centrifuge, les liquides séparés sont lancés dans ces tubes avec une force assez considérable pour amener le lait écrémé à deux mètres plus haut, comme nous le verrons plus loin.

Crapaudine à galets. — L'arbre vertical de cette écrémeuse est en acier forgé et terminé inférieurement par un pivot plat en acier très fortement trempé ; ce pivot repose sur deux petits galets M et N, verticaux et ayant leur axe commun encastré dans un anneau libre en fonte. Par leur jante inférieure, ces galets portent sur un grain plat également en acier fixé dans le fond d'une boîte en bronze qui fait office de réservoir à huile.

Le poids transmis par l'arbre vertical aux deux galets ne porte donc pas sur leur axe commun, et ceux-ci travaillent également.

Grâce à ce perfectionnement, les frottements sont extrêmement doux, surtout quand la crapaudine est remplie d'huile, et l'on peut faire fonctionner la machine avec toute sa vitesse sans qu'il se produise d'échauffement sensible.

Intermédiaire automatique Jonsson.

Avec toutes les écrémeuses, il est nécessaire d'employer un mouvement intermédiaire de transmission de vitesse, parce que celle-ci est trop considérable pour être transmise directement. Suivant les constructeurs, cet intermédiaire varie, comme aussi les moyens d'embrayage et de débrayage. Pour les écrémeuses Burmeister et Wain, l'intermédiaire adopté est celui dit *Intermédiaire automatique de J. Jonsson* (fig. 107).

Fig. 107.

Avec cet appareil, lorsque, pour une cause quelconque, la vitesse maximum pour laquelle l'écrémeuse est réglée vient à être dépassée, la courroie se rend immédiatement sur la poulie folle, et en même temps un timbre sonne pour avertir que le débrayage a fonctionné et qu'il faut remédier à cet accès de vitesse.

Nous avons décrit en détail cet intermédiaire automatique dans notre précédente édition; nous n'y reviendrons pas ici.

Variation du degré d'écrémage. — Alimentation de l'écrémeuse.

1° Le centrifuge précédent permet de modifier avec la plus grande facilité le *degré d'écrémage*, c'est-à-dire les proportions relatives de lait écrémé et de crème qui sortent de l'appareil dans le même temps. Ce réglage se fait pendant la marche de l'écrémeuse, sans qu'il soit nécessaire de l'arrêter ou d'en modifier le débit, il suffit, en effet, d'agir sur le tube A (fig. 106), recourbé en col de cygne, de la manière suivante : celui-ci porte un pas de vis qui correspond au pas d'un écrou fou; en tournant à la main l'écrou mobile, on fait avancer ou reculer en ligne droite le tube, dont l'extrémité recourbée se rapproche ou s'éloigne de l'axe et, par suite, aspire plus ou moins de lait écrémé.

2° Pour faire varier l'*alimentation* de la turbine, suivant que l'on veut écrémer plus ou moins de lait à l'heure, on se sert d'un régulateur T imaginé par le Dr Fjord et qui se fixe avec deux vis sur le couvercle de l'enveloppe. Cet appareil (fig. 106) se compose d'un récipient T en fer étamé contenant deux ou trois tamis concentriques qui retiennent les impuretés du lait. Au fond de ce récipient, et sur le côté, est fixé un tube V, vertical et légèrement conique, qui descend presque au fond de la turbine et amène le lait sous les cornières horizontales dont il a été question plus haut. Ce tube renferme une tige cylindrique pleine, en bronze, d'un diamètre presque égal à celui du tube et que l'on peut faire monter ou descendre à volonté à l'aide d'un bouton, de façon à augmenter ou à diminuer le débit du lait, le niveau de celui-ci étant maintenu constant dans le réservoir. Cette tige, graduée préalablement par des expériences directes, porte des chiffres qui indiquent le débit correspondant.

Enfin, pour maintenir le niveau constant dans l'alimentateur à lait, après le réglage, on place à l'intérieur du premier tamis de celui-ci un flotteur en fer-blanc terminé supérieurement par un cône qui porte une petite tige servant de guide et que l'on introduit dans l'orifice du tuyau d'arrivée du lait. (Voir fig. 110.)

S'il arrive plus de lait que ne comporte le réglage, ce flotteur monte, et sa partie conique, en pénétrant dans l'orifice d'alimentation, arrête momentanément l'écoulement ; il en résulte bientôt un abaissement de niveau dans l'alimentateur ; le flotteur redescend alors et l'écoulement recommence.

Avantages des tubes d'emprise. — La disposition toute spéciale des tubes d'emprise offre l'avantage de permettre, comme nous l'avons dit plus haut, d'élever le lait maigre, à sa sortie du séparateur, à une hauteur qui peut atteindre deux mètres, et cela, sans aucune dépense supplémentaire (fig. 108).

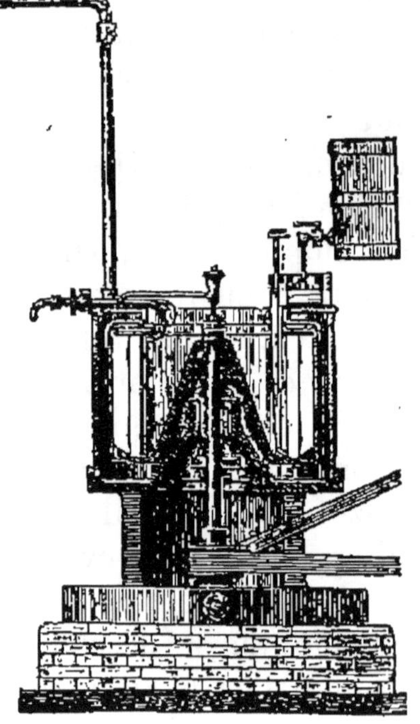

Fig. 108.

Par suite, on peut, à l'aide de rigole, conduire le lait maigre à la fromagerie, à la porcherie, aux voitures qui doivent l'emporter, ou bien encore aux appareils destinés à refroidir ou à chauffer ce lait maigre à sa sortie du centrifuge. On peut utiliser de la même façon le tube d'emprise de la crème pour amener directement ce liquide aux appareils réfrigérants ; mais la crème présentant toujours une certaine viscosité, l'écoulement se fait moins facilement qu'avec le lait maigre.

L'appareil Burmeister et Wain, bien disposé au point de vue mécanique, est très satisfaisant sous le rapport de la construction et ne nécessite que de rares réparations. Non seulement il permet au besoin d'écrémer le lait *froid,* mais il offre aussi un avantage très appréciable, notamment aux laiteries coopératives, qui peuvent continuer le travail, malgré l'arrivée d'une partie de lait ayant subi un commencement de coagulation : ce qui tient, dit M. Hignette, à ce que les tubes à col de cygne ne se bouchent pas.

Il résulte, du prospectus publié en mai 1893, que MM. Burmeister et Wain construisent actuellement deux grandeurs différentes de centrifuges, savoir :

GRANDEURS des écrémeuses.	VITESSE du cylindre par minute.	LAIT traité par heure.	FORCE nécessaire.	PRIX (écrémeuse seule).
—	—	—	—	—
AA....	2.700 tours.	1.400 litres.	3 chevaux vapeur.	1.550 fr.
B....	4.000 —	700 —	2 chevaux vapeur ou manège à 2 chevaux.	850
	2.800 —	350 —	manège à 1 cheval.	850

D'après les constructeurs, aucun autre système ne peut écrémer 1,400 litres à l'heure avec une force aussi peu considérable. La vitesse est modérée : 2,700 tours pour AA et 4,000 pour B ; d'où une marche plus uniforme, une usure moindre et une surveillance plus facile.

Enfin, avec cette écrémeuse, on peut exercer un contrôle constant pendant le fonctionnement et obtenir à volonté, pendant la marche, de la crème claire ou épaisse, etc.

Plus de 8,000 de ces écrémeuses fonctionnent aujourd'hui dans tous les pays du monde, mais surtout en Danemark et dans le Sleswig-Holstein.

Écrémeuse à manège de Burmeister et Wain (fig. 109).

Le modèle B (tableau ci-dessus) peut être actionné par *un seul cheval* et traiter, à une vitesse de 2,800 tours par minute, 350 *litres* de lait par heure environ.

Lorsque l'on attelle deux chevaux au manège, on peut faire marcher l'écrémeuse à sa vitesse normale (4,000 tours), et le débit s'élève alors à 700 *litres* par heure.

Installation et montage des écrémeuses centrifuges.

Quant à l'installation et au montage des écrémeuses

dont il sera question dans ce chapitre, nous avons pensé que nos lecteurs trouveraient tous les renseignements complémentaires dont ils pourraient avoir besoin dans les *Instructions spéciales* fournies, sur demande, par MM. les constructeurs. Du reste, quand on fait l'acquisition d'une écrémeuse à *moteur*, il vaut infiniment

Fig. 109

mieux, à moins d'être ingénieur, la faire installer par un ouvrier spécial de la *maison* qui fournit la machine, plutôt que de chercher à le faire soi-même, en s'inspirant des renseignements toujours insuffisants que l'on trouve dans les livres.

RÉCHAUFFAGE DU LAIT DESTINÉ A L'ÉCRÉMAGE CENTRIFUGE.

L'écrémage centrifuge peut s'effectuer sur du lait froid ou tiède, mais on a reconnu que la température a une influence notable sur ce genre d'écrémage, et que la séparation de la crème se fait mieux avec un lait à 25° ou 30°. Quand on passe le lait au centrifuge immédiatement après la traite, cette condition est facilement remplie; mais souvent, et en hiver surtout, il devient nécessaire de réchauffer préalablement le lait pour le ramener à la température voulue; on y parvient de plusieurs manières, et notamment avec un petit appa-

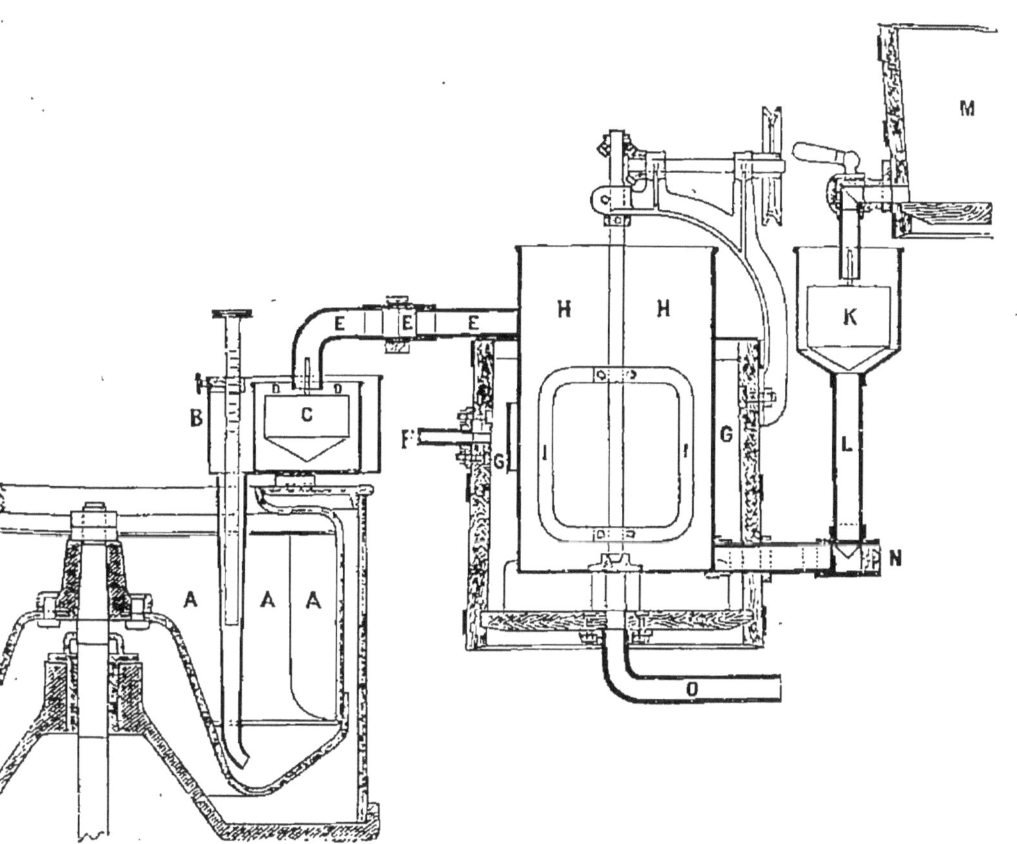

Fig. 110.

reil Fjord de 25 litres de capacité seulement et annexé à la centrifuge même (fig. 110).

Cet appareil n'est autre que le pasteurisateur décrit page 62. Le lait froid, venant du réservoir M, pénètre par le tuyau L dans le réchauffeur HH et en sort par le tuyau EE, qui l'amène dans le régulateur de l'écrémeuse. Ce lait est chauffé par de la vapeur prise directement sur le générateur et amenée par le tuyau F dans le réchauffeur ; on opère exactement comme il a été dit page 62.

Les appareils Burmeister et Wain peuvent encore servir aux usages suivants :

1° On peut adapter à ces écrémeuses le contrôleur du Dr Fjord, qui permet de vérifier immédiatement et simultanément la richesse en crème d'un grand nombre d'échantillons de lait, ou bien encore celle du lait maigre qui sort de la turbine. — Nous en reparlerons quand

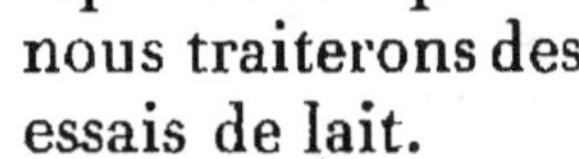

nous traiterons des essais de lait.

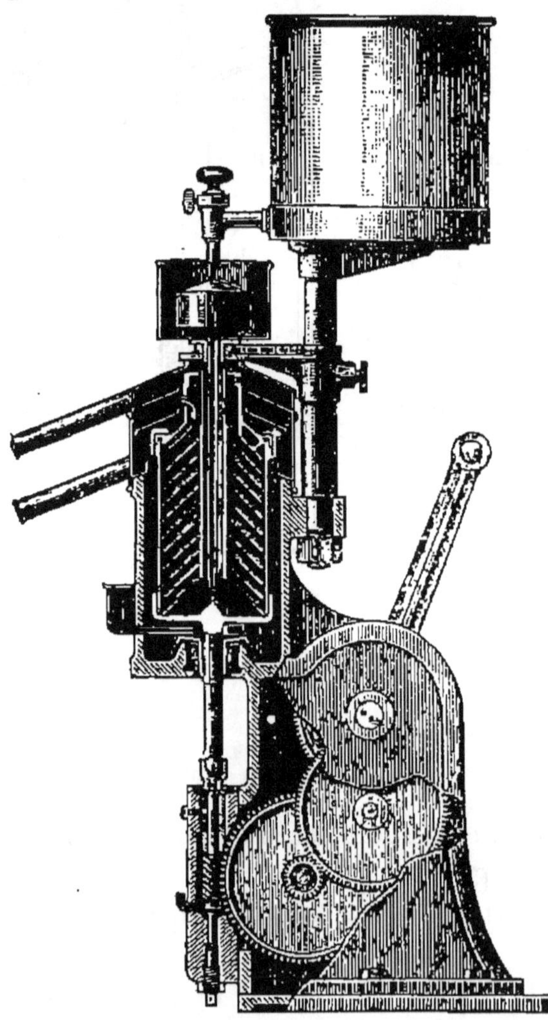

Fig 111.

2° On peut les employer à la préparation d'émulsions destinées à l'alimentation des veaux ou à la fabrication de fromages factices, etc., comme nous le verrons à la fin de ce chapitre.

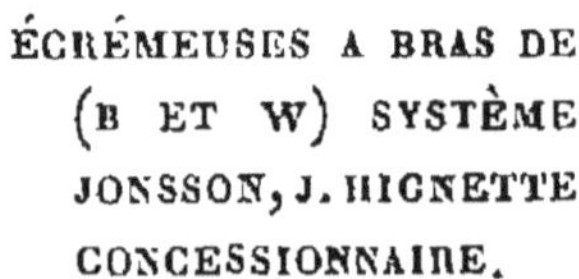

ÉCRÉMEUSES A BRAS DE (B ET W) SYSTÈME JONSSON, J. HIGNETTE CONCESSIONNAIRE.

Dans cette nouvelle écrémeuse (fig. 111), le lait arrive au fond du cylindre par le tuyau du régulateur d'alimentation et se répand dans tout l'intérieur, sous l'influence de la force centrifuge.

A l'intérieur du cylindre se trouve une *spire* (fig. 112) d'une seule pièce qui divise le lait en couches minces et accélère la séparation de la crème. Sur cette spire on fixe une pièce munie d'un collet à quatre orifices pour la sortie du lait écrémé.

Fig. 112.

Quant à la crème, elle monte au milieu du cylindre et sort par un trou dans le couvercle supérieur. Ce trou est muni d'une vis qui permet d'en augmenter ou d'en diminuer l'ouverture et, par suite, de varier le degré d'écrémage. La spire étant d'une seule pièce, le montage, le démontage et le nettoyage sont faciles et rapides.

M. Hignette fournit cette nouvelle écrémeuse à bras sous deux grandeurs :

1° Pour 175 à 200 litres à l'heure;

2° Pour 250 à 300 litres à l'heure.

Nos lecteurs trouveront, chap. x, une installation de beurrerie centrifuge, avec les écrémeuses Burmeister et Wain. (J. Hignette, ingénieur.)

2° ÉCRÉMEUSES CENTRIFUGES DU Dr LAVAL.

Représentant général en France : M. Th. Pilter, rue Alibert, 24, Paris.

Dans notre précédente édition, nous avons décrit en détail le centrifuge Laval, de Stockholm, à moteur et à bras; mais, depuis cette époque, M. de Laval a fait connaître un nouveau système d'écrémeuse désignée sous le nom d'écrémeuse *Alpha* et qui tend à remplacer complètement le premier appareil, comme on peut en juger par les chiffres suivants :

Vente des écrémeuses Laval et Alpha depuis leur création.

	ANNÉES			
	1890	1891	1892	1893
	—	—	—	—
ALPHA.........	789	4.655	6.608	12.154
LAVAL.........	4.251	2.443	1.893	1.893

Dans l'étude qui va suivre, nous commencerons donc par résumer ce qui a été dit antérieurement sur le centrifuge Laval, et nous ferons ensuite une étude détaillée des nouvelles écrémeuses Alpha.

1° CENTRIFUGE LAVAL.

Cette machine, inventée par M. de Laval, de Stockholm, a fait sa première apparition en 1879 aux Exposition de Kilburn (Angleterre) et de Flensburg (Allemagne) ; elle a été importée en France par M. Th. Pilter, qui l'a fait fonctionner au concours général de Paris, en 1880. Depuis cette époque, elle a subi dans plusieurs de ses parties des perfectionnements de détail très importants, de telle sorte que cette machine peut être considérée aujourd'hui comme excellente, sous le triple rapport du bon fonctionnement, de la solidité et de la durée. Nous allons la décrire en détail.

Cette machine (fig. 113) se compose d'un récipient à lait, le bol, sphéroïde aplati en acier, tout d'une pièce, de 8 à 10 millimètres d'épaisseur, dont le plus grand diamètre ne dépasse pas 34 centimètres, et qui se termine par une tubulure cylindrique *d*. Ce sphéroïde est fixé sur un disque en fer forgé avec l'axe *l*, qui doit lui communiquer son mouvement de rotation par l'intermédiaire de la petite poulie à gorge *k*. Cet axe *l*, formé de deux parties réunies par une genouillère-manchon *m* permettant une légère déviation, est très solidement maintenu, haut et bas, par des colliers constamment graissés d'huile épurée.

Cet axe repose inférieurement sur un grain en acier trempé *i*, et se termine supérieurement par une sorte de cuvette hémisphérique *gh* qui renferme le récipient mobile. Ce récipient est coiffé d'un chapeau ne participant pas au mouvement de rotation et composé de deux enveloppes B et C, en fer-blanc, formant deux compartiments distincts et superposés. Le compartiment inférieur B reçoit le lait *maigre*, qui, projeté à la circonférence la plus grande du récipient, est puisé d'abord

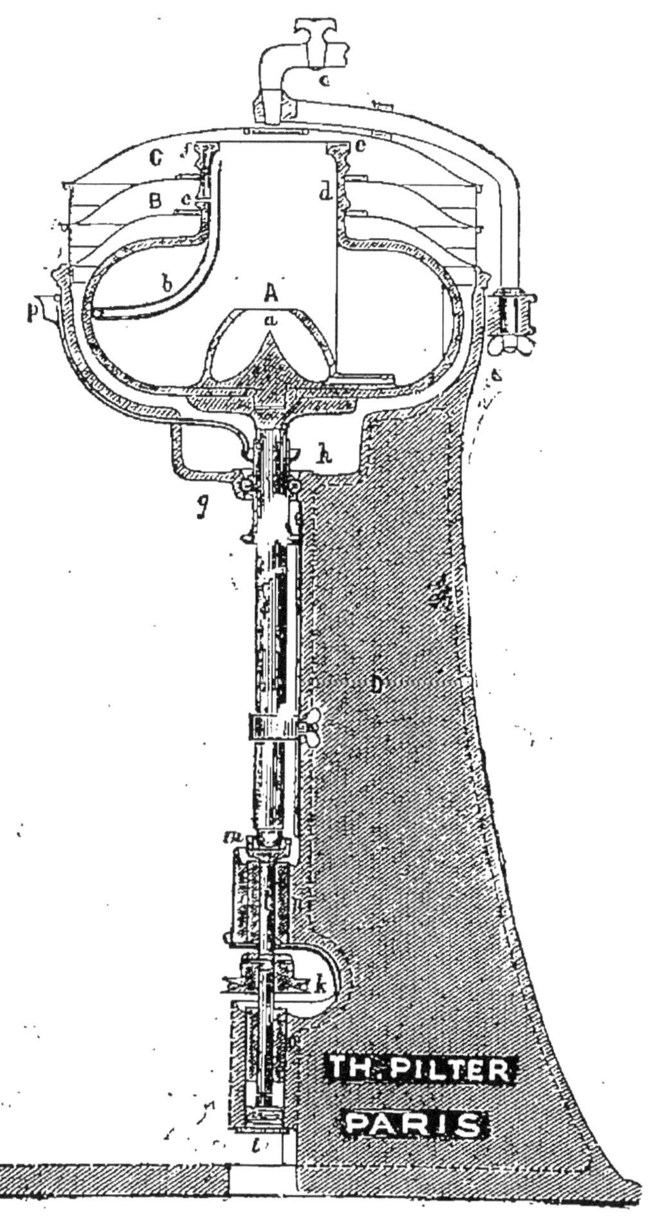

Fig. 113.

par le tube recourbé *b*, puis amené jusqu'à l'orifice latéral *c* pratiqué dans la paroi de la tubulure cylindrique, et enfin versé dans le dit compartiment B, d'ou un tuyau l'amène au dehors. Quant au compartiment supérieur C, il est destiné à recevoir la *crème*, qui s'élève jusqu'au sommet de cette même tubulure cylindrique, pénètre dans l'orifice latéral *e* et sort finalement par un autre tuyau.

Une petite vis verticale *f* permet de régler l'ouverture latérale *c* de manière à faire varier la vitesse d'écoulement du lait maigre.

Au centre et sur le fond même du séparateur (fig. 113), est fixée une calotte sphérique A contenant un cône plein sur le sommet duquel vient tomber directement le filet de lait qui s'écoule du distributeur. Ce filet se distribue dans la calotte creuse et ne peut se rendre dans le bol sphéroïdal que par un petit conduit latéral inférieur. En outre, une palette (représentée dans la figure, à droite, par deux lignes verticales) faisant corps avec la calotte est entraînée avec elle dans le mouvement de rotation et force le lait à participer à ce mouvement circulaire, en le projetant en même temps contre la paroi concave du bol.

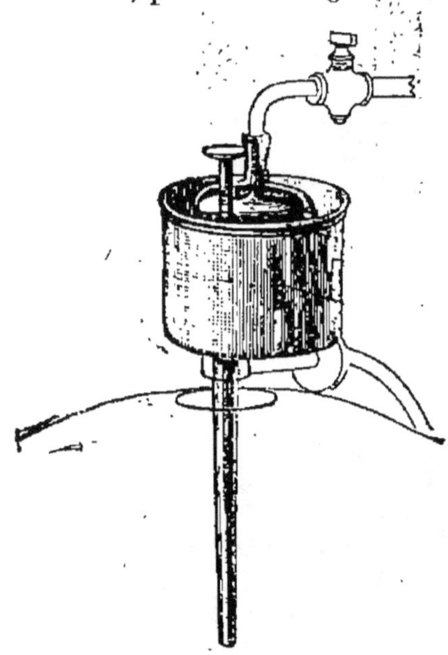

Fig. 114.

Alimentation de l'appareil (fig. 114). — Le lait à écrémer est distribué dans le bol séparateur à l'aide d'un petit appareil fixé au-dessus, et qui se compose des deux organes suivants : 1° un flotteur muni supérieurement d'une petite tige verticale qui s'engage dans l'orifice du ..ıt qui amène le lait; 2° une tige conique verticale. , deux organes fonctionnent comme il a été expliqué plus haut, pages 206 et 207.

Réglage de la sortie de la crème. — Dans cette écrémeuse, la vitesse de rotation restant la même, le réglage de la sortie de la crème peut se faire de deux façons : 1° au moyen de la tige conique verticale que l'on enfonce plus ou moins de façon à augmenter ou diminuer l'alimentation, ce qui a pour effet de fournir une crème plus ou moins fluide ; 2° au moyen de la vis verticale *f* (fig. 113) qui, comme nous l'avons dit plus haut, permet de faire varier la vitesse d'écoulement du lait maigre, ce qui, par suite, produit le même résultat que lorsque l'on augmente ou l'on diminue l'alimentation.

D'après l'inventeur, l'emploi de cette vis *f* pour le réglage présente de sérieux avantages que nous allons résumer :

1° Avec ce réglage préalable et indérangeable, les écrémeuses peuvent fonctionner indéfiniment sans qu'il soit nécessaire d'y toucher, et, par suite, le degré d'écrémage obtenu est celui fixé par le chef de la beurrerie et ne dépend pas du caprice d'un ouvrier ;

2° Lorsque plusieurs écrémeuses doivent marcher ensemble, chacune, aussitôt sa vitesse acquise, est prête à écrémer, sans autre travail que l'ouverture du robinet d'admission du lait, et l'écrémage toujours régulier est le même que celui de l'opération précédente.

Néanmoins, si pendant la marche, et pour une cause quelconque, la crème était trouvée trop épaisse ou trop claire, il suffirait d'ouvrir ou de fermer plus ou moins le robinet d'arrivée du lait, pour corriger le degré d'écrémage qu'un réglage après l'opération rendrait définitif.

Commande de la centrifuge, vitesse de rotation.

Comme pour la machine Burmeister et Wain, le mouvement du moteur est appliqué indirectement à l'écrémeuse, à l'aide d'un intermédiaire (fig. 115) agissant par entraînement. Cet intermédiaire est fort simple, la solidité des centrifuges Laval, éprouvée à des vitesses considérables, ne nécessitant pas de débrayage automatique.

Avec la turbine Laval, il doit y avoir entre l'axe de l'intermédiaire et celui de l'écrémeuse une distance de

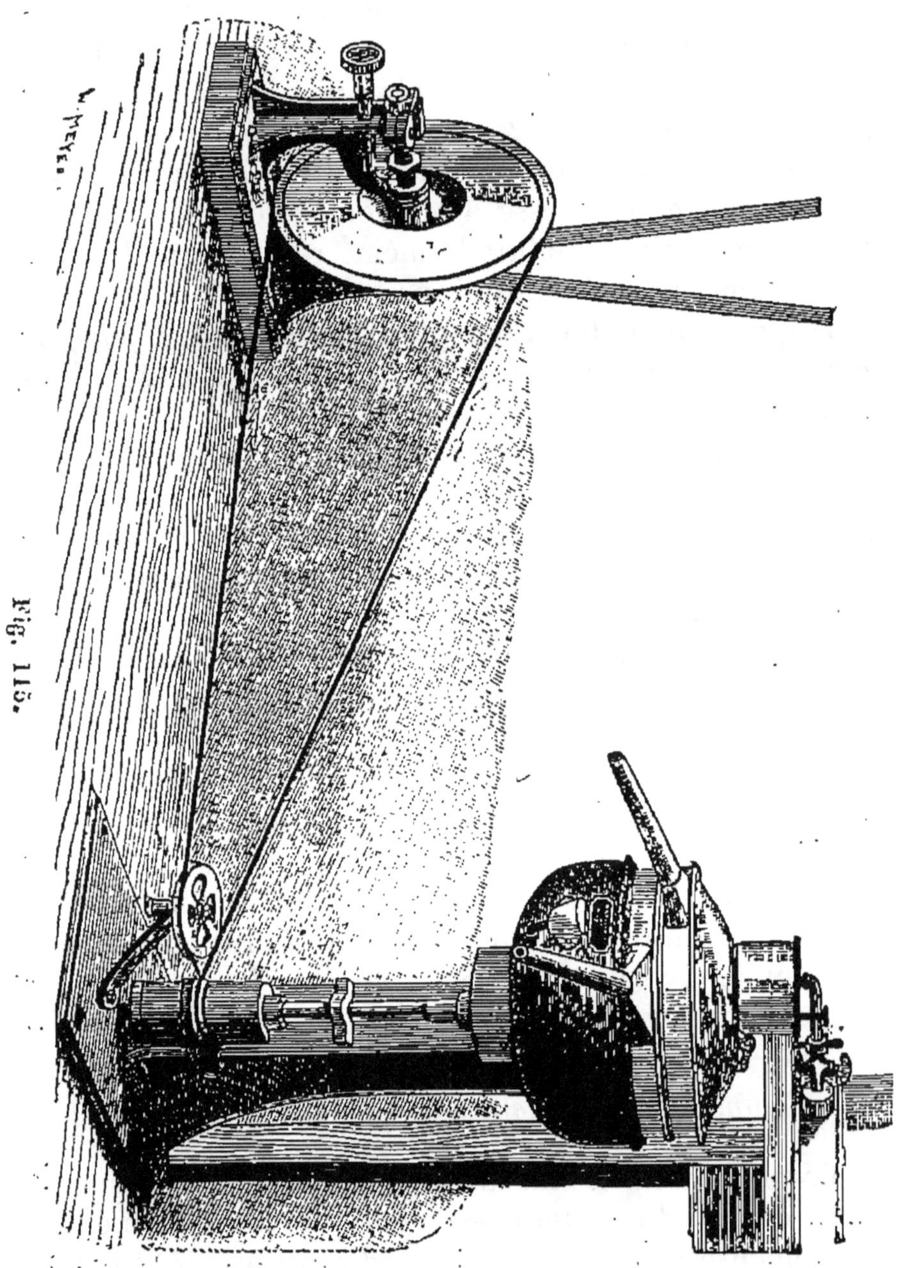

Fig. 115.

2^m,50, et la ligne partant de dessous la grande poulie à gorge de l'intermédiaire et allant sur la petite poulie *k* (fig. 113) de l'écrémeuse, doit être horizontale. Cet intermédiaire doit faire 900 tours, quand le moteur employé est la vapeur, et 800, si c'est un manége; dans ces conditions, au bout de 5 minutes de rotation, la vitesse réglementaire de 6,500 tours à la minute est acquise.

La forme annulaire et l'épaisseur de 8 à 10 millimètres données aux parois du récipient à lait permettent de marcher avec une vitesse même supérieure, sans crainte d'accident; mais lors même qu'il viendrait à se produire une rupture dans l'appareil tournant, la cuvette qui l'enveloppe empêcherait toute projection grave.

Pendant que la turbine est en marche, il arrive que la courroie, s'allongeant, tend par la rapidité de sa course à s'éloigner de la petite poulie *k*, ce qui rend indispensable l'emploi d'une poulie *tendeuse* qui permet, pendant la marche, d'augmenter la friction et de conserver au bol sa vitesse normale. Désormais, dans toutes les écrémeuses de la maison Pilter, la poulie à gorge du mouvement intermédiaire sera située sur le côté de ce dernier, ce qui permettra de retirer facilement la corde de coton, sans avoir besoin de démonter aucun organe.

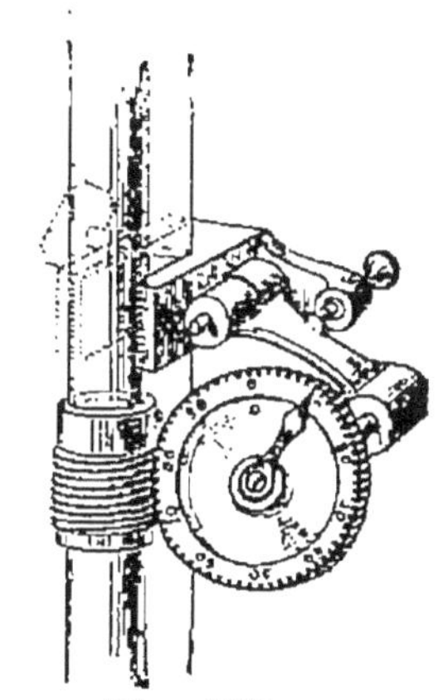

Fig. 116.

Compteur de tours (fig. 116). — Ce compteur permet de se rendre compte, quand on le veut, du nombre de tours que fait l'écrémeuse par minute. Il s'applique directement sur l'arbre de la turbine et sonne une fois par 100 révolutions du bol. Si donc, au bout d'une minute, on constate que le timbre a sonné 65 fois, cela prouve que le bol a fait 6,500 tours dans le même temps, ce qui correspond à la vitesse réglementaire.

Mise en marche, arrêt, nettoyage. — Le moteur, manège ou machine à vapeur, ayant la vitesse convenable, on fait faire à la main quelques tours au bol, en tirant sur la petite courroie, et l'on embraye l'intermédiaire. Le bol commence alors à tourner, et au bout de cinq minutes, la vitesse réglementaire de 6,500 tours est acquise. On introduit alors le lait dans le récipient, qui ne doit jamais être mis en mouvement que *vide*. Au début, le robinet d'alimentation peut être ouvert tout grand; mais une fois l'écrémage en train, on le ferme un peu, de façon qu'il ne débite qu'environ 250 litres à l'heure. Le lait ayant 25° centigrades, la machine faisant 6,500 tours, et la vis de réglage *f* étant à la place voulue, l'écrémage sera bon, s'il fournit 15 pour 100 de crème. S'il est moindre, cela devra tenir à ce que la vitesse est insuffisante, ou le lait trop froid, ou bien encore l'alimentation trop considérable. Quelquefois, cependant, les conditions ci-dessus étant remplies, il arrive que la crème sort trop épaisse ; il faut examiner alors si la fente de sortie n'est pas bouchée par quelque ordure.

Élévation du lait écrémé. — Les écrémeuses Laval sont disposées pour recevoir une pompe élevant le lait écrémé, au fur et à mesure de sa production, mais il est préférable d'employer, pour cette opération, une pompe spéciale toute en bronze et indépendante du centrifuge.

Quand l'écrémage est terminé, on fait passer dans le bol 10 à 15 litres d'eau tiède pour le débarrasser complètement de crème et de lait. On débraye alors l'intermédiaire, on laisse le bol s'arrêter *seul*, puis on enlève d'abord les deux enveloppes en fer-blanc, et ensuite le bol, que l'on nettoie soigneusement.

Actuellement, M. Pilter fournit deux modèles d'écrémeuses *à moteur* de Laval, aux conditions suivantes :

ÉCRÉMEUSE à moteur.	TRAVAIL par heure.	PRIX avec mouvement intermédiaire.
A1	400 litres.	935 fr.
A2	600 —	1.150

Intermédiaire seul, nouveau modèle : 175 francs.

ÉCRÉMEUSES LAVAL A BRAS.

La difficulté pour les laiteries moyennes de se procurer un moteur capable d'actionner l'écrémeuse Laval grand modèle a conduit cet habile constructeur à créer un nouveau type pouvant marcher *à bras,* et que M. Pilter a fait fonctionner, pour la première fois, en 1887, au concours général de Paris.

Dans cette écrémeuse, le bol ou récipient à lait était semblable à celui du centrifuge Laval ordinaire, sauf qu'il était cylindrique et disposé horizontalement.

Un peu plus tard, M. Pilter a présenté une écrémeuse de Laval également à bras, *verticale* au lieu d'être horizontale comme la première, et qui est la reproduction complète de la grande écrémeuse ordinaire de Laval.

Cette écrémeuse, désignée aussi sous le nom de « BABY », pouvait traiter **50** litres de lait à l'heure, et le degré d'écrémage était de 94 pour 100 (Chevron).

Mais comme ces écrémeuses à bras, ancien sytème, tendent de plus en plus à être remplacées par celle du type ALPHA, nous étudierons immédiatement les machines de ce nouveau modèle, *à moteur*, et nous décrirons ensuite les centrifuges *Alpha,* à bras.

2° ÉCRÉMEUSE CENTRIFUGE ALPHA, A MOTEUR (fig. 117).

Les centrifuges dits *Alpha* ont pour caractère particulier de présenter à l'intérieur du tambour une disposition spéciale, motivée par la considération suivante :

Dans une écrémeuse ordinaire en marche, le lait qui arrive rencontre dans son ascension des molécules de crème en train de se séparer du lait maigre, et de ces chocs il résulte un ralentissement dans la séparation.

Dans l'écrémeuse dite *Alpha,* ces mouvements contraires sont empêchés par l'isolement des couches de lait qui sont en train de s'écrémer, ou, comme l'on dit

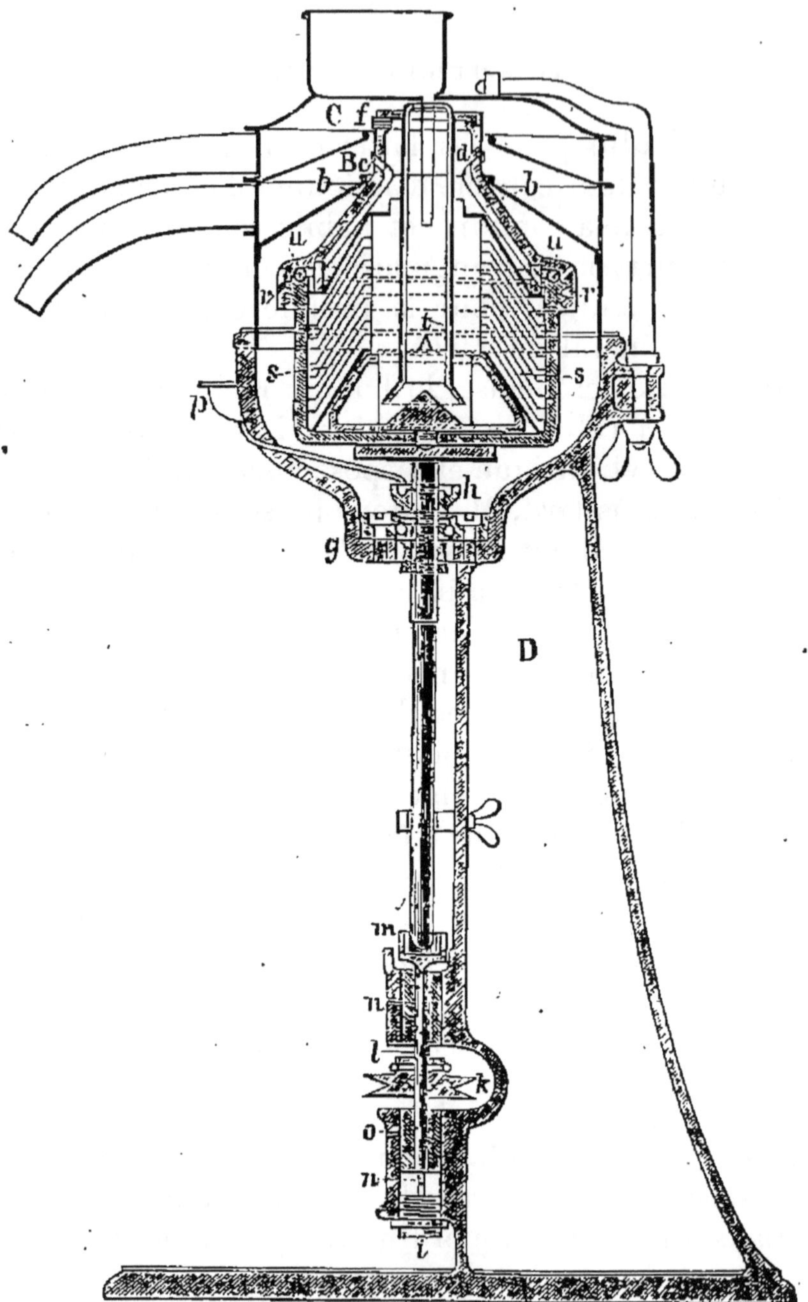

Fig. 117. — Coupe de l'écrémeuse Alpha à moteur A1 ou A2.

aujourd'hui, par la *polarisation*[1] des chemins parcourus.

[1] Nous verrons plus loin à qui revient l'idée première de cette polarisation.

A cet effet, on a donné au bol de l'écrémeuse Laval la forme cylindrique et empilé dans son intérieur, les uns au-dessus des autres, une série de troncs de cône en fer-blanc, ouverts aux deux bouts, dont la figure 117 donne une représentation en coupe.

Une série d'abat-jour placés concentriquement les uns sur les autres donne une idée exacte de cette disposition, mais il faut ajouter que deux troncs de cône consécutifs laissent entre eux un très petit espace de 2 millimètres environ.

A l'origine, cet espacement était obtenu par une série de cannelures dirigées dans le sens des génératrices du cône, mais aujourd'hui ces cannelures sont remplacées par des bosselures ou moitiés d'olive *b* (fig. 118) creuses intérieurement et légèrement bombées à l'extérieur. Ce sont ces saillies qui maintiennent un petit écartement entre deux troncs de cône consécutifs. Dans les appareils à moteur, ces séparateurs sont au nombre de 58 pour *Alpha* A2 et de 40 pour *Alpha* A1 ; celui du bas s'appuie sur la portée conique du tambour A, et le dernier, plus solide que les autres, est appliqué fortement sur la pile verticale par une enveloppe que l'on visse sur le tout et qui constitue le couvercle *r*. Le joint est rendu parfaitement étanche à l'aide d'un toron en caoutchouc *uu*.

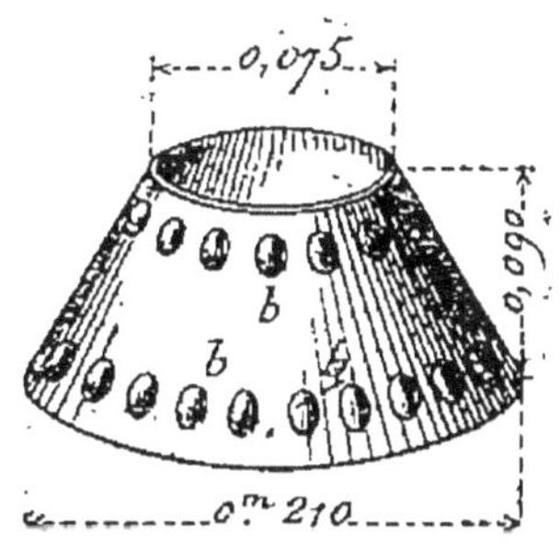

Fig. 118. — Cône à olives.

Ecrémage. — Avec ce dispositif, le lait qui arrive au fond du bol par le tube *t* va se loger à la périphérie sous l'action de la force centrifuge et pénètre ensuite en couches minces entre deux troncs de cône consécutifs où l'écrémage se produit. Les molécules de crème se précipitent sur la face externe du cône plus rapproché de l'axe, tandis que les molécules de lait écrémé s'appliquent sur la face interne du tronc de cône suivant. Finalement, il résulte de cette séparation entre deux cloisons consécutives deux courants qui se dirigent, sans se rencontrer, le premier vers le centre du bol, le second contre sa paroi.

Les deux liquides séparés se rendent ensuite, comme à l'ordinaire, dans leurs compartiments respectifs et s'écoulent au dehors.

L'écrémeuse à moteur *Alpha* A1 peut écrémer 800 litres de lait à l'heure, et celle *Alpha* A2, 1,500 litres, cette dernière en nécessitant un cheval-vapeur de force seulement.

Nettoyage de l'appareil. — Le nettoyage s'effectue facilement. A cet effet, on enlève le réservoir à lait, l'appareil d'alimentation et les deux collecteurs en fer-blanc, B et C, du lait maigre et de la crème. On dévisse ensuite le couvercle *rr* du bol, on renverse celui-ci d'une main, et de l'autre on enlève le tube *t* et les disques tronconiques.

On lave le bol à l'eau chaude; quant aux disques, on les plonge tous à la fois dans un seau plein d'eau chaude, on les démonte, on les brosse séparément avec une brosse de chiendent et on les laisse ensuite s'égoutter. Dans les séparateurs où les disques à cannelures ont été remplacés par ceux à olives, l'écartement entre deux disques consécutifs est plus grand, l'encrassement moindre et le nettoyage plus facile.

Nota. — Tout ce qui a été dit précédemment, au sujet de la commande de la centrifuge LAVAL A MOTEUR, sa vitesse de rotation, sa mise en marche, etc., s'applique également à la centrifuge ALPHA à moteur.

ÉCRÉMEUSES VERTICALES ALPHA, A BRAS.

Ces écrémeuses sont la reproduction complète des grandes écrémeuses ALPHA à moteur; leur construction est d'une telle précision qu'on peut obtenir la vitesse considérable nécessaire pour obtenir un écrémage parfait, sans fatigue, sans secousse et en faisant seulement 40 tours de manivelle par minute.

Les deux premiers types de ces écrémeuses ALPHA à bras, qui débitent, à l'heure, plus que les centrifuges Laval à moteur ne le faisaient, il y a quelques années, peuvent être actionnés par un garçon ou même une fille de ferme; ce sont :

1° L'écrémeuse ALPHA BABY.

2° L'écrémeuse ALPHA 1A ou ALPHA B;

Enfin, nous signalerons un troisième type, d'importation toute récente et désigné sous le nom de :

Ecrémeuse ALPHA « COLIBRI ».

Nous allons passer en revue ces trois types d'écrémeuses *Alpha*, à bras, dont M. Pilter est également le concessionnaire pour la France.

1° *Ecrémeuse Alpha Baby.* — La figure 119 représente une vue extérieure de cette écrémeuse.

Tout ce que nous avons dit au sujet des écrémeuses *Alpha à moteur* (p. 221) s'applique à l'écrémeuse *Baby;* une description détaillée de celle-ci constituerait donc une répétition inutile; nous ajouterons seulement que le bol contient **25** petits séparateurs tronconiques au lieu de 40 et 58, comme dans les centrifuges *Alpha à moteur*, et que sa hauteur est de 72 centimètres de la table au-dessus de la ferblanterie de l'écrémeuse; le réservoir à lait a 32 centimètres de hauteur.

L'écrémeuse verticale *Baby* à bras pouvait, comme nous l'avons dit p. 221, traiter **50** litres de lait à l'heure; transformée en *Alpha Baby*, elle a pu traiter immédiatement **125** litres dans le même temps, sans que l'effort mécanique nécessaire pour faire tourner l'appareil ait été augmenté.

M. Chevron, qui a fait de nombreuses expériences avec cette écrémeuse à bras, conclut ainsi : « En résumé, l'écrémeuse *Alpha Baby* traite à l'heure environ 115 kilogr.

de lait à 30°, ne laisse dans le lait écrémé que 0.19 pour 100 de beurre et fournit un degré d'écrémage de 95 pour 100.

Fig. 119. — Écrémeuse Baby Alpha.

« Nous considérons comme excellente cette petite machine qu'un jeune garçon peut actionner. »

A l'Institut de Proskau, en Allemagne, cinq essais effectués avec du lait à la température moyenne de

34°,1 centigrades et une vitesse de 40,6 tours à la minute, ont donné avec la même machine :

Quantité de lait traité à l'heure	127 kilogr.
Beurre laissé dans le lait écrémé	0,176 p. 100
Degré d'écrémage	95 p. 100

2° *Ecrémeuse* 1A *Alpha ou Alpha B, à bras.* — La coupe du bol de cette écrémeuse est identique à celle de l'écrémeuse *Alpha* à moteur (fig. 117), mais son bol ne renferme que 30 séparateurs tronconiques. Cette écrémeuse à bras peut traiter 250 litres de lait à l'heure.

3° *Ecrémeuse Alpha « Colibri », à la main.* — Ce petit séparateur est originaire de Suède, la figure 120 en donne la vue extérieure et la figure 121 une coupe verticale.

Sa hauteur totale est de 0m,60, et celle de la machine seule, le réservoir d'alimentation enlevé, est de 0m,30 seulement. Quant à son poids, il est d'environ 15 kilogr. Actionnée à la main par un enfant de douze ans, son travail à l'heure est de 60 litres, mais on peut avec elle écrémer des quantités de lait beaucoup moindres, 20 et même 10 litres seulement.

Fig. 120. — Vue extérieure.

Son prix, chez M. Pilter, est de 240 francs.

Il suffit de rapprocher la coupe de l'Alpha *colibri* de celle de la figure 117 pour constater que, sous le rapport du *bol* séparateur, la première machine n'est qu'un diminutif de la seconde.

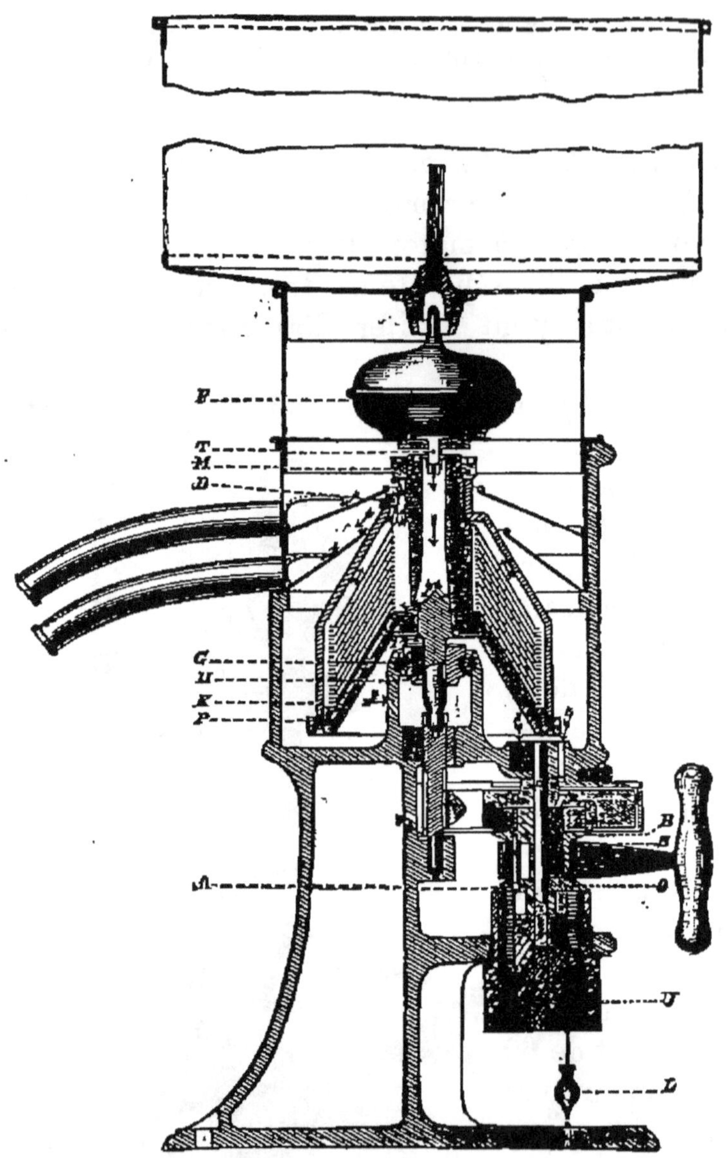

Fig. 121. — Coupe verticale.

Quant à l'actionnement de ce petit appareil, il s'effectue avec une lanière plate en cuir, enroulée cinq à six fois par l'une de ses extrémités sur le rouleau B et terminée à l'autre par une poignée S.

En manœuvrant cette courroie comme le font les enfants pour faire tourner certains jouets, comme diables, moulins, etc., on imprime à l'axe de rotation de la turbine la vitesse voulue. A cet effet, il faut tirer la courroie soixante fois par minute et l'abandonner à elle-même le même nombre de fois; on parvient facilement à ce résultat en plaçant devant soi, dans les premiers temps, une montre à secondes, pendant que l'on manœuvre la courroie. Bientôt, on s'habitue à ce mouvement rythmique, et on l'exécute machinalement et sans montre.

Dans ce séparateur, le lait doit être écrémé à la température de 29° à 30°, sauf s'il provient de vaches fraîchement vêlées; auquel cas il est préférable d'effectuer l'écrémage à la température même de la traite.

Quant à l'alimentation du bol, le réglage avec la vis D des proportions de crème et de lait maigre à obtenir (12 à 15 pour 100 de la quantité totale de lait entier, passée au séparateur, etc.), toutes ces opérations s'effectuent comme il a été précédemment indiqué pour les autres écrémeuses *Alpha*. L'écrémeuse Colibri aura fait son apparition en public quand ce livre paraîtra; nous souhaitons vivement qu'elle donne des résultats assez satisfaisants pour permettre son introduction dans les plus petites laiteries et le remplacement du crémage spontané par l'écrémage centrifuge.

TABLEAU RÉCAPITULATIF DES DIVERS SYSTÈMES D'ÉCRÉMEUSES FOURNIS PAR LA MAISON PILTER

DÉSIGNATION des écrémeuses.	TRAVAIL par heure.	PRIX	
ÉCRÉMEUSES A MOTEUR			
De Laval A1	400 litres.	935	avec mouvement intermédiaire.
De Laval A2	600 —	1.150	
ÉCRÉMEUSES A MOTEUR			
Alpha A1	800 —	1.525	
Alpha A2	1.500 —	1.900	

ÉCRÉMEUSES A BRAS

Verticale *Alpha* B......	250 litres.	760 fr.
Verticale *Alpha* Baby...	125 —	450
Verticale *Alpha* Colibri.	60 —	240

La force nécessaire pour actionner les écrémeuses de Laval, *à moteur*, est d'un cheval-vapeur, et de moins d'un cheval pour les deux autres, *Alpha*.

Pour les écrémeuses à bras il suffit : pour Alpha B, d'un garçon; pour Alpha Baby, d'une femme; et enfin pour Alpha Colibri, d'un enfant de 10 à 12 ans.

RÉCHAUFFEUR DE LAIT POUR ÉCRÉMEUSES CENTRIFUGES SYSTÈME PILTER.

Nous avons dit, page 210, que lorsque l'on ne passait pas le lait au centrifuge immédiatement après la traite, il était nécessaire de le réchauffer préalablement, afin de le ramener à la température voulue, 25° à 30°. Nous allons décrire l'appareil construit pour cet objet par la maison Pilter.

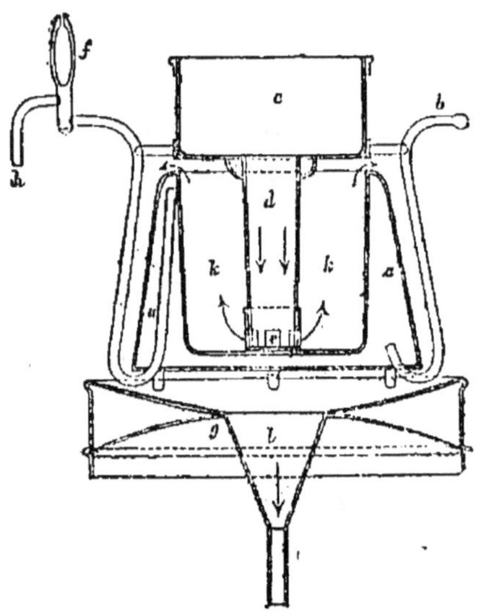

Fig. 122. — Coupe du réchaufieur.

Ce réchauffeur (fig. 122) se compose d'un réservoir KK en métal, à doubles parois, de forme un peu conique; entre les deux parois se trouve de l'eau dont la température est maintenue au degré voulu par une injection constante de vapeur par le tube *b*, dont la condensation détermine l'écoulement de l'excès d'eau du réservoir par un autre tube *h*, muni d'un thermomètre placé en *f*, qui indique la température de cette eau, et par suite celle du lait qui s'échauffe à l'intérieur de l'appareil.

Ce lait arrive d'abord au fond du réservoir par le tube central *d*, et remonte en K pour se répandre par débor-

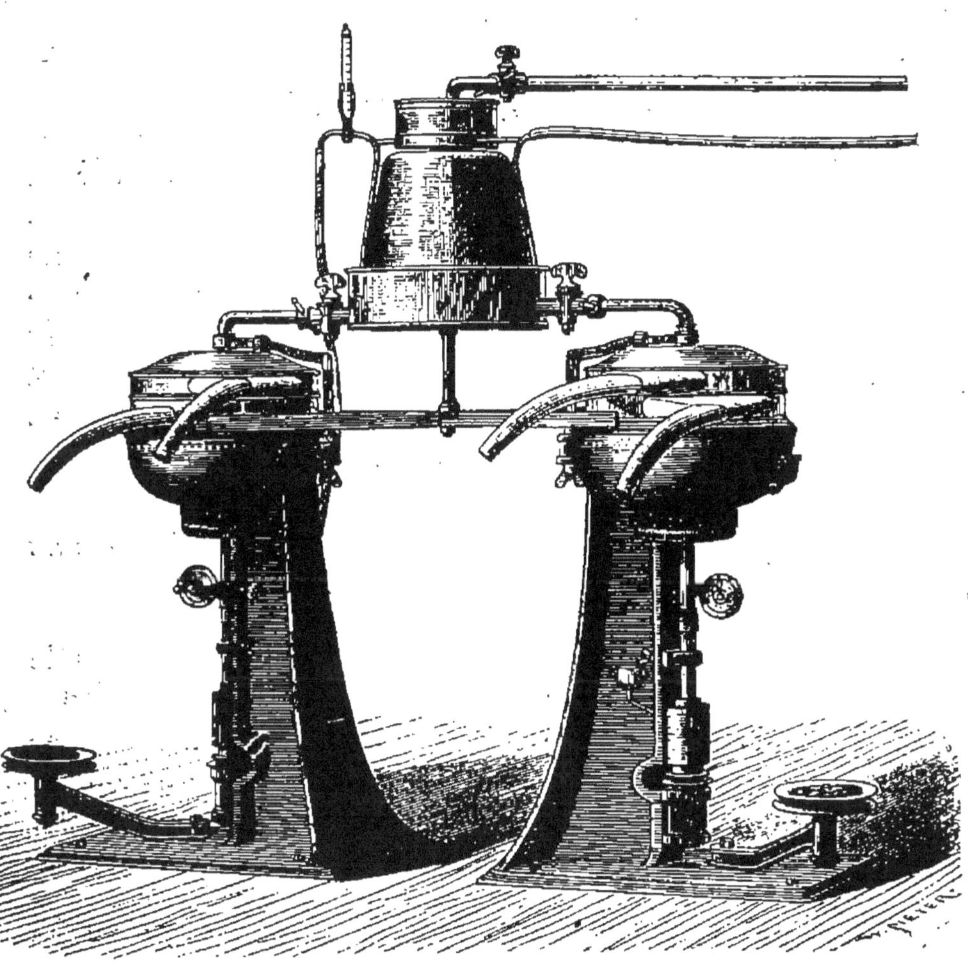

Fig. 123. — Réchauffeur pour deux écrémeuses.

dement et en nappe mince sur la paroi conique extérieure *a* de l'appareil, au contact de laquelle il achève de se réchauffer au degré voulu avant de tomber dans le bassin *g*, qui le distribue par le conduit *l* dans une ou deux écrémeuses à la fois.

On voit que, dans ce système, l'échauffement du lait ayant lieu au contact du métal chauffé par de l'eau chaude, et non directement par la vapeur, ce lait ne peut pas prendre un goût de *cuit*.

La figure 123 représente ce réchauffeur appliqué à deux écrémeuses à la fois.

3° ÉCRÉMEUSES CENTRIFUGES MÉLOTTE.

Les écrémeuses centrifuges Mélotte sont construites, pour la France, par M. Edm. Garin, à Cambrai (Nord), et pour l'étranger, par la maison belge Veuve Mélotte et Cie; c'est la seule écrémeuse centrifuge de construction *française*. M. Mélotte est le premier qui ait eu l'idée de *polariser* les chemins parcourus par la crème et le lait maigre dans l'écrémage centrifuge, comme cela résulte clairement des lignes qui suivent.

Historique de l'introduction des plateaux polarisateurs dans les bols des écrémeuses.

En mars 1889, faisant connaître l'écrémeuse belge de Mélotte, M. Chevron, le savant professeur à l'Institut agricole de l'État belge, à Gembloux, s'exprimait comme il suit :

« Dans une écrémeuse centrifuge, lorsque le lait maigre et la crème se séparent, le premier liquide se porte vers la paroi du vase rotatif, et le second occupe une position plus voisine de l'axe de rotation. Cette séparation n'est pas instantanée; elle demande, pour être aussi complète que possible, un certain temps, et il est certain que l'arrivée incessante de lait entier, lequel vient continuellement s'interposer entre le lait maigre et la crème partiellement séparés, doit entraver plus ou moins leur séparation ultérieure.

« C'est pour éviter cette entrave à la séparation des éléments du lait que M. Mélotte place une spirale dans sa turbine. Le lait entier, affluant dans l'appareil et pénétrant dans la spirale par la circonférence, pousse graduellement en avant vers la sortie centrale le lait maigre et la crème, qui se séparent de plus en plus complètement à mesure qu'ils avancent dans les spires successives.

« *Le premier essai que je fis de l'écrémeuse Mélotte remonte au 9 juillet* 1888. *Ainsi, il y a quatre ans, Mélotte réalisait un dispositif qui empêchait l'action retardatrice de l'arrivée du lait entier sur la séparation de la crème et du lait maigre.*

« Mais il était à prévoir qu'on pouvait atteindre ce but par d'autres moyens. En *octobre* 1889, visitant l'Exposition universelle de Paris, je vis exposée dans la section française, par la maison Th. Pilter, une écrémeuse à bras dite *Alpha*.

« Depuis lors, le baron de Bechtolsheim, à Munich, a pris un brevet pour un système de plateaux destinés aux écrémeuses centrifuges, et les habiles directeurs des ateliers de Bergedorf (près de Hambourg) ont appliqué ce système aux écrémeuses Laval. » Le succès a été complet, comme nous l'avons vu précédemment.

Actuellement, MM. Garin et Mélotte fabriquent des écrémeuses pouvant marcher à bras et à moteur. Nous commencerons par décrire le centrifuge à bras.

1° *Écrémeuse centrifuge, à bras, de Mélotte.*

Cette écrémeuse, représentée figures 124 et 125, est caractérisée surtout par les deux dispositions suivantes :

1° Le mode de suspension du bol;

2° L'introduction dans ce bol de cloisons de polarisation du lait écrémé et de la crème.

La turbine ou bol est formée de deux parties en acier, solidement assemblées entre elles et renfermées dans une enveloppe en fonte émaillée; sa suspension a lieu au moyen d'une tige qui reçoit le mouvement de rotation par l'intermédiaire d'un ressort à boudin, d'un

Fig. 124. — Écrémeuse à bras : élévation.

système d'engrenages et d'une manivelle. Cette tige se termine supérieurement par un renflement arrondi reposant dans une crapaudine en forme de coupe, et

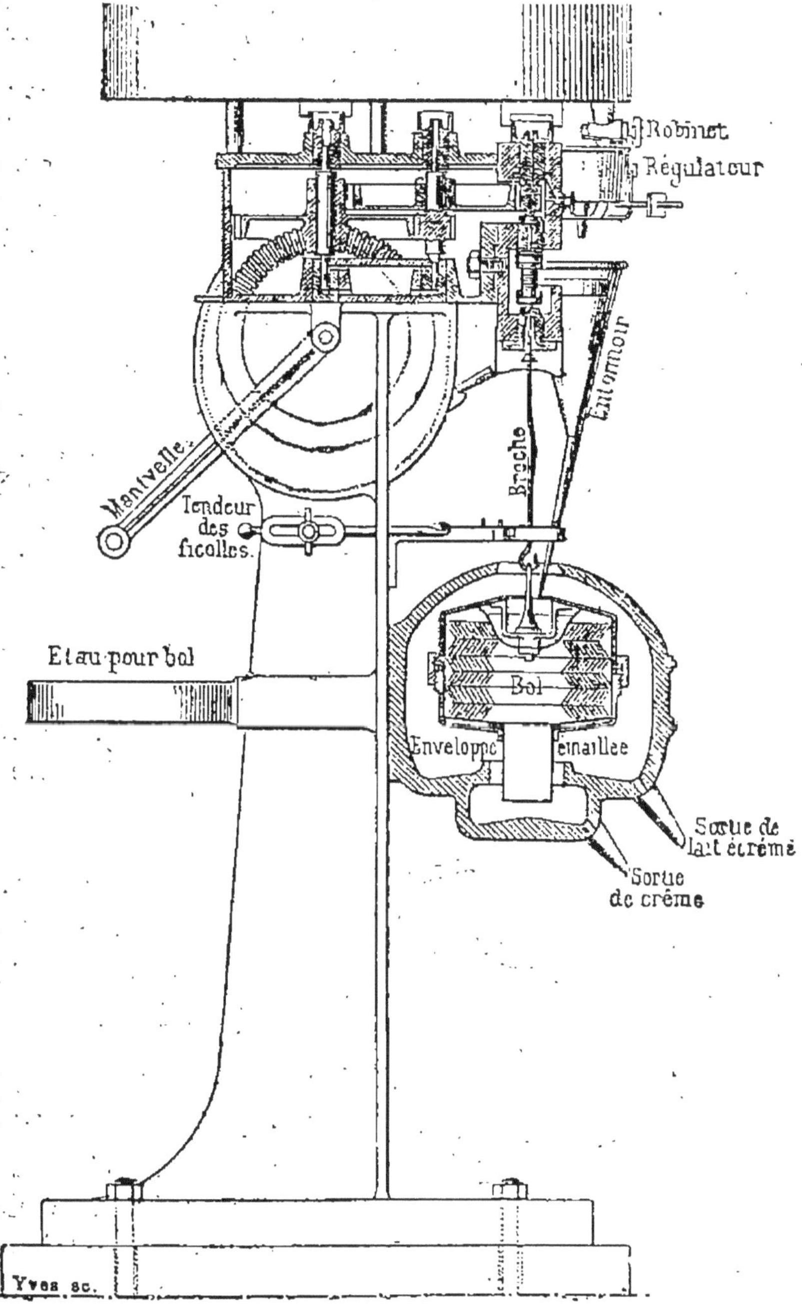

Fig. 125. — Coupe de l'écrémeuse à bras de Mélotte.

c'est à la surface de contact de ces deux pièces que se

produit le frottement pendant la marche de l'écrémeuse.

Or, on sait combien, dans les séparateurs à axe vertical en dessous, un défaut d'équilibre de la turbine augmente l'intensité du frottement inférieurement, et par suite la résistance; d'où une absorption d'une fraction plus ou moins considérable du travail moteur. — Dans l'écrémeuse Mélotte cet inconvénient n'existe pas, parce que le frottement ne varie pas, quand bien même l'équilibre vient à se modifier.

Grâce à ce mode de suspension, qui réduit le frottement au minimum, l'inventeur a réalisé une économie de force motrice qu'il a appliquée à l'augmentation de puissance de la machine, et il a pu, par suite, obtenir avec son écrémeuse à bras un travail dépassant notablement celui des autres systèmes.

Pendant l'écrémage, la tige de suspension est guidée lâchement par quatre ficelles, dont deux croisées, tendues au moyen de crochets et placées un peu au-dessus du point d'attache du bol avec le crochet qui termine la tige.

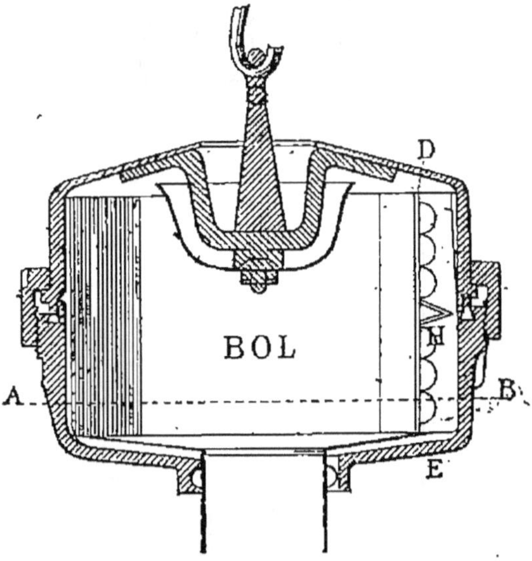

Fig. 126.

Des cloisons de polarisation du lait écrémé et de la crème (fig. 126).

Après divers essais, M. Garin a définitivement adopté comme disposition des cloisons polarisatrices à l'intérieur du bol celle représentée en coupe verticale figure 125 et en coupe horizontale suivant AB, figures 126 et 127.

Dans la figure 125, les cloisons sont à ondulations

verticales; dans les figures 126 et 127, à ondulations horizontales.

En novembre 1894, M. Garin nous écrivait :

« Je suis revenu à ces dernières cloisons, que je suis parvenu à rendre facilement démontables en leur donnant un cône très accentué, cône qui se maintient malgré la pression intérieure, grâce à de petites ailettes H soudées dans chaque angle de la cloison extérieure, s'appuyant sur la partie interne du bol et présentant en E une plus grande largeur qu'en D. »

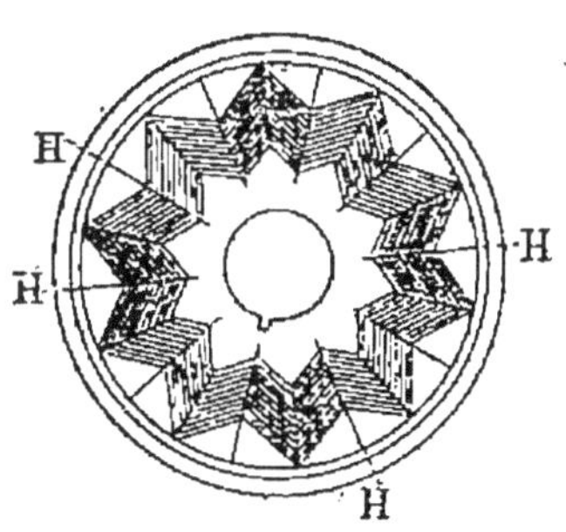

Fig. 127.

Avec cette disposition, il n'y a plus besoin d'ailettes d'entraînement du lait, les cloisons en faisant l'office. Ces cloisons laissent entre elles un espace de 2 millimètres environ, et pendant la rotation du bol elles agissent comme il a été expliqué en détail page 223.

La sortie de la crème et du lait maigre s'effectue par les deux conduits respectifs indiqués sur la figure 125.

L'introduction de ces cloisons dans le bol a eu pour conséquence de doubler le travail produit sans avoir eu besoin d'augmenter d'une façon sensible la force motrice nécessaire.

Système d'alimentation de l'écrémeuse (fig. 124). — Du réservoir supérieur, le lait s'écoule par un robinet dans un petit récipient qui fait office de régulateur d'écoulement d'une façon très ingénieuse. Celui-ci est à bascule et muni d'un bras de levier sur lequel on peut faire avancer ou reculer à volonté un curseur agissant comme contrepoids. D'autre part, l'orifice de sortie du lait dans ce récipient est fermé plus ou moins, à l'intérieur, par un obturateur conique fixe. On comprend qu'en tenant compte, d'une part, du poids du lait qui remplit le récipient et, de l'autre, de la position du curseur sur le bras de levier, on peut calculer d'avance la quantité de lait que l'obturateur conique laissera écouler par minute. Avec cette même disposition on peut, en pleine marche du centrifuge, faire varier le débit du lait ou la densité de la crème; il suffit pour cela de rapprocher ou d'éloigner le curseur du petit récipient. Avant d'ouvrir le robinet du réservoir à lait, il faut commencer par mettre la turbine en mouvement à raison de 40 tours de manivelle par minute; dans ces conditions, la turbine fait 6,400 tours et peut traiter de 300 à 350 litres de lait à l'heure; c'est le plus grand travail obtenu jusqu'ici avec la moindre dépense de force.

Degré d'écrémage. — Au sujet du degré d'écrémage que l'on peut obtenir avec l'écrémeuse Mélotte à bras, nous croyons intéressant de reproduire ici le résumé des expériences suivantes :

Expériences faites sur l'écrémeuse à bras la Mélotte, *de* 300 *litres, par M. le professeur Wysmann, directeur de l'École de Sornthal, canton de Saint-Gall* (*Suisse*).

En laissant de côté la première expérience, qui répond à la mise en marche de la machine neuve et qui, néanmoins, a donné un degré d'écrémage de 96 pour 100 de la matière grasse contenue dans le lait turbiné, on a obtenu, comme MOYENNE de six autres expériences, les résultats suivants :

Lait travaillé dans chaque opération		302 kilos.
Durée d'une opération		30 minutes.
Rendement pour 100	Crème	11,64
	Lait écrémé	87,56
	Perte	0,80
Matière grasse pour 100	Dans le lait entier	3,48
	Dans le lait écrémé	0,05
Degré d'écrémage		98,72
Tours de manivelle à la minute		42 à 43
Température moyenne du lait turbiné		31° à 32° C.

Dans une autre série d'expériences faites à 15° C. seulement, le degré d'écrémage a été, en moyenne, de **95**, 4 pour 100, ce qui, en tenant compte de la température du lait (plus de moitié plus basse que dans la première série d'expériences), est bien en rapport avec les résultats ci-dessus.

A l'Institut agricole de Gembloux, M. Chevron a constaté expérimentalement que cette même écrémeuse à bras faisait passer dans la crème environ **96** pour 100 de la matière grasse contenue dans le lait mis en œuvre.

2° *Écrémeuse Mélotte à moteur* (fig. 128).

M. Garin a créé aussi un modèle d'écrémeuse à mo-

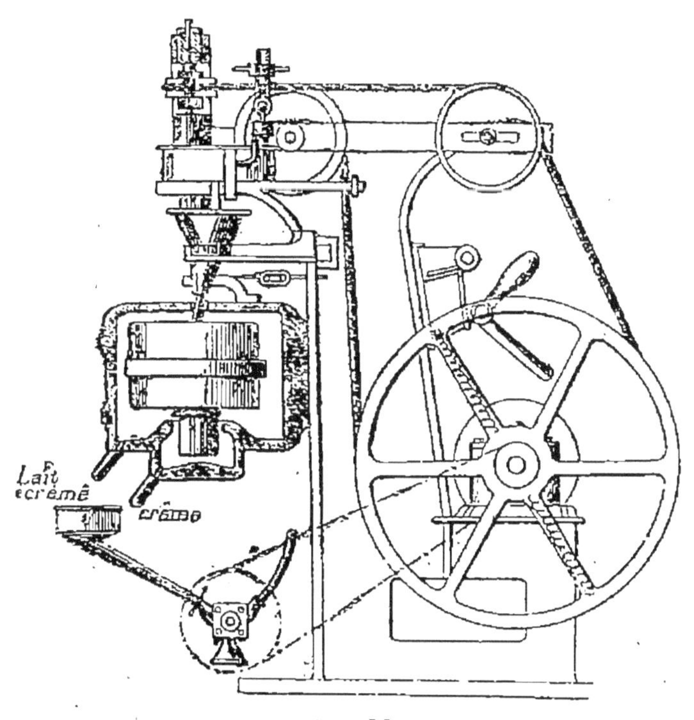

Fig. 128.

teur qui, avec le bol simple, peut travailler 400 litres à l'heure, et avec le bol cloisonné, 700 à 800 litres, suivant le nombre de cloisons.

L'arbre de commande, fixé en bas de la machine, attaque la turbine par le haut, au moyen d'une corde qui passe sur deux galets tendeurs. Par suite, il n'y a pas de transmission intermédiaire comme dans les centrifuges précédemment étudiées, ce qui nécessite un espace plus restreint et rend la manœuvre plus commode.

La vitesse de l'arbre de commande est de **600** tours, et celle de la turbine de **6,000** tours.

Débrayeur automatique. — Deux des bras de la poulie à gorge de l'arbre de commande portent, chacun, un petit marteau à tête arrondie guidée par un ressort à boudin. Sous l'action de la force centrifuge, les marteaux tendent à s'éloigner en tirant sur les ressorts. Or, dès que la vitesse normale vient à être dépassée, les têtes des marteaux viennent butter légèrement contre un petit levier qui maintient l'embrayage et dont le déplacement amène *automatiquement* le débrayage; il n'y a donc pas d'accidents à craindre, par suite d'excès de vitesse.

Pour démontrer la faible force consommée par l'écrémeuse à moteur de 800 litres à l'heure, M. Garin l'actionne, comme au concours de Caen, en 1894, avec un petit moteur à pétrole, système Grobb, d'un cheval de force seulement.

Réchauffeur du lait destiné à l'écrémeuse (fig. 129).

M. Garin a adopté comme réchauffeur du lait destiné à ses écrémeuses à moteur l'appareil suivant, très employé aussi en Allemagne.

Le lait à écrémer s'écoule d'un grand réservoir et tombe sur le réchauffeur, qui est tout en cuivre étamé. La surface est en forme d'escalier, afin de ralentir le passage du lait, et le chauffage s'effectue au moyen d'un serpentin en cuivre placé à l'intérieur de l'appareil. A cet effet, on commence par remplir d'eau le réchauffeur, et l'on fait passer ensuite de la vapeur dans le serpentin. Quand la température de l'eau est arrivée à 75° C., on fait écouler sur les marches du réchauffeur le lait froid, qui, arrivé en bas, marque environ 30°. Il

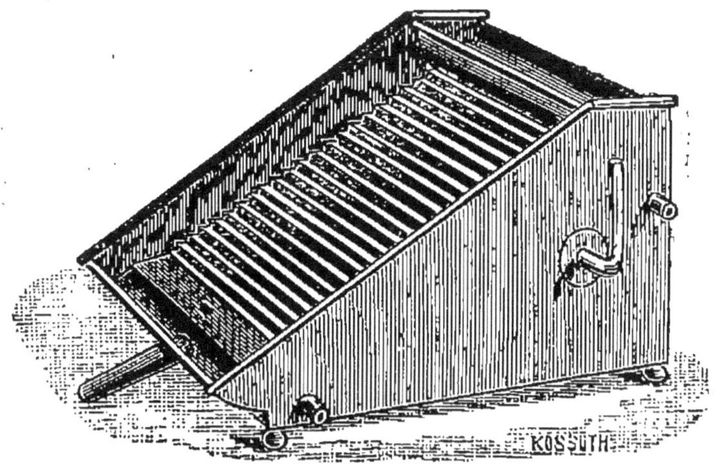

Fig. 129.

suffit alors de régler la distribution du lait de façon que les deux auges du réchauffeur, haut et bas, soient toujours pleines, pour que l'alimentation de l'écrémeuse se maintienne absolument régulière.

Ce réchauffeur est très simple et très efficace, et le lait qui coule sur l'escalier sur une faible épaisseur, se réchauffant pendant qu'il est en mouvement et restant peu de temps sur la surface de chauffe, n'a pas le temps de subir aucune altération.

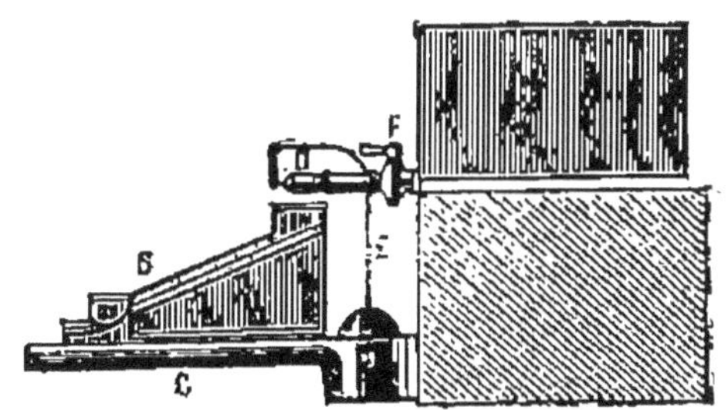

Fig. 130.

La figure 130 représente une disposition de robinet à flotteur pour régulariser l'alimentation du réchauffeur.

Pompe à lait écrémé. — M. Garin a annexé à ses écrémeuses à moteur une petite pompe, système de Montrichard, qui permet de remonter le lait écrémé dans un réservoir, si besoin est. Cette pompe très simple est à mouvement elliptique, sans aucun clapet, ne peut se désamorcer et est d'un fonctionnement absolument sûr. Suivant la vitesse, son débit peut varier entre 700 et 1,400 litres à l'heure.

Préparation des émulsions (voir p. 249). — L'écrémeuse Mélotte peut, comme les écrémeuses des autres systèmes, être transformée en *émulseur;* il suffit pour cela d'employer le même bol dépourvu de ses cloisons.

Contrôleur centrifuge. — Enfin, M. Garin construit aussi un contrôleur centrifuge qui se suspend au lieu et place du bol et dont nous reparlerons plus tard.

Résumé des avantages présentés par l'écrémeuse à bras, système Mélotte.

Jusqu'ici, c'est l'écrémeuse à bras qui produit le plus de travail, **300** litres à l'heure, sans exiger plus de force que les autres, et qui coûte le moins cher.

Elle est d'une conduite et d'un nettoyage très faciles.

C'est la moins sujette à l'usure, en raison du mode de suspension du bol, et, par suite, elle ne nécessite pas de réparations fréquentes et coûteuses; dans tous les cas, si une réparation est nécessaire, le premier ouvrier venu, serrurier ou maréchal ferrant, peut l'effectuer.

Cette écrémeuse ne se dérange pas pendant la marche, et les orifices de sortie du lait et de la crème ne peuvent s'obstruer; elle n'émulsionne pas la crème, et le degré d'écrémage ou la densité de la crème peuvent se régler en pleine marche de l'instrument, etc.

D'après M. Jacqmart aîné, de Cambrai, le nombre des écrémeuses Mélotte installées dans le département du Nord atteint aujourd'hui 200. Dans ces quatre dernières années, la maison Garin a livré, en France, près de 600 machines, et pendant le premier semestre de 1894, 150 machines ont été mises en marche.

L'écrémeuse Mélotte est installée, en France, dans les écoles de laiterie suivantes :

1° École nationale de Mamirolles (Doubs).
2° — de Poligny (Jura).
3° — de Coigny (Manche).
4° — de la Vendée.
5° — de Coëtlogon (Ille-et-Vilaine).
6° — de Kerlwer (Finistère).

Prix des écrémeuses Mélotte.

Numéros.	TRAVAIL à l'heure.	PRIX
1 à bras.	100 litres.	460
2 —	200 —	550
2 *bis* à bras.	300 —	650
3 à moteur.	350 —	750
4 —	400 —	950
5 —	800 —	1.250

Principales récompenses obtenues par M. Garin pour l'écrémeuse Mélotte.

1888 à 1892. — Quatre diplômes d'honneur et trente-quatre premiers prix en Belgique et en France.

1893. — 1er prix, médaille d'or du ministère de l'agriculture, à Besançon. — 1er prix, médaille d'or et *diplôme d'honneur* du ministère de l'agriculture, à Quimper.

1894. — 1er prix, médaille d'or pour écrémeuses au concours spécial de Caen.

Tout en reconnaissant les importants services rendus à l'industrie laitière par nos grands importateurs, MM. Pilter et Hignette, qui ont obtenu tous les prix et toutes les récompenses honorifiques qu'ils pouvaient ambitionner, nous sommes heureux d'applaudir aujourd'hui aux succès ininterrompus que, depuis quelques années, M. Garin, notre seul constructeur français d'écrémeuses, remporte dans tous les concours.

GÉNÉRALITÉS SUR LES ÉCRÉMEUSES CENTRIFUGES.

Nous avons dit depuis longtemps que plus il deviendrait facile d'introduire *économiquement* dans les fermes, les écrémeuses centrifuges, plus l'ancien procédé de crémage spontané, à l'air libre, tendrait à disparaître. Or, cette substitution des machines aux crémeuses a fait un grand pas depuis l'apparition des écrémeuses *à bras*, et surtout de celles à cloisons *polarisatrices*, qui permettent maintenant d'obtenir des résultats considérables avec un effort relativement faible.

On sait, aujourd'hui, que ce qui a donné aux beurres danois une supériorité réelle sur les marchés étrangers au point de vue commercial, c'est surtout l'*uniformité* de fabrication de produits, et nous avons dit, il y a déjà plusieurs années, que ce n'est qu'en fabriquant des *beurres de centrifuge* que nous pourrions arriver au même résultat.

Laissant de côté, pour le moment, la question des beurres *surfins*, tels que ceux du Bessin, du pays de Bray, etc., obtenus par la méthode dite *tempérée*, et sur lesquels nous nous proposons de revenir plus longuement au chapitre VI, nous ne voulons parler ici que de ces énormes quantités de beurres fabriqués en France, à la ferme, dans des conditions si diverses et qui offrent des qualités si différentes, et toujours peu satisfaisantes.

A l'endroit de ces *petits beurres* qui se vendent à des prix si peu rémunérateurs, il est absolument nécessaire de faire comprendre aux petits cultivateurs qu'il est de leur intérêt de faire passer par la centrifuge, d'une façon directe ou indirecte, leur lait, matière première de leurs mauvais produits actuels.

Pour démontrer cette nécessité, nous citerons une fois de plus la série des avantages qu'offre la méthode centrifuge de fabrication du beurre :

1° L'écrémage a lieu immédiatement après la traite dans les fermes, et quelques heures plus tard, seulement, dans les grandes beurreries particulières ou coopératives qui font ramasser le lait chez les cultivateurs environnants.

2° Toutes les impuretés du lait, et particulièrement

celles constituées par les microbes naturels, se trouvent éliminées à peu près complètement, en venant se coller contre les parois internes du bol pendant sa rotation; par suite, la crème et le lait maigre obtenus sont dans des conditions de pureté parfaites.

3° On obtient avec cette crème un beurre excellent et d'une plus grande valeur, comme nous l'exposerons en détail (chap. VI), et, d'autre part, le lait écrémé reste *doux*, ce qui est particulièrement favorable à son utilisation, notamment pour la nourriture des animaux, élevage des veaux, engraissement des porcs, etc.

4° L'écrémage mécanique introduit du même coup dans la laiterie centrifuge une économie de temps, de main-d'œuvre, une simplification dans les opérations, et supprime l'emploi d'ustensiles encombrants, en usage dans la méthode dite tempérée et qui réclament fréquemment un nettoyage long et minutieux.

5° Avec la méthode du crémage spontané (à moins de la transformer en celle que nous avons appelée : *crémage à froid en vase clos* [voir p. 198] et sur laquelle nous reviendrons chap. VI), on ne peut guère dépasser un degré d'écrémage du lait égal à **80** pour 100, tandis qu'avec les centrifuges, il est facile de retirer du lait **95** à **98** pour 100 de la matière grasse qu'il renferme, surtout avec les séparateurs Alpha ou l'écrémeuse Mélotte.

Or, il est facile de se rendre compte des différences de rendement de 100 kilogrammes de lait traités par les deux méthodes et, par suite, de calculer les bénéfices que procure la méthode centrifuge.

Pour établir ce calcul, nous supposerons : 1° *un lait* renfermant 38 grammes de matière grasse par kilogramme de lait ou 3 kilogr. 800 par 100 kilogrammes; 2° que, suivant la moyenne admise, le beurre obtenu contient 14 pour 100 d'eau; 3° qu'en employant l'écrémage spontané, le degré d'écrémage ne dépasse pas **80** pour 100, tandis qu'avec l'écrémage centrifuge, ce même degré s'élève facilement jusqu'à **96** pour 100.

Ceci posé, voici les résultats que l'on obtient avec l'une ou l'autre des deux méthodes :

(a) Écrémage spontané à l'air libre.

Matière grasse, 3 kilogr. 800 × 0,80....	3 kilogr. 040
Beurre à 14 pour 100 d'eau	3 » 535
Kilos de lait par kilogr. de beurre......	28 » 287
Litres de lait par kilogr. de beurre (densité à 15° = 1030)................	27 litres 46

(b) Ecrémage centrifuge.

Matière grasse, 3 kilogr. 800 × 0,95....	3 kilogr. 610
Beurre à 14 pour 100 d'eau............	4 » 199
Kilos de lait par kilogr. de beurre.......	23 » 826
Litres de lait par kilogr. de beurre......	23 litres 13

On peut tirer des chiffres ci-dessus les conséquences suivantes :

1° *Nombre de litres de lait nécessaire pour obtenir un kilogr. de beurre.*

(*c*) Par le crémage spontané.............	27 litres 46
(*d*) Par l'écrémage centrifuge...........	23 » 13
DIFFÉRENCE.............	4 litres 33

2° *Quantités de beurre retirées de* 100 *kilogr. de lait.*

(*e*) Par l'écrémage centrifuge	4 kilogr. 199
(*f*) Par le crémage spontané............	3 » 535
DIFFÉRENCE	0 kilogr. 664 gr.

Il suffit de comparer les cours des beurres aux Halles (beurres laitiers ou de centrifuge et petits beurres) pour constater que, lorsque le prix des premiers atteint et dépasse même **3** francs le kilogramme, celui des seconds ne s'élève guère au delà de **2 fr. 30** à **2 fr. 40**, de telle sorte que l'on peut admettre, sans erreur, un écart de 0 fr. 60 par kilogramme pour le prix de ces deux sortes de beurre. Par suite, on retire de 100 kilogrammes de lait :

Par la méthode centrifuge, 4 kilogr. 199 × 3 =	12 fr. 597
Par l'écrémage spontané, 3 kilogr. 535 × 2,40 =	8 484
BÉNÉFICE PAR 100 KILOGR. DE LAIT.	4 fr. 113

D'autre part, si le cultivateur consent à vendre son lait à 0 fr. 12 le litre ou 0 fr. 123 le kilogramme, ou s'il préfère fabriquer du beurre, il obtient, par 100 kilogrammes de lait :

Vente directe	12 fr. 30
Beurre	8 48
DIFFÉRENCE EN MOINS	3 fr. 82

Les chiffres qui suivent sont encore plus démonstratifs [1]. En mai 1894, les beurreries industrielles de Morlaix payaient aux cultivateurs 8 à 9 centimes le litre de lait, celui *écrémé* retournant aux fournisseurs. En prenant 9 centimes et en donnant au lait doux écrémé une valeur de 3 centimes, cela revient à dire que le litre de lait était payé aux cultivateurs **12** centimes le litre, comme dans l'exemple précédent.

Or, à cette même époque, le beurre fabriqué dans les fermes des environs valait sur le marché 1 fr. 70 à 1 fr. 80 le kilogr., mais avec le mode de fabrication usité dans ce pays, il faut compter un minimum de 30 litres de lait pour 1 kilogr. de beurre. Le cultivateur tirait donc de son lait par 100 litres :

Vente du lait aux beurreries	12 francs.
Vente du beurre de sa ferme, 3 kilogr. 333 à 1 fr. 80 le kilogr.	6 —
DIFFÉRENCE	6 francs.

Malgré cette grande différence, la création des sociétés coopératives laitières, qui ont si bien réussi dans le Nord et surtout en Danemark, a rencontré jusqu'ici une grande résistance dans la plupart de nos campagnes. Beaucoup de cultivateurs refusent de vendre leur lait, parce que, disent-ils, ils en ont besoin pour faire des élèves. Mais ils ne réfléchissent pas qu'ils auraient un plus grand profit à le vendre et à donner celui *centri-*

[1] *L'industrie laitière en Bretagne*, par LAVALOU (*Journal de l'industrie laitière*, décembre 1894).

fugé et *doux* à leurs veaux ou leurs porcs, plutôt que de fabriquer chez eux du beurre médiocre et garder pour leurs bestiaux le lait maigre et toujours plus ou moins acide.

Nous ajouterons que la fabrication du beurre n'enlève au lait que la matière grasse, qui n'est qu'un aliment respiratoire, et que le cultivateur qui stipule, en vendant son lait, comme cela a lieu dans les pays du Nord et certaines régions de la France, que le lait *centrifugé* et *doux* lui sera rendu à un prix minime, 3 centimes le litre par exemple, fait certainement une bonne affaire.

Nous reviendrons d'ailleurs sur cette question, chapitre VIII.

Jusque dans ces derniers temps, le prix élevé des centrifuges et l'acquisition nécessaire d'un moteur de force suffisante ne permettaient guère aux petits fermiers d'adopter ce mode d'écrémage; les grandes beurreries particulières ou coopératives pouvaient seules s'en servir; à cette même époque, M. Ringelmann, le distingué professeur de l'Ecole de Grignon, avait démontré qu'en évaluant à 1,000 francs le prix d'une écrémeuse tout installée et travaillant au moteur 350 à 400 litres de lait par heure, et en admettant comme prix du kilogramme de beurre le chiffre de 3 francs, il fallait, pour que l'emploi de cette écrémeuse fût économique, que la quantité de lait à traiter journellement dépassât **600** litres.

Depuis cette époque, les conditions ont bien changé; nous avons aujourd'hui des **écrémeuses à bras** qui peuvent écrémer, à l'heure, **300, 200, 100** et **60** litres seulement et dont les prix correspondants sont **650, 550, 460** et **240** francs; on peut donc dire que désormais l'écrémage centrifuge est à la portée des plus petites fermes, même de celles qui ne récoltent journellement que 60 litres et même moins.

Comme conséquence, les cultivateurs qui ne veulent point vendre leur lait n'auront qu'à faire l'acquisition d'un petit centrifuge à bras; ils fabriqueront leur beurre en suivant la méthode que nous indiquerons en détail chapitre VI, le vendront à un prix plus rémunérateur, et le lait *doux, centrifugé,* leur restera.

ÉMULSEUR LAVAL.

Nous avons dit, page 212, que le centrifuge Burmeister et Wain pouvait servir à la préparation d'émulsions; il en est de même de tous les centrifuges, et nous allons décrire rapidement l'émulseur Laval.

Le but de l'émulseur est de mélanger intimement avec le lait écrémé, souvent sans valeur, une matière grasse d'un prix moindre que celui du beurre, le mélange devant servir à la nourriture des veaux ou à la fabrication de fromages factices, etc.

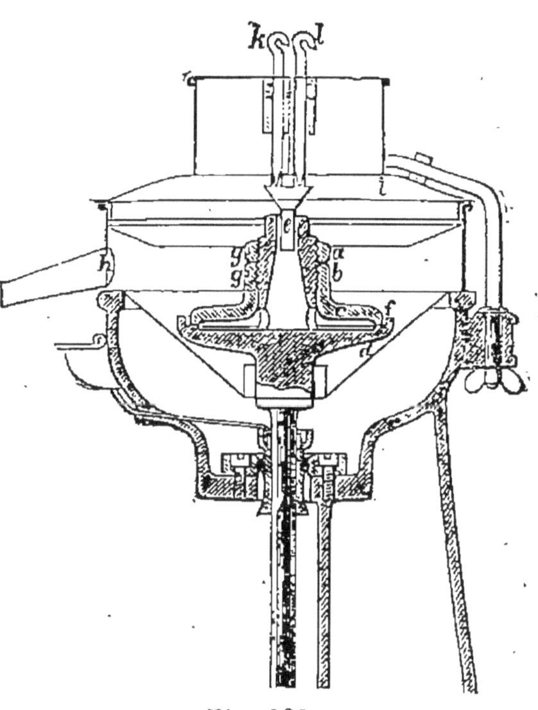

Fig. 131.

L'émulseur de Laval (fig. 131) se met dans le bâti de l'écrémeuse ordinaire (p. 215), à la place du bol; il se compose de deux plateaux ou coupes en acier *c* et *d* qui forment le réservoir dans lequel les liquides se mélangent. Ces coupes, solidement vissées ensemble, laissent toutefois entre elles une ouverture très petite, résultant de la présence de trois lames d'acier (ressort de montre), que l'on pose dans le sens des rayons sur les bords de la coupe *d* et à égales distances. C'est par cette petite ouverture que se fait l'émulsion. Grâce à la rotation donnée aux coupes, les liquides subissent une pression si forte qu'ils se mélangent parfaitement et sortent de la coupe, émulsionnés.

Avant de procéder à l'émulsion, on doit, au préalable, chauffer les deux liquides dans des récipients séparés, la graisse à 66° et le lait à 68° au maximum. Ce chauffage s'effectue au bain-marie; mais comme la quantité de lait à chauffer est beaucoup plus considérable que celle de la matière grasse, il est préférable d'employer pour le lait un réchauffeur spécial (p. 230).

Quand les deux liquides ont été portés à la température voulue, on dispose les réservoirs qui les contiennent de telle sorte que leurs robinets se trouvent au-dessus des flotteurs, et on règle la double alimentation en faisant monter ou descendre les régulateurs *k* et *l*.

La mise en mouvement de l'émulseur est la même que celle de l'écrémeuse; quand l'appareil arrive à la vitesse de 6,500 tours à 7,000 tours, on ouvre d'abord le robinet du lait maigre, et *une minute* après, celui de la graisse fondue ou de l'huile; à la fin de l'opération, on ferme également le robinet du lait, une minute après celui de la graisse.

Coupage de l'émulsion. — Ce serait un travail inutile que de faire passer par l'émulseur la totalité du lait maigre que l'on veut enrichir, et l'on se contente de fabriquer d'abord une sorte de crème artificielle aussi riche que possible en matière grasse et qui peut atteindre la proportion de 1/6, soit 1 kilogr. de matière grasse incorporé à 6 kilogr. de lait, et c'est cette émulsion que l'on additionne ensuite de lait écrémé chaud pour lui donner la richesse désirée. Il faut avoir soin de remuer constamment le mélange pendant toute la durée de cette dernière opération.

L'émulseur Laval peut produire 325 kilogr. d'émulsion à l'heure.

Exemple d'une opération. — Soit 1,000 litres de lait absolument maigre auxquels on veut incorporer 4 pour 100 de matière grasse. — Il est facile de se rendre compte que, pour obtenir la première émulsion crémeuse, on devra faire passer par l'émulseur 40 kilogr. de graisse et 240 kilogr. de lait maigre, ce qui donnera 280 kilogr., auxquels on ajoutera ensuite 720 kilogr. de lait maigre et chaud ; ce qui fournira au total 1,000 kilogr. de lait à 4 pour 100 de matière grasse.

Les principales matières grasses employées dans la préparation de ces émulsions sont : l'huile d'arachide, le saindoux, la margarine, l'oléo-margarine, etc.

Examen de l'utilité de ces émulsions.

L'idée de la préparation de ces émulsions nous vient du Danemark, et l'on peut comprendre, à la rigueur, que dans les pays du Nord, où la fabrication du fromage n'a qu'une importance secondaire relativement à celle du beurre, on ait songé à mettre en présure ces mélanges. Mais, en France, en Angleterre et dans tous les pays où les diverses variétés de fromages ont une réputation méritée, nous déclarons que ce serait vouloir, à bref délai, la ruine de l'industrie fromagère, si, dans le but de fabriquer avec le même lait du beurre d'abord et du fromage *gras* ensuite, on avait recours à la pratique de l'émulsion. La composition de ces matières grasses étant différente de celle du beurre, il est évident que pendant l'affinage, sous l'influence des microbes, les produits qui prendraient naissance ne sauraient être les mêmes, et plusieurs contribueraient par leurs propriétés spéciales à faire rejeter ces fromages de la consommation.

D'autre part, il n'est pas douteux que la facilité avec laquelle ces émulsions peuvent être préparées dans les écrémeuses devra être extrêmement utile aux fabricants de ces produits désignés aujourd'hui sous le nom de *beurres factices*, *butterine*, etc., dont la fabrication va toujours croissant, et qui servent à adultérer les beurres purs.

Enfin, nous avons dit, page 19, que, dans la fabrication du lait condensé, on remplaçait la matière grasse du lait enlevée presque en totalité par une émulsion d'oléo-margarine ou d'huile d'arachide avec le lait maigre.

En résumé, nous pensons que ces émulsions ne peuvent avoir qu'une seule application utile et intéressante, celle qui consisterait à alimenter les animaux d'élevage avec ce lait factice, après l'avoir étendu d'une quantité de lait maigre suffisante pour que la richesse en matière grasse du mélange soit égale à celle du lait normal.

CHAPITRE III

APPAREILS PROPRES A LA FABRICATION DU BEURRE.

1° USTENSILES NÉCESSAIRES AU BARATTAGE. BARATTES.

On nomme *battage*, et plus souvent *barattage*, l'opération qui a pour but de réunir les molécules butyreuses du lait ou de la crème, et *barattes*, les instruments qui servent à effectuer cette opération.

La forme et le système des barattes ont pris, depuis une vingtaine d'années, une grande extension; mais nous ne parlerons ici que des instruments les meilleurs ou les plus répandus.

1° *Baratte à piston, beurrière, bat-beurre, etc.* (fig. 132).

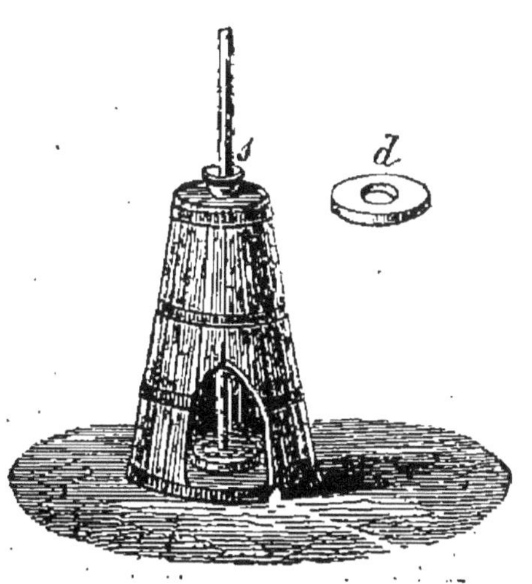

Fig. 132.

Cette baratte, la plus ancienne et la plus simple de toutes, est encore la seule employée dans diverses régions de la France, et notamment en Bretagne.

Dans un grand nombre de fermes de la Mayenne, d'Ille-et-Vilaine, du Morbihan, des Côtes-du-Nord, etc., où la baratte à piston est employée, le récipient, au lieu d'être en bois, est simplement un vase B en grès ou en terre cuite (fig. 133, 134), muni d'oreilles et de 20 à 30 litres de capacité.

On peut pendant le barattage placer ce récipient dans un baquet contenant de l'eau fraîche ou tiède, suivant la saison.

Le barattage avec ces instruments exige toujours un

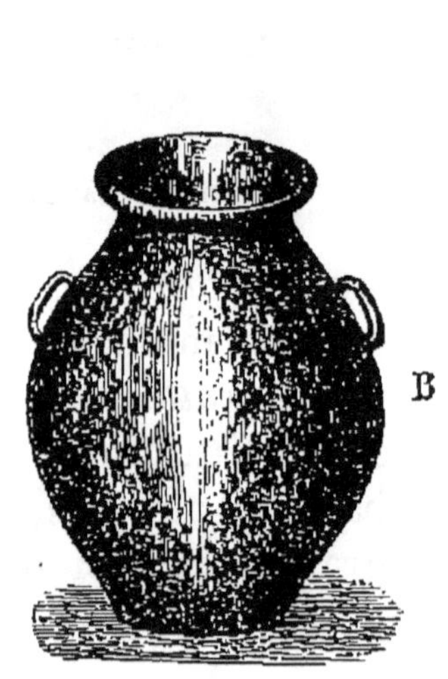

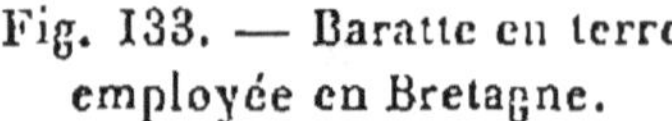
Fig. 133. — Baratte en terre employée en Bretagne.

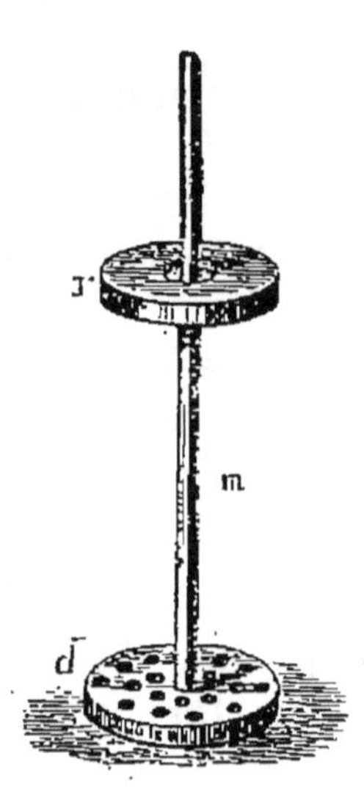

Fig. 134. — Ribot et disque de la baratte bretonne.

temps assez long et une fatigue assez grande; aussi a-t-on été conduit à faire mouvoir le piston par un mécanisme qui facilite le travail de l'homme.

Quelquefois, comme cela a lieu aux environs de Rennes, pour la fabrication du beurre dit de la Prévalaye, c'est une perche flexible qui facilite le tirage et le refoulement du piston ou bat-beurre (fig. 135).

Ailleurs, on fait mouvoir le piston à l'aide d'une manivelle et d'un système d'engrenages (fig. 136).

Les récipients de ces barattes sont en grès ou en bois, et les premiers peuvent être munis de cuvettes en zinc dans lesquelles on met de l'eau tiède ou froide, suivant que l'on veut réchauffer ou rafraîchir la crème avant le barattage.

M. Souchu-Pinet, à Langeais (Indre-et-Loire), construit des barattes à piston du même système.

Dans les grandes fermes d'Ille-et-Vilaine, où l'on baratte jusqu'à 180 et même 200 litres de liquide à la

Fig. 135.

fois, le piston de la baratte est mis en mouvement par l'intermédiaire d'un cheval attelé à un manège.

2° *Baratte-tonneau ou normande* (fig. 137 et 138).

Dans beaucoup de fermes, notamment celles de la Normandie et aussi celles de la Picardie et d'une partie de la Flandre, la baratte la plus employée est celle à tonneau dite *sérène*.

On s'en sert également dans le Doubs, le Jura, la Savoie, la Suisse, etc.

Ce genre de baratte présente des dispositions très variées tant au point de vue des dimensions du tonneau que de la nature des pièces qui, à l'intérieur, sont destinées à faire l'office d'agitateurs ou de contre-batteurs de la crème. Nous commencerons par décrire celle qui est le plus employée dans les petites exploitations.

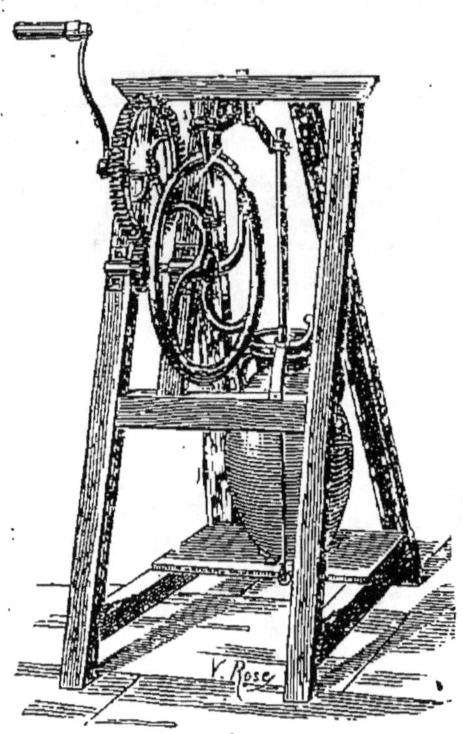

Fig. 136. — Baratte perfectionnée de MM. Savary et Cie, à Quimperlé (Finistère).

Cette baratte se compose d'un tonneau en chêne, cerclé en fer ou en cuivre, et dont les dimensions les plus habituelles sont de 1 mètre de longueur sur $0^m,80$ de diamètre. Le tonneau repose sur un chevalet par l'intermédiaire de deux tourillons en fer *t* fixés à chacun des fonds par des croisillons *c*; cette disposition permet de ne pas faire passer d'axe à travers le récipient, ce qui rend, par suite, le nettoyage plus facile.

A l'un des tourillons est adaptée une manivelle *m* qui sert à faire tourner le tonneau. Les pièces qui font office de contre-batteurs de la crème pendant la rotation du récipient sont des barres de bois prismatiques, fixées transversalement aux deux parois verticales et distantes des douves de 4 ou 5 centimètres.

Une ouverture O, ronde ou elliptique, pratiquée au milieu de l'une des douves, sert à introduire la crème et à sortir le beurre quand il est fait; on la ferme avec un bondon de bois garni d'une toile lessivée et une

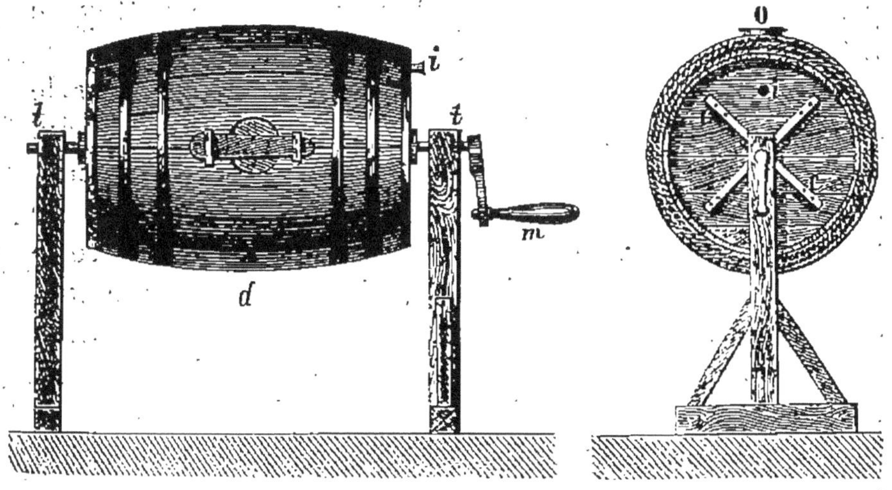

Fig. 137. Fig. 138.

cheville plate en fer ou en bois qui entre de force dans deux gâches fixées au baril. Un autre orifice *d*, plus petit, sert à faire écouler le lait de beurre après le barattage. Enfin, l'un des fonds porte un petit trou *i* fermé par

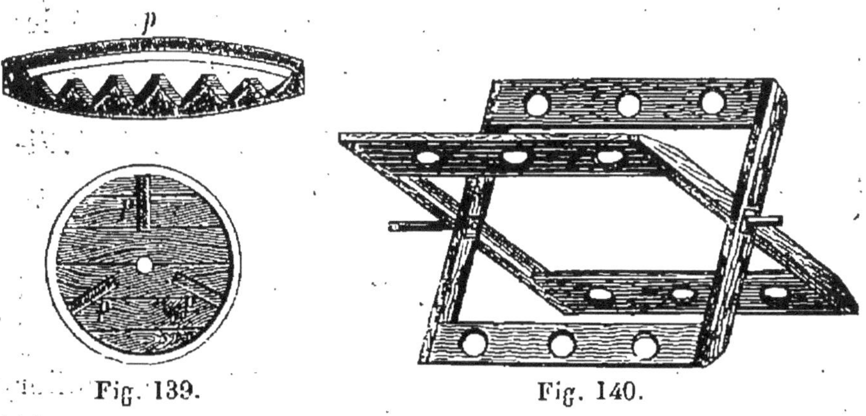

Fig. 139. Fig. 140.

un fausset qu'on enlève lorsqu'on veut laisser sortir les gaz qui se dégagent de la crème, au commencement du barattage.

Quelquefois, dans les barattes à tonneau, les contre-batteurs sont des planchettes *p* (fig. 139) fixées, au nombre de 2 ou 3, contre les douves; elles sont tantôt lisses, tantôt dentelées ou percées de trous; les barres prismatiques sont préférables, parce que le nettoyage interne de la baratte est plus facile.

Dans les pays de montagnes et notamment dans le Jura, le Doubs, la Suisse, etc., les barattes-tonneaux sont des cylindres en bois blanc munis intérieurement d'un agitateur tel que celui représenté figure 140. Le tonneau se pose simplement sur un chevalet, et il reste fixe pendant qu'on imprime à l'agitateur un mouvement de rotation. Ces barattes sont peu efficaces et présentent beaucoup d'inconvénients, notamment la difficulté du nettoyage, en raison de la petitesse de l'ouverture et des grandes dimensions de l'agitateur, qui ne peut sortir du cylindre.

Nous décrirons en détail une opération de barattage avec la baratte-tonneau quand nous traiterons de la fabrication du beurre dans le Bessin (chap. VI).

M. Durand, d'Isigny (Calvados), construit des barattes-tonneaux, à bras et à manège, dont l'exécution est très soignée et qui sont d'un très bon usage.

Mais, parmi les constructeurs qui ont apporté les perfectionnements les plus importants à la baratte normande, tant au point de vue des organes que de la commande, nous citerons tout particulièrement MM. Simon et fils, de Cherbourg (Manche).

Barattes de MM. Simon et fils.

Les tonneaux de ces barattes sont en chêne de premier choix; toutes les ferrures appliquées sur ces tonneaux sont polies avec soin.

Les contre-batteurs sont des barres prismatiques en chêne, de toute la longueur du tonneau et distante de sa surface intérieure d'un nombre de centimètres qui dépend du diamètre du récipient à crème. Ces barattes sont bien équilibrées et toutes munies de bouchons en fonte polie et d'un petit ajutage métallique dont nous indiquerons plus loin l'emploi.

1° *Baratte marchant à bras* (fig. 141).

Cette baratte est montée sur un bâti mixte (fer et bois) très solidement construit; au-dessous de 100 litres, elle n'a qu'une manivelle.

Elle possède deux organes particuliers que nous allons indiquer.

Obturateur métallique (fig. 141 et 143). — Ce nouvel

Fig. 141.

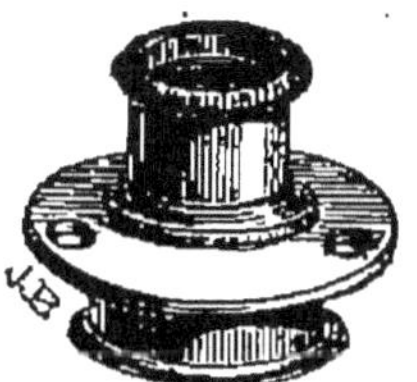

Fig. 142.

obturateur se compose simplement de deux parties : 1° d'un cercle ou anneau fixé autour de l'orifice de la baratte même; 2° d'un couvercle muni de deux boutons ou poignées; pour ouvrir ou fermer l'orifice, il suffit de faire tourner le couvercle à gauche ou à droite.

Ajutage métallique (fig. 142). — Ce petit ajutage sert à la fois de bonde et de fausset; en le tournant un peu, les gaz qui se dégagent pendant le barattage s'échappent au dehors; en tournant davantage, on soutire le lait de beurre. Avec ce petit organe, on évite les pertes et projections du liquide qui se produisent avec les obturateurs ordinaires en bois et l'inconvénient d'un fausset qui se brise souvent dans la baratte.

Prix des barattes marchant à bras.

CAPACITÉ TOTALE de la baratte.	PRIX	
De 60 à 100 litres.	80 à 100 fr.	Les tonneaux ne doivent être remplis qu'à moitié.
De 150 à 250 —	139 à 185	
De 300 à 400 —	210 à 250	

Jusqu'à 60 litres de capacité totale, MM. Simon et fils conseillent l'emploi d'une baratte dite à double vitesse dont nous reparlerons plus loin.

2° *Baratte marchant à manège.*

Dans les petites et moyennes exploitations, la mise en mouvement de la baratte normande peut s'effectuer à bras, à l'aide d'une ou deux manivelles ; mais quand il faut agir sur de grandes quantités de crème à la fois, comme cela arrive fréquemment dans le Bessin et le Cotentin, on emploie alors un manège auquel on attelle un cheval.

Manège de MM. Simon, transmission de mouvement aux barattes, commande par friction. — Dans les fermes, le manège étant le plus souvent installé dans la cour de l'exploitation, il importe qu'il soit peu élevé au-dessus du sol, pour que les jeunes animaux surtout ne risquent pas de se blesser en venant se heurter contre lui. A cet effet, MM. Simon et fils construisent un manège très bas, se couvrant de lui-même, et dont toutes les pièces sont faciles à monter et à démonter par le cultivateur lui-même, ce qui est très important pour le nettoyage et l'entretien de la machine. Ce manège donne 15 tours d'arbre pour un du cheval.

Ces habiles constructeurs ont imaginé également une nouvelle commande par friction pour baratte à manège, représentée figure 143, et qui a le grand avantage de supprimer les chaînes, courroies, engrenages habituellement en usage. Ce système se compose d'un plateau à rainure triangulaire fixé sur la baratte et d'un volant à couronne également triangulaire qui reçoit la commande de l'arbre du manège.

La mise en marche et l'arrêt du tonneau s'obtiennent au moyen d'un petit levier placé sur la colonne, qui permet d'abaisser ou d'élever l'extrémité de la baratte, par suite, d'établir ou de supprimer le contact entre le

Fig. 143.

plateau et le volant. Avec cette disposition, la mise en marche et l'arrêt s'obtiennent sans aucune des secousses inévitables avec les embrayages ordinaires, et aussi sans qu'il soit nécessaire d'arrêter le cheval.

D'autre part, la pression sur le volant, et par suite la friction, étant la conséquence du poids du tonneau, la dépense de force nécessaire pour faire tourner la baratte reste constamment proportionnelle à la charge à entraîner, ce qui n'a pas lieu avec les systèmes à courroies, chaînes, engrenages, etc.

MM. Simon et fils construisent encore des barattes destinées aux grandes laiteries, industrielles ou autres, dont la capacité totale va jusqu'à 800 litres. Elles sont munies de deux poulies, l'une folle et l'autre fixe, et possèdent un débrayage qui rend très facile la mise en marche et l'arrêt de la machine actionnée par un manège ou un moteur quelconque. Enfin, MM. Simon ont encore imaginé un appareil qui permet de faire varier la VITESSE de la baratte (fig. 144) sans avoir à se préoccuper de la vitesse ou du moteur. A cet effet, il suffit de manœuvrer un petit volant qui élève ou abaisse légèrement la baratte, ce qui fait varier le point de contact des cônes de commande et augmente ou diminue la vitesse de rotation, selon que la baratte est commandée par le petit ou le grand diamètre de son cône. Les variations de vitesse s'obtiennent pendant la marche et sans aucun arrêt de l'appareil.

Fig. 144.

3° *Baratte-meule.*

Cet instrument ne diffère de la baratte-tonneau que parce qu'elle est étroite et d'un grand diamètre, ce qui lui donne la forme d'une *meule*.

La figure 145 représente une vue en dessus de cette

baratte, dans laquelle les contre-batteurs sont des palettes triangulaires fixées à la surface intérieure du récipient.

La baratte-meule est très répandue en Suisse, et on la retrouve aussi dans presque toutes les fermes de l'Italie septentrionale où l'on fabrique le fromage de Parmesan. Mais dans les grandes laiteries de cette région, où l'on écrème chaque jour de 550 à 600 litres de lait destiné à la fabrication d'un seul fromage du poids de

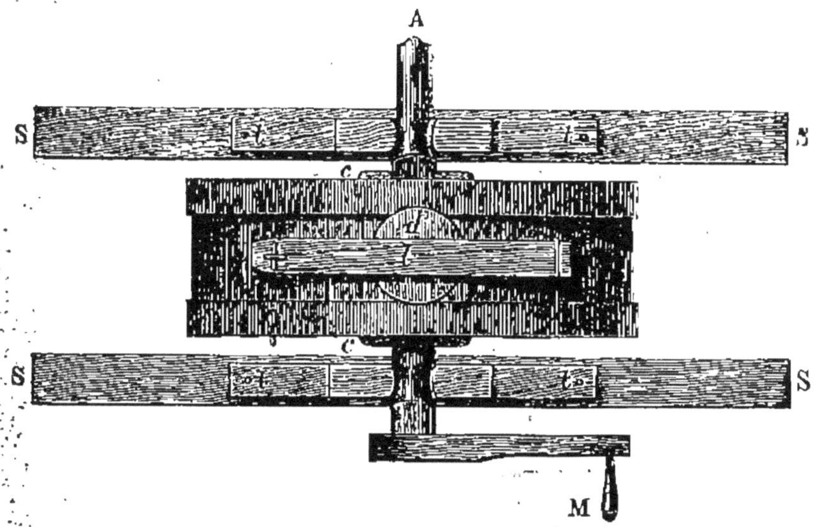

Fig. 145.

40 à 50 kilogr., les barattes de ce système atteignent des dimensions considérables. Nous en avons mesuré une, à l'exposition laitière de Milan en 1874, qui avait 82 centimètres de diamètre sur 25 centimètres de hauteur, et une autre chez MM. Guzzeloni, propriétaires-cultivateurs à 2 kilomètres de Milan, ayant $1^m,28$ de diamètre extérieur, 32 centimètres de hauteur, et une capacité totale de 160 litres.

Des barattes-meules aussi vastes offrent dans leur emploi de grands inconvénients, notamment au point de vue de la sortie du beurre, du nettoyage, etc., aussi les cultivateurs italiens tendent-ils de plus en plus à la remplacer par la baratte normande. Il en est de même aussi dans un grand nombre de fermes de la Suisse.

4° *Baratte à berceau dite tourniquet.*

Dans la partie de la Flandre où l'on battait directement le lait, la baratte la plus employée était celle à berceau, dite tourniquet, que nous avons décrite dans nos éditions précédentes. Aujourd'hui, le barattage du lait tendant de plus en plus à être remplacé par celui de la crème fournie par les centrifuges, cette baratte est remplacée dans beaucoup de fermes par d'autres plus modernes et plus perfectionnées.

5° *Baratte horizontale polyédrique de M. Chapellier,*

Constructeur-mécanicien à Ernée (Mayenne).

Cette baratte (fig. 146) présente des dispositions particulières et nouvelles.

Fig. 146.

Elle se compose d'un récipient en bois à sept pans, cerclé de fer et sans organe batteur à l'intérieur. Cet instrument porte trois ouvertures circulaires, deux grandes et une petite ; la plus grande sert à l'introduction du liquide à baratter et à la sortie du beurre ; la seconde, d'un diamètre moindre et directement opposée à la première, pour que les poids des deux obturateurs se fassent équilibre, sert à amener rapidement, avant le barattage, le liquide à la température voulue ; enfin la troisième, beaucoup plus petite, a un double emploi : elle permet l'introduction d'un thermomètre (fig. 147) dans la baratte au commencement de l'opération, et sert ensuite au dégagement des gaz pendant le barattage et à la sortie du lait de beurre à la fin.

La température indiquée par l'inventeur comme la plus favorable au barattage avec cet instrument étant de 17° en moyenne, si, après avoir rempli de crème, à

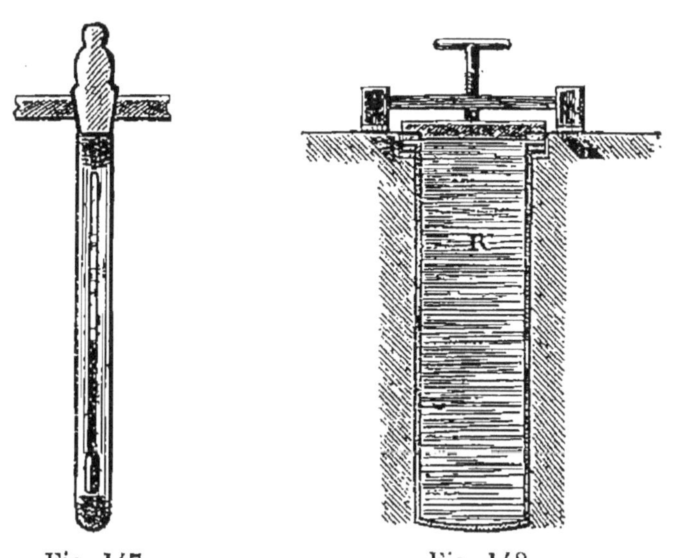

Fig. 147. Fig. 148.

moitié ou aux trois quarts au plus, le récipient polyédrique et l'avoir fait tourner pendant une ou deux minutes, le thermomètre se tient en dessus ou en dessous de ce chiffre, on introduit par l'orifice circulaire le récipient cylindrique de la figure 148, et l'on y verse de l'eau chaude ou froide, suivant le besoin.

On ferme ce récipient, on tourne la baratte et, après quelques tours, on observe le thermomètre; en hiver, on commence à baratter quand celui-ci marque 18 degrés, en été, quand il s'arrête à 17 degrés au maximum.

Pour effectuer ce barattage, on commence par sortir du récipient le vase cylindrique à eau et le tube thermométrique, de telle sorte que l'appareil devient une simple caisse heptagonale contenant de la crème ou du lait.

D'après M. Chapellier, en suivant ces prescriptions et en imprimant à la baratte une vitesse de rotation de 50 à 60 tours par minute, au maximum, on obtient le beurre, en été comme en hiver, en 25 à 30 minutes.

Dès qu'il a été obtenu en grumeaux, le beurre est lavé dans la baratte même jusqu'à ce que l'eau sorte claire ; on le recueille ensuite sur un tamis placé sous la grande ouverture de la baratte, on le transvase dans un récipient plein d'eau pour le raffermir (si cela est nécessaire), on le malaxe modérément et enfin on le met en mottes.

M. Chapellier construit des barattes à bras et à moteur permettant de battre à volonté le lait ou la crème, et aux prix suivants :

N°s de 0 à 6,	contenance totale de	25 à 80 litres,	prix :	42 à 80 fr.
— 7 à 13,	— —	112 à 600	— —	70 à 300 fr.

Ces barattes sont aujourd'hui très répandues, notamment dans l'ouest de la France; elles sont solidement construites et fournissent un travail très satisfaisant.

M. Chapellier a obtenu pour cet instrument de nombreuses récompenses dans les concours.

6° *Baratte à récipient vertical (système danois)* (fig. 149 et 150).

Cette baratte, qui a pris naissance en Danemark, est aujourd'hui à peu près exclusivement en usage dans ce pays, ainsi qu'en Suède, en Norvège et une partie de l'Allemagne; introduite en France par M. Pilter, on la retrouve actuellement dans beaucoup de nos laiteries.

La baratte danoise se compose d'un récipient tronconique en bois, à l'intérieur duquel sont fixés trois contre-batteurs verticaux, et qui pendant l'opération se ferme par un couvercle en deux pièces dont l'une est munie d'un thermomètre. Aux deux tiers de la hauteur de ce récipient, sont fixés deux forts tourillons reposant sur des équerres en fonte boulonnées après le bâtis en bois qui supporte la machine. A la partie supérieure de ce bâtis sont vissés deux pitons dans lesquels s'engagent deux crochets en fer destinés à maintenir la baratte dans la position verticale pendant qu'elle fonctionne. L'agitateur se compose d'un arbre auquel sont fixées deux traverses horizontales assemblées à leurs extrémités à deux ailettes verticales qui, pendant la rotation, projettent la crème sur les contre-batteurs verticaux en déterminant constamment son retour vers le centre.

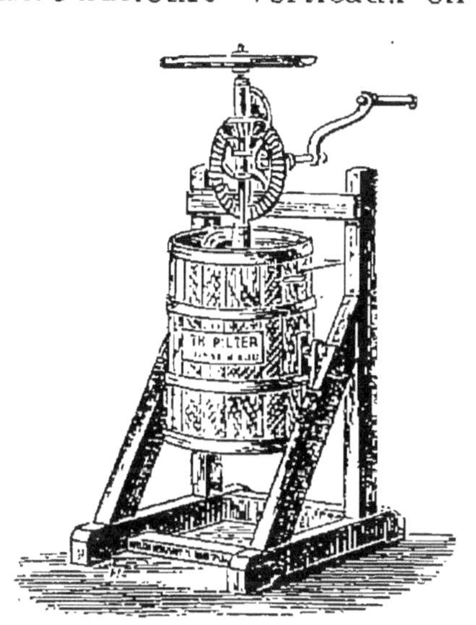
Fig. 149.

Une bague mobile permet de relier l'arbre moteur à l'axe de l'agitateur ou de l'en séparer à volonté. Cette baratte ayant une grande ouverture à la partie supérieure, il en résulte que l'on peut suivre la marche de la prise du beurre pendant l'opération sans avoir besoin de suspendre le barattage, et, quand le beurre est fait, procéder au nettoyage de l'instrument et de ses accessoires, avec la plus grande facilité. En Danemark, on utilise aussi cette ouverture, en hiver, pour réchauffer la crème, en immergeant dans celle-ci un vase plein d'eau tiède, avant l'opération.

La baratte danoise peut marcher à bras (fig. 149), ou être actionnée par un manège ou une machine à vapeur (fig 150). Avec la première, on fait faire à la manivelle 40 tours par minute, ce qui correspond à 100 ou 120 tours de l'agitateur, dans le même temps; dans la seconde, l'agitateur doit faire 130 à 150 révolutions par minute.

Les températures les plus convenables pour le barattage de la crème sont de 12 à 13° en été et de 15° à 16° en hiver; dans ces conditions, le liquide à baratter ne

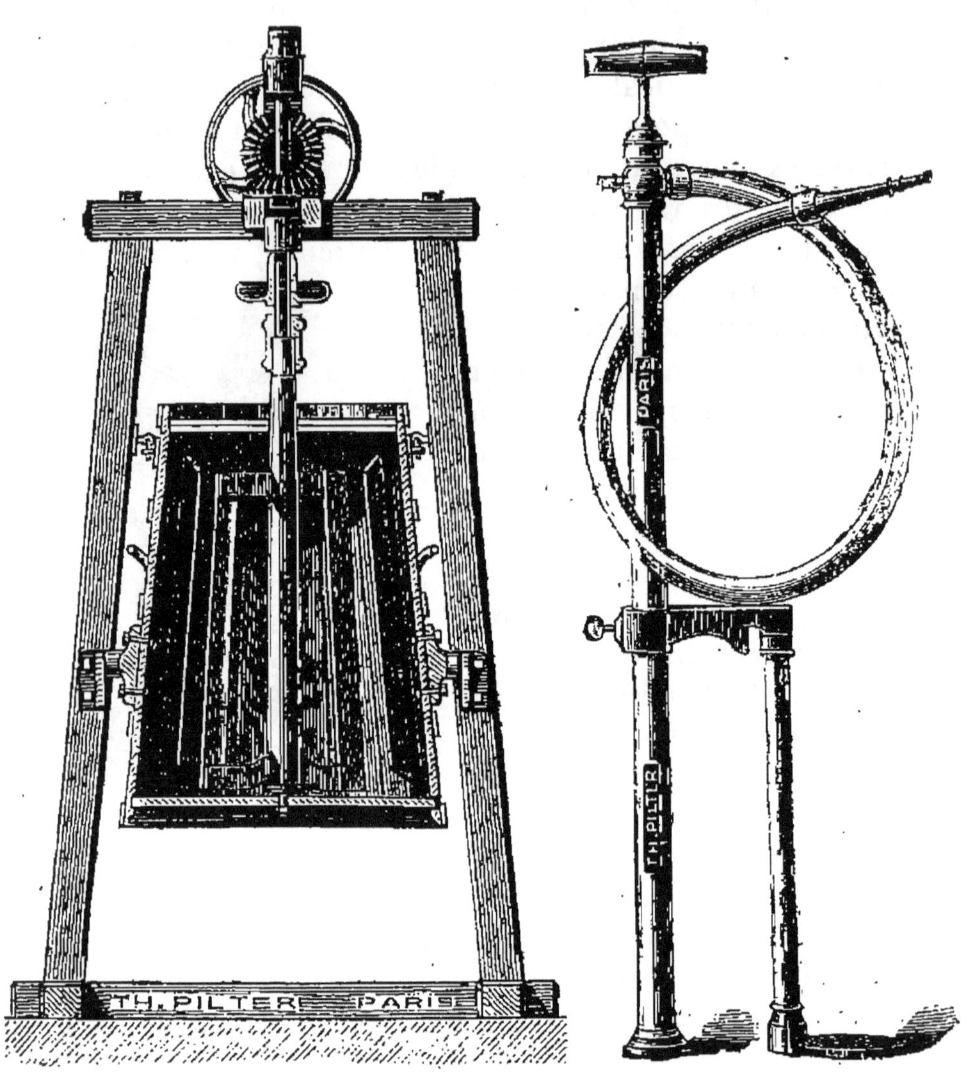

Fig. 150. Fig. 151.

dépassant pas la moitié de la capacité du récipient, on obtient le beurre en 35 à 45 minutes suivant la saison. Il faut, autant que possible, maintenir la température constante pendant toute la durée du barattage. Si le thermomètre indique que la température monte, on enlève une des deux pièces du couvercle et l'on introduit dans la baratte une certaine quantité de lait fortement refroidi. Quand le beurre est pris en petits grumeaux qui lui donnent l'aspect *granuleux*, on cesse de tourner la manivelle ou l'on arrête la machine.

On enlève le couvercle, on remonte la bague d'accouplement; l'agitateur se détache de l'arbre moteur, et on le sort de la baratte. On décroche ensuite le récipient, que l'on fait basculer sur ses deux tourillons et que l'on fixe au point d'arrêt. Le beurre entraîné par le petit-lait est recueilli sur un tamis et porté dans une auge où il commence à s'égoutter.

Quant aux petits grumeaux de beurre qui restent toujours dans la baratte, on peut se servir, pour les réunir, d'une pompe à main système Pilter (fig. 151), à l'aide de laquelle on projette du lait écrémé contre les parois de la baratte. Cette pompe, par sa légèreté et sa force de projection, peut également servir au lavage de beaucoup d'autres appareils de la laiterie.

Quand nous traiterons de la fabrication du beurre par la méthode danoise, nous décrirons les opérations de délaitage et de malaxage auxquelles ce beurre est soumis avant sa mise en mottes.

Prix des barattes danoises construites par M. Pilter :

Barattes à bras pour battre de	25 à 40	litres de crème,	145 à 160 fr.
— à manège ou à vapeur	— 50 à 300	—	230 à 370 fr.
Petite pompe à main			28 fr.

Barattes danoises Ahlborn. — M. Ahlborn construit également à Hildesheim la baratte verticale danoise et désigne ses modèles sous le nom de *le Holstein.*

7° *Baratte à températeur extérieur.*

Ed. Garin, constructeur, à Cambrai (Nord).

Cette baratte (fig. 152) est construite en forte tôle

étamée et est munie d'une enveloppe du même métal dite *température extérieur* et dans laquelle on verse de l'eau tiéde ou froide suivant la circonstance.

A l'aide de ce températeur, on peut effectuer le barattage à une température déterminée qui est de 15° à 16° pour la crème et de 17 à 18° pour le lait, et maintenir ces températures pendant le durée de l'opération. Un thermomètre protégé par une glace est adapté à l'un des côtés du récipient et en contact direct avec le liquide à baratter.

Fig. 152.

L'agitateur est formé de palettes plates, en bois, se fixant en croix sur un arbre en fer étamé, et il suffit d'ôter une goupille qui maintient la manivelle sur l'arbre pour attirer un peu celui-ci et sortir le batteur; le nettoyage s'effectue alors avec la plus grande facilité. Quant au nombre de tours de manivelle par minute, il est d'environ cinquante.

Cette baratte peut marcher à bras ou à moteur et travailler depuis 10 litres de crème jusqu'à 200 et même 300 litres de liquide.

Barattes pour les petites exploitations ou les maisons bourgeoises.

Les différentes barattes que nous venons de décrire peuvent être qualifiées d'*industrielles* et conviennent parfaitement aux moyennes et grandes exploitations; bien conduites, elles fournissent d'excellents beurres.

Nous pourrions donc nous en tenir à la description des barattes qui précèdent, si nous n'avions pas aussi à nous préoccuper de celles qui conviennent le mieux aux petites exploitations ou aux laiteries des maisons bourgeoises, dans lesquelles on ne peut traiter à la fois que des quantités de crème relativement restreintes; nous citerons donc encore les barattes suivantes :

1° *La baratte à disque.*

Concessionnaire pour la France : M. Th. Pilter, rue Alibert, 24, Paris.

Cette baratte, d'origine anglaise, a obtenu les plus hautes récompenses dans les concours les plus importants qui se sont tenus en Angleterre, en 1893. Elle commence à être connue en France, grâce à M. Pilter, et comme elle présente des dispositions tout à fait nouvelles et fournit des résultats très curieux, nous croyons devoir la faire connaître à nos lecteurs.

Fig. 153.

La *baratte à disque* (fig. 153) se compose d'un récipient en bois dont la partie inférieure est concave et la partie supérieure ouverte; quant au batteur de la crème, c'est un simple disque auquel un système de deux engrenages permet d'imprimer une très grande vitesse.

Une fois ce disque fixé sur l'axe de rotation, on remplit le récipient de crème jusqu'à mi-hauteur du disque et on coiffe celui-ci d'une petite auge renversée qui laisse voir ce qui se passe dans la baratte pendant l'opération.

Transformation de la crème en beurre. — Le disque n'est pas, à proprement parler, un batteur de crème et son rôle paraît, au contraire, être très différent pendant le barattage. Lorsque ce disque est à demi plongé dans la crème et qu'il tourne avec une grande vitesse, il lance par l'effet de la force centrifuge, contre le plafond de l'augette renversée, la couche de crème qui, en raison de sa viscosité, s'est collée sur ses parois; et c'est sur ce plafond, et non pas dans la baratte même, que les globules butyreux reçoivent le choc nécessaire à leur agglomération. Au fur et à mesure de la formation des grains de beurre, ceux-ci retombent au fond du récipient et s'y réunissent, sans que le passage ultérieur du disque, nécessaire pour travailler le reste de la crème, vienne en rien modifier l'état moléculaire de ces grains.

La baratte restant ouverte, le dégagement des gaz rendus libres pendant le travail a lieu avec la plus grande facilité, en même temps que cette ouverture permet de suivre la marche de l'opération et de saisir exactement le moment où il n'y a plus, dans la baratte, de crème à transformer en beurre. A cet instant, en effet, le disque, en tournant, ne ramasse plus de crème à sa surface, et si l'on cesse alors de tourner, il devient impossible de surtravailler le beurre. On procède immédiatement au lavage du produit.

Lavage du beurre. — Pour effectuer ce lavage, on ajoute dans la baratte la quantité d'eau nécessaire, on fait tourner le disque et, grâce à l'état granuleux du beurre obtenu, son lavage s'effectue parfaitement et avec la plus grande facilité en huit ou dix minutes environ.

Dans un grand nombre d'expériences exécutées en Angleterre, la durée du barattage a varié entre **4** et **6** minutes. Quant à la température à laquelle il convient de battre la crème, elle paraît être comprise entre des limites assez larges (10° à 20°) sans que la durée de l'opération et la qualité du produit en soient sensiblement modifiées.

Sécheur centrifuge du beurre (fig. 154).

Le complément de la baratte à disque consiste en un

sécheur dont l'emploi empêche que le beurre, qui sort de la baratte en grains bien lavés, ne soit détérioré dans le travail subséquent qui a pour objet de l'assécher.

Ce sécheur consiste en un tambour en tôle perforée (visible entre les pieds du support de la baratte) et dont les côtés sont en bois.

Un de ces côtés s'enlève, ce qui permet de garnir de mousseline les parois internes du tambour, d'y introduire avec une cuiller de bois les grains de beurre humide, et d'en retirer ensuite le beurre à l'état sec.

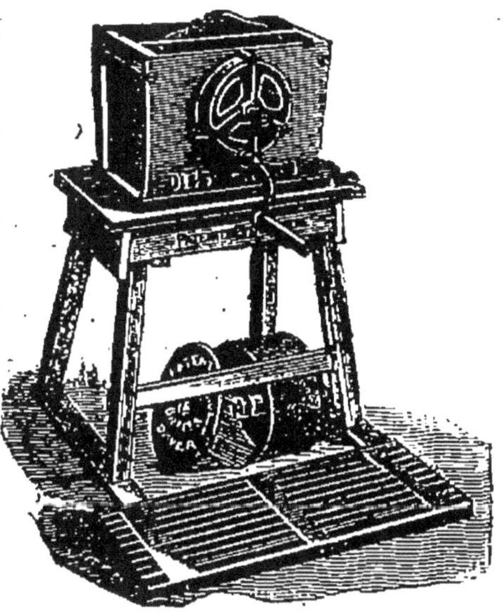

Fig. 154.

Un arbre tubulaire passe par le centre du tambour et peut, ensemble avec le tambour, être introduit et fixé dans la baratte à la place du disque.

Une fois ce remplacement opéré, on tourne la manivelle, qui, par suite d'une autre combinaison de rouage, imprime au sécheur une grande vitesse de rotation, et la force centrifuge développée enlève au beurre son excès d'humidité.

Pour la consommation du ménage, il suffira simplement de façonner le beurre avec les spatules cannelées à sa sortie du sécheur, tandis que s'il est destiné au marché, on lui fera subir quelques tours de rouleau sur le malaxeur. D'après la description de cette baratte, on comprend que le nettoyage complet de cet instrument et de ses organes doit se faire avec la plus grande facilité.

M. Pilter a obtenu au concours régional de Caen (1894) une médaille d'argent grand module, pour sa baratte à disque.

Prix des barattes à disque.

D'après le prospectus de la maison Pilter, on peut baratter *à bras* avec cet instrument depuis 5 litres jusqu'à 33 litres, cette dernière quantité exigeant déjà la force de deux hommes ; au delà, les barattes à disque sont disposées pour marcher avec un cheval ou tout autre moteur. Pour nous, cette baratte nous paraît surtout intéressante, si elle tient toutes ses promesses, parce qu'elle permet de traiter de petites quantités de crème à la fois et d'obtenir du beurre lavé et séché, dans un espace de temps compris entre 20 et 25 minutes au plus.

Nous ne donnerons donc ici que les prix des trois premières grandeurs, savoir :

VOLUME de crème traité.	PRIX compris sécheur.
—	—
4 à 5 litres.	64 francs.
9 —	68 —
14 —	75 —

Pour ces trois grandeurs, il faut compter 15 francs en plus pour pied, et 10 francs si l'on veut ajouter une plate-forme (fig. 154) à claire-voie destinée à consolider la baratte et, en même temps, à préserver de l'humidité les pieds de l'opérateur.

Les prix ci-dessus s'appliquent aux barattes construites en bois blanc des colonies, même à celles dont la partie inférieure du récipient est en une seule pièce courbée à la vapeur, ce qui supprime tout joint longitudinal.

En septembre 1894, au concours agricole de Pithiviers, M. Samuelson, constructeur mécanicien à Orléans, a exposé et fait fonctionner avec le plus grand succès la baratte à disque, et ses expériences ont confirmé tout ce que nous venons de dire sur ce nouvel instrument.

2° *Baratte à double vitesse de MM. Simon et fils.*

Nous avons dit, page 260, que jusqu'à 60 litres de capacité totale ou 30 litres de crème à baratter, MM. Simon et fils conseillaient d'employer, de préférence à la baratte-tonneau, une autre baratte dite à double vitesse (fig. 155).

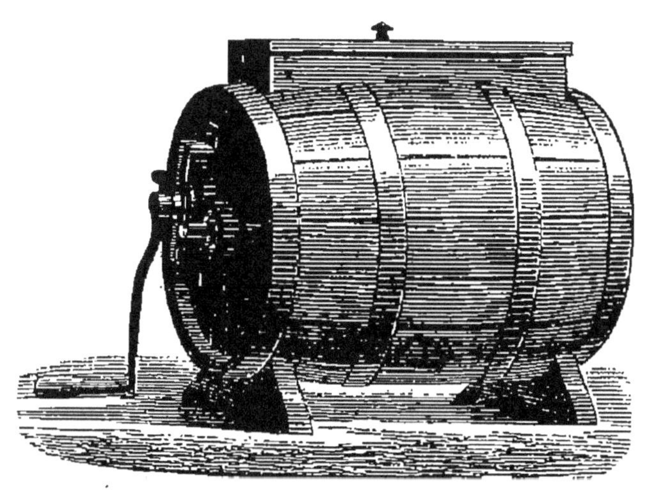

Fig. 155.

Elle se compose d'un tonneau en bois de chêne de premier choix reposant sur un chevalet et renfermant intérieurement un agitateur auquel un double engrenage imprime une vitesse de 50 à 60 tours par minute.

Le barattage s'effectue à 14° en été et 16° en hiver.

L'intérieur du tonneau est lisse, et l'ouverture supérieure est assez grande pour que l'on puisse facilement, après chaque opération, enlever le batteur et effectuer un bon nettoyage et un séchage complet.

Comme il s'agit ici de pourvoir de ces barattes les petites exploitations, nous ne donnerons que les prix de celles dont la contenance totale ne dépasse pas 40 litres.

CONTENANCE du récipient.	VOLUME DE CRÈME à travailler.	PRIX
10 litres.	3 à 4 litres.	26 francs.
20 —	6 à 7 —	28 —
30 —	10 à 12 —	30 —
40 —	14 à 16 —	36 —

Sur demande, ces barattes sont munies d'une boîte à réchauffer ou à refroidir la crème, du prix de 5 à 6 fr. suivant contenance.

Nota. — Dans nos précédentes éditions, nous avons décrit et recommandé la *baratte Valcourt*, qui datait de 1815. Mathieu de Dombasle l'avait employée à Roville un des premiers. A. Bella l'introduisit plus tard à Grignon, et depuis, la Société agricole et industrielle des Trois-Croix, près Rennes (Ille-et-Vilaine), en ayant adopté la fabrication, elle s'était répandue dans beaucoup de fermes, et notamment en Bretagne, où elle a toujours donné de très bons résultats.

La Société des Trois-Croix n'existant plus aujourd'hui, nous engageons nos lecteurs à remplacer cette baratte par celle à double vitesse de MM. Simon et fils, que nous venons de décrire (p. 275), mais en ayant soin d'y joindre la boîte qui sert à refroidir ou à réchauffer la crème au moment du battage.

3° *Petite baratte, système Valcourt.*

Cet instrument ne diffère de l'ancienne baratte Valcourt que par quelques détails et notamment par un système de double engrenage qui permet de donner plus de vitesse à l'agitateur intérieur.

MM. Allez frères fournissent ce petit instrument au prix de 24 à 34 francs, suivant que l'on veut battre de 1 à 4 litres de crème.

APPENDICE

Extracteur Johanson. — Baratte continue de Laval.

Il a été question, dans ces derniers temps, d'appareils permettant d'obtenir en une seule opération la crème et ensuite le beurre, et parmi les plus intéressants, nous citerons : l'*extracteur Johanson* et la *baratte continue de Laval*. Ces machines, très ingénieusement construites, sont d'un prix élevé, d'une conduite très délicate et ne fournissent, avec la crème barattée immédiatement après son extraction, qu'un beurre sans arome; pour toutes ces raisons, sans doute, la pratique n'en a pas sanctionné l'usage; aussi ne les avons-nous citées que pour mémoire.

Des soins à donner aux barattes.

Nous avons énuméré, page 103, les soins à prendre pour entretenir dans un état de propreté parfaite la laiterie et ses ustensiles; nous ajouterons ici quelques indications relatives à l'emploi et à la conservation des barattes.

La première fois que l'on se sert d'une baratte, il faut toujours avoir le soin de la remplir préalablement d'eau chaude tenant en dissolution des cristaux de carbonate de soude. — Si la baratte est en bois, ce qui est le plus fréquent, on laisse séjourner cette lessive faible dans l'instrument pendant dix ou douze heures, après quoi l'on rince plusieurs fois l'instrument à l'eau froide.

Après chaque opération de barattage, on doit également laver la baratte à l'eau chaude, puis à l'eau froide, et la mettre ensuite, les orifices ouverts, dans un lieu où la dessiccation s'effectue rapidement.

Une baratte en bois doit sécher à l'abri du soleil ou du feu, dans un endroit où l'on puisse entretenir un courant d'air très énergique. Maintenues dans un local fermé, les barattes en bois conservent une certaine humidité qui ne tarde pas à communiquer au récipient une odeur de moisi qui se transmet ensuite au beurre.

Tous les organes mobiles d'une baratte, tels que agitateurs, obturateurs, ainsi que tous les ustensiles servant au délaitage et à la mise en mottes (voir chapitre suivant) doivent également être soumis à un nettoyage et à un séchage complets, après chaque opération.

CONSIDÉRATIONS GÉNÉRALES SUR LES BARATTES.

Les conditions principales que l'on doit faire entrer en ligne de compte dans l'appréciation d'une baratte sont :

1° La bonne construction de l'instrument, sa solidité, la simplicité du mécanisme et enfin son prix ;

2° Les moyens employés pour amener le liquide à baratter, à la température la plus favorable à cette opération, suivant l'instrument.

3° La facilité avec laquelle on peut laver le beurre dans la baratte[1], l'en extraire et procéder au nettoyage de l'instrument.

Quant à la question de la *durée* du barattage, nous avons dit jusqu'ici que la meilleure baratte n'est point celle qui fait le beurre le plus rapidement, et qu'au contraire on considérait généralement les instruments doués d'une trop grande vitesse comme mauvais, parce que, dit-on, ils brûlent le beurre et, par suite, lui font perdre la majeure partie de ses qualités essentielles, telles que finesse de goût, durée de conservation, etc. En outre, on reproche à ces barattes de laisser dans la crème, plus que les autres, de la matière grasse non transformée en beurre.

Nous persistons dans cette opinion, en faisant néanmoins une réserve au sujet de la baratte *à disque*, qui, comme nous l'avons dit, page 271, permet d'obtenir le beurre en **3** à **6** minutes en moyenne.

[1] Quand la méthode adoptée pour la fabrication du beurre comporte ce lavage.

Mais nous avions eu le soin de faire remarquer que le disque n'est pas à proprement parler un batteur de crème et que son rôle paraît être très différent pendant le barattage. Si donc, comme semblent l'établir les nombreuses expériences faites en Angleterre avec cet instrument, le beurre est aussi bon qu'il est rapidement fait, la baratte à disque pourra opérer une véritable révolution dans la fabrication de ce produit.

Enfin, pour terminer ce chapitre, nous dirons que dans les grandes fermes de la Normandie ou de la Bretagne, où de temps immémorial on se sert de la baratte à tonneau ou de celle à piston, les constructeurs de ces régions se sont appliqués avec succès à perfectionner ces barattes classiques de façon à les rendre plus efficaces et d'un maniement moins pénible. Cependant, dans quelques grandes fermes de Bretagne, la baratte à piston a été remplacée par la baratte danoise, infiniment préférable.

Ailleurs, dans les petites exploitations ou les maisons de campagne, les fermières pourront choisir entre la baratte à disque, la baratte à double vitesse et la petite baratte Valcourt.

CHAPITRE IV

APPAREILS PROPRES A LA FABRICATION DU BEURRE (fin).

MACHINES ET USTENSILES A DÉLAITER, MALAXER ET METTRE LE BEURRE EN MOTTES.

Délaitage et malaxage du beurre. — Le liquide blanchâtre dont le beurre se trouve séparé après le barattage constitue ce que l'on nomme le *lait de beurre ;* il renferme de l'eau, du beurre, du caséum, du sucre de lait et des sels.

A la sortie de la baratte, le beurre se présente sous forme de petits grains agglomérés, mais qui retiennent entre eux une quantité variable de ce lait de beurre dont les éléments constituent un aliment très favorable au développement de certains microbes auxquels est dû en partie le rancissement du beurre.

Le *délaitage* et le *malaxage* sont deux opérations successives qui ont pour but de purger le beurre du lait de beurre et de lui donner ensuite la consistance voulue. Ces deux opérations s'effectuent de diverses manières, suivant les pays.

En Normandie, et notamment dans le Bessin, le délaitage s'opère dans la baratte même, après qu'on a fait écouler le lait de beurre, et en lavant le beurre granulé à l'eau fraîche jusqu'à ce que le liquide sorte *clair* du tonneau. On fait ensuite tomber ce beurre sur un tamis, et on le porte sur une table mouillée (fig. 156 et 157) appelée *sanne,* où, à l'aide d'une petite spatule en bois et à manche court (fig. 158), on le malaxe et on le met en *mottes.*

Dans d'autres fermes, on effectue dans la baratte un

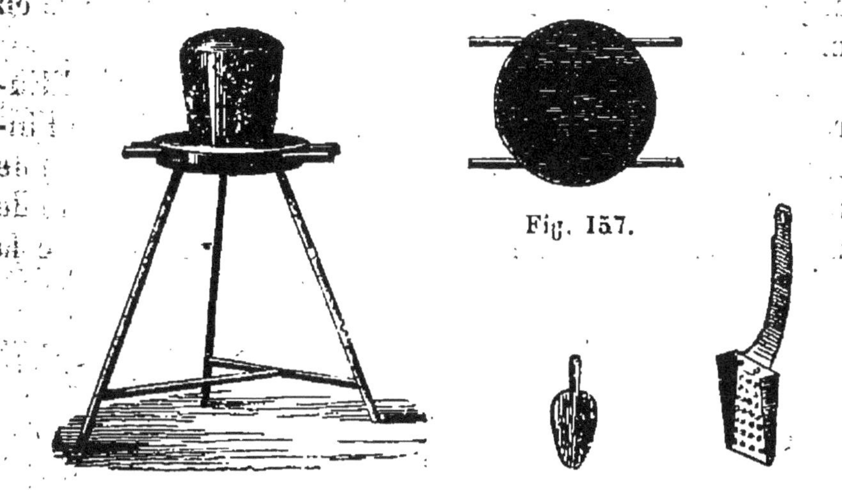

Fig. 157.

Fig. 156. Fig. 158. Fig. 159.

premier délaitage à l'eau, et l'on achève l'opération au dehors. A cet effet, les pelotes de beurre retirées de la baratte à l'aide d'une écumoire (fig. 159), d'un tamis ou

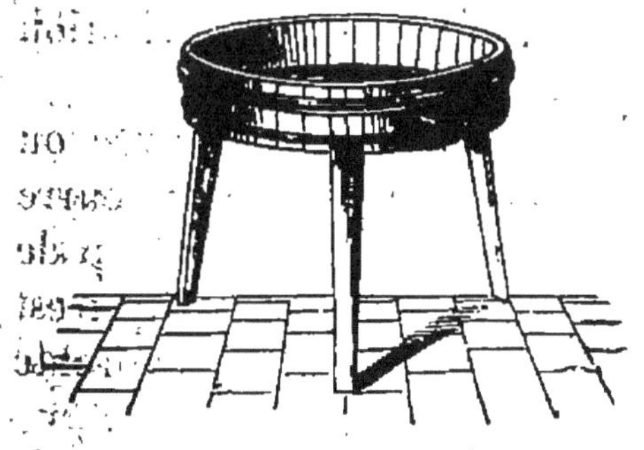

Fig. 160.

Fig. 161.

de toute autre manière, sont plongées dans des récipients pleins d'eau fraîche où elles se raffermissent. On les transvase ensuite dans un baquet ou une jatte en terre ou en bois (fig. 160, 161 et 162) contenant de l'eau fraîche et claire; là on les soude entre elles à l'aide d'une spatule ou d'une cuiller de bois (fig. 163), en malaxant la masse de façon à en expulser une nouvelle quantité de lait de beurre que l'on fait écouler au dehors. Quand l'eau de lavage reste claire et que le beurre a acquis la consistance voulue, on procède à sa mise en mottes.

Dans certains pays, notamment dans le nord de l'Europe et aussi chez nous, en Bretagne, on considère l'intervention de l'eau, dans le délaitage du beurre, comme nuisible à la qualité du produit, et l'on se contente de malaxer simplement le beurre *à sec,* jusqu'à ce que la

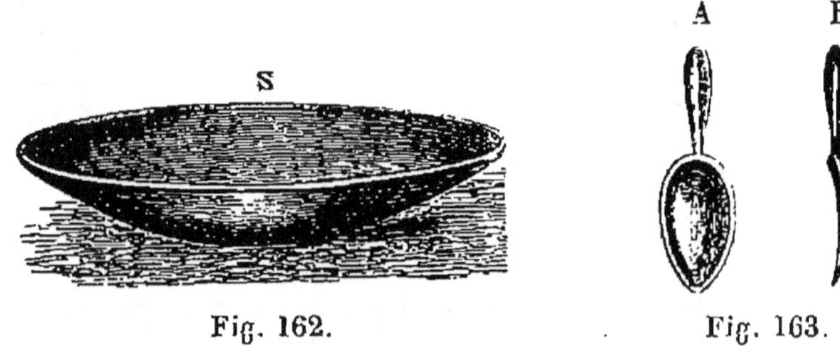

Fig. 162. Fig. 163.

masse ne laisse plus écouler de lait de beurre. Nous aurons l'occasion de reparler de ce délaitage à sec, quand nous traiterons des principales méthodes de fabrication du beurre.

Dans tous les cas, que le délaitage ait lieu avec ou sans eau, on devrait toujours éviter de toucher le beurre avec les doigts, et malheureusement, dans beaucoup de fermes, le malaxage se fait avec les mains, ce qui est une pratique très fâcheuse, parce qu'elle est défavorable à la bonne conservation du produit.

Le délaitage et le malaxage du beurre *à la main* constituent des opérations longues et fatigantes; aussi, dans beaucoup de laiteries, a-t-on remplacé aujourd'hui les ustensiles primitifs que nous venons d'indiquer par des appareils perfectionnés qui permettent d'effectuer mécaniquement le même travail d'une façon plus rapide et plus parfaite. Ces appareils sont : les *malaxeurs* et la *délaiteuse centrifuge;* nous allons les décrire successivement.

DES MALAXEURS A BEURRE.

Les malaxeurs à beurre peuvent se diviser en deux grandes catégories, savoir :

1° Les malaxeurs pour ménages, petites fermes, ou petite industrie beurrière;

2° Les malaxeurs et les lisseuses employés dans la moyenne et la grande industrie beurrière.

Nous ne parlerons dans ce chapitre que des appareils appartenant à la première catégorie.

Malaxeurs pour ménages, petites fermes ou petite industrie beurrière.

Avant de décrire les instruments appartenant à cette catégorie, nous dirons que, pour obtenir avec eux un bon travail, il est indispensable que la pâte du beurre que l'on soumet à l'action du rouleau soit suffisamment ferme; avec du beurre trop mou, le résultat de l'opération est toujours mauvais. Par suite, suivant les méthodes employées pour la fabrication du beurre, on donne à celui-ci la fermeté nécessaire soit en le lavant avec de l'eau bien fraîche, en été, dans la baratte même; soit en laissant reposer le beurre dans un endroit frais, après l'avoir préalablement mis en boules de la grosseur du poing, à la sortie de la baratte. Mais, quel que soit le procédé suivi, la température des morceaux de beurre au moment où on les met sur la table du malaxeur ne doit pas dépasser 12° à 13° en été, 14° à 15° en hiver. En outre, pendant les grandes chaleurs, il est quelquefois nécessaire, lorsque le beurre se ramollit trop pendant le malaxage, de le porter dans un endroit frais et de ne reprendre l'opération que lorsqu'il s'est suffisamment raffermi.

Nous ajouterons qu'avant d'effectuer une opération avec les malaxeurs, on doit toujours commencer par laver la table et le rouleau, d'abord à l'eau bouillante pour enlever la graisse qui a pu rester, ensuite à l'eau froide pour rincer, rafraîchir et empêcher le beurre de se coller après le bois.

Enfin, le malaxage terminé, il faut toujours procéder à un nettoyage complet de l'appareil.

Les malaxeurs de cette catégorie sont : les *malaxeurs à table plate, bombée ou creuse* et les *malaxeurs rotatifs*; nous allons indiquer les plus répandus.

I. — MALAXEURS A TABLE PLATE, BOMBÉE OU CREUSE.

1° *Malaxeurs à table plate.*

Ces malaxeurs sont les plus simples et les plus connus; ils se composent d'une tablette à rebords sur laquelle on dépose les morceaux de beurre suffisamment fermes. A l'aide d'un rouleau cannelé auquel on imprime un mouvement circulaire alternatif, en ayant soin d'appuyer fortement, on malaxe le beurre, on le retourne en se servant d'une palette de bois (fig. 164), et l'on continue l'opération jusqu'à ce qu'il ne sorte plus de petit-lait et que la pâte soit devenue homogène.

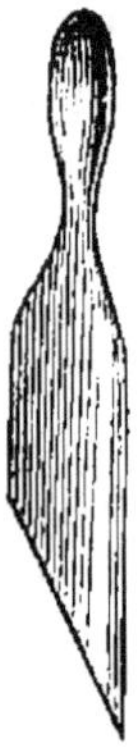

Fig. 164.

Ces malaxeurs peuvent être mus à la main ou à l'aide d'une manivelle; on les trouve chez tous les constructeurs d'instruments de laiterie, et nous en avons donné les dessins dans nos précédentes éditions.

2° *Malaxeur alternatif à table plate* (fig. 165).

Ce malaxeur, construit par M. Garin, de Cambrai

(Nord), a pour caractère particulier d'avoir un rouleau en forme de chariot, à l'aide duquel on peut non seulement malaxer le beurre, mais aussi le ramasser pour le soumettre à une série de nouveaux malaxages. Pour obtenir ce résultat, on tient la barre de conduite du chariot de la main gauche pendant que l'on tourne la manivelle de la main droite, et on opère comme il est

Fig. 165.

expliqué en détail dans l'instruction spéciale relative à cet instrument

3° *Malaxeur alternatif à table bombée avec rouleau en spirale* (fig. 166).

Ce nouveau malaxeur, construit également par M. Garin, est très apprécié, surtout dans le nord de la France, où il est plus connu. La table est arrondie en arche, et le rouleau est cylindrique et à rainures filetées comme une vis. Par l'action rétrograde du cylindre en forme d'hélice, le beurre se ramasse en un morceau tout prêt à être malaxé de nouveau ; après l'opération,

Fig. 166.

quand le rebord de la partie la plus élevée de la table ainsi que le rouleau cylindrique du malaxeur sont enlevés, il reste une table sur laquelle on achève le travail du beurre avec les palettes (fig. 167). Ceci s'applique également au malaxeur alternatif à table plate.

4° *Malaxeur semi-rotatif* LE PROGRÈS, *de MM. Simon et fils.*

Ce nouveau malaxeur (fig. 168) est spécialement des-

Fig. 167.

tiné aux petites fermes, aux commerçants de détail et aux maisons bourgeoises. Il se compose d'une table creuse et d'un rouleau cannelé mobile sur son axe, attaché par sa petite extrémité au centre de la table et terminé à l'autre par une poignée qui sert à imprimer au rouleau un mouvement de va-et-vient, pendant que de l'autre main on retourne le beurre avec une palette, pour faciliter le délaitage.

Ce malaxeur peut servir en même temps de table à beurre, en n'effectuant le mouvement de va-et-vient du

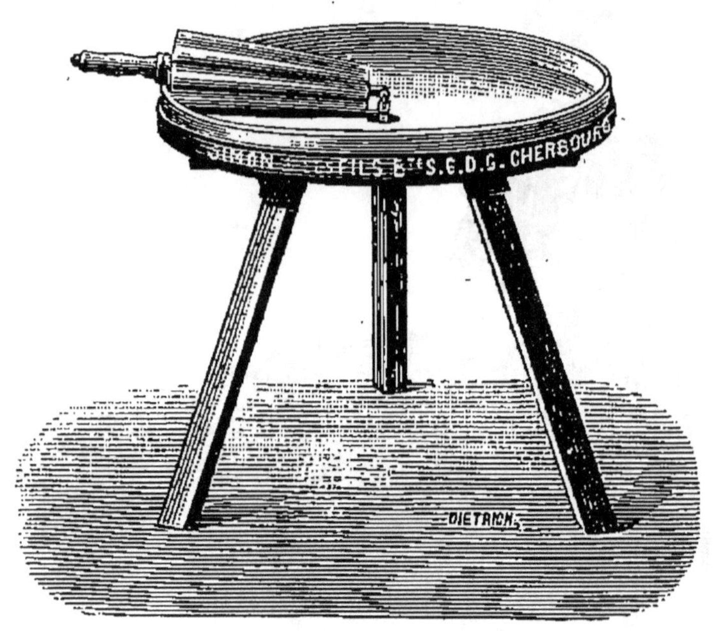

Fig. 168.

rouleau que sur un tiers de la surface environ; sur un autre tiers, on dépose le beurre sortant de la baratte, et enfin sur le dernier tiers, le beurre suffisamment travaillé. La forme creuse de la table facilite l'écoulement du lait de beurre et de l'eau de lavage, qui sortent par le centre. Ce malaxeur est beaucoup plus pratique que les anciens malaxeurs plats; le travail y est beaucoup moins fatigant, et quant au nettoyage, il est très facile, le rouleau pouvant s'enlever facilement.

Un malaxeur semi-rotatif de 0m,70 de diamètre et pouvant travailler 2 kilogr. de beurre à la fois coûte 55 francs.

II. — MALAXEURS ROTATIFS.

Les malaxeurs rotatifs se composent tous de deux parties principales, savoir : 1° une table ronde sur laquelle on place le beurre à malaxer; 2° un rouleau tronconique cannelé, en bois dur, qui tourne avec la manivelle, mais sans changer de place, et sous lequel la table tournante fait passer le beurre.

Avec les malaxeurs plats, on ne peut travailler qu'un morceau de beurre à la fois, tandis que sur les rotatifs on peut en travailler deux, de manière qu'au moment où l'un passe sous le rouleau, l'autre, qui vient d'être malaxé, est relevé avec deux spatules et contourné sous forme d'un cône que l'on ramène de nouveau sous le rouleau, la pointe en avant; et ainsi de suite jusqu'à la fin de l'opération.

Il faut deux personnes pour manœuvrer un malaxeur rotatif, l'une agissant sur la manivelle pendant que l'autre retourne le beurre sur la table tournante; ordinairement huit à dix passages successifs sous le rouleau suffisent pour obtenir un beurre convenablement travaillé.

Avant chaque opération, les spatules, le disque, le cône cannelé et les deux bornes doivent être passés d'abord à l'eau chaude et rincés ensuite à l'eau froide. Le malaxage terminé, on procède au nettoyage complet de l'appareil, et à cet effet, on commence par dévisser et enlever les deux bornes. Enfin, il est bon, lorsque l'on cesse de se servir de la machine pendant un certain temps, de recouvrir le plateau de sciure de bois humide, afin de prévenir une dessiccation qui amènerait son déboîtement d'avec la couronne.

Il existe un grand nombre de modèles de malaxeurs rotatifs; nous allons indiquer les principaux.

1° *Malaxeur Pilter* (fig. 169).

Dans ce malaxeur, l'axe de la manivelle qui commande le rouleau cannelé porte une roue dentée qui engrène avec une couronne également dentée et fixée à la circonférence de la table tournante.

Quand on tourne la manivelle, le rouleau et la table

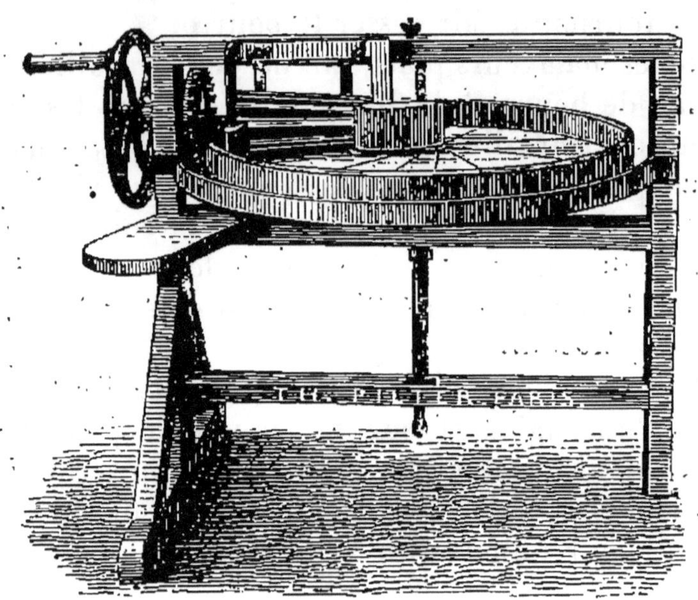

Fig. 169.

se mettent simultanément en rotation, ce qui rend la perte de force moindre que dans les malaxeurs, où le mouvement de ces deux organes est rendu indépendant par un double système d'engrenages. Le malaxeur porte en outre, à la partie postérieure du cône cannelé, une raclette horizontale qui empêche le beurre de suivre le mouvement rotatif du rouleau, et à la partie antérieure deux bornes en bois : l'une, à arêtes vives, coupe le beurre verticalement, tandis que l'autre, à surface curviligne, l'amène au contact du rouleau.

Sous la barre transversale qui supporte la machine se trouve une vis à anneau qui sert à élever ou à abaisser le plateau tournant, ce qui permet de diminuer ou d'augmenter dans certaines limites l'épaisseur de la couche de beurre à malaxer.

Quant au lait de beurre, il s'écoule par un trou voisin de la vis de serrage et sous lequel on place un seau destiné à le recueillir.

Outre les malaxeurs à bâti en bois (fig. 169), M. Pilter en fournit à bâti métallique qui se recommandent par leur simplicité et leur extrême solidité. Ces malaxeurs sont connus et appréciés depuis longtemps comme fournissant un très bon travail.

2° *Malaxeur Chapellier* (fig. 170).

M. Chapellier, dont nous avons déjà parlé, page 264, à propos de sa baratte polyédrique, construit aussi des malaxeurs à beurre dont la figure 170 donne un spéci-

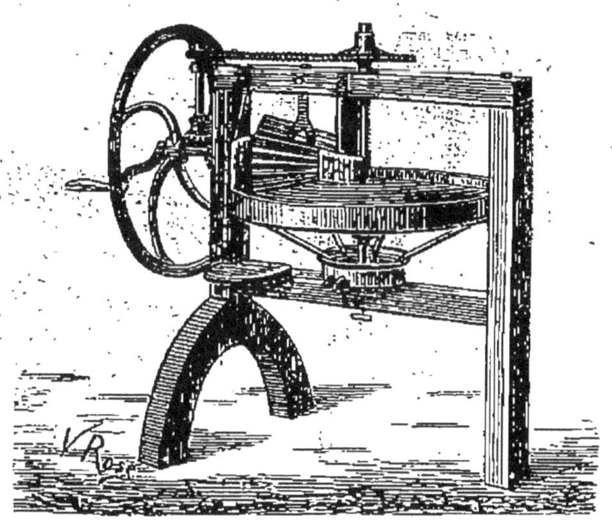

Fig. 170.

men. Dans cet appareil, la manivelle commande le mouvement, d'une part, au cône cannelé; de l'autre, à l'aide d'une paire d'engrenages, à la table de rotation, par l'intermédiaire d'une chaîne sans fin. Quand on veut augmenter ou diminuer le travail, il suffit de manœuvrer la vis placée à la partie inférieure du malaxeur, ce qui détermine un abaissement ou un relèvement correspondant de la table, qui dans cette machine est complètement libre.

3° *Nouveaux malaxeurs rotatifs de MM. Simon et fils.*

Dans ces derniers temps, MM. Simon et fils se sont particulièrement appliqués à perfectionner les malaxeurs destinés au travail des beurres dans les laiteries.

Fig. 171.

A. La figure 171 donne un modèle de leurs nouveaux malaxeurs pouvant être fixés sur une table; le même établi sur pieds métalliques offre une plus grande stabilité.

Ces nouveaux malaxeurs, entièrement métalliques,

sauf les parties en contact avec le beurre, qui sont en bois, se distinguent de ceux créés jusqu'ici par la forme de la table, qui, au lieu d'être convexe, est concave, forme qui, disent les inventeurs, se prête beaucoup mieux au délaitage et permet d'utiliser toute la surface de la table. En outre, le petit-lait et les eaux de lavage du beurre viennent se réunir au centre de la table et s'échappent par une ouverture qui y est pratiquée.

Le mécanisme de commande est d'une extrême simplicité et d'une très grande solidité; la table étant commandée à l'extérieur, il n'y a pas d'usure à craindre. Ces machines sont munies de trois ramasseurs très aisément démontables pour le lavage, comme le rouleau et la table.

La distance du rouleau à la table se règle à volonté à l'aide de la petite poignée placée à gauche.

Ces malaxeurs sont munis d'un réservoir avec robinet d'arrosage qui permet le lavage du beurre.

B. *Nouveau malaxeur* **le Cycle**, *marchant au pied* (fig. 172).

Ce malaxeur est disposé comme le précédent, mais il offre l'avantage de pouvoir fonctionner au pied très aisément, en sorte que l'opérateur peut faire fonctionner avec les pieds le malaxeur et a les deux mains libres pour retourner le beurre, et travailler plus aisément que si une autre personne tournait la manivelle d'une manière irrégulière. C'est donc la suppression d'un employé pour faire fonctionner les petits appareils.

En mai 1894, au concours officiel de Caen, MM. Simon ont exposé et fait fonctionner pour la première fois ce nouveau malaxeur *le Cycle,* qui a été très remarqué.

Cet instrument, qui paraît être très pratique, convient parfaitement aux petites laiteries ainsi qu'aux petits commerçants en beurre.

Nous ajouterons qu'à ce même concours de Caen,

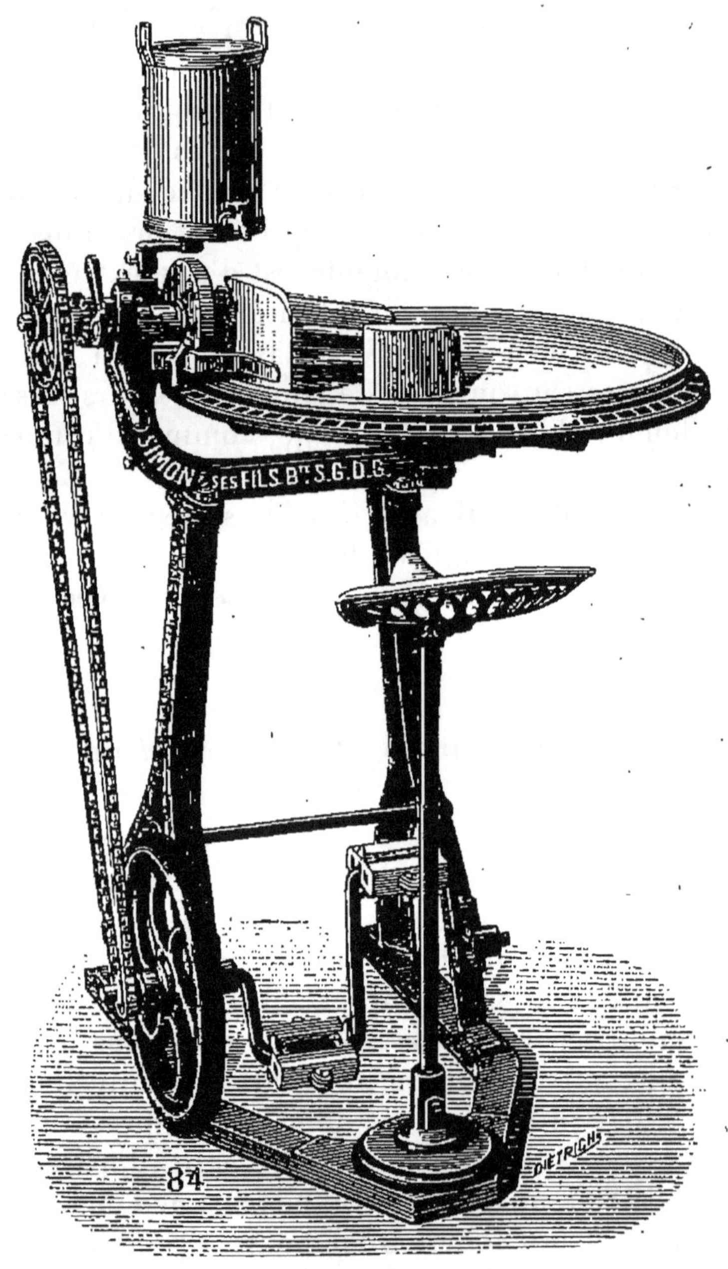

Fig. 172.

MM. Simon ont obtenu le premier prix des barattes et malaxeurs.

4° *Malaxeurs rotatifs Garin* (fig. 173).

M. Garin, de Cambrai, construit également dans ses ateliers des malaxeurs rotatifs à table bombée dont le mécanisme est simple et soigné. Depuis peu, les n° 0 et 1 sont fabriqués avec table et rouleau en biscuit de porcelaine non émaillée. D'après le constructeur, la porosité de celle-ci empêche l'adhérence mieux que le bois,

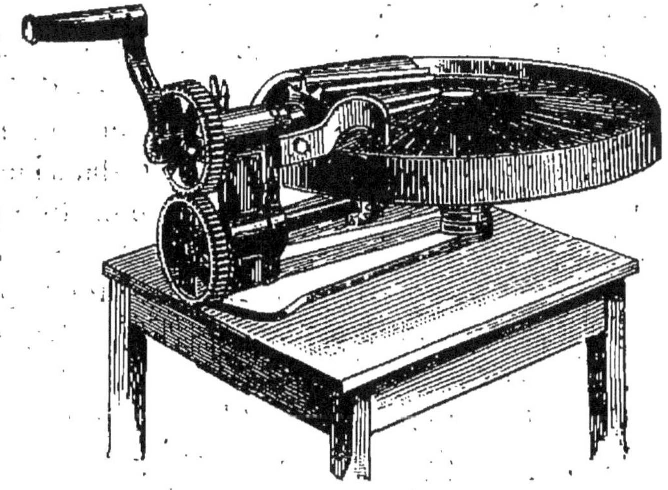

Fig. 173.

et n'a point les inconvénients de ce dernier, tels que la dilatation, la contraction et l'usure.

En outre, le constructeur a ajouté à ses malaxeurs rotatifs un petit réservoir à eau destiné au lavage du beurre sur le malaxeur, si cela est nécessaire.

Nota. — Les malaxeurs rotatifs indiqués dans ce chapitre comme marchant à la manivelle et convenant aux petites laiteries, peuvent être transformés facilement en malaxeurs à moteur et servir alors à la moyenne industrie laitière; nous en fournirons des exemples par la suite.

Quant aux machines employées pour le malaxage et le lissage des beurres dans la grande industrie beurrière, nous en renvoyons l'étude au chapitre VII.

DÉLAITEUSE CENTRIFUGE PILTER.

On sait que, pour obtenir un beurre dans les meilleures conditions de saveur, d'arome et de conservation, il faut le travailler le moins longtemps possible. Or, la délaiteuse centrifuge est un instrument qui permet d'opérer rapidement et d'une manière parfaite le délaitage du beurre à la sortie de la baratte; elle peut marcher à bras ou au moteur.

Délaiteuse centrifuge à moteur. — Cette machine, que nous avons décrite en détail dans notre précédente édition, se compose d'une colonne creuse en fonte, terminée à sa partie supérieure par une cuve dans laquelle se loge la turbine, c'est-à-dire un cylindre en tôle percé de trous, fixé par sa base à la circonférence d'un plateau de fonte, et muni à la partie supérieure d'une bague en fer à laquelle on attache le sac en toile dans lequel on introduit le beurre *granulé* au sortir de la baratte.

L'arbre de couche reçoit du moteur, par l'intermédiaire d'une poulie, une vitesse d'environ 175 à 200 tours par minute, qui, multipliée par 4 par les roues de friction, donne finalement à l'axe du tambour une vitesse de 700 à 800 tours par minute. Quant au liquide expulsé par la force centrifuge, il s'échappe au dehors par un conduit spécial.

Délaiteuse centrifuge à bras. (Vue extérieure, fig. 174.) — La délaiteuse à moteur ayant donné d'excellents résultats, M. Pilter a été conduit à appliquer le même système à la construction d'une machine de petit modèle pouvant être mue à bras, d'un prix moins élevé, et convenant parfaitement aux petites laiteries qui ne possèdent ni machine à vapeur, ni manège.

Dans les deux machines, à moteur ou à bras, le mode de fonctionnement est le même; nous allons le décrire.

Fonctionnement de la délaiteuse centrifuge. — Quel que soit le procédé de barattage employé, dès que le beurre a été obtenu à l'état *granulé*, on le recueille dans un tamis et on le fait tomber immédiatement dans un sac en toile (fig. 175) dont le tour supérieur est attaché à un cercle en fer étamé, supporté par un trépied muni d'un seau destiné à recueillir la première portion de liquide qui s'écoule d'elle-même, sans pression. — Quand le sac contient la quantité de beurre voulue, on

Fig. 174.

Fig. 175.

le transporte immédiatement dans le tambour de la machine centrifuge, que l'on met en marche; le reste du liquide continue à s'écouler, les granules de beurre pressés contre les parois du sac s'agglomèrent, et en 4 ou 5 minutes on obtient le beurre sous forme d'un ruban que l'on détache du filtre, sans aucune difficulté, avec une spatule, et que l'on porte ensuite sur la table du malaxeur. Là il est en quelques instants aggloméré en une pâte bien compacte et homogène que l'on transforme ensuite en pain ou en motte, sans que la main ait touché le beurre et sans que celui-ci soit jamais fatigué. On peut, pendant qu'un sac est dans la turbine, en préparer un autre, ce qui rend l'opération continue et permet de faire passer à la délaiteuse 80 à 90 kilogr. de beurre par heure, à raison de 7 à 8 kilogr. de beurre mis dans chaque sac destiné au modèle à moteur.

Nota. — Une condition indispensable pour que le délaitage centrifuge s'effectue bien, c'est que le beurre mis dans le sac ne soit pas trop mou, ce qui arrive souvent pendant les grandes chaleurs. Dans ce cas, quand le beurre a été obtenu à l'état *granulé*, il est nécessaire, pour le raffermir, de le laver à l'eau aussi fraîche que possible dans la baratte même, comme on le fait habituellement en Normandie. Nous reviendrons sur ce sujet quand nous traiterons des diverses méthodes de fabrication du beurre.

USTENSILES POUR LA MISE DU BEURRE EN PAINS OU EN MOTTES.

Le délaitage et le malaxage terminés, si le beurre doit être vendu frais, on en fait une motte dont le poids varie suivant les marchés auxquels ce produit est destiné. Dans le Bessin, le Cotentin, le pays de Bray, etc., les mottes sont faites sous un poids qui varie de 5 à 10 et même 20 kilogr., et elles ont la forme indiquée figure 156; ailleurs, dans beaucoup de petites fermes, on prépare des pains de beurre d'un demi-kilogramme, vendus sur les marchés ou aux halles de Paris sous le nom de *beurre en livres,* et dont les formes sont très variées.

Dans certaines fermes, pour préparer le beurre en *livres,* voici comment on opère : une fois le travail du beurre terminé, on fait des pains pesant approximativement 500 gr.; on règle ensuite le poids sur le plateau de la balance, et la motte plus ou moins arrondie est déposée dans un bac rempli d'eau fraîche.

Quand tout le produit du barattage est ainsi fractionné, on donne aux mottes la forme commerciale, ronde ou ovale, en se servant de l'un des moules figures 176 et 177, et la palette qui sert à comprimer le beurre laisse sur sa surface l'empreinte de la marque de fabrique. Ce demi-kilogramme est ensuite placé sur une feuille de papier blanc non glacé et assez grande pour l'envelopper

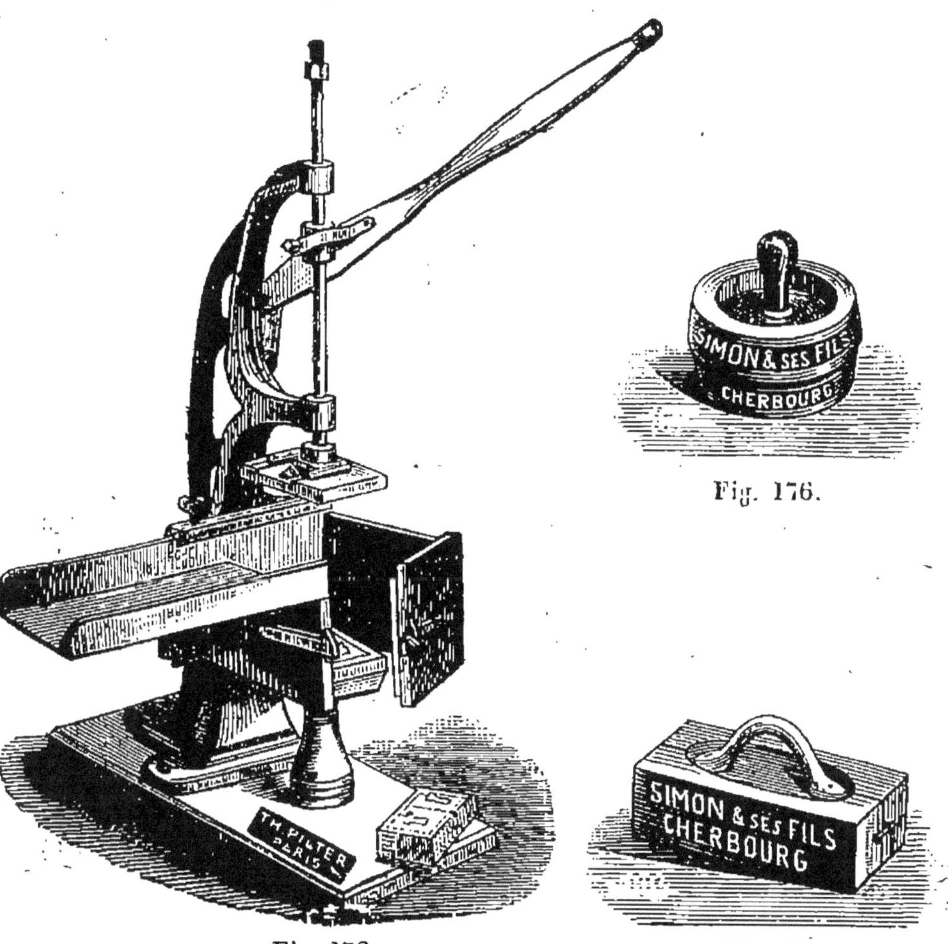

Fig. 176.

Fig. 178.

Fig. 177.

lors de l'expédition au marché. Tous ces pains ainsi préparés sont disposés sur des planches et portés dans un endroit frais jusqu'au moment de l'emballage.

On peut encore se servir avec avantage, pour la mise du beurre en pains ou en mottes, des ustensiles suivants :

1° *Presse à beurre Pilter* (fig. 178). — Cette presse,

d'origine anglaise, permet de faire rapidement des pains de beurre d'un poids rigoureusement exact.

2° *Le moule à former les mottes* (fig. 179).

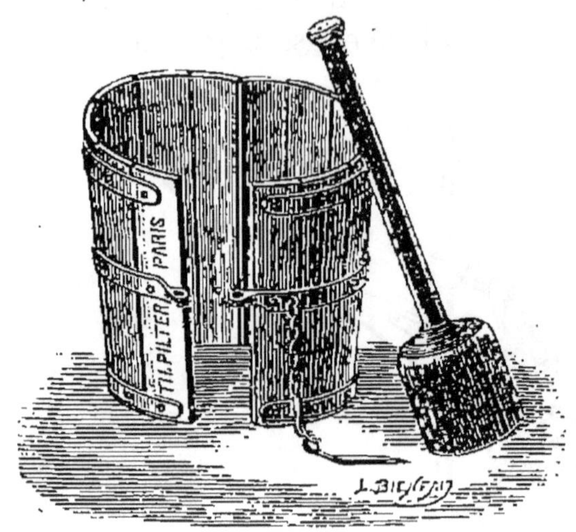

Fig. 179.

Ces deux ustensiles ont été décrits en détail dans notre précédente édition; nous n'y reviendrons pas ici.

Papiers d'emballage pour le beurre et autres denrées alimentaires.

On trouve aujourd'hui dans le commerce des papiers d'emballage qui remplacent avantageusement les linges employés habituellement pour envelopper le beurre; nous citerons les fabricants suivants :

1° *Roullet*, fabricant de papier, à Angoulême (Charente).

2° *La papeterie de Torpes*, par Boussières (Doubs), médaille d'or, Paris, 1889.

3° *Victor Bachy jeune*, imprimeur-papetier, à Fourmies (Nord). Parchemin végétal.

4° *E. Gaullier*, rue Keller, 36, Paris.

Ces maisons se chargent en même temps d'exécuter sur lesdits papiers des impressions spéciales, telles que noms, adresses, marques de fabrique, etc.

FABRICATION PUBLIQUE DU BEURRE.

Beurrerie-crémerie de MM. Lange et de Meester,
rue du Faubourg-Montmartre, 29, Paris.

Après avoir décrit toute la série des machines et ustensiles employés dans la fabrication du beurre, nous pensons être agréable à nos lecteurs, que leurs affaires ou leurs plaisirs amènent dans la capitale à certaines époques de l'année, en leur indiquant un établissement où ils pourront voir fabriquer le beurre sous leurs yeux. Cet établissement est situé à l'adresse ci-dessus, et l'installation en a été faite par la maison Th. Pilter; elle se compose d'appareils qui marchent tous au moteur et se font suite dans l'ordre suivant :

1° *Une baratte danoise*, 2° *une délaiteuse centrifuge*, 3° *un malaxeur rotatif*, 4° *une machine à air comprimé*, 5° *un timbre*, ou meuble à double enveloppe pour renfermer les mottes de beurre.

Au-dessus du malaxeur est installé un grand filtre (système Chamberland), qui fournit de l'eau stérilisée.

Machine à air comprimé. — Dans cette machine, qui sort des anciens établissements Peyrusson, Mollet-Fontaine et Cie, successeurs, à Lille (Nord), le moteur est de l'air comprimé fourni par la compagnie Popp, et sa force est d'environ trois chevaux-vapeur.

Avant de pénétrer dans les tiroirs du cylindre de la machine, l'air comprimé passe dans un réchauffeur alimenté au pétrole, et à sa sortie du cylindre, sa dilatation produit un froid qui se manifeste sur la paroi extérieure du tuyau de sortie par un petit dépôt de givre. On utilise cet air froid, en été surtout, en le dirigeant dans le meuble à double enveloppe (timbre) où l'on serre les mottes de beurre avant de les détailler au public.

Tous les matins, cet établissement reçoit des pots remplis de la crème destinée à la fabrication publique du beurre, cette crème provient de laiteries installées à Maubert-Fontaine et Signy-le-Petit (Ardennes), dit le prospectus, et dans lesquelles on reçoit le lait des vacheries environnantes pour le soumettre à l'écrémage centrifuge.

Après l'écrémage, cette crème convenablement acidifiée est expédiée le soir; elle voyage la nuit et arrive à Paris le matin. On procède publiquement à la transformation de cette crème en beurre entre 9 heures et 11 heures du matin.

La dépense en air comprimé, par cheval et par heure, serait de 24 à 25 mètres cubes, ce qui, à raison d'un demi-centime par mètre cube, représenterait au maximum, pour 3 chevaux, 37 centimes à l'heure.

Avec ces machines, il suffit d'ouvrir ou de fermer le robinet d'arrivée de l'air comprimé pour mettre en mouvement ou arrêter instantanément tous les appareils qui servent à cette fabrication publique de beurre.

TROISIÈME MODE DE SPÉCULATION LAITIÈRE. USTENSILES NÉCESSAIRES À LA FABRICATION DES FROMAGES.

Ces ustensiles étant ceux qui varient le plus, en raison du grand nombre d'espèces de ces produits, nous croyons préférable, au lieu de les énumérer ici, d'en renvoyer la description aux différents chapitres qui traiteront de la fabrication des principaux fromages. Nous passerons donc immédiatement à l'étude de la fabrication du beurre et des diverses circonstances qui influent sur le rendement ou la qualité de ce produit.

CHAPITRE V

I. DU CRÉMAGE ET DE LA CRÈME. — DU BEURRE, COMPOSITION ET PROPRIÉTÉS. — GÉNÉRALITÉS SUR LA FABRICATION DU BEURRE. — DONNÉES PRATIQUES. — RANCISSEMENT DU BEURRE, COLORATION ARTIFICIELLE. — II. DE L'ACIDIFICATION OU FERMENTATION DE LA CRÈME. — FERMENTS LACTIQUES NATURELS, CULTURES PURES, ETC.

DU CRÉMAGE ET DE LA CRÈME.

Du crémage. — Le crémage est l'opération qui a pour but de retirer du lait la plus grande proportion possible de la matière grasse qu'il contient. Les méthodes employées pour effectuer cette séparation peuvent se réduire à deux, savoir :

1° *Le crémage spontané à l'air libre, et mieux en vases clos* (p. 198).

2° *L'écrémage forcé ou mécanique, à l'aide des centrifuges.*

Nous avons indiqué, page 198, les meilleures conditions dans lesquelles il convient d'opérer, quand les circonstances obligent à recourir au crémage naturel.

Enfin, à l'occasion des expériences effectuées à Poppelsdorf (p. 197) et des conséquences que M. Duclaux avait cru pouvoir en tirer, nous avons dit que nous reviendrions sur le crémage naturel par le procédé Swartz; c'est ce que nous allons faire au début de ce chapitre.

Crémage naturel par la méthode dite du refroidissement ou de Swartz.

Pour justifier la discussion qui va suivre, nous commencerons par reproduire un tableau[1] dans lequel les chiffres qui le composent sont les résultats des expériences faites à Poppelsdorf dans les conditions précédemment indiquées, page 196.

Ces chiffres représentent la *quantité de matière grasse contenue dans la crème, exprimée en centièmes de celle du lait soumis à l'écrémage.*

(A)

TEMPÉRATURES	DURÉE DU CRÉMAGE EN HEURES							
	8	16	28	40	52	76	112	136
4° C.	30	42	50	52	62	71	78	83
8°	36	42	54	58	65	75	80	83
10°	38	46	57	64	67	75	81	»
15°	43	55	66	73	»	»	»	»
20°	55	61	»	»	»	»	»	»

Or, les chiffres du tableau ci-dessus montrent la justesse des conclusions formulées par M. Duclaux et que nous avons déjà citées, page 196, savoir :

1° Toujours la quantité de matière grasse réunie dans la crème augmente avec la température;

2° C'est de 10 à 15° que le crémage naturel semble, à la fois, le plus sûr et le plus complet, etc.

Or, il ressort également de ce tableau : 1° que la quantité de matière grasse augmente avec la durée du crémage pour les échantillons qu'un refroidissement suffisant empêche de se coaguler, mais que cette quantité ne dépasse guère 80 pour 100, au bout de 112 à 136 heures;

2° Que si l'on obtient à la température de 15° et en 40 heures, par exemple, une crème renfermant 73 p. 100 de la matière grasse contenue dans le lait mis en expérience, il faut, pour obtenir le même résultat avec du lait

[1] DUCLAUX, *Principes de laiterie*, p. 178.

maintenu à 4° C., un temps presque double (76 heures).

Enfin, dit encore M. Duclaux, « la supériorité comme rendement que l'on avait attribuée à la méthode Swartz est donc contredite par les expériences comme par la pratique, de telle sorte que si cette méthode a eu, un moment, un grand retentissement, ce n'est pas parce qu'elle favorise plus le passage dans le beurre de la matière grasse du lait, mais à cause de la sécurité qu'elle donne au point de vue de la coagulation du lait, et aussi parce que le lait écrémé reste doux ».

Nos lecteurs peuvent se rappeler que, dès l'apparition du procédé Swartz en France, nous avons protesté contre l'engouement dont il était l'objet, et avons démontré expérimentalement que, pour obtenir avec cette méthode un beurre rappelant comme finesse celle de nos bons beurres français, il fallait la modifier de façon à se rapprocher de plus en plus de celle mise en œuvre en Normandie, c'est-à-dire de la méthode dite *tempérée*. Nous avons également indiqué, à cette époque, les obstacles qui s'opposaient à la vulgarisation de la méthode Swartz dans notre pays, et toutes nos prévisions se sont si bien réalisées, qu'aujourd'hui il n'est plus question de ce procédé, non seulement en France, mais même en Suède, en Norvège, en Danemark, etc., où l'écrémage centrifuge a complètement remplacé la méthode de refroidissement. Ce n'est donc pas nous qui regretterons que cette dernière soit définitivement condamnée; mais néanmoins nous croyons devoir, par amour de la vérité et avant que le procédé Swartz soit complètement tombé dans l'oubli, faire une observation touchant une des conclusions tirées des chiffres du tableau A.

On sait, en effet, qu'un des avantages cités par les partisans de la méthode de refroidissement était le suivant : *Le rendement en beurre est plus considérable*. Or, si les chiffres du tableau A autorisent à s'inscrire en faux contre cet avantage, nous devons faire remarquer, d'autre part, que cette conclusion inverse est en absolue contradiction avec les résultats pratiques obtenus par un grand nombre d'expérimentateurs qui ont opéré, non plus dans les mêmes conditions qu'à Poppelsdorf, mais industriellement.

Nous résumerons en quelques lignes les expériences dont il est question et que nous avons citées dans nos précédentes éditions :

I. *Expériences de M. Dahl en Norvège.*

Avec 3,204 litres de lait maintenu pendant 36 heures entre 3 et 4 degrés, il a fallu 26 litres et demi pour obtenir 1 kilogr. de beurre.

Avec le même lait maintenu à 18° pendant le même temps, il a fallu 28 litres 1 tiers pour obtenir le même poids.

II. *Expériences de M. le Dr Fjord, en Danemark.*

Les expériences ont duré dix mois et ont été faites avec le lait produit par les vaches d'une même ferme. La crème et le beurre ont été soumis aux mêmes conditions de barattage, de délaitage à sec, et l'analyse n'a constaté aucune différence appréciable dans la composition du beurre obtenu, ou dans la richesse en matière grasse du lait de beurre.

MÉTHODES de crémage.	NOMBRE MOYEN de livres de lait employées pour obtenir une livre de beurre.
Lait entouré de glace pendant 34 heures.	27,5
— — — — 10 heures.	29,5
— — d'eau à 12°,5 C pendant	
— — — — 34 heures.	32,4

III. *Expérience de Schatzmann, en Suisse.*

Avec du lait maintenu à une température comprise entre 4° et 6°, il a fallu, pour obtenir 1 kilogr. de beurre, 23 litres 5 de lait.

Avec le même lait abandonné à la température ordinaire, il a fallu, pour obtenir ce même poids de beurre, 27 litres de lait.

IV. *Expérience de M. Lesueur, à Port-en-Bessin (Calvados).*

TEMPÉRATURE DU LAIT mis à crémer.	NOMBRE DE LITRES DE LAIT pour un kilogr. de beurre.
4°	23,5 à 24,7
6°	25,7 à 26,2
12°	27,1 à 28,2
19°	31,7 à 33,4

Il semble donc qu'en s'appuyant sur les résultats de la série d'expériences que nous venons de rapporter, on doive admettre que la méthode de refroidissement donne, en réalité, un rendement en beurre plus considérable, et s'il y a contradiction entre les résultats pratiques et ceux obtenus à Poppelsdorf, cela doit tenir aux conditions particulières dans lesquelles les deux séries d'expériences ont été faites.

Pour que cette question de rendement fût résolue définitivement, on voit qu'il serait nécessaire de la soumettre à de nouvelles expériences; mais celles-ci n'auraient qu'un intérêt exclusivement scientifique, la méthode de refroidissement de Swartz étant abandonnée aujourd'hui, sauf dans les laiteries du Nord, trop peu importantes pour comporter l'emploi de centrifuges même à bras.

Quant à nous, nous considérons comme tout à fait suffisants les renseignements que nous avons donnés page 198 sur la méthode de crémage naturel perfectionnée, que nous appellerons désormais *crémage à froid, en vase clos,* et nous ne nous occuperons pas davantage de la méthode Swartz dans notre livre.

De la crème. — La crème obtenue par le crémage spontané d'un lait, en vase ouvert, présente des différences notables suivant les circonstances qui ont accompagné sa production. Plus la température du crémage est basse, plus le volume et le poids de la crème obtenue sont grands, plus la quantité d'eau qu'elle renferme est considérable, mais moins cette crème contient de matière grasse après un temps déterminé et pour une hauteur donnée de lait. Au contraire, plus la température du crémage spontané est élevée, moins le même lait donne de crème, quant au volume et au poids; mais par suite de la plus forte évaporation qui accompagne le crémage, cette crème est moins aqueuse, plus compacte et plus riche en matière grasse.

On voit donc que l'on ne peut déduire sûrement le degré d'écrémage d'un lait de l'épaisseur de crème formée à sa surface, pas plus que l'on ne peut indiquer d'une manière absolue le poids et la richesse en matière grasse d'un litre de crème, par exemple.

D'après Fleischmann, si l'on adopte comme crème *normale* celle recueillie au bout de 36 heures sur un lait abondonné au crémage spontané à la température de 15° et sur une épaisseur de 10 centimètres, on peut admettre que cette crème renferme de 30 à 36 pour 100 de matière grasse et partager les crèmes en trois catégories dont les compositions sont les suivantes :

	CRÈME		
	pauvre.	normale.	très riche.
Eau	74,5	60,0	22,8
Matière grasse	18,2	33,5	70,2
Matière azotée	2,7	2,6	4,1
Sucre de lait	4,0	3,3	2,3
Sels	0,6	0,6	0,6
	100,0	100,0	100,0

Nombre de litres de crème nécessaire pour obtenir 1 kilogramme de beurre. — En pratique, on admet généralement que 100 litres de lait donnent 12 à 15 litres de crème, et qu'il faut en moyenne 3 litres 5 à 4 litres de crème pour obtenir 1 kilogr. de beurre; mais on comprend, d'après ce qui a été dit dans le paragraphe précédent, que ces chiffres ne sont que très approximatifs, le volume de la crème, comme sa richesse en matière grasse, dépendant des circonstances dans lesquelles a eu lieu la séparation de la crème d'avec le lait.

Dans ses expériences comparatives, M. Lesueur a trouvé qu'en appliquant la méthode normande au crémage du lait maintenu entre 12° et 13°, il fallait, pour obtenir 1 kilogr. de beurre, 28 litres de lait donnant 13 centilitres de crème par litre, ce qui fait 3 litres 60 de crème pour 1 kilogr. de beurre. — Un litre de cette crème à 12° pesait 984 grammes.

Crème de centrifuge. — Quant à la crème obtenue par la méthode centrifuge, son poids, son volume, sa richesse en matière grasse dépendent uniquement du degré d'écrémage du lait, c'est-à-dire, comme nous l'avons indiqué page 217, de l'alimentation du séparateur et de la vitesse de rotation. — Avec les centrifuges, en effet, on peut obtenir à volonté des crèmes très fluides et relativement pauvres en matière grasse, ou des crèmes très épaisses et très riches en graisse, suivant l'usage auquel est destiné le lait écrémé.

DU BEURRE. — COMPOSITION. — PROPRIÉTÉS[1].

Composition chimique du beurre.

D'après Fleischmann, la composition moyenne du

[1] Les chimistes ont donné le nom de *glycérides* aux principes immédiats des corps gras, tels que l'oléine, la margarine, la stéarine, la palmitine, la butyrine, etc., parce que lorsqu'on fait bouillir ces principes immédiats avec de l'eau, ils se décomposent à la longue en fixant de l'eau et en donnant un produit appelé *glycérine* et un acide gras (acides oléique, margarique, stéarique, palmitique, butyrique). Si l'on ajoute à l'eau un acide énergique ou une base forte, la réaction s'accélère, parce que l'acide tend à déplacer l'acide gras, ou que la base tend à le satu-

beurre bien préparé peut être représentée par les chiffres approximatifs suivants :

	BEURRE FRAIS NON SALÉ	
	non lavé.	lavé.
Eau	14,42	15,26
Matière grasse	84,00	83,59
Matière azotée	0,80	0,60
Sucre de lait	0,60	0,40
Sels inorganiques	0,18	0,15
	100,00	100,00

D'autre part, M. Duclaux a trouvé pour composition d'un beurre frais et salé du Cantal, préparé sous ses yeux et analysé presque immédiatement après sa fabrication :

COMPOSITION du beurre.		COMPOSITION de la matière grasse.		
Eau	13,40	Oléine, palmitine, stéarine		93,0
Matière grasse	84,30	Butyrine	4,4	7
Sel marin	0,94	Caproïne	2,5	
Sucre de lait	0,60	Capryline et caprine	0,1	
Caséum et sels	0,76			
	100,00			100,00

Dans ce beurre, la proportion des *glycérides* à acides volatils était donc de 7 pour 100 de la matière grasse.

rer. Ce dédoublement sur lequel repose la fabrication des savons, des bougies stéariques, etc., est connu sous le nom de *saponification*.

Le beurre renferme deux séries de *glycérides* : la première comprend les glycérides à acides gras *fixes*, stéarine, palmitine, oléine; la seconde, les glycérides à acides gras *volatils*, butyrine, caproïne, capryline et caprine, qui par la saponification fournissent les acides butyrique, caproïque, caprylique et caprique, tous volatils et à odeur désagréable. Les acides butyrique et caproïque sont prédominants et les plus importants; viennent ensuite les deux autres. L'acide caprique représente, au maximum, d'après Duclaux, un centième du poids des autres acides volatils; quant à la proportion de l'acide caprylique, elle est un peu plus considérable, mais toujours très faible.

Il résulte des analyses ci-dessus et de celles qui suivront :

1° Que les beurres de bonne qualité renferment de 13 à 15 pour 100 d'eau en moyenne;

2° Que les deux éléments qui dominent dans le beurre sont la matière grasse et l'eau, mais que ce produit renferme, en outre, une petite quantité de matière azotée (caséine) et de lactose dont la proportion dépend de diverses circonstances, telles que le degré d'acidification de la crème, le système de fabrication employé, la température du barattage, le délaitage à l'eau ou à sec, le malaxage, etc.;

3° Que dans la matière grasse du beurre, ce sont les glycérides à acides gras fixes qui dominent, par rapport à ceux à acides volatils.

M. Duclaux a analysé un certain nombre de beurres frais d'Isigny (Calvados), de Gournay (Seine-Inférieure), de Bretagne (Ille-et-Vilaine), primés au concours des beurres, à Paris, en 1886 et 1887.

Beurre d'Isigny (Calvados). Composition moyenne de huit beurres primés en 1886. (Nos 1 à 8.)

	COMPOSITION			
	moyenne.	maximum.	minimum.	du n° 1.
Eau..........	12,59	14,00	10,72	12,40
Matière grasse.	86,44	88,30	85,31	86,71
Sucre de lait..	0,18	0,30	0,11	0,16
Caséum et sels.	0,79	1,56	0,49	0,73
	100,00	100,00	100,00	100,00

Nous avons reproduit séparément la composition du beurre n° 1, parce que c'est celui auquel le jury a décerné le premier prix des beurres normands, Isigny, Bayeux, etc., en 1886. Ces beurres, fabriqués par la méthode normande, c'est-à-dire lavés dans la baratte même, sortaient de fermes dans lesquelles tout est presque identique : race des vaches, nourriture, régime, pâturage libre pendant le jour, etc. On voit que tous ces beurres lavés dans la baratte et fabriqués d'après la méthode normande contenaient une quantité d'eau moindre que celle indiquée par Fleischmann pour les beurres non lavés.

Composition moyenne des beurres primés en 1887.

	GOURNAY (Seine-Inférieure). Nos 19 à 21.	RENNES (les environs). Nos 14 à 17
Eau	12,90	13,97
Matière grasse	86,14	84,91
Sucre de lait	0,53	0,44
Caséum et sels	0,43	0,68
	100,00	100,00

Température de fusion du beurre. — Cette température, pour un beurre bien préparé, varie, suivant les auteurs, entre 30 et 36 degrés.

On comprend, du reste, que cette température doit dépendre de la composition même du beurre, c'est-à-dire des proportions relatives des glycérides qu'il contient. On sait, d'autre part, que les beurres d'été sont plus mous à la même température et plus fusibles que les beurres d'hiver.

Saveur et arome du beurre. — Les beurres obtenus avec une crème convenablement fermentée possèdent une saveur agréable et un arome suave; l'eau contenue dans le beurre influe sur sa saveur; quant à l'arome, il est très probablement dû, d'abord à la décomposition des *glycérides* à acides volatils de la matière grasse, et par suite aux matières odorantes qui prennent naissance pendant la fermentation de la crème sous l'influence de ferments spéciaux dont nous reparlerons bientôt.

Composition moyenne des petits beurres.

En regard de la composition des beurres précédents

bien préparés et délaités, nous donnerons celle des *petits beurres mal délaités,* comme on en rencontre encore dans certaines régions de la France et notamment en Bretagne.

Eau	18	à	20
Beurre	78	à	75
Caséine	2,5	à	3,4
Lactine et sels	1,5	à	1,6
	100,0	à	100,0

Lait de beurre ou babeurre.

On appelle ainsi le liquide blanchâtre qui reste dans la baratte après qu'on a baratté le lait ou la crème. Le Dr Fleischmann donne pour le lait de beurre non étendu d'eau la composition moyenne suivante :

Eau	91,24
Matière grasse	0,56
Matière azotée	3,50
Sucre de lait (avec ou sans acide)	4,00
Sels inorganiques	0,70
	100,00

D'après le même auteur, si la proportion de matière grasse renfermée dans un lait de beurre pur atteint 1 pour 100, on est en droit de considérer le résultat du barattage comme défectueux.

Délaitage du beurre. — Du délaitage à l'eau ou à sec.

Nous avons dit, page 280, que le délaitage avait pour objet de purger le beurre du *lait de beurre* que les globules bytureux emprisonnent au moment où ils se soudent entre eux, et qui ne tarderait pas à en déterminer le rancissement sous l'influence des microbes.

Une question souvent posée et discutée est celle de savoir s'il est préférable de délaiter le beurre à l'eau ou à sec, et les deux méthodes ont leurs défenseurs convaincus.

Le beurre se conservant d'autant mieux qu'il a retenu moins de substances solides, caséine, lactine, etc., et que la crème était moins acide au moment du barattage, un certain nombre de praticiens admettent :

1° Que les beurres de crème épaisse et plus ou moins acide obtenue dans des vases à large surface, abandonnés à la température ambiante, doivent être délaités à l'eau;

2° Que ceux préparés avec de la crème douce ou très faiblement acidifiée peuvent sans inconvénient être délaités à sec.

Les partisans absolus du délaitage à sec font valoir en faveur de cette méthode les considérations suivantes :

Dans certains pays, le choix de l'eau est une question délicate, et si l'on n'a que de l'eau de mauvaise qualité à sa disposition, on détériore l'arome et le goût du beurre; d'autre part, dans les grandes beurreries, il faut des quantités d'eau considérables que l'on ne peut pas toujours se procurer.

D'autres pensent que l'arome et la saveur du beurre souffrent du lavage, et que le beurre lavé, alors même qu'il est salé ensuite, renfermant ordinairement plus d'eau que celui qui n'a pas été lavé, cet excès n'est pas sans influence sur sa conservation. Du reste, nous verrons par la suite que, dans les pays du Nord et notamment en Danemark, lorsqu'il s'agit de fabriquer du beurre destiné à l'exportation, l'emploi de l'eau pour le délaitage est absolument proscrit.

En ce qui nous concerne, nous dirons que nous sommes absolument partisan du délaitage à l'eau, parce que nous considérons le lavage du beurre comme une opération presque toujours indispensable pour le purger des matières étrangères qui favorisent son rancissement.

Nos beurres fins de Normandie, reconnus comme les premiers du monde, pour leur arome, leur saveur, etc., sont lavés à l'eau dans la baratte même, et cependant, comme cela ressort des analyses de M. Duclaux, page 311, ces beurres renferment habituellement moins d'eau que ceux délaités à sec. Du reste, plusieurs grands négociants en beurres fins de Paris, que nous avons consultés, nous ont déclaré qu'une des conditions indispensables pour qu'un beurre destiné à être consommé frais soit agréable au goût, c'est qu'il ne soit pas trop sec, mais retienne, au contraire, une juste proportion d'eau absolument pure.

Enfin, nous ajouterons que dans nos pays, où la glace fait généralement défaut dans les laiteries, on ne pourrait, en été, passer le beurre au malaxeur à la sortie de la baratte, parce qu'il serait trop mou ; un lavage à l'eau fraîche dans la baratte même permet au contraire de raffermir ce beurre et de le délaiter en même temps.

C'est pour cette raison que, depuis l'introduction de la délaiteuse centrifuge dans les laiteries, beaucoup de barattes danoises sont aujourd'hui munies d'un robinet qui permet la sortie du lait de beurre et de l'eau de lavage de celui-ci comme dans la baratte normande.

Nombre de litres de lait nécessaire pour obtenir 1 kilogramme de beurre.

Ce chiffre varie avec un assez grand nombre de circonstances, savoir :

1° L'aptitude beurrière plus ou moins grande des vaches, leur alimentation suivant les pays et les saisons;

2° La méthode employée pour la séparation de la crème du lait et le traitement de celle-ci, avant le barattage;

3° Le choix de la baratte et les opérations qui président à la transformation de la crème en beurre.

On a admis jusqu'ici qu'avec le crémage naturel du lait maintenu à une température comprise entre 12° et 15°, on pouvait retirer, au maximum, 80 pour 100 de la matière grasse contenue dans le lait. Mais, tout fait espérer aujourd'hui qu'en appliquant la méthode que nous avons appelée *crémage à froid, en vases clos*, ce degré d'écrémage de 80 pour 100 pourra être notablement dépassé; les expériences si intéressantes de M. Diéterle (voir p. 190) nous en donnent presque la certitude. D'autre part, avec les nouvelles écrémeuses centrifuges à cloisons polarisatrices (écrémeuses *Alpha* et Mélotte), on peut pousser le degré d'écrémage jusqu'à **95** pour 100 (voir p. 226) et même **98** pour 100 (voir p. 238).

Par suite, dans les calculs pratiques on pourra admettre que l'on peut obtenir 1 kilogr. de beurre en employant :

	LITRES d'un lait normal.
1° Le crémage à froid et en vases clos, avec.	26 à 27
2° Les centrifuges perfectionnés, avec.......	23 à 24

Rendement moyen et annuel d'une vache, en beurre.

Nous avons dit, page 8, que le rendement moyen et annuel en lait d'une vache dépendait d'un grand nombre de circonstances et, par suite, était très variable. Mais si l'on admet le chiffre que nous avons précédemment indiqué, soit 1,850 litres (non compris les 100 litres consommées par le veau), il sera facile, à l'aide des chiffres précédents, de calculer la quantité de beurre que pourra donner annuellement une vache, suivant que l'on appliquera à l'écrémage de son lait l'une des deux méthodes précédemment indiquées.

GÉNÉRALITÉS RELATIVES A LA FABRICATION DU BEURRE.

Traite. — Les expériences d'Anderson, confirmées depuis par celles de Quévenne, Reiset, etc., ont démontré que le lait recueilli *à la fin de la traite* d'une vache est notamment plus riche en beurre que celui obtenu au commencement, ce qui tient à ce que les globules butyreux, en raison de leur moindre densité, tendent à rester dans la couche supérieure du lait contenu dans le pis de la vache. Il est donc très urgent de traire à fond chaque vache; car, si on laisse du lait dans la mamelle, on perd le liquide le plus crémeux, c'est-à-dire celui qui doit fournir la plus forte proportion de beurre.

Barattage de la crème. — Cette opération s'effectue habituellement dans une pièce spéciale, dont la température est maintenue autant que possible à 12° en été et 14° en hiver.

La température la plus convenable que doit avoir la crème au moment du barattage paraît être comprise entre 14° et 15°; cependant nous devons ajouter que cette température dépend de diverses circonstances, telles que la nature de la crème (plus ou moins fermentée ou plus ou moins épaisse), du système de baratte employé, de la facilité avec laquelle l'instrument peut s'échauffer ou se refroidir pendant l'opération, etc.

Avec les barattes qui ne sont pas à double enveloppe ou à bain-marie, il faut toujours commencer par réchauffer ou rafraîchir le récipient, suivant la saison. On peut admettre que, avec une vitesse convenable de rotation, la température s'élève de deux degrés dans la baratte pendant l'opération; par suite, il convient d'introduire la crème dans l'instrument à la température de 12° à 13°.

Néanmoins, pour tenir compte du refroidissement extérieur, il faut baratter en hiver à une température de 1° à 2° plus élevée qu'en été.

Pour amener à la température convenable la crème à baratter, on peut opérer de plusieurs manières :

1° En se servant des bains-marie dont sont munies les barattes à double enveloppe;

2° En introduisant dans la crème des vases fermés

(fig. 180) contenant de l'eau chaude ou froïde, celle-ci additionnée de glace au besoin; cette opération peut se faire dans la baratte même;

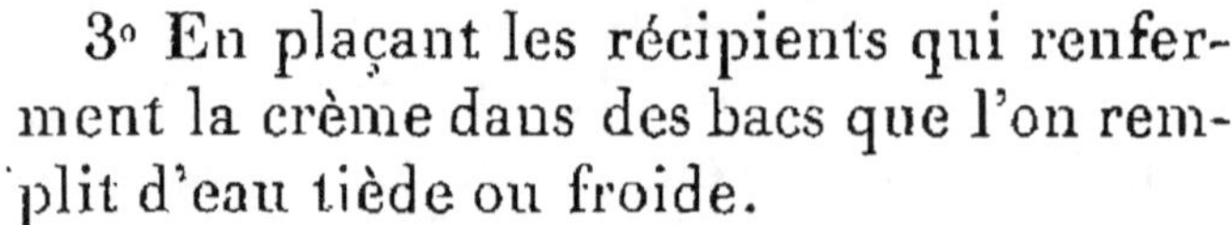

3° En plaçant les récipients qui renferment la crème dans des bacs que l'on remplit d'eau tiède ou froide.

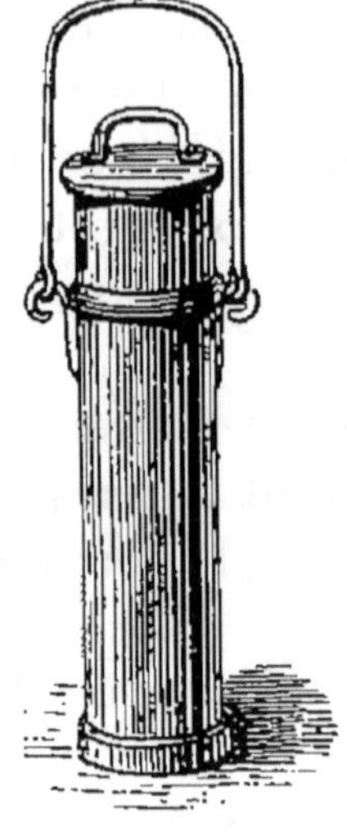

Fig. 180.

Dans tous les cas, l'eau chaude ne doit pas marquer au thermomètre plus de 36° à 38°, autrement la crème chauffée donnerait un beurre blanc et d'un goût inférieur.

De l'addition d'eau froide ou tiède à la crème à baratter. — Dans certaines fermes, on ajoute à la crème, dans la baratte même, de l'eau froide ou tiède, suivant la saison. En Bretagne cette addition a lieu un quart d'heure après que le barattage est commencé; chez M. Jolivet, à Cungy (Indre), où l'on fabrique du beurre de ferme si estimé aux Halles de Paris, on ajoute à la crème, avant le barattage, un tiers d'eau froide ou tiède.

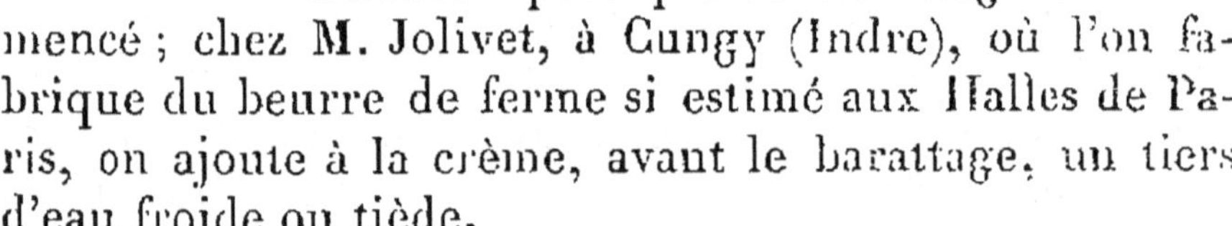

En Italie, à partir du mois d'avril, une fois la crème versée dans la baratte, on y introduit une certaine quantité de glace (8 à 10 kilogr. par 50 litres de crème), et l'on procède au barattage. Ailleurs, c'est à la fin de l'opération que la glace est ajoutée, notamment à l'époque des grandes chaleurs, lorsque le beurre tarde à se faire.

On peut également, lorsque le volume de crème à battre est insuffisant ou que la crème est trop épaisse, ajouter préalablement à celle-ci son volume d'eau tiède ou fraîche, suivant la saison, ou mieux encore du lait écrémé doux.

Vitesse du barattage. — Nous avons indiqué, page 278, les inconvénients inhérents aux barattes dont les agitateurs étaient animés d'une trop grande vitesse; nous ajouterons qu'avant tout le mouvement imprimé à la manivelle doit être régulier, un peu plus rapide en hiver, un peu plus lent en été.

La vitesse la plus convenable varie, du reste, avec la nature de la baratte, sa forme, la disposition des agitateurs, contre-batteurs, etc. Avec la baratte à piston simple, on compte de 60 à 70 coups de piston par minute; avec celle à tonneau, 50 à 55 tours dans le même temps.

MM. Garin et Chapellier indiquent 50 à 60 tours seulement; enfin, nous avons dit, page 267, qu'avec la baratte danoise à récipient vertical, une vitesse de 40 tours à la minute, imprimée à la manivelle, correspondait à 120 tours de l'agitateur dans le même temps[1].

Durée du barattage. — Cette durée varie avec la saison, la forme et le mécanisme de la baratte, la vitesse et l'uniformité de rotation, le volume de crème traité, la nourriture des vaches même; de telle sorte que, dans les grandes fermes de Normandie et de Bretagne, il n'est pas rare en hiver de baratter pendant plus d'une heure une crème qui, en été, fournit le beurre en moins d'une demi-heure.

M. Obissier, l'habile directeur de la grande laiterie du domaine de Fontbouillant (Charente-Inférieure), a

[1] Lorsque, dans une baratte, l'agitateur est mis en mouvement à l'aide d'une manivelle et de deux roues dentées, on peut se rendre compte du nombre de tours que fait l'agitateur par minute de la façon suivante :

Soit : 1° une roue P, commandée par la manivelle et armée de 25 dents;

2° Un pignon p, engrenant avec la roue P et armé de 16 dents.

Le rapport de vitesses des deux roues dentées est de $\frac{25}{16} = 1,56$, c'est-à-dire qu'à chaque tour de la manivelle ou de la roue dentée P, le pignon qui fait tourner l'agitateur fait 1 tour 56.

En supposant le mouvement de la manivelle uniforme et le nombre de tours par minute de 50, le nombre correspondant de tours du pignon ou de l'agitateur est de $50 \times 1,56 = 78$.

Si l'agitateur est formé de 4 palettes, le nombre des chocs par minute est de $78 \times 4 = 312$, et enfin si le beurre est fait au bout de 20 minutes, le nombre total de chocs imprimés au liquide est de 6,240 pendant la durée du barattage.

constaté que, tout en conservant dans la baratterie, en toutes saisons, une assez grande uniformité de température, la durée du barattage variait entre 20 et 40 minutes, à certaines époques de l'année. Cette différence persistant malgré les variations dans la vitesse du barattage, M. Obissier n'hésite pas à l'attribuer à la nature du lait, solidaire des changements de nourriture des vaches, suivant les saisons.

Dans une petite laiterie, il vaut mieux effectuer trois opérations successives dans une baratte moyenne, plutôt que de battre la totalité de la crème, en une seule opération, dans une baratte trois fois plus grande : il y a tout à la fois économie d'achat et fatigue moindre.

Il faut éviter aussi de trop remplir la baratte; autrement le liquide devient mousseux, le beurre est très long à se former, et quelquefois même il ne se forme pas du tout.

Nous avons dit déjà qu'une baratte à tonneau, et aussi la baratte danoise, ne devaient être remplies qu'à moitié, tandis que la baratte à piston pouvait l'être aux deux tiers; du reste, cela dépend aussi de la place occupée dans l'intérieur de la baratte par l'agitateur, s'il y en a un.

Accidents de barattage. — Quelquefois, le barattage donne un beurre à pâte très courte qui se colle contre les parois du récipient et sur l'agitateur. Dans ce cas, lorsque l'on a fait écouler le lait de beurre, il faut ajouter dans la baratte de l'eau très froide, additionnée de glace si l'on en a, de façon à raffermir le beurre, qui se détachera alors plus facilement. Si l'on avait encore un ou deux barattages à effectuer avec de la crème semblable, on devrait baratter celle-ci à 2° ou 3° au-dessous de la température normale, soit à 10° environ.

D'autres fois, la crème devient mousseuse dans la baratte en dégageant une forte odeur d'aigre et ne se transforme pas en beurre, quelle que soit la durée du barattage. Cet accident peut tenir à diverses causes, comme l'état de malpropreté des vases à lait ou de la baratte, la trop grande acidification de la crème ou l'état morbide du lait qui l'a fournie. Pour y remédier, il faut, avant tout, s'appliquer à faire disparaître dans la vacherie ou la laiterie ces causes défavorables; quant à la crème, on arrive quelquefois à la transformer en beurre en y ajoutant quelques cristaux de carbonate de soude qui neutralisent son excès d'acidité. Mais dans ce cas, le beurre, une fois pris, devra être soumis à un lavage répété dans la baratte.

On a constaté encore que la crème prélevée sur des laits de vieilles vaches ne se transformait pas en beurre; il faut donc exclure soigneusement de la laiterie les laits de cette provenance.

Du rancissement du beurre.

On sait depuis longtemps que le beurre frais abandonné à l'air et à la lumière s'altère d'autant plus vite qu'il a été moins bien préparé et qu'il renferme, par suite, une plus forte proportion des éléments du lait autres que la matière grasse. Il commence par devenir plus odorant et légèrement acide; il prend ensuite une couleur de plus en plus foncée, une odeur désagréable, un goût de fort, et finalement il devient *rance*.

M. Duclaux a fait, sur cette question du rancissement du beurre, des recherches très intéressantes que nous allons résumer ici.

Analyses de M. Duclaux.

C'est en dosant dans un grand nombre d'échantillons de beurre les acides *volatils libres* que M. Duclaux a pu suivre la marche de l'altération des glycérides avec le temps ; voici les principaux résultat de ses analyses :

BEURRES		ACIDES VOLATILS évalués en acide butyrique par kilogr.
—		—
5 échantillons de beurres d'Isigny très frais		0 gr. 101 à 0 gr. 147
2 boites A et B ouvertes le même jour et leur contenu analysé à un an de distance	A	0 gr. 380
	B	0 gr. 738
4 échantillons en boîtes closes, retour du Brésil.		0 gr. 452 à 1 gr. 045

Des chiffres ci-dessus on peut tirer avec l'auteur les conclusions suivantes :

1° Il y a toujours des acides volatils *libres* dans le beurre le plus *frais* (ce que M. Chevreul avait déjà constaté il y a longtemps), mais leur proportion est toujours très faible et ne dépasse pas 1 à 2 décigrammes par kilogramme ; d'ailleurs, on en rencontre d'autant moins dans un beurre que celui-ci a été fabriqué avec de la crème plus jeune et moins aigre ;

2° A mesure que le beurre vieillit, la quantité des acides volatils *libres* augmente, et, dans les analyses ci-dessus, on voit que ce sont les beurres, retour du Brésil, qui en ont fourni la plus forte proportion ;

3° Cette augmentation d'acides volatils se produit d'une façon notable, même lorsque les beurres très frais sont conservés à l'abri de la lumière, de l'action des microbes et à l'abri presque absolu de l'air, comme cela a lieu dans les boîtes qui servent à l'exportation des beurres salés, mais dont le sertissage des couvercles n'est jamais assez parfait pour empêcher l'introduction d'un peu d'air ;

4° Dans les beurres en boîtes et retour du Brésil, la la matière azotée avait conservé ses caractères initiaux de caséine ; le liquide de suintement de ces beurres ne renfermait pas de microbes, à cause du sel dont ils étaient saturés, et néanmoins la proprortion d'acides libres était devenue dix fois ce qu'elle était à l'origine ;

on ne saurait donc dans ce cas, attribuer la production croissante de ces acides à l'action des ferments sur le caséum ou la lactine.

Par suite, M. Duclaux a été conduit à conclure que le rancissement des beurres avait pour *origine*, non pas l'action des microbes, mais une décomposition spontanée des glycérides du beurre sous l'influence de l'oxygène de l'air. Tous les glycérides ne la subissent pas également, ceux à acides *fixes* résistant plus que les glycérides à acides volatils à la décomposition sous l'action du temps. L'eau favorise cette décomposition spontanée ; l'acidité du beurre l'accélère ; le sel, le borax la retardent plus ou moins.

Cette décomposition mettant en liberté surtout des acides volatils et désagréablement odorants, développe dans le beurre une odeur de plus en plus marquée qui, comme nous l'avons dit déjà précédemment, inappréciable et peut-être agréable tant que la proportion des acides volatils ne dépasse pas 1 à 2 décigrammes par kilogramme, devient pénible à 0 gr. 5 et tout à fait intolérable à 1 gramme.

Toutefois, dit M. Duclaux, ce pénomène de décomposition spontanée et inégale des divers glycérides est un phénomène lent, et s'il paraît marcher quelquefois si vite, c'est qu'il se complique de trois autres influences : celle de l'air et de la lumière d'une part, et celle des microbes de l'autre.

L'action de l'air et de la lumière solaire ou diffuse se résume en une oxydation donnant naissance à des produits divers de plus en plus oxydés[1], et des changements de saveur accompagnent naturellement ces transformations

[1] M. Duclaux résume ainsi l'ensemble de ces phénomènes successifs d'oydation : « Très lentement à l'obscurité, plus rapidement à la lumière diffuse, et très rapidement au soleil, la matière grasse se saponifie sous l'influence de l'oxygène et se dédouble en éléments qui sont atteints à leur tour et transformés en produits nouveaux, tous plus oxydés, et allant de l'acide oxyoléique à l'acide formique et à l'acide carbonique. »

chimiques. Si faible que soit l'oxydation, elle s'attaque d'abord aux matières sapides et odorantes qui donnent au beurre sa délicatesse et son parfum.

Quand l'oxydation est poussée plus loin, apparaît un goût de suif de plus en plus prononcé, et, au soleil, l'action est tellement rapide, qu'après moins d'une heure d'exposition, ce goût suifeux est déjà très nettement accusé.

Enfin, à cette action de l'air et de la lumière vient ordinairement se superposer l'action des microbes et surtout des végétations cryptogamiques qui feutrent quelquefois la masse du beurre de leurs mycéliums lâches et à peine visibles. Cela suffit néanmoins pour accélérer la saponification qui commence, encore dans ce cas, plus activement sur la butyrine et les glycérides à acides volatils que sur ceux à acides fixes.

La matière azotée (la caséine) est naturellement attaquée en même temps par les mucédinées ou les microbes. Si elle était, à l'origine, en faible quantité, comme cela a lieu dans les beurres bien préparés, la masse devient acide, répand une odeur butyrique, et le beurre attaqué reste blanc ou ne se colore que sur le parcours des végétations. Quand, au contraire, il y a beaucoup de caséine, comme c'est le cas pour les beurres mal délaités, la masse devient alcaline, et la matière grasse noircit, parce qu'elle se transforme peu à peu en résine noire.

COLORATION ARTIFICIELLE DU BEURRE.

Au printemps et en été, quand les vaches paissent sur de bons pâturages en mangeant à l'étable des fourrages verts, elles fournissent un beurre d'un beau jaune d'or; en hiver, au contraire, à l'époque de la stabulation permanente et du régime sec, ou quand on ajoute à la ration des vaches une certaine quantité de betteraves, le beurre est généralement d'un jaune très pâle et quelquefois presque blanc. La préférence accordée par les consommateurs au beurre d'un beau jaune d'or a conduit naturellement les producteurs à donner en tout temps à ce produit la couleur recherchée sur les marchés, en le colorant artificiellement.

Pendant longtemps, et encore aujourd'hui dans beaucoup de petites fermes de la France, notamment en Bretagne et en Normandie, les deux substances le plus employées à la coloration du beurre sont : le *jus de carotte* et les *fleurs de souci*.

Jus de carotte. — On presse dans un linge la pulpe de carottes râpées, on délaye dans un peu de crème une quantité convenable de jus obtenu, et l'on mélange au reste de la crème dans la baratte.

Fleurs de souci. — Les pétales de cette fleur sont foulés dans un pot de grès qui est ensuite fermé et abandonné à la cave pendant plusieurs mois. On trouve alors une liqueur épaisse dont on se sert pour colorer le beurre ou la crème.

Ces liqueurs devraient être absolument abandonnées et remplacées par un bon colorant du commerce, d'abord parce qu'elles nuisent généralement à la qualité du beurre et contribuent à le faire rancir plus vite, ensuite parce que, leur degré de concentration étant très variable, il est difficile d'obtenir plusieurs jours de suite, dans la même ferme, des beurres ayant la même nuance. Cette variété dans la coloration devient encore plus frappante pour les beurres des fermes d'une même localité et oblige, par suite, les marchands en gros qui achètent ces beurres sur les marchés à leur faire subir un nouveau malaxage destiné à donner au mélange une coloration uniforme.

Colorants du commerce.

Depuis vingt ans, l'usage de colorer artificiellement les beurres a pris une grande extension dans les pays comme l'Allemagne du Nord, le Danemark, la Norvège, la Suède, la Russie, l'Amérique et aussi la France, surtout en ce qui concerne les beurres destinés à l'exportation.

Le plus souvent, aujourd'hui, les colorants employés sont fabriqués avec l'*annato*, matière colorante appelée aussi *rocou* ou *roucou*, et que l'on extrait de la pellicule rougeâtre qui enveloppe les semences du *rocouyer* (*bixa orellana*).

Le rocou est très soluble dans les matières grasses et donne avec les huiles une liqueur jaune orange très

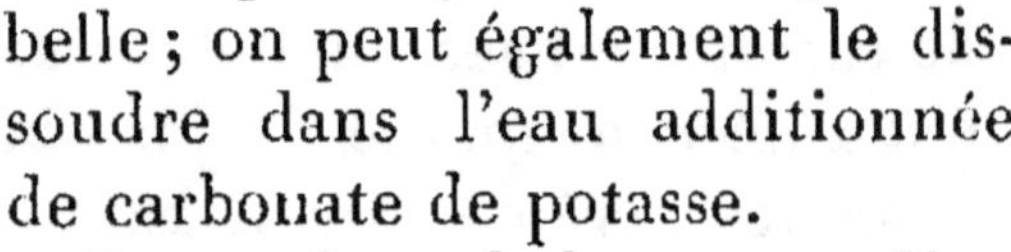

belle ; on peut également le dissoudre dans l'eau additionnée de carbonate de potasse.

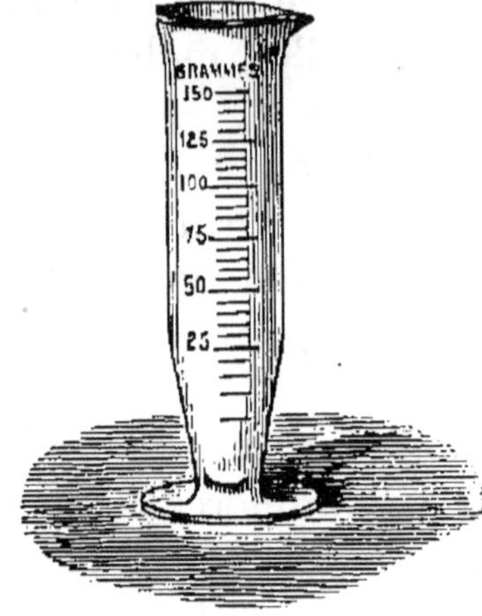

Fig. 181.

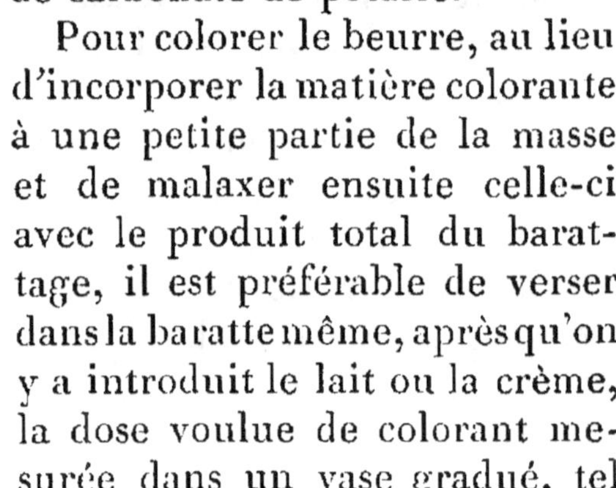

Pour colorer le beurre, au lieu d'incorporer la matière colorante à une petite partie de la masse et de malaxer ensuite celle-ci avec le produit total du barattage, il est préférable de verser dans la baratte même, après qu'on y a introduit le lait ou la crème, la dose voulue de colorant mesurée dans un vase gradué, tel que celui représenté figure 181. En opérant ainsi, on est bien plus sûr d'obtenir un beurre sans marbrures et d'une coloration absolument uniforme. Quant à la dose de colorant à employer, elle dépend de plusieurs circonstances, telles que l'époque de l'année, le degré de coloration réclamé par le consommateur, la richesse du produit en couleur. En outre, quand il s'agit de beurre de conserve ou d'exportation, il vaut mieux diminuer un peu la dose de colorant, parce que la coloration du beurre s'accentue naturellement avec le temps. Chaque marchand, en livrant son produit, indique la quantité qu'il faut en employer pour donner au beurre la couleur convenable ; en outre, la pratique permet bientôt de compléter ou de modifier, s'il y a lieu, les indications fournies. En moyenne, on compte qu'il faut de 4 à 8 grammes de colorant *gras,* c'est-à-dire à base d'huile, pour 20 à 25 litres de crème, suivant que les vaches sont nourries au vert ou au sec. En France, les principaux producteurs ou dépositaires de ces colorants sont :

MM. *J. Fabre,* rue de la Haie-Coq, à Aubervilliers (Seine).
L. Sourdat, chimiste, à Villemomble (Seine).
Jouatte et Sutter, à Boulogne (Seine).
Krick et Harpin, pharmaciens, à Bar-le-Duc (Meuse).
Huguier-Truelle, pharmacien, à Troyes (Aube).
Boll, rue de Lyon, 49, Paris.
Schmitz, rue Condorcet, 14, Paris.
Gauthier et Cie, rue des Deux-Boules, 7, Paris.

Ces trois derniers, dépositaires de colorants de fabrication danoise. — Dans le nord de l'Europe, on emploie beaucoup aussi les colorants de MM. Meyer et Henkel, de Copenhague.

Colorant en poudre pour beurres et fromages.

M. J. Fabre, en outre des colorants liquides, livre depuis peu à l'industrie laitière un colorant en poudre qui n'est autre chose que la matière colorante du rocou, à l'état de pureté parfaite. Cet extrait se dissout avec la plus grande facilité dans le lait ou le beurre, auxquels il donne une belle nuance uniforme, sans y introduire trace de matière étrangère ou insoluble.

L'emploi de ce colorant est facile et sa conservation indéfinie.

Les doses à employer sont : 1 gramme pour 100 litres de lait, 3 grammes pour 100 kilogr. de crème, 1 à 2 grammes pour 100 kilogr. de beurre en mottes.

DE L'ACIDIFICATION OU FERMENTATION DE LA CRÈME.

On sait aujourd'hui que, lorsque l'on soumet le lait au crémage spontané à une très basse température (ancienne méthode Swartz) et que le barattage de cette crème suit de plus près l'écrémage, le beurre que l'on obtient est dénué d'arome et de saveur; il en est de même pour la crème de centrifuge refroidie immédiatement à 4° ou 5° à la sortie du séparateur et conservée à cette basse température, jusqu'au moment du barattage. Or, ce résultat est dû à ce que le beurre fabriqué dans ces conditions provient d'une crème qui n'a pas eu le temps de subir la moindre fermentation; c'est le cas du beurre que l'on appelle, dans les pays scandinaves, *beurre doux*, et qui convient spécialement à l'exportation. Mais, quand il s'agit des beurres destinés à être mangés *frais*, il est indispensable que ceux-ci soient aromatiques et savoureux, ce qui n'est possible qu'à la condition de fabriquer ces beurres avec de la crème préalablement fermentée.

Le beurre que l'on obtient généralement en France est désigné dans les pays du Nord sous le nom de *beurre acidifié*, mais il est à remarquer que, dans ces derniers pays, l'acidification de la crème est toujours poussée plus loin que chez nous, de telle sorte que nos beurres français tiennent en réalité le milieu entre les beurres *doux* et les beurres *acidifiés* de la Suède et du Danemark. Cette différence tient à ce qu'en France on préfère les beurres suaves, aromatiques, fournis par des crèmes peu acides, tandis que dans le Nord et l'Allemagne, où l'on donne la préférence aux beurres ayant un goût et une odeur plus accentués, non seulement on conduit l'acidification de la crème beaucoup plus loin, mais on l'active même en ajoutant à celle-ci du lait de beurre ou du lait maigre acidifiés qui jouent le rôle de ferments et rendent l'acidification plus rapide et plus prononcée.

PROCÉDÉ D'ACIDIFICATION DE LA CRÈME DANS LES PAYS DU NORD.

L'écrémage centrifuge ayant remplacé à peu près partout, dans ces pays, le crémage naturel accompagné de refroidissement (ancien procédé Swartz), il ne sera question ici que de la crème de centrifuge.

Dans le but d'obtenir une grande uniformité dans les qualités des beurres, on a adopté dans les pays du Nord une méthode de fabrication dont la base est l'acidification de la crème effectuée suivant des règles *fixes* qui ont pour but d'assurer une bonne fermentation de celle-ci, à l'exclusion de toute autre fermentation nuisible ; ces règles sont les suivantes :

1° *Refroidissement de la crème.* — Immédiatement à la sortie du centrifuge, la crème doit être refroidie à la température la plus basse possible, afin de paralyser plus efficacement l'évolution des ferments nuisibles que cette crème pourrait renfermer. Ce refroidissement est porté à 4° quand on emploie de la glace, et seulement à 8° ou 9° quand on se contente, ce qui est le plus fréquent, de faire passer la crème sur un réfrigérant dans lequel on fait circuler de l'eau de source très froide et à laquelle on ajoute un peu de glace, à l'époque des grandes chaleurs. A la sortie du réfrigérant, cette crème est recueillie dans des récipients que l'on plonge immédiatement dans un bac contenant de l'eau maintenue également à 8° ou 9° et où ils séjournent pendant 3 ou 4 heures.

2° *Acidification ou fermentation de la crème.* — La température reconnue la plus avantageuse pour la fermentation varie entre **15°** en été et **22°** en hiver ; mais comme la crème n'a guère plus de 8° à 9° à sa sortie des bassins de réfrigération, il est nécessaire de la réchauffer avant de la soumettre à la fermentation, ce qui se fait en portant les bidons de crème froide dans un autre bac contenant de l'eau chaude à 40° ou 45°, et en remuant doucement cette crème jusqu'à ce qu'elle soit ramenée à la température convenable, suivant la saison ; ceci fait, on ajoute le ferment à la crème.

Préparation du ferment. — Autrefois, d'après Fleischmann, on se servait uniquement de *babeurre aigri,* mais on a dû renoncer à son emploi, parce qu'il suffisait que ce babeurre provînt d'une crème défectueuse, barattée dans l'opération précédente, pour compromettre le travail suivant.

Le lait maigre et doux de centrifuge convient mieux comme matière d'acidification, parce qu'à la sortie du séparateur il contient peu de microbes et que, d'autre part, on a moins à craindre que la petite quantité de matière grasse qu'il a retenue ne s'altère à la surface du liquide et ne prenne un mauvais goût qu'elle communiquerait ensuite à la crème fraîche. Cependant, comme le lait maigre et doux aigrit plus difficilement que le lait naturel, c'est finalement à ce dernier que l'on donnait la préférence à l'ancien Institut de Raden.

Dans ce dernier cas, voici comment on prépare le ferment, qu'il est bon de renouveler de la même façon, une fois par semaine. On prend une certaine quantité de lait d'une bonne provenance (environ 4 pour 100 de la quantité de crème que l'on aura à traiter pendant huit jours), que l'on refroidit dans de la glace ou de l'eau aussi froide que possible pendant 3 ou 4 heures, on enlève ensuite la crème qui est montée à sa surface et on plonge dans un bac à eau chaude le récipient qui contient le lait écrémé; on remue le lait jusqu'à ce que sa température ait atteint 32° en été et 38° en hiver, on enlève alors le vase qui contient le lait réchauffé et on le place dans une caisse de façon à conserver le plus longtemps possible sa chaleur au liquide, au moyen de matières isolantes, telles que foin, paille, feutre, sciure, etc., dont on entoure le récipient.

D'après M. Th. Pilter[1], qui a étudié sur place ces opérations, la fermentation exige, en général, 18 à 20 heures; le lait est alors devenu épais, et on enlève la première couche sur une épaisseur d'environ 10 centimètres (l'air extérieur ayant pu y apporter des fer-

[1] *Le beurre, traité pratique de fabrication.*

ments nuisibles), et ce qui reste constitue le *ferment*, qu'on devra employer après l'avoir fortement remué. Si le ferment n'est pas employé de suite, ou, s'il doit servir pour la semaine, on devra conserver le récipient dans de l'eau aussi fraîche que possible.

Dose de ferment à ajouter à la crème. — La crème ayant été réchauffée à la température indiquée plus haut, 15° en été, 22° en hiver, la quantité de ferment à y ajouter varie entre 2 et 4 pour 100, suivant une foule de circonstances que la pratique seule apprend à connaître, mais il est toujours préférable d'en ajouter *moins* que *trop*.

Le ferment ajouté, on le mélange intimement à la crème, et on conserve ensuite la crémière, sans couvercle, pendant environ une demi-heure, dans un endroit exposé le moins possible aux variations de température ; ce temps écoulé, on remue une seconde fois la crème, on remet sur la crémière son couvercle, qui ne doit pas la fermer hermétiquement, et on ne touche plus alors à la crème jusqu'à ce que la fermentation soit complète, moment où on la remue une dernière fois très énergiquement.

Dans les laiteries du Nord, c'est ordinairement l'après-midi, quand les autres travaux de la laiterie sont terminés, que l'on ajoute le ferment à la crème, de façon qu'elle soit bonne pour le barattage le lendemain matin. Tous les soirs, on s'assure que la fermentation s'opère régulièrement, et c'est par la dégustation que l'on s'en rend compte. Ce n'est que par une grande pratique que l'on peut reconnaître, par ce moyen, s'il faut activer la fermentation ou la ralentir ; dans le premier cas, on ajoute un peu de ferment ou on réchauffe la crème ; dans le second, on abaisse directement la température, ou l'on découvre complètement la crémière.

Quand on a affaire à une petite quantité de crème, ces pratiques s'effectuent facilement ; mais s'il s'agit de grandes quantités, de plusieurs hectolitres, par exemple, il faut recourir à une installation spéciale. M. Pilter conseille, dans ce cas, d'avoir un réservoir à crème plongeant dans une cuve d'eau que l'on peut refroidir ou réchauffer à volonté avec de l'eau froide ou de la vapeur. Ce réservoir est ensuite enlevé par un treuil et conduit jusqu'à la baratte à l'aide d'une poulie roulant sur un rail.

Durée de la fermentation. — Cette durée varie entre 16 et 20 heures, suivant les circonstances, telles que la température de fermentation, la quantité de ferment employée, etc. D'autre part, on reconnaît que cette fermentation s'est bien effectuée de la manière suivante : la crème qui s'écoule de la crémière doit être unie, sans caillots, d'un aspect un peu floconneux, sous forme d'une gelée nacrée, coulant goutte à goutte du bâton qui sert à la remuer et ayant enfin une odeur d'acide pur, frais et agréable.

Au moment du barattage, la crème qui avait été réchauffée pour la fermentation peut être trop chaude pour être barattée immédiatement à la sortie de la crémière; il y a lieu alors, avant de la verser dans la baratte, de la ramener à la température convenable, soit 12° à 13° en été, 15° à 16° en hiver. Quant à la fabrication du beurre avec cette crème, nous en avons dit déjà quelques mots, chap. III, p. 268, quand nous avons décrit la baratte danoise, et nous compléterons ces premières indications chapitre VI.

En résumé, dans la fabrication du beurre des pays du Nord, c'est bien la fermentation de la crème qui constitue l'opération la plus importante et la plus délicate à conduire, car c'est la constance dans le degré de fermentation qui donne l'uniformité dans les qualités des beurres. Il en est de même aussi (voir chapitre suivant) pour la fabrication de nos beurres français, surtout quand il s'agit de la fermentation de la crème fournie par le crémage spontané dans la méthode dite tempérée. Mais nous verrons que, même dans nos pays les plus réputés pour l'excellence de leurs beurres, les procédés de fermentation de la crème ne sont jamais aussi compliqués en France que dans les pays du Nord.

Des causes qui déterminent la fermentation de la crème et donnent aux beurres leur arome et leur saveur. Ferments lactiques, cultures pures, etc.

On sait aujourd'hui que l'acidification de la crème nécessaire pour donner au beurre sa saveur et son arome consiste en une véritable *fermentation* due à la présence d'infiniment petits.

D'après M. P. de Vuyst, ingénieur agronome de Belgique, on a jusqu'ici déterminé et étudié environ **50** espèces ou variétés d'organismes dans la crème; il était donc intéressant de trouver celles qui donnent au beurre le meilleur arome et le meilleur goût, afin de les appliquer à la fermentation artificielle de la crème, comme on ensemence artificiellement les mouts de raisins, de pommes, de bières, etc., avec des levures sélectionnées. C'est le savant danois Storck qui le premier a résolu le problème et isolé les ferments cherchés. Ces ferments ont été désignés sous le nom de *ferments lactiques,* et, d'après M. Kayser, ils se présentent sous forme de *coccus,* bactéries sphériques (voir p. 124) réunies par deux ou encore en chapelets de 5, 6, 8 individus.

Après cette découverte, il était naturel de chercher à préparer des *cultures pures* de ces ferments dans le but de régler la conduite de la maturation de la crème en introduisant dans celle-ci les microbes à action favorable, isolés d'un grand nombre d'espèces qui se rencontrent dans la fermentation spontanée et agissent souvent très défavorablement.

C'est également le professeur Storck qui, après plusieurs années d'études, est arrivé à préparer ces *cultures pures* et a fait ressortir les avantages de leur emploi pour l'acidification *normale* des crèmes.

De son côté, M. le docteur Weigmann, directeur de la station laitière de Kiel, a fait en Allemagne de nombreuses expériences et mis, dès 1891, à la disposition d'un grand nombre de laiteries allemandes et danoises, des flacons contenant à l'état liquide les ferments sélectionnés, en y joignant les instructions pour s'en servir.

La série des opérations à effectuer pour employer ces ferments de provenance directe, ou pour les renouveler en cas d'insuffisance, s'éloigne peu de celles que nous avons décrites page 328 pour obtenir l'acidification de la crème dans la méthode danoise; les températures seules sont un peu plus élevées.

Les résultats fournis par les premiers essais effectués avec ces cultures pures ont été assez contradictoires et moins favorables qu'on ne l'espérait. La différence dans le rendement en beurre a été *nulle* ou insensible; généralement les beurres obtenus étaient fins et d'une bonne conservation, mais nullement supérieurs à ceux que donnait l'ancienne méthode d'acidification. Mais un point sur lequel les expérimentateurs paraissent d'accord, c'est que cette méthode d'acidification artificielle peut servir à améliorer la qualité de beurres inférieurs obtenus dans les laiteries où l'acidification *normale* présente des difficultés.

D'autre part, M. Lunde, chef du laboratoire de laiterie à Copenhague, aurait démontré que, même si le lait est légèrement avarié, on peut obtenir avec ces *cultures* un beurre de bonne qualité.

Bien qu'aujourd'hui, dit-on, beaucoup de laiteries du Nord et un certain nombre en Belgique fassent usage de la fermentation artificielle, on ne peut pas dire encore que l'on soit arrivé avec ces cultures pures à une fermentation absolument *régulière;* ce qui tient à plusieurs causes :

1° A la difficulté de choisir exactement, parmi les

organismes si nombreux constatés dans la crème, ceux qui, dans la fermentation artificielle, sont aptes à donner les meilleurs résultats, ce choix, d'ailleurs, pouvant dépendre d'une foule de circonstances;

2° A la nécessité de renouveler par soi-même le ferment primitif au moins une fois par semaine, ce qui amène forcément une modification dans la semence primitive, sous l'influence du climat du pays, la composition du lait, les températures qui accompagnent les opérations, etc.

On peut dire néanmoins que la voie est tracée, et il y a lieu d'espérer que les savants comme les praticiens qui s'occupent de cette question pourront bientôt nous fixer sur la valeur réelle de cette nouvelle méthode d'acidification de la crème.

Nous reviendrons sur ce sujet à la fin du chapitre suivant; nous dirons alors ce que nous pensons du nouveau procédé et indiquerons les circonstances particulières dans lesquelles on pourrait en faire l'essai en France.

Rôle des ferments de la crème.

A la suite de ses travaux si remarquables sur les beurres, M. Duclaux avait dit :

« Le beurre paraît devoir son arome presque exclusivement à la très petite quantité d'*acides volatils libres* qu'il contient, même au sortir de la baratte, et qui proviennent de la décomposition spontanée des *glycérides* de la matière grasse sous l'influence de l'oxygène de l'air.

« Ces acides volatils sont très désagréablement odorants, de telle sorte que leur présence dans le beurre y développe une odeur qui peut être inappréciable et même agréable à la dose de 1 à 2 dix-millièmes (1 à 2 décigr. par kilogr.), mais qui devient pénible à 5 dix-millièmes et tout à fait intolérable à 1 millième.

« Or, l'acidité accélérant la décomposition des glycérides à acides volatils, on comprend que la présence d'une quantité plus ou moins grande d'acide lactique dans la crème doit exercer une influence sensible sur la qualité du beurre, et que les variations dans cette qualité doivent surtout dépendre du traitement que l'on fait subir à la crème, dans la crémière, avant le barattage. »

Depuis cette époque, M. Duclaux a ajouté aux lignes qui précèdent les indications suivantes [1] :

« Les bactéries qui prennent part à la fermentation de la crème étant surtout les ferments de la *lactose* (ferments lactiques), ce sont eux qu'il faut chercher à faire prédominer.

« Les ferments de la *caséine* paraissent être plus nuisibles qu'utiles : ils dissolvent cette matière albuminoïde et lui permettent d'entrer en dissolution complète dans l'eau que retient toujours le beurre, ce qui en rend par suite l'élimination plus difficile. Les ferments du sucre, au contraire, en rendant la masse acide, font perdre à la caséine son état floconneux et la rassemblent sous forme de pellicules faciles à éliminer, ce qui est d'une importance capitale pour la conservation du produit. En effet, quand un beurre contient des quantités sensibles de lait de beurre, on sait que la caséine de ce dernier devient facilement la proie des microbes, qui en déterminent le rancissement. »

Enfin, un autre effet connu de la fermentation lactique dans la crème serait de saturer celle-ci d'acide carbonique qui se dégage au commencement du barattage et intervient comme protecteur contre une oyxdation trop rapide de la matière grasse, à ce moment très divisée.

Cette action protectrice viendrait donc s'ajouter à la production des principes sapides et aromatiques qui prennent naissance pendant la fermentation.

[1] Duclaux, *Principes de laiterie.*

Des ferments lactiques purs et commerciaux.

Dès que le docteur Storch, et après lui le docteur Weigmann, eurent préparé des ferments lactiques purs, et qu'ensuite on fut parvenu à obtenir pour la première fois, au laboratoire de MM. Blauenfeldt et Tvede, à Copenhague, ces mêmes ferments à l'état *solide*, l'industrie ne tarda pas à s'emparer de cette dernière découverte. On comprend, en effet, que c'est seulement sous cette forme que l'on peut conserver ces ferments presque indéfiniment et même les exporter sans altération.

Ces ferments étrangers ont commencé à pénétrer en France, et l'on trouve actuellement à Paris : 1° le *ferment lactique* en poudre, préparé au laboratoire de M. Hansen, de Copenhague, M. Boll dépositaire; 2° L'*acidificateur normal* (procédés Blauenfeldt et Tvede), MM. Gauthier et Cie dépositaires.

D'autre part, nous citerons plus spécialement, parce qu'ils sont *indigènes*, les *ferments lactiques* liquides et en poudre préparés chez M. J. Fabre, à Aubervilliers (Seine). L'honorabilité de cette maison nous est une garantie de la bonne préparation de ces ferments; mais nous attendrons, pour en parler plus longuement, que la connaissance des résultats, bons ou mauvais, obtenus avec ces produits nous vienne de sources absolument authentiques.

CHAPITRE VI

DES DEUX MÉTHODES PRINCIPALES DE FABRICATION DU BEURRE. — I. MÉTHODE DITE TEMPÉRÉE. — 1° ORDINAIRE OU NORMANDE. — 2° PERFECTIONNÉE, CRÉMAGE A FROID ET EN VASES CLOS. — II. MÉTHODE CENTRIFUGE. — III. DE L'UTILITÉ EN FRANCE DES FERMENTS LACTIQUES SÉLECTIONNÉS.

DE LA FABRICATION DU BEURRE.

On peut employer deux procédés différents pour la préparation du beurre :

1° Battre le lait *doux* ou plus ou moins aigri;

2° Battre la crème préalablement séparée du lait.

I. BARATTAGE DU LAIT DOUX OU PLUS OU MOINS AIGRI.

Le barattage du lait *doux* consiste à introduire ce liquide dans la baratte, immédiatement ou très peu de temps après la traite. — Les avantages et les inconvénients de ce procédé sont les suivants :

Avantages. — 1° Économie du temps nécessaire à l'ascension de la crème et à l'écrémage; 2° obtention d'un beurre extrait d'un lait n'ayant pas eu le temps d'éprouver la moindre altération; 3° séparation d'avec le beurre d'un liquide (lait de beurre) ayant presque toutes les propriétés du lait doux et pouvant être consommé avantageusement par l'homme ou les jeunes animaux.

Inconvénients. — 1° La force motrice nécessaire au barattage est plus considérable, parce que l'on opère sur une plus grande masse liquide ; 2° la quantité de matière grasse qui reste dans le lait est d'autant plus forte que le barattage suit de plus près le moment de la traite.

Par suite, pour remédier à ce dernier inconvénient, on a été conduit, dans les pays où cette méthode était très en usage autrefois, comme dans le nord de la France, en Suède, en Norvège, en Danemark, en Allemagne, etc., à ne plus opérer sur du lait absolument doux, mais sur ce liquide ayant acquis déjà une acidification plus ou moins prononcée, ce qui obligeait à le conserver pendant 24 et même 36 heures dans les caves à lait. — Dès lors, l'économie de temps disparaissait, et si l'on obtenait plus de beurre qu'avec le lait doux, c'était aux dépens de la finesse du produit et de la qualité du lait maigre.

Conclusions. — Aujourd'hui, les appareils centrifuges permettent de séparer rapidement la crème du lait, tout en conservant ce dernier absolument doux; de plus, le rendement en beurre est plus considérable, et le barattage, ne portant que sur la crème, exige une force beaucoup moindre que lorsqu'il s'agit de battre le lait tout entier. En présence des avantages qui résultent des nouvelles méthodes, nous n'hésitons pas à déclarer que le barattage du lait doux ou plus ou moins aigri ne nous paraît plus avoir sa raison d'être, et que le barattage de la crème est le seul procédé qu'il soit avantageux d'employer pour la fabrication du beurre.

Barattage du lait caillé. — Dans quelques pays, et notamment en Bretagne, on attend pour procéder au barattage que le lait soit caillé en partie ou même en totalité. Dans ces conditions, on introduit dans la baratte non seulement toute la crème épaisse qui recouvre le caillé, mais le plus souvent aussi une portion plus ou moins considérable de ce caillé, et après, de l'eau fraiche ou tiède, de façon à effectuer le barattage à 18° environ, Cette méthode ne peut donner qu'un produit inférieur, et depuis longtemps nous conseillons aux cultivateurs bretons de la remplacer par celle qui va suivre.

II. BARATTAGE DE LA CRÈME PRÉALABLEMENT SÉPARÉE DU LAIT.

Nous avons vu, page 176, que les méthodes adoptées aujourd'hui pour séparer la crème du lait sont au nombre de deux, savoir : 1° le crémage spontané à l'air libre; 2° le crémage forcé ou mécanique à l'aide des appareils centrifuges.

A ces deux procédés de crémage correspondent deux méthodes principales de fabrication du beurre caractérisées chacune par certaines particularités essentielles; nous les désignerons comme il suit :

1° *Méthode dite tempérée;*

2° *Méthode centrifuge.*

Nous allons successivement étudier ces deux méthodes.

1° *Méthode dite tempérée.*

Caractères de cette méthode. — Dans cette méthode, le lait transporté à la laiterie n'est généralement pas refroidi avant son introduction dans les crémeuses, et le crémage a lieu spontanément, à l'air libre et à une température ambiante que l'on s'efforce de maintenir en toutes saisons et dans tous les locaux entre 12° et 14° maximum.

Cette méthode est celle qui est encore à peu près exclusivement suivie dans le Bessin, le Cotentin, le pays de Bray, ainsi que dans beaucoup de petites fermes d'autres parties de la France. — Il y a vingt-cinq ans, avant l'adoption successive du procédé Swartz et des appareils centrifuges, cette même méthode était la seule employée dans les grandes laiteries du Holstein, où l'on fabriquait un beurre d'une réputation justement méritée, et quand on compare les procédés mis en œuvre pour obtenir dans le Bessin les fameux beurres dits d'Isigny, à ceux suivis autrefois dans le Holstein, on est frappé de leur analogie.

Nous ne pouvons choisir de meilleur exemple de la fabrication du beurre par la méthode dite tempérée que celui qui nous est offert par le Bessin, où l'on obtient ces beurres dits d'Isigny, considérés généralement comme les meilleurs beurres frais du monde entier, et qui dans tous les cas obtiennent les plus hauts prix de vente aux Halles de Paris et sur les marchés anglais.

FABRICATION DU BEURRE DANS LE BESSIN [1]. BEURRES D'ISIGNY.

On désigne sous le nom de beurre d'Isigny des beurres de qualité supérieure produits par les nombreux herbages qui couvrent la surface des cantons de Bayeux, Trévières, Isigny, et même aussi d'une grande partie des cantons de Ryes, de Balleroy et de Caumont.

DE LA LAITERIE.

Dans le Bessin, la laiterie est toujours placée au rez-de-chaussée; elle est établie dans un lieu frais, exposée au nord, abritée du vent du sud par un rideau d'arbres et protégée soigneusement contre toute émanation putride venant de l'extérieur.

Le sol de la laiterie est ordinairement formé de dalles en pierre de Fontenay-le-Pesnel (calcaire liasique très

[1] *Bessin*, petit pays de l'ancienne Normandie compris entre la mer, la campagne de Caen, le Bocage et le Cotentin. Ses places principales étaient Bayeux, Saint-Lô, Isigny, Port en Bessin. Aujourd'hui, ce pays fait partie des départements du Calvados et de la Manche. (J. MORIÈRE, *De l'industrie beurrière dans le Calvados*.)

compact); sur le pourtour règne une banquette formée des mêmes dalles superposées et ayant 35 centimètres de largeur sur 15 centimètres de hauteur; c'est sur cette banquette que l'on place les crémeuses ou *sérènes*.

Toutes les bonnes laiteries sont munies de thermomètres indiquant la température du local, que l'on s'applique à maintenir en toute saison entre 12° et 14° au maximum. A cet effet, on chauffe la laiterie en hiver et on la rafraîchit en été.

Le chauffage a lieu ordinairement à l'aide de poêles placés dans la laverie, et dont les tuyaux traversent la laiterie en hiver seulement; on pourrait employer avec avantage le procédé de chauffage par circulation d'eau chaude (thermo-siphon) qui commence à se répandre dans les fromageries.

En été, on obtient l'abaissement de température nécessaire, non seulement à l'aide d'une ventilation suffisante, mais aussi en arrosant le sol et en faisant circuler de l'eau dans la rigole qui partage l'aire de la laiterie (fig. 182).

Quelquefois aussi, les banquettes sont munies d'un rebord, de façon à pouvoir y entretenir une certaine couche d'eau dans laquelle on plonge le pied des sérènes pleines de lait.

Transport du lait à la ferme. — Autrefois, le lait trait deux ou trois fois par jour dans les herbages était recueilli dans les cannes (fig. 49) placées dans des cages de bois reliées deux à deux avec des cordes et apportées à la ferme à dos d'un âne ou d'un petit cheval appelé *trayon*. Aujourd'hui, l'amélioration des chemins d'exploitation permet d'effectuer ce transport dans des voitures légères, divisées en compartiments, dans chacun desquels on place une canne pleine et munie de son bouchon de fer-blanc. Ce nouveau système de transport du lait constitue déjà un progrès, mais pourrait encore être amélioré, comme nous le verrons plus loin.

Crémage et écrémage du lait. — Acidification de la

crème. — Dès que le lait arrive à la ferme, on le coule immédiatement dans les sérènes (fig. 84) en le faisant passer à travers un tamis (fig. 54), et on l'abandonne à lui-même. Le plus ordinairement, dans le Bessin, on

Fig. 182. — Laiterie de M. Boivin, à Lison, près d'Isigny.

écrème au bout de 24 heures en été et de 48 heures en hiver. L'écrémage s'effectue à l'aide de disques en fer battu pleins ou percés de trous (fig. 95), suivant le degré de fluidité de la crème qu'il s'agit d'enlever. Cette crème est d'abord recueillie dans des petits pots à anse, et quand ceux-ci sont pleins, on les vide dans les crémières (fig. 101) rangées dans la laiterie ou dans une pièce voisine, où elles restent jusqu'au moment du barattage.

Tout le monde sait aujourd'hui que le beurre obtenu de la crème est d'autant plus délicat et d'une valeur plus grande que cette crème est plus fraîche ou plus *jeune;* aussi, dans les fermes du Bessin, le barattage a-t-il lieu deux ou trois fois par semaine; il y en a même où l'on bat tous les jours. Mais il ne faut pas perdre de vue aussi que, pour que le beurre de crème, destiné à être consommé frais et non salé, acquière toutes ses qualités comme arome, saveur, etc., il est indispensable que la crème douce ait subi, avant d'être barattée, une légère acidification (p. 328). Or, dans le Bessin, les fermières renommées considèrent les opérations de crémage et d'acidification comme capitales au point de vue de la fabrication du beurre et apportent à leur bonne réussite des soins incessants.

En général, les fermières normandes procèdent à l'écrémage quand la crème commence à se rider à la surface, qu'elle cède à une légère pression du doigt sans s'y attacher, et que le lait sous-jacent paraît bleu. En outre, quand la chose est possible, les meilleures *faiseuses* recueillent la crème de chaque traite dans des crémières différentes, de façon à ne pas mélanger les crèmes les plus jeunes avec celles plus anciennes et ayant subi déjà une acidification plus avancée. Si, faute d'une quantité de lait suffisante, cette séparation des crèmes n'est pas possible, on remédie en partie à cet inconvénient en mélangeant intimement dans la crémière les crèmes des traites successives et en multipliant le nombre des barattages de façon à ne battre chaque fois que des crèmes d'âges peu différents.

Enfin nous dirons que les crémières sont conservées dans la laiterie, imparfaitement bouchées par une planchette que l'on pose sur l'orifice, et lorsqu'elles sont pleines, on mouve la crème une ou deux fois par jour avec une spatule, afin de répartir dans toute la masse la couche un peu plus épaisse et plus acidifiée qui se forme à la surface.

Quant à la saveur et à l'arome qui caractérisent les beurres exquis du Bessin, faut-il en attribuer l'origine en partie aux huiles essentielles renfermées dans les herbes des pâturages de Normandie, ou en totalité aux phénomènes de fermentation dont le lait d'abord et la crème ensuite sont le siège pendant le crémage et l'acidification? Nous espérons pouvoir répondre à ces deux questions dans le cours de ce chapitre. Mais ce que nous pouvons dire, dès à présent, c'est qu'il n'est pas douteux que la température sensiblement constante et comprise entre 12° et 14° qui accompagne le crémage et l'acidification de la crème, pendant la durée relativement courte de ces opérations, paraît extrêmement favorable au développement des principes sapides aromatiques de ces excellents beurres.

Du barattage de la crème. — Les deux pays de France qui produisent le beurre le plus estimé, le Bessin et le Bray, ont conservé la baratte à tonneau dont nous avons donné la description page 257, avec l'indication des perfectionnements dont cet instrument a été l'objet. La température adoptée pour le barattage est comprise entre 13° et 14°, et l'on s'applique à obtenir exactement cette température dans le tonneau, ainsi que dans la pièce où a lieu le barrattage; en été, on opère le matin, de très bonne heure, ou bien le soir un peu tard; en hiver, au contraire, on baratte vers le milieu du jour. En été, le barattage du soir est préférable, parce que le beurre a le temps de se raffermir pendant la nuit avant d'être expédié sur le marché.

On commence par réchauffer ou rafraîchir le tonneau (fig. 137), suivant la saison, en y introduisant de l'eau chaude ou de l'eau de puits fraîchement tirée et en imprimant pendant quelques minutes un mouvement de rotation au récipient. Quand un thermomètre introduit dans la baratte indique 13° en hiver et 12° en été, on fait écouler l'eau et l'on introduit la crème, qui doit marquer 12°.

Une fois le tonneau rempli à moitié, on ferme l'orifice O et l'on imprime à la sérène un mouvement de rotation uniforme; au bout de cinq minutes on arrête, et l'on débouche l'orifice *i*, de façon à permettre aux gaz de se dégager. On répète cette opération deux ou trois fois, et quand tout dégagement a cessé, on tourne la baratte, sans interruption, avec une vitesse de 50 à 60 tours par minute.

C'est au bruit que fait le liquide dans la sérène et à la nature du résidu qui s'attache au bouchon, muni d'un linge, fermant l'orifice *d*, que l'on juge si le barattage touche à son terme.

Quand le beurre est pris, la masse produit un bruit plus sourd en frappant contre les parois du tonneau; en outre, si l'on amène l'orifice *d* à la partie supérieure et qu'on enlève le bouchon, on observe sur la face inférieure de celui-ci une couche de lait au milieu de laquelle sont des grumeaux de beurre de la grosseur d'une tête d'épingle.

A ce moment, si l'on continuait à tourner, les grumeaux de beurre se souderaient entre eux et se réuniraient en petites pelotes dont le délaitage deviendrait très difficile. Par suite, dès que l'apparition des grumeaux de beurre a lieu dans la baratte, on procède à son lavage [1].

[1] *Remarque.* — Dans les laiteries du Bessin, il est quelquefois nécessaire pendant les grands froids, pour faire prendre le beurre, de verser dans le tonneau, avant la fin du barattage, de l'eau ou du lait préalablement chauffé à 20° ou 25°, en été; au contraire, c'est de l'eau très fraîche qu'il faut ajouter à la crème. Ces pratiques ne sont pas à recommander, et nous dirons même que ces retards dans la prise du beurre doivent pouvoir être évités en se conformant strictement aux prescriptions relatives aux températures les plus convenables, suivant les saisons, pour le barattage de la crème.

Délaitage et lavage du beurre. — On fait tourner la baratte de manière à amener l'orifice *d* au-dessus d'un seau ou d'un baquet qui porte un tamis de soie, en ayant soin de mettre le doigt à la place du bouchon, de façon que le liquide sorte moins vivement; le lait de beurre tombe sur le tamis, qui retient les quelques grumeaux de beurre entraînés. On rebouche ensuite l'orifice *d* et l'on ouvre la grande ouverture O, par laquelle on introduit de l'eau fraîche destinée au lavage du beurre. On referme O, on fait faire à la baratte quelques tours, on fait écouler l'eau de lavage par *d;* on introduit une seconde fois de l'eau fraîche par l'ouverture O, on tourne, etc., et l'on répète cette série d'opérations jusqu'à ce que l'eau sorte claire.

(L'ajutage indiqué figure 142, qui peut être appliqué sur l'orifice *d*, remplace avantageusement le bouchon et le doigt dans ces dernières opérations.)

On fait alors sortir le beurre du tonneau par la grande ouverture O, on le recueille sur le tamis et on le transporte près de la table appelée *sanne,* où, à l'aide de la

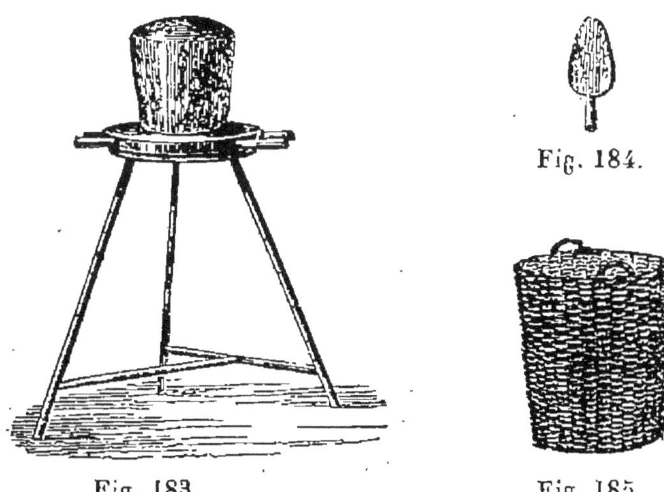

Fig. 183. Fig. 184. Fig. 185.

petite spatule en bois, il est mis en mottes (fig. 183 et 184).

Nous ajouterons que depuis quelques années les fermiers normands se servent du malaxeur rotatif pour achever le délaitage et l'assèchement du beurre avant sa mise en mottes.

Dans le canton d'Isigny, les mottes fabriquées pèsent de 15 à 20 kilogr. Quand elles sont prêtes, on les enveloppe d'un linge propre, et chacune est emballée dans un panier spécial (fig. 185) garni intérieurement de paille fraîche et recouvert d'une grosse toile. Ainsi préparé et emballé, le beurre est expédié pour la vente.

Coloration des beurres normands. — Les beurres du Bessin ne sont jamais colorés artificiellement, sauf en hiver, à l'époque de la stabulation permanente et quand on ajoute à la ration des vaches une certaine quantité de betteraves. Dans ce cas, l'emploi d'un bon colorant du commerce est infiniment préférable à celui du souci ou des carottes râpées, etc. (Voir p. 325.)

De quelques améliorations à apporter à la fabrication des beurres du Bessin. — Sans vouloir toucher aux principes fondamentaux de la méthode normande, principes qui résident principalement, selon nous, dans les circonstances qui accompagnent le crémage du lait et l'acidification de la crème, nous croyons néanmoins pouvoir indiquer ici quelques améliorations de détail.

1° *Transport du lait.* — Le lait recueilli dans les pâturages devrait être transvasé dans des pots à lait (fig. 57), qui seraient remplis complètement et transportés à la laiterie dans des voitures munies de ressorts, afin d'éviter un ballottement du liquide toujours préjudiciable à la quantité et à la qualité du beurre obtenu. Si l'importance de la ferme ne comportait pas l'emploi de voitures pour le transport du lait, on pourrait utiliser avantageusement les brouettes à lait indiquées page 115.

2° *Passage du lait sur un réfrigérant.* — A l'arrivée à la laiterie et avant d'être transvasé dans les crémières, il serait bon, surtout en été, de faire passer le lait sur un réfrigérant (p. 48), afin de ramener ce liquide, le plus rapidement possible, à 12 où 13° au maximum, température à laquelle doit avoir lieu le crémage.

3° *Délaitage centrifuge, malaxage et mise en mottes.* — Enfin nous pensons que l'emploi de la délaiteuse centrifuge (fig. 174) et d'un des malaxeurs indiqués chapitre v pour travailler le beurre à la sortie de la baratte, remplacerait favorablement le malaxage habituel sur la *sanne*. Il en serait de même de l'emploi du moule à charnières (fig. 179) pour faire les mottes; nous indiquerons bientôt d'autres améliorations dont la méthode dite tempérée pourrait être l'objet.

De l'application de la méthode dite tempérée dans les autres parties de la France.

Les beurres frais du Bessin, bien fabriqués et de première qualité, ont mérité à juste titre d'être considérés comme les *premiers beurres du monde*, car ce sont les seuls qui, sur un grand marché, comme celui de Paris par exemple, aient atteint 7 francs, 8 fr. 50 et 9 francs le kilogr., comme en 1888, 1889 et 1890, et qui, même depuis la crise qui sévit sur toutes les denrées agricoles, se sont encore vendus 6 fr. 50 le kilogr., comme prix maximum, en 1891, 1892 et 1893.

Mais il faut reconnaître, d'autre part, que tous les beurres de Normandie indistinctement ne méritent pas cette même qualification, et il suffit de parcourir les bulletins hebdomadaires des ventes des beurres d'Isigny, de Gournay, aux Halles de Paris, pour constater qu'il y a habituellement de grands écarts dans les prix des différentes qualités. A quoi tiennent ces si grandes différences dans les prix des beurres d'une même région? En dehors de l'influence que peuvent avoir le choix des vaches et le régime sur la qualité du lait, on sait aussi que, dans beaucoup de laiteries de Normandie, on ne se préoccupe pas assez des principes fondamentaux de la méthode dite Normande, principes qui reposent surtout sur les circonstances qui accompagnent le *crèmage du lait*, l'*acidification de la crème*, la *constance de la température*, en toutes saisons, dans la laiterie, etc.

Les fermières soucieuses d'obtenir de bons produits tiennent leur laiterie avec une propreté irréprochable, la refroidissent en été, la réchauffent en hiver, suivant les variations de la température extérieure; soignent leurs crèmes avec sollicitude, barattent plusieurs fois par semaine, etc. Ces soins multipliés exigent, il est vrai, du temps, de la peine et aussi certaines dépenses qui, certainement, sont largement payées par le prix auquel ces beurres *fins* sont vendus, mais que beaucoup de fermières ne se décident pas à faire; elles négligent alors leur fabrication, et il en résulte pour une même région une grande inégalité dans la qualité des produits.

Si, des beurres précédents, l'on passe à ceux dits de grande consommation : *beurres en livres, petits beurres, etc.*, fabriqués dans les petites fermes des diverses régions de la France en employant généralement la méthode dite tempérée (avec crémage à l'air libre), c'est alors que l'on constate des différences énormes dans les qualités de tous ces beurres et, par suite, dans leur prix de vente.

Les causes d'infériorité de ces différents beurres sont les suivantes :

1° La qualité du lait, solidaire du régime trop souvent défectueux et insuffisant auquel les vaches sont soumises;

2° L'absence de laiteries spéciales et les variations considérables de température dans les locaux qui en tiennent lieu;

3° Le mauvais choix des ustensiles employés à la fabrication, le nombre trop restreint de barattages pendant la semaine et, par suite, l'acidification exagérée de la crème;

4° Le délaitage imparfait du beurre et son séjour

trop prolongé à la ferme avant d'être porté au marché.

Dans les fermes où l'on peut faire disparaître les circonstances défavorables que nous venons de signaler, on arrive à obtenir du beurre *fin*, et cela non seulement dans les pays privilégiés comme le Bessin, le pays de Bray, etc., mais aussi dans les régions où les *petits beurres frais* ont, à juste titre, une médiocre réputation.

Il y a une quinzaine d'années, les beurres de l'Indre, par exemple, dont la fabrication et la qualité laissent généralement à désirer, se vendaient rarement aux Halles plus de 3 fr. 50 le kilogr.; or, dans ce même département, à Cungy, chez MM. Jolivet et Lecorbeiller, lauréats de la prime d'honneur en 1874, Mme Jolivet obtenait dans une laiterie spéciale parfaitement organisée, et avec du lait fourni par des vaches bien nourries, du beurre tellement *fin*, que non seulement ce produit a remporté, chaque fois qu'il a été exposé au concours général de Paris, le premier prix des beurres en livres, mais se vendait aussi chaque semaine, aux Halles de Paris, 1 fr. 25 par kilogr. plus cher que les beurres de même provenance.

Or, les beurres de cette ferme, si estimés sur le marché parisien, à cette époque, étaient obtenus simplement en appliquant au lait, dans toute sa rigueur, la méthode tempérée ou normande. Pendant dix ans que nous avons rempli les fonctions de membre et de secrétaire du jury pour les beurres et fromages dans les concours généraux, à Paris, nous avons eu plusieurs fois l'occasion de constater des faits semblables pour un certain nombre de fermes de régions différentes.

Mais il n'est pas toujours possible d'éliminer à la fois toutes les causes d'infériorité signalées plus haut; si le régime des vaches peut être amélioré, si les ustensiles défectueux peuvent être remplacés par d'autres plus perfectionnés, si même on peut obtenir des fermières qu'elles modifient leur routine habituelle de fabrication du beurre, au point de vue du nombre de barattages par semaine, du délaitage du beurre, etc., il est une cause d'infériorité plus capitale et souvent trop coûteuse à faire disparaître, c'est l'absence d'une laiterie aménagée de façon à permettre une bonne application de la la méthode dite tempérée.

Dans ce dernier cas, il n'y a pas à hésiter, il faut absolument modifier les pratiques habituellement suivies dans la ferme en adoptant l'une des deux méthodes suivantes :

A. Méthode tempérée, perfectionnée.

B. Méthode centrifuge.

Nous commencerons par décrire la première méthode et parlerons ensuite de la seconde, mais seulement après avoir étudié la méthode centrifuge en général.

A. — MÉTHODE TEMPÉRÉE, PERFECTIONNÉE. — CRÉMAGE DU LAIT À FROID ET EN VASES CLOS.

La méthode que nous allons exposer consiste à placer les crémeuses contenant le lait dans des conditions telles que ce liquide reste : 1° à l'abri de l'air pendant la durée du crémage; 2° à une température sensiblement constante pendant cette même période, ceci en employant l'eau pour préserver les crémeuses et ensuite les crémières des variations de température qui se produisent inévitablement, suivant les saisons, dans les laiteries défectueusement installées. Pour recommander cette méthode, nous nous appuyons, d'une part, sur les bons résultats obtenus avec les crémeuses du système Cooley et, de l'autre, sur ceux plus probants encore signalés par M. Dieterle, qui à l'endroit de cette méthode s'exprimait ainsi, en 1892 : « Une expérience de trois années nous a démontré que le lait traité ainsi pendant le crémage fournit la meilleure crème pour la fabrication du beurre. »

Quant à la méthode en elle-même, nous la formulerons comme il suit :

1° Réfrigération immédiate du lait, à son arrivée à la laiterie (13° à 14°);

2° Transvasement du lait refroidi dans le récipient qui doit servir de *crémeuse* et qui sera immédiatement *bouché* comme nous le dirons plus loin;

3° Maintien du lait à cette même température de 13° à 14° en plongeant les crémeuses dans une masse d'eau suffisante et renouvelable, de façon à pouvoir prolonger la durée du crémage jusqu'à 36 heures, si on le juge nécessaire pour la commodité du travail;

4° Écrémage et transvasement immédiat de la crème dans des crémières qui devront à leur tour être plongées dans une masse d'eau suffisante pour conserver à la crème cette même température de 13° à 14° pendant toute la durée de l'acidification.

Dans ces conditions, la crème, remuée 3 ou 4 fois par 24 heures, pourra être conservée, dans des crémières imparfaitement bouchées, *deux ou trois jours* pendant lesquels elle subira sans s'altérer l'acidification nécessaire et convenable pour pouvoir, ensuite, être barattée. Quant aux autres opérations, telles que *barattage, délaitage, malaxage, mise en mottes,* elles s'effectueront conformément aux instructions précédemment données, chapitre III.

En suivant la méthode que nous venons d'indiquer, la crème, malgré les variations de température qui pourront se produire dans le local où a lieu le crémage, se séparera du lait, à une température sensiblement constante et à l'abri des germes nuisibles qui peuvent être répandus dans l'atmosphère de la laiterie; par suite, on n'aura plus à craindre, comme cela arrive dans les fermes et notamment dans celles du pays de Bray, de voir, dans les crémières, cette crème se recouvrir de moisissures microscopiques dont l'action est si nuisible à la qualité du beurre.

Avec cette méthode, la durée du crémage étant portée à 36 heures et la conservation de la crème à 3 jours, on pourra, comme cela a lieu chez M. Diéterle et habituellement aussi dans beaucoup d'autres fermes (mais dans des conditions bien différentes), ne battre que deux fois par semaine et satisfaire, par suite, aux habitudes des marchés de beaucoup de localités.

Après avoir tracé les grandes lignes de l'emploi de cette nouvelle méthode, il nous reste à entrer dans les détails de son application.

Le materiel nécessaire pour la fabrication du beurre par la méthode du *crémage à froid et en vases clos*, comprend les appareils et ustensiles suivants :

1° *Un bac réfrigérant;*

2° *Les Récipients* destinés à servir de *crémeuses* et de *crémières ;*

Bacs réfrigérants. — Comme nous l'avons dit,

Fig. 186.

page 117, ces bacs peuvent être en bois doublé de zinc, en tôle, en maçonnerie hydraulique avec enduit intérieur en ciment, etc. La hauteur de ces bacs doit être suffisante pour que les crémeuses qui y sont plongées soient recouvertes d'une épaisseur d'eau d'au moins 5 centimètres, et leur capacité toujours en rapport avec le nombre de crémeuses et de crémières qui devront y séjourner entre deux barattages.

Nous allons donner quelques renseignements sur ces divers systèmes de bacs réfrigérants :

1° *Bac en bois doublé de zinc* (fig. 91) déjà indiqué p. 183, système Cooley.

2° *Bac refroidisseur en tôle*, système perfectionné de Bréhier et Cie (fig. 186). Dans cette figure, ce sont des pots à lait de forme ordinaire qui y sont renfermés, mais sur commande ; ce bac, déjà décrit page 127, aurait la hauteur voulue pour que l'immersion des crémeuses (fig. 187) ait lieu dans les conditions indiquées ci-dessus.

Prix de ces bacs refroidisseurs.

Hauteur		La même pour tous les appareils, 0^m^,61.		
Longueur		1^m^,50	1^m^,80	2 mètres.
Largeur		0^m^,60	0^m^,60	0^m^,65
Prix...	Tôle noire	180 fr.	200 fr.	230 fr.
	Tôle galvanisée	220 fr.	245 fr.	275 fr.
Distance entre la grille et le fond				0^m^,12

3° *Bacs avec cornières en tôle étamée*, Ed. Regnault, constructeur, à Louviers (Eure).

Contenance	500 litres.	700 litres.	1.000 litres.
Longueur	1^m^,50	1^m^,80	2 mètres.
Largeur	0^m^,50	0^m^,70	0^m^,70
Hauteur	0^m^,60	0^m^,60	0^m^,60
Prix	**110** fr.	**140** fr.	**210** fr.

Avec un double fond perforé, un tuyau d'arrivée d'eau froide et son robinet de 30 millimètres d'orifice, et un tuyau de vidange ;

4° *Bacs en ciment.* — On fabrique aujourd'hui des bacs en ciment (système Cognet) dans lesquels la maçonnerie est remplacée par une carcasse en fil de fer sur laquelle est appliqué le ciment ; ces bacs plus légers, plus résistants que les anciens, sont aussi moins chers.

Pour des contenances de 500, 800, 1,000 litres, les autres dimensions indiquées (2° et 3°) restant les mêmes, les prix sont de 40, 70 et 80 francs.

Un faux fond en bois, perforé, reposerait sur une petite banquette en ciment de 8 à 10 centimètres de hauteur, qui régnerait sur le pourtour du fond du bac.

Systèmes de fermeture des bacs.

En hiver, quand la température extérieure devient rigoureuse, il est nécessaire de chauffer le local dans lequel se trouve le bac réfrigérant, et nous avons dit, page 117, que le moyen de chauffage le plus simple consistait à faire passer dans cette pièce le tuyau de fumée du fourneau installé dans la pièce voisine et qui fournit l'eau chaude nécessaire aux diverses opérations.

Mais, en même temps, pour conserver à l'eau du bac réfrigérant la température constante de 13° ou 14°, il convient, pendant la saison froide, de maintenir fermé celui-ci pendant le crémage.

A cet effet, on pourra employer comme systèmes de fermeture soit des panneaux de bois glissant les uns sur les autres horizontalement dans des rainures (p. 188), soit des panneaux avec ou sans charnières, se relevant verticalement et que des crochets retiennent appliqués au mur, quand il est nécessaire d'ouvrir le bac.

Enfin, si ces moyens n'étaient pas suffisants, il faudrait employer l'eau chaude, que l'on verserait directement dans le bac de façon à ramener et à entretenir la température du bain entre 13° et 14°.

On voit, par ce qui précède, combien dans cette méthode l'emploi d'un thermomètre joue un rôle important, si l'on veut opérer méthodiquement et sûrement.

Nota. — Comme nous l'avons déjà dit, page 198, si la quantité de lait produite journellement est assez considérable, il sera très utile de commencer par faire passer immédiatement la traite, à son arrivée dans la laiterie, sur un réfrigérant avant de l'introduire dans les récipients qui doivent servir de crémeuses, à moins que l'on ne dispose d'une quantité d'eau suffisante pour refroidir très rapidement le lait à 13° ou 14°

Crémeuses. — Les crémeuses pourront être de diverses sortes, suivant les préférences des cultivateurs ou les habitudes locales ; nous les rattacherons aux deux types suivants :

1° Les crémeuses qui comportent le soutirage de la crème par le *bas;*

2° Les crémeuses avec écrémage par le *haut.*

Nous rapporterons au premier type les crémeuses Cooley (fig. 92), les flacons Diéterle (fig. 93), et autres ustensiles analogues ; et au second type les *récipients* tels que les *sérènes* de la Normandie, (fig. 84), les pots à lait à large ouverture (fig. 187), etc.

Mais comme nous l'avons dit plus haut, un des caractères particuliers de la nouvelle méthode est l'*occlusion* parfaite des *crémeuses,* à la partie supérieure, pendant toute la durée du crémage, ces récipients devant rester complètement plongés dans l'eau froide et recouverts d'une couche liquide d'au moins 5 centimètres d'épaisseur. Or, si l'on donne la préférence aux crémeuses Cooley, on n'aura pas besoin de se préoccuper de la fermeture du récipient à lait (voir p. 184); mais si l'on emploie les flacons Diéterle, les sérènes ou les pots à lait à large ouverture, il sera nécessaire, pour effectuer l'occlusion et empêcher toute rentrée d'eau dans la crémeuse, d'avoir recours à des obturateurs en caoutchouc assujettis avec des bagues de même matière.

En raison de ce que nous avons dit précédemment (p. 192) relativement à l'écrémage, nos préférences sont acquises aux crémeuses qui comportent l'écrémage par le haut, tout en reconnaissant que les flacons Diéterle donnent de très bons résultats.

Nous conseillons donc l'emploi des pots à laits (pots des

nourrisseurs), mais dont le col et la position des anses, modifiées suivant nos indications (fig. 187), permettent l'emploi d'une capsule et d'une bague en caoutchouc

Fig. 188.

Fig. 187. Fig. 189. Fig. 190.

(fig. 188). D'autre part, le diamètre du col étant de 19 à 20 centimètres, il est facile de procéder à l'écrémage du

Fig. 191. Fig. 192.

lait, avec l'écrémeuse en fer-blanc de 15 centimètres de diamètre représentée figure 189.

Crémières. — Les récipients dans lesquels on transvasera la crème recueillie sur le lait pourront être des pots ordinaires (fig. 190) de 10, 15, 20 litres de capacité,

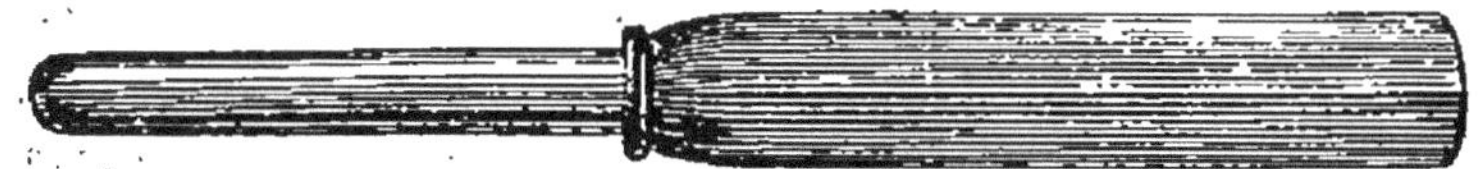

Fig. 193.

suivant l'importance de la production dans la ferme, ils seront plongés, imparfaitement bouchés, dans le bac réfrigérant; mais comme, ici encore, il est de première importance que cette crème soit conservée à une température absolument constante pendant toute la durée de son acidification, nous proposons d'adopter pour crémière un *pot calfeutré* (fig. 191 et 192) dont nous avons déjà parlé page 58 et qui préserverait beaucoup plus efficacement la crème soit à l'air libre, soit dans le bac réfrigérant, de toute variation de température extérieure.

Si l'on adopte l'usage de ces crémières, les deux anses latérales devront être remplacées par une anse pendante comme celles des crémeuses (fig. 187). Comme la

Fig. 194. — Méthode tempérée perfectionnée. Crémage à froid en vase clos.

crème devra être remuée à plusieurs reprises pendant son acidification, on pourra se servir, à cet effet, de l'instrument représenté figure 193; il est en bois dur et bien poli, ou bien le manche seul est en bois et la lame revêtue d'une feuille de fer-blanc étamé.

Pour compléter l'exposé de cette nouvelle méthode, il ne nous reste plus qu'à indiquer la série des opérations à effectuer; quant au plan et au devis d'une laiterie installée dans les conditions que nous venons d'exposer, nos lecteurs les trouveront au chapitre x.

Fabrication du beurre dans une ferme dont la production journalière en lait ne dépasse pas 60 litres en deux traites.

Méthode tempérée perfectionnée (fig. 194). — Nous supposerons que les opérations commencent le lundi à 6 heures du matin.

Le lait trait avec tous les soins de propreté recommandés page 30, et recueilli dans des seaux à bec, devra être coulé, dans l'étable même, sur un tamis et recueilli dans les récipients destinés à faire office de crémeuses et qui seront transportés ensuite dans la laiterie. De cette façon, on évitera de faire voyager le lait à l'air libre, de l'étable à la laiterie, ce qui constitue souvent une cause d'altération.

Chaque traite ne comportant que 30 litres de lait, l'emploi d'un réfrigérant spécial (p. 199) devient inutile, et les deux crémières (fig. 187) dans lesquelles les 30 litres de lait ont été répartis seront plongés immédiatement dans le bac réfrigérant après qu'ils auront été coiffés de leurs obturateurs en caoutchouc.

D'une opération à l'autre, les capuchons et les bagues devront être conservés dans de l'eau fraîche et bien propre; quant à la couche d'eau qui recouvre les crémeuses immergées, nous avons dit qu'elle devait avoir, au minimum, 5 centimètres de hauteur.

La traite du lundi soir sera traitée identiquement comme celle du matin, et ces deux traites, représentant 60 litres de lait, resteront dans le bac réfrigérant jusqu'au *mardi 4 heures du soir.*

A ce moment, la traite de *lundi matin* aura 34 heures de crémage et celle de *lundi soir* 24 heures seulement ; sans tenir compte de cette différence, on procédera à l'*écrémage* de ces deux traites, ce qui pourra donner de 7 litres à 7 litres 5 de crème.

A cet effet, on sortira du bac réfrigérant les quatre crémeuses, on les posera sur le sol, on les décoiffera et, avec la cuiller (fig. 193), on enlèvera la crème à la surface du liquide, on la versera dans une crémière P (fig. 194), de 18 à 20 litres, que l'on replongera immédiatement dans l'eau du bac.

Nota. — Le lait écrémé sera parfaitement *doux*, et celui du lundi soir étant un peu moins écrémé que celui du lundi matin, le mélange des deux constituera une excellente nourriture pour le personnel de la ferme ou pour les animaux d'élevage.

Quant aux quatre crémeuses devenues libres, elles devront immédiatement être passées à l'eau bouillante, dans la laverie, bien nettoyées, rincées à l'eau fraîche et propre et mises à égoutter.

Mardi. — Les deux *traites* seront traitées absolument comme celles du lundi et *écrémées* le *mercredi* à 4 heures du soir. La crème recueillie sera transvasée dans la crémière qui contient déjà la crème recueillie le *mardi* soir, ce qui représentera un volume de crème d'environ 15 litres. Les deux crèmes seront intimement mélangées avec la spatule (fig. 193) et la crémière replongée dans le bac iréfrgérant.

La première crème ayant une avance de 24 heures sur la seconde, au point de vue de l'*acidification*, servira de *levain* à la dernière, de telle sorte que le mélange pourra être *baratté* le *jeudi* à 4 heures du soir.

A ce moment, la crème recueillie le *mardi* aura

48 heures d'acidification et celle du *mercredi*, **24** seulement, ce qui constituera une moyenne favorable à l'obtention d'un très bon beurre.

Le premier barattage de la semaine aura donc lieu le **Jeudi** soir et portera sur les crèmes fournies par les traites du lundi et du mardi, les laits du mercredi et du jeudi, traités de la même façon, donneront lieu à un *barattage* de la crème le samedi à quatre heures du soir et par suite, en procédant ainsi, on n'aura à effectuer que *deux* barattages par semaine. Quant aux jours de ces barattages, on pourra toujours les combiner de façon qu'ils correspondent à la veille au soir des jours de marché dans la localité.

Barattage. — Le volume de crème à baratter, **15** litres environ, pourra fournir, en moyenne, **4** kilogrammes de beurre. Le barattage aura lieu dans une des barattes pour petites fermes précédemment indiquées, savoir :

La baratte à disque n. 3 (p. 271), la baratte à double vitesse, n. 4 (p. 275), la baratte à températeur extérieur, n. 3 (p. 269), la baratte polyédrique Chapellier, n. 1 (p. 264).

Suivant le système adopé, la crème, à la sortie du bac, sera ramenée à la température indiquée, soit dans la baratte même, soit dans la crémière, et l'on procédera ensuite au barattage, au délaitage et au malaxage, cette dernière opération ayant lieu sur un des petits malaxeurs indiqués page 283. Quant au beurre obtenu, on le transformera en mottes d'un demi-kilogramme en employant l'un des moules représentés figures 176 et 177.

Conservation du beurre jusqu'au lendemain matin.

Dans beaucoup de fermes, le beurre en mottes fabriqué la veille et destiné à être porté au marché, le lendemain matin, est conservé dans l'eau fraîche, dans le but de le raffermir. A notre avis, cette pratique est mauvaise, parce que ce séjour prolongé au contact de l'eau nuit à l'arome et au goût du produit, et nous conseillons d'utiliser encore, dans cette circonstance, le bac réfrigérant dans lequel demeurera, à poste fixe, un récipient R à couvercle (fig. 194) destiné à recevoir les mottes de beurre, qui y resteront jusqu'au lendemain.

Quant au plan et devis d'une laiterie telle que celle que nous venons de décrire, nos lecteurs les trouveront, comme nous l'avons dit plus haut, au chapitre x de cette deuxième partie.

Nota. — Nous avons indiqué, page 116, plusieurs maisons auxquelles on peut s'adresser pour se procurer les divers ustensiles de laiterie en fer étamé ou galvanisé ; mais parmi celles-ci, nous citerons plus particulièrement, ici, l'usine de M. E. Régnault, à Louviers (Eure), en raison de son importance et de son outillage unique pour fabriquer notamment des pots à lait *emboutis*, sans soudure et, par suite, d'une supériorité incontestable au point de vue de la solidité, de la facilité du nettoyage, etc.

A l'Exposition universelle de 1889, M. Régnault a obtenu, pour ces pots, une médaille d'argent. On trouvera également chez M. Garin, à Cambrai (Nord), tous les ustensiles en ferblanterie dont il vient d'être question dans l'application de la méthode précédente.

II. MÉTHODE CENTRIFUGE.

La fabrication du beurre avec la crème obtenue par l'écrémage forcé ou centrifuge comporte les opérations suivantes :

1° *Refroidissement et acidification de la crème.* — Si l'écrémage se fait mieux avec un lait préalablement chauffé à 25° ou 30° (voir p. 210), on a reconnu, d'autre part, qu'une des conditions indispensables pour obtenir un bon beurre avec de la crème de centrifuge est de refroidir celle-ci immédiatement à la sortie de l'appareil. Cette crème ayant, en effet, de 22° à 25° centigrades à la sortie, ne tarderait pas à s'altérer, si elle était abandonnée à elle-même à cette température.

Dans les pays du Nord, en Suède, en Danemark, on opère ce refroidissement à de très basses températures, et l'on procède ensuite à l'acidification de la crème, comme il a été dit précédemment (voir p. 328, chap. v).

En France, on se contente généralement de refroidir la crème de centrifuge immédiatement à la sortie du séparateur, mais en la soumettant à un refroidissement beaucoup moins énergique que dans les pays du Nord; on détermine ensuite l'acidification de la crème comme il a été dit page 342, à propos de la méthode dite tempérée.

Pour faire ressortir les différences dans les méthodes de fabrication du beurre de centrifuge, dans les pays du Nord et en France, nous allons décrire :

1° *La méthode danoise;*

2° *La méthode suivie dans quelques beurreries centrifuges de France.*

I. MÉTHODE DANOISE POUR LA FABRICATION DES BEURRES DE CENTRIFUGE.

Nous avons indiqué dans le chapitre précédent (p. 328) le procédé d'acidification de la crème de centrifuge, dans les pays du Nord et notamment en Danemark et nous avons décrit en détail toutes les opérations que l'on fait subir à cette crème jusqu'au moment où elle est ramenée à la température convenable (12° à 13° en été, 15° à 16° en hiver) avant de la verser dans la baratte danoise (fig. 150), où l'on opère le barattage comme il a été dit page 268.

On arrête le barattage quand le beurre est pris en petits grumeaux qui lui donnent l'aspect granulé; mais comme il est admis dans les pays du Nord que le lavage trop énergique du beurre lui enlève une partie de son arome, on ne le lave pas ou presque pas en Danemark, et voici comment on opère[1].

[1] Th. Pilter, déjà cité.

Aussitôt obtenu, on extrait le beurre de la baratte, à l'aide d'un tamis de crin, et on le met égoutter dans une auge spéciale (fig. 195).

Il est ensuite pétri par petites parties avec des spatules et transformé en espèces de petites galettes ou tuiles qui sont disposées dans des boîtes plates sur lesquelles en reposent d'autres, mais à fond de zinc et contenant de la glace concassée; là, ces petites tuiles se raffermissent rapidement. Elles sont alors reprises au bout de quelques minutes pour être repétries à nouveau et doublées,

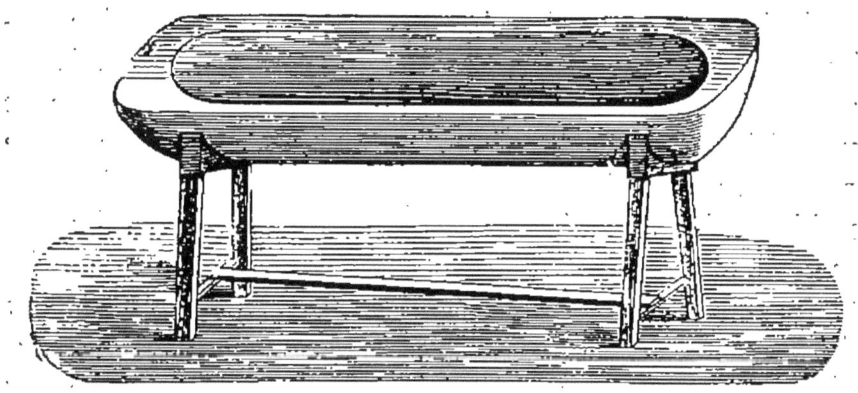

Fig. 195.

c'est-à-dire que dans le pétrissage on en marie deux ensemble; par cette seconde opération, elles cèdent la majeure partie du lait qu'elles renferment; elles sont remises comme la première fois à raffermir, puis enfin reprises et passées au malaxeur.

Cette façon de travailler est évidemment excellente et donne dans les pays cités plus haut les meilleurs résultats; mais elle est très longue et surtout très fatigante, et, de plus, elle ne peut vraiment être pratiquée que dans ces pays, où la température est toujours moins élevée que dans nos régions tempérées et où surtout, au contraire de ce qui se passe en France, la plus forte fabrication se fait en hiver. Ce procédé, à la condition de former un personnel spécial, ce qui ne serait peut-être pas facile, ne pourrait donc s'appliquer en France qu'en hiver seulement.

Même en Danemark, à certains moments, une légère modification est apportée à ce mode de traitement; le beurre, puisé dans la baratte avec le tamis, n'est pas simplement déposé dans l'auge pour égoutter, mais plongé dans un baquet d'eau froide avant d'être vidé dans cette auge; ou bien encore la masse totale est, toujours à l'aide du tamis, jetée dans un grand baquet contenant de l'eau froide pour être puisée ensuite et déposée dans l'auge[1].

Enfin, après le dernier égouttage et le dernier malaxage; le beurre ayant perdu de sa consistance, il est nécessaire, surtout en été, de le laisser reposer encore une fois dans l'auge, pour lui donner le temps de se raffermir. Certaines laiteries possèdent des chambres de réfrigération dans lesquelles on porte le beurre devenu trop mou. Enfin, quand le beurre a repris une consistance convenable, on procède à sa salaison et à son dernier malaxage, opérations que nous décrirons chapitre VII, quand nous traiterons de la salaison des beurres destinés au commerce d'exportation.

II. BEURRERIES CENTRIFUGES FRANÇAISES.

1° *Beurrerie centrifuge chez M. Baquet, à Vesly, près Gisors (Eure).*

M. Baquet traite journellement de 2,500 à 3,000 litres de lait, dont il achète la majeure partie aux cultivateurs environnants. Pour écrémer le lait, on se sert d'une turbine Laval installée par M. Pilter, et le rendement moyen en crème est de 12 à 15 litres par 100 litres de lait.

Le lait, étant réchauffé à environ 25° centigrades

[1] Ce qui équivaut bien à un lavage (Note de l'auteur.)

avant de passer par l'écrémeuse, la crème, aussitôt obtenue, est dirigée sur un réfrigérant Lawrence (fig. 8) qui la ramène entre 15° et 16° en hiver et 12° à 14° en été. — Cette crème recueillie dans un seul récipient est maintenue aux températures ci-dessus jusqu'au lendemain matin et remuée à plusieurs reprises pour en faciliter l'acidification; elle est ensuite transvasée dans une baratte danoise, et son barattage dure environ 45 minutes.

Le barattage achevé, voici comment on opère le délaitage du beurre à Vesly, depuis l'introduction par MM. Pilter et Baquet de la délaiteuse centrifuge dans l'industrie laitière. Le beurre, retiré de la baratte à l'état granuleux, est mis dans le sac de la délaiteuse; on tourne, et après 4 ou 5 minutes de rotation, la totalité du lait de beurre est expulsée, de façon que le malaxeur n'a plus pour objet que d'agglomérer le beurre, et quelques tours de cet instrument sont alors suffisants. Dans ce cas, le beurre n'est donc que *délaité*, comme cela se pratique presque exclusivement en Danemark.

Cependant, il arrive que, pendant les grandes chaleurs, on est obligé de laver le beurre pour l'obtenir suffisamment ferme; on procède alors comme il suit, chez M. Baquet : aussitôt le beurre obtenu aussi fin que possible dans la baratte, le lait de beurre est soutiré par un robinet placé au bas de l'instrument, et on le remplace par une quantité d'eau plutôt supérieure à celle du liquide soutiré, et aussi froide que possible; on fait faire au batteur un tour ou deux, on soutire l'eau, que l'on remplace par une autre avec laquelle on laisse le beurre en contact pendant environ 30 à 45 minutes, de façon à lui donner le temps de se raffermir. Le beurre est alors passé à la délaiteuse centrifuge comme dans le premier cas, et l'on en expulse le lait de beurre mélangé d'eau, de façon à le rendre aussi sec que possible; le malaxeur n'a plus alors qu'à agglomérer les granules de beurre, ce que l'on obtient après quelques tours seulement. En opérant ainsi, dit M. Baquet, le beurre n'est ni fatigué, ni échauffé par un pétrissage trop long; or, il est partout admis que moins le beurre est pétri, déchiré, froissé, meilleur il est, le pétrissage lui enlevant sa finesse, altérant sa couleur, modifiant sa pâte au point de lui donner un aspect huileux.

Les beurres obtenus chez M. Baquet sont de qualité supérieure, de telle sorte qu'avant la crise beurrière ils atteignaient fréquemment, aux Halles de Paris, les plus hauts prix des beurres de cette catégorie. Aujourd'hui, M. Baquet expédie la presque totalité de ses excellents produits à destinations particulières.

Autrefois, chez M. Baquet, il fallait toujours de 26 à 30 litres de lait pour obtenir 1 kilogramme de beurre; aujourd'hui, avec le centrifuge Laval, il ne faut jamais plus de 24 litres. Dans l'origine, le lait écrémé était employé à la fabrication de fromages, façon mont-d'or, mais maintenant il est envoyé directement à la porcherie.

Le personnel employé comprend : 1° un chauffeur mécanicien, conducteur de l'écrémeuse; 2° un homme pour le lavage des pots, l'emballage des beurres et le service de la porcherie; 3° une maîtresse beurrière et son aide.

L'ensemble des appareils de cette laiterie (machine à vapeur, centrifuge, baratte, délaiteuse, malaxeur, etc.) représente une dépense d'environ 10,000 francs. La machine à vapeur sert, en outre, à actionner les divers instruments, tels que hache-paille, coupe-racines, etc., employés dans l'exploitation agricole.

Dans une lettre en date du 27 décembre 1894, M. Baquet nous disait : « Je possède, depuis quatre ans, une écrémeuse *Alpha*, du type A1 (catalogue Pilter), avec laquelle j'arrive à un débit de 1,200 litres à l'heure et avec un degré d'écrémage que n'avait jamais dépassé la Laval employée jusqu'alors; avec l'*Alpha* A2, on obtient un débit de 1,800 litres à l'heure. »

Ces débits remarquables, que la maison Pilter ne nous avait pas encore signalés, sont dus à la nouvelle forme des disques mentionnée page 223.

2° *Laiterie-fromagerie du domaine de Fontbouillant, par Montguyon (Charente-Inférieure).*

M. E. Brusley, propriétaire; M. Obissier, directeur.

Ce vaste établissement a été fondé en 1884, afin de lutter contre la disparition des vignes qui ruinait le pays. Répondant à un besoin pressant, cette création a pris rapidement un développement considérable dont le maximum a été en 1890, époque où la réception journalière du lait a dépassé dix mille litres en été et sept mille litres en hiver.

Depuis cette époque, la création de nouvelles beurreries, jointe à l'avilissement du prix du beurre amené par une surproduction et la fraude considérable par la margarine, n'ont pas engagé à faire le nécessaire pour augmenter cette quantité; d'autre part, la disette de fourrage aidant, la réception journalière est descendue, en 1893, à six mille litres en été et quatre mille litres en hiver.

Mais cette dernière cause de diminution dans l'apport journalier en lait n'est qu'exceptionnelle et devra disparaître avec le retour de l'abondance ordinaire du fourrage.

A l'arrivée dans l'usine, le lait réchauffé à la température convenable est écrémé à la centrifuge, et, à cet effet, on emploie deux écrémeuses Laval et une de Burmeister et Wain. Comme force motrice, on utilise d'abord l'eau, la laiterie de Fontbouillant étant bâtie au-dessus de la rivière le Mouzon, qui actionne une turbine pouvant produire, en hiver, dix chevaux de force.

En été, une locomobile de trois chevaux supplée au

manque d'eau, et enfin un générateur de douze chevaux fournit, en hiver, toute la vapeur dont on peut avoir besoin comme agent de chauffage.

A Fontbouillant on retire, en moyenne, de 100 litres de lait 4 kilogr. 200 de beurre, ce qui correspond à 23 litres 8 de lait pour 1 kilogr. de beurre; c'est un rendement très satisfaisant, d'autant plus qu'il est obtenu malgré les mouillages opérés par certains fournisseurs de lait et qu'il n'est pas toujours possible d'empêcher. En outre, ce rendement prouve que le lait fourni par les vaches de cette région est notablement butyreux.

La crème sortant des centrifuges est recueillie dans des vases en fer-blanc, rafraîchie, et, suivant la saison, on expose ces récipients à un courant d'air froid pendant l'été ou a une température plus élevée, dans un local chauffé, pendant l'hiver. Finalement, on s'applique à ce que, pendant l'été, la température de la crème ne s'élève pas au-dessus de 14°, et en hiver ne descende pas au-dessous de 16°.

Les barattes employées sont du système danois (voir p. 266), et quant à la fabrication, les opérations du barattage, du délaitage, de la mise en mottes, sont effectuées dans les meilleures conditions et le beurre obtenu est d'une qualité remarquable. Ce résultat mérite d'autant plus d'être signalé que le lait qui sert à fabriquer ce beurre arrive sur certains points du rayon de ramassage de plus de 40 kilomètres de distance, et que la longue trépidation à laquelle il a été soumis pendant plus de trois heures de voyage doit influer certainement sur la finesse du produit; ceci vient encore à l'appui de la supériorité de la méthode centrifuge dans la fabrication du beurre.

Depuis quatre ans nous recevons, deux fois par mois, du beurre de la laiterie de Fontbouillant, et nous pouvons dire en toute vérité que, sauf pendant les très grandes chaleurs, où il nous arrive un peu mou et légèrement éprouvé par un voyage d'environ 550 kilomètres, et alors qu'il compte près de deux jours de fabrication, on peut le comparer, tout le reste de l'année, aux meilleurs beurres de Gournay, comme goût, arome, fraîcheur à la bouche; il montre, en outre, une résistance très remarquable au rancissement.

Il est vraiment regrettable que l'avilissement du prix des beurres, depuis deux ans, fasse craindre, comme nous le démontrerons plus loin, que l'industrie beurrière, autrefois si prospère dans cette région du Sud-Ouest, n'ait plus maintenant qu'un avenir incertain.

3° *Fabrication du beurre de centrifuge dans la laiterie de Chaumont en Vexin* (*Oise*).

Quand nous avons décrit la laiterie de Chaumont. nous avons dit, page 137, que le lait qui n'était pas expédié à Paris était passé à l'écrémeuse centrifuge et la crème transformée en beurre. Nous reproduisons ici la planche III, qui représente la salle des écrémeuses, et nous allons indiquer la série des opérations qui s'y effectuent.

Le lait destiné à être écrémé est amené du réservoir supérieur (fig. 73) dans le réchauffeur, qui n'est autre que le petit pasteurisateur Fjord dont il a déjà été question page 62; il sort à la température de 25° environ et se rend dans les écrémeuses. Quant à la crème, elle est recueillie dans des topettes et refroidie à 12° ou 13° par son passage immédiat sur un réfrigérant cylindrique (fig. 196, pl. III, à gauche, et fig. 197.)

La crème refroidie est reçue, à la sortie du réfrigérant, dans des pots à lait dans lesquels on la conserve jusqu'au moment où son degré d'acidification est jugé suffisant pour que l'on puisse la baratter. Pendant cette acidification les pots à crème restent imparfaitement fermés.

Cette conservation a lieu dans un bac qui figure à gauche et au fond de la salle (pl. III), et qui fait suite à

Fig. 196, pl. III (p. 138)

la baratte à tonneau. Ce bac reçoit un courant d'eau fraîche se déversant par trop-plein, qui maintient la température de la crème entre 12° et 13° en été; il renferme, en outre, un barboteur à vapeur qui permet, même pendant les grands froids, de conserver à la crème une température de 14° à 15° et d'élever cette température jusqu'à 16° ou 17°, au moment du barattage. Le séjour des pots à crème dans le bac est d'environ 24 heures, pendant lesquelles a lieu l'acidification, et, pour la favoriser, on remue plusieurs fois la crème pendant ce laps de temps, avec une longue spatule en bois. Le barattage, le malaxage et la mise en mottes complètent le travail effectué dans cette salle, et ces opérations ont lieu conformément à la méthode suivie le plus habituellement en France. La baratte employée est la normande (système Simon et fils); le beurre est lavé dans la baratte même, il est porté ensuite sur un malaxeur Pilter, et après 10 à 12 tours au plus, il est mis en mottes de 10 kilogr. dans un moule à charnières (fig. 179).

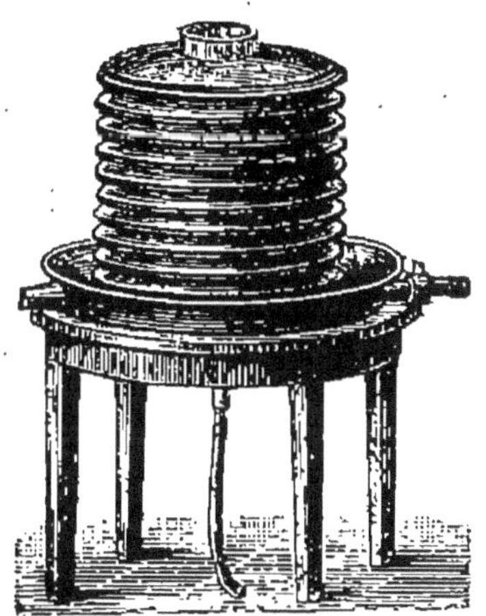
Fig. 197.

D'après M. Biron, on peut, en hiver, se dispenser de laver le beurre dans la baratte et se contenter de le passer au malaxeur, dès qu'il est pris en grain; mais en été, le lavage à l'eau fraîche est indispensable, autrement le beurre resterait trop mou. Quant aux mottes de beurre, elles sont conservées, jusqu'au moment de leur expédition, dans de l'eau très fraîche que contient un grand bassin visible à droite et au premier plan de cet atelier.

Nous pourrions citer encore d'autres beurreries centrifuges françaises, mais ce serait inutile, parce que, sauf quelques différences de détail de peu d'importance, nous y retrouverions sensiblement les mêmes pratiques.

Nous préférons résumer ici en quelques lignes la série des opérations effectuées dans nos beurreries françaises, afin d'en faciliter la comparaison avec celles des beurreries des pays du Nord.

Ces opérations sont les suivantes :

1° Réchauffage à 25°, en moyenne, du lait destiné à l'écrémeuse ;

2° Refroidissement de la crème, à 12° ou 13° en été, 14° ou 15° en hiver, immédiatement à la sortie du centrifuge ;

3° Conservation de la crème à cette même température, pendant 24 heures, dans des récipients imparfaitement bouchés ;

4° Agitation de cette crème, à quatre ou cinq reprises différentes pendant cette période, c'est-à-dire jusqu'au moment du barattage ;

5° Réchauffage préalable de la crème fermentée, jusqu'à la température reconnue la plus favorable au barattage, suivant la saison et le système de baratte employé ;

6° Barattage, délaitage du beurre, avec ou sans eau, avec ou sans délaiteuse centrifuge, malaxage, etc., le tout suivant les saisons ou les habitudes dans chaque laiterie.

On voit que dans ce résumé des opérations il n'est point question, comme en Danemark, par exemple, d'acidification spéciale de la crème avec des ferments spéciaux ; dans nos beurreries françaises, cette acidification s'opère d'elle-même, en 24 heures, sous l'influence des ferments lactiques contenus naturellement dans la crème, et sans doute aussi de ceux dont l'atmosphère et les ustensiles des laiteries sont imprégnés.

C'est en suivant cette méthode, beaucoup plus simple que celle des pays du Nord, que l'on obtient ces excellent beurres de centrifuge dont nous aurons bientôt l'occasion de reparler.

Pasteurisation de la crème, à Chaumont. — Dans cette

laiterie, la crème est encore soumise, quelquefois, à une opération supplémentaire, la *pasteurisation;* voici dans quelle circonstance.

M. F. Biron a constaté dans ses nombreux dépôts que la pasteurisation de la crème est utile dans les cas suivants :

1° Quand on constate certains défauts de goût ou de qualité dans des beurres obtenus avec des laits reconnus douteux;

2° Lorsque la crème est destinée à être expédiée et vendue en nature sous le nom de : crème d'Isigny, crème de Normandie, etc., et dont il importe, surtout en été, de retarder l'acidification.

Or, comme à Chaumont les beurres obtenus sont bons, la pasteurisation de la crème destinée à leur fabrication n'aurait pas sa raison d'être; mais quant à la crème réservée pour la vente directe, on la pasteurise dès que la température extérieure dépasse 18°.

Cette pasteurisation s'effectue très simplement dans les pots mêmes qui ont servi à recueillir cette crème à la sortie des centrifuges et que l'on plonge dans un petit barboteur à vapeur, celui que l'on aperçoit à gauche et en avant du réfrigérant cylindrique (pl. III). A cet effet, on dirige un jet de vapeur dans l'eau du barboteur jusqu'à ce que la température s'élève à 70°, on y maintient les pots à crème pendant au moins 5 minutes, après lesquelles la crème est transvasée immédiatement sur le réfrigérant cylindrique et recueillie dans de nouveaux pots que l'on plonge dans le bac réfrigérant à côté des crémières. Seulement, comme il importe de retarder le plus possible l'acidification de cette crème, les pots qui la renferment sont maintenus presque complètement fermés, jusqu'au moment de l'expédition.

Nous avons dit, page 352, que lorsqu'on se trouvait dans des conditions telles que, faute d'une laiterie convenablement aménagée, on ne pouvait faire une bonne application de la méthode dite tempérée, il fallait absolument avoir recours à l'une des deux méthodes :

A. Méthode tempérée, perfectionnée ;

B. Méthode centrifuge.

Nous avons exposé dans tous ses détails, page 352, la première méthode, nous allons en faire de même pour la seconde.

MÉTHODE CENTRIFUGE.

Fabrication du beurre dans une ferme dont la production journalière en lait ne dépasse pas 60 litres en deux traites.

Nous considérons cette production comme la limite d'emploi d'une écrémeuse centrifuge telle que celle dite : *Alpha Colibri.* (Voir p. 227.)

Nous supposerons comme précédemment, page 360, que les opérations commencent le lundi matin.

Lundi matin. — 1er *traite*, 30 litres répartis dans deux pots de 16 à 18 litres et plongés immédiatement dans le bac réfrigérant.

2e *traite*, le soir, même traitement. — Le lait du matin remué à deux ou trois reprises, avec la spatule, pendant la journée, les pots à lait, dans cette méthode, n'étant pas complètement immergés dans l'eau.

Mardi matin. — *Ecrémage centrifuge des deux traites* après réchauffage du lait; le réchauffage portera sur 15 litres de lait à la fois et pourra s'effectuer comme il suit :

Dans un récipient T (fig. 198) en fer étamé de 40 litres de capacité, on versera le contenu d'un des pots du bac réfrigérant et on plongera dans le lait un réchauffeur de 20 litres de capacité (fig. 199) et rempli d'eau chaude à 40°, on remuera le lait avec la grande spatule, jusqu'à ce que sa température soit ramenée entre 27° et 28°. Le réchauffeur retiré du récipient, on ouvrira le robinet, et le lait chaud, recueilli dans le seau S, sera immédiatement transvasé dans le récipient alimentateur de l'écrémeuse Colibri et l'on commencera l'écrémage. Pendant ce temps, on sortira du bac un second pot de lait que l'on videra dans le récipient T ; on y plongera le réchauffeur rempli une seconde fois d'eau à 40°, on transvasera le lait réchauffé dans l'alimentateur du centrifuge. On répétera quatre fois cette opération de façon que les 60 litres de lait passent dans l'écrémeuse dans l'espace d'une heure.

Quant à la *crème recueillie*, son volume pourra être

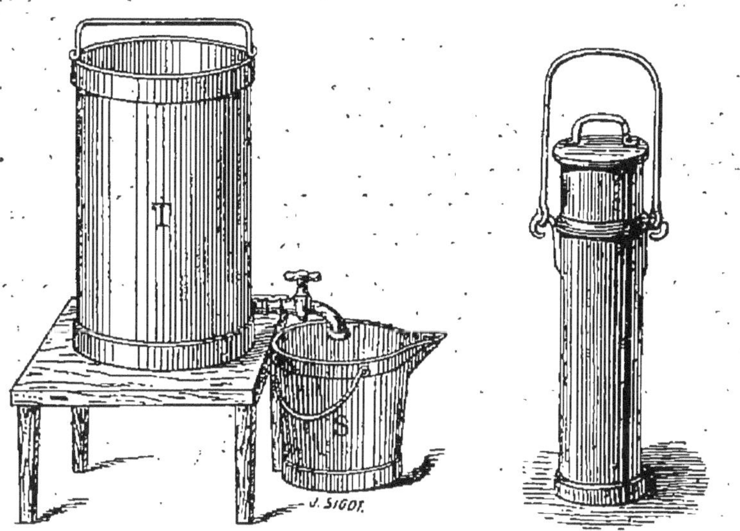

Fig. 198. Fig. 199.

de $8^l,5$ à 9 litres, qui seront transvasés dans une crémière P de 20 litres (fig. 194), que l'on plongera immédiatement dans le bac réfrigérant.

Mardi matin (suite). — Les deux traites de cette journée seront traitées comme celles du lundi, passées au centrifuge le *mercredi matin*, et la crème obtenue sera transvasée dans la crémière, qui contient déjà la crème de la veille. On aura ainsi 18 litres qu'on mélangera bien intimement et qu'on laissera fermenter jusqu'au *jeudi soir* 4 heures. Comme nous l'avons déjà dit (p. 361), la première crème, celle du mardi matin, servira de *levain* à la seconde, de telle sorte que le mélange pourra être baratté le *jeudi*, vers 4 heures du soir.

Le *premier* barattage ayant lieu le *jeudi soir*, par suite, comme il a été dit page 362, le second se fera le *samedi soir* et l'on n'aura que deux barattages à effectuer par semaine.

Tout ce que nous avons dit page 374, relativement à la suite des opérations, s'appliquant à la fabrication du beurre par la méthode centrifuge, nous n'y reviendrons pas ici. Nous ajouterons seulement que la quantité de crème retirée des 60 litres de lait étant d'environ **18** litres au lieu de **15**, comme précédemment page 362, la quantité de beurre obtenue avec la seconde méthode pourra atteindre **4** kilogr. **800** au lieu de **4** kilogr.

Avertissement. — L'écrémeuse Colibri pourrait, à un certain moment, avoir besoin d'une réparation pendant laquelle la fabrication du beurre se trouverait momentanément suspendue. Pour éviter cette perte de temps et d'argent, nous conseillons à nos lecteurs d'adopter, même pour cette méthode, comme récipients à lait destinés à être plongés dans le bac jusqu'au moment de l'écrémage centrifuge, les crémeuses (figure 187), avec les obturateurs et bagues en caoutchouc que l'on mettra en réserve.

Grâce à cette précaution, s'il survenait un petit accident au séparateur à la main, on pourrait immédiatement substituer à la méthode centrifuge celle du crémage en vase clos, que nous avons décrite dans tous ses détails, page 360; et le seul inconvénient de cette substitution serait de retirer de la même quantité de lait un peu moins de beurre, pendant la durée de la réparation du centrifuge.

On trouvera, chapitre x, le plan et le devis d'une petite laiterie fonctionnant avec le séparateur *Alpha Colibri.*

BEURRE DE PETIT-LAIT.

Ce beurre est celui fabriqué avec la crème prélevée sur le liquide qui se sépare du caillé dans la fabrication des fromages à pâte molle et de chaudière. Dans les fromageries où l'on fabrique des fromages absolument *gras*, c'est-à-dire où l'on met en présure le lait vierge de tout écrémage, il ne faut jamais négliger ce mode d'utilisation du petit-lait, car la quantité de matière grasse non retenue dans le caillé est souvent considérable.

Habituellement, dans les chalets et les fruitières, on tire du petit-lait qui reste dans la chaudière, après la sortie du fromage, deux produits : du *beurre* et du *sérai*. (Pour ce dernier, voir 3e partie.)

Beurre de petit-lait. — Ce beurre, appelé en Suisse *grasseion*, est généralement de très médiocre qualité, ce qui tient à la méthode même de fabrication, qui est la suivante :

On introduit ce petit-lait dans une chaudière et on le chauffe jusqu'à la température voisine de l'ébullition, environ 90°. Il se forme d'abord, à la surface du liquide, une légère couche d'écume, puis une autre plus épaisse de matière grasse : c'est la crème du petit-lait, que l'on enlève avec une poche et que l'on met à égoutter sur un linge pendant 24 heures, après lesquelles on procède au barattage. Le beurre obtenu dans ces conditions a toujours une saveur légèrement acide et un goût de cuit ; mais ce serait une erreur de croire que la crème de petit-lait ne peut donner qu'un beurre de qualité inférieure.

Pour obtenir, au contraire, avec le petit-lait un beurre de bonne qualité moyenne, il suffit de traiter ce liquide par l'un des deux procédés suivants :

1° *Refroidissement immédiat du petit-lait de chaudière ;*

2° *Ecrémage centrifuge.*

Le premier procédé, que nous recommandions il y a dejà vingt ans et que nous appliquions dans notre fromagerie d'Épône (Seine-et-Oise), consiste à ramener immédiatement le petit-lait, dès la sortie du fromage de la chaudière, à une température de 12° à 13°, avant de l'abandonner au crémage naturel. On y parvient de deux façons : 1° en plongeant les récipients qui contiennent ce petit-lait chaud dans des bacs où circule un courant continu d'eau froide ; 2° en faisant passer immédiatement ce petit-lait sur un des réfrigérants précédemment décrits, chapitre III.

Une fois le petit-lait refroidi à la température voulue, on l'y maintient pendant 24 à 36 heures, on l'écrème et on opère la fabrication du beurre comme il a été dit page 340 (méthode dite tempérée).

Écrémage centrifuge. — Le petit-lait passé au centrifuge s'écrème aussi bien que le lait entier, et l'écrémeuse Mélotte convient très bien pour effectuer cette opération. Quand il s'agit du petit-lait d'un fromage de chaudière, il suffit que sa température ne soit pas descendue au-dessous de 40° pour qu'on puisse le faire passer directement de la chaudière dans le bol séparateur ; dans le cas contraire, comme c'est le cas pour le petit-lait fourni par l'égouttage des fromages gras à pâte molle, il est nécessaire de le réchauffer au préalable, en employant l'un des réchauffeurs précédemment indiqués.

Dans notre fromagerie d'Épone, où nous fabriquions un fromage gras similaire du Port du Salut, nous retirions du petit-lait soumis à un refroidissement immédiat et pour 100 litres de lait entier, environ un kilogr. de beurre qui, dans le pays se vendait 3 francs.

A la même époque, dans sa fromagerie de Villeblevin (Yonne), M. Lecomte traitait de la même manière le petit-lait séparé du fromage gras de Gruyère et obtenait, en moyenne, 10 kilogr. de beurre par 1,000 litres de lait.

A la station laitière de Trente, en 1887, M. Chevalley

a appliqué en grand cette même méthode du refroidissement immédiat et continu, et a retiré de 1,000 litres de lait, ayant servi à fabriquer un fromage gras de Gruyère, 12 kilogr. de beurre de petit-lait, très recherché, paraît-il, par les pâtissiers.

Nous reviendrons sur ce sujet quand nous traiterons de la fabrication du fromage de Gruyère.

CARACTÈRES DES BONS BEURRES.

Les qualités d'un bon beurre résident dans sa fermeté, son arome, sa saveur, la propreté et les soins apportés à sa préparation, d'où dépend la durée de sa conservation.

Les bons beurres ne doivent être ni mous ni cassants; ils doivent avoir une odeur légèrement aromatique, une saveur analogue à celle de la noisette fraîche, et être exempts d'impuretés, ainsi que de lait de beurre ; un beurre mal délaité ne tardant pas à rancir, il est utile de savoir reconnaître ces produits de qualité inférieure. Pour cela, il suffit de couper dans la motte de beurre une tranche mince; si le délaitage est insuffisant, on verra immédiatement suinter sur les sections fraîches de cette tranche un grand nombre de petites gouttelettes blanches de lait de beurre.

En outre, quand les beurres ont été colorés artificiellement, ils doivent présenter une coloration absolument uniforme dans toute leur masse.

III. DE L'UTILITÉ EN FRANCE DES FERMENTS LACTIQUES SÉLECTIONNÉS.

Nous avons dit, p. 335, que nous reviendrions sur cette question à l'ordre du jour; nous allons le faire ici.

Les ferments lactiques dont on parle tant depuis quelques années, dans les pays du Nord, sont l'extension de la théorie microbienne de Pasteur, mais chez nous, dans la pratique de l'industrie beurrière, ils pourraient bien en être l'exagération, parce que sans eux, en France, avec du bon lait on obtient de bons beurres[1].

En effet, il est bien difficile d'admettre que le climat, la nourriture des vaches, etc., n'aient pas une influence sur l'arome et la saveur du beurre, comme ils en ont sur la composition et les propriétés organoleptiques du lait. Or, s'il est reconnu que la saveur et le bouquet des beurres sont la conséquence de la décomposition des *glycérides* à acides volatils (voir p. 335) de la matière grasse, sous l'influence combinée de l'oxygène de l'air et des ferments lactiques, nous ne voyons pas l'avantage qu'il peut y avoir pour nous d'introduire, dans notre crème indigène, des ferments étrangers, puisque les nôtres bien utilisés donnent d'excellents résultats.

Selon nous, les qualités qui font la supériorité de nos *bons* beurres sur tous ceux des autres pays sont dues surtout à ce que, grâce à notre *climat tempéré*, les circonstances qui accompagnent l'acidification spontanée de la crème dans nos fermes sont *naturellement* très favorables ou peuvent être rendues telles, sans beaucoup d'efforts.

Le développement et la prédominance des bons ferments lactiques dans cette crème doit être surtout la conséquence des soins apportés à la fermentation de celle-ci, et sans doute aussi à ce que les ustensiles, les parois de la laiterie, comme l'atmosphère ambiante, sont imprégnés depuis longtemps des germes favorables qui, avec les soins voulus, déterminent dans la crème la meilleure acidification.

Nos *bons* beurres français, normands, bretons, de centrifuge, etc., n'ont pas tous le même goût, le même arome, pas plus que nos bons vins; il semble qu'il y ait là aussi une question de cru; mais nous ne croyons pas qu'il puisse y avoir un avantage sérieux pour nous,

1. Obissier, directeur de la beurrerie de Fontbouillant.

même si la chose était possible, à uniformiser le goût de tous nos beurres; que ceux-ci soient de qualité irréprochable, voilà l'important.

Nous savons qu'il est loin d'en être ainsi pour tous les beurres français; que, dans certaines régions, les produits fabriqués sont absolument inférieurs; mais nous ne croyons pas que les levures sélectionnées étrangères ou indigènes soient indispensables pour modifier les qualités de ces beurres.

Généralement les causes de l'infériorité de ces produits sont celles énumérées page 350, et en particulier leur mauvaise fabrication.

Dans les pays réputés pour l'excellence de leurs beurres, comme Isigny, Gournay, on observe fréquemment des différences notables dans les qualités des beurres de deux fermes voisines, bien que ceux-ci aient été fabriqués avec des laits fournis par des vaches de même race, soumises au même régime, etc. Or, il est évident que ces différences ne peuvent provenir que d'un vice de fabrication, conséquence des négligences apportées pendant le crémage, la fermentation de la crème, etc. Dans ces conditions, on aura beau introduire des ferments lactiques étrangers dans la ferme qui donne des produits inférieurs, si l'on ne change pas le mode de fabrication, le beurre sera toujours mauvais; dès lors, il vaut infiniment mieux commencer par améliorer le mode opératoire avant d'avoir recours à un ferment sélectionné qui devra rester impuissant ou pourra même fournir un résultat plus mauvais.

D'autre part, en ce qui concerne tous ces *petits beurres*, de si médiocre qualité, dont nous avons parlé déjà page 351, ce serait également une erreur de croire qu'il suffirait, pour les rendre bons, d'introduire dans la crème qui les fournit des levures sélectionnées, empruntées même à nos meilleurs pays de production beurrière, l'introduction de ces levures ne pouvant faire disparaître en même temps toutes les causes de mauvaise fabrication énumérées précédemment.

Nous avons indiqué la marche à suivre pour transformer ces mauvais beurres en d'autres infiniment supérieurs, et cité comme exemple les résultats remarquables obtenus dans l'Indre, à la ferme de Cungy (voir p. 351), en modifiant simplement les procédés de fabrication habituellement suivis dans la région.

D'autre part, nous avons décrit deux méthodes, pages 352 et 376 : 1° la méthode tempérée perfectionnée; 2° la méthode centrifuge, chacune d'elles combinée de façon à permettre d'obtenir de bons beurres, même dans les plus petites fermes, et cela sans venir en compliquer la fabrication par l'introduction dans la laiterie du *tonneau à ferment*, nous souvenant de ce que le savant docteur Fleischmann avait écrit autrefois à ce sujet : « Les variations dans les qualités des beurres des pays du Nord ont le plus souvent leur origine dans le tonneau à crème. »

Il ne faut pas perdre de vue, en effet, que la méthode normande comme celle dite centrifuge, appliquées en France pour la fabrication du beurre, apparaissent d'une simplicité remarquable, quand on les compare à celle suivie dans les pays du Nord. Chez nous, l'acidification de la crème s'opère *spontanément* et dans les meilleures conditions, pourvu que la température du milieu soit maintenue convenable; ce qui tient, nous l'avons dit plus haut, à notre climat tempéré, qui ne nous oblige pas comme en Danemark, par exemple, à lutter pendant huit mois de l'année contre des froids qui tendent constamment à paralyser l'action des ferments lactiques naturels et entraver, par suite, l'acidification.

En Danemark, on commence par refroidir la crème entre 4° et 9° au maximum, au sortir du centrifuge, et la maintenir à cette même température pendant quelques heures, dans le but de paralyser l'action de tous les ferments que cette crème renferme. Il faut donc ensuite la réchauffer à 15° en été et 22° en hiver pour que la fermentation puisse s'y établir. Mais étant donnée la rigueur du climat, cette crème même réchauffée ne pourrait devenir, comme chez nous, le siège d'une fermentation *spontanée* suffisamment active ; et il devient nécessaire de la provoquer et de l'entretenir à l'aide d'un ferment énergique qui a demandé dix-huit à vingt heures de préparation. Enfin, quand la fermentation est terminée, il faut habituellement refroidir cette crème à la température convenable pour le barattage.

En France, au contraire, que l'on emploie, pour obtenir de bon beurre, la méthode normande ou la méthode centrifuge, la série des opérations à effectuer se résume en ceci :

MÉTHODE NORMANDE.

1° *Crémage* du lait à l'air libre, à la température de 12° ou 14°, pendant vingt-quatre heures en été, trente-six heures en hiver ; 2° *acidification spontanée de la crème*, à 14° en été, 16° à 17° en hiver, pendant vingt-quatre ou trente-six heures suivant la saison ; 3° *barattage*.

MÉTHODE CENTRIFUGE.

1° *Refroidissement* de la crème entre 12° et 14°, à la sortie de l'écrémeuse ; 2° *acidification spontanée de la crème*, comme ci-dessus ; 3° *barattage*.

Or, puisqu'en opérant d'une façon aussi simple on obtient, en France, d'excellents beurres, pourquoi venir compliquer nos méthodes de l'emploi de ferments artificiels, de levures sélectionnées, etc. ?

M. Baquet, qui a visité les pays du Nord, étudié sur place la fabrication du beurre dans ces pays et introduit chez nous quelques perfectionnements, notamment au point de vue du barattage, du délaitage des beurres, etc., nous disait récemment : « La France est assurément le pays du monde entier où l'on fait le meilleur beurre, et cela depuis bien longtemps, et certes les bons Normands auxquels revient cet honneur ont toujours ignoré le *ferment lactique spécial;* donc, on peut faire du bon beurre en *France* sans cette panacée. »

En résumé, c'est seulement pendant trois mois de froid qu'il nous faut prendre quelques précautions bien simples pour conserver dans nos laiteries la douce température nécessaire pour que la fermentation convenable se produise *spontanément* et presque à notre insu. En Scandinavie, au contraire, c'est pendant huit ou neuf mois que les praticiens ont à lutter contre les rigueurs du climat. Chez nous, c'est bien plus contre la chaleur que nous avons à nous défendre pendant trois ou quatre mois; de là la différence de méthodes employées, et à laquelle il faut certainement attribuer les merveilleux résultats obtenus par les bas Normands, et que n'ont certainement pas encore atteints les Danois ou les Suédois.

Néanmoins; comme nous ne voulons pas que l'on nous croie systématiquement hostile à l'emploi de ces *ferments sélectionnés*, et pour satisfaire au désir que pourraient avoir certains de nos lecteurs d'en essayer l'emploi, dans l'espoir d'obtenir de meilleurs produits, nous leur indiquerons la marche à suivre pour tenter cet essai.

Essai d'un ferment sélectionné.

Se faire envoyer d'une ferme renommée, de Normandie, par exemple, un pot de quelques litres de crème fermentée et prélevée dans la crémière, quelques heures avant le barattage dans cette ferme.

A la réception, conserver l'échantillon de crème fermentée dans de l'eau aussi froide que possible, dans un vase fermé, jusqu'au moment de s'en servir.

Ajouter à la crème obtenue chez soi, et immédiatement après l'écrémage, 2 pour 100 de l'échantillon (2 litres pour 100 litres), après avoir eu le soin d'enlever quelques centimètres de la couche supérieure dudit échantillon qui pourrait s'être ensemencé de ferments nuisibles.

Bien mélanger le ferment, refermer imparfaitement le récipient et conserver la crème ensemencée à une température de 15° à 18°, suivant la saison.

Au bout de 24 à 36 heures, transvaser la crème dans la baratte, mais auparavant prélever sur la masse une certaine quantité de la crème ensemencée que l'on conservera dans de l'eau très froide et un récipient fermé; ce sera le *ferment* ou *levain* pour l'opération suivante.

Continuer ainsi pendant plusieurs jours, goûtant chaque fois les beurres obtenus, et si l'on constate une amélioration dans les qualités des produits, essayer une opération à *blanc*, c'est-à-dire sans le concours du ferment extérieur. Si le beurre obtenu se montre aussi bon que les précédents, on pourra en conclure que l'atmosphère comme les ustensiles de la laiterie sont désormais imprégnés *suffisamment* des ferments favorables à une bonne acidification de la crème et considérer la période d'acclimatation des bons germes comme terminée.

Nous faisons des vœux pour que ceux de nos lecteurs qui feront cette expérience obtiennent des résultats qui leur donnent toute satisfaction, et nous leur serions particulièrement reconnaissant de nous le faire savoir.

CHAPITRE VII

I. Conservation du beurre. — Rajeunissement ou rhabillage des beurres altérés. — Fusion ou Fonte. — II. Salaison du beurre. — Beurres demi-sel et salés. — Malaxage et salaison des beurres destinés au commerce en gros ou a l'exportation.

I. — CONSERVATION DU BEURRE.

Dans les ménages, on peut conserver *frais*, pendant douze à quinze jours, du beurre bien délaité, en le soustrayant à l'action de l'air et de la lumière, de la manière suivante : on comprime ce beurre dans des vases dits *beurriers*, qui sont retournés ensuite sur une assiette ou un plat creux contenant de l'eau pure ou légèrement salée, que l'on renouvelle tous les jours.

Procédé Appert. — Appert a appliqué au beurre son procédé général de conservation des substances alimentaires, c'est-à-dire la chaleur [1].

A cet effet, il prenait du beurre frais d'excellente qualité, parfaitement délaité et pressé dans un linge, afin de le débarrasser le mieux possible de son humidité; il l'introduisait alors par petits morceaux dans des bocaux en verre et l'y tassait de façon à ne pas laisser de vides. Ces bocaux, une fois bouchés hermé-

[1] Ce que l'on appelle aujourd'hui pasteurisation ou stérilisation.

tiquement au moyen de bouchons de liège lutés et fixés par un fil de fer croisé, étaient placés dans un bain d'eau froide, qu'il chauffait jusqu'à l'ébullition. Il retirait alors les bocaux, les laissait refroidir et les plaçait ensuite dans un lieu frais.

Du beurre ainsi traité conservait sa fraîcheur et ses qualités pendant plus de six mois.

Une composition très recommandée pour la conservation du beurre est la suivante : salpêtre ou nitre, une partie; sucre, une partie; sel marin, deux parties. Le mélange intime de ces trois substances est incorporé au beurre, à raison de 10 grammes par demi-kilogr.

En grand, les procédés de conservation du beurre sont la *salaison* et la *fusion;* nous les décrirons un peu plus loin.

DU RAJEUNISSEMENT DES BEURRES.

Les marchands en gros désignent sous le nom de *rajeunissement,* ou plus souvent de *rhabillage,* l'opération qui a pour but d'améliorer sensiblement les qualités des beurres qui ont subi un commencement de rancissement. Plusieurs procédés ont été proposés pour arriver à ce résultat.

I. — On pétrit d'abord le beurre avec de l'eau fraîche, dans une cuve ou à l'aide d'un des malaxeurs précédemment décrits, chapitre IV. Le pétrissage terminé, on malaxe le beurre une seconde fois avec 12 à 15 pour 100 de crème ou de lait frais, dans une baratte ou un baquet. On laisse ensuite le beurre se reposer et durcir dans de l'eau aussi froide que possible, après quoi on le met en mottes.

II. — On coupe en petits morceaux le beurre altéré et on l'introduit dans une baratte avec du babeurre ou lait de beurre d'un barattage précédent, on le travaille dans la baratte pendant un certain temps, après quoi le beurre est traité comme on le fait habituellement pour du beurre frais.

III. — Pour les beurres fortement *rances*, on a conseillé de les malaxer d'abord avec une solution étendue de carbonate de soude, et de les pétrir ensuite avec 12 ou 15 pour 100 de lait frais, et finalement de les travailler avec de l'eau fraîche.

FUSION ET FONTE DU BEURRE.

On fond le beurre à feu nu ou au bain-marie. La fonte à feu nu consiste à placer le beurre dans un chaudron en cuivre d'une capacité convenable et à l'exposer à un feu clair, égal et modéré. Le beurre fond, les matières impures qu'il renferme tombent au fond du vase ou viennent se réunir à sa surface sous forme d'écumes; on remue doucement le liquide, on enlève les écumes au fur et à mesure de leur production, et quand il ne s'en forme plus, on laisse refroidir jusqu'à 50° ou 60°; le liquide éclairci est ensuite décanté dans des pots en grès à orifice étroit [1].

Une fois figé, le beurre est recouvert d'une couche de sel, et le vase fermé avec un papier fort fixé par une attache.

Pour fondre le beurre au bain-marie, ce qui est bien préférable, il suffit de placer le vase rempli de beurre dans un autre contenant de l'eau que l'on chauffe jusqu'au point de fusion de la matière grasse.

Une bonne pratique, au moment où l'on opère la décantation du beurre fondu, consiste à le passer à travers une toile destinée à retenir les impuretés qui pourraient être entraînées.

[1] Le résidu de cette décantation peut ensuite être versé dans un pot à moitié rempli d'eau bouillante; on agite le tout avec une spatule de bois; les matières qui forment le dépôt tombent au fond, et le beurre, qui en est débarrassé, se fige à la surface par refroidissement. Ce beurre devra être consommé le premier dans la ferme, à moins qu'on ne préfère le fondre de nouveau et le verser dans un pot pour le conserver.

Du beurre fondu bien préparé peut se conserver sans altération pendant au moins un an; si après sa fusion on le sale, la durée de sa conservation est encore plus grande.

Le meilleur beurre fondu est celui fabriqué avec du beurre frais au sortir de la baratte, mais il arrive souvent que l'on est obligé de fondre des beurres invendus et qui commencent à rancir.

Dans ce cas, on commence par les malaxer dans l'eau fraîche ou légèrement alcaline; puis on les fond en ajoutant dans le chaudron un poids d'eau égal à celui du beurre. Pendant la fusion, on brasse fortement, et l'on obtient finalement un beurre fondu de qualité moyenne.

Les beurres fondus d'Auvergne fournissent un excellent produit comme usage et comme conserve; ceux du Morbihan sont également très-bons. Montargis, dans le Loiret, et Mortagne, dans l'Orne, sont aussi deux centres importants de fabrication de beurre fondu. Actuellement, à Paris, le kilogr. de beurre fondu se vend, en moyenne, aux prix suivants :

	fr. c.		fr. c.
En gros	2 25	à	2 50
En détail	2 50	à	3 »

SALAISON DU BEURRE.

Nous avons vu précédemment que le pétrissage à sec et même le lavage le plus parfait étaient insuffisants pour débarrasser complètement le beurre des éléments constitutifs du lait de beurre qu'il a retenus. Le salage, au contraire, permet de pousser plus loin l'expulsion de ces matières qui favorisent son altération. En effet, les grains de sel incorporés à la masse forment bientôt de grosses gouttes de saumure tenant en dissolution et en suspension les parties constitutives du lait de beurre, et quand vient ensuite le malaxage de ce beurre salé, cette saumure s'écoule facilement. En outre, le sel qui reste dans la masse empêche le développement des mucédinées et des microbes, retarde plus ou moins longtemps la décomposition spontanée des glycérides volatils du beurre et par suite le rancissement de ce produit.

Dans le commerce, le beurre est dit *salé* ou *demi-sel*, suivant la proportion pour 100 de sel qu'il renferme.

Composition moyenne des beurres salés d'après Fleischmann.

	BEURRE SALÉ (demi-sel) non lavé.	BEURRE SALÉ (demi-sel) non lavé.	BEURRE DE CONSERVE fortement salé.
Eau	12,50	13,00	9,50
Matière grasse	84,15	83,96	83,75
Matières azotées	0,60	0,47	0,65
Sucre de lait	0,55	0,45	0,60
Sels minéraux	2,20	2,12	5,50
	100,00	100,00	100,00

D'autre part, M. Duclaux a analysé un certain nombre de beurres demi-sel et salés exposés au concours général de Paris, en 1886, et leur a trouvé la composition suivante :

BEURRES DEMI-SEL ET SALÉS ANALYSÉS PAR M. DUCLAUX [1].

	BEURRES SALÉS							BEURRES demi-sel		
	D'ISIGNY				DE VALOGNES			DE LA PRÉVALAYE		
	Nos 23	24	25	32	28	33	34	29	30	18
Eau	12,33	12,83	12,86	9,68	12,35	8,47	10,09	16,02	14,21	12,91
Matière grasse	81,23	85,17	80,81	83,23	80,00	83,17	84,13	79,40	83,03	83,93
Sel marin	6,03	1,70	5,84	6,22	6,20	6,57	4,47	2,25	1,81	2,25
Sucre de lait	0,03	0,10	0,24	0,34	8,36	0,40	0,42	0,80	0,70	0,52
Caséum et sels	0,38	0,20	0,25	0,53	1,09	1,39	0,89	1,53	0,25	0,39
	100,00	100,00	100,00	100,00	100,00	100,00	100,00	100,00	100,00	100,00

[1] Duclaux, *le Lait*, p. 326 et suiv.

Nos 23, 24, 25. — Beurres en boîtes hermétiquement closes, comprimés et plus ou moins salés. Après trois mois de conservation, au moment de l'analyse, ces beurres étaient encore très bons, bien qu'inférieurs aux beurres absolument frais.

No 32. — Beurre retour du Brésil, plus d'un an de date; sa fraîcheur avait disparu, et il présentait un arrière-goût assez prononcé.

Nos 28 et 33. — Malgré quelques mois de fabrication, ces beurres avaient encore une saveur très agréable.

No 34. — Beurre retour du Brésil, plus rance à l'odorat qu'au goût, qui était resté agréable.

Nos 29 et 30. — Beurres en boîtes closes, d'âges indéterminés au moment de l'analyse.

No 18. — Beurre demi-sel, frais, primé au concours de 1887.

La Bretagne produit annuellement des quantités considérables de beurre demi-sel et salé; nous en reparlerons par la suite.

Salaison du beurre dans le pays de Bray.

Dans cette région, on prépare le beurre demi-sel ou salé comme il suit : dès que le beurre a été parfaitement délaité, on l'étale en couches minces sur une grande table préalablement mouillée, on répand dessus du sel gris desséché au four et broyé, à raison de 30 à 60 grammes par kilogramme de beurre; on le pétrit ensuite à la main, et mieux sur un des malaxeurs indiqués chapitre IV, jusqu'à ce que l'incorporation du sel soit complète et uniforme.

Ce beurre demi-sel ou salé est ensuite comprimé dans des vases en grès qui peuvent en contenir 10 à 15 kilogrammes; une fois remplis, on les abandonne à eux-mêmes dans un lieu frais pendant une huitaine de jours. On comble ensuite le vide qui a pu se former à la partie supérieure, avec une dissolution saturée de sel à froid; et quand arrive le moment d'expédier le beurre, on fait écouler la saumure et on la remplace par une couche de sel de même épaisseur.

Quand le beurre demi-sel ou salé est bien préparé, il conserve un goût agréable et peut être servi sur la table, tandis que le beurre fondu, au contraire, ne convient guère qu'aux usages culinaires. Dans les ménages, quand on entame un pot renfermant du beurre salé, on doit avoir le soin d'enlever ce beurre par tranches horizontales, d'égaliser chaque fois la surface, et de combler le vide avec de l'eau salée.

II. — MALAXAGE ET SALAISON DES BEURRES DESTINÉS AU COMMERCE EN GROS OU A L'EXPORTATION.

Les commerçants en gros achètent, en général, des beurres de provenances très diverses, et c'est en mélangeant les sortes semblables qu'ils arrivent à obtenir des beurres de différents prix ou d'une qualité moyenne déterminée.

Autrefois, le mélange de ces beurres de diverses sortes s'effectuait de trois façons différentes : 1° à la main; 2° à l'aide de rouleaux ou de pilons; 3° à la machine.

Nous avons décrit ces trois méthodes dans nos précédentes éditions, et notamment celle si barbare dite *malaxage au pilon*, longtemps employée à Rennes, même chez les plus importants négociants de cette ville.

MALAXAGE INDUSTRIEL DES BEURRES.

Aujourd'hui les deux premières méthodes ont à peu près complètement disparu, et le travail des beurres ne s'opère plus que mécaniquement avec des malaxeurs de systèmes et de puissances variables suivant l'importance de l'industrie dont il s'agit; nous allons les décrire successivement.

MALAXEURS POUR L'INDUSTRIE BEURRIÈRE.

Les machines à travailler *industriellement* les beurres se divisent en trois catégories :

1° Les *malaxeurs horizontaux* ; 2° les *malaxeurs verticaux* ; 3° les *lisseuses*.

Les machines que nous allons décrire sont celles construites par MM. Simon, parce que ce sont actuellement les plus parfaites, par suite des importants perfectionnements que ces habiles constructeurs n'ont cessé d'y apporter dans ces dernières années.

I. MALAXEURS HORIZONTAUX. — Nous avons décrit, chapitre IV, les malaxeurs horizontaux propres aux petites laiteries ou au petit commerce, et qui ont surtout pour objet d'achever l'expulsion du petit lait et de rendre la pâte du beurre bien homogène ; l'emploi de ces malaxeurs remplace avantageusement le pétrissage à la main ou au rouleau.

En industrie, les malaxeurs horizontaux sont aussi ceux auxquels il convient de donner la préférence, quand on doit travailler des beurres obtenus dans l'établissement même, une grande beurrerie par exemple; mais dès qu'il s'agit d'opérer des mélanges de provenances diverses, les malaxeurs horizontaux deviennent insuffisants.

En effet, sur les malaxeurs horizontaux, on travaille les beurres par quantités *successives* qui varient avec la grandeur des appareils ; d'où il résulte que les diverses charges peuvent, après le travail, différer entre elles, comme délaitage, nuance, etc., le résultat final dépendant de l'appréciation du conducteur de la machine. Il faut alors avoir recours aux machines des deux autres catégories, dont il sera question plus loin.

MM. Simon construisent des *malaxeurs horizontaux* pour la petite, la moyenne et la grande industrie laitière ; nous n'indiquerons que les deux derniers types.

Malaxeurs horizontaux, à moteur, pour moyenne et grande industrie beurrière (fig. 200 et 201).

Ces malaxeurs sont entièrement métalliques, sauf les

parties en contact avec le beurre, qui sont en bois dur.

La table est commandée par un engrenage d'angle placé en dessous, et d'un grand diamètre; par suite, les efforts sont beaucoup mieux équilibrés.

Le rouleau est mobile et, à l'aide d'une disposition

Fig. 200.

particulière, s'approche ou s'écarte de la table à volonté et sans aucun arrêt, tout en restant parfaitement parallèle à la table.

Cette disposition du rouleau dispense de régler les ramasseurs, chaque fois que l'on varie sa distance à la table.

Un robinet avec tube d'arrosage est placé au-dessus du rouleau, et les eaux provenant du lavage et du délai-

Fig. 201

tage des beurres sont reçues dans une gouttière unique au centre de l'appareil.

MM. Simon construisent deux modèles de malaxeurs pour la *moyenne* industrie beurrière, celui n° 25 représenté figure 200, et un autre, n° 24, un peu plus petit, mais pouvant être mu par un manège à un cheval ou à bras, par un ou deux hommes, suivant la dureté des beurres.

Prix des malaxeurs pour la moyenne industrie.

	COMMANDE	
	au moteur ou à bras. N° 24	au moteur. N° 25
Diamètre de la table ...	$1^m,40$	$1^m,60$
Travail à l'heure......	200 kilogr.	300 kilogr.
Nombre de tours par minute..............	80	60
Prix ....fr.	**1.000**	**1,500**

Malaxeurs horizontaux pour la grande industrie (fig. 201).

A la description qui précède nous ajouterons, en ce qui concerne les malaxeurs pour la grande industrie, les renseignements suivants : les appareils sont munis de *deux vitesses* et d'une charrue versoir retournant automatiquement le beurre.

Le levier de débrayage, bien à la main du conducteur de la machine, permet très facilement d'en faire varier la vitesse ou d'en obtenir l'arrêt, ce qui supprime toute transmission intermédiaire.

Prix des malaxeurs pour la grande industrie.

Pour les modèles à *un seul rouleau*, il y a quatre numéros, de A0 à A3, pour lesquels la force nécessaire varie de **1** à **4** chevaux ; le diamètre de la table, de **1^m,60** à **2^m,60** ; le travail par heure, de **300** à **1,000** kilogr. de beurre, et le prix, de **1,800** à **3,800** francs.

Pour les modèles à *deux rouleaux*, il y a deux numéros, 6 et 7, pour lesquels la force nécessaire varie de **2** à **4** chevaux ; le diamètre de la table, de **2** mètres à **2^m,60** ; le travail à l'heure, de **1,000** à **2,000** kilogr., et le prix, de **3,200** à **4,500** francs.

On peut, avec ces malaxeurs horizontaux, moyens et grands, faire subir aux beurres les opérations successives de lavage ou délaitage, d'asséchement, de coloration et de salaison, et obtenir avec deux ou trois ouvriers le travail par heure indiqué plus haut. Généralement, un grand malaxeur horizontal occupe trois ouvriers, qui se tiennent autour de la table qui tourne; deux sont chargés de relever et de répartir le beurre; le troisième dirige l'opération, ajoute le colorant, le sel et indique le moment où le travail est terminé.

II. Malaxeurs verticaux. — A l'inverse du malaxeur horizontal, le malaxeur vertical est à travail continu, et, quelle que soit la quantité de beurre à malaxer, une fois la machine en marche, on y fait passer sans arrêt la totalité de la marchandise. De plus, dans ce passage, l'asséchement du beurre, effectué sur le malaxeur horizontal, est rendu encore plus complet.

Enfin, le grand avantage du malaxeur vertical est de mélanger *à fond* les beurres de différentes nuances, les colorants, le sel, et de ne laisser aucune marbrure dans la masse.

Dans une usine, quand on veut opérer des mélanges de beurres, on peut se contenter d'employer le malaxeur vertical sans passer préalablement par le malaxeur horizontal; cependant, quand les beurres sont très *durs*, il est toujours préférable de commencer l'opération avec ce dernier et de la terminer sur le malaxeur vertical.

MM. Simon construisent des malaxeurs verticaux pour la petite, la moyenne et la grande industrie beurrière; les premiers peuvent marcher à bras, et les deux autres fonctionnent au moteur. Nous allons décrire le modèle pour *moyenne* et *grande* industrie avec ses perfectionnements les plus récents.

Malaxeur vertical (fig. 202). Ce malaxeur est monté sur un fort socle en métal qui lui assure une grande solidité.

Il se compose d'une cuve cylindrique en bois dur

renfermant intérieurement : 1° des broches horizontales fixées à la paroi interne de la cuve; 2° des hélices (fig. 203) maintenues à l'aide d'écrous à diverses hauteurs sur l'axe vertical de l'appareil; le tout est recouvert

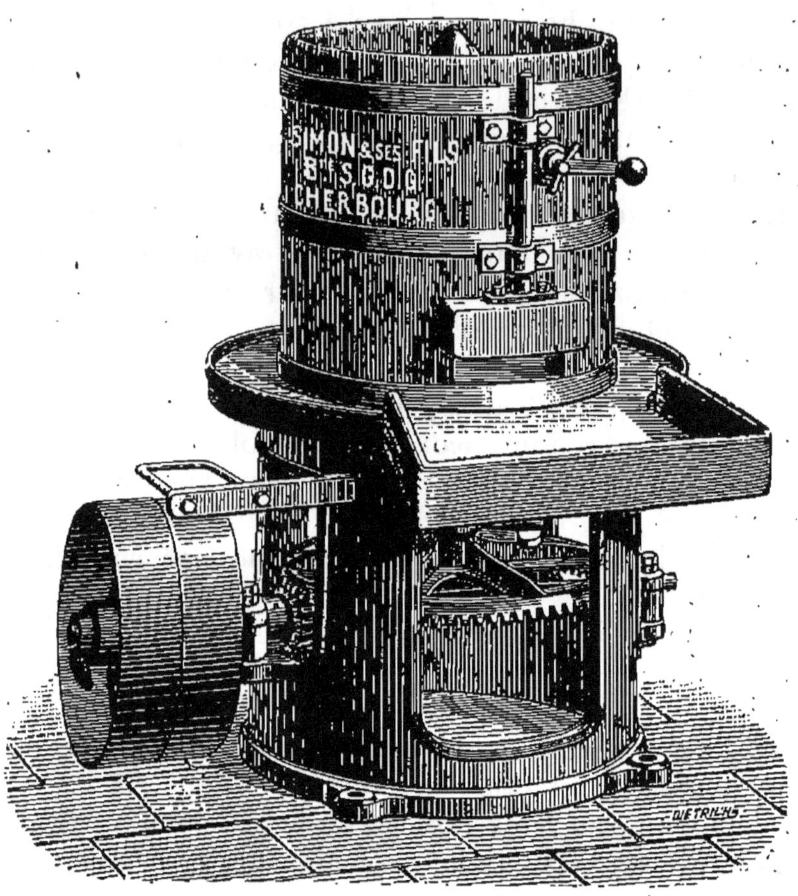

Fig. 202.

d'un chapeau conique sur les parois duquel glissent les mottes de beurre que l'on jette dans la cuve. Les broches et les hélices sont en bois exotique très dur. Ce malaxeur est muni d'un débrayage à levier et d'un mécanisme de réglage rapide qui supprime les coulisses en bois des anciens modèles. En outre, une cuvette placée soit en dessous du récipient cylindrique (comme dans la fig. 202), soit extérieurement au socle, reçoit les déchets qui peuvent tomber lors du chargement de l'appareil, et ensuite le beurre malaxé, à sa sortie.

Malaxage du beurre. — Au début, la porte du malaxeur doit être fermée. On met le malaxeur en marche en ayant soin de faire tourner les ailes dans le sens indiqué par les flèches de la figure 203 ; on jette dedans les pains de beurre ; le malaxeur en tournant s'emplit ; lorsqu'il est à peu près plein, on ouvre la porte plus ou moins, selon la façon dont on veut travailler le beurre, le plus souvent la porte est ouverte au moins aux deux tiers. Le beurre sort alors par la porte. Les deux ou trois premières poussées de beurre qui sortent au début de l'opération sont mal mélangées ; on les rejette dans la cuve du malaxeur. A partir de ce moment le beurre sort bien mélangé et s'épure de son eau. On continue à charger constamment le malaxeur de façon qu'il reste plein jusqu'à ce que l'on n'ait plus de beurre à travailler. On peut passer le beurre deux ou trois fois au malaxeur vertical, selon les besoins du travail.

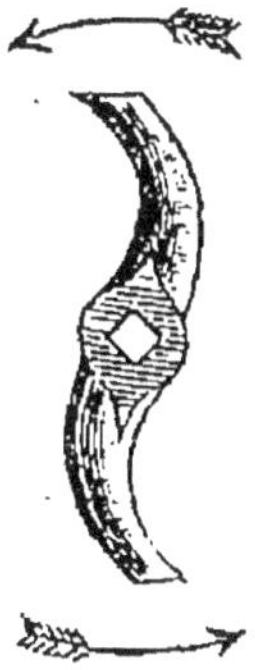

Fig. 203.

Après chaque opération, si le malaxeur doit rester un certain temps sans marcher, il doit être bien nettoyé puis saupoudré de sel fin à l'intérieur pour lui éviter de sécher et de prendre mauvais goût ou odeur de moisi.

Prix des malaxeurs verticaux.

Malaxeurs marchant à bras, n°s 9, 10 et 11. — Diamètre de la cuve 0^m,25 à 0^m,40. — Travail à l'heure, 100 à 300 kilogr. — Prix : **180** à **400** francs.

Ces malaxeurs prennent peu de place, sont facilement transportables, d'un nettoyage facile et conviennent très bien à la petite industrie faisant le commerce des beurres.

Malaxeurs marchant au moteur.

	NUMÉROS DES MODÈLES		
	B11	B1	B2
Force employée en chevaux.	1	1 à 2	2 à 4
Travail à l'heure	500 kil.	800 kil.	1,200 kil.
Tours par minute.........	90	90	90
Prix..................fr.	**700**	**1,000**	**1,500**

III. Les Lisseuses. — La lisseuse est la première machine construite pour le malaxage mécanique des beurres; c'est un appareil qui a pour but de les *laminer*, c'est-à-dire de faire disparaître les nœuds ou parties dures qu'ils renferment.

Fig. 204.

En 1874, nous avons donné, pour la première fois, la description de la machine Hauducœur (fig. 204), la plus anciennement employée en France, à cette époque, pour le malaxage des beurres, et qui en réalité est composée de deux machines superposées : une *lisseuse* à la partie supérieure, et un *malaxeur vertical* à hélice inférieurement.

Avec cette double machine, on commençait par laminer les beurres et on les mélangeait ensuite; en outre, on s'en servait pour les saler, les dessaler et les colorer au besoin.

LISSEUSE DE MM. SIMON.

Aujourd'hui, nous nous contenterons de reproduire le dessin de cette machine, qui a été décrite plusieurs

Fig. 205.

fois dans nos précédentes éditions, et nous parlerons de la *lisseuse* construite par MM. Simon.

Lisseuse perfectionnée de MM. Simon (fig. 205). Cette machine se compose de deux cylindres lisses, en bois exotique très dur, l'un mobile, l'autre fixe, et d'un très grand diamètre proportionnellement à leur longueur afin que les beurres soient facilement entraînés. Leur écartement est de 1 à 2 millimètres, et une combinaison spéciale permet d'écarter ou de rapprocher ces cylindres à volonté, tout en les maintenant parallèles entre eux et sans varier l'engrènement des roues de commande. Des ramasseurs bien équilibrés empêchent les beurres de rester adhérents aux cylindres.

JATTES POUR LISSEUSES.

Les beurres sont jetés par morceaux dans la trémie à charnières placée au-dessus des cylindres, et après lissage, ils tombent sous la machine sous forme de rubans de quelques millimètres d'épaisseur qui sont recueillis dans une *jatte* spéciale dont nous reparlerons plus loin.

Anciennement, comme nous l'avons dit plus haut, la première opération était le laminage; mais dans ces conditions les beurres jetés dans la trémie s'engrenaient mal, et le travail obtenu n'était pas en rapport avec la force dépensée; aujourd'hui, c'est seulement si les beurres contiennent des parties *dures*, après qu'ils ont été travaillés sur les malaxeurs horizontaux, qu'ils sont passés à la lisseuse. Ils s'y engrènent bien, et leur laminage sous une épaisseur de 1 à 2 millimètres au plus a pour effet de faire disparaître toutes les parties dures, *nœuds* ou petites *glandes* qui avaient résisté à la première opération.

Après ce laminage, les beurres sont portés au malaxeur vertical.

Les lisseuses sont très appréciées dans les usines où l'on travaille des beurres durs, surtout en hiver, parce qu'elles permettent de donner un fini de préparation irréprochable aux produits destinés au commerce en gros ou à l'exportation.

Prix des lisseuses, n°s 1, 2, 3. — Force employée, 1 à 3 chevaux-vapeur. — Diamètre des cylindres, 40 sur 60, jusqu'à 50 sur 80. —

Travail à l'heure, 300 à 1,000 kilogr. — Nombre de tours par minute, 75 à 80. — Prix : **1,200** à **2,500** francs.

Jattes pour Lisseuses (fig. 206). MM. Simon construisent, pour le service des lisseuses et le transport

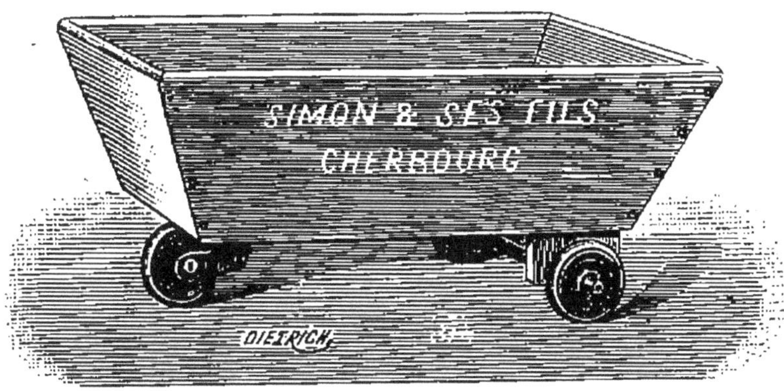

Fig. 206.

des beurres au malaxeur vertical ou aux tables fixes, des JATTES montées sur trois roues garnies de caout-

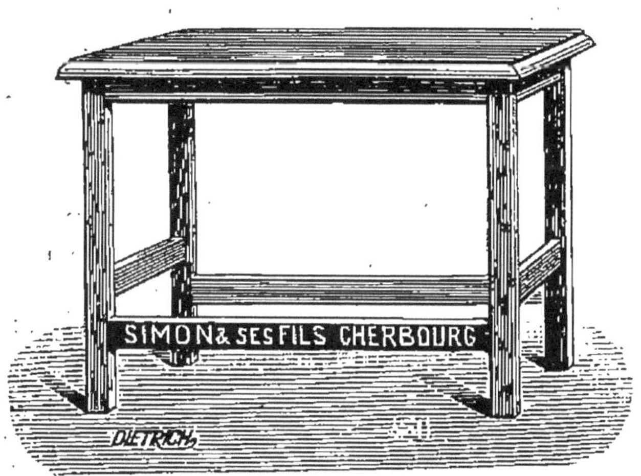

Fig. 207.

chouc pour éviter le bruit. On compte au minimum deux jattes par lisseuse.

Prix des jattes : **110**, **130** et **150** francs, pour les lisseuses nos 1, 2 et 3.

MM. Simon construisent encore un certain nombre d'appareils et ustensiles propres à la beurrerie industrielle ou aux laiteries et qui sont les suivants :

1° *Tables fixes* (fig. 207), pour manipulation des

Fig. 208.

beurres, avec dessus de bois, verre ou marbre. Ces tables ont jusqu'à 3 mètres de longueur sur 60 centimètres de largeur, et même davantage, au besoin;

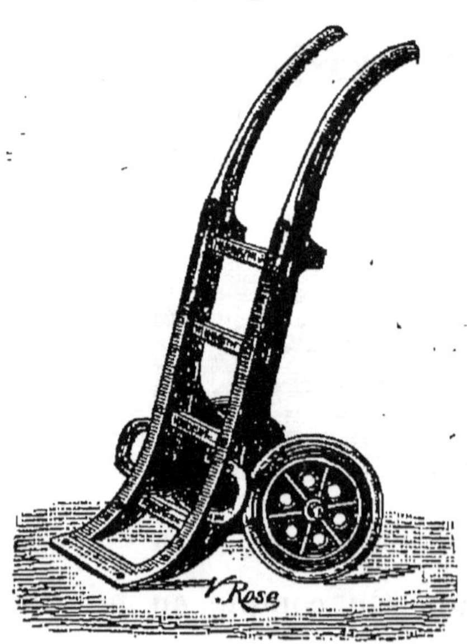

Fig. 209.

2° *Table sur roues* (fig. 208), avec dessus comme précédemment, employée pour le transport des beurres dans l'intérieur de l'usine;

3° *Cabrouets renforcés* (fig. 209), avec roues silencieuses, pour le service intérieur et extérieur de l'usine, transport des paniers et marchandises, etc.;

4° *Moules à beurre* (nouveaux modèles) :

a) Moule pour la préparation des mottes cylindriques

ou rouleaux anglais (fig. 210), pour laiteries et beurreries;

b) Moule à mottes (fig. 211) de 6,12 et 20 kilogrammes avec système de fermeture différent de celui indiqué figure 179.

MM. Simon fournissent encore l'outillage en buis

Fig. 210.

(fig. 212) pour laiteries et beurreries, ainsi que les couteaux ayant jusqu'à *un mètre* de longueur pour couper le beurre sur les tables.

A. Spatule droite cannelée. — B. Spatule ronde cannelée. — C et D. Couteau à beurre. — E. Spatule plate unie. — F. Pelle creuse pour mottes rondes. — G. Palette forme ordinaire.

Au concours régional de Caen, en 1894, MM. Simon ont obtenu le 1er prix, médaille d'or, pour leur exposition de malaxeurs et ustensiles propres aux laiteries et beurreries.

Après avoir décrit les diverses machines à peu près

Fig. 211.

exclusivement employées aujourd'hui pour le malaxage

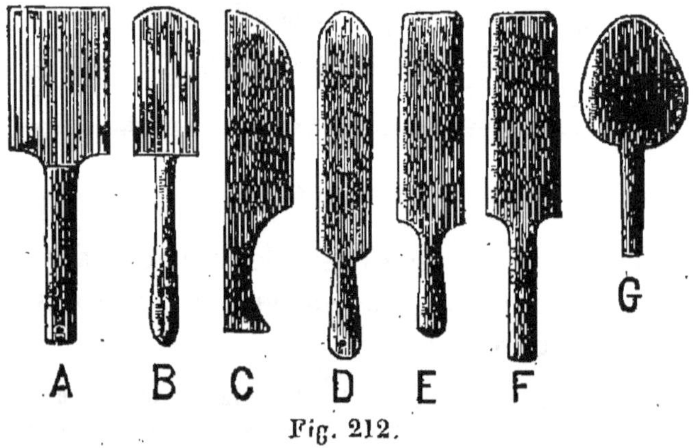

Fig. 212.

et la salaison des beurres destinés au commerce en gros ou à l'exportation, nous donnerons le plan d'une grande beurrerie dans laquelle ces appareils fonctionnent.

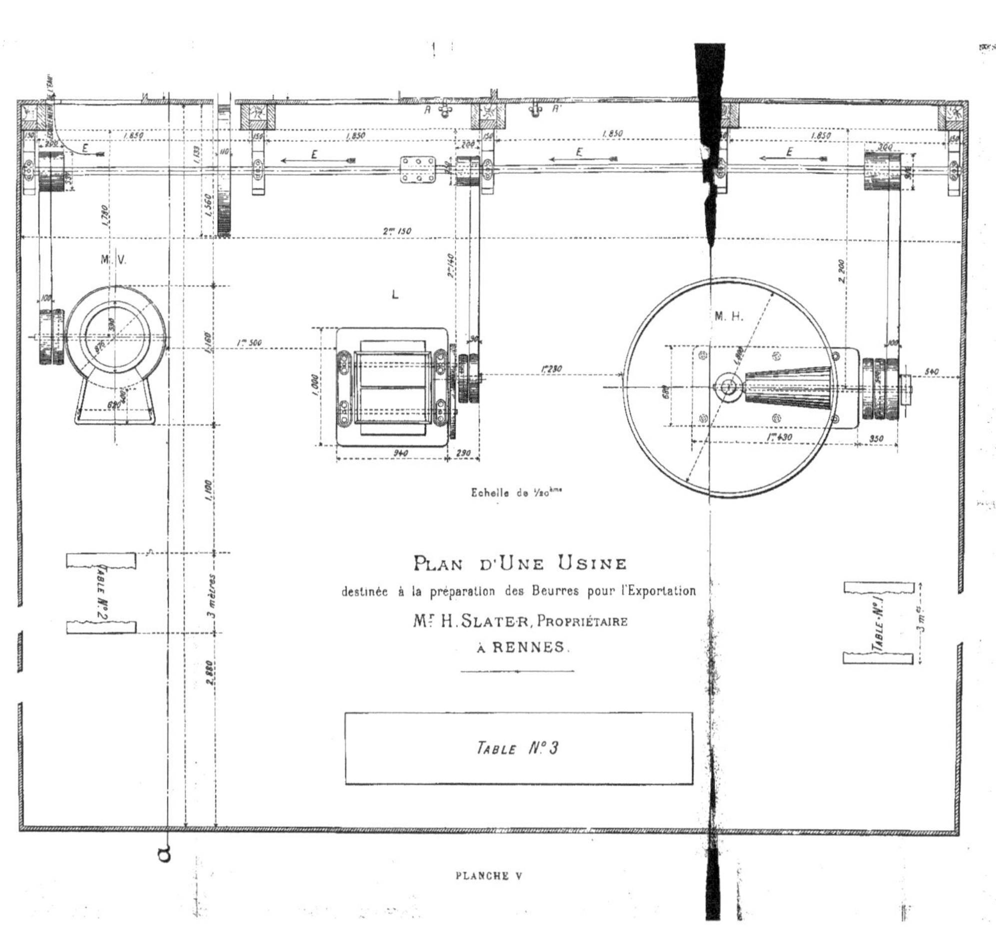
M. V.
L
M. H.
Echelle de 1/20kme
PLAN D'UNE USINE
destinée à la préparation des Beurres pour l'Exportation
Mr H. SLATER, PROPRIÉTAIRE
À RENNES.
TABLE N° 3
TABLE N° 2
TABLE N° 1

PLANCHE V

PLAN D'UNE USINE DESTINÉE A LA PRÉPARATION DES BEURRES POUR L'EXPORTATION. — PROPRIÉTAIRE, M. SLATER, A RENNES.

Installation faite par MM. Simon et ses fils, de Cherbourg. — Le plan de cette usine se compose de deux parties : 1° l'usine proprement dite; 2° une pièce annexe pour la machine à vapeur.

Le plan de l'usine figure seul dans notre ouvrage; quant à l'annexe, nous nous contenterons d'indiquer les diverses parties qui la composent. Cette pièce de 3m,50 sur 3 mètres renferme :

1° La machine à vapeur ; 2° un petit parc à charbon ; 3° un établi d'ajusteur avec armoires et fort étau pour l'entretien du matériel de l'usine; 4° une cuve à eau chaude.

La force de la machine à vapeur, verticale, demi-fixe, est de 5 à 6 chevaux, elle est munie d'un auto-injecteur pour l'alimentation de la chaudière, pendant l'arrêt de la machine. Le réservoir à eau chaude possède un appareil silencieux pour chauffer l'eau à l'aide de la vapeur de la chaudière, et porte un gros robinet qui débouche dans la beurrerie et fournit à volonté l'eau chaude nécessaire pour le nettoyage des malaxeurs, tables, ustensiles, etc.

Plan de l'usine proprement dite (voir pl. V). — Cette usine a 9m,700 de longueur sur 8m,150 de largeur, soit environ 79 mètres carrés. Les malaxeurs, l'arbre de couche, les transmissions, etc., occupent le tiers seulement de cette surface ; quant aux deux autres tiers, ils sont consacrés au service et à la manipulation des beurres, et ne renferment que trois grandes tables, de 3 mètres de longueur sur 60 centimètres de largeur; à gauche se trouve une porte à deux vantaux, de 2 mètres d'ouverture, pour le service des arrivages et des expéditions.

La *table n°* 1 sert à classer les beurres à leur arrivée

du marché, avant leur passage au malaxeur horizontal.

La *table n° 2* reçoit les beurres après le passage au malaxeur horizontal et à la lisseuse (s'il y a lieu), pour les préparer à leur transport au malaxeur vertical.

La *table n° 3* reçoit les beurres dont le travail est achevé et qui sont prêts à être emballés.

Tables mobiles (fig. 208). En outre de ces trois grandes tables fixes, on se sert aussi de deux autres tables mobiles montées sur trois roues caoutchoutées, pour le service des tables fixes aux machines et réciproquement.

Les *malaxeurs* employés sont au nombre de *trois*, savoir :

MH. *Malaxeur horizontal*, de 1m,90 de diamètre, du type A I (fig. 201).

L. *Lisseuse* n° I (fig. 205), avec ramasseurs équilibrés, trémie à charnières, etc.

MV. *Malaxeur vertical*, n° B I (fig. 202).

Distribution d'eau froide. R' est un gros robinet qui fournit l'eau de la ville, dont on fait une consommation considérable pour le lavage des beurres, le nettoyage des appareils, etc.; après son emploi, cette eau s'écoule au dehors par un caniveau longitudinal E E E, qui règne sur toute la largeur de l'usine.

DESCRIPTION DES OPÉRATIONS.

A l'arrivée des voitures à l'usine, les paniers de beurre qu'elles renferment sont déchargés devant la grande porte P et transportés sur des cabrouets (fig. 209) jusqu'à la table n° 1, sur laquelle les mottes sont déposées. Là, on les découpe en grandes tranches, soit avec l'instrument (fig. 213) dont se servent les marchands de beurre au détail, soit, si les mottes sont très dures, avec de grands couteaux de bois qui ont jusqu'à un mètre de longueur.

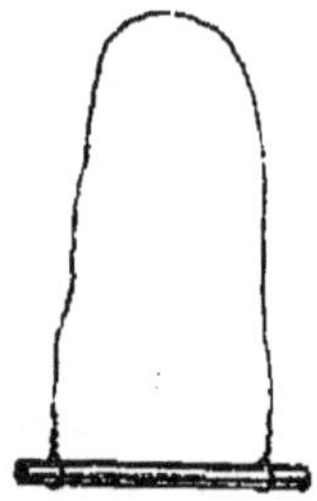

Fig. 213.

Au fur et à mesure du découpage, les morceaux sont

goûtés, puis classés sur la table, suivant leur qualité, leur degré plus ou moins parfait de délaitage, leur dureté ou leur mollesse, leur couleur, etc.

Le classement effectué, on fait tomber les morceaux de même sorte dans des jattes à roulettes (fig. 206), ou on les réunit sur une table mobile (fig. 208) et on les transporte sur le malaxeur horizontal MH, où l'on achève le délaitage du beurre et son lavage à l'eau.

Une fois le délaitage et l'assèchement effectués, on procède au premier mélange des colorants et du sel, quand il doit y avoir salaison.

Les beurres suffisamment travaillés sont recueillis une seconde fois dans les jattes à roulettes ou sur les tables mobiles, et transportés sur la grande jatte fixe nº 2, où ils sont de nouveau classés. Ceux qui ont été reconnus *durs*, *glanduleux* au premier triage, sont, après le premier malaxage, transportés à la lisseuse L, tandis que les autres vont directement au malaxeur vertical MV, où s'achève le mélange intime des beurres avec les colorants et le sel.

Les beurres qui ont passé à la lisseuse reviennent ensuite au malaxeur vertical, où ils subissent la dernière opération.

Au fur et à mesure que les beurres sont convenablement préparés, ils sont transportés à la dernière table fixe, n. 3, où on leur donne diverses formes suivant leur destination; nous reviendrons sur cette question un peu plus loin. La beurrerie que nous venons de décrire est installée pour travailler environ 500 kilogrammes de beurre à l'heure; il ne nous reste plus qu'à en donner le devis [1].

[1] Nous citerons également l'importante maison d'exportation de MM. Stuart et Cie, rue Saint-Louis, 36, à Rennes (Ille-et-Vilaine).

DEVIS D'INSTALLATION DE LA BEURRERIE DE M. H. SLATER A RENNES.

	FRANCS
Machine à vapeur	3.220
Transmissions et courroies	780
Réservoir à eau chaude	225
Un malaxeur horizontal	2.200
Une lisseuse	1.200
Un malaxeur vertical	1.000
3 grandes tables fixes, 160 francs la pièce	480
2 tables montées sur 3 roues caoutchoutées, 110 à 130 francs, suivant la nature du dessus, soit	260
2 cabrouets renforcés	120
Spatules, couteaux, 2 moules pour former livres anglaises, 3 moules à mottes de 6, 12 et 20 kilos.	181
Établi d'ajusteur pour entretien du matériel	100
TOTAL	9.746

DES DIVERS MODES D'EXPÉDITION DES BEURRES POUR L'EXPORTATION.

Ces modes d'envoi dépendent : 1° de la *qualité* des marchandises exportées; 2° de la longueur du voyage qu'elles ont à supporter.

Expédition en barils. — Autrefois, on expédiait beaucoup dans des tonneaux ou barils (fig. 214), en s'efforçant de ne point laisser de vides dans la masse, au moment où on les remplissait avec le beurre salé encore mou. A cet effet, on commençait par mettre au fond du baril une poignée de sel, on introduisait et on comprimait le beurre dont on recouvrait également de sel la surface supérieure, on fermait le tonneau avec un faux fond de bois et on garnissait les deux extrémités avec du plâtre. La marque de fabrique était imprimée du côté que le destinataire devait ouvrir.

Fig. 214.

Depuis que l'on a reconnu que ce procédé n'empêchait

pas l'air de pénétrer à l'intérieur et le beurre de se rancir plus ou moins, on ne se sert plus de barils que pour les qualités inférieures.

Dans tous les cas, pour juger de la qualité d'un beurre salé renfermé dans un tonneau, les marchands se servent d'une grande sonde (fig. 215), qu'ils enfoncent dans la

Fig. 215.

masse et avec laquelle ils ramènent un cylindre de beurre, qui montre ce qu'est le produit dans toute la hauteur du récipient.

Expédition des beurres en Angleterre.

Aujourd'hui, pour les beurres destinés à l'Angleterre, on distingue deux modes principaux d'emballage, suivant qu'il s'agit d'expédier du beurre salé ou du beurre *frais* et sans *sel*.

Beurres salés. — Chez M. Lepetit, à Saint-Pierre-sur-Dives (Calvados), on commence par faire des lots de beurre de 12 kilogr. 500, représentant, défalcation faite du sel, 12 kilogr. de beurre pur. Un ouvrier donne ensuite à chaque lot, avec une spatule, la forme cylindrique et projette chaque motte, d'un mouvement brusque, dans un panier d'osier garni d'un linge neuf. Le beurre se moule dans le panier, on rabat les coins de la toile, on ficelle, on plombe le couvercle du panier et l'on expédie.

Beurres frais et sans sel. — Le beurre le plus fin est expédié en caisses de 12 mottes cylindriques (rouleaux) de 2 livres anglaises chacune (voir p. 407); ces mottes sont enveloppées dans du papier fin, et les intervalles entre elles remplis avec des rognures. Le beurre de deuxième qualité est expédié ordinairement en paniers, comme le beurre salé, celui de troisième qualité en barils.

Expédition des beurres au Brésil, à l'Amérique du Sud, à la Chine, au Japon, en Afrique, etc. — Ces beurres sont toujours salés, et comme ils doivent supporter une température élevée pendant la longue durée du voyage, ils sont expédiés dans des boites de fer-blanc dont la capacité varie depuis 500 grammes jusqu'à 22 kilogrammes, et dans lesquelles on les comprime fortement. Ces boîtes sont fermées à froid à l'aide de machines spéciales qui, chez MM. Bretel frères, par exemple, en opèrent le sertissage à raison de 300 à 400 grandes et 700 à 800 petites à l'heure. Ces boîtes sont emballées dans des caisses en bois blanc, avec de la sciure de bois qui comble les vides, et les beurres arrivent dans les pays les plus chauds, en parfait état de conservation [1].

SALAISON DU BEURRE DANS LE CALVADOS ET LA MANCHE.

En France, c'est dans le Calvados et la Manche que l'on sale les quantités les plus considérables de beurre en vue de l'exportation en Angleterre et les pays lointains, tels que l'Afrique, le Brésil, l'Amérique du Sud, la Chine, le Japon, etc. Il y a vingt ans, quand nous avons entrepris notre première excursion en Bretagne et en Normandie dans le but d'y étudier l'industrie laitière, nous avons eu l'occasion de visiter, à Isigny (Calvados), l'usine de M. Demagny et d'y étudier les procédés mis en œuvre pour la salaison du beurre. A cette époque et jusque dans ces dernières années, le travail du beurre s'effectuait exclusivement *à la main*, dans de grandes jattes formées d'une moitié d'arbre

[1] Pour assurer aux beurres d'exportation une conservation plus longue, on les additionne quelquefois, au moment du malaxage, de très petites quantités de borax en poudre (3 à 5 dix millièmes).

creusé à l'intérieur et d'une longueur qui atteignait jusqu'à 9 et 10 mètres dans certaines usines.

Aujourd'hui, dans toutes les beurreries importantes comme celles de MM. Bretel frères, Lepetit, Rousselle et Cie (ces derniers successeurs de M. Demagny), le travail mécanique a remplacé complètement le malaxage à la main, et les beurres y sont traités d'une façon irréprochable, tant au point de vue de la préparation que de la propreté. Nous prendrons pour exemple la plus grande usine de France.

USINE DE MM. BRETEL FRÈRES, A VALOGNES (MANCHE), POUR LA PRÉPARATION DES BEURRES D'EXPORTATION.

L'usine de MM. Bretel frères est la plus importante de France, et depuis sa création, elle a toujours été en grandissant; actuellement elle renferme : trois malaxeurs horizontaux, quatre malaxeurs verticaux et deux lisseuses, le tout des plus grands modèles des machines construites par MM. Simon.

Les beurres destinés au commerce d'exportation sont achetés sur les marchés des trois départements qui fournissent les produits de meilleure qualité, savoir : la Manche, le Calvados, l'Orne, et expédiés par grande vitesse à l'usine de MM. Bretel.

Là, les beurres sont travaillés mécaniquement, et ceux réservés aux marchés anglais et principalement à celui de Londres sont réexpédiés immédiatement; ce commerce dure toute l'année. Quant aux beurres destinés aux pays lointains, les expéditions ne durent guère que de six à sept mois : de mai à novembre.

Dès leur arrivée à l'usine, les beurres sont dégustés, examinés et classés suivant leur mérite; ils sont ensuite travaillés et salés à l'aide des machines indiquées plus haut.

Il ne s'exporte presque plus, en Angleterre, de beurres salés en barils, et MM. Bretel envoient maintenant dans ce pays quatre qualités de beurres *légèrement* salés et qui sont vendus comme beurre *frais;* les cinquièmes qualités s'écoulent dans les ports de mer, pour équipages de navires.

Les beurres qui doivent être exportés au loin sont toujours *salés*, et quant aux modes d'emballage et d'expédition de ces deux catégories de beurres, ils sont ceux que nous avons indiqués pages 412 et suivantes.

Comme, pendant la saison chaude, les beurres sont ordinairement trop mous, après le travail, pour être expédiés immédiatement, MM. Bretel ont fait installer dans leur usine des chambres de réfrigération dans lesquelles on entretient des températures basses comprises entre 2 et 4 degrés au-dessus de zéro, à l'aide d'une machine à produire le froid (voir chap. VIII) qui prend quatre chevaux de force. Les beurres mous introduits dans ces chambres s'y raffermissent très rapidement, et peuvent ensuite être moulés, emballés et expédiés.

L'étendue totale de l'usine de MM. Bretel dépasse deux hectares, et celle des ateliers, magasins, etc., 4,000 mètres carrés. Tous les appareils sont mis en mouvement par deux machines à vapeur, dont une à condensation de la force de 20 chevaux (pouvant en donner 30), et l'autre de 6.

L'eau qui sert à la condensation est puisée dans un puits creusé dans l'usine, par une pompe dont le débit est de 20,000 litres à l'heure. Après avoir servi à la condensation de la vapeur et avant de s'écouler à l'extrémité de l'établissement, cette eau chaude est utilisée pour le blanchissage des linges qui servent à l'expédition des beurres. Une partie des magasins est desservie par un petit porteur Decauville et éclairée par l'électricité.

En 1886, le chiffre d'affaires de cette importante maison avait été de 14 millions de francs pour un poids brut de 5 millions de kilogrammes de beurre; en 1893, il a été de **22** millions de francs, et en 1894, il a dépassé **23** millions de francs, pour un poids brut de 9 millions de kilogrammes de beurre, représentés par 540,000 colis expédiés de la gare de Valognes.

Fin décembre 1894, MM. Bretel nous écrivaient : « Nous continuons à lutter avantageusement avec les Danois, et nos beurres frais sont vendus plus cher sur les marchés anglais que les premières marques danoises de beurres salés ; la différence de prix reste toujours la même et atteint parfois 37 fr. 50 à 39 francs par 112 livres anglaises. »

Quant aux beurres *salés*, ceux du Danemark sont généralement vendus plus cher que les nôtres, en moyenne, 10 à 14 schellings de plus par 112 livres anglaises ; mais il faut ajouter que les producteurs danois salent et mettent en barils leurs *premières* qualités, tandis que nos exportateurs français ne salent que leurs quatrième et cinquième qualités.

SALAISON ET EXPORTATION DES BEURRES DANOIS.

En Danemark, quand le beurre a été fabriqué en suivant la méthode que nous avons décrite dans tous ses détails, chapitre v, page 364, et qu'il s'est suffisamment raffermi dans l'auge ou dans la chambre de réfrigération, on procède à sa salaison et à son dernier malaxage. A cet effet, on le divise en masses de 1 kilogramme environ, que l'on superpose en couches et que l'on saupoudre de sel à raison de 32 grammes par kilogramme, soit un peu plus de 3 pour 100. Pour mesurer rapidement la quantité de sel nécessaire, on se sert d'un verre à anse et gradué spécialement pour cet usage, depuis 20 grammes jusqu'à 1,000 grammes (fig. 216).

On divise ensuite toute la masse en la recoupant perpendiculairement ; on reprend chaque tranche que l'on pétrit à nouveau avec les mains, on la retourne, on l'étale dans l'auge, de façon à superposer une seconde fois toutes les couches. Enfin, au pétrissage à la main succède le malaxage à la machine; mais avant d'effectuer ce dernier, il est nécessaire de laisser le beurre se raffermir, ce que l'on obtient en l'abandonnant à lui-même pendant un temps qui varie avec la saison.

Comme, en été, le beurre salé et pétri pourrait rester mou, on l'introduit dans des récipients en fer-blanc dont le fond et les parois internes sont garnis d'une enveloppe mobile en bois préalablement mouillée.

Fig. 216.

On met ces récipients dans de l'eau glacée, et on les y laisse immergés jusqu'à ce que le beurre soit devenu assez ferme pour subir le malaxage. Cette opération s'effectue sur un malaxeur à bras ou à moteur, à un ou deux rouleaux (système Ahlborn), et après huit ou dix passages sous les rouleaux et autant de retournement avec les palettes, le beurre est introduit dans les tonneaux et bien tassé avec les mains.

Les producteurs du Sleswig, du Danemark, de la Suède méridionale, après avoir salé leur beurre à une dose qui varie de 3 à 6 pour 100, l'expédient en tonneaux sur les principaux marchés de Copenhague, de Hambourg, ou directement à de grandes compagnies.

Peu de temps après la vulgarisation de la méthode Swartz dans les pays du Nord, il se forma, en Suède et en Danemark, de puissantes compagnies d'exportation de beurres salés, non-seulement pour l'Angleterre, mais aussi pour l'Amérique du Sud et l'extrême Orient. Parmi celles-ci, nous citerons plus spécialement celle de Busck et Cie, qui date de 1863, et dont les ateliers et la machinerie permettent de mettre journellement en boîtes jusqu'à 10,000 kilogrammes de beurre.

A cet effet, la compagnie avait passé des contrats avec un grand nombre de fermiers de la Suède méridionale et du Danemark, qui, après avoir salé leurs beurres à la dose de 4 à 6 pour 100, l'expédiaient directement au siège de la Société. A cette époque, les producteurs devaient fabriquer le beurre suivant les prescriptions indiquées par la compagnie elle-même, et qui avaient pour objet d'obtenir l'application, dans toute sa rigueur, de la méthode de refroidissement de Swartz.

Dans ces conditions, la crème subissant une acidification à peu près nulle jusqu'au moment du barattage, donnait un beurre excessivement *doux* et essentiellement propre à être exporté dans les pays les plus lointains et les plus chauds.

Aujourd'hui l'écrémage centrifuge a remplacé complètement le système Swartz, et la fabrication du beurre dans les pays du Nord a lieu comme il a été dit page 364, chapitre v.

Si les beurres expédiés aux grandes compagnies par les fermiers sont destinés à l'Angleterre, on les laisse habituellement dans les tonneaux, tels qu'ils ont été salés dans la ferme ; s'ils doivent, au contraire, supporter un long voyage, on augmente la dose du sel, et on les introduit ensuite dans des boîtes métalliques que l'on ferme hermétiquement.

Mise en boîtes des beurres danois. — La mise en boîtes des beurres danois s'effectue comme il suit, dans l'établissement de MM. Busck et Cie, à Copenhague.

Les boîtes en fer-blanc sont fabriquées dans l'usine même, lavées ensuite dans une lessive de soude, rincées à l'eau froide, puis descendues dans l'atelier de remplissage, qui est une cave de trois mètres de hauteur, moitié en sous-sol et aérée par un ventilateur à rotation perpétuelle. On s'efforce de conserver dans ce local, même en été, une température inférieure à 15°, en faisant traverser à l'air, appelé par le ventilateur, une colonne formée de morceaux de glace concassée ou de cailloux à travers lesquels circule en sens inverse de l'eau très-froide.

Dans cette cave arrive le beurre des fournisseurs, en tonneaux de 150 livres, et, en été, ceux-ci sont entourés de fortes enveloppes de coutil destinées à les préserver de la chaleur. Un dégustateur largement rétribué (20,000 marks par an) goûte chaque matin le beurre qui arrive et le classe pour le marché.

On sort le beurre des tonneaux en leur enlevant quelques cercles, on racle la couche externe, qui pourrait avoir un goût de bois, on coupe les mottes en morceaux plats avec un fil métallique et on les pétrit sur les malaxeurs, en ajoutant un peu de sel. Le beurre est alors introduit et comprimé fortement à la machine dans les boîtes en fer-blanc, que l'on transporte après dans un autre atelier où a lieu le sertissage des couvercles.

Les boîtes fermées sont ensuite frottées avec de la sciure et du papier fin, trempées dans une solution violette d'aniline, séchées, étiquetées et enfin emballées avec des balles de riz sèches dans des caisses de bois de 1 mètre de largeur sur 0m,50 de hauteur, et armées de bandes de fer mince.

APPENDICE.

IMPORTANCE DE L'INDUSTRIE DE MM. SIMON ET FILS, A CHERBOURG (MANCHE).

Avant de terminer ce chapitre, nous croyons devoir attirer une fois de plus l'attention de nos lecteurs sur l'importance de la maison de construction de MM. Simon et fils.

Grâce à des approvisionnements considérables de bois indigènes et exotiques, un outillage et un personnel spéciaux pour les travailler, une fonderie de fer et de cuivre et un vaste atelier mécanique, MM. Simon peuvent construire des machines d'une solidité, d'une précision et d'un fini remarquables. Ceci s'applique non seulement à leurs barattes, mais aussi à leurs malaxeurs et à tous les appareils de laiterie, cidrerie, etc., qui sortent de cette maison et justifie les récompenses exceptionnelles obtenues par ces habiles constructeurs dans les concours, récompenses dont nous ne rappellerons ici que les plus importantes :

Grand prix d'honneur, objet d'art (ministère de l'agriculture), au concours international de laiterie et de beurrerie à Saint-Lô en 1890, pour collection d'appareils de laiterie, etc.

Prix d'honneur (ministère de l'agriculture) au concours régional de Rouen, en 1892.

Premier prix. Médaille d'or au concours régional de Caen, en 1894.

Médaille d'or. Exposition universelle de Lyon, en 1894.

MM. Simon travaillent sans relâche à perfectionner leurs appareils; ils rendent journellement de notables services à l'*industrie française*, et en particulier à l'*industrie laitière*, et il y a lieu d'espérer que ces habiles et dévoués constructeurs recevront bientôt, aux applaudissements de tous ceux qui s'intéressent aux choses agricoles, les distinctions d'un ordre plus élevé qu'il ont bien méritées.

CHAPITRE VIII

I. DU BEURRE ARTIFICIEL DIT MARGARINE. — DES FROMAGES ARTIFICIELS. — II. DE L'UTILISATION DU LAIT DOUX ÉCRÉMÉ. — III. DES MACHINES A PRODUIRE LE FROID. — APPLICATIONS AUX LAITERIES.

I. — DU BEURRE ARTIFICIEL DIT MARGARINE.

Nous avons dit, page 309, que les corps gras étaient constitués par des glycérides, que les chimistes partagent en deux classes : les glycérides à acides gras *fixes,* et les glycérides à acides gras *volatils.*

Les graisses solides, et notamment le suif, sont un mélange de glycérides à acides gras fixes, tels que : la *stéarine,* la *margarine* et l'*oléine.*

Le beurre (voir p. 310) est essentiellement composé de *margarine*[1], d'*oléine,* de *butyrine,* de *caprine, caproïne* et *capryline,* ces quatre derniers glycérides étant à acides gras volatils.

La *stéarine* fond à 62° et se prend, par refroidissement, en une masse blanche et opaque. La margarine fond à 47°, et l'oléine reste liquide même à 0°.

La fabrication du beurre artificiel désigné dans le commerce sous le nom de *margarine Mouriès,* du nom de son inventeur Mège-Mouriès, consiste à prendre les corps gras solides et à séparer la *stéarine* des deux autres

[1] En réalité de *palmitine,* comme nous l'avons dit page 310; mais, pour l'intelligence du sujet, nous continuerons à dire *margarine.*

principes gras, la *margarine* et l'*oléine*, de façon à obtenir de l'*oléo-margarine*.

Comme nous avons décrit dans nos éditions précédentes la fabrication de l'oléo-margarine, vulgairement appelée *margarine*, nous nous contenterons aujourd'hui de résumer brièvement les opérations qu'elle comporte.

1° *Matières premières*. — Ce sont le plus généralement des graisses de bœuf préalablement triées, déchiquetées et réduites en pulpe menue que l'on chauffe pendant un certain temps dans de l'eau maintenue entre 70 et 75°, au moyen d'un barboteur à vapeur.

2° *Fonte des graisses et cristallisation*. — La graisse se liquéfie et, plus légère que l'eau, reste à la partie supérieure; on la décante à l'aide d'un tube qui fait office de siphon, et on la dirige dans une chaudière en tôle étamée, chauffée au bain-marie, dans laquelle elle se clarifie pendant environ deux heures.

On la fait alors écouler dans des baquets (moulots) en tôle étamée d'une contenance de 30 kilogr. que l'on transporte dans une chambre sombre maintenue à la température de 30°. C'est dans ces baquets que pendant 24 heures s'effectue lentement la *cristallisation* de la matière fondue; la masse se fige en se remplissant de petits cristaux de glycérides et présente alors un aspect gras et une belle couleur jaunâtre.

3° *Pression de la matière grasse cristallisée*. — La cristallisation effectuée, les moulots sont transportés dans l'atelier des presses hydrauliques, et la matière qu'ils contiennent est répartie par quantités de 1 kilogr. environ, sur une toile repliée ensuite en carré; ces paquets sont ensuite placés, quatre par quatre, sur des plaques de tôle étamée chauffées préalablement à 40° dans un bain d'eau tiède et finalement empilés sur les plateaux de la presse; la pression augmente progressivement et atteint, à la fin de l'opération, 100 kilogr. environ par centimètre carré.

La température de l'atelier étant maintenue à 30°,

l'*oléo-margarine* s'écoule sous forme d'un liquide jaune ambré, parfaitement limpide, et il reste dans la toile un gâteau de stéarine qui est vendu pour la fabrication des bougies. On emploie également cette stéarine brute pour falsifier le saindoux, dans le but d'élever son point de fusion et d'en faciliter le transport.

L'oléo-margarine est transportée dans une pièce voisine et versée dans des tonneaux, où elle se fige en une masse jaunâtre, douce au toucher, et analogue au beurre comme aspect.

On obtient pour 100 de la matière grasse en branches, 48 à 50 pour 100 d'oléo-margarine et 20 à 22 pour 100 de stéarine. On pourrait obtenir plus d'oléo-margarine en élevant la température à la fonte et en augmentant la pression; mais le produit serait plus odorant et plus sec, en raison d'une plus grande quantité d'acide stéarique interposé.

Différence de composition entre la margarine et le beurre.

Préparée dans les meilleures conditions de pureté, la margarine n'en offre pas moins une composition essentiellement différente de celle du véritable beurre.

La margarine est constituée, en effet, par deux glycérides à acides gras *fixes*, la margarine et l'oléine, tandis que le beurre, en outre de ces deux glycérides, en renferme quatre autres à acides *volatils* et solubles dans l'eau, sauf l'acide caprylique. Il en résulte que, lorsqu'on soumet à la saponification ces deux matières et que l'on dose les quantités d'acides gras *fixes* qui y sont renfermées, on doit trouver dans l'oléo-margarine une proportion plus considérable d'acides gras fixes et insolubles; c'est, en effet, ce qui a été établi par un grand nombre d'analyses des deux produits.

En moyenne, le beurre pur ne renferme que **87** à **88** pour 100 d'acides gras fixes et insolubles, tandis que l'oléo-margarine en contient 95 pour 100. En outre, il y a une notable différence entre les points de fusion de ces deux matières : 40° à 41° pour l'oléo-margarine pure, 34° à 36° pour le beurre.

Au début, pour donner à l'oléo-margarine préparée dans les conditions que nous venons d'indiquer une certaine analogie avec le véritable beurre, on s'est contenté, dans les fabriques, de la baratter avec du lait et une solution de rocou. Elle avait alors les apparences du beurre, sans en avoir cependant les qualités essentielles, mais pouvait néanmoins rendre des services à la classe ouvrière, en raison de son prix peu élevé et de sa résistance au rancissement.

Mais tel n'était certainement pas le but principal de la grande majorité des fabricants d'oléo-margarine, car il est démontré aujourd'hui que si, depuis dix ans surtout, ils n'avaient eu pour unique débouché que l'alimentation de la classe pauvre, il y a longtemps que toutes leurs usines seraient fermées. Pendant cette période, au contraire, le nombre de fabriques créées, comme le chiffre de leur production, a toujours été en augmentant non seulement en France, mais aussi en Allemagne, en Suède, en Norvège, en Angleterre et surtout en Hollande et en Amérique; le cap de Bonne-Espérance lui-même a commencé en 1893 à importer de la margarine sur le marché de Londres. C'est qu'en France, comme partout ailleurs, la découverte de Mège-Mouriès ne tarda pas à être détournée de son but initial et à être exploitée par des négociants peu scrupuleux qui ne virent, dans ce nouveau produit, que la matière première avec laquelle on pourrait fabriquer des simili-beurres ou beurres *artificiels* que l'on vendrait ensuite pour des beurres *naturels*.

Mais, pour arriver à ce résultat, il fallait commencer par modifier la fabrication de l'oléo-margarine pure, de façon à faire disparaître les différences trop saillantes entre les deux sortes de produits; et le premier résultat à obtenir était d'abaisser le point de fusion de l'oléo-margarine (40° à 41°) jusqu'à celui du beurre et même un peu au-dessous.

On commença par incorporer à l'oléo l'huile de saindoux communs soumis à la pression; mais comme l'odeur de cette graisse dévoilait sa présence, on ne tarda pas à lui substituer l'*huile d'arachide,* qui réunit pour le fraudeur les précieuses qualités du bon marché, de la blancheur et de l'absence d'odeur et de goût.

On eut alors un nouveau produit qui fut désigné dans le commerce sous le nom de margarine, ou plus simplement d'oléo, et qui constitua dès lors la matière première par excellence de toutes les fraudes qui se sont effectuées depuis et qui se continuent impunément tous les jours. Mais ce n'était pas encore suffisant; si le nouveau produit était éminemment propre à faciliter l'adultération en grand des beurres, il n'était pas encore parvenu au degré de perfection voulue pour permettre de le présenter au public comme du véritable beurre.

C'est alors qu'ont été apportés dans la fabrication des simili-beurres des perfectionnements tels que l'oléo-margarine primitive n'existe plus à proprement parler dans le commerce, et que la margarine, qui l'a remplacée, peut se définir ainsi : *La margarine du commerce est un beurre factice dont la base est l'oléo-margarine.*

Le procédé le plus employé aujourd'hui pour atteindre ce résultat consiste : à soumettre à une agitation énergique, dans une baratte à tonneau faisant 80 à 100 tours par minute, un mélange de 33 litres de lait, 25 kilogr. de beurre et 100 kilogr. d'oléo-margarine fondue préalablement au bain-marie, le mélange ayant finalement 30° de température dans la baratte, au début de l'opération.

Après une heure de barattage environ, on trouve dans la baratte une masse qui paraît très homogène, mais dont les éléments constituants ont, au contraire, une tendance très prononcée à se séparer de nouveau. Or, les fabricants de margarine sont parvenus à empêcher cette séparation en soumettant le mélange, au sortir de la baratte, à un refroidissement brusque, déterminé par un jet d'eau glacé et à 2 ou 3 atmosphères de pression; on arrive au même résultat en projetant le mélange sur la surface extérieure d'une roue métallique refroidie par un mélange réfrigérant.

Dans ces conditions, le pseudo-beurre se fige instantanément en petits grains qui conserveront désormais leur structure et qu'on n'aura plus qu'à traiter comme on le fait pour le beurre granulé *naturel*, obtenu dans la baratte.

Il résulte donc de ce qui précède que les fabricants d'oléo sont parvenus aujourd'hui à préparer avec de la graisse de bœuf, du lait et du beurre naturel un produit qui, disent les défenseurs de la margarine, possède toutes les qualités du véritable beurre et peut rendre de grands services à l'alimentation populaire, en raison de son prix moins élevé.

Nous répondrons que le but de la fabrication de la margarine est bien plus de fournir aux fraudeurs la matière première de leurs adultérations que de mettre à la disposition de la classe nécessiteuse un aliment nouveau et à bon marché. Les faits ont démontré que la margarine ne trouve pas d'acheteurs quand elle se présente sous son véritable nom, et c'est pour ce motif qu'à sa sortie de la fabrique elle disparaît et qu'il faut, pour la retrouver, aller la chercher dans le beurre, parce que c'est comme beurre naturel ou mélangée au beurre qu'elle entre dans la consommation.

Dans une conférence très intéressante faite en février 1894[1] par M. Lebret, sur le beurre et la margarine, l'honorable député du Calvados a exposé tout au long les ingénieux procédés mis en œuvre par les négociants en margarine et les acheteurs de beurres aux Halles,

[1] *Journal du l'industrie laitière* (conférence de M. Lebret, député du Calvados).

pour permettre à ces derniers de pratiquer leurs falsifications à l'abri de toute constatation de flagrant délit. Il a également initié ses auditeurs aux pratiques frauduleuses opérées en province pour falsifier les beurres, et notamment ceux destinés à l'exportation, et démontré que ces fraudes sont d'autant plus actives que les bénéfices qu'elles procurent sont plus considérables.

Jusqu'ici, paraît-il, malgré les travaux de nos plus habiles chimistes, la science est encore impuissante à reconnaître d'une façon absolument certaine la présence de la margarine dans le beurre, quand la proportion du premier produit reste au-dessous de 10 pour 100.

Or, en supposant une fraude à 8 pour 100 seulement, avec de la margarine à 1 fr. 50 le kilogr. et le beurre adultéré vendu 3 francs le kilogr., un simple calcul démontre que, dans ces conditions, le fraudeur gagne 12 centimes par kilogr. et 12 francs par 100 kilogr. du fait seul de la fraude, et sans compter le bénéfice réalisé par la différence entre le prix d'achat du beurre pur et celui de vente du beurre falsifié. Il suffit donc d'un commerce annuel de 500,000 kilogr. de beurre pour gagner 60,000 francs par an, grâce à une fraude relativement restreinte. Ces fraudes ne constituent pas seulement un véritable vol à l'égard du consommateur; elles nuisent considérablement aussi à la production et au commerce honnête, en déterminant une baisse de prix du beurre naturel, à l'intérieur et à l'extérieur.

Sur le marché intérieur, cette baisse est très sensible, surtout depuis deux ans, parce que, en dehors des autres causes que nous indiquerons plus loin (chap. IX), il y a celle causée par le fraudeur, qui peut offrir ses produits à un prix inférieur au prix normal et peser ainsi sur les cours.

D'autre part, toute la quantité de margarine qui s'ajoute au beurre doit avoir pour effet de surcharger le marché et d'augmenter l'offre, en présence d'une demande qui reste à peu près constante; d'où une nouvelle cause d'affaissement des cours. Nous verrons (chap. IX) dans quelles proportions cette baisse sur le prix des beurres de toutes les catégories s'est produite depuis quelques années.

Sur le marché extérieur, l'adultération des beurres par la margarine a eu son contre-coup, en ce qu'elle a porté atteinte à la réputation de nos produits, et notamment de ceux de Normandie et de Bretagne.

Le commerce d'exportation, dit M. Lebret, vu l'importance de son marché, se contente d'un bénéfice modique qu'on peut évaluer à 5 francs les 100 kilogr. ; or le fraudeur à 8 pour 100, qui a déjà 12 francs par 100 kilogr. de bénéfice illicite, peut offrir sa marchandise au-dessous du cours normal et mettre l'exportateur honnête dans une position très critique. A entendre les défenseurs des fabricants de margarine, c'est grâce à ces industriels que le beurre est mis à la portée des petites bourses; mais ils oublient d'ajouter que ce produit est du *beurre de bœuf*, qu'ils font payer à la classe pauvre un prix infiniment supérieur à celui de sa valeur réelle; de telle sorte que cet argument n'est en somme qu'une mauvaise plaisanterie.

Une autre thèse soutenue par ces mêmes défenseurs est celle dite du *cinquième* quartier, et qui consiste à prétendre que les fabricants de margarine concourent à la richesse agricole du pays, en achetant du lait, du beurre et des *suifs*, et que sans eux ce dernier produit se vendrait aujourd'hui à des prix dérisoires. Il nous sera facile de démontrer que cette assertion soutenue à la Chambre, lors de la précédente législature, est absolument dénuée de fondement.

On a dit que, par le seul fait de la transformation du suif en branches en margarine, ce suif, qui se vendait autrefois 50 à 60 francs les 100 kilogr., trouvait acheteur aujourd'hui à 80 francs et même 90 francs, d'où une plus value immédiate de 30 ou 40 francs par quintal.

Or, actuellement, cette affirmation est réduite à

néant, le suif *frais* et *fondu* de la boucherie de Paris, comme celui de province, se vendant (23 février 1895) 54 francs les 100 kilogr., et le suif en branches, pour la province, 37 fr. 80.

Admettons néanmoins que cette affirmation ait été vraie quand elle a été énoncée, et mettons en parallèle la plus-value acquise à l'élevage par la hausse des suifs et la perte causée à l'industrie laitière par la fabrication de la margarine.

En 1892, la quantité de margarine jetée dans la consommation [1] sous le nom de beurre était de 15 millions de kilogr., ce qui, à raison de 50 pour 100 d'oléo pour 100 de suif en branches, représentait 30 millions de kilogr. de ce dernier produit.

Par suite de la hausse du prix des suifs, la plus-value pour l'élevage étant de 30 francs par 100 kilogr., cela représentait, pour la quantité de suifs employée à la fabrication de la margarine, une somme de 9 millions de francs par an.

Calculons, d'autre part, la perte causée à l'industrie laitière par la fabrication de la margarine. En admettant, pour une vache, comme nous l'avons indiqué p. 316, un rendement annuel de 1,850 litres de lait et de 64 kilogr. beurre à raison de 28 litres par kilogr. ; si l'on ne compte qu'à 2 francs le prix du kilogr. (par suite de la baisse actuelle), cela représente un produit annuel, en beurre, de 132 francs par vache.

Or, chaque kilogr. de margarine prenant la place d'un kilogr. de beurre dans la consommation, c'est donc 15 millions de kilogr. de beurre remplacés par 15 millions de margarine, ce qui, à raison de 2 francs seulement, représente une perte de 30 millions de francs. On peut tirer des calculs qui précèdent plusieurs conséquences intéressantes :

1° Une production annnelle de 15 millions de kilogr.

[1] Chiffres officiels. *Écho agricole*, J. Danysz, 1892.

de margarine employés à l'adultération des beurres se traduirait par une plus-value pour l'élevage de 9 millions de francs et par une perte de 30 millions de francs pour l'industrie laitière. Mais nous avons dit que la hausse du prix de vente des suifs en branches était actuellement réduite à zéro; c'est donc une perte sèche de 30 millions pour l'agriculture.

2° Quinze millions de kilogr. de beurre remplacés par un poids égal de margarine représentent la production beurrière de 234,375 vaches, production qui ne trouve plus son débouché.

3° Ce sont bien plus les suifs et les huiles exotiques que nos suifs indigènes qui servent à la fabrication de la margarine; car, à raison de 30 kilogr. de suif en branches par bœuf, il faudrait tuer chaque année 1 *million* de bœufs pour obtenir la matière première de 15 millions de kilogr. de margarine, soit 30 millions de kilogr. de suifs en branches. Or, actuellement, on compte en France, 2,200,000 bœufs contre 6,600,000 vaches.

Quelle que soit la réduction que l'on veuille faire subir au chiffre de 15 millions de margarine que nous avons indiqué comme servant annuellement à l'adultération des beurres en France, les conclusions précédentes n'en subsisteraient pas moins, et l'on serait toujours en droit de dire que chaque kilogr. de margarine employé à la falsification du beurre naturel cause à l'industrie laitière une perte de 2 francs (sans compter les autres préjudices) et sans qu'il en résulte sous une autre forme la moindre compensation pour l'agriculture. En 1892, M. J. Danysz écrivait dans l'*Echo agricole* ce qui suit : « Les seuls industriels pour qui la margarine est « une assiette au beurre » sont les fabricants d'oléos et autres suifs alimentaires, et ces industriels sont **21** en France, pas un de plus. Soutenir la fabrication de la margarine dans l'intérêt de l'élevage, c'est tout simplement absurde. »

Des lois de répression des fraudes dans le commerce des beurres.

C'est vers 1885 que les divers États d'Europe et d'Amérique ont songé à prendre des mesures défensives contre le fléau de la sophistification des beurres naturels par la margarine et à promulguer des lois de répression contre les fraudeurs. Quelques-unes, comme en Danemark, ont produit d'excellents résultats; mais en France, où l'on ne sait prendre, le plus souvent, que des mesures incomplètes, la loi présentée en 1884 par M. Méline, alors ministre de l'agriculture, et promulguée définitivement en 1887 seulement, est restée sans effet, et la fraude n'a fait que grandir chaque année, depuis cette époque. Cette inefficacité tient surtout à ce que l'application de cette loi s'est heurtée aux difficultés d'expertise lors des poursuites, en raison de l'incertitude que présentaient alors les résultats analytiques, lorsque les graisses animales et les huiles exotiques étaient mélangées aux beurres au-dessous d'une certaine proportion. Mais, en présence des énergiques réclamations adressées à nos pouvoirs publics, des divers points de la France où la falsification des beurres a causé tant de mal à notre industrie laitière, les députés de ces régions se sont émus, et dans la précédente législature, la Chambre a été saisie de trois nouvelles propositions de loi de répression de la fraude des beurres par la margarine. M. Guillemin a fait un rapport très complet sur ces trois projets, mais la discussion publique sur les conclusions n'a pu aboutir.

Depuis l'ouverture de la législature actuelle, cinq nouvelles propositions ont été déposées sur le bureau de la Chambre, quatre par nos députés et une autre par M. Viger, ancien ministre de l'agriculture. On voit que ce ne sont pas les propositions relatives à cette question qui font défaut.

En décembre dernier, M. R. Brice, rapporteur de la 2e commission, a déposé comme conclusion une proposition de loi qui peut se résumer ainsi :

« Les simili-beurres, et non la margarine, que *nous n'entendons nullement molester,* n'ont qu'une raison d'être : tromper sur la qualité de la marchandise vendue, et par conséquent leur fabrication doit être interdite, ce qui supprime radicalement la fraude. »

Ainsi, dans cette proposition, pas d'exercice, liberté complète de la fabrication de la margarine, mais, par contre, interdiction absolue du mélange du lait, de la crème ou du beurre avec la margarine ou les produits similaires.

Le gouvernement, dans le projet déposé par M. Viger, maintenait la *faculté des mélanges* et substituait au projet de la commission une inspection et une surveillance sur toutes les fabriques et sur tous les marchands de beurre, destinées à saisir et à poursuivre toutes les fraudes.

En outre, une autre mesure encore plus importante se rapportait au contrôle du commerce des beurres par le prélèvement, dans les locaux de production et de vente, d'échantillons destinés à être soumis à l'examen de laboratoires spéciaux.

L'exposé des motifs rappelle que les recherches poursuivies dans ces derniers temps par M. Muntz ont permis d'établir la possibilité de reconnaître actuellement les fraudes par la margarine, dans des limites assez étroites pour prévenir les falsifications, les constater et en assurer la répression, mais à la condition de s'entourer de garanties énoncées dans l'article 14 du nouveau projet de loi.

Quoi qu'il en soit, la commission de la Chambre, sur le rapport de M. Cluseret, a rejeté le projet du gouvernement à une forte majorité et s'est prononcée pour le maintien intégral de son projet primitif.

En ce qui nous concerne, voici nos conclusions : Si le régime de la liberté absolue était compatible avec la funeste industrie de la fabrication de la margarine, nous le préférerions à tous les projets du monde, mais l'expérience du contraire nous a déjà coûté trop cher, et il faut absolument réagir.

Nous reconnaissons que le projet de la commission agricole de la Chambre, en interdisant le mélange du lait, du beurre ou de la crème avec l'oléo-margarine, gênerait singulièrement les fabricants de margarine dans leurs fraudes; mais on se demande naturellement comment on pourra constater les délits sans avoir recours à des inspecteurs spéciaux chargés d'exercer une surveillance sur toutes les fabriques.

C'est surtout à ce contrôle, organisé depuis longtemps en Danemark, que les beurres de ce pays jouissent d'une aussi bonne réputation sur les marchés d'exportation et font une concurrence si redoutable aux nôtres.

« En Danemark, dit M. Sagnier [1], le gouvernement a nommé *trois* contrôleurs, un pour Copenhague, deux pour le reste du pays. Les contrôleurs ont accès non seulement dans les fabriques de margarine et de produits similaires, mais aussi dans les laiteries, comme dans les entrepôts et les magasins de beurre. Ils ont droit de prélever des échantillons au prix du jour, et de relever les achats et les ventes sur les livres des commerçants. Si des fraudes sont découvertes, des jugements sévères interviennent contre les délinquants. »

Par suite, nous nous résumerons comme il suit :

A notre avis, toute loi dont le premier article ne stipulera pas la défense formelle, aux fabricants de margarine, de fabriquer en même temps des simili-beurres, sera sans efficacité.

Il en sera absolument de même pour toute autre loi qui, renfermant cet article, ne sera pas complétée par l'indication des mesures suivantes : organisation d'un

[1] SAGNIER, *Rapport présenté à l'Association de l'industrie et de l'agriculture françaises, sur la répression des fraudes dans le commerce des beurres*, 1894.

service spécial d'inspection des fabriques de margarine et de contrôle du commerce des beurres.

Dans tous les cas, nous faisons des vœux pour que bientôt l'on ne puisse plus dire que, depuis DIX ans, nos honorables législateurs n'ont pu arriver à formuler une loi suffisante pour empêcher une fraude qui a déjà exercé une action si désastreuse sur notre industrie laitière, la branche la plus importante de notre commerce national, après celle du blé.

APPENDICE

Dans l'Exposé des motifs du projet de loi déposé par M. Viger pour la répression des fraudes dans le commerce des beurres, nous lisons :

« Ce n'est point en France que l'on trouve le plus de fabriques de margarine et le plus de fraudeurs; ce n'est pas nous qui exportons, relativement à notre étendue territoriale, le plus de margarine, et qui jetons sur les marchés étrangers le plus de ces simili-beurres dont la concurrence au beurre fait l'objet de vives et justes critiques.

« Ainsi, en 1893, notre exportation en margarine n'a pas atteint 7,500,000 kilogr. et est restée à peu près constante depuis 1887. En Scandinavie, l'exportation, en 1893, a dépassé 2 millions de kilogr. ; en Belgique, 3 millions; et, en Hollande, elle n'a pas été moindre de 74 millions de kilogr. Cette même année, l'Angleterre a reçu de l'étranger 65 millions de kilogr. de margarine; dans ce chiffre, les Pays-Bas entrent pour 60 millions de kilogr., et la France pour à peine 2 millions de kilogr.

« On peut dire que partout les mêmes abus ont eu lieu, partout les mêmes plaintes se sont élevées contre la concurrence faite au beurre par la margarine, les simili-beurres, les beurres artificiels, etc., que le commerce de détail fait passer pour du vrai beurre. »

Les lignes qui précèdent justifient une fois de plus l'urgence de promulguer en France une loi qui nous mette en état de supériorité sur nos voisins, pour réprimer de la façon la plus rigoureuse les vols éhontés qui se commettent avec la margarine, grâce à l'impunité dont jouissent les voleurs. Espérons, en attendant, que le maintien du crédit de 20,000 francs que vient d'obtenir à la Chambre M. Guillemin, pour la vérification des beurres, portera ses fruits, en attendant mieux.

DES FROMAGES ARTIFICIELS.

Comme, en écrivant ce livre, nous nous proposons de faire connaître à nos lecteurs toutes les pratiques, bonnes ou mauvaises, honnêtes ou coupables, mises en œuvre dans l'industrie laitière, nous ne croyons pas devoir passer sous silence la question de la fabrication des fromages artificiels.

Partant de ce fait que le lait maigre de centrifuge ne diffère du lait entier que par l'absence à peu près complète de la matière grasse, les Américains ont eu l'idée de remplacer celle-ci par un autre corps gras, d'un prix relativement moindre, tel que le saindoux, la margarine, etc., dont on détermine l'incorporation intime au lait écrémé, à l'aide d'un appareil spécial à émulsion ou *émulseur* (voir p. 249). Une fois cette émulsion obtenue, elle est mise en présure, et le caillé sert à fabriquer un fromage gras *artificiel.*

D'après M. Lézé, il existait en 1884, à Elkildtrup (Danemark), une fabrique de fromages artificiels préparés avec du lait maigre, du saindoux et de la margarine. La production journalière était de 350 à 400 kilogr. de fromages qui se vendaient, à l'usine, 1 fr. 30 le kilogr. Nous ignorons si cette fabrication a eu plus de succès en Danemark qu'en Amérique, mais il est permis d'en douter, le lait écrémé servant aujourd'hui à peu près à la nourriture des porcs dans ce pays.

Exclusivement nous avions espéré qu'en France on ne se livrerait pas à une semblable fabrication, parce que, dans notre pensée, c'était vouloir faire un grand tort à notre industrie fromagère que d'introduire dans la consommation des fromages *gras* artificiels; mais notre espérance a été rapidement déçue, et nous savons pertinemment aujourd'hui que certaines laiteries centrifuges ont annexé à leur beurrerie une fromagerie dans laquelle le lait écrémé doux est mis en présure, après avoir été préalablement additionné d'une matière grasse étrangère, telle que l'huile d'arachide ou l'oléo-margarine. Du reste, certains fromages à *pâte molle* et d'autres *pressés,* tels que les façon Camembert, Coulommiers, etc., et aussi les façon tête de Maure, Gouda, etc., que l'on trouve actuellement sur nos marchés, en sont la preuve irrécusable.

Nous reparlerons plus longuement de ces fromages *artificiels* dans la troisième partie de cet ouvrage, et nous dirons alors tout ce que nous pensons de cette nouvelle tromperie sur la qualité de la marchandise vendue.

II. — DE L'UTILISATION DU LAIT DOUX ÉCRÉMÉ.

Depuis l'emploi des écrémeuses centrifuges et surtout la création, dans les pays du Nord et aussi en France, de grandes beurreries particulières ou coopératives où l'on écrème journellement des milliers de litres de lait, les producteurs cherchent avec raison les moyens les plus avantageux de tirer parti du lait maigre.

Quand celui-ci provient de la fabrication du beurre par la méthode du crémage spontané à l'air libre, sans refroidissement, il est généralement aigre et ne peut guère servir qu'à l'alimentation des porcs.

Si ce crémage spontané est accompagné d'un refroidissement plus ou moins énergique et que sa durée ne dépasse pas 36 heures au maximum, le lait maigre qui reste peut servir à l'engraissement des animaux ou à la fabrication d'un fromage maigre.

Mais le lait maigre le plus doux et de meilleure qualité est, sans contredit, celui qui sort des centrifuges, ce mode d'écrémage ayant pour effet (voir p. 244) de déposer contre les parois du séparateur une couche d'impuretés primitivement renfermées dans le lait et qui, d'après le Dr Fjord, peut s'élever à 0,15 pour 100 du poids du lait entier à l'état humide, et à 0,04 à l'état sec. L'examen microscopique d'échantillons de ce dépôt, effectué par le Dr Fjord, y a fait reconnaître une grande quantité d'organismes vivants, et les mêmes échantillons, abandonnés à eux-mêmes, n'ont pas tardé à devenir le siège d'une fermentation putride.

Cependant, au début de l'emploi du lait maigre de centrifuge comme aliment, on crut remarquer, en Danemark notamment, que ce dernier lait était d'une conservation moindre que celui obtenu par la méthode de refroidissement ou de Swartz.

Le Dr Fjord expliqua le fait en faisant remarquer qu'à la sortie du centrifuge le lait maigre a au moins 20°, et que cette température est très favorable au développement des microbes qui n'ont pas été retenus dans le séparateur, et par suite à son altération.

Dans le but de paralyser l'évolution de ces microbes pendant au moins 24 heures, le Dr Fjord imagina son *Pasteurisateur* (fig. 20), dans lequel le lait maigre de centrifuge est chauffé pendant quelques instants à la température de 70° avant d'être rendu aux fournisseurs des laiteries danoises.

Depuis cette époque, les pasteurisateurs se sont très répandus, notamment en France, comme nous l'avons vu page 64.

Composition d'un lait maigre de centrifuge.

Le lait maigre a une consistance moindre que celle du lait pur; sa couleur tire légèrement sur le bleu, d'où le nom de lait *bleu* que souvent on lui donne.

Sa densité est d'environ 1,034 à 14°, et quant à sa composition moyenne, elle peut se représenter comme il suit :

Eau	90
Matière grasse	0,50
Matière azotée	4,30
Sucre de lait	4,40
Sels	0,70
TOTAL	100,00

Aujourd'hui, avec les écrémeuses centrifuges perfectionnées dont on dispose, on peut admettre que l'on retire de 100 kilogr. de lait.

Beurre	4 kilogr. 2
Lait écrémé	85 » 0
Babeurre	10 » 0
Perte	0 » 8
TOTAL	100 kilogr. 0

Les divers moyens d'utiliser le lait *doux* écrémé sont : 1° l'alimentation de l'homme; 2° l'alimentation des animaux; 3° la fabrication des fromages maigres.

1° *Alimentation de l'homme.*

On sait que la matière grasse du lait n'en est pas le principe essentiellement nutritif et qu'elle constitue simplement un aliment respiratoire destiné à produire de la chaleur dans l'organisme.

D'après le Dr Gerber, le lait écrémé a une valeur nutritive égale aux 2/3 de celle du lait entier, de telle sorte que si ce dernier se vend 12 à 15 centimes par exemple, le lait maigre en vaudrait 8 à 10; il serait donc à désirer que ce lait écrémé et doux pût entrer dans l'alimentation humaine, car il n'y a guère d'autre aliment qui puisse fournir au même prix une aussi forte proportion de matière azotée. Nous avons démontré, en effet, dans notre précédente édition, que le prix du kilogr. de matière azotée dans le lait de centrifuge était quatre fois moindre que dans la viande de bœuf, en admettant comme valeur du kilogr. de lait écrémé 7 centimes.

En Allemagne, et notamment à Kiel, à Hambourg, on vend facilement aux habitants ce lait *bleu* et doux à raison de 10 centimes le litre.

En Suisse, quelques beurreries centrifuges trouvent à écouler une fraction de leur lait maigre à 15 centimes les *deux* litres, mais la plus grande partie est revendue aux fournisseurs de lait entier, 5 centimes le litre.

Il y a six ans, M. Long annonçait que la consommation du lait centrifugé commençait à se populariser en Angleterre, et se vendait 10 centimes le litre au détail, et 6 centimes en gros.

En France, la consommation du lait écrémé est inconnue, sauf dans quelques centres voisins de grandes beurreries, comme Lille, notamment. Chose curieuse, dans le Finistère, on vend de temps immémorial, sur les marchés, du lait écrémé doux, sous le nom de *crémé tout*.

M. Chevalley a proposé, en 1886, d'utiliser le lait doux de centrifuge pour l'alimentation humaine, en le substituant à l'eau dans la préparation de la pâte à pain. M. Mer, de son côté, a fait quelques essais dans cette voie; il ne paraît pas que cette idée ait obtenu grand succès.

Mais maintenant que les laits qui servent à la fabrication de ceux dits *condensés* sont préalablement dépouillés de leur matière grasse (voir p. 19), il nous semble qu'il y là un débouché naturel pour cet océan de lait maigre dont l'industrie beurrière trouve si difficilement l'utilisation, tout en se contentant d'un infime bénéfice.

2° *Alimentation des animaux.*

1° *Engraissement des porcs.* — Il y a une douzaine d'années, le Dr Fleischmann a indiqué que, dans les pays du Nord, quand on transformait le lait en beurre et qu'on utilisait ensuite le lait écrémé et le babeurre pour la nourriture des porcs, on attribuait au kilogr. de ces résidus les valeurs suivantes :

Babeurre, 2 cent. 5; lait écrémé, 3 cent. 75.

En Angleterre, d'après Stephenson, quand le lait centrifugé est donné aux porcs, sa valeur varie du simple au double, suivant le prix de vente de ces animaux, mais peut être évaluée, en moyenne, à 5 centimes le litre.

En Amérique, un fermier a trouvé que 100 livres [1] de

[1] Livre anglaise 450 grammes. 100 livres anglaises représentent à peu près 10 gallons, ou 45 litres.

lait écrémé produisaient 6 livres 1/4 de porc, qui, à 30 centimes la livre, représentent 1 fr. 87, ce qui met le litre de lait maigre à 4 cent. 1. Dans l'hypothèse où le porc serait vendu 50 centimes la livre, le prix du litre ressortirait à près de 7 centimes (6 cent. 9).

D'après M. J. Stephenson, lorsque l'on associe le lait écrémé à la ration des porcs, les résultats les plus économiques sont obtenus quand on mélange ce liquide avec des aliments riches en amidon, comme le riz, le maïs ou les pommes de terre.

Dans une expérience faite en 1886 à la station agricole d'Ohio (Amérique), sur l'alimentation des porcs, on a constaté que la farine de maïs mélangée avec une quantité double de lait écrémé constituait la ration qui produisait à *moins* de frais la plus grande quantité de viande maigre.

Des renseignements qui précèdent il résulte qu'en France, où les porcs gras sur pied ne se vendent guère au-dessous de 1 fr. 20 le kilogr., on pourrait admettre, pour valeur minima du lait écrémé donné aux porcs, 5 centimes le kilogr.

Dans ces conditions, et en attribuant au babeurre une valeur de 2 centimes le kilogr., on établirait le produit brut de 100 kilogr. de lait entier comme il suit :

(*A*) Beurre, 4 kilogr. 2, à 3 fr. 50 le kilogr.......	14 fr.	70
Babeurre, 10 kilogr. à 0 fr. 02 le kilogr.......	0	20
Lait écrémé, 85 kilogr. à 0 fr. 05 le kilogr....	0	85
TOTAL....................	18 fr.	75

ce qui ferait ressortir le kilogr. de lait à près de 19 centimes le litre et serait un produit brut très satisfaisant.

Mais, ce qui pouvait être vrai, il y a quelques années, ne l'est plus actuellement, par suite de la baisse du prix des beurres et de la surabondance du lait écrémé.

Pour le démontrer, nous prendrons comme exemple ce qui se passe aujourd'hui dans la grande beurrerie centrifuge de Fontbouillant (Charente-Inférieure), déjà décrite (chap. VII, p. 369).

Pendant longtemps, les laiteries de cette région ont acheté des porcelets (laitous) à deux mois environ, et les revendaient ordinairement trois mois après comme *nourrains*. A Fontbouillant, on a fait de même, mais on a reconnu qu'il y a beaucoup de frais et d'aléas dans cette spéculation, qui était loin de payer **5** centimes le kilogr. de lait écrémé. Aujourd'hui, on vend ce lait maigre, rendu à la porcherie, 1 fr. 50 l'hectolitre, à un marchand de porcs qui fait son affaire de l'élevage, et cette manière d'opérer donne plus de bénéfice que lorsque les porcelets étaient élevés pour le compte de l'établissement.

D'autres laiteries font maintenant comme à Fontbouillant, après avoir fait autrement, ce qui prouve que la seconde spéculation est plus profitable que la première.

Avec ces nouvelles données, on peut établir le produit *brut* de 100 kilogr. de lait, comme il suit :

(*B*) Beurre, 4 kilogr. 200 à 3 fr. 50[1] le kilogr.....	14 fr. 70
Babeurre, 10 kilogr. à 0 fr. 02 le kilogr.......	0 20
Lait écrémé, 85 kilogr. à 1 fr. 50 l'hectolitre..	1 27
TOTAL....................	16 fr. 17

Soit 16 fr. 20 en chiffres ronds, au lieu de 18 fr. 75 (compte *A*).

Il reste maintenant à déduire de ce produit *brut* tous les frais, afin d'obtenir le produit *net;* ils comprennent :

(*a*) Les frais généraux, main-d'œuvre, fabrication, etc.

(*b*) Les frais de transport aux Halles de Paris, d'octroi, de vente à la criée, etc.

Dans une petite beurrerie centrifuge, il faut compter **2** centimes de frais (*a*) par kilogr. de lait; mais dès que la beurrerie prend une certaine importance, la

[1] Nous admettons provisoirement que le beurre de centrifuge se vend encore 3 fr. 50 le kilogr., comme autrefois.

moyenne de ces frais se maintient entre 1 centime et 1 cent. 5; admettons 1 cent. 3.

Quant aux frais (*b*), un élément important du total est la distance de la laiterie aux Halles, et, comme nous l'établirons dans le chapitre suivant, on peut admettre :

Pour une laiterie distante de 50 kilom. environ, un total de frais (*b*) d'environ 27 centimes par kilogr. ;

Pour une autre, comme celle de Fontbouillant, distante de 550 kilom., 40 centimes par kilogr. au minimum.

A Fontbouillant, la totalité des frais (*a*) et (*b*) à déduire du produit *brut* est donc :

	POUR 100 KILOGR.
(*a*) Frais de fabrication, etc., 1 cent. 3 par kilogr.	1 fr. 30
(*b*) Frais de vente du beurre à Paris, 0 fr. 40 par kilogr., soit pour 4 kilogr. 200	1 68
TOTAL	2 fr. 98

Nous avons donc : produit *brut*	16 fr. 20
A retrancher : frais (*a*) et (*b*)	2 98
D'où produit net	13 fr. 22

Calculons maintenant le prix de revient des 100 litres de lait ramassés chez les cultivateurs; nous avons :

	LE LITRE
Lait payé toute l'année	0 fr. 10
Frais de ramassage	0 02
Déchet, mouillage, etc.	0 01
TOTAL	0 fr. 13

D'où, pour 100 litres, 13 francs.

Le bénéfice pour 100 kilogr. de lait est donc de : 13 fr. 22 — 13 fr. = 0 fr. 22 seulement.

Mais, pour que ce minime bénéfice fût acquis, il faudrait que le beurre fût vendu en moyenne 3 fr. 50 le kilogr., comme nous l'avons supposé plus haut (compte *B*). C'était vrai, il y a deux ou trois ans, surtout pendant l'hiver; mais aujourd'hui les prix de vente, aux Halles de Paris, sont bien différents.

En 1894, les beurres centrifuges expédiés de la région des Charentes aux Halles de Paris n'ont pas atteint, en moyenne, un prix *net* de vente de 2 fr. 50. Admettons néanmoins ce chiffre, et calculons la perte que ce bas prix a causée aux producteurs de cette région.

Au prix de 2 fr. 50 le kilogr. de beurre, au lieu de 3 fr. 50 indiqué au compte (*B*), page 442, il faut retrancher 1 franc du produit net précédent, 13 fr. 22, ce qui ramène ce produit à 12 fr. 22; et comme nous avons vu que les 100 litres de lait revenaient à 13 francs, il en résulte, pour l'année 1894, une perte de 13 — 12,22 = 0 fr. 78 par 100 litres de lait!

On voit dans quelle situation se trouve actuellement l'industrie beurrière des Charentes (et il en est de même pour toutes les beurreries de province qui envoient leurs produits aux Halles de Paris), les différences en plus ou en moins dans l'intensité des pertes dépendant seulement des distances plus ou moins grandes par rapport à la capitale. On comprend que, si cet état de choses devait continuer, les beurreries particulières, comme les sociétés coopératives, se verraient forcées, ou de fermer leurs établissements, ou de diminuer le prix d'achat du lait, ce qui constituerait une nouvelle source de malaise pour le cultivateur.

Du reste, la plantation des vignes fait prévoir que, dans peu d'années, la production du lait diminuera beaucoup dans la région : c'est ce qui attend la plus grande partie des laiteries des Charentes, celles, du moins, qui s'approvisionnent dans les contrées où la vigne réussit très bien.

Cette culture, beaucoup plus avantageuse que la production du lait, reprendra son importance, et un grand nombre de laiteries, créées comme un expédient provisoire, disparaîtront peu à peu; celles qui persisteront dans ces mêmes régions ne feront que végéter[1].

Néanmoins, nous ajouterons que, si la surproduction est une des causes du malaise actuel de l'industrie beurrière, chaque beurrerie qui disparaîtra dans la région à vignes contribuera à améliorer la situation d'une autre installée ailleurs; à moins que les circonstances défavorables, telles que surproduction quand même et dépréciation des produits sur les marchés, causées par la margarine, n'aillent toujours en progressant.

2° *Élevage des veaux.* — La valeur du lait écrémé pour l'élevage des veaux est connue, et son emploi pour cet usage peut donner de sérieux bénéfices, surtout si le fermier substitue peu à peu au lait de la mère, et en quantités graduellement croissantes, une infusion faite avec ce lait écrémé et une graine oléagineuse de minime valeur, comme la graine de lin, par exemple.

D'après M. J. Stephenson, la graine de lin renferme environ 30 pour 100 d'huile et 90 pour 100 d'hydrates de carbone équivalant à 15 pour 100 de graisse, soit en chiffres ronds 50 pour 100 de matière grasse. Si donc on retire d'une quantité donnée de lait destinée aux veaux 500 grammes de beurre, on pourra remplacer la matière grasse enlevée par 1 kilogr. de graine de lin. Mais comme celle-ci coûte 11 à 12 fois moins que le beurre, on voit le sérieux bénéfice que cette substitution permettra d'obtenir.

A Gros, dans l'Aveyron, M. Julia[2] a installé une vacherie qui comptait, en 1894, 70 vaches dont le lait était transformé en beurre de centrifuge à l'aide d'une écrémeuse Mélotte. Quant au lait écrémé, on l'a employé jusqu'ici pour la nourriture des veaux et quelquefois celle des porcs.

Dès l'âge de 15 jours, les veaux ne têtent plus leurs mères et n'ont plus d'autre nourriture que le lait

[1] M. Obissier, directeur de la laiterie de Fontbouillant (Charente-Inférieure).

[2] Journal *la Laiterie*, F. DE BANAU.

écrémé, ce qui ne les empêche pas de se développer à peu près normalement et de peser, en moyenne, 80 kilogr. à 2 mois et demi ou 3 mois.

3° *Alimentation des vaches laitières.* — En Amérique, on est très partisan de donner aux vaches le lait écrémé tiède, soit seul, soit mélangé avec des farines de tourteaux, de maïs ou de riz. M. le professeur Arnold, qui jouit d'une grande réputation aux États-Unis, au point de vue de l'industrie laitière, admet que le mélange de lait écrémé et de farine augmente le rendement en *beurre* de 40 livres par an et par vache, sans compter la production supérieure en lait. Sir John Lawes, en Angleterre, recommande également l'emploi du lait écrémé dans l'alimentation des vaches laitières.

En Amérique, M. M'Ferlane a utilisé avec succès, pour l'alimentation de ses vaches laitières, le lait écrémé additionné de son.

Pendant la saison froide, le son était ajouté au lait 12 heures d'avance, et il s'établissait dans le mélange une légère fermentation qui rendait cette ration, distribuée tiède, très appétissante pour les vaches.

En été, le fourrage vert remplaçait le son comme aliment, mais les vaches n'en recevaient pas moins 4 litres de lait écrémé par jour; au début, elles montraient bien quelque répugnance pour ce breuvage, mais il suffisait, pour en avoir facilement raison, de répandre sur le lait une bonne poignée de son.

3° *Fabrication des fromages maigres.*

Le troisième mode d'utilisation du lait écrémé, qui consiste à transformer celui-ci en fromage maigre, a été appliqué en grand dans le nord de l'Europe, dès que la méthode Swartz est venue opérer une véritable révolution dans l'industrie laitière de ces pays. — Voici, d'après Fleischmann, les produits que l'on retirait de

100 kilogr. de lait convertis d'abord en beurre par cette méthode, et ensuite en fromage maigre :

	QUANTITÉS	PRIX DU KILOGR.	TOTAL
	Kilogr.	Fr. c.	Fr. c.
Beurre...........	3,35	3,000	10,05
Babeurre.........	16,60	0,024	0,41
Fromage.........	6,00	0,625	3,75
Petit-lait.........	73,05	0,012	0,91
Perte............	1,00	»	»
	100,00		15,12

Ce qui faisait ressortir la valeur brute du kilogr. de lait à 15 centimes en chiffres ronds.

Dans le compte précédent, le prix du fromage maigre, évalué à 62 centimes le kilogr. à cette époque, était trop élevée, étant donnée la qualité de ce produit, que nous avions eu l'occasion de goûter à l'exposition internationale de laiterie, à Hambourg, en 1877.

Aussi, le prix de ce fromage étant descendu jusqu'à 50 et même 30 centimes le kilogr., on dut abandonner cette fabrication et faire servir le lait maigre à l'engraissement des porcs. Ce changement était d'autant mieux indiqué qu'à cette époque on commençait, dans les pays du Nord, à retirer de 100 kilogr. de lait, avec les centrifuges, une quantité plus considérable qu'autrefois d'un beurre qui se vendait plus cher.

En France, surtout depuis l'installation des grandes laiteries centrifuges, on a fait de nombreux essais d'utilisation du lait écrémé transformé en fromages maigres, mais les tentatives n'ont pas toujours été couronnées de succès.

Comme nous devons traiter de l'industrie fromagère dans la troisième partie de cet ouvrage, nous nous contenterons de rapporter ici les essais tentés pour fabriquer un fromage maigre, tel que celui de Livarot, avec du lait maigre de centrifuge.

Fabrication du fromage de Livarot.

Ce fromage tire son nom du bourg de Livarot (à 15 kilomètres de Lisieux), qui est le centre principal de la fabrication et de la vente de ce produit. (Voir Industrie fromagère.) Dans ce pays, la production de cette variété de fromage a pour cause la nécessité d'utiliser le lait plus ou moins écrémé qui provient : 1° de la fabrication du beurre dit de Livarot; 2° de cette même fabrication du beurre, en juin, juillet et août, lorsque beaucoup de producteurs de fromages de Camembert cessent leur fabrication à l'époque des grandes chaleurs. Il est donc naturel que, dans les grandes beurreries centrifuges, on cherche à utiliser de la même manière les quantités considérables de lait écrémé que l'on obtient journellement; or, c'est ce qu'a fait M. L. Abaye, propriétaire d'une des plus importantes laiteries de France, laiterie installée sur le domaine de Tremblay, par Montreuil-l'Argillé (Eure), et que nous avons décrite dans notre précédente édition.

En 1888, M. L. Abaye nous a fourni, avec la plus extrême obligeance, des renseignements économiques très complets sur la fabrication du fromage façon Livarot; comme nous les avons publiés *in extenso* à cette époque, nous nous contenterons aujourd'hui d'en donner le résumé.

A l'origine, chez M. Abaye, le fromage de Livarot était fabriqué avec un mélange de 90 de lait écrémé au centrifuge et de 10 de lait entier de première qualité.

La première année, les fromages étaient vendus à un marchand qui avait retenu la totalité de la fabrication, et qui les payait en hiver 20 francs la caisse de trois douzaines, et en été 11 francs, pour les revendre, sans doute, 35 à 40 francs après affinage.

Voici quel était, dans ces conditions, le produit brut

des 100 kilogr. de lait transformé en beurre et en fromage maigre de Livarot :

Beurre, 3 kilogr. 600 à 3 fr. 50 le kilogr.[1]....	12 fr. 60
Babeurre, 9 kilogr. à 0 fr. 02 le kilogr.......	0 18
Fromages, 10 kilogr. à 0 fr. 58 le kilogr......	5 80
Petit-lait, 78 kilogr. à 0 fr. 012 le kilogr......	0 95
TOTAL....................	19 fr. 53

Ce qui faisait ressortir le produit brut du kilogr. de lait à 19 cent. 5, prix suffisamment rémunérateur.

Mais, pendant l'été, le prix de 21 francs pour les trente-six fromages descendait à 11 francs, ce qui mettait le prix d'un fromage à 30 centimes seulement, et, par suite, le produit brut des 100 kilogr. de lait n'était plus que de 16 fr. 70.

Enfin, en 1887, les prix sont tombés à 18 francs les trois douzaines en hiver, et à 9 fr. 50 en été, ce dernier prix faisant ressortir le produit brut des 100 kilogr. de lait à 15 francs seulement, chiffre qui constituait la fabrication en perte.

Dans ces conditions, le mieux à faire était de renoncer à ce mode d'utilisation du lait maigre, surtout en été, les prix de vente de ces fromages ayant toujours continué à baisser, bien que M. Abaye ait mélangé au lait maigre jusqu'à 15 pour 100 de lait entier, pour satisfaire au désir exprimé par son acheteur.

En résumé, toutes les fois qu'en défalquant du produit brut d'un kilogr. de lait entier, les frais de toute nature qui incombent à cette double fabrication (beurre et fromage maigre), ce produit brut descend au-dessous de 15 centimes, il devient préférable de s'en tenir à la fabrication du beurre et de donner le lait écrémé aux porcs; à moins qu'on puisse revendre ce dernier 2 ou 3 centimes aux fournisseurs de lait, ce qui vaut mieux encore. A l'époque où M. Abaye nous fournissait les

[1] Actuellement, il faudrait compter seulement 3 francs au maximum pour le prix du kilogr. de beurre.

renseignements qui précèdent, il avait bien voulu y joindre son appréciation sur l'emploi du lait maigre de centrifuge pour la fabrication des fromages; nous croyons intéressant de la reproduire ici.

« Le lait écrémé de centrifuge, disait M. Abaye, est d'un dangereux emploi dans la fabrication des fromages, parce que ses effets sont très irréguliers et très bizarres, et qu'il produit parfois dans les fromages des veines noirâtres dont on ne peut découvrir ni la cause, ni le remède. En outre, ce lait turbiné donne au fromage, quel qu'il soit, un aspect gélatineux spécial, toujours reconnaissable, et une tendance inévitable à ne pas s'affiner au degré voulu, sans devenir fort au goût. »

Nous avons eu bien des fois l'occasion de constater dans les fromages maigres cet aspect gélatineux spécial et ce goût fort. L'aspect gélatineux est, en général, d'autant plus accentué que le lait ayant servi à la fabrication du fromage était plus maigre, et qu'il a fallu conserver plus longtemps le produit à une température relativement élevée pour en opérer l'affinage.

Quant au goût fort, ce n'est pas un défaut pour tous les consommateurs; car, si beaucoup de personnes trouvent désagréables l'odeur et le goût du livarot, par exemple, les amateurs de ce fromage, notamment dans la classe ouvrière, le recherchent, en raison même de ces qualités qui excitent leur appétit.

Enfin, en ce qui concerne l'apparition des veines noires dans la pâte des fromages, nous croyons qu'avant de l'attribuer à l'emploi du lait turbiné, il est nécessaire que cette opinion soit confirmée par des faits semblables observés dans d'autres fromageries fabriquant avec du lait de centrifuge.

Cette moisissure noire nous a été souvent signalée par des producteurs de fromages qui fabriquaient avec des laits soumis préalablement au crémage *spontané*, et nous la regardons comme un accident qui provient ordinairement des circonstances défavorables qui ont accompagné la fabrication au début de l'opération. Un excès d'humidité dans la fromagerie et une température trop basse, au moment de la mise en moules et pendant l'égouttage du caillé, suffisent pour favoriser dans ce caillé insuffisamment égoutté l'apparition de moisissures de ce genre.

Cependant, comme nous savons par expérience combien est long et souvent capricieux l'affinage des fromages fabriqués avec du lait trop maigre, nous donnerons aux producteurs les deux conseils suivants :

1° Fabriquer de préférence des fromages maigres avec du lait écrémé aux *deux tiers* seulement;

2° Faire passer ce lait, immédiatement à sa sortie du centrifuge, par un pasteurisateur Fjord (fig. 20), de façon à le chauffer à la température de 60° environ, et le laisser se refroidir ensuite jusqu'à celle de sa mise en présure. Si l'on dispose d'un réfrigérant (fig. 48), il sera préférable de s'en servir pour hâter le refroidissement du lait pasteurisé. (Voir p. 64.)

Il est bien entendu que cette fabrication de fromages maigres restera toujours subordonnée aux deux conditions principales suivantes :

1° L'impossibilité de revendre le lait maigre aux fournisseurs de lait entier, ou de faire servir la totalité de ce lait écrémé à l'engraissement des porcs ou à l'alimentation des veaux;

2° La certitude de trouver pour les fromages fabriqués un débouché assuré et à un prix suffisamment rémunérateur, c'est-à-dire faisant ressortir le prix du kilogr. de lait converti successivement en beurre et fromage à 18 centimes au minimum.

Si, dans les conditions que nous venons d'indiquer, on arrive à réussir la fabrication du fromage façon Livarot, fabrication que nous décrirons en détail dans la troisième partie de ce livre, nous conseillerons de l'effectuer de préférence pendant les mois de juin juillet et août, c'est-à-dire à l'époque où l'on cesse, dans l'Orne, le Calvados, la fabrication du Camembert, pour se livrer à celle du beurre et du livarot. Mais, dans ce cas, pour opérer dans les meilleures conditions, on devra avoir une bonne cave d'affinage, suffisamment fraîche, et qui permettra de ne vendre ces fromages que *passés*, et à partir du 15 septembre seulement.

Après avoir étudié dans ce chapitre la fabrication des fromages maigres, principalement au point de vue économique, nous nous réservons de revenir sur cette question dans la troisième partie (Industrie fromagère), et de l'étudier alors au point de vue technologique.

III. — DES MACHINES A PRODUIRE LE FROID ET DE LEURS APPLICATIONS AUX LAITERIES (BEURRERIES ET FROMAGERIES).

Les machines à produire le froid se divisent en deux grandes classes : I° les machines à compression mécanique; II° les machines à affinité.

I. — MACHINES A COMPRESSION MÉCANIQUE.

Cette première classe comprend : *A*. Les machines à air; *B*. Les machines à gaz liquéfiables.

A. MACHINES A AIR.

Le principe de ces machines est le suivant :

On comprime l'air au moyen d'une pompe dans un réservoir nommé *réfroidisseur*, et la chaleur développée pendant la compression est soustraite à l'air comprimé par un courant d'eau froide qui traverse le refroidisseur; par suite, l'air est sensiblement ramené au degré de température de l'eau de réfrigération.

On laisse alors cet air comprimé se *dilater* dans un cylindre nommé *détendeur*, et, à sa sortie, il s'abaisse au-dessous de la température ambiante et produit à ce moment le froid que l'on utilise.

Ces machines n'étant pas économiquement applicables en industrie et surtout à celle qui nous occupe plus particulièrement, nous ne nous y arrêterons pas davantage.

B. Machines a gaz liquéfiables.

Toutes ces machines reposent sur les divers principes suivants :

1° Tout corps liquide a besoin, pour passer à l'état de vapeur ou de gaz, c'est-à-dire pour changer d'état, d'une certaine quantité de chaleur *latente* de vaporisation ou d'un certain nombre de calories. A défaut d'une source directe de chaleur, le liquide emprunte à lui-même ou à un autre liquide qui l'entoure la somme de calories nécessaire, d'où production de *froid*.

2° Tout corps à l'état de vapeur ou de gaz, soumis à un refroidissement ou une pression convenables, repasse à l'état liquide, en abandonnant toute la chaleur latente de vaporisation qu'il avait absorbée pour changer d'état.

Les machines à gaz liquéfiables se composent des parties suivantes, diversement disposées suivant les types considérés :

1° Un *réfrigérant* dans lequel circule un liquide vaporisable qui, en se transformant en vapeur, produit le refroidissement plus ou moins grand des corps avec lesquels il est mis en contact ;

2° Une *pompe* qui aspire les vapeurs du liquide vaporisé et les refoule dans un autre récipient appelé *condenseur ;*

3° Un *condenseur* dans lequel les vapeurs refoulées repassent à l'état *liquide*, pendant qu'un courant d'eau froide qui entoure ce condenseur absorbe la chaleur latente restituée par la vapeur qui repasse à l'état liquide. Quant à la vapeur *liquéfiée*, elle retourne dans le réfrigérant, s'y vaporise de nouveau sous l'action de la pompe qui aspire la vapeur, la refoule dans le condenseur et ainsi de suite.

Dans le réfrigérant, le froid produit par la vaporisation du gaz liquéfiable est utilisé soit pour obtenir de la glace, soit pour abaisser plus ou moins au-dessous de zéro un liquide *incongelable* que l'on fait servir aujourd'hui pour un assez grand nombre d'applications industrielles.

Les liquides *incongelables* habituellement employés sont des dissolutions dans l'eau de divers sels, tels que les chlorures de sodium, de calcium et de magnésium.

Les machines à gaz liquéfiables sont les plus répandues en industrie, et elles se rapportent à quatre types principaux :

1° Machines à acide sulfureux anhydre, système Pictet;

2° Machines à ammoniaque anhydre, dont il existe plusieurs systèmes, tels que ceux de MM. Mignon et Rouart, de Paris, du professeur Linde, de l'ingénieur Fixary, etc.;

3° Machines à chlorure de méthyle, actuellement construites par MM. Douane et Jobin;

4° Machines à acide carbonique.

Parmi ces quatre types, celui qui, à notre connaissance, est le plus répandu en industrie laitière est le type à acide sulfureux; nous nous en occuperons plus particulièrement.

MACHINE FRIGORIFIQUE A ACIDE SULFUREUX ANHYDRE.

La figure 217 représente une vue extérieure de la machine servant à fabriquer des mouleaux de glace, et la figure 218 une coupe théorique de ladite machine.

Le professeur Pictet, de Genève, a appelé, il y a près de vingt ans, l'attention sur l'application nouvelle de l'acide sulfureux anhydre comme agent réfrigérant, ce liquide étant volatil à 10° au-dessous de zéro, sous la pression de l'atmosphère. Au moment de la liquéfaction du gaz dans le condenseur, la pression varie entre deux et quatre atmosphères, suivant la température de l'eau de condensation.

Avec cette machine, on obtient facilement des températures qui varient de 0° à — 20°, et dans ces derniers temps, des machines de ce système ont été établies dans

Fig. 217.

les pays chauds en vue de la marche, dans le bain incongelable, à la température de — 25° à — 30° au-dessous de zéro.

Description de la coupe théorique de la machine à glace.

P. Pompe à anhydride sulfureux. — *a*. Soupape d'aspiration — *c*. Soupape de refoulement. — *aG*. Tuyau d'aspiration. — *cH*. Tuyau de refoulement. — *B*. Condenseur. — *H*. Robinet dudit. — *M*. Manomètres d'aspiration et de refoulement. — F. Entrée et sortie de l'eau du condenseur. — *l*. Tuyau de retour de l'anhydride, du condenseur au réfrigérant. — *D*. Robinet régleur. — *R*. Dôme d'aspiration du réfrigérant. — *E*. Liquide incongelable. — *C*. Cuve remplie de mouleaux (moules à glace).

Le réfrigérant se compose d'un cylindre tubulaire placé horizontalement dans la cuve en tôle *C* et dans les tubes duquel circule constamment le liquide incongelable *E* (solution de chlorures), qui se refroidit à 6 ou 7° au-dessous de zéro et vient, en léchant les parois des mouleaux, déterminer la congélation de l'eau qu'ils renferment.

Dans ce réfrigérant, le froid est produit par l'acide sulfureux liquide qui s'y volatilise ; sa vapeur est aspi-

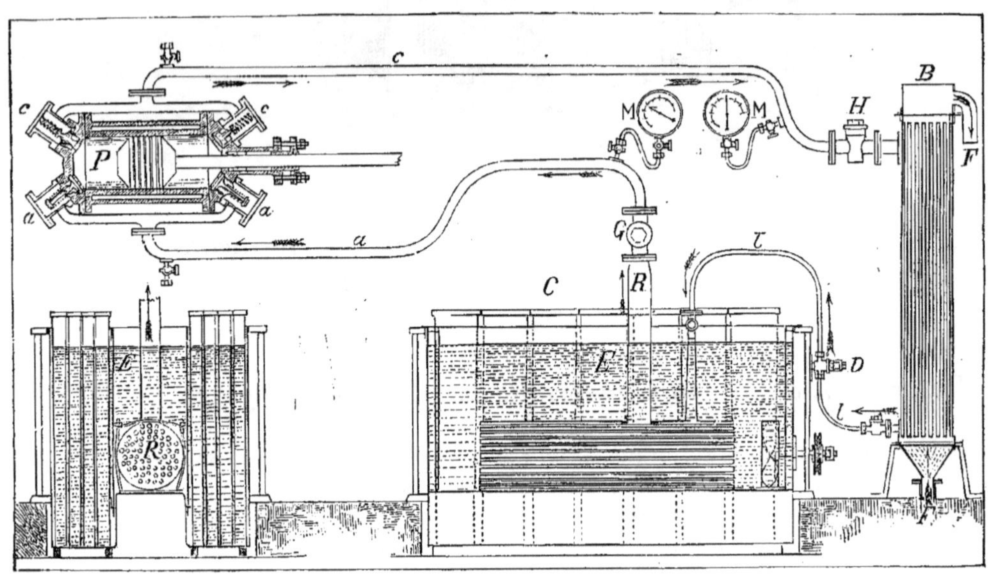

Fig. 218. — Coupe théorique de l'appareil à glace, système Raoul Pictet et Cie.

rée par le tuyau *Ga* et refoulée ensuite par celui *cH* dans le condenseur *B*.

Ce condenseur *B* est un cylindre également tubulaire comme le réfrigérant, et dans les tubes circule constamment de l'eau froide. L'acide sulfureux, refoulé entre ces tubes, repasse à l'état *liquide* en dégageant de la chaleur que le courant d'eau froide absorbe, revient dans le réfrigérant tubulaire par le tube *l*, où il subit une nouvelle vaporisation en produisant un froid considérable.

Comme nous l'avons dit déjà dans la première partie de cet ouvrage, page 57, chez M. Lecomte, où une machine Pictet avait été installée, les mouleaux à glace avaient été supprimés, et le liquide incongelable circulait dans de grands bacs où l'on plongeait les pots contenant le lait à refroidir. Les pots étaient ramenés promptement à 2° ou 3° au-dessus de zéro et expédiés à Paris à cette température.

Aujourd'hui, les machines frigorifiques appliquées aux laiteries (beurreries et fromageries) sont surtout employées pour maintenir à une température suffisamment basse, notamment pendant les grandes chaleurs, les locaux qui renferment des beurres ou des fromages.

Dans les grandes beurreries particulières ou d'exportation, comme chez MM. Bretel frères (voir p. 416), lorsque les beurres ont été convenablement travaillés, ils sont généralement trop mous pour être expédiés immédiatement. On remédie alors au manque de glace (dont les pays du Nord et le Danemark notamment peuvent se permettre un véritable gaspillage) en transportant et en laissant séjourner ces beurres dans des chambres froides, afin de leur donner le temps de se raffermir. Dans les fromageries, c'est surtout pour modérer la fermentation des fromages à pâte molle, pendant la saison chaude, qu'on a recours aux [illegible]achines frigorifiques; nous reparlerons de cett[illegible]ation dans la troisième partie.

Refroidissement des locaux, à l'aide des machines frigorifiques.

On comprend que, étant donné un liquide incongelable dont la température peut être abaissée entre 0° et 20° au minimum, il suffira de transporter et de faire circuler celui-ci dans un local dont on veut abaisser la température de l'air ambiant pour obtenir le résultat désiré. Or, on peut résoudre le problème de plusieurs manières :

1° On fait arriver et circuler sur une hélice le liquide incongelable très froid, et en même temps on dirige à la surface, à la vitesse de 2 ou 3 mètres par seconde, un courant d'air qui se refroidit au contact du liquide froid.

2° On détermine le refroidissement de l'air dans un local appelé *chambre froide* situé au-dessus des locaux à refroidir. Une série de bacs y sont disposés transversalement, à deux niveaux différents ; les bacs supérieurs sont perforés, et le liquide incongelable y est amené au moyen d'une pompe, par une canalisation sur laquelle sont fixées des pommes d'arrosoir. Il s'écoule en pluie à travers la chambre froide, tombe dans les bacs inférieurs et est ramené par une autre canalisation à la cuve de réfrigération de la machine. La température de l'air dans la chambre froide s'abaisse à un degré calculé d'avance, et celui-ci, devenu plus sec et plus dense, descend par les cheminées en tôle dans les locaux à rafraîchir, en chasse l'air chaud et humide, qui remonte par des conduits ménagés dans l'épaisseur des murs jusqu'à la chambre froide, pour s'y refroidir et redescendre, à son tour, jusqu'à ce que l'équilibre soit établi.

D'autres fois, on fait tomber en pluie, sur des toiles métalliques verticales disposées à la partie supérieure de la chambre froide ou à refroidir, le liquide incongelable qui retourne ensuite au réfrigérant.

3° Enfin, un système très simple et très généralement adopté consiste à faire circuler le liquide froid dans des *tubes* placés au plafond et qui s'abaissent plus ou moins vers le sol. Au contact de ces tubes, l'air refroidi devient plus dense, gagne les parties inférieures et finit par refroidir le local tout entier. Ce système très pratique nécessite cependant d'arrêter de temps en temps la circulation du liquide froid dans les tubes, afin de débarrasser ceux-ci, extérieurement, de la couche de gelée blanche qui se dépose sur eux et diminue sensiblement la transmission du froid.

La planche figure 219, dont nous devons le beau cliché à l'obligeance de M. H. Mendès, directeur de la Société des appareils Pictet, représente l'installation établie, à la demande de M. le comte Cafarelli, à la laiterie de Léchelle (Aisne). La machine correspond à une production de 50 kilogr. de glace à l'heure.

En outre, M. Mendès nous a communiqué la liste suivante des machines installées par la Société dans différentes laiteries :

M. Maurice Grillot. Laiterie de Cornoux, près Gray. — 1 machine de 25 kilogr.

M. Ch. Gervais, à Gournay-Ferrières. — 1 machine de 200 kilogr.

Laiterie Brayonne, à Forges-les-Eaux. — 1 machine de 200 kilogr. et une autre de 75 kilogr.

Société de Lacticinios, à Rio-de-Janeiro. — 1 machine de 500 kilogr. à Rio-de-Janeiro, et 1 machine de 150 kilogr. à Mantequera (Brésil), etc.

Sans compter les fabriques de margarine auxquelles il a été fourni également un certain nombre de machines.

Machines à compression d'ammoniaque.

Si les deux machines à ammoniaque et à acide sulfureux, à égalité de fini de construction, peuvent se valoir dans les climats tempérés, nous croyons cependant, dit M. Faucher[1], que la machine Pictet mérite

[1] *Les machines frigorifiques*, par H. FAUCHER, 1892.

d'être citée en première ligne pour les avantages qui résultent de sa simplicité remarquable.

En outre, dans les machines à ammoniaque, lorsque l'eau destinée à la condensation atteint 25°, comme cela a lieu en été, quand on est obligé de puiser cette eau à la rivière, la pression de marche s'élève à 10 kilogr. ou 10 atmosphères par centimètre carré, et il devient souvent difficile d'arriver à une condensation suffisante pour obtenir le froid voulu.

II. — Machines a affinité.

Ces appareils sont basés sur l'affinité de l'eau pour l'ammoniaque gazeuse, qui peut en dissoudre jusqu'à près de 1,000 fois son volume à la température ordinaire. Après M. Carré, c'est à MM. Mignon et Rouart que l'on doit d'avoir porté la machine à affinité à son dernier perfectionnement, et aujourd'hui, ce sont MM. Rouart frères qui construisent ces machines.

Machines frigorifiques à affinité de MM. Rouart frères, 137, *boulevard Voltaire* (*Paris*).

Ces appareils peuvent être partagés en deux catégories :

1° Les appareils intermittents ou domestiques;

2° Les appareils continus ou industriels.

1° *Appareils domestiques* (*ancien système Carré*). — Ces appareils sont connus et conviennent surtout, par leur simplicité et leur conduite facile, aux maisons de campagne pour la fabrication de la glace et de toutes les préparations glacées. La figure 220 représente l'un de ces appareils, essentiellement composé de deux réservoirs réunis par un tuyau et constituant un espace complètement clos. L'un des réservoirs, celui à gauche de la figure, étant rempli d'une solution aqueuse d'ammoniaque, on le fait chauffer, tandis que l'autre réservoir est plongé dans l'eau froide.

Sous l'influence de la chaleur, le gaz ammoniac se dégage de la solution, se comprime lui-même et se liquéfie dans le réservoir entouré d'eau froide. Quand la totalité du gaz a été liquéfiée, ce qui a lieu quand le thermomètre de la chaudière marque 130°, il ne reste que de l'eau dans le réservoir chauffé; on retire alors celui-ci du foyer et on le plonge, à son tour, dans l'eau du réfrigérant, tandis que le réservoir où se trouve l'ammoniaque liquéfiée est exposé à l'air. Celle-ci se transforme immédiatement en vapeur et se rend dans le réservoir à l'eau, où elle se dissout par *affinité*. Comme l'eau peut dissoudre jusqu'à 1,000 fois son volume d'ammoniaque, il en résulte un vide permanent dans l'appareil et, par suite, une vaporisation très rapide de l'ammoniaque liquide. Cette vaporisation produit un refroidissement considérable du réservoir qui contenait l'ammoniaque liquide; et comme il entoure un cylindre en tôle très mince et rempli d'eau, celle-ci ne tarde pas à se congeler.

La solution ammoniacale sert indéfiniment, de telle sorte que, lorsqu'une opération est terminée, l'appareil se retrouve dans les conditions initiales et prêt à fonctionner de nouveau.

2° *Appareil industriel ou continu* (fig. 221). — Cet appareil se compose des parties suivantes :

A. Chaudière renfermant la solution ammoniacale.
B. Liquéfacteur. C. Récipient du gaz liquéfié.
D. Congélateur. E. Vase à absorption.
F. Pompe à solution riche. G. Échangeur.

La chaudière peut être chauffée à feu nu ou à la vapeur au moyen d'un serpentin intérieur. Le gaz ammoniac volatilisé, et à la pression de 8 atmosphères environ, vient se liquéfier dans les serpentins du *liquéfacteur* B, autour desquels circule constamment un cou-

Fig. 219. — Installation d'une machine frigorifique du système Pictet dans la laiterie-beurrerie de Léchelle (Aisne).

rant d'eau froide destiné à absorber la chaleur abandonnée par le gaz liquéfié.

Du liquéfacteur, l'ammoniaque liquide se rend dans le récipient C, et ensuite dans les serpentins du *congélateur* D, où elle se volatilise et produit du froid; sa volatilisation devient complète dans le refroidisseur, et enfin elle revient, à l'état gazeux, au vase à absorption E, qui reçoit en même temps le liquide appauvri venant du fond de la chaudière, et dans lequel il se dissout. A l'aide d'une petite pompe et grâce à l'emploi du réservoir G appelé *échangeur*, la solution ammoniacale est renvoyée dans la chaudière au même degré de concentration où elle se trouvait primitivement.

Rôle de l'échangeur G. — Le liquide pauvre chassé de la chaudière A, par la pression même de cette chaudière, est à une température très élevée qui le rendrait impropre à absorber le gaz ammoniacal dans le vase à absorption E; il est donc nécessaire de le refroidir; d'autre part, la dissolution ammoniacale doit retourner à la chaudière aussi chaude que possible, afin d'économiser le combustible. Pour remplir ces deux conditions, on fait circuler en sens inverse les deux liquides dans le récipient clos appelé *échangeur*. Le liquide pauvre et très chaud, avant d'arriver dans le vase à absorption, passe d'abord dans des serpentins, autour desquels circule le liquide riche refoulé par la pompe; celui-ci prend alors la chaleur au liquide pauvre, qui arrive suffisamment refroidi dans le vase à absorption, tandis que le liquide riche retourne *chaud* à la chaudière.

L'appareil industriel et continu est établi sur deux systèmes différents : dans l'un, le congélateur ordinaire ne produit que des blocs de glace; dans l'autre, il est remplacé par un congélateur spécial, selon le but que l'on se propose d'atteindre.

On voit que les machines à affinité diffèrent des machines de compression en ce que l'action de la pompe de compression est remplacée, pour l'*aspiration,* par l'affinité du dissolvant froid qui détermine l'absorption

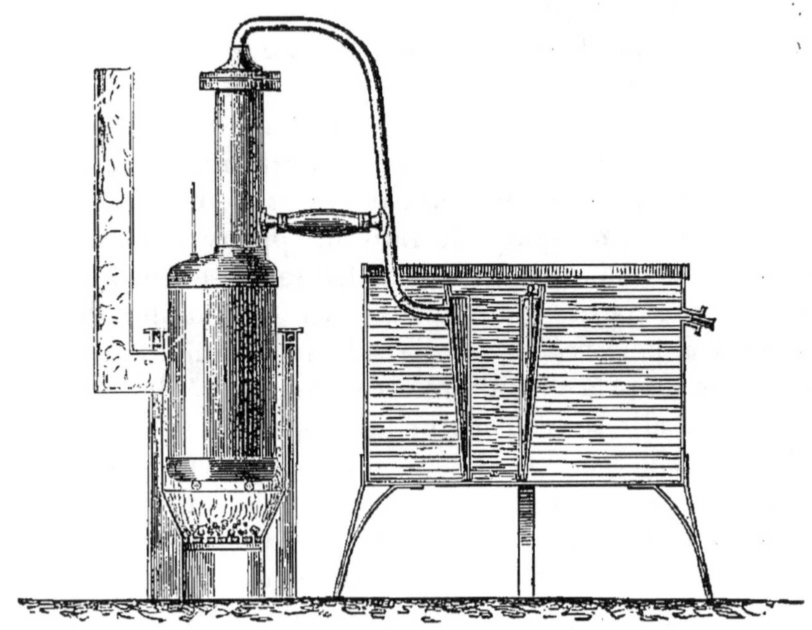

Fig. 220.

et pour la *compression* par la tension que prend le gaz sous l'action du chauffage.

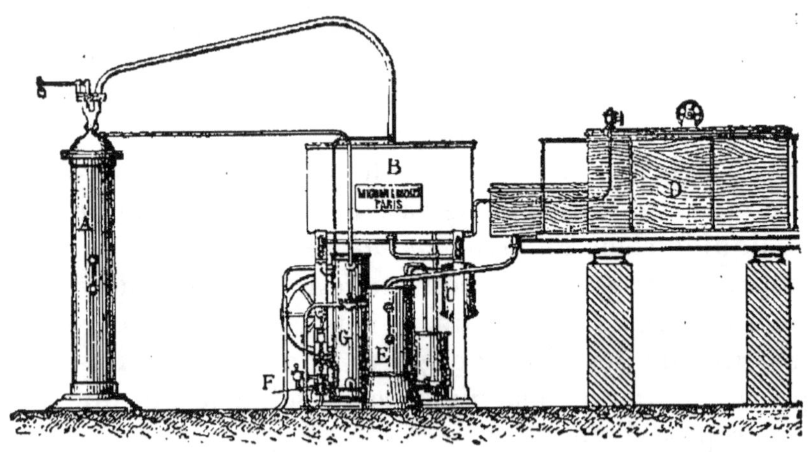

Fig. 221.

Ces machines utilisent donc directement la puissance

calorifique du charbon, qui sert à chasser le gaz de sa solution, et le seul organe mécanique est la pompe de circulation de la solution ammoniacale riche.

M. Baquet, que nous avons eu déjà l'occasion de citer plusieurs fois, a fait installer par MM. Rouart frères, dans sa laiterie modèle de Vesly (Eure), une machine à affinité au sujet de laquelle il a bien voulu nous fournir les renseignements suivants :

« Cette machine a coûté près de 6,000 francs toute montée et peut produire 25 kilogr. de glace à l'heure; elle est très bien construite, mais comme toutes les machines frigorifiques, quel qu'en soit le système, elle ne donne son véritable rendement qu'à la condition de marcher tous les jours et longtemps et d'avoir à sa disposition toute l'eau désirable et suffisamment froide.

« Or, chez moi, dit-il, ma source ne fournit pas assez d'eau pour me permettre de marcher dans ces conditions, et, de plus, la température de cette eau atteint, en été, 17 à 18°, ce qui est très désavantageux. Il en résulte que je ne tire pas de ma machine tous les services qu'elle pourrait me rendre et que je suis obligé d'apporter une certaine économie dans l'usage de la glace, que je limite alors au refroidissement de la crème pour me permettre de baratter, en été, à basse température, de façon à obtenir un bon beurre granulé pouvant passer facilement à la délaiteuse.

« Je possède cette machine, ajoute M. Baquet, depuis 1889, et je crois avoir acquis suffisamment d'expérience sur l'adjonction des machines frigorifiques aux beurreries pour pouvoir dire que, partout où il existe une source abondante d'eau à température maxima de 12° en été, la machine à glace est inutile; mais qu'elle peut, au contraire, être avantageuse là où il y a de l'eau en ABONDANCE, mais suffisamment froide.

« Dans les beurreries moyennes, où l'on ne fabrique guère que 50 kilogr. de beurre par jour, l'achat de glace du commerce est toujours plus avantageux.

« Ma machine à affinité n'emploie qu'une force motrice insignifiante, quelques kilogrammètres et une certaine quantité de vapeur pour la distillation de l'ammoniaque; sous ce rapport, je la crois plus économique que les machines à compression. »

Nous avons pensé que nous ne pouvions renseigner plus sûrement nos lecteurs sur les machines frigorifiques à affinité, appliquées aux laiteries, qu'en les faisant profiter de l'expérience acquise par un savant et habile praticien bien connu en industrie laitière.

CHAPITRE IX

I. DU COMMERCE DES BEURRES AUX HALLES DE PARIS. — II. DE L'INDUSTRIE BEURRIÈRE DANS LE MONDE ENTIER. — III. DES AMÉLIORATIONS A APPORTER DANS L'INDUSTRIE BEURRIÈRE DE DIVERSES RÉGIONS DE LA FRANCE.

I. — DU COMMERCE DES BEURRES AUX HALLES DE PARIS [1].

La vente en gros des beurres est installée dans le pavillon n° 10 des Halles centrales; elle a lieu tous les jours, sauf le dimanche, de 6 heures à 11 heures du matin, du 1er mars au 31 octobre, et de 7 à 11 heures du matin le reste de l'année.

Cette vente se fait par l'intermédiaire de facteurs : en 1872, leur nombre était de six, 4 pour la vente des beurres en mottes et des œufs, 1 pour la vente des beurres en demi-kilogr., petits beurres, beurres salés et fondus, et 1 pour celle des fromages.

A cette époque, la quantité totale de beurres vendus aux Halles a été de 10,229,000 kilogr. (1872).

Actuellement la factorerie est libre; les ventes se font par l'intermédiaire de facteurs assermentés et nommés par le tribunal de commerce, après dépôt d'un cautionnement. En 1893, les factoreries étaient au nombre de 17, les facteurs de 30 et la quantité totale de beurres vendus aux Halles a été de 10,518,000 kilogr.

[1] Préfecture de la Seine, bureau de l'approvisionnement : M. Genest, directeur; M. P. Bescher, inspecteur des perceptions municipales.

La vente des beurres a lieu presque exclusivement à la criée, et celle à l'amiable ne représente que 2 pour 100 environ des arrivages.

Le produit de cette vente à la criée est immédiatement réalisé par l'expéditeur, ce qui constitue pour lui un avantage sérieux; mais cette vente est grevée de frais nombreux, comme on peut en juger par les chiffres suivants :

Frais de vente par 100 kilogr. de beurre vendus aux Halles.

Octroi, 14 fr. 40; décharge, 1 fr. 50; manutention ou pesage, 1 franc; enregistrement, 1 franc; droit d'abri, 1 franc; commission du facteur, 1.5 à 2 pour 100 du produit brut (à débattre). Transport, suivant la distance.

Nous allons donner le bulletin de vente à la criée de **100** kilogr. de beurre expédiés de deux laiteries A et D, distantes de Paris de : A, 60 kilom., D, 550 kilom.

Vente à 2 fr. 70 le kilogr., soit 270 francs les 100 kilogr. pour les deux laiteries.

	FRAIS			LAITERIE A
Facteur.	Commission 1.5 pour 100			4 fr. 05
	Timbre du mandat			0 05
	Affranchissement			
Ville	Abri	1 fr.		4 50
	Pesage	1		
	Enregistrement	1		
	Décharge	1	50	
Octroi				14 50
Chemin de fer, transport				3 35
	TOTAL			26 fr. 45
Frais d'emballage				2 00
	TOTAL			28 fr. 45

Pour passer de la vente du beurre de la laiterie A à

celle du beurre de la laiterie D et obtenir le montant total des frais, dans le second cas, il faut, dans le compte A, remplacer les frais de transport : 3 fr. 35, par 16 fr. 70, porter les frais de poste et de mandat à 25 centimes et compter l'emballage à 3 francs ; dans ces conditions, on aura :

	TOTAL DES FRAIS	
	par 100 kilogr.	par kilogr.
	—	—
Laiterie D....................	43 fr. 00	0 fr. 430
Laiterie A....................	28 45	0 285
	DIFFÉRENCE EN PLUS	
	—	
Laiterie D....................	14 fr. 55	0 fr. 145

sur lesquels 13 fr. 35 sont imputables à la différence d'éloignement des deux laiteries par rapport à Paris, et 1 fr. 25 à la différence des frais d'emballage et de poste.

On voit qu'à prix égal de vente aux Halles, la laiterie D vendra son beurre, prix net, 14 cent. 5 de moins le kilogr. que la laiterie A.

D'autre part, il résulte du tableau précédent que les droits de ville sont de 4,5 par 100 kilogr. de beurre ou de 4 cent. 5 par kilogr. Or, ce sont justement ces frais que les expéditeurs trouvent exagérés et qui les engagent à chercher à vendre directement aux consommateurs. En ajoutant l'économie de ces frais à celle de la commission, ils obtiennent une plus-value d'environ 0 fr. 10 par kilogr., ce qui est notable dans une industrie qui remue des masses de marchandises et dont les profits sont si limités.

Nous ajouterons qu'en passant en revue un grand nombre de bordereaux de vente mis à notre disposition, nous avons constaté que, lorsqu'il s'agissait d'expéditeurs de province notablement éloignés de Paris, la commission réclamée était généralement de 2 pour 100, ce qui vient encore réduire le produit net.

État comparatif des beurres introduits aux Halles et de ceux à destinations particulières, pendant les années 1888 *à* 1893.

ANNÉES	Quantités totales introduites dans Paris. Millions de kilog.	Quantités dirigées aux Halles. Millions de kilog.	PROPORTION	Quantités dirigées à destinations particulières. Millions de kilog.	PROPORTION
1888	18,82	12,07	64 p.100	6,74	36
1889	19,96	12,24	62 »	7,71	38
1890	19,93	12,15	61 »	7,78	39
1891	19,99	11,73	57 »	8,25	43
1892	19,65	11,34	58 »	8,31	42
1893	19,76	10,51	54 »	9,24	46

Les introductions de beurres aux Halles centrales en 1893 ont été en diminution de 823,038 kilogr. (comme on le verra dans le tableau suivant) sur celles de 1892; une des causes de cette diminution est certainement la disette des fourrages, qui a contraint beaucoup de cultivateurs à se défaire d'une partie de leurs vaches laitières; mais il faut considérer, d'autre part, que pendant cette même année 1893 l'augmentation, par rapport à 1892, des quantités de beurres à destinations particulières a été de 4 pour 100, ce qui correspond à 933,772 kilogr.

Répartition des arrivages des beurres aux Halles, par provenances, en 1892 *et* 1893.

		1892 KILOGR.	1893 KILOGR.
Beurres en mottes..	Isigny, Gournay, fermiers normands, Bretagne (divers), Auvergne, Charentes, Somme, Aisne, Oise, Seine-et-Marne, Haute-Saône, Paris (particuliers), Suisse..............	8.216.734	7.887.467
Beurres en demi-kilogr...	Indre, Loire, Loiret, Loir-et-Cher....................	1.566.610	1.397.322
Petits beurres..	Puy-de-Dôme, Haute-Loire, Creuse, Allier, Sarthe, Vendée, banlieue, Alsace........	1.558.393	1.233.910
	TOTAUX........	11.341.737	10.518.699

D'où, pour 1893, une diminution de 823,038 kilogr. indiquée à la page précédente.

Les provenances dont les arrivages ont été en augmentation en 1893, par rapport à 1892, sont :

Charente	965.693 kilogr.
Bretagne (divers)	124.689 —
Indre, Loire	17 600 —
Banlieue	5.282 —
TOTAL	1.113.264 kilogr.

Toutes les autres provenances ont été en diminution pour un total de 1,936,302 kilogr., ce qui finalement correspond à la diminution d'arrivage de 823,038 kilogr. indiquée ci-dessus.

Arrivages, aux Halles de Paris, des beurres des Charentes et de Bretagne.

	CHARENTES kilogr.	BRETAGNE kilogr.
1893	2.901.983	448.289
1892	1.936.290	323.600
Augmentation en 1893	965.693	124.689

Cette progression dans les arrivages des beurres de ces deux régions est remarquable, surtout pour les beurres des Charentes, l'arrivage aux Halles de ces derniers représentant plus de 27 pour 100 de l'arrivage total en 1893.

Quant aux beurres bretons, les envois toujours croissants aux Halles de Paris (beurres de centrifuge surtout) prouvent que les progrès que nous avions déjà signalés, en 1888, dans l'industrie beurrière de certaines parties de cette région (Ille-et-Vilaine, Finistère, etc.) se continuent, quoique trop lentement, et que, par suite, les produits expédiés par les sociétés particulières ou coopératives trouvent, à Paris, un débouché facile sinon toujours rémunérateur.

Réexpéditions. — Les réexpéditions des beurres de

toute nature se sont élevées, en 1893, à environ 736,300 kilogr.

I. *Beurres de Normandie.*

Ces beurres sont désignés plus spécialement, aux Halles de Paris, sous la rubrique de beurres d'Isigny et de Gournay.

1° *Beurres d'Isigny.* — Aux Halles de Paris, on partage les beurres d'Isigny en deux classes : les beurres *fermiers* et les beurres *marchands.*

Les premiers sont expédiés directement aux Halles par les producteurs; les seconds sont des beurres achetés par des marchands dans les fermes ou chez de gros laitiers qui traitent le lait des cultivateurs environnants. Ces marchands expédient tous ces beurres, pour leur propre compte, aux Halles de Paris.

Prix maximum et minimum du kilogramme de beurre en motte de Normandie, de 1887 *à* 1893.

BEURRES	MOYENNE 1887 à 1891		1892		1893	
	MAXIM.	MINIM.	MAXIM.	MINIM.	MAXIM.	MINIM.
Fermiers d'Isigny.....fr.	7,73	2,11	6,51	2,61	6,49	2,58
Fermiers de Gournay....	4,69	1,63	4,26	2,05	4,44	1,91

De 1888 à 1890, le prix maximum des beurres d'Isigny avait été de 7 fr. 08, 8 fr. 62 et même 9 francs; en 1891, il redescendait à 6 fr. 70 et restait à 6 fr. 51 en 1892, et 6 fr. 49 en 1893.

En 1892 et 1893, les arrivages aux Halles des beurres normands (Isigny, Gournay, fermiers normands) ont notablement diminué et n'ont été, par rapport à l'arrivage total, que de 39 pour 100 en 1892 et 33 pour 100 en 1893.

La sécheresse désastreuse de 1893 entre certainement pour une large part dans ces résultats, mais la diminution persistante, depuis deux ans, dans les arrivages aux Halles des beurres d'Isigny et de Gournay doit aussi être attribuée à ce que, les expéditions des bons beurres de centrifuge allant toujours en augmentant, la grande majorité des consommateurs donnent la préférence à ces beurres, qui coûtent beaucoup moins cher. Par suite, les producteurs de beurres *extrafins* cherchent alors en dehors des Halles un débouché à leurs produits, en les expédiant à destinations particulières.

2° *Beurres de Gournay.* — Les beurres fins de Gournay (arrondissement de Neufchâtel en Bray, Seine-Inférieure) sont expédiés directement par le chemin de fer aux Halles de Paris; les autres (2e et 3e qualités) sont vendus, presque en totalité, dans le département. Cette région, à l'inverse de celles qui l'environnent : le Calvados, la Manche, se montre rebelle aux progrès, et les cultivateurs continuent leur ancienne routine pour la fabrication de beurres qui laissent beaucoup à désirer, surtout en hiver.

Dès 1880, nous avons indiqué les améliorations qu'il conviendrait d'apporter à la fabrication et à la vente des beurres du pays de Bray; nous avons reproduit ces indications en 1888; il est inutile d'y revenir aujourd'hui. Nous dirons seulement que les fermiers de cette région qui mettent en œuvre les bonnes pratiques de la méthode normande (chap. VI) obtiennent, à partir d'avril, des beurres qui rivalisent comme qualité et finesse avec ceux d'Isigny; certains producteurs ont même, en hiver, des beurres exquis qui, plusieurs fois, ont obtenu le prix d'honneur au concours général de Paris. Mais comme, d'autre part, les beurres de qualité médiocre fabriqués dans le pays de Bray continuent à être trop nombreux, nous engageons les producteurs qui, dans cette région, obtiennent ces beurres inférieurs, à se montrer moins hostiles à l'adoption de la méthode centrifuge.

II. *Beurres de Vire, de Livarot, du Gâtinais.*

Les Halles de Paris reçoivent encore des beurres achetés sur les marchés de ces localités par des marchands qui les expédient en mottes de 12 à 15 kilogr. Ces beurres sont classés et vendus suivant 1re, 2e et 3e qualité. Quant aux beurres de Livarot, ils arrivent plus spécialement aux Halles pendant les mois de juin, juillet et août, c'est-à-dire à l'époque où les producteurs de camemberts cessent momentanément leur fabrication.

III. *Beurres laitiers.*

On désigne aujourd'hui sous ce nom les beurres obtenus dans les fruitières, les laiteries centrales ou coopératives, etc., avec le lait fourni par les cultivateurs voisins de ces établissements; tous ces beurres sont fabriqués actuellement à l'aide des écrémeuses centrifuges.

On distingue, aux Halles, les beurres laitiers, bretons, des Charentes, du Nord et divers; ceux dits des Charentes comprennent en même temps les beurres du Poitou et de la Vendée. Dans le rapport annuel sur l'approvisionnement de Paris,[1] en 1893 (voir p. 471), tous ces beurres de centrifuge arrivés aux Halles y sont désignés sous le nom unique de beurres en mottes des Charentes.

Nous avons dit plusieurs fois déjà tout le bien que nous pensons de ces beurres, en raison des soins apportés à leur fabrication et de leurs qualités, qui peuvent se résumer comme il suit : beurres d'une grande conservation, d'une coloration uniforme et agréable à l'œil, d'une saveur et d'un arome très bons.

Malheureusement, les prix de vente, aux Halles, de ces beurres vont toujours en diminuant depuis quelques années, sans que, du reste, les consommateurs s'en aperçoivent, mais les expéditeurs se montrent actuellement fort découragés.

Les arrivages aux Halles de Paris des beurres dits des Charentes ont été :

En 1893	de	2.901.983 kilogr.
En 1892	de	1.936.290 —
D'où une augmentation, pour 1893, de		965.693 kilogr.

Mais les tableaux qui vont suivre donneront une idée de la dépréciation des beurres laitiers (comme de tous les beurres en général) dans ces dernières années.

Prix net du kilogramme de beurre laitier dans une laiterie A [1].

	ANNÉE entière.	Hiver.	Été [2].	DIFFÉRENCE de l'hiver à l'été.
1889....fr.	3,14	3,35	2,90	0,45
1892......	2,94	3,29	2,70	0,57
1893......	3,05	3,19	2,91	0,28
1894......	2,77	3,08	2,46	0,62

1889, année de l'Exposition universelle, a été une très bonne année; 1892 a été moins bonne, 1893 un peu meilleure, mais cela tient à la disette des fourrages qui, ayant rendu le lait rare, a fait augmenter le prix du beurre. Quant à l'année 1894, elle a été déplorable, surtout en été !

Nous aurions voulu pouvoir dresser un tableau semblable à celui ci-dessus pour le prix net de vente des beurres expédiés de la beurrerie de Fontbouillant (Charente-Inférieure) aux Halles de Paris; mais comme, par suite de la fabrication du camembert dans cette laiterie,

[1] Cette laiterie est celle dont il a été question page 469 ; elle est située à 60 kilomètres de Paris, et les prix nets ont été obtenus en retranchant du produit brut de la vente 28 centimes par kilogr. pour la totalité des frais.

[2] Nous avons pris, pour la saison d'*hiver*, janvier, février, mars, octobre, novembre et décembre, et pour celle d'*été* les autres mois.

on cesse les envois de beurre aux Halles pendant certains mois de l'année, nous devrons borner notre travail aux trois étés de 1890, 1893 et 1894. Nous rappellerons que la laiterie dont il s'agit (désignée par la lettre D, p. 469) est distante de Paris de 550 kilomètres et que la totalité des frais de transport, vente, etc., grève le produit brut de 43 à 44 centimes par kilogr., ou de 14 cent. 5 de plus que pour la laiterie A.

Prix net de vente du kilogramme de beurre laitier à Fontbouillant (Charente-Inférieure), pendant les étés de 1890, 1893 *et* 1894.

	ÉTÉ	(Z)
	—	—
1890 .... fr.	2,03	2,17
1893	2,23	2,37
1894	1,87	2,01

Si, pour faire disparaître l'augmentation de frais due seulement à la différence de distance des laiteries A et D, par rapport à Paris, on ajoute aux chiffres ci-dessus 14 cent. 5, on obtiendra les nombres de la colonne (Z) et si, pour les années 1892 et 1893, on les compare à ceux des étés de la laiterie A, on aura :

	PRIX D'ÉTÉ		
	Laiterie A.	Laiterie D.	Différence.
	—	—	—
1893......... fr.	2,91	2,37	0,54
1894..........	2,46	2,01	0,45

D'où il résulte que les beurres de Fontbouillant se vendent en été, aux Halles de Paris, en moyenne 0 fr. 50 de moins par kilogr. que ceux de la laiterie A. Or, comme nous avons eu déjà l'occasion (p. 370) de signaler les qualités remarquables des beurres de Fontbouillant, cette infériorité de prix ne peut s'expliquer que par la surabondance des beurres de centrifuge, aux Halles, pendant l'été ; surabondance qui augmente chaque année et détermine forcément une dépréciation sur le marché.

En 1894, pendant le mois d'*août*, le prix moyen de vente du kilogr. de beurre de centrifuge sur le carreau des Halles a été pour trois laiteries de : 2 fr. 52 (A), 2 fr. 32 (B) et 1 fr. 97 (D. Fontbouillant), soit de **2** fr. **27** comme moyenne totale.

Or, c'est ce même beurre que les marchands achetaient aux Halles **2** fr. **30** en moyenne le kilogr., qu'ils revendaient au détail à Paris et sur les marchés de la banlieue 3 fr. 50 et 4 francs le kilogr., c'est-à-dire avec un bénéfice de 50 à 70 pour 100 au minimum, le consommateur devant s'estimer très heureux si, pour ce prix-là, on ne lui donnait pas comme *réjouissance* 8 à 10 pour 100 de margarine[1].

On comprend, comme nous le disions page 476, qu'en présence d'une pareille baisse dans les prix de vente nos producteurs se montrent découragés, parce qu'il devient impossible de faire de l'industrie laitière dans de pareilles conditions. L'abondance de fourrage récolté dans le cours de l'année 1894 fait prévoir, pour 1895 et dans certaines régions, une production de lait telle que le prix du beurre devra tomber plus bas encore, surtout en été, et entraîner la fermeture d'un grand nombre de beurreries. Autour de Fontbouillant, trois ont déjà fermé cet hiver, et d'autres devront forcément en faire autant.

Avec les prix de vente des beurres pendant l'été de 1894, lors même qu'on ne payerait que 8 centimes le

[1] Le 5 février 1895, M. Guillemin, en défendant le maintien d'un crédit de 20,000 inscrit au budget de l'agriculture pour la *vérification des beurres et engrais*, a prononcé à la tribune du Corps législatif les paroles suivantes :

« Actuellement, presque toute la margarine fabriquée en France est vendue sous le nom de beurre et *au même prix ;* à Paris, notamment, sur 12 millions de kilogr. de beurre, les facteurs aux Halles estiment qu'on en falsifie 9 millions, etc.

« Récemment, certaines beurreries qui allaient faire faillite se sont transformées en margarineries et ont immédiatement distribué à leurs actionnaires de gros dividendes. »

litre de lait, on serait encore en perte pendant cette même saison; d'autre part, il est à craindre que le cultivateur, au lieu d'accepter ce prix d'été, ne trouve plus avantageux de garder son lait pour faire de l'élevage.

IV. *Beurres de Bretagne.*

Actuellement, aux Halles, les beurres qui viennent de Bretagne sont désignés comme il suit :

1° *Laitiers bretons* (beurres en mottes);

2° *Bretagne*, marchands;

3° *Petits beurres*, doux ou salés.

En janvier 1895, les premiers se vendaient 2 fr. 70 à 3 fr. 30 le kilogr.; les seconds, 2 fr. 10 à 2 fr. 60; les troisièmes, Bretagne, doux, 1 fr. 90 à 2 fr. 40; les salés, 1 fr. 40 à 1 fr. 90.

Nous avons vu, page 472, que les beurres *laitiers* de Bretagne étaient, avec ceux des Charentes, les seuls dont l'arrivage aux Halles, en 1893, offraient une augmentation importante sur celui de 1892; nous avons dit aussi que cet excédent de 124,689 pour les *laitiers* bretons devait être attribué à l'influence exercée en Bretagne par les beurreries particulières ou coopératives, qui livrent aujourd'hui à la consommation des beurres de qualité bien supérieure à celle de tous ceux fabriqués par les cultivateurs dans leurs fermes.

V. *Beurres en livres ou en demi-kilogr.*

On fait du beurre en livres à peu près dans toute la France, mais surtout dans les départements du Centre; aux Halles de Paris, on désigne les principales provenances comme il suit :

Beurres de ferme, beurres des Ardennes, de Vendôme,

de Bourgogne, de Tours, du Gâtinais, de Beaugency, du Mans, de l'Oise, de Seine-et-Oise, de l'Eure, etc.

Autrefois, ces beurres en livres étaient recherchés par un très grand nombre de consommateurs, et ceux bien fabriqués trouvaient généralement un bon prix, qui, pour certaines marques de fermes, atteignait, en hiver, jusqu'à 4 fr. 50 et 5 francs le kilogr. La pâtisserie en employait notamment de grandes quantités.

Généralement, ce sont des marchands qui ramassent sur les marchés la production des petits fermiers, classent les qualités et expédient aux Halles, par mannes de 25 à 50 kilogr., les beurres enveloppés de feuille de vigne ou de chou, suivant la saison.

Les détaillants de Paris achetaient aussi ces beurres pour les mélanger à d'autres et faire des qualités moyennes d'un prix plus accessible aux consommateurs.

VI. *Petits beurres.*

On désigne ainsi des beurres expédiés par des marchands, dans des mannes contenant de petites mottes de toutes qualités et de toutes couleurs, depuis le blanc jusqu'au jaune très foncé. Ces petits beurres viennent de la Haute-Loire, de la Creuse, du Puy-de-Dôme, de l'Allier, de la Touraine, des Deux-Sèvres, de la Vendée, du Poitou, de la Marne et aussi de la Bretagne; c'étaient eux qui fournissaient autrefois le plus fort appoint à l'approvisionnement des Halles. Les détaillants qui achètent ces beurres commencent par trier les mottes d'une manne, de façon à les partager en plusieurs qualités; ils travaillent alors chaque sorte, de façon à obtenir un produit homogène de couleur et de goût qu'ils livrent ensuite à la consommation.

Depuis quelques années, les arrivages aux Halles de ces deux catégories de beurres ont notablement diminué, comme on peut en juger par les chiffres suivants :

BEURRES	1891	1892	1893
	MILLIONS DE KILOGR.		
En demi-kilogr........	1.741,5	1.566,6	1.397,3
Petits beurres.........	1.900,0	1.558,3	1.233,9

Ce qui représente, de 1891 à 1893, une diminution :

Pour les beurres en demi-kilogr. de.	344.200 kilogr.
Pour les petits beurres, de.........	666.100 —
TOTAL............	1.010.300 kilogr.

Cette diminution tient à plusieurs causes :

1° A la création d'un certain nombre de beurreries centrifuges sur divers points de la France, les petits cultivateurs (en trop petit nombre malheureusement) ayant pris l'habitude de céder leur lait à ces établissements, au lieu de s'obstiner à faire du mauvais beurre.

2° L'adultération par l'oléo-margarine des beurres de centrifuge achetés aux Halles, s'opérant sur une grande échelle depuis quelques années et permettant de fabriquer des beurres en demi-kilogr., à bon compte, il en est résulté que ces derniers, non falsifiés, et les petits beurres ont été délaissés et que, par suite, le chiffre des expéditions des produits de ces deux catégories a forcément diminué.

Prix maximum et minimum du kilogramme des beurres en demi-kilogr. et des petits beurres de 1887 *à* 1893.

BEURRES	MOYENNE 1887 à 1891 MAXIM.	MOYENNE 1887 à 1891 MINIM.	1892 MAXIM.	1892 MINIM.	1893 MAXIM.	1893 MINIM.
En demi-kilogr......fr.	3,83	1,59	3,55	2,02	3,67	1,92
Petits beurres..........	2,96	1,23	2,79	1,54	2,87	1,44

VII. *Beurres étrangers.*

Autrefois, les beurres de provenance étrangère expédiés aux Halles, d'octobre à fin avril, nous venaient de la Suisse, du Tyrol et aussi de l'Italie; les importations de ce dernier pays étaient considérables, et les beurres expédiés de Milan principalement arrivaient aux Halles deux ou trois fois par semaine; actuellement, c'est-à-dire depuis la mise en vigueur du tarif minimum 6 francs ou du tarif maximum 13 francs par 100 kilogr. (1er février 1892), les beurres italiens vont surtout en Angleterre et en Espagne.

En fait de beurres étrangers, il n'en vient plus guère aux Halles que de la Suisse, et encore cette importation a-t-elle considérablement diminué depuis 1892.

Les libre-échangistes déplorent ce résultat, tandis que les protectionnistes s'en réjouissent, surtout en considérant l'avilissement du prix de vente de nos beurres indigènes sur le marché.

Emballage et expédition des beurres par les chemins de fer.

Une des conditions les plus importantes pour l'expédition des beurres aux Halles, c'est que l'emballage soit fait avec beaucoup de soin, notamment en ce qui concerne les beurres en mottes. Celles-ci doivent être d'un poids moyen de 10 à 15 kilogr., avec 200 grammes de boni destiné à compenser la perte pendant le voyage, le règlement pour les pesées n'admettant pas de fraction moindre de 500 grammes.

Ces mottes doivent être renfermées dans un linge, de préférence en toile, bien lessivé, sans ourlet, cousu ou attaché avec des épingles et de la grandeur justement nécessaire pour envelopper la motte, le poids du linge étant compris dans celui du beurre. Enfin, ces mottes doivent être mises en petits paniers ou bassets bien paillés et en emballage perdu. — L'expéditeur devra toujours réclamer du chemin de fer le tarif spécial aux beurres; autrement, la Compagnie ne manquera pas d'appliquer le tarif général, toujours plus élevé.

Quant au transport des beurres par les chemins de fer, il laisse toujours beaucoup à désirer, aussi bien pour les beurres expédiés aux Halles que pour ceux destinés à l'exportation. — Au lieu d'entasser les mottes les unes sur les autres dans des wagons fermés et souvent même avec des viandes fraîches dont le sang qui s'en écoule tache les beurres, il serait à désirer que les Compagnies réservassent à ces produits des wagons ou des compartiments spéciaux, dans lesquels l'air circulerait librement. Ce serait déjà un notable progrès, en attendant que l'on puisse obtenir des wagons réfrigérants pour l'été, comme cela a lieu dans les pays du Nord, et notamment en Danemark.

Enfin, nous dirons que souvent, dans les gares de chemins de fer, les beurres restent exposés sur les quais aux ardeurs du soleil, en été, jusqu'au moment du chargement, et cela faute d'un hangar pour les abriter.

II. — DE L'INDUSTRIE BEURRIÈRE DANS LE MONDE ENTIER.

A. *Tableau des exportations de France, en beurres frais, salés et fondus, de 1872 à 1893.*

ANNÉES	MILLIONS de francs.	ANNÉES	MILLIONS de francs.	ANNÉES	MILLIONS de francs.
1872......	56,1	1880......	83,7	1888.....	84,0
1873......	77,1	1881......	86,4	1889.....	103,0
1874......	85,1	1882......	114,7	1890.....	109,1
1875......	90,3	1883......	102,8	1891.....	84,1
1876......	103,8	1884......	104,5	1892.....	80,6
1877......	97,9	1885......	95,6	1893.....	66,9
1878......	82,3	1886......	90,0	1894.....	69,5
1879......	67,4	1887......	74,4		

Les chiffres ci-dessus ont été groupés par M. Viger[1] comme il suit :

PÉRIODES DÉCENNALES	EXPORTATION moyenne annuelle.
1° 1872 à 1881..............	82 millions de francs.
1882 à 1892..............	92 —

[1] Projet de loi destiné à réprimer la fraude des beurres (juillet 1894). M. Viger, ancien ministre de l'agriculture.

	EXPORTATION TOTALE
	—
2° 1872 à 1881..............	820 millions de francs.
1884 à 1893..............	892 —

soit pour l'exportation totale, pendant la dernière période décennale, une *plus-value* de 70 millions en nombre rond, tout en y comprenant l'année de sécheresse calamiteuse de 1893.

EXPORTATION FRANÇAISE EN BEURRES.

Des chiffres qui précèdent, M. Viger a cru pouvoir conclure que notre commerce total d'exportation en beurres est loin d'avoir perdu, malgré la baisse des prix. Nous reconnaissons volontiers avec lui que, pour juger du commerce international d'un pays, il ne faut pas prendre deux années isolées, l'une des meilleures pendant une période et la plus mauvaise pendant une autre; mais qu'il convient, au contraire, de comparer entre elles de grandes périodes, décennales par exemple, le premier procédé ne donnant que des résultats absolument inexacts. Cependant, nous ferons observer qu'il suffirait de comparer entre elles deux autres périodes décennales *consécutives* pour obtenir un résultat tout à fait différent; on trouve en effet :

PÉRIODES DÉCENNALES	EXPORTATION TOTALE
—	—
1874 à 1883..............	914 millions de francs.
1884 à 1893..............	892 —
DIFFÉRENCE.......	22 millions de francs.

soit un déficit de 22 millions pour la seconde période. Ce déficit est évidemment dû pour beaucoup au chiffre d'exportation afférent à l'année 1893, néanmoins nous nous croyons autorisé à tirer du tableau A, page 483, la conclusion suivante :

La valeur annuelle de notre exportation en beurres, après avoir oscillé pendant quinze ans, de 1875 à 1890, entre 90 et 100 millions de francs, était encore de

84 millions en 1891, mais depuis, elle est tombée à 80 millions en 1892 et à 67 millions en 1893, pour se relever bien faiblement à 69,5 en 1894.

Tableau comparatif des exportations et des importations des beurres, en France, de 1890 à 1894 inclusivement.

ANNÉES	MILLIONS DE KILOGRAMMES Exportations. Beurres frais et salés.	Importations. Beurres frais.
—	—	—
1890...........	39,7	4,6
1891...........	36,5	4,7
1892...........	35,1	4,9
1893...........	29,3	4,9
1894...........	28,5	5,7

d'où il résulte que l'excédent des exportations sur les importations va toujours en diminuant depuis 1890, et qu'en 1894 cet excédent est descendu à 22,800,000 kilogr., au lieu de 30,200,000 en 1892 et 24,430,000 en 1893.

IMPORTATION DES BEURRES EN ANGLETERRE.

Importation en milliers de quintaux anglais (un quintal anglais vaut 50 kilogr. 780 gr.).

ANNÉES	IMPORTATIONS totales.	de France.	de Danemark.	de Suède [2].
—	—	—	—	—
1885 [1]............	1553	451	377	»
1886.............	1543	403	401	»
1887.............	1515	416	488	»
1888.............	1669	440	605	»
1889.............	1927	567	677	»
1890.............	2028	525	825	224
1891.............	2136	535	876	235
1892.............	2183	543	864	229
1893.............	2327	468	935	264
1894.............	»	411	»	»

[1] Jusqu'en 1884, les documents anglais enregistraient en bloc les importations de beurre et de margarine; à partir de 1885, ces deux produits ont été inscrits à part.

[2] Avant 1890, la Suède était comprise dans les pays divers.

Proportions pour 100 des importations françaises.

1885	29,0
1887	27,0
1889	30,0
1891	25,0
1892	24,8
1893	20,0

De l'examen du tableau ci-dessus il résulte :

1° Que la part proportionnelle de la France dans les importations en Angleterre diminue d'une façon continue depuis 1885.

2° Qu'après avoir été jusqu'en 1886 le plus gros fournisseur de beurres dans ce pays, notre exportation représentant en 1879 sur ce marché le tiers de l'importation totale, nous sommes descendus à 27 pour 100 en 1887, 25 pour 100 en 1891 et 20 pour 100 en 1893.

Nous croyons intéressant de faire remarquer, en passant, qu'à mesure que la concurrence devient plus grande sur le marché anglais, les achats de beurre dans ce pays vont toujours en augmentant depuis 1887.

Nous allons reproduire ici un tableau[1] qui indique quelle est actuellement l'importance de la concurrence que se font actuellement les anciens et les nouveaux pays producteurs pour l'approvisionnement du marché anglais.

Importation des beurres en Angleterre pendant les douze mois expirant le 30 avril 1894.

(La saison du beurre colonial clôture le 1er mai.)

PROVENANCES	TONNES DE BEURRE
Danemark	48.977
France	21.212
Suède	12.878
Allemagne	7.574
Hollande	7.276
A REPORTER	97.917

[1] *Journal de l'industrie laitière.*

PROVENANCES	TONNES DE BEURRE
Report	97.917
Victoria	7.034
Nouvelle-Zélande	2.727
Canada	2.165
États-Unis	2.021
Nouvelle-Galles du Sud	1.471
Australie (sud)	234
Autres pays	6.637
TOTAL	120.256

CAUSES DE LA CRISE BEURRIÈRE EN FRANCE.

Les causes de notre crise beurrière, à l'intérieur comme à l'extérieur, sont multiples; quelques-unes nous sont communes avec beaucoup d'autres pays, et d'autres nous sont plus spéciales; nous allons indiquer les principales :

1° *Les mélanges frauduleux avec la margarine*, qui se font au détriment de la loyauté du commerce et du bon renom des beurres français, et dont on profite pour entretenir sur les marchés d'exportation l'opinion que nos beurres sont toujours fraudés. (V. chap. VIII, *De la margarine*.)

2° *L'accroissement de la production* de chaque pays et la concurrence de pays jusqu'alors ignorés et devenus aujourd'hui d'importants producteurs.

3° *La mauvaise fabrication* qui persiste dans certaines régions de la France.

4° *La facilité des transports*, les réductions de leurs prix, la baisse de l'argent.

5° *Les tarifs de* 1892 (pour les libres-échangistes).

Nous allons entrer dans quelques détails au sujet de ces diverses causes, en laissant toutefois la première de côté, comme ayant été suffisamment traitée dans les chapitres précédents.

2° *Accroissement de la production, etc.*

. . . .

De toutes les branches de l'industrie agricole, la laiterie est l'une de celles qui ont pris le plus de développement depuis 20 ou 25 ans.

En France, comme nous l'avons dit déjà, page 173, le nombre de vaches s'est accru, en moyenne, de 200,000 par période décennale, et notre production de lait, qui était en 1882 de 6 millions d'hectolitres, atteint en 1894 80 millions.

En Danemark, le nombre des vaches a passé de 807,000 en 1871 à près d'un million en 1894.

En Belgique, en Angleterre, en Autriche, en Allemagne, les accroissements ont été analogues, mais c'est surtout dans les deux nouveaux mondes que cet accroissement s'est montré remarquable.

La progression dans le nombre des vaches a été :

De 1870 à 1893, aux États-Unis et au Canada.....	de 9 millions à 16 millions 5
De 1883 à 1891, en Australie................	de 8 millions 2 à 11 millions 8

La conséquence de cet accroissement de bétail dans ces derniers pays devait être la création de nombreuses et considérables laiteries-factoreries dont les produits deviendraient l'objet d'une exportation colossale en Europe et plus particulièrement en Angleterre, surtout au point de vue des beurres. Déjà, depuis 1887, le Danemark nous avait supplantés sur le marché anglais pour le commerce des beurres *salés* et nous avait fait passer au second rang comme fournisseur de l'Angleterre; aujourd'hui, ce sont surtout les importations suédoises et australiennes qui, à leur tour, commencent à nous menacer sérieusement; nous allons donc nous occuper plus particulièrement de l'industrie beurrière en Danemark, en Suède et en Australie.

INDUSTRIE BEURRIÈRE DES PAYS SCANDINAVES, DANEMARK ET SUÈDE. IMPORTATIONS EN ANGLETERRE.

Nous avons donné, page 485, le chiffre des importations danoises en Angleterre (en milliers de quintaux anglais), et nous avons vu que ce chiffre augmentait, chaque année, dans une proportion considérable.

D'autre part, si l'on compare les proportions pour 100 suivant lesquelles la France et le Danemark approvisionnent l'Angleterre, on trouve les résultats suivants :

Proportions pour 100 *par rapport à l'importation totale en Angleterre.*

ANNÉES	IMPORTATIONS françaises.	IMPORTATIONS danoises.
1885	29,0	24,0
1887	27,0	32,0
1889	30,0	35,0
1891	25,0	41,0
1892	24,8	39,5
1893	20,0	40,0

Pour les trois dernières années, 1891 à 1893, les chiffres d'importation en Angleterre des beurres français et danois, traduits en millions de kilogr., donnent les totaux suivants :

ANNÉES	IMPORTATIONS danoises.	IMPORTATIONS françaises.
1891	44,5	27,2
1892	33,8	27,6
1893	47,5	23,7

d'où il résulte qu'en 1893, pendant que la France importait en Angleterre 23,700,000 kilogr. de beurre salé seulement, cette même année le Danemark, pays grand comme 7 départements français et avec un peu moins d'un million de vaches, en importait 47 millions 5 de kilogr., quantité double et représentant une valeur d'environ 120 millions de francs.

Nous savons qu'il faut tenir compte de ce que, chez nous, l'année 1893 a été désastreuse en raison d'une sécheresse dont le Danemark n'a pas eu à souffrir, mais l'augmentation continue de l'approvisionnement de l'Angleterre par les beurres danois et la diminution par les beurres français n'en subsistent pas moins.

Il est donc intéressant d'étudier les causes diverses qui ont amené l'industrie beurrière danoise à un degré de prospérité aussi remarquable.

Depuis l'époque où nous avons écrit pour la première fois sur l'industrie laitière des pays du Nord, à notre retour du concours international de Hambourg, en 1877, nous avons toujours dit : « Jamais les peuples du Nord n'arriveront à fabriquer des beurres *frais* et *doux* comparables à nos beurres *normands*, mais en ce qui concerne les beurres *salés*, leurs produits ne tarderont pas à supplanter les nôtres, notamment en Angleterre. » Or, ce sont d'abord les beurres de Bretagne que les Danois ont commencé par écarter du marché anglais, et actuellement ils cherchent à infliger le même sort à nos beurres de Normandie. Mais les Anglais ont toujours rendu justice à la supériorité de nos beurres *frais*, ceux de Normandie surtout, et malgré le tort immense que les adultérations par la margarine ont causé à notre commerce d'exportation, ceux de nos exportateurs français qui ont conservé la réputation de ne faire que du commerce loyal déclarent, comme nous l'avons dit page 417, qu'en ce qui concerne les beurres *frais* et *doux*, ils continuent à lutter avantageusement avec les danois, au point de vue des prix de vente.

Pour les beurres *salés*, il n'en est plus de même, et nos grands exportateurs l'expliquent (voir p. 417) en disant qu'en France on ne sale que les secondes qualités, parmi lesquelles on fait encore un choix correspondant à des *sortes* de troisième et quatrième qualité.

Or, c'est là, en dehors de la margarine, la cause principale de notre infériorité vis-à-vis du Danemark, qui, au début de son commerce avec l'Angleterre, s'était rendu compte que, pour conquérir la première place sur le marché anglais, il fallait arriver à y importer un produit toujours *uniforme* et, par suite, d'une qualité *unique*.

Pour arriver à ce résultat, qu'ont fait les Danois? Ils ont commencé par provoquer dans leur royaume un grand nombre de réunions présidées par les hommes les plus compétents du pays, en industrie laitière, et dans lesquelles furent agitées les questions relatives à la meilleure production du beurre. Tous les rapports aboutirent à cette conclusion que *le système coopératif est le plus propre à sauvegarder les intérêts des petits producteurs de lait, ainsi qu'à favoriser l'accroissement d'exportation des beurres danois, en assurant la production, dans les meilleures conditions possibles, d'un beurre d'une qualité supérieure et sensiblement constante.*

C'est en 1882 que paraît avoir commencé la création des laiteries coopératives dans le Jutland occidental, et en 1887, d'après M. Bœggild, il y avait déjà, en Danemark, cent soixante de ces établissements aménagés suivant les circonstances locales. Par exemple, dans le sud-ouest du Jutland, pays d'élevage, on fabriquait exclusivement du beurre dans les laiteries, et la totalité du lait écrémé retournait le jour même chez les fermiers, qui le donnaient à leurs veaux, etc.

Or, un fait intéressant à signaler ici, c'est que c'est justement à partir de 1887 que la France a perdu la première place sur le marché anglais (voir p. 485), parce que depuis longtemps les Danois ne se préoccupaient pas seulement de la partie commerciale de leur industrie, mais plus encore de la partie technique.

Peu de temps après la vulgarisation de la méthode Swartz dans les pays du Nord (voir p. 418), de puissantes compagnies d'exportation s'étaient formées, parmi lesquelles nous avons cité celle de MM. Busck et Cie, qui date de 1863. Or, comme nous l'avons dit précédemment, les contrats passés par la Compagnie avec les fermiers de la Suède méridionale et du Danemark n'étaient pas seulement commerciaux, car en y souscrivant, les adhérents s'engageaient, en outre, à fabriquer leurs beurres suivant des *prescriptions* indiquées par la Société et dont l'exécution était rigoureusement surveillée, ces prescriptions ayant pour objet d'obliger les fermiers à fournir un beurre absolument uniforme.

Depuis que l'écrémage centrifuge a remplacé complètement le système Swartz, des prescriptions analogues sont imposées aux producteurs par toutes les sociétés coopératives ou d'exportation, afin d'arriver aux mêmes résultats avec la nouvelle méthode.

Mais ce n'est pas seulement la création des sociétés coopératives ou d'exportation qui ont amené l'industrie beurrière danoise à son degré actuel de prospérité, et il nous reste à indiquer une série d'autres mesures prises dans ce pays et qui ont contribué puissamment à ce résultat.

Ces mesures émanent, d'une part, du gouvernement, et, de l'autre, des sociétés coopératives elles-mêmes, qui ont formulé des règlements auxquels les sociétaires prennent l'engagement de se soumettre.

Le gouvernement nomme des conseillers spéciaux avec traitement fixe et frais de voyage, qui vont porter dans les fermes l'enseignement des bonnes méthodes et de l'emploi des instruments perfectionnés. Quant aux sociétés coopératives, les administrateurs, comme les chefs de laiterie qui sont sous leur surveillance, jouissent de pouvoirs auxquels nos cultivateurs français se soumettraient difficilement et qui consistent dans un service de *contrôle* pouvant se résumer ainsi :

Inspection de la composition et de la qualité des pâturages destinés aux vaches laitières. — Visite des étables, de la chambre à lait, de la nourriture donnée aux vaches, interdiction de toute nourriture nuisible, demande de tous renseignements utiles, contrôle de la qualité du lait fourni par chaque sociétaire, etc.

En cas de tromperie d'une nature quelconque, amende qui peut varier depuis 2 jusqu'à 14 couronnes (1 fr. 80 à 5 fr. 60), sans préjudice des dommages et intérêts réclamés suivant l'importance du préjudice causé.

Enfin, les saillies et les vêlages sont combinés de façon que la production maxima du lait coïncide avec la période du plus grand travail de fabrication, c'est-à-dire pendant les huit mois de saison rigoureuse (voir p. 386), et qu'elle soit répartie uniformément pendant cette période.

C'est avec cet ensemble de mesures, dont l'application commence sur les pâturages mêmes, se continue dans les étables et ensuite dans les laiteries pour l'examen du lait, la fabrication du beurre, sa salaison, la vérification des produits destinés à l'exportation, etc., que les Danois et les Suédois sont arrivés à importer, sur le marché de Londres, des beurres *salés* toujours homogènes, de qualité supérieure et exempts de *margarine*, le Danemark ayant adopté pour la répression des fraudes une loi aussi efficace que toutes les mesures prises par cet intelligent pays.

IMPORTATION DES BEURRES SUÉDOIS EN ANGLETERRE.

Nous avons dit, page 485, que jusqu'en 1890, dans les documents anglais, les beurres suédois étaient compris sous la rubrique « beurres de pays divers », et nous avons vu que, depuis 1890 jusqu'à 1893, les importations de ce pays en Angleterre s'étaient élevées de 224 à 264 milliers de quintaux anglais. Mais il ne faut pas perdre de vue que, dans ce pays, l'industrie laitière est l'objet d'un travail aussi actif et aussi intelligent qu'en Danemark et que la concurrence de ce pays ne saurait être considérée longtemps comme une quantité négligeable.

IMPORTATION EN EUROPE, ET NOTAMMENT EN ANGLETERRE, DES BEURRES D'AUSTRALIE.

L'Angleterre a toujours eu un objectif dont elle ne s'est jamais départie : remplacer sur les marchés de Londres, par des beurres indigènes, les beurres d'origine française et danoise; aussi en Irlande on s'appliquait déjà, en 1887, à réaliser d'incontestables progrès dans la fabrication du beurre, en créant des écoles spéciales de laiterie et en organisant des laiteries coopératives avec outillage perfectionné [1].

Depuis, c'est du côté des colonies australiennes que les Anglais ont tourné les yeux; dans ces pays, d'immenses beurreries ont été installées et de gros navires avec chambres frigorifiques (chap. VII, p. 457) ont été appropriés pour le transport à basse température des beurres à destination des marchés anglais. Il en est résulté que les exportations australiennes ont pris en quelques années un accroissement considérable dont il est urgent de nous préoccuper.

COLONIES AUSTRALIENNES ET NOUVELLE-ZÉLANDE.

Nous dirons d'abord que, par suite de la situation des deux pays, la France et l'Australie, dans deux hémisphères différents et sous des latitudes Nord et Sud telles qu'en certains points les saisons y sont sensiblement renversées, on peut classer très approximativement ces dernières comme il suit :

	FRANCE	AUSTRALIE		FRANCE	AUSTRALIE
Décembre. Janvier.. Février...	Hiver.	Été.	Juin..... Juillet.... Août.....	Été.	Hiver.
Mars..... Avril..... Mai.....	Printemps.	Automne.	Septemb.. Octobre.. Novemb..	Automne.	Printemps.

[1] *Industrie laitière en Bretagne*, par LAVALOU. (*Journal de l'industrie laitière*, décembre 1894.)

Il en résulte que l'été australien correspond à notre hiver. Il est très chaud, tandis que l'hiver y est très doux. L'automne australien est ordinairement la saison des pluies, et, l'hiver étant très doux, l'herbe pousse abondamment pendant cette saison, et c'est d'octobre à la fin de janvier que le bétail trouve le plus d'herbe.

Mais comme l'été australien est très chaud, les pâturages se dessèchent pendant cette saison, et si l'automne se montre sec, ils restent brûlés et le bétail ne trouve plus en hiver l'herbe qui lui est nécessaire; par suite, la production du beurre se trouve compromise, les beurres d'Australie étant presque exclusivement fournis par des vaches nourries d'herbes fraîches.

Développement de l'importation des beurres dans le Royaume-Uni, par les colonies australiennes et la Nouvelle-Zélande[1].

En 1889, l'importation avait été de 1 million 8 de francs; en 1892, l'importation s'est élevée à 21 million 7 de francs. En 1893, les progrès de l'exportation de la province de Victoria seule sont représentés par une valeur 87 fois plus grande que celle de 1889; comme quantités, la Nouvelle-Galles du Sud a exporté 28 fois plus de beurre en 1893 qu'en 1889.

Nouvelle-Zélande. — Au 1er mars 1893, il existait à la Nouvelle-Zélande 178 beurreries et fromageries produisant annuellement en beurres :

QUINTAUX ANGLAIS	MILLIONS DE KILOGR.
—	—
1 quintal = 50 kilogr. 780	
60, 020	**3.047.810**

et l'exportation des beurres de ce pays en Angleterre a été cette même année de :

[1] Extrait du projet de loi, déjà cité p. 483, déposé par M. Viger.

QUINTAUX anglais.	MILLIONS de kilogr.	PRODUIT brut.	PRODUIT du kilogr.
—	—	—	—
58.174	2.954.075	6.366.125 fr.	2 fr. 15

d'où il résulte que, sur la production totale de 1893, la quantité non exportée n'a été que de 93,735 kilogr., soit 3 pour 100.

Nous allons examiner maintenant comment ont été réalisés dans ces divers pays des progrès si remarquables dans l'industrie beurrière, et à cet effet nous nous servirons principalement du rapport sur l'industrie et le commerce du beurre en Australie, par M. Ph. Maistre, gérant du consulat général de France à Melbourne[1].

Colonie Victoria. — Au début, le Parlement *victorien* a alloué à l'industrie beurrière des *primes* à l'exportation, qui ne devaient être distribuées qu'aux producteurs dont les beurres atteindraient un prix déterminé sur le marché anglais.

Nous avons dit, page 495, que c'était pendant la période d'octobre à fin janvier que le bétail trouvait le plus d'herbe; or, de 1889 à 1891, les résultats ont été les suivants :

	EXPORTATION	QUANTITÉS primées	PRIMES touchées.
	—	—	—
Octobre 1889 à janvier 1890.	375.912 kilogr.	182.332 kilogr.	73.750 fr.
Octobre 1890 à janvier 1891.	771.305 —	619.903 —	333.937 fr.

D'octobre 1891 à janvier 1892, la saison, ayant été exceptionnellement humide, promettait aussi d'être exceptionnellement bonne pour les producteurs de beurre de la colonie, et on estimait d'avance la valeur du beurre *victorien* de 5 à 5 millions et demi de francs; par suite, on comptait déjà sur la qualité et les bas prix

[1] *Journal de l'industrie laitière*, 1893.

de ces produits pour supplanter à Londres l'article similaire de provenance française et danoise.

En outre de l'influence exercée par la création de ces primes, M. Ph. Maistre attribue les résultats remarquables de cette nouvelle industrie, tant au point de vue de son développement que de la qualité des produits, aux causes suivantes :

1° Aux leçons pratiques que le gouvernement de la colonie a fait donner à titre gracieux par un expert officiel aux fermiers victoriens (voir *Danemark*, p. 492);

2° A la surveillance rigoureuse qu'il a exercée sur les beurreries distribuées sur toute l'étendue du territoire, là où, avant son action, les lois de l'hygiène et celles même de la propreté la plus élémentaire étaient souvent impunément violées[1];

3° A l'établissement de sociétés ou syndicats qui, grâce à un outillage mécanique des plus modernes et du capital dont ils disposaient, ont pu produire mieux et à meilleur marché que les petits fermiers qui s'en tenaient encore aux vieilles méthodes de fabrication;

4° A l'action énergique du gouvernement, qui a interdit l'exportation des qualités *inférieures*, comme pouvant discréditer la marque australienne sur les marchés de Londres.

En 1893, on agitait même, dans les sphères parlementaires, la question de savoir s'il n'y aurait pas lieu de faire marquer par un expert officiel, après inspection, les beurres victoriens dirigés sur le marché de Londres et reconnus de qualité supérieure. On pensait que cette mesure, en garantissant aux acheteurs anglais la qualité du produit exporté, aiderait beaucoup au

[1] Nous avons indiqué, p. 492, l'étendue des pouvoirs dont jouissent en Danemark les administrateurs des sociétés coopératives comme les chefs de laiterie; or, nous avons eu communication d'un document authentique d'où il résulte que, dans la Nouvelle-Zélande, les inspecteurs des fermes et des beurreries ont des droits encore plus étendus et peuvent infliger des amendes qui varient depuis 25 francs jusqu'à 1,250 francs au maximum.

développement continu de cette importante industrie. M. Michel Burke, président de la Compagnie frigorifique de Melbourne, se trouvant à Londres à la même époque, s'exprimait avec enthousiasme (par télégraphe) sur l'avenir du commerce du beurre entre Londres et l'Australie, dont le succès était certain, si l'on avait soin de n'expédier que les meilleures sortes. La saison prochaine, disait-il, les beurres de Normandie et de Danemark devront céder la place à ceux de Victoria, dont le marché anglais pourra absorber par semaine 200 tonnes des meilleures qualités.

Comme complément des renseignements qui précèdent, nous ajouterons, d'après le *Milch Zeitung,* qu'à Melbourne les fermiers cèdent aux associations le lait de leurs vaches au prix moyen de 55 centimes le gallon (4^l,5), soit à raison de 12 cent. 2 le litre, mais ils reçoivent en retour le lait écrémé et une partie du bénéfice réalisé par la vente du beurre à Londres.

Dans ce pays, le beurre est transporté par le chemin de fer à Newport, où il est emballé dans des caisses par 56 kilogr. nets, qui sont descendues dans les chambres frigorifiques de gros navires où la température est maintenue pendant toute la durée du voyage (30 à 32 jours) entre 6° et 7° au-dessous de zéro.

Enfin, afin de diminuer nos inquiétudes pour l'avenir, M. Maistre termine son rapport en annonçant que le gouvernement de Victoria, considérant l'industrie beurrière comme assez solidement établie aujourd'hui pour marcher seule, aurait l'intention de supprimer les primes à l'exportation et d'abandonner les exportateurs victoriens à leurs propres forces.

Dans ces conditions, ajoute M. Maistre, il suffirait d'une ou de deux années de sécheresse pour que les beurres de Normandie n'aient plus à redouter la concurrence victorienne sur le marché de Londres.

Qu'il nous soit permis d'ajouter, en notre qualité de Français : « Espérons qu'il en sera ainsi. »

3° *La mauvaise fabrication qui persiste dans certaines régions de la France.*

Les pays dans lesquels les procédés de mauvaise fabrication du beurre se montrent le plus enracinés sont d'abord la Bretagne, et ensuite tous ceux dont les produits expédiés aux Halles y sont désignés sous le nom de *petits beurres*. (Voir p. 480.) Dans la seconde partie de cet ouvrage, nous nous sommes occupé plusieurs fois de ces mauvais produits et des causes de leur infériorité; nous avons indiqué, à plusieurs reprises (voir p. 349, 376, 383), la marche à suivre pour améliorer leurs qualités, et comme nous devons terminer ce chapitre par un examen rapide des mesures à prendre pour essayer de transformer l'industrie laitière de certaines régions comme la Bretagne, par exemple, nous ne nous arrêterons pas davantage sur cette question pour le moment.

4° *La facilité des transports, les réductions de leurs prix, la baisse de l'argent.*

A la dépréciation des cours de la plupart des produits agricoles causée par la surproduction, les réductions des prix de transport, etc., est encore venu s'ajouter le trouble apporté dans les transactions par le changement de la législation monétaire, qui, amenant la baisse de l'argent, a placé certains pays dans une situation particulière vis-à-vis de nos tarifs douaniers (Viger).

5° *Les tarifs douaniers de* 1892.

Actuellement, à son entrée en France, le beurre est imposé à 6 francs les 100 kilogr. au tarif minimum et à 13 francs au tarif maximum. Par contre, les nations étrangères ont adopté le tarif douanier suivant : Allemagne, 20 francs; Autriche, 25 francs; Italie, 17 fr. 50; Russie, 12 francs; Suède, 27 francs; Espagne, 72 francs; Portugal, 112 francs; Roumanie, 140 francs.

Cinq nations d'Europe seulement laissent entrer le beurre en franchise : l'Angleterre, la Belgique, la Hollande, le Danemark et la Norvège; les trois premières, parce qu'elles ne produisent pas assez pour leur consommation, les deux dernières, parce que l'importance de leur exportation est telle qu'elles n'ont pas actuellement besoin de se préoccuper d'une importation étrangère.

Les libre-échangistes prétendent que ce nouvel état de choses a eu pour conséquence de diminuer considérablement le chiffre de nos exportations, ce que nous avons le droit de considérer comme absolument inexact, ayant indiqué, dans les pages qui précèdent, les véritables causes de cette diminution.

Nous reconnaissons que certains producteurs de beurres, ceux de la région du Sud-Ouest, par exemple, peuvent avec raison regretter que les frontières d'Espagne et même du Portugal leur soient actuellement fermées et que l'Italie notamment les remplacent dans ces pays; mais il ne faut pas perdre de vue qu'en présence de l'avilissement du prix des beurres en France, avilissement causé par la surproduction, ouvrir nos frontières aurait pour conséquence l'entrée chez nous de beurres étrangers qui viendraient faire concurrence aux nôtres et rendre plus grand encore le malaise causé par la crise actuelle.

Nous ne sommes donc pas étonné que, dans son assemblée générale du 15 février 1895, la Société française d'encouragement à l'industrie laitière ait voté un vœu formulé par M. le Dr Martineau et ayant pour objet *de demander aux Chambres de mettre la France sur un pied d'égalité avec les autres nations, quant au tarif douanier applicable à la production laitière*[1].

[1] La Société centrale d'agriculture des Deux-Sèvres vient d'émettre un vœu semblable (février 1895).

Bien que protectionniste modéré et convaincu, d'autre part, que le tarif *maximum* de 13 francs serait suffisant à la rigueur, nous nous associons néanmoins à ce vote, parce que nous n'avons pas à craindre des mesures de représailles de la part de l'Angleterre, dont les marchés restent grands ouverts à toutes les nations. Nous espérons qu'en travaillant sérieusement pour reconquérir dans ce royaume notre rang perdu comme exportateurs, nous arriverons à diminuer la surabondance de nos produits à l'intérieur et, par suite, à en relever les prix de vente.

III. — DES AMÉLIORATIONS A APPORTER DANS L'INDUSTRIE BEURRIÈRE DE QUELQUES RÉGIONS DE LA FRANCE.

Nous avons vu que les méthodes de fabrication du beurre, en France, peuvent se rapporter à deux principales :

1° *La méthode tempérée ou normande ;*

2° *La méthode centrifuge.*

La première, dont le point de départ est le *crémage spontané à l'air libre,* est celle qui fournit, tout à la fois, chez nous, les *premiers beurres du monde*, comme en Normandie; et ailleurs, dans des milliers de petites fermes, les beurres les plus inférieurs, tels que ceux désignés aux Halles de Paris sous le nom de *petits beurres.*

Nous avons dit précédemment les circonstances dans lesquelles il convient, quand il s'agit de *grande production*, de donner la préférence à l'une des deux méthodes dénommées ci-dessus, et indiqué, d'autre part, comment on pourrait obtenir dans les plus petites fermes, à la place de ces beurres de si médiocre qualité, d'autres infiniment meilleurs. Nous savons qu'il suffirait d'avoir recours à l'une des deux méthodes (voir p. 352) que nous avons qualifiées de : 1° méthode tempérée perfectionnée; 2° méthode centrifuge. Ces deux méthodes étant appropriées aux plus petites fermes.

Nous croyons donc inutile d'insister davantage sur les améliorations à apporter dans l'industrie beurrière des régions qui, en France, ont la spécialité de fabriquer des *petits beurres* (voir p. 480), et nous préférons terminer ce chapitre par une étude consacrée plus spécialement à deux régions : 1° l'Ouest et le Sud-Ouest; 2° la Bretagne.

Industrie beurrière dans l'ouest et le sud-ouest de la France.

Nous avons eu déjà l'occasion de signaler l'importance de la fabrication des beurres dits *laitiers* ou de centrifuge dans cette région (voir p. 476), mais nous croyons intéressant d'y revenir ici, afin de signaler certains faits offrant un intérêt de premier ordre pour notre industrie laitière.

Grâce à l'initiative de personnes dévouées, les quatre départements de la Charente, de la Charente-Inférieure, des Deux-Sèvres et de la Vendée se sont groupés pour former une **association centrale** des sociétés coopératives de cette région.

En 1894, M. Braud, député de Rochefort, a présenté à M. le ministre de l'agriculture MM. Martineau, Jollivet et David, comme délégués de l'Association centrale, et a fait ressortir l'importance des envois journaliers, aux Halles de Paris, des beurres de ces quatre départements.

En raison de cette importance, M. Braud a sollicité le ministre d'envoyer un fonctionnaire de son administration, ayant pour mission de visiter quelques-uns des nombreux établissements fonctionnant dans cette contrée, et qui serait chargé de faire un rapport sur les progrès accomplis et les réformes à réaliser. Ce délégué pourrait se mettre en relation avec les membres du bureau de l'association centrale, qui lui fourniraient tous les renseignements nécessaires pour accomplir sa mission. Au cours de cette visite, MM. les délégués ont demandé :

1° Qu'au concours général agricole de Paris, en 1895, deux catégories différentes soient établies pour les beurres de l'Ouest, l'une portant au programme le nom de *beurres du Poitou et de la Vendée*, l'autre désignée sous le nom de *beurres des Charentes;* avec un nombre de récompenses plus considérable qu'au concours de 1894.

2° Que, lorsque la discussion restée en suspens au Sénat, sur les associations coopératives de production et de consommation, serait reprise, M. le ministre veuille bien obtenir, par voie d'amendement, que les sociétés coopératives de laiterie soient admises à participer aux bénéfices que comporte cette loi nouvelle.

M. le ministre a répondu à MM. les délégués que, sur le dernier point, il estimait que c'était aux représentants des régions intéressées à prendre l'initiative d'un amendement dans le sens indiqué; mais sur le premier, il leur a été donné complète satisfaction.

Le programme du concours général à Paris comprend aujourd'hui, pour les beurres de cette région, les deux classes demandées, et nous sommes heureux de constater que l'Association centrale, qui, en 1894, avait déjà obtenu, pour son exposition collective, une médaille d'or, a remporté en 1895 le **Prix d'Honneur** des beurres, prix décerné à la *collectivité de l'association centrale des laiteries coopératives des Charentes et du Poitou.*

Les résultats obtenus déjà par cette Association centrale, grâce à l'initiative intelligente et dévouée d'un certain nombre de personnes de la région, sont très remarquables, mais malheureusement, par suite de la crise beurrière actuelle, due aux diverses causes énumérées plus haut, les prix de vente des beurres *laitiers* diminuent et continueront à baisser aux Halles de Paris, surtout en été, si les envois vont toujours en augmentant.

La pléthore nous étouffe, et le seul remède à l'avilissement actuel des prix, c'est l'*exportation* en Angleterre de bons beurres frais ou demi-sel, se rapprochant de plus en plus comme qualité et homogénéité de ceux qui nous font actuellement la concurrence la plus fâcheuse sur les marchés anglais. Or, nous croyons que les *beurres de centrifuge,* bien fabriqués, dans une région aussi importante que celle qui nous occupe, seraient parfaitement dans les conditions voulues pour remplir ce but, d'autant plus que, par suite de la routine des producteurs bretons, dont la majorité s'entête, malgré les bons exemples qui lui sont donnés, à porter sur les marchés des beurres d'une infériorité désolante, le commerce d'exportation des beurres de Bretagne est actuellement bien malade, comme nous le verrons plus loin. Or les hommes d'initiative de la région de l'Ouest n'auraient-ils pas de grandes chances de réussite, s'ils provoquaient, dans les quatre départements déjà fédérés, la création d'un commerce d'exportation en Angleterre? Nous le croyons, à la condition, bien entendu, de s'inspirer (dans les limites du possible) de toutes les règles adoptées par les Danois pour la fabrication et l'expédition de leurs produits.

De l'industrie beurrière en Bretagne et du commerce d'exportation.

Notre premier travail sur l'industrie laitière de la Bretagne date de plus de vingt ans, car c'est en 1873 que nous avons effectué notre premier voyage dans cette région. A cette époque, comme lors de la publication de nos éditions successives, nous avons signalé les pratiques défectueuses qui accompagnaient la fabrication et le commerce des beurres dans ces pays et insisté sur les mesures à prendre pour améliorer cet état de choses, notamment en organisant des beurreries industrielles ou des sociétés coopératives.

En 1888, nous avons été heureux de signaler les premiers progrès récemment accomplis et dus à la création d'un certain nombre de laiteries centrales, en Ille-et-Vilaine principalement. Malheureusement, depuis cette époque, sauf dans le Finistère, comme nous le verrons plus loin, ces progrès ne paraissent pas s'être beaucoup étendus, et l'on peut dire que la plus grande partie de la région bretonne est restée étrangère aux transformations qui s'accomplissaient dans l'industrie laitière, sur un grand nombre d'autres points de la France.

Pour en avoir la preuve, il suffit d'étudier les causes de la décadence à laquelle est arrivé notre commerce d'exportation des beurres bretons, notamment en Angleterre, mais avant de nous livrer à cet examen, nous allons donner quelques renseignements récents sur l'état actuel de l'industrie beurrière en Bretagne.

Morbihan. — A la fin de 1892, M. Toulorge, professeur d'agriculture à l'école du Grand-Restô, près Pontivy, publiait, sur l'industrie laitière du Morbihan, un article d'où il résultait qu'au point de vue des industries du lait le département continuait à être l'un des plus en retard; nous avons retrouvé dans ce travail l'indication des pratiques déplorables que nous avions signalées vingt ans auparavant. Et cependant il existe dans ce département une Ecole d'agriculture dirigée par M. Le Dain et qui possède une laiterie modèle (beurrerie et fromagerie) installée depuis 1885.

Bien qu'un certain nombre d'élèves soient déjà sortis de cette école, on voit que les fermiers du Morbihan sont restés indifférents aux bons exemples qui leur ont été donnés [1].

[1] Nous n'ignorons pas que l'on trouve, même dans ce département si arriéré, quelques exploitations bien tenues, telles que celle de M. le vicomte de Genouillac, à la Chapelle-Chaussée, et dont le propriétaire a obtenu au Concours général de Paris, de février 1895, la *médaille d'or* pour ses beurres, mais ces exceptions sont malheureusement trop peu nombreuses.

Finistère. — D'après M. Lavalou[1], on constaterait depuis 1887, dans l'industrie laitière de la Bretagne et notamment du Finistère, des progrès aussi réels que rapides.

En 1887, dit-il, il n'existait pas une seule *beurrerie industrielle* dans le Finistère; sept ans plus tard, on en comptait une trentaine. Des hommes d'initiative ont prêché d'exemple et ont puissamment contribué à la création de l'École spéciale de laiterie de Kerliver, ainsi qu'à l'organisation des expositions de Quimperlé, Morlaix, etc.

L'École de Kerliver, comme sa sœur de Coëtlogon, près Rennes, ont déjà donné des résultats satisfaisants; l'exposition de laiterie de Quimperlé a provoqué la création de laiteries industrielles avec écrémeuses centrifuges et qui fonctionnent autour de ce pays dans un rayon relativement restreint. Il en a été de même quant à l'exposition laitière organisée par la Société d'agriculture et le conseil municipal de Morlaix; enfin, à chaque instant, on entend parler de nouvelles installations.

Pour nous, la preuve la plus manifeste des progrès réellement accomplis sur divers points de la région, notamment en Ille-et-Vilaine et dans le Finistère, réside dans les envois toujours croissants des beurres bretons aux Halles de Paris, et surtout des beurres *laitiers* ou de centrifuge. Nous avons vu, en effet, page 472, qu'en 1893 le chiffre de ces envois s'était élevé à 448,289 kilogr., ce qui représentait, par rapport à 1892, une augmentation de près de 125,000 kilogr. Mais ces envois toujours croissants aux Halles de Paris ne font qu'augmenter la surabondance des beurres sur la place et contribuer à l'avilissement des prix; à notre avis, il serait infiniment préférable que les exportateurs puissent trouver en *quantité suffisante*, sur les marchés bretons, des *bons* beurres dont la qualité leur permettrait de soutenir en Angle-

[1] *Journal de l'industrie laitière*, 23 décembre 1894.

terre la concurrence avec les beurres étrangers; ce qui n'a pas lieu, comme nous allons le voir.

Du commerce d'exportation des beurres en Bretagne et plus particulièrement en Ille-et-Vilaine.

D'après les renseignements recueillis auprès d'un certain nombre d'exportateurs, et notamment MM. Slater, Stuart, de Rennes, etc., les améliorations apportées dans la fabrication des beurres bretons par les particuliers seraient presque insignifiantes.

Les beurres sont toujours *mal délaités*, ce qui empêche la conservation, et cette mauvaise fabrication rend à peu près impossibles les affaires *suivies* en Angleterre.

Quand le temps est froid et sec, le beurre est déjà *sûr*, mais s'il tourne à l'humidité ou à l'orage, il ne vaut plus rien; d'où l'impossibilité subite de continuer à servir un client que l'on est arrivé à contenter pendant quelques semaines.

En outre, ces variations dans la qualité produisent une grande fluctuation dans les prix. Par les temps favorables à la conservation *relative* du beurre, le prix monte, d'un jour à l'autre, de 5, 10, 15 et même 20 fr. les 100 kilogr. d'un coup; le temps devient-il orageux, le beurre tombe immédiatement à vil prix.

Pour donner une idée de la fluctuation des prix des beurres sur les marchés bretons, M. Slater nous citait l'exemple suivant :

Marché de Vitré, 24 décembre 1894.	160 fr. les 100 kilogr.	
— 31 décembre 1894.	280 fr.	—

Ces fluctuations n'ont pas toujours pour cause les variations des circonstances atmosphériques; souvent aussi elles sont provoquées artificiellement dans un but de spéculation, par de grosses maisons.

Les exportateurs de Rennes éprouvent de grandes difficultés à trouver sur les marchés bretons du beurre de huit jours, en quantité suffisante, même en le payant 5, 7 et 10 centimes de plus que le cours du jour.

Cela tient à ce que beaucoup de cultivateurs ont conservé la fâcheuse habitude de ne pas apporter leurs beurres sur les marchés quand les prix sont *bas*, ou bien encore de les remporter chez eux quand ils ne trouvent pas à leur convenance le prix offert. — En outre, l'abondance des beurres absolument *inférieurs* sur les marchés provient de ce que le fermier breton continue à se montrer rebelle à la vente en nature de son lait et préfère fabriquer lui-même son beurre, croyant y trouver son avantage; c'est une grosse erreur, car s'il parvient quelquefois à ce résultat, c'est à la condition de tromper sur la qualité de la marchandise vendue.

Il cherche, en effet, à retirer de son lait *le plus fort poids* en beurre, et, dans ce but, il le *délaite* le moins possible; survient-il une hausse sur les marchés, le fermier qui a vendu son lait à un prix fixé d'avance se considère en perte vis-à-vis du voisin, qui, exceptionnellement, trouve à écouler son beurre de qualité inférieure, au prix du jour. On comprend qu'en présence de pareils calculs, il soit bien difficile de faire de l'industrie laitière dans des conditions normales.

Enfin, il y a les marchands intermédiaires, qui achètent au rabais les mauvais beurres sur les marchés, leur font subir un *rhabillage* savant et trouvent moyen de gagner beaucoup d'argent avec cette marchandise tout à fait inférieure. Il en résulte que ces industriels sont naturellement très hostiles aux laiteries coopératives et encouragent les cultivateurs à persévérer dans leur routine, les assurant qu'ils ont tout intérêt à agir ainsi.

En présence de tous ces faits, il n'y a guère lieu de s'étonner qu'en Angleterre on se plaigne beaucoup de ce que les beurres bretons ont un goût âpre qu'ils appellent le *twang*, insensible dans les beurres frais, mais qui s'accentue à mesure que ceux-ci vieillissent; le twang, qui correspond au mot français *rance*, est la conséquence du mauvais *délaitage* de ces beurres.

L'industrie beurrière en Ille-et-Vilaine serait donc actuellement dans une très mauvaise passe, surtout au point de vue de l'exportation en Angleterre, les maisons anglaises déclarant l'impossibilité de faire des affaires *suivies* en Bretagne, par suite des variations trop grandes des prix et de la qualité des beurres.

Ceux-ci n'étant pas assez fermes pour être expédiés en *rouleaux* comme beurres *frais* (voir p. 413), il en résulte que le commerce d'exportation en Angleterre consiste presque exclusivement dans l'envoi de beurres demi-sel et salés et se trouve alors en concurrence, sur les marchés, avec les beurres irlandais, danois, suédois et plus récemment avec ceux expédiés d'Australie et de la Nouvelle-Zélande, beurres dont il devient de plus en plus difficile de soutenir la concurrence, tant au peint de vue de la qualité que du prix.

Au 1er janvier 1895, les beurres danois se vendaient, sur la place de Londres, de 104 à 112 francs les 50 kilogr., tandis que les prix de vente des beurres bretons, à la même époque, étaient : première qualité, 84 à 86 francs; deuxième qualité, 80 à 82 francs; ordinaire, 76 à 78 francs.

Les chiffres suivants donneront une idée de la diminution du commerce d'exportation des beurres bretons avec l'Angleterre, surtout dans ces dernières années.

Exportations par le port de Saint-Malo.

ANNÉES	MILLIERS de tonnes.	ANNÉES	MILLIERS de tonnes.
1883	10.629	1889	7.781
1884	9.585	1890	5.328
1885	6.878	1891	4.988
1886	4.697	1892	4.091
1887	4.520	1893	2.755
1888	5.019		

Chiffres d'affaires de deux maisons d'exportation à Rennes.

ANNÉES	MILLIONS de francs.		CHIFFRES proportionnels.	
—	—		—	
1892.........	1.234.888		7	
1893.........	1.135.251		4	
1894.........	324.921	9 premiers mois de l'année.	3	année entière.

Place de Morlaix.

M. le maire de Morlaix, qui s'occupe depuis plus de vingt ans de la préparation et de l'exportation du beurre de cette région, a bien voulu nous donner les renseignements suivants :

Les relations de la place de Morlaix avec le Brésil, les colonies anglaises, datent de 1825 et se sont étendues, en 1835, jusqu'au Portugal et plus tard en Angleterre.

En 1855, époque de l'Exposition universelle dans ce pays, une ligne de steamers fut crée de Morlaix à Londres.

C'est à cette même époque que le commerce de Rennes chercha des débouchés directs à ses beurres, qui jusqu'alors venaient à Morlaix. — Vers 1845, cette place possédait déjà un service de steamers sur le Havre, d'où le beurre était dirigé sur le Brésil et les colonies anglaises et françaises; mais aujourd'hui, ces dernières reçoivent des beurres mélangés et à bas prix, qui leur arrivent d'Amérique.

Les maisons de la place de Morlaix qui s'occupent d'exportation sont : MM. Puyo et fils, P. et L. Legoff, Victor Camus et Victor Alexandre; mais M. le maire pense que, si l'on n'arrive pas à améliorer la qualité des beurres bretons, il deviendra impossible de les vendre, non seulement en Angleterre, mais aussi sur aucun marché d'Europe.

Les renseignements qui précèdent conduisent à se demander ce qu'il faudrait faire pour remédier à la crise actuelle de notre commerce d'exportation des beurres, en Bretagne, et la réponse qui vient naturellement à l'esprit est celle-ci : procéder en Bretagne comme ont fait les Danois et, plus récemment, les producteurs d'Australie et de la Nouvelle-Zélande. Mais, immédiatement, on fait cette réflexion qu'en France, et surtout en Bretagne, on se résoudrait difficilement à devenir membres de sociétés coopératives dont les règlements seraient calqués sur ceux des associations fondées par nos concurrents les plus redoutables sur les marchés étrangers. On peut en juger déjà par la répugnance qu'ont les cultivateurs bretons à céder leur lait aux beurreries industrielles déjà existantes.

Par suite, les mesures à prendre pour essayer d'améliorer la situation actuelle seraient de deux sortes et incomberaient, suivant nous, les unes à l'initiative privée, les autres aux pouvoirs publics et administratifs.

Nous avons vu, en effet, que la Bretagne ne pouvait relever son commerce d'exportation qu'à la condition d'améliorer la fabrication de ses beurres de telle façon qu'ils deviennent presque tous *bons* et d'une qualité sensiblement homogène, toute l'année.

Or, ce résultat ne saurait être obtenu que par la création, sur toute l'étendue de la région (Ille-et-Vilaine, Morbihan, Côtes-du-Nord, Finistère et Mayenne), d'un certain nombre de sociétés coopératives ou de beurreries industrielles; examinons donc la marche à suivre pour arriver à cette création. Il faudrait, croyons-nous :

1° Que dans chaque département les conseils généraux votassent un crédit spécial ayant pour objet d'aider l'initiative privée dans l'installation de ces établissements;

2° Que les députés de la région bretonne obtinssent des crédits spéciaux qui viendraient s'ajouter aux précédents et dont une partie pourrait aussi être distribuée sous forme de *primes* aux producteurs de beurres reconnus de qualité supérieure;

3° Que les sociétés coopératives, dans le but d'encourager les cultivateurs à leur vendre leur lait, leur garantissent non seulement le ramassage du lait à domicile, le retour du lait écrémé, mais encore une petite part dans les bénéfices.

D'autre part, si le gouvernement a déjà rendu quelques services réels à l'industrie laitière de la Bretagne en y créant deux Écoles de laiterie, nous considérons néanmoins que ces mesures sont tout à fait insuffisantes et qu'il y en a d'autres, plus urgentes, à prendre, si l'on veut essayer sérieusement de faire pénétrer le progrès dans cette région.

A notre avis, l'administration de l'agriculture devrait organiser un service d'enseignement *spécial* confié à quelques hommes connaissant bien l'industrie laitière et qui rempliraient les fonctions d'inspecteurs de laiterie; ceux-ci, à l'exemple de ce qui a lieu en Danemark, en Suède, en Australie, etc., feraient des conférences dans les principaux centres, les jours de marché, par exemple.

D'autre part, les conseils municipaux pourraient voter des primes en argent ou des médailles destinées à ceux des cultivateurs qui justifieraient de leur assiduité à ces conférences et de la mise en pratique des leçons reçues pour la bonne fabrication du beurre. Des primes plus importantes pourraient être accordées à ceux des cultivateurs qui se présenteraient comme fournisseurs d'une société coopérative ou d'une beurrerie industrielle et déclareraient consentir à laisser l'inspecteur de laiterie pénétrer dans sa ferme, ses étables, sa chambre à lait, etc.

Au point de vue de l'exportation, les sociétés productrices, comme les exportateurs, devraient s'entendre pour se *syndiquer* dans chaque département, de telle sorte que les négociants en gros pourraient envoyer en Angleterre des produits de qualité toujours uniforme et d'un prix moyen sensiblement constant. Par contrat, une part dans les bénéfices réalisés sur les marchés anglais serait garantie aux laiteries productrices.

En cas de réussite de cette nouvelle organisation, les inspecteurs de laiterie pourraient, chacun dans sa région, remplir les fonctions d'*expert officiel*. A cet effet, un comité composé d'un petit nombre de délégués, désignés par les directeurs des sociétés et les exportateurs, et présidé par ledit inspecteur, serait chargé d'examiner les beurres bretons destinés au commerce intérieur ou à l'exportation et pourrait apposer une *marque spéciale* sur les produits fabriqués par les membres de l'association et que le comité reconnaîtrait de qualité supérieure.

Enfin, une fois dans la voie du progrès, il ne resterait plus qu'à faire en Bretagne ce qui paraît avoir si bien réussi dans l'ouest et le sud-ouest de la France, c'est-à-dire constituer une *association centrale* de toutes les sociétés laitières des cinq départements et dont les membres du bureau, présentés aux ministres de l'agriculture et du commerce par les députés de la région, sauraient faire ressortir l'importance des progrès déjà accomplis et réclamer les appuis nécessaires pour continuer leur œuvre de régénération et de transformation de l'indusbeurrière en Bretagne.

CONCLUSION.

Ici se termine la seconde partie *technique* de cet ouvrage; nous y avons indiqué l'état actuel de l'industrie beurrière en France, et il ne faut pas se le dissimuler, la crise qu'elle traverse est intense. Or, celle-ci est due à des causes multiples que l'initiative individuelle seule ne peut pas toutes combattre, car pour certaines, comme l'influence néfaste de la margarine, la routine ou l'ignorance de certaines régions, etc., le concours énergique de nos législateurs et des pouvoirs publics est absolument nécessaire.

Après avoir dit en toute franchise ce que nous croyons être la vérité, nous n'avons plus qu'à former des vœux pour que les renseignements contenus dans ce modeste ouvrage puissent contribuer à l'amélioration de la situation présente.

CHAPITRE X

PLANS ET DEVIS D'INSTALLATIONS DE PETITES, MOYENNES ET GRANDES LAITERIES.

FABRICATION DU BEURRE DANS UNE PETITE FERME OU UNE MAISON DE CAMPAGNE.

Production journalière : 60 litres de lait en 2 traites. — Nous avons dit (chap. VI, p. 352) que la fabrication du beurre dans ces conditions pouvait avoir lieu par deux méthodes : 1° *la méthode tempérée perfectionnée;* 2° *la méthode centrifuge;* et nous avons décrit, en détail, la série des opérations à effectuer, suivant que l'on donne la préférence à l'une ou l'autre de ces méthodes.

Il ne nous reste donc plus qu'à indiquer dans ce chapitre le plan de laiterie et le devis des appareils employés dans chacun de ces procédés.

PLAN ET DEVIS D'INSTALLATION D'UNE PETITE LAITERIE POUR LA FABRICATION DU BEURRE PAR LA MÉTHODE TEMPÉRÉE PERFECTIONNÉE (CRÉMAGE A FROID EN VASES CLOS [1]). — Voir chap. VI, p. 352.

Installation d'une petite laiterie.

Nota. — Nous n'avons pas indiqué de fenêtres sur ce plan, parce que celles-ci, au nombre de quatre, deux sur

[1] Installation proposée par l'auteur, A. Pouriau.

la façade sud, SS', et deux sur la façade ouest, sont pratiquées à environ $1^m,30$ au-dessus du sol. Ce sont des ouvertures rectangulaires de 1 mètre de largeur sur $0^m,70$ de hauteur, fermées extérieurement par des châssis garnis d'une toile métallique assez fine pour arrêter les mouches, et intérieurement par une fenêtre vitrée à bascule, que l'on peut manœuvrer de l'intérieur à l'aide d'une corde qui glisse sur une poulie fixe.

Quant au mur de séparation MN de la laverie avec la laiterie proprement dite, les deux parties, à droite et à gauche de la porte R, sont vitrées à partir de $1^m,30$ de hauteur au-dessus du sol.

DEVIS.

		fr. c.
1	bac réfrigérant à double fond	140 00
6	crémeuses (Régnault) fig. 187, de 20 litres, à 8 francs	48 00
3	crémières (Régnault) fig. 120, de 20 litres, à 8 francs	24 00
8	obturateurs en caoutchouc à 1 fr. 25 (fig. 188)	10 00
24	bagues en caoutchouc	2 40
2	couloirs avec tamis	7 00
	Baratte pour battre 15 litres de crème (suivant système employé) en moyenne	60 00
1	malaxeur (le Progrès), fig. 168	55 00
1	fourneau économique pour eau chaude	80 00
2	seaux à bec, emboutis, de 16 litres	11 00
2	seaux à bec, emboutis, gradués de 16 litres	13 00
1	table à travailler le beurre	20 00
1	grande table au milieu de la laiterie	40 00
	Spatules diverses, dont une grande (fig. 193)	10 00
	Moules à beurres	10 00
1	récipient R à beurre dans le bac (fig. 194)	9 00
1	évier	10 00
1	baquet, forte tôle étamée, pour lavage des ustensiles, contenance 60 litres	12 00
3	panneaux pour fermeture du bac, de $0^m,60$ sur $0^m,70$	30 00
6	crochets d'arrêt	6 00
1	pompe dans la laiterie	90 00
	Accessoires divers non prévus	50 00
	TOTAL	737 40

Nota. — Dans le devis qui précède, nous avons supposé l'installation, dans la laiterie, d'une pompe desti-

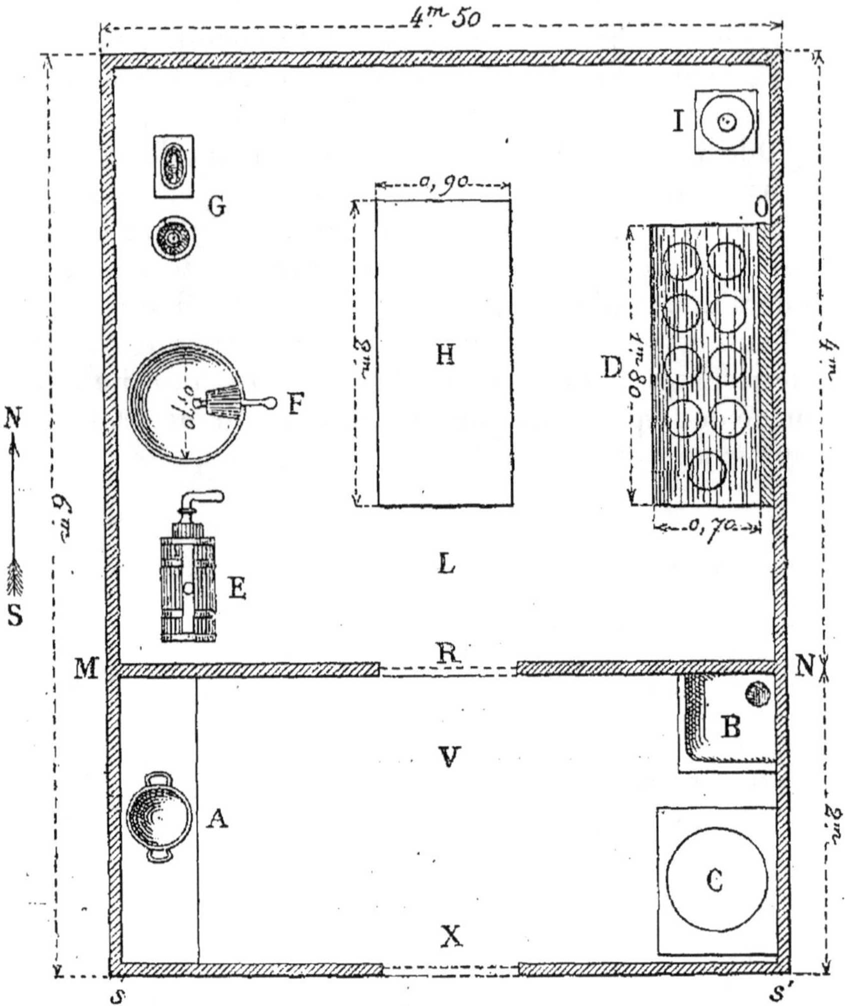

Fig. 222. — PLAN DE LA LAITERIE.

V. Vestibule.

X entrée de laiterie.

A baquet en tôle étamée pour lavage des ustensiles. Contenance 60 litres.

B évier.

C fourneau économique pour eau chaude.

L. Laiterie.

D bac réfrigérant à double fond (fig. 222) avec crémeuses, crémières et réservoir à beurre.

E baratte (Simon, Garin, ou à disque).

F malaxeur (le Progrès).

G mise en moules, pesée.

H table centrale.

I pompe.

née à fournir l'eau nécessaire pour l'alimentation du bac réfrigérant et le lavage de tous les ustensiles. Mais, s'il existait déjà une pompe dans la cour de la ferme, on pourrait supprimer la seconde et se servir de l'eau de la première de la manière suivante :

On installerait extérieurement, contre le mur, côté est de la laiterie et près du bac intérieur, un petit réservoir cylindrique de 30 litres de capacité environ, reposant sur un petit socle en briques de $0^m,70$ de hauteur. Ce récipient en forte tôle étamée et à couvercle aurait $0^m,30$ de diamètre et $0^m,30$ de hauteur, ce qui mettrait son bord supérieur à 1 mètre au-dessus du sol.

A sa partie inférieure, il serait muni de deux robinets, l'un de décharge, extérieur à la laiterie, l'autre intérieur et destiné à alimenter d'eau le réfrigérant.

L'eau, puisée dans des seaux à la pompe de la ferme, serait versée dans ce petit réservoir, avec addition d'eau chaude, en hiver, si cela était nécessaire.

Le peu d'élévation du niveau du réservoir au-dessus du sol (1 mètre) rendrait ce transvasement très facile à effectuer.

PLAN ET DEVIS D'INSTALLATION D'UNE PETITE LAITERIE POUR LA FABRICATION DU BEURRE PAR LA MÉTHODE CENTRIFUGE [1]. — Voir chap. VI, p. 376.

Plan de la laiterie. — Ce plan étant identique à celui que nous venons de donner (fig. 222), nous n'avons à établir ici que le devis de cette laiterie centrifuge.

DEVIS.

Écrémeuse Colibri (fig. 121)	235	francs.
Baratte à disque avec sécheur, n° 2 (fig. 154)...........	83	—
Malaxeur à manivelle n° 2 (fig. 160).................	50	—
Un fourneau économique pour eau chaude.............	80	—
1 bac refrigérant à double fond (fig. 194)..............	140	—
A reporter.....	588	francs.

[1] Installation proposée par l'auteur, A. Pouriau.

Report.....	588 francs.
6 pots de 20 litres à 8 francs	48 —
2 pots (crémières) de 20 litres	24 —
2 tamis	7 —
2 seaux à bec, emboutis, de 16 litres	11 —
2 seaux à bec gradués, de 16 litres	13 —
1 table à travailler le beurre	20 —
1 table au milieu de la laiterie	40 —
1 réchauffeur de crème à robinet (fig. 198)	12 —
Son escabeau	5 —
Spatules diverses, dont une grande (fig. 193), moules à beurre	20 —
1 récipient à beurre dans le bac (fig. 194)	9 —
1 évier	10 —
1 baquet, tôle forte étamée, pour lavage des ustensiles, contenance 60 litres	12 —
3 panneaux pour fermeture du bac, de $0^m,60$ de large sur $0^m,70$ de long	30 —
6 crochets d'arrêt pour lesdits	6 —
1 pompe [1] installée dans la laiterie près du bac	90 —
Accessoires divers non prévus	50 —
TOTAL	995 francs.

Soit 1,000 francs.

PLAN ET DEVIS D'UNE LAITERIE FONCTIONNANT PAR MANÈGE A UN CHEVAL OU A BRAS ET POUVANT TRAITER DE 800 A 1,000 LITRES PAR JOUR.

1° Par manège, avec une écrémeuse alpha Poney.

2° A bras, avec deux écrémeuses alpha B, écrémant chacune 250 litres à l'heure.

[Installation de M. Th. Pilter, 24, rue Alibert, Paris.]

DEVIS.

1 manège à plan incliné	780 francs.
1 écrémeuse alpha Poney avec mouvement intermédiaire	1,100 —
A reporter.....	1,880 francs.

[1] La remarque faite page 516, à l'occasion de cette pompe, s'applique également ici.

	Report.....	1.880 francs.
1	bac en tôle étamée à double fond avec tamis........	160 —
1	baratte danoise, Th. P. nº 4..................	
1	tamis à beurre..........................	284 —
1	pompe à main...........................	
1	délaiteuse à bras ou au moteur..............	400 —
1	malaxeur, bâti bois, à moteur, Th. P. nº 6........	200 —
	A reporter.....	2.924 francs.

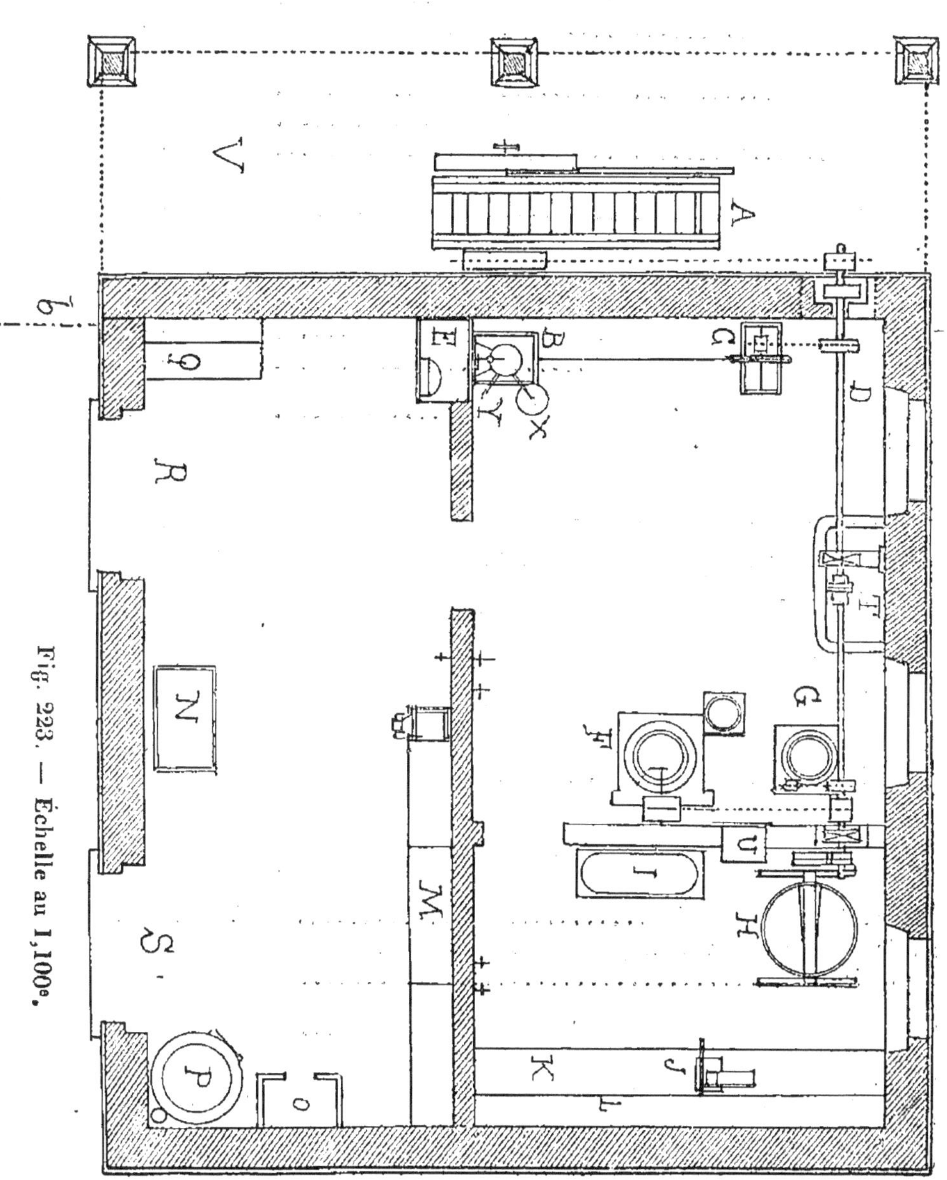

Fig. 223. — Échelle au 1,100e.

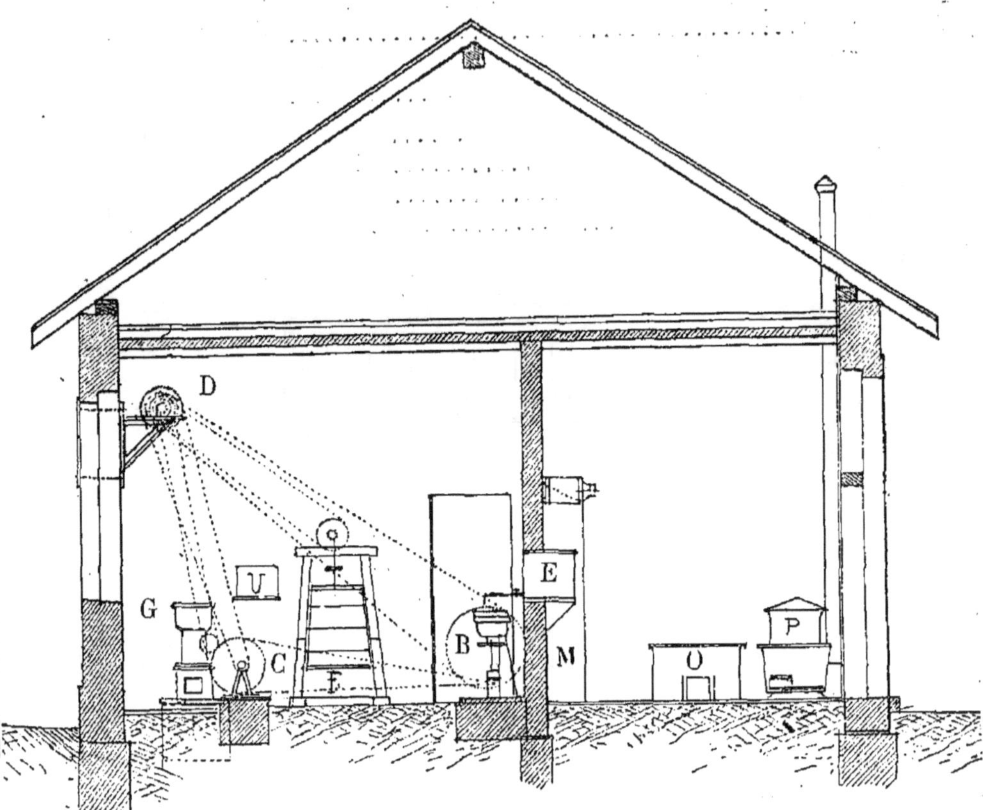

Fig. 224. — Coupe AB.

A manège à plan incliné.
B écrémeuse alpha A1, ou deux écrémeuses alpha B à bras.
C mouvement intermédiaire de A.
D arbre de transmission.
E réservoir à lait.
F baratte danoise.
G délaiteuse.
H malaxeur rotatif.
I auge à beurre.
J moules à beurre.
K table.
L étagères.
M étagères pour pots vides.
N bac à échauder.
O charbon.
P fourneau économique.
Q instruments de vérification.
R réception du lait.
S sortie du lait écrémé.
T rafraichissoir pour la crème.
U passage du beurre délaité.
V hangar.
X crème.
Y lait écrémé.

Report......		2.924 francs.
1 auge à beurre, couteaux, spatules............... 1 moule pour mottes de beurre de 12 kilogr. avec pilon.................................... 1 moule à bras avec tampon gravé pour pains de 500 grammes. Papiers pour lesdits.............		145 —
1 bac à échauder en tôle galvanisée.......	90 fr.	
1 fourneau économique n° 7	115 fr.	225 —
2 seaux gradués de 20 litres.............	20 fr.	
Transmission complète....................	environ	550 —
Total...............		3.844 francs.

Pour traiter la même quantité de lait avec des appareils fonctionnant à bras, il conviendrait de supprimer dans le devis précédent : le manège, la transmission, l'écrémeuse alpha Poney, la baratte danoise et le malaxeur, et de les remplacer par :

2 écrémeuses IA verticale alpha, ensemble...........	1.520 francs.
1 baratte danoise Th. P. n° 2......................	160 —
1 malaxeur à bras, bâti bois Th. P. n° 6............	170 —

Ce qui finalement ramènerait le devis précédent à 2,809 francs, soit une économie de 1,000 francs environ.

Nota. — En même temps que nous recevions le devis ci-dessus, la maison Pilter nous fournissait quelques renseignements complémentaires qui modifient, pour certaines écrémeuses, les indications que nous avions données pages 230 et 239.

Pour les écrémeuses à moteur de Laval, A1 et A2, le débit comme les prix restent les mêmes.

Pour les écrémeuses *alpha*, les chiffres sont modifiés comme il suit :

Écrémeuses à moteur.

	DÉBIT	PRIX
Alpha Poney (nouveau modèle)......	600 litres.	1.100 francs.
— A1	1.200 —	1.525 —
— A2	1.800 —	1.090 —

PLANCHE VIII

BEURRERIE CENTRIFUGE

POUVANT TRAITER 5 A 6,000 LITRES DE LAIT PAR JOUR

Installation de M. J. HIGNETTE

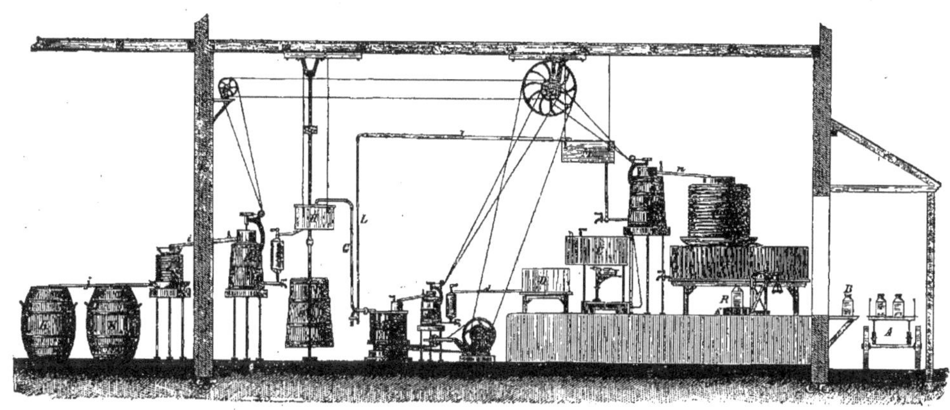

Fig. 225. — COUPE LONGITUDINALE.

Échelle au $\frac{1}{100}$.

Écrémeuses à bras.

Alpha Colibri....................	70 litres.	235 francs.
— Baby....................	150 —	450 —
— verticale....................	300 —	760 —

Le prix des écrémeuses à moteur comprend le mouvement intermédiaire, le compteur de tours, etc.

M. Pilter ajoute : « Je me propose de vendre plus spécialement les écrémeuses alpha; par suite, les écrémeuses de Laval A1 et A2 se trouveront remplacées, quand le stock en sera épuisé, par les écrémeuses alpha Poney et alpha A1. »

PLAN ET DEVIS D'INSTALLATION D'UNE BEURRERIE CENTRIFUGE POUVANT TRAITER 5,000 A 6,000 LITRES PAR JOUR, AVEC LES APPAREILS DE BURMEISTER ET WAIN. (Pl. VIII.)

Installation de M. J. Hignette, concessionnaire, 162, boulevard Voltaire, Paris. — La figure 225 donne une coupe longitudinale de cette installation.

Les pots à lait, amenés par la voiture A, sont déchargés en B et portés à la bascule C, qui est munie d'un réservoir en fer étamé; on verse le lait dans ce réservoir pour avoir le poids net du lait, puis on ouvre une soupape placée dans le fond : le lait s'écoule dans le bassin D à lait doux, puis par le tuyau *d* il se rend au réchauffeur E, de là il arrive dans l'écrémeuse F. Le lait écrémé remonte de lui-même dans le tuyau élévateur L, et il est conduit par une gouttière ouverte *l* dans le bac à écume M, d'où il coule dans l'appareil à pasteuriser N; de ce dernier le lait peut couler dans le bassin à lait écrémé P, d'où on le tire en pots R que l'on place sur la bascule S et que l'on transporte ensuite à la voiture A.

Avant de faire couler le lait dans le réservoir à lait écrémé, on peut le faire passer sur un réfrigérant cylindrique O qui le versera alors dans le réservoir P. Si le lait écrémé n'est pas rendu aux fournisseurs, il peut aussi facilement être conduit à la cuve à cailler. De même que le lait maigre, la crème monte seule par le tuyau élévateur G qui la verse dans le bac à écume H, d'où elle coule dans l'appareil à pasteuriser I, puis dans le réfrigérant J, et enfin au moyen d'une gouttière dans les tonneaux à crème K.

Nota. — La crème ne passe dans ces derniers appareils que lorsque l'on emploie le nouveau système de pasteurisation de celle-ci, lequel système a été récemment introduit en Danemark.

On voit qu'avec le mode d'installation que nous venons d'indiquer le travail est considérablement simplifié pour le personnel de la laiterie, qui n'a qu'à verser le lait entier dans le réservoir C et à recueillir celui écrémé dans les pots R; les autres opérations ayant lieu automatiquement, l'emploi d'une pompe devient inutile.

Devis d'installation des appareils.

1 machine à vapeur, force de 4 chevaux, avec chaudière de 6 chevaux. — 1 réchauffeur pour le lait brut. — 1 écrémeuse AA avec mouvement intermédiaire, régulateur d'alimentation, etc. — 1 autre écrémeuse B, *idem.* — 2 tuyaux élévateurs pour le lait écrémé et la crème avec robinets. — 1 appareil à pasteuriser. — 1 baratte danoise grand modèle à deux poulies. — 1 malaxeur rotatif, *idem.* — 1 pompe à eau. — Transmissions, robinetterie, tuyauterie. — 4 grands bacs, à lait brut, écrémé, à eau froide et à eau chaude, etc. — Prix total : **10,000** fr.

Actuellement, M. Hignette s'engage, *à forfait*, à installer une semblable beurrerie, avec tout le matériel nécessaire, pour cette somme de 10,000 francs.

En outre, avec les perfectionnements apportés dans ces derniers temps aux écrémeuses Burmeister et Wain, on pourrait, avec une écrémeuse AA et une autre B (voir p. 35), débiter 5,000 à 6,000 litres de lait par jour, au lieu de 4,000, chiffre indiqué il y a quelques années.

PLANS ET DEVIS DE LAITERIES.

Installations de M. Ed. Garin, à Cambrai (Nord).

1° *Pour une production journalière de 200 litres de lait.*

Écrémeuse Mélotte n° 1, à bras, 100 litres à l'heure. — Baratte étamée (fig. 152). — Malaxeur alternatif (fig. 166). — Table à dessus en glace pour travailler le beurre, accessoires. — Total : **700** francs.

2° *Pour une production journalière de 500 litres.*

Écrémeuse n° 2, à bras, de 150 à 200 litres à l'heure, et autres ustensiles indiqués ci-dessus. — Total : **925** francs.

3° *Pour une production journalière de* 1,000 *à* 1,200 *litres* (fig. 226).

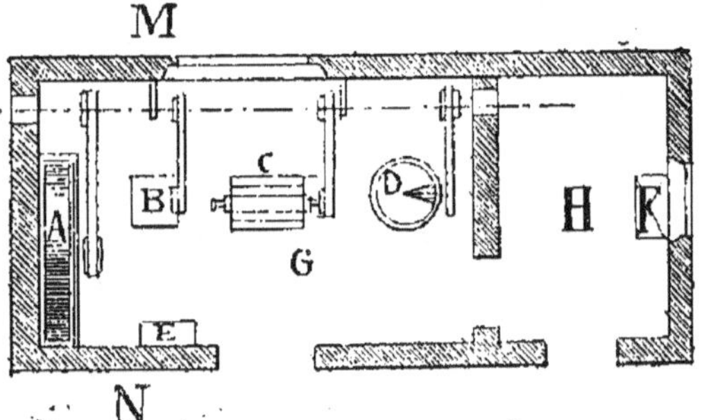

Élévation-coupe MN. Fig. 226. Plan.

A roue à chien.
B écrémeuse n° 2 *bis*.
C baratte étamée.
D malaxeur.
E bac à échauder.
F table à beurre.
G salle de laiterie.
H beurrerie.

Avec une écrémeuse n° 2 *bis*, à bras, de 300 litres, et les autres accessoires comme précédemment. — Total : **1,150** francs.

Nota. — Le plan précédent représente une laiterie dont le moteur est supposé être un chien, comme cela a lieu fréquemment dans le Nord, pour les petites laiteries; voici, du reste, ce que dit M. Garin à ce sujet :

« Un chien pesant 30 kilogr. déploie la force de trois

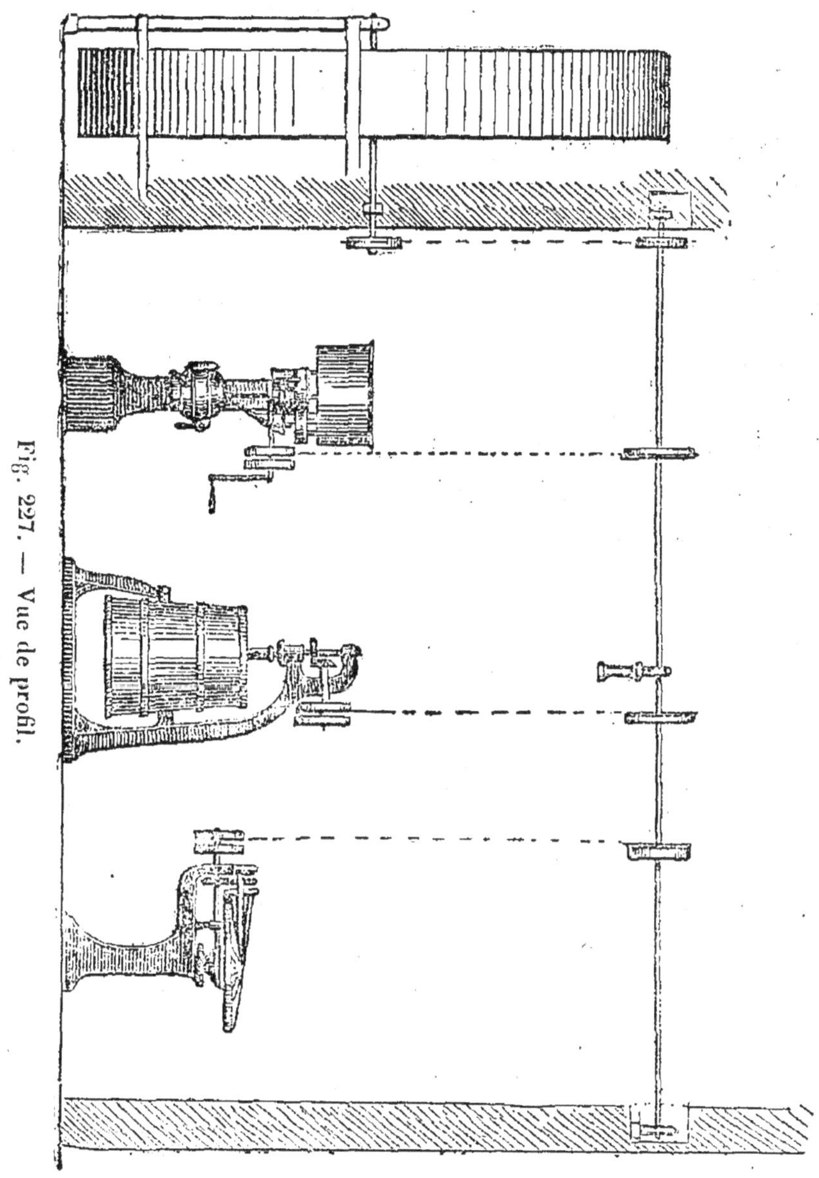

Fig. 227. — Vue de profil.

hommes quand la roue est actionnée à 10 tours, sa vitesse normale.

« Tous les chiens, indistinctement, peuvent être employés à ce travail, et on en rencontre très rarement qui ne s'y prêtent pas volontiers ; pourtant il est juste de dire

Fig. 228.

que les chiens de haute taille, élevés sur pattes, à poils ras si possible, sont surtout désignés pour ce manège.

« Un chien bien nourri ne doit coûter que 0 fr. 25 par jour; quand il n'est âgé que de trois à quatre ans et qu'il est bien exercé, il peut actionner l'écrémeuse pendant une heure sans arrêt et sans fatigue. Il peut travailler quatre heures par jour, et tous les jours.

« Quatre ou cinq jours d'exercice suffisent pour obtenir d'un chien une marche très régulière, mes appareils sont d'ailleurs spécialement construits pour être mus par la roue à chien.

« Un seul chien suffit pour actionner tous les appareils à la fois; il peut, en outre, être employé à faire fonctionner un coupe-racines, ou un hache-paille, ou une pompe, etc. (fig. 227). »

La roue-manège figure 228 est d'une grande solidité ; son arbre de transmission tourne sur des galets renfermés dans des coussinets; elle est parfaitement équilibrée, et un enfant peut l'actionner du bout du doigt. Elle est livrée avec une barrière d'un côté et un mètre d'arbre au delà du coussinet. Prix pour un chien, 180 francs.

Dans le cas où pour cette production journalière de 1,200 litres on ne voudrait pas employer le chien comme moteur, on pourrait faire marcher à bras l'écrémeuse n° 2 *bis;* auquel cas, deux femmes se relayant à chaque demi-heure fourniraient en quatre heures l'écrémage demandé de 1,200 litres.

4° Pour une production journalière de 1,500 *à* 1,800 *litres* (fig. 229, 230).

Avec manège à plan incliné à un cheval; une écrémeuse n° 3, à moteur de 350 litres et les autres accessoires nécessaires. — Total : **2,100** francs.

A manège à plan incliné sous hangar.
B écrémeuse n° 3.
C baratte.
D malaxeur.
E auge à beurre.
F bac à échauder.
G table en verre.
H salle de la laiterie.
I beurrerie.

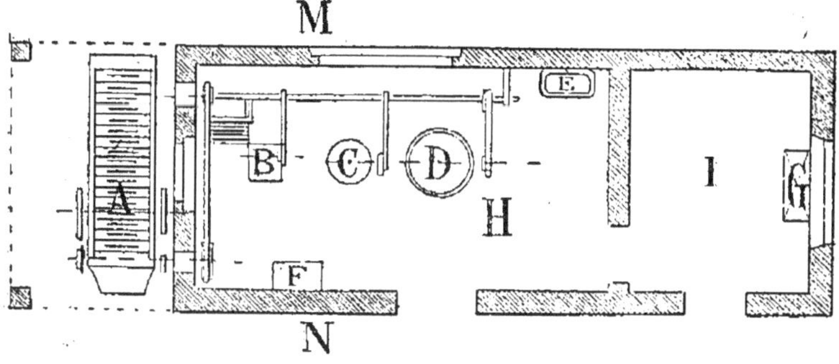

Fig. 229. — Plan.

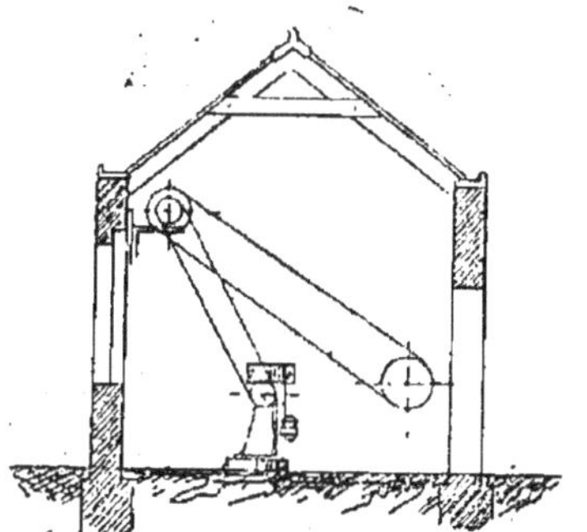

Fig. 230. — Élévation-coupe MN.

5° *Pour une production de* 3 *à* 4,000 *litres* (fig. 231, 232, 233.)

Avec machine à vapeur de 3 chevaux. — Pompe-réservoir à lait de 1,000 litres. — Écrémeuse Mélotte n° 5, de 800 litres à l'heure. — Pompe à lait. — Réchauffeur à escalier, complet. — Baratte. — Malaxeur. — Tables pour le travail des beurres et autres accessoires. — Total : **6,700** francs.

C bureau.
D salle de la machine à vapeur.
E quai de réception du lait.
F salle de réception du lait.
G réservoir à lait.
H salle des centrifuges.
I beurrerie au sous-sol.
J cave à beurre.
K puits et pompe.
LM terre-plein.

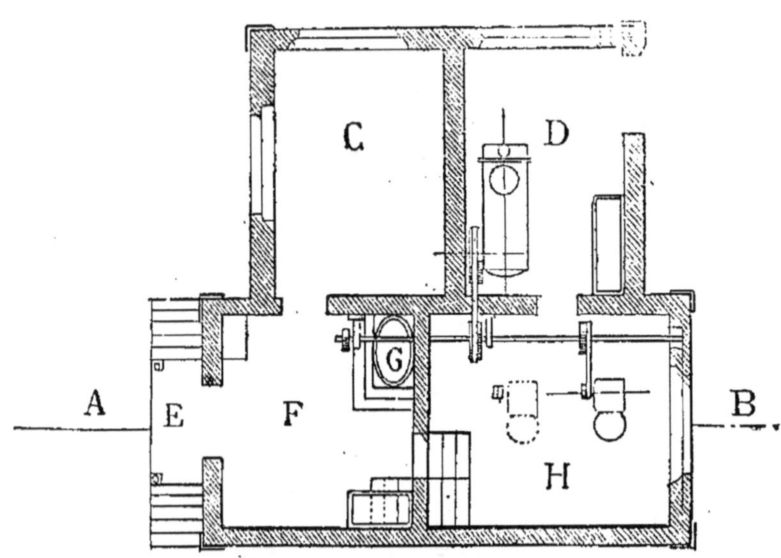

Fig. 231. — Plan du rez-de-chaussée.

5° *Pour une production de* 3 *à* 4,000 *litres* (suite).

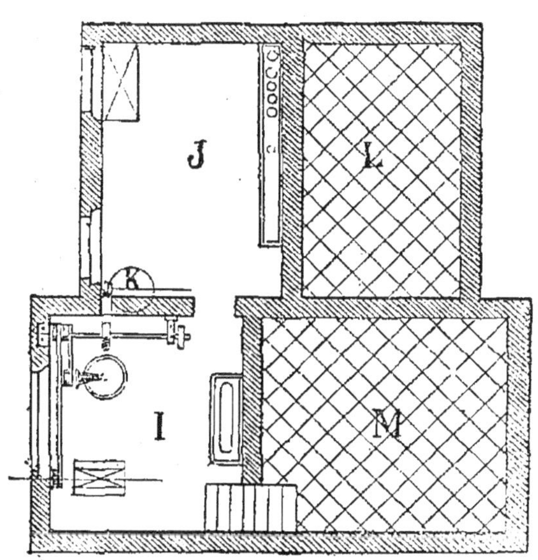

Fig. 232. — Plan du sous-sol.

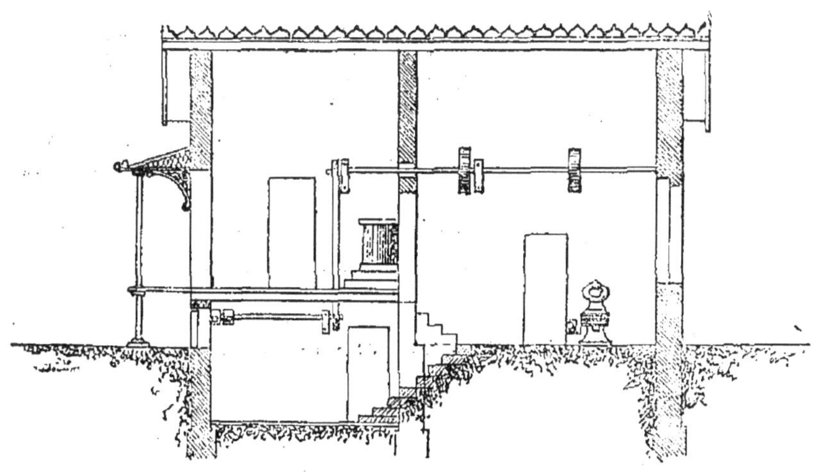

Fig. 233. — Élévation-coupe, suivant AB.

6° *Pour une production journalière de* 6 *à* 7,000 *litres.*

Devis total : **9,200** francs.

7° *Pour une production journalière de* 10 *à* 12,000 *litres* (fig. 234, 235, 236).

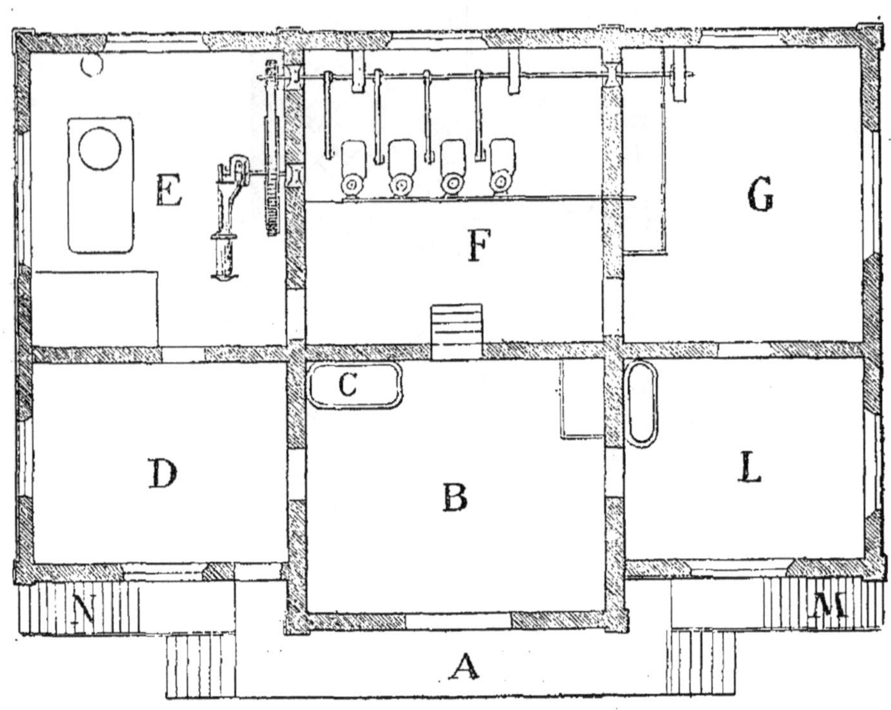

Fig. 234. — Plan du rez-de-chaussée.

A quai de réception du lait.
B salle de réception du lait.
C réservoir à lait.
D bureau.
E machine à vapeur et générateur.
F salle des centrifuges.
G magasin ou logement.
H beurrerie au sous-sol.
I puits.
J dépôt de beurre.
KK' fromagerie.
L salle d'expédition.
MN escalier descendant au sous-sol.
P et Q terre-plein.

DEVIS

d'installation d'une beurrerie-fromagerie pour une production journalière de 10 à 12,000 litres de lait.

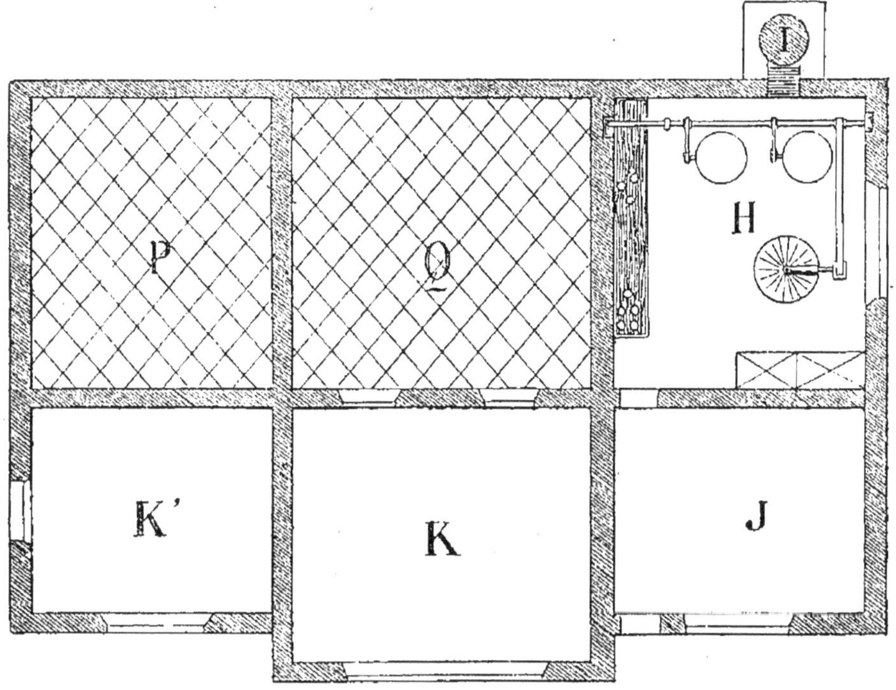

Fig. 235. — Plan du sous-sol.

1 machine à vapeur horizontale de 6 chevaux.....		
1 pompe alimentaire, etc................		
1 chaudière de 8 chevaux............		6.050 francs.
Boulons de fondation, tuyauterie, transmissions, courroies................		
Réservoirs à eau froide et chaude, avec accessoires................		
1 pompe à eau et son mouvement, tuyauterie.....		1.250 —
1 cuve de réception du lait de 3,000 litres en tôle étamée................		
2 réchauffeurs de 1,500 litres à l'heure..........		1.400 —
4 écrémeuses Mélotte de 800 litres à l'heure à................	1,250 fr.	
4 pompes à lait écrémé à..............	110 fr.	5.800 —
Tuyauteries diverses pour eau, lait, vapeur................	360 fr.	
A reporter.....		14.500 francs.

Report......		14.500 francs.
2 barattes étamées LC pour 300 litres de crème à...........................	600 fr.	
1 malaxeur rotatif de $1^{m},50$ à moteur....	950 fr.	2.230 —
2 tables glace pour le travail du beurre à.................................	40 fr.	
Balance à beurre, presse à beurre avec tampon gravé, récipients à crème, crémomètres, thermomètres, accessoires divers..........................		470 —
TOTAL....................		17.200 francs.

Vue extérieure de la beurrerie-fromagerie pour la production journalière de 10 *à* 12,000 *litres de lait.*

Fig. 236. — Vue extérieure.

FIN DE LA DEUXIÈME PARTIE.

TROISIÈME PARTIE

CHAPITRE PREMIER

TROISIÈME MODE DE SPÉCULATION LAITIÈRE. INDUSTRIE FROMAGÈRE. DU FROMAGE ET DE SA FABRICATION. — DE LA PRÉSURE. CLASSIFICATION DES FROMAGES, ETC.

Les fromages étaient connus des anciens; les Romains, les Gaulois en mangeaient assaisonnés de vin, de vinaigre ou de liqueurs épicées. De nos jours ils sont devenus un des aliments dont l'usage est à peu près universellement répandu; aussi la fabrication de ce produit prend-elle chaque année, tant en France que dans les pays étrangers, une extension toujours de plus en plus considérable.

Les opérations fondamentales de la fabrication du fromage sont :

1° *La coagulation du caséum;*

2° *La séparation du caillé;*

3° *L'expression du petit-lait.*

La précipitation du caséum peut avoir lieu *spontanément* ou sous l'influence de quelques gouttes d'acide ou de *présure* ajoutées au lait.

La coagulation spontanée du caséum étant déterminée par un acide particulier (l'acide lactique, p. 36) qui prend naissance dans le lait abandonné à lui-même, il en résulte que le caillé fourni par un lait aigri ne peut donner un fromage agréable au goût et de facile conservation, et qu'il est nécessaire, quand on veut obtenir de bons fromages, de faire cailler le lait artificiellement en y mélangeant une substance qui détermine plus ou moins rapidement la coagulation de ce liquide, et que l'on nomme *présure*.

DE LA PRÉSURE.

La présure est un liquide qu'on trouve dans l'estomac des jeunes mammifères en lactation et qu'on retire surtout de la caillette, ou quatrième estomac du veau, soumis exclusivement au régime du lait jusqu'au moment de son abatage.

Cette présure, sécrétée par la muqueuse stomacale, imprègne aussi, après la mort de l'animal, la tunique musculaire extérieure, qui peut alors, comme la muqueuse, coaguler le lait.

Dans notre économie, tandis que la présure ou le suc gastrique précipite la caséine du lait dans l'estomac, une autre substance contenue dans le suc pancréatique, sécrété par le pancréas, agit en sens inverse, c'est la *caséase;* cette dernière redissout le gâteau de caillé que la présure avait formé.

Quand nous étudierons un peu plus loin les ferments de la caséine, nous verrons qu'il y a dans le lait des microbes naturels qui possèdent cette double propriété de sécréter d'abord de la *présure* pour coaguler la caséine, et ensuite de la *caséase* pour la redissoudre et se nourrir d'une partie de ses éléments.

Les caillettes sont habituellement désignées dans le commerce sous les noms de *peaux*, de *mulettes*, etc.

Dans les fermes et les fromageries de divers pays, on prépare cette présure à l'aide d'une foule de moyens empiriques qui tous, en résumé, ont pour résultat final de dissoudre, de concentrer et de préserver de l'altération l'agent actif renfermé dans les caillettes.

Nous avons donné, dans nos précédentes éditions, les procédés employés dans les fermes et les fromageries pour la conservation des caillettes et la préparation de la présure liquide; mais aujourd'hui, comme on trouve dans le commerce d'excellents extraits de présure de fabrication française et étrangère, nous laisserons de côté les recettes empiriques de fabrication.

DES EXTRAITS DE PRÉSURE.

Les extraits concentrés de présure que l'on trouve aujourd'hui dans le commerce sont obtenus par la macération des caillettes des jeunes veaux tenus exclusivement au régime du lait, et auxquelles on ajoute du sel marin ou un mélange de sel marin ou d'acide borique, pour assurer l'imputrescibilité de cette présure.

Actuellement, les présures concentrées les plus connues en France sont les suivantes :

1° *Présure française* de M. J. Fabre, fabricant à Aubervilliers (Seine).

2° *Présures étrangères*.

a) Présure du Dr Hansen; représentant à Paris M. Boll, 49, rue de Lyon.

b) Présure de MM. Mansfeld-Bullner, etc.; représentant à Paris, M. Schmitz, rue Condorcet, 14.

Ces deux dernières présures sont de fabrication

danoise; celle du Dr Hansen est la plus connue et la plus employée en France.

Les présures concentrées liquides ressemblent à du vin blanc clarifié; leur goût et leur odeur sont agréables, et leur force coagulatrice initiale est, en moyenne, de $\frac{1}{10,000}$, c'est-à-dire qu'*une* partie de cette présure peut coaguler **10,000** parties de lait.

Conservée en bouteilles non entamées, à l'ombre et dans un endroit frais, cette présure reste inaltérable; dans une bouteille entamée, ce liquide garde sensiblement la même force, du commencement à la fin de son emploi.

Présure liquide française de M. Fabre.

Un grand industriel français, M. Fabre, justement ému de cette assertion que les caillettes allemandes et danoises étaient les seules propres à la fabrication des bonnes présures concentrées, livre depuis plusieurs années à l'industrie fromagère un produit intitulé : *Présure liquide française*, extraite uniquement des caillettes des veaux des abattoirs de Paris. La force coagulatrice de cette présure, garantie par le fabricant, est de 10,000 litres de lait à 35° et en 28 minutes; son prix au détail est de 3 francs le litre.

En outre, pour satisfaire au désir exprimé par un grand nombre de ses clients, M. Fabre fabrique également une présure de concentration quatre fois moindre, destinée plus spécialement à la fabrication des fromages à pâte molle, et dont le prix, au détail, est de 1 franc le litre.

Nous avons eu l'occasion d'expérimenter en grand et comparativement les présures concentrées de MM. Hansen et Fabre, et, tout en reconnaissant les excellentes qualités de la première, nous pouvons affirmer que la présure française peut rendre à notre industrie fromagère les mêmes services que les présures étrangères les mieux préparées.

En outre des extraits concentrés de présure cités plus haut, on trouve encore, dans le commerce, un certain nombre de présures liquides de concentration variable, parmi lesquelles nous citerons, comme étant les plus connues :

Les présures de MM. Jouatte et Sutter, à Boulogne (Seine), de M. L. Sourdat, à Villemomble (Seine); de MM. Hrick et Harpin, à Bar-le-Duc; Huguier-Truelle, à Troyes, etc.

La présure liquide est le plus généralement employée, en raison de la facilité avec laquelle on peut la répartir également dans le lait à cailler. Cependant, dans certains pays, on emploie de la présure en *pâte* ou *poudre*, et le Dr Hansen, pharmacien à Copenhague, livre à l'industrie laitière de l'extrait de présure en poudre renfermé dans des capsules rigoureusement dosées, dit le prospectus.

M. J. Fabre fabrique également des extraits de présure en poudre et en tablettes.

Avantages des extraits de présure de force déterminée.

Autrefois, la présure fabriquée dans les fermes ou les fromageries (chalets ou fruitières) était habituellement trouble et renfermait plus ou moins de matières animales inertes et de germes de fermentation abandonnés par les caillettes, parmi lesquels il devait certainement y en avoir de nuisibles à la bonne qualité des fromages. De plus, cette présure dont la force coagulatrice initiale était inconnue s'altérait et s'affaiblissait très rapidement, de telle sorte que le fromager ne savait jamais exactement la quantité qu'il devait employer pour obtenir la coagulation complète d'un volume donné de lait, dans des conditions fixes de température et de temps.

En outre, comme nous le verrons quand nous traiterons de la fabrication du fromage de Gruyère, dans l'ancien système la présure se fait avec l'*aisy*, ou *recuite* aigre; or, il en résulte que les deux fabrications se trouvant engagées l'une dans l'autre, si la recuite provient d'un lait renfermant les germes d'une mauvaise fermentation, ceux-ci se perpétuent en quelque sorte dans les présures successives et sont la source de mau-produits, tels que fromages *bréchés*, *gonflés*, de mauvais goût, etc.

Avec l'extrait de présure, au contraire, toutes les fabrications successives sont indépendantes les unes des autres, et s'il arrive un accident un jour, on peut y remédier le lendemain. L'emploi de cette présure doit donc faciliter la suppression des *fausses pièces*, et par suite l'uniformité dans la bonne qualité des fromages.

Enfin, si la fabrication du sérai et de l'aisy devient inutile, il y aura économie de combustible, et le petit-lait pourra être utilisé pour la fabrication d'un beurre de qualité moyenne.

De la force coagulatrice de la présure.

On sait depuis longtemps que la présure n'agit qu'entre des limites de température déterminées, comprises en 15 et 60°, en passant par un maximum qui, d'après un grand nombre d'expériences concordantes, se manifeste vers 41°.

On sait aussi que si, dans un lait porté à une température déterminée, on verse l'unité de volume d'une présure, 1 centimètre cube par exemple, la force de cette présure est proportionnelle au volume de lait coagulé et inversement proportionnelle au temps nécessaire à la coagulation.

La température à laquelle le lait doit être porté, quand on veut déterminer la force d'une présure, est variable, et l'on pourrait prendre 41, chiffre cité plus haut, comme correspondant au maximum d'action de cette substance. D'autre part, la température du lait sortant du pis de la vache étant sensiblement 37°, M. Duclaux conseille d'adopter ce chiffre; d'autres auteurs ont indiqué 35° seulement; mais entre 35 et 41°, les différences importent peu, parce que tous les résultats n'en restent pas moins comparables.

Quant au choix de l'intervalle de temps nécessaire à la coagulation complète du lait, il est arbitraire; M. Duclaux propose 45 minutes, parce que c'est la durée normale, dans un certain nombre de fabrications françaises, de la coagulation du lait porté préalablement à 37°. Mais généralement, dans l'industrie fromagère, on prend, comme l'a proposé M. Soxhlet, pour type de la *présure liquide normale* celle de la force de 10,000, caillant en 40 minutes le lait préalablement chauffé à 35°.

Avec une semblable présure, la coagulation du lait a lieu conformément aux indications contenues dans le tableau ci-dessous [1].

Pour 100 *litres de lait.*

Temps nécessaire pour le caillement et quantités de présure nécessaires.

TEMP. DU LAIT.	45 minutes.	40 minutes.	35 minutes	30 minutes.	25 minutes.
35° C.	9 gr.	10 gr.	11 gr. 5	13 gr. 5	16 gr.
31	11	12 5	14 5	17 5	20
28	14	16	18 5	21 5	25

Nous ajouterons que, d'après les expériences de M. Duclaux, la loi de proportionnalité inverse entre le temps de la coagulation (à 37° par exemple) et la quantité de présure employée, ne se vérifie plus quand on exagère la dose de présure, et se vérifie mal quand on en met trop peu. — Dans le premier cas, la durée de la coagulation n'est jamais instantanée, et dans le second,

[1] Voir *Essais des présures*, à la fin du volume.

elle augmente indéfiniment. — Pour que la proportionnalité reste suffisamment exacte, il faut que les volumes de lait restent compris entre 2,000 et 12,000 fois le volume de présure.

Nous compléterons les notions qui précèdent sur la force coagulatrice de la présure par quelques instructions générales sur son emploi.

INSTRUCTIONS RELATIVES A L'EMPLOI DE LA PRÉSURE.

Toute présure dont l'odeur forte pourrait se transmettre au fromage doit être proscrite de la fromagerie.

La dose de présure nécessaire pour cailler un volume déterminé de lait dépend d'un grand nombre de circonstances, telles que : la force de cette présure, la qualité du lait, sa température, la saison, la variété de fromage que l'on veut obtenir.

La coagulation du lait, sous l'influence de la présure, dépend de très petites quantités, en plus ou en moins, d'un des éléments du lait, et notamment des sels minéraux, ce qui expliquerait ce fait souvent observé dans les fromageries, à savoir, que le lait ne se comporte pas toujours de même avec la présure, bien que ce lait soit traité à la même température, avec des quantités égales de même présure, la durée de la coagulation pouvant osciller entre des limites assez larges.

C'est ainsi que M. Duclaux a constaté que les sels solubles et neutres de chaux favorisent l'action de la présure, de très petites quantités de *chlorure de calcium* rendent un lait coagulable par de très faibles doses de présure qui n'agiraient pas ou n'agiraient qu'au bout d'un temps très long, s'il n'y avait pas addition de sels de chaux.

L'action de la présure est aidée par l'acidité du lait et très nettement contrariée par son alcalinité; par suite, le carbonate de soude, le borate de soude (borax), et même l'acide borique, retardent l'action de la présure.

Le lait se caille plus facilement en été qu'en hiver, ce qui permet de diminuer un peu la dose de présure dans la première saison.

Il faut plus de présure pour cailler du lait gras que du lait maigre.

Trop de présure est nuisible, parce que le caillé se forme en grumeaux peu adhérents qui laissent écouler la crème avec le petit-lait; les fromages qui en résultent sont secs et cassants.

Trop peu de présure est également préjudiciable; le lait met trop longtemps à se cailler, le petit-lait s'égoutte plus difficilement et peut, en séjournant dans le caillé, lui communiquer un goût d'aigre désagréable.

La température à laquelle le lait est mis en présure a également une grande influence sur la nature du caillé; la plus favorable à la fabrication des fromages à pâte molle paraît être comprise entre 25 et 33°. Au-dessous de 25°, le caillé est trop tendre, et le petit-lait ne s'en sépare que lentement et incomplètement; au-dessus de 33° le caillé commence à devenir dur et d'un affinage plus difficile. Nous verrons par la suite dans quelles circonstances et pour quelles variétés de fromages il convient de cailler à une température un peu élevée.

De l'emploi des présures concentrées pour la fabrication des fromages à pâte molle.

S'il est démontré aujourd'hui que les présures concentrées conviennent parfaitement à la fabrication des fromages de chaudières ou ceux à pâte ferme, il paraît résulter du témoignage d'un certain nombre de fabricants de fromages à *pâte molle* que les présures *faibles* sont préférables pour la préparation de ce genre de produits. Avec ces présures, disent-ils, il est plus facile d'obtenir un caillé homogène, moelleux, et par suite une pâte qui s'affine vite et bien.

Il est utile de tenir compte de cette observation; mais comme les présures concentrées présentent des avantages réels et nombreux, nous croyons devoir ajouter ici que rien n'est plus facile de transformer une présure *forte* en présure *faible* avant de l'ajouter au lait que l'on veut cailler.

Dans la fabrication des fromages à pâte molle, pour obtenir un caillé réunissant les conditions les plus favorables, il faut :

1° Ne pas emprésurer le lait à une température dépassant 25 à 33° au maximum;

2° Que la durée de la coagulation à cette température soit suffisamment longue, trois heures et même davantage.

Or, supposons que l'on ait à sa disposition une présure concentrée d'une force coagulatrice égale à 10,000 et pouvant, conformément au tableau de la page 541, coaguler en 45 minutes 100 litres de lait à 28° et pour une dose de 14 grammes.

Si l'on veut qu'à cette même température de 28°, la durée du caillement soit de 3 heures, au lieu de 45 minutes, on déterminera la proportion de présure à employer dans le second cas, en s'appuyant sur ce fait que *la durée du caillement est en raison inverse de la quantité de présure employée.*

On aura donc la relation suivante :

$$\frac{x^{\text{gr.}}}{14^{\text{gr.}}} = \frac{45^{\text{minutes.}}}{180^{\text{minutes.}}} = 3^{\text{gr}},5 \text{ de présure à employer.}$$

Mais pour tenir compte de ce que la durée de la coagulation augmente quand le rapport entre le volume du lait et celui de la présure dépasse 12,000, on portera cette dose de présure à 5 grammes. — A l'aide d'une pipette graduée en cent. cubes, on mesurera 5 cc. de présure, on les fera tomber dans un verre à pied, on y ajoutera huit à dix fois son volume d'eau et l'on versera le mélange dans les 100 litres de lait chauffés à 28°, en ayant soin de faire cette addition presque goutte à goutte et d'agiter le lait dans tous les sens sans discontinuer.

DES NOMBREUSES VARIÉTÉS DE FROMAGES.

On fait des fromages avec le lait tel qu'il sort du pis de la vache (fromage à tout bien), avec celui-ci additionné d'une certaine quantité de crème levée sur un autre lait (fromage double crème), ou enfin avec du lait plus ou moins écrémé. Suivant la richesse en matière grasse du fromage, celui-ci est dit : *gras, demi-gras* ou *maigre*.

L'égouttage du caillé, gras ou maigre, peut être suivi des diverses opérations suivantes :

1° *La salaison.*

2° *La mise au séchoir.*

3° *L'affinage à la cave.*

Avant d'être salé, le caillé égoutté peut être *pressé, pétri, émietté* et enfin mis en moule; il peut aussi subir une véritable coction et fournir les fromages à *pâte cuite* ou de chaudière.

Enfin, le lait de vache n'est pas le seul employé à la fabrication des fromages; on se sert également des laits de chèvre et de brebis; quelquefois on associe entre eux ces différents laits.

On comprend que des conditions de fabrication aussi nombreuses et aussi variées doivent donner naissance à une foule de produits de qualités très différentes : aussi existe-t-il un nombre considérable d'espèces de fromages, comme on peut en juger par le tableau suivant :

TABLEAU DE LA CLASSIFICATION DES FROMAGES

Classe	Catégorie	Fromages
I. Fromages de consistance molle.	1° Fromages frais.	Maigres, mous, à la pie. A la crème, double crème (dits suisses), Neufchâtel, Bondons de Rouen, Malakoff, etc. Coulomniers, Gournay, Mont-d'Or frais.
	2° Fromages affinés.	Marolles, Rollot, Macquelines, Compiègne, Neufchâtel. Camembert, Livarot, Pont-l'Evêque, Mignot. Brie, Coulommiers, Troyes, Ervy, Barberey, Chaource. Saint-Florentin, Ollivet, Epoisse, Langres. Mont-d'Or, Saint-Marcellin. Senecterre, Gérardmer ou Géromé. *Fromages étrangers......* Hervé, Réaumatour, Limbourg. Gorgonzole, Stracchino.
II. Fromages de consistance solide ou à pâte ferme.	1° Fromages pressés et salés.	Hollande français, fromage de Bergues. Fromage du Cantal ou d'Auvergne. Septmoncel, Gex, Mont-Cenis. Sassenage, Roquefort et façon Roquefort. *Fromages étrangers......* Hollande divers (tête de Maure, Gouda, Leyden, Hollande étuvé). Chester, Stilton, Cheddar. Schabzieger, Provole.
	2° Fromages cuits, pressés et salés, ou fromages de chaudière.	Gruyère, Port-du-Salut, etc. *Fromages étrangers......* Sarrazin, Gruyères suisses (Emmenthal et divers). Parmesan, Cacciocavallo.

Il résulte de ce tableau que nous partageons les fromages en deux grandes classes :

1° *Les fromages de consistance molle*, c'est-à-dire ceux qui conservent cette consistance après leur préparation complète, et que l'on mange *frais* ou *affinés;*

2° *Les fromages de consistance solide ou à pâte ferme*, classe comprenant tous les fromages qui, après leur fabrication, conservent une consistance solide et une dureté plus ou moins grande, qualités qu'ils doivent, les uns à la mise en presse, les autres tout à la fois à la pression et à la cuisson.

ÉPOQUE LA PLUS FAVORABLE POUR LA FABRICATION DU FROMAGE.

Dans les pays de montagnes ou de pâturages, l'époque la plus favorable pour la fabrication des fromages, tels que le gruyère, le cantal, le parmesan, etc., s'étend du commencement de mai à la fin de septembre, parce que c'est dans cette période que les prairies fournissent aux animaux la nourriture la plus abondante et la plus substantielle, et que le lait produit est supérieur en qualité et en quantité. De plus, certains fromages fabriqués pendant cette saison ont le temps d'acquérir pour l'hiver les qualités qui les font rechercher.

En France, les fromages de Gruyère d'*été*, fabriqués de mai à septembre, sont dits *bons* fromages dans le commerce; ceux d'*hiver* sont appelés *tommes*.

En Italie, on distingue les fromages de Parmesan d'été (*maggengi*) de ceux d'hiver (*quarteroli*), et les meilleurs sont ceux fabriqués en juin.

Pour les fromages à pâte molle et *affinés*, les meilleurs se fabriquent en automne, alors que les vaches pâturant les regains de prairie donnent un lait riche; en outre, à cette époque, les conditions atmosphériques sont généralement favorables à la bonne confection des produits, la température est moyenne, les mouches ne sont plus à craindre, l'affinage se fait lentement et régulièrement; aussi voit-on apparaître, du 15 décembre à la fin de mars, les fromages affinés les meilleurs et les plus nombreux [1].

CIRCONSTANCES QUI INFLUENT SUR LES QUALITÉS DES FROMAGES.

Ces circonstances sont extrêmement nombreuses; nous allons indiquer les principales :

1° La nature du sol sur lequel sont établis les pâturages naturels ou artificiels;

2° La race des vaches laitières, leur régime et la nature du lait qu'elles fournissent;

3° Les conditions auxquelles ce lait a été soumis avant d'être mis en présure : traite, transport, refroidissement, écrémage variable;

4° Les circonstances atmosphériques extérieures;

5° La grandeur, la disposition, la température, le degré d'humidité ou de sécheresse de la fromagerie, des séchoirs et des caves;

6° Les soins apportés dans toutes les opérations, telles que mise en présure, égouttage, salaison, séchage, affinage, cuisson, etc.

Il ne faut jamais perdre de vue que les soins, la propreté et la manière d'opérer ont une influence énorme sur la qualité des produits, et qu'il y a pour la bonne fabrication des diverses espèces de fromages des règles fixes dont il est indispensable de ne pas s'écarter. Enfin nous dirons qu'il doit y avoir dans les divers locaux d'une fromagerie des thermomètres et même des hygromètres propres à guider le fromager dans les diverses opérations mentionnées ci-dessus. (Voir chap. XIII.)

Depuis vingt-cinq ans, la fabrication des fromages a fait en France des progrès considérables; néanmoins il y a encore beaucoup d'améliorations à introduire dans cette industrie. Quant à la consommation, elle a plus

[1] Voir notre *Calendrier de l'Amateur de fromages.*

que doublé à Paris, surtout en ce qui concerne les fromages à pâte molle, et ce résultat est dû surtout à l'initiative des principaux détaillants, qui ont pris l'habitude d'affiner eux-mêmes les fromages, de façon à ne livrer aux consommateurs que des produits *faits* à point.

Mais à notre grand regret, nous devons ajouter que la fabrication des fromages *artificiels* (voir p. 251) paraît s'être développée en France, depuis quelques années, au détriment de notre industrie fromagère ; nous en avons déjà parlé page 435, et nous reviendrons sur cette question un peu plus tard.

CHAPITRE II

PREMIÈRE CLASSE : FROMAGES DE CONSISTANCE MOLLE. — PREMIÈRE CATÉGORIE : FROMAGES FRAIS, FROMAGES MAIGRES DE FERME ET FROMAGES BLANCS; FROMAGES A LA CRÈME; FROMAGES DOUBLE CRÈME.

1° FROMAGES DE FERME, MAIGRES, MOUS, A LA PIE.

Fromages maigres. — La préparation la plus simple est celle pratiquée dans beaucoup de fermes pour se procurer le fromage maigre destiné à l'alimentation des journaliers; voici en quoi elle consiste :

On commence par abandonner le lait à lui-même dans un endroit suffisamment frais (12 degrés) pour que la crème ait le temps de monter avant la coagulation spontanée du caséum.

Une fois la crème enlevée et le lait coagulé, on fait écouler le petit-lait, on enlève le caillé avec une écu-

Fig. 237.

Fig. 238.

moire en bois ou en fer-blanc (fig. 240), et l'on en remplit des moules ou *caserons* (fig. 237, 238, 239) en osier, en terre ou en fer battu, circulaires ou rectangulaires, de grandeur variable, et qui sont percés de trous sur le fond et sur les parois. C'est dans ces moules qu'on fait

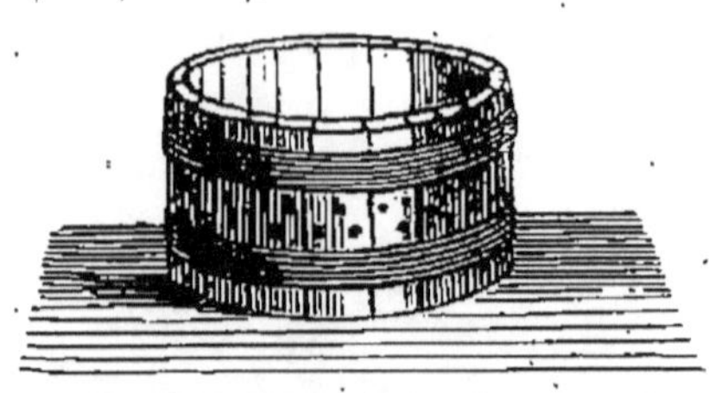

Fig. 239.

Fig. 240.

égoutter le caillé, et pour accélérer la sortie du liquide, on pose quelquefois sur lui une planchette que l'on charge d'un poids plus ou moins lourd.

Les moules sont placés sur une table le plus souvent en bois (fig. 241), un peu inclinée et percée à l'une de

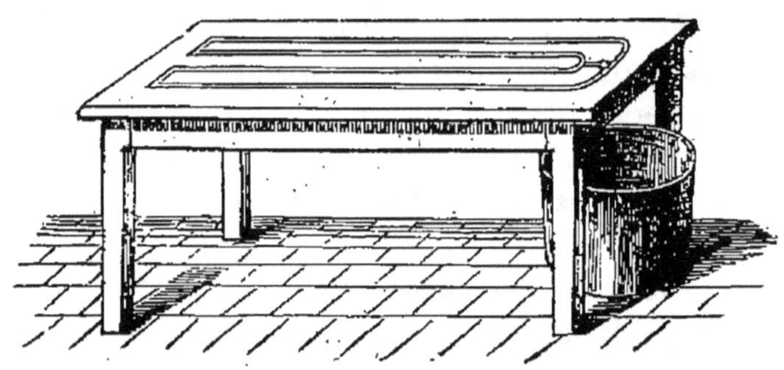

Fig. 241.

ses extrémités d'un trou auquel viennent aboutir des rainures destinées à rassembler le petit-lait dans un récipient quelconque.

Pour faciliter l'égoutage du caillé, c'est-à-dire sa séparation d'avec le petit-lait, il suffit d'éviter que la température du local où se trouvent les fromages ne descende au-dessous de 18°. (Voir chap. suivant.)

Le caillé, suffisamment égoutté, constitue les fromages que l'on mange frais dans les fermes, en y ajoutant ordinairement un peu de sel, et que l'on désigne sous les noms de fromages *maigres, mous,* ou *à la pie;* quelquefois aussi dans les campagnes on verse sur ce fromage blanc un peu de crème douce.

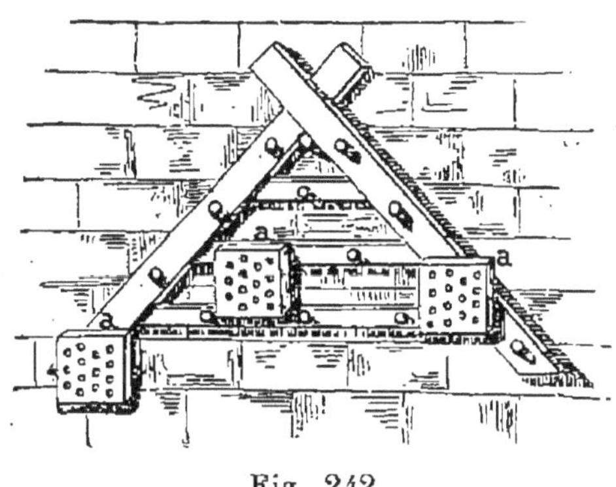

Fig. 242.

Une fois les fromages sortis des moules, ceux-ci sont lavés, rincés à grande eau et séchés. A cet effet, on les accroche quelquefois à des chevilles implantées dans un châssis qu'on expose à l'air (fig. 242).

2° FROMAGES BLANCS.

Dans le commerce du lait destiné à l'alimentation parisienne, les laits invendus s'altérant rapidement, surtout en été, les laitiers en gros ont comme annexe de leur laiterie une fromagerie dans laquelle ils utilisent leurs *excédents*, en les transformant en fromages *blancs*, de mai à octobre principalement.

A cet effet, les excédents sont versés dans de grands baquets de 90 centimètres de diamètre sur 50 centimètres de hauteur, et abandonnés à eux-mêmes pendant vingt-quatre à trente-six heures en été, deux à trois jours pendant la saison froide.

Écrémage. — L'écrémage de ce lait a lieu dans la proportion de 1 litre de crème pour 10 à 12 litres de lait, et la crème enlevée est transformée en beurre.

Mise en présure, dressage des fromages. — Le lait, partiellement écrémé, est mis en présure à la température de 25 degrés environ, et abandonné à lui-même jusqu'à ce que la coagulation du caséum soit complète. On enlève alors le petit-lait qui surnage, et l'on procède au dressage des fromages.

Les cajets employés dans cette fabrication sont des cercles en bois (fig. 243) dont le fond est tressé avec des brins d'osier; ils ont 28 centimètres de diamètre sur 6 de hauteur. Les cajets sont posés sur des paillassons, et on les remplit de couches successives de caillé que l'on puise dans le baquet à l'aide de l'écumoire (fig. 240), qui a 28 centimètres de diamètre.

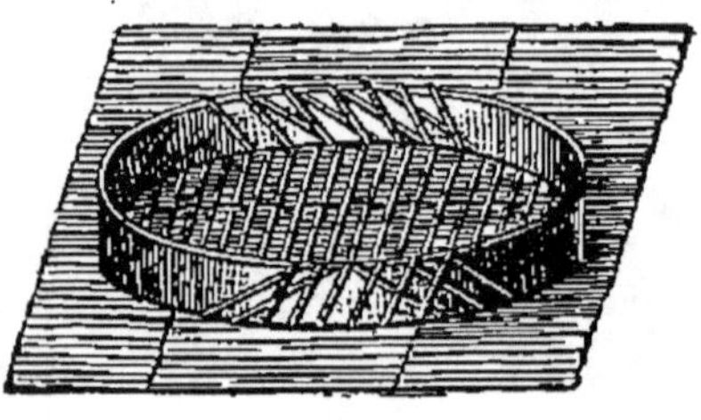

Fig. 243.

Au fur et à mesure du remplissage des cajets, on porte ceux-ci sur l'égouttoir, composé de tablettes superposées (fig. 244), offrant une pente de 1 centimètre par mètre, et portant des rigoles r

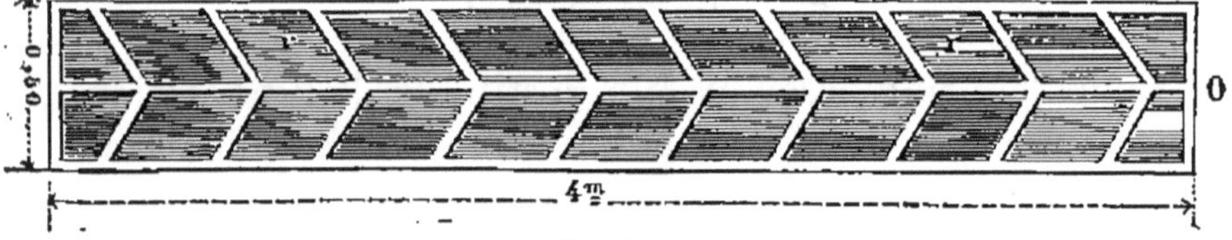

Fig. 244.

qui servent à conduire le petit-lait jusqu'à l'orifice O, d'où il tombe dans une auge ou un baquet.

Les fromages suffisamment égouttés sont introduits avec leurs cajets dans des cylindres en fer battu (fig. 245), qui servent à les transporter chez les détaillants de la capitale.

Les garçons laitiers chargent les récipients sur leurs voitures en même temps que les pots à lait.

Il faut 10 litres de lait partiellement écrémé pour obtenir un fromage de 3 kilogr., qui est vendu aux détaillants 1 fr. 20 c., dont 10 centimes pour le garçon, qui est tenu de rapporter le cajet à la fromagerie.

On cède aux détaillants, avec les fromages *blancs*, une certaine quantité de crème douce qui leur sert à délayer le caillé et à le transformer en fromage à la crème

Fig. 245.

(comme nous le dirons plus loin), ou bien qu'ils vendent séparément aux consommateurs en même temps que le fromage blanc.

Pour vendre celui-ci au détail, les marchands se ser-

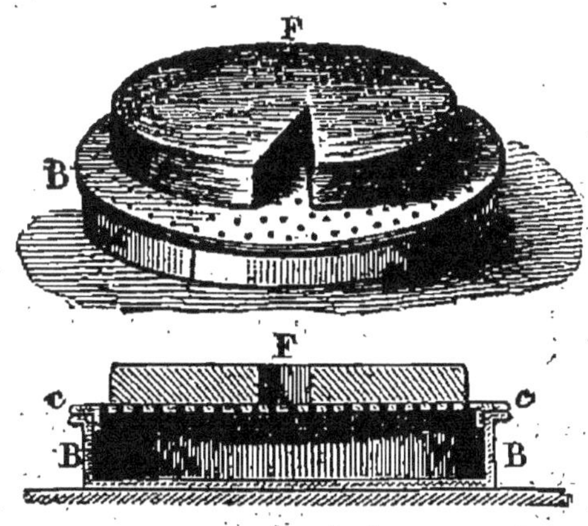

Fig. 246.

vent d'une *boîte cylindrique* en fer étamé (fig. 246) et le débitent avec le couteau (fig. 247).

3° FROMAGES A LA CRÈME.

Chaque année, à partir du 1er ou du 15 avril, suivant la température, on entend crier dans les rues de la capitale : *A la crème, fromage à la crème!* par des marchandes portant à un bras un panier recouvert d'un linge, et à l'autre un vase ayant la forme représentée figure 248.

Dans le panier se trouvent des récipients en osier, de diverses grandeurs, ayant la forme d'un *cœur* (fig. 249), et contenant des *fromages à la crème* enveloppés dans

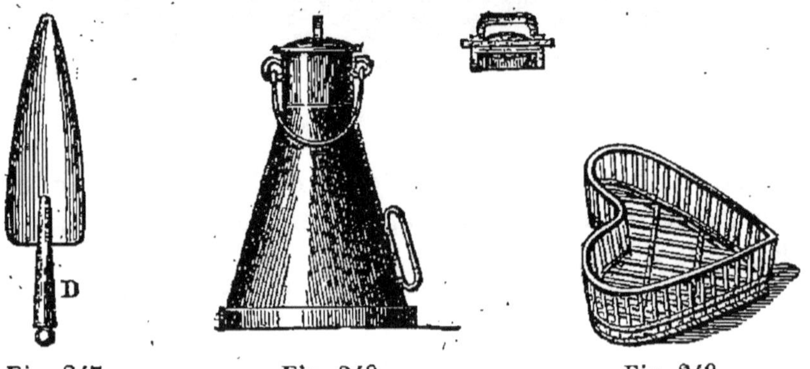

Fig. 247. Fig. 248. Fig. 249.

un linge fin; quant au récipient en fer-blanc (fig. 248), il est rempli de crème douce.

Voici comment on prépare ces fromages, dont le prix, au détail, varie depuis 30 centimes jusqu'à 1 franc, suivant la grandeur.

On prend un tamis T double, en crin, que l'on introduit dans une terrine vernissée intérieurement et d'un diamètre tel que le fond du tamis se trouve à une hauteur de 8 à 10 centimètres au-dessus de celui du récipient (fig. 250).

Sur ce tamis on fait tomber du caillé bien égoutté que l'on délaye avec une quantité convenable de crème fraîche, et en se servant d'un pilon en bois (fig. 251).

Mieux le caillé a été préalablement égoutté, plus facilement il s'écrase et se délaye, de manière à donner une pâte fine et homogène.

Lorsque la quantité de pâte recueillie dans la terrine

Fig. 250.

Fig. 251.

est jugée suffisante, on prend un moule en osier (fig. 249), on le garnit d'une mousseline et on le remplit, en se servant d'une truelle (fig. 252) ou d'une petite cuiller.

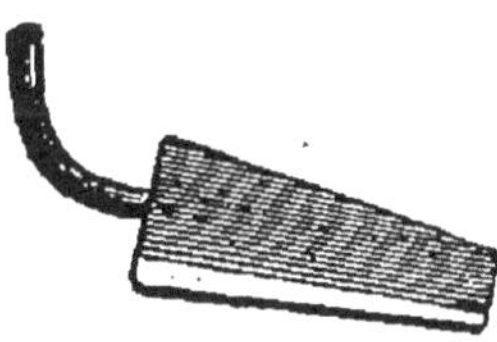

Fig. 252.

Au bout de deux heures, la pâte, bien égouttée, a pris la forme en *cœur*, et l'on a les fromages dits à la crème, qui se vendent avec addition d'une certaine quantité de crème fraîche.

Outre les fromages blancs qui sortent des fromageries annexées aux laiteries en gros de Paris, il arrive chaque matin à la Halle, du 1er avril au 1er septembre, des quantités considérables de ces fromages, fabriqués principalement dans les petites vallées fraîches et herbeuses de Seine-et-Oise, vers Montfort-l'Amaury, Montlhéry, Longjumeau, ainsi qu'en Seine-et-Marne, dans l'Oise et l'Eure.

Les gros détaillants de Paris reçoivent aussi, chaque matin et directement, des fromages *mous* provenant des localités ci-dessus, ainsi que de la crème fraîche venant de Seine-et-Oise, et notamment de Mantes. Dès leur arrivée, ces matières premières sont malaxées, mélangées et transformées en fromages à la crème, auxquels on conserve toute leur fraîcheur pendant le jour en les enveloppant d'un linge fin et en plaçant sur chacun d'eux un petit morceau de glace.

A la campagne, les fromages à la crème sont fabriqués avec le lait tel qu'il sort du pis de la vache : on le met en présure aussitôt la traite. C'est principalement au printemps ou en été que l'on fait ces fromages, parce que le lait est meilleur et plus abondant à cette époque.

On rend ces fromages plus gras en ajoutant au lait chaud un peu de crème fraîche levée sur un lait nouveau; dans ce cas, il faut augmenter un peu la dose de présure et attendre, pour mettre le lait dans les cajets en cœur, que celui-ci se soit parfaitement égoutté, ce qui est toujours plus long pour un fromage gras.

Avant de passer à l'étude des fromages *double crème*, nous indiquerons deux autres recettes qui permettront à nos lectrices d'obtenir des fromages de *pure crème* d'une finesse et d'un goût exquis.

Fromages de pure crème.

Première recette. — Quand le lait mis dans les crémeuses commence à se couvrir d'une pellicule de crème résistante, c'est-à-dire environ quinze heures après le coulage, on opère l'écrémage, et la crème, portée dans un endroit frais, est mise à égoutter dans un récipient en mousseline. Au bout de vingt heures environ, cette crème est devenue ferme; on en remplit avec une cuiller de petits moules spéciaux, doublés aussi de mousseline. Là, la crème se raffermit encore pendant quelques heures et revêt la forme du moule dont on l'extrait pour la servir; cette recette nous a été indiquée par MM. Lecorbeiller et Jolivet.

Deuxième recette. Fromages italiens dits Mascherponi. — On chauffe à feu nu, ou mieux encore au bain-marie, et jusqu'à 75 degrés environ, la crème fluide séparée, au bout de quinzes heures environ, du lait encore doux; on verse alors dans le liquide chaud quelques gouttes de vinaigre ou du jus de citron qui en déterminent la coagulation. On jette le tout sur un linge, que l'on serre peu à peu pour faciliter l'égouttage du petit-lait, et quand la pâte est assez consistante, on la met en moules.

4° FROMAGES DOUBLE CRÈME.

On appelle ainsi les fromages fabriqués en mettant en *présure* du lait préalablement additionné d'une certaine quantité de crème.

Parmi les fromages appartenant à cette catégorie, nous étudierons dans ce chapitre :

1° *Les fromages double crème, dits suisses;*

2° *Les fromages de Neufchâtel, dits bondons, petits carrés et Malakoffs.*

1° *Fromages double crème, dits suisses.*

Mise en présure. — Pour obtenir la pâte propre à la confection de cette variété de fromages, il convient d'opérer comme il suit :

Fig. 253.

Dans un baquet en bois, ou mieux en fer étamé (d'une capacité de 40 litres, par exemple), on introduit d'abord 5 litres de crème fraîche, et ensuite 32 litres de lait pur; on mélange intimement les deux liquides, et l'on attend que le mélange ait pris la température ambiante, celle-ci ne devant pas dépasser 15 à 18 degrés. On met alors *en présure*, en ajoutant dans le mélange, au plus, *un* centimètre cube de présure concentrée (force 10,000), ce faible volume de présure ayant été préalablement dilué dans huit à dix fois son volume d'eau.

Dans ces conditions, le temps nécessaire à la coagulation est considérable, vingt à vingt-quatre heures, suivant la saison; mais cette lenteur dans la coagulation est indispensable pour obtenir un caillé onctueux et propre à faire la pâte des petits suisses.

Égouttage du caillé. — La coagulation terminée, on enlève le caillé avec de grandes cuillers rondes, et on le dépose sur des toiles que l'on replie ensuite de façon à l'emprisonner et à en faire une série de matelas, que l'on introduit dans une caisse à claire-voie et dont le fond, percé de trous, repose sur un égouttoir en bois ou garni d'une feuille de plomb.

Chaque matelas de caillé est séparé du suivant par une planche pleine, et on laisse l'égouttage du petit-lait s'effectuer d'abord sous la seule pression des sacs et des planches qui les séparent. Un peu plus tard, on ajoute des poids sur la planche supérieure, et ordinairement, au bout de quinze à dix-huit heures, l'égouttage est terminé.

On enlève alors chaque sac, on le pose sur une grande table, on le déplie et l'on racle la pâte que l'on dépose sur le côté. Un ouvrier procède alors au malaxage à la main de cette pâte, comme on fait pour le pain, en y ajoutant une certaine quantité de crème plus ou moins épaisse, suivant la fluidité de la pâte retirée du sac, et quand le mélange est arrivé au degré convenable de consistance, on le laisse se ressuyer pendant environ une heure sur la table avant de procéder au moulage des fromages.

Moulage des fromages dits suisses.

Ce moulage peut s'effectuer de deux manières : 1° à la main; 2° à l'aide de la machine.

Moulage à la main. — Ce moulage consiste à prendre avec la main droite juste la quantité de pâte nécessaire pour faire un fromage, à la déposer sur une bandelette de papier non collé, que l'on replie sur elle-même, de la même main, de façon à donner à la pâte la forme cylindrique; puis à saisir ce cylindre de la main gauche pour le déposer sur la table, où il est repris par un autre ouvrier chargé de mettre les fromages en boîtes.

En 1880, M. E. Pommel[1] a bien voulu nous faire visiter dans tous ses détails sa magnifique fromagerie installée à Gournay en Bray; à cette époque, c'étaient des femmes qui exécutaient ce moulage à la main, et avec une dextérité telle, qu'elles arrivaient à mouler 120 à 130 douzaines de fromages à l'heure. Mme Pommel a même atteint le chiffre incroyable de 150 douzaines dans le même temps.

Mises en boîtes. — Une fois moulés dans leurs enveloppes de papier, les fromages sont réunis par douzaines dans des boîtes de sapin; ils sont posés debout et séparés trois par trois par des petites planchettes qui les empêchent de se coller les uns aux autres.

Chaque boîte de douze fromages pèse environ 1,100 grammes, sur lesquels il faut compter 1 kilogr. de fromage; le prix en gros est de 2 fr. 40 la douzaine.

Quand il s'agit de mouler par jour quelques centaines de petits suisses seulement, on peut employer pour effec-

[1] Depuis cette époque, M. Pommel a fait construire un établissement entièrement nouveau, avec machine à vapeur de la force de 25 chevaux, qui sert à faire marcher divers outillages, chauffer l'établissement à la vapeur, l'éclairer à l'électricité, etc. Dans tous les concours, M. Pommel a toujours obtenu les plus hautes récompenses pour l'excellence de ses produits.

tuer ce travail le petit appareil représenté figure 254, et qui se compose d'une caisse en fer étamé C renfermant un certain nombre de cylindres creux *m*, et que l'on pose sur une petite tablette AB percée de trous.

On commence par enrouler autour du petit mandrin cylindrique P une bandelette de papier non collé destinée à renfermer le fromage, et l'on introduit le

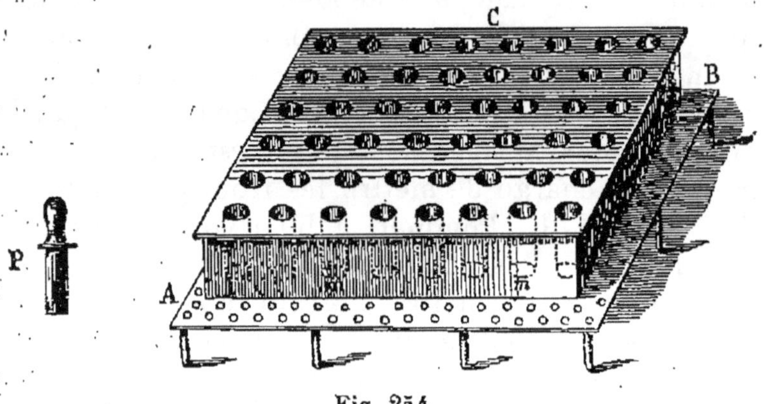

Fig. 254.

cylindre de papier dans chacun des trous de la caisse. Une fois tous les trous garnis, on pose sur la surface de la caisse une masse de pâte, et en la comprimant avec la main, on en remplit chaque cylindre de papier. On enlève l'excédent de pâte avec une raclette de bois, on soulève la caisse, les fromages restent sur la tablette A B, et quand ils sont suffisamment égouttés, on les met en boîte.

Moulage à la machine.

Quand il s'agit de mouler en quelques heures plusieurs milliers de fromages, on peut effectuer ce moulage à l'aide d'une machine spéciale dont nous allons indiquer le principe (fig. 255-256).

Sur tout le pourtour d'une table circulaire T sont soudés une centaine de cylindres creux C (le cercle et les cylindres sont en cuivre argenté), et un ouvrier placé en A imprime à l'aide d'une manivelle un mouvement de rotation continue à la table T. Dans chacun des cylindres C peut se mouvoir de bas en haut un petit piston *p*, destiné à faire sortir le fromage de son moule (fig. 256.)

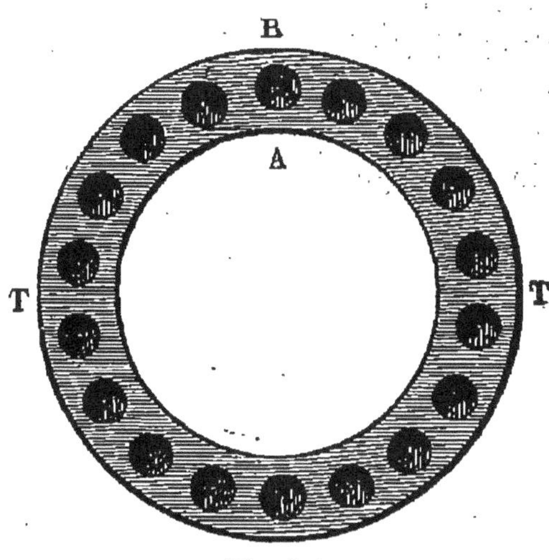

Fig. 255.

La pâte à fromage, manipulée dans un atelier situé immédiatement au-dessus de la machine, est jetée dans une trémie qui l'amène en B, par exemple. Là, un second ouvrier remplit de cette pâte chaque cylindre, préalablement garni de papier, au fur et à mesure qu'un trou se présente devant lui.

Par suite d'un mécanisme spécial, quand un fromage

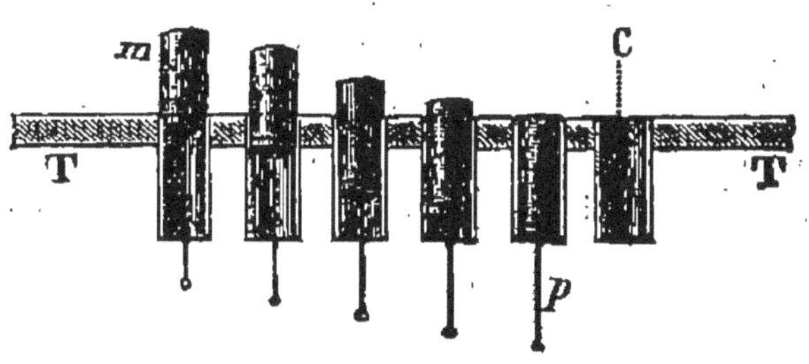

Fig. 256.

a été moulé, le piston qui le supporte s'élève progressivement par le fait même de la rotation de la table, de telle sorte que si l'on suppose que cette table tourne dans le sens C*m*, quand le fromage arrive en *m*, par exemple, il est complètement sorti du moule, et il n'y a plus qu'à le saisir pour le mettre en boîte.

Cette machine est très ingénieuse et permet de faire un nombre considérable de fromages en peu de temps, mais elle a l'inconvénient de nécessiter, après chaque opération, un nettoyage minutieux et qui dure au moins deux heures. Son prix est de 4,000 francs.

M. Pommel, que nous avons cité plus haut, en outre du lait fourni par les vaches qu'il entretient dans ses étables, reçoit journellement les traites de plusieurs centaines de vaches des fermes environnantes; d'autres cultivateurs lui expédient seulement la crème et gardent le lait écrémé.

La quantité de matières premières traitées journellement dans cette magnifique usine à fromages peut être évaluée comme il suit : crème, 1,000 litres; lait, 3,000 litres; elles servent à faire non seulement les fromages suisses, mais aussi les bondons, carrés, etc., dont nous allons parler un peu plus loin. M. Pommel paye, en moyenne, aux cultivateurs le lait à raison de 32 fr. 50 les 100 pintes ou les 200 litres, et la crème, 1 fr. 90 à 2 fr. 50 la pinte ou les deux litres.

M. Gervais, propriétaire à Ferrières, à 1 kilomètre de Gournay, se livre à la même industrie; il reçoit chaque jour dans son usine le lait et la crème nécessaires à la préparation des matières premières, qui sont ensuite envoyées à Paris. La pâte à fromages, enveloppée de calicot et posée sur une légère couche de paille, est expédiée dans des paniers en osier où elle continue à s'égoutter; quant à la crème qui doit servir à délayer cette pâte, elle est renfermée dans des pots semblables à ceux qui servent au transport du lait (fig. 57).

A minuit, ces matières sont rendues à Paris, rue du Pont-Neuf, et le travail commence; la manipulation et la mise en moules ont lieu à la machine, ce qui permet à M. Gervais de livrer chaque jour à la consommation parisienne un nombre considérable de ces petits fromages.

Du 1er avril jusqu'à l'époque où les fruits rouges deviennent très abondants, on peut évaluer à 35 et même à 40,000 le nombre de fromages suisses qui se consomment journellement à Paris, pendant cette période.

2° *Bondons, malakoffs, petits carrés.*

Outre les fromages dits *suisses*, connus de tous, on trouve encore à Paris, chez les principaux marchands au détail, des fromages double crème (fig. 257) désignés sous les noms de *bondons* (*a*), *malakoffs* (*b*), *petits carrés* (*c*); les premiers sont cylindriques comme les neufchâtels, mais un peu plus petits; les seconds sont ronds

Fig. 257.

et d'un diamètre d'environ 6 centimètres; enfin, les derniers sont de petits carrés de 5 centimètres de côté au plus sur une épaisseur de 1 centimètre à 1 centimètre 5, comme les malakoffs.

La fabrication de ces fromages ne diffère de celle des petits suisses qu'en ce que la pâte qui sert à la confection des premiers doit être plus consistante.

A cet effet, on soumet le caillé renfermé dans les toiles à une pression plus énergique, de façon à le purger plus complètement du petit-lait; puis, quand la pâte a été pétrie et amenée à un degré de fermeté convenable, on la fait passer entre deux cylindres *c* qui lui font subir un laminage très énergique (fig. 258).

La matière est jetée dans la trémie T, destinée à alimenter les cylindres, et deux raclettes *r* à bords tranchants, placées en dessous, détachent de leur surface la pâte malaxée et la font tomber dans un récipient.

Chez M. Pommel, ces deux cylindres sont creux et en fonte étamée à l'extérieur; à sa sortie des cylindres, la pâte est introduite dans des petits moules ronds, carrés ou cylindriques, et les malakoffs, petits carrés ou bondons sont ensuite salés immédiatement à la dose de 1 à 1 1/2 pour 100.

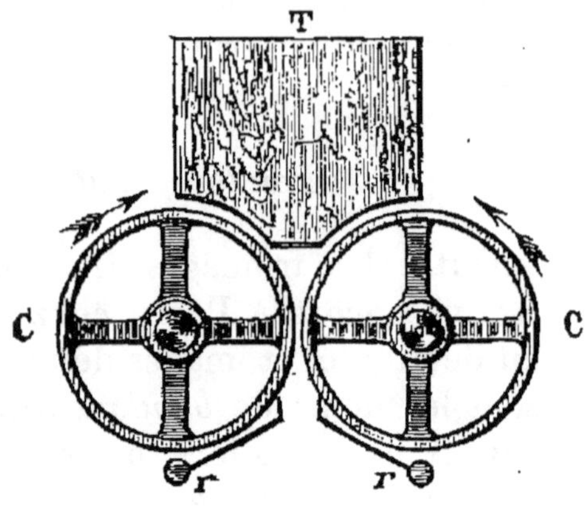

Fig. 258.

Enfin, quand ces fromages sont destinés à être mangés *frais*, on les expédie dès qu'ils ont absorbé le sel dont on les a saupoudrés; dans le cas contraire, comme, en raison de la faible quantité d'eau contenue dans la pâte, ils n'ont pas besoin de s'égoutter, on les transporte immédiatement dans la cave, où ils doivent subir un léger affinage.

FROMAGES DEMI-SEL.

Les fromages frais que nous venons d'étudier, et surtout les plus *gras*, s'altèrent assez rapidement à l'air, en prenant un goût aigrelet et une odeur rance.

Pour retarder cette altération, il suffit de porter la dose de sel à 2 pour 100, de façon à les transformer en fromages dits *demi-sel* et qui peuvent alors rester bons pendant huit à dix jours.

Salaison des fromages.

La salaison des fromages se fait ordinairement avec du sel parfaitement sec et égrugé très fin.

A cet effet, on commence par le dessécher en l'étendant sur un grand plateau en tôle chauffé au bois et en le remuant continuellement pour qu'il ne s'attache pas au métal. Après dessiccation, on l'écrase dans de petits moulins, tels que ceux que M. Dumesnil-Lahennier, entrepreneur de bâtiments à Crécy en Brie (Seine-et-Marne), construit avec des matières hydrauliques très dures.

Ce moulin, dont les figures 259-260 donnent la vue extérieure et la coupe, se compose de deux petites meules

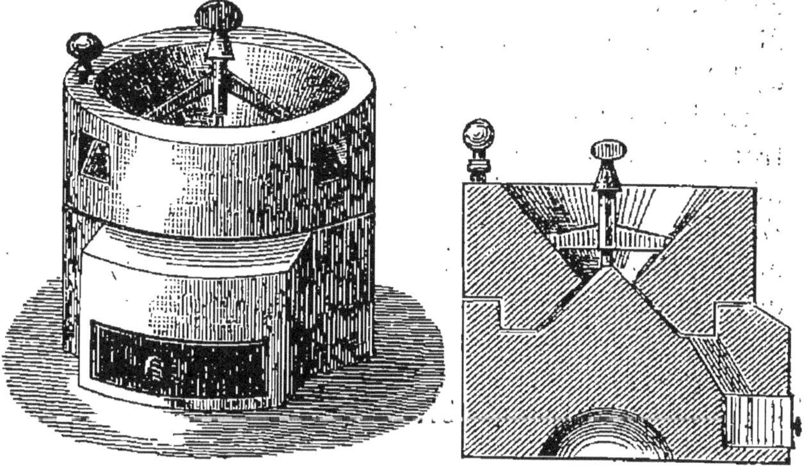

Fig. 259. Moulin pour écraser le sel destiné à la salaison des fromages.

Fig. 260. Coupe du moulin à sel.

s'emboîtant l'une dans l'autre et qui ont chacune 12 centimètres de hauteur sur 30 centimètres de diamètre. Ces deux meules laissent entre elles un espace vide que l'on règle à volonté à l'aide d'une vis de pression adaptée à un pivot vertical, et qui permet de soulever la meule supérieure.

Un chapeau conique recouvre la vis de réglage et empêche le sel de s'introduire dans l'écrou. — La meule supérieure est mise en mouvement à la main, à l'aide d'un bouton fixé à sa circonférence, et le sel égrugé est conduit au dehors ou dans un tiroir encastré dans la meule inférieure, par l'intermédiaire d'un plan incliné.

Nous avons retrouvé ces petits moulins dans un grand nombre de fromageries, et nous n'hésitons pas à en recommander l'emploi en raison des bons services qu'ils rendent. Avec un semblable moulin, une femme peut moudre 15 kilogrammes de sel à l'heure, quantité qui permet de suffire déjà à une production journalière de fromages assez importante. En effet, 1,000 fromages de Coulommiers, par exemple, du poids de 400 grammes chacun et salés à 3 pour 100, ne consomment pour cette opération que 12 kilogr. de sel. — *Prix de l'instrument* à la fabrique de Crécy-sur-Marne, 18 francs, emballage compris.

M. Dumesnil-Lahennier construit également avec les mêmes matériaux hydrauliques des auges à porcs et des cuves à saler.

On peut effectuer la salaison des fromages soit à la main, soit en se servant d'une boîte (fig. 261) dont le

Fig. 261.

couvercle est percé de trous, et dans laquelle on introduit par avance la quantité de sel nécessaire pour saler à la dose voulue une quantité de fromages déterminée.

Dans le chapitre suivant, qui traitera de l'affinage des fromages à pâte molle, nous aurons l'occasion de revenir sur la question de salaison de ces produits.

NOTE

De la salaison des fromages.

La proportion de sel qui, dans les fromages *faits*, paraît le mieux convenir à la majorité des consommateurs, est de 2 pour 100; néanmoins la moyenne des données pratiques est la suivante :

FROMAGES	Quantité de sel à employer pour 100 de fromage fait.
De Brie, de Camembert, du Mont-d'Or, de Pont-l'Évêque	2 à 3
De Neufchâtel à tout bien (bondon)	3 à 4
De Géromé et de Livarot	3 à 3,5
Maigre de Leyde	4
De Hollande (tête de Maure)	3,5 à 4
De Roquefort	3
De Cantal	3 à 4
De Gruyère	2 à 4

Mais nous ajouterons qu'en général, et surtout pour les fromages à pâte ferme, la proportion de sel dosée analytiquement dans les produits *faits* est toujours inférieure aux chiffres indiqués ci-dessus.

CHAPITRE III

PREMIÈRE CLASSE : FROMAGES DE CONSISTANCE MOLLE. — DEUXIÈME CATÉGORIE : FROMAGES AFFINÉS. — LOCAUX ET USTENSILES NÉCESSAIRES POUR LA FABRICATION DES FROMAGES AFFINÉS. — PARASITES ANIMAUX DES FROMAGES. — DE L'AFFINAGE ET DES MALADIES DES FROMAGES.

I. LOCAUX ET USTENSILES NÉCESSAIRES POUR LA FABRICATION DES FROMAGES AFFINÉS.

On désigne sous le nom de fromages *affinés* ceux à pâte molle qui, après avoir été égouttés et salés, sont placés dans les conditions voulues de température, d'humidité et d'aération, pour qu'ils deviennent le siège de transformations spéciales destinées à leur faire acquérir toutes leurs qualités.

Avant d'exposer ici l'ensemble des phénomènes qui accompagnent cet affinage, nous commencerons par indiquer quels sont les locaux et les ustensiles nécessaires pour obtenir cette catégorie de fromages.

Une laiterie destinée à la fabrication des fromages affinés comprend, outre la laverie, trois pièces spéciales qui sont :

1° *La fromagerie proprement dite;*

2° *Le séchoir;*

3° *La cave d'affinage.*

DE LA FROMAGERIE PROPREMENT DITE.

C'est dans cette première pièce qu'est apporté le lait destiné à être mis en présure.

Lorsque ce lait passe immédiatement de l'étable à la fromagerie, il n'est pas nécessaire de le réchauffer avant de le mettre en présure; le plus souvent, au contraire, on doit le laisser refroidir d'un certain nombre de degrés.

Mais quand le lait est apporté des fermes environnantes, ou bien lorsque le fromage est fabriqué avec la traite du matin ajoutée à celle de la veille au soir plus ou moins écrémée, il est indispensable alors de ramener le mélange à la température convenable. Dans ce cas, le chauffage à feu nu du lait devant être soigneusement évité, il convient d'effectuer cette opération soit au bain-marie, soit à la vapeur, en se servant de l'un des appareils qui seront décrits en détail dans le chapitre suivant.

La fromagerie, installée suivant les conditions générales indiquées chapitre v (établissement d'une laiterie), et dans laquelle ont lieu la mise en présure du lait et le dressage des fromages, doit renfermer les ustensiles suivants :

1° *Les dressoirs ou égouttoirs.*

Les principaux systèmes d'égouttoirs en usage dans les fromageries sont les suivants :

1° Les tables sont construites en briques posées à plat et enduites, sur la surface supérieure, d'une couche de ciment de Portland de 3 à 4 centimètres d'épaisseur; leur largeur est d'environ 70 centimètres. Ces dressoirs adossés au mur de la laiterie offrent en avant un petit rebord de 4 à 5 centimètres et possèdent la pente convenable pour que tout le petit-lait qui s'écoule des fromages se rende dans un réservoir situé au dehors. Tantôt les tables reposent sur des pieds-droits en briques, tantôt sur des barres de fer noyées dans la maçonnerie et assez rapprochées pour que l'on puisse supprimer les piliers, ce qui permet de loger plus facilement sous les égouttoirs les ustensiles qui ne servent pas. Le seul inconvénient de ce système d'égouttoir, c'est que le petit-lait ronge peu à peu l'enduit en ciment, ce qui oblige à le renouveler tous les deux à trois ans.

2° Les dressoirs sont des tables en chêne munies de rainures de 1 centimètre de profondeur sur 2 à 3 de largeur et formant rigoles; elles reposent sur de petits murets en briques ou des tréteaux. Chaque table est formée d'un certain nombre de plateaux de chêne de 5 centimètres d'épaisseur sur 20 à 25 centimètres de largeur, et reliés ensemble de 50 en 50 centimètres au moyen de fortes tiges de fer qui les traversent et portent des boulons à leurs extrémités. M. Ravalet a adopté ce système dans sa grande fromagerie de Noyal-sur-Vilaine. Les dressoirs adossés aux murs ont une longueur de 25 à 30 mètres, et les deux tables du milieu, sur lesquelles s'effectuent l'égouttage et la salaison, ont 9 mètres de longueur sur $1^m,50$ de largeur.

En outre, M. Ravalet a fait établir sous ces égouttoirs des coffres en bois de sapin garnis intérieurement d'une feuille très forte de tôle étamée, et qui sont destinés à recevoir le petit-lait. Après deux ans de service, cette doublure interne de tôle étamée a parfaitement résisté à l'action de ce liquide.

3° Les égouttoirs ou dressoirs sont des tables en bois mince de sapin ou de châtaignier dont la surface est recouverte d'une légère feuille de plomb; quelquefois on bat celle-ci avant de la fixer, de manière à lui faire prendre la forme des rigoles pratiquées dans le bois. L'inconvénient que pourraient présenter les égouttoirs en plomb viendrait de l'attaque possible de ce métal par le petit-lait destiné à la nourriture des porcs. Mais plusieurs producteurs qui ont adopté ce système de tables nous ont affirmé que le petit-lait, qui ne fait que couler sur le plomb sans y séjourner, était sans action sur ce métal, et qu'il suffisait pour éviter ce séjour de donner à la table une pente suffisante. Du reste, en se basant sur les bons résultats obtenus avec le fer étamé chez M. Ravalet, on pourrait substituer cette couverture au plomb, ce qui donnerait toute sécurité et permettrait de réaliser une notable économie.

2° *Les tablettes pour fromages égouttés et salés.*

Au-dessus des dresoirs et tout autour de la fromagerie se trouvent ordinairement des tablettes de bois supportées par des potences ou consoles de bois ou de fer, et qui sont destinées à recevoir les fromages *blancs* égouttés et salés.

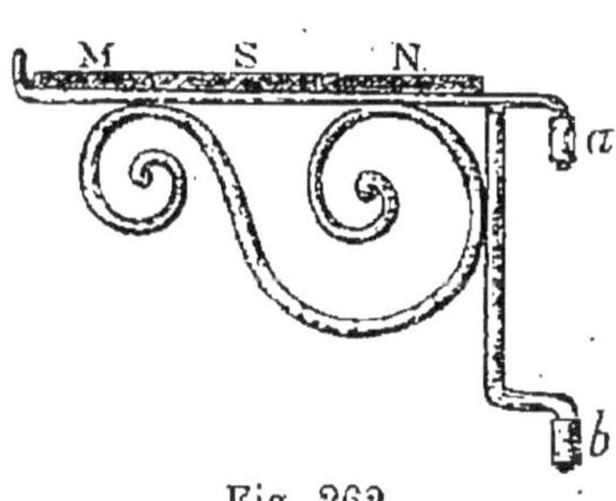

Fig. 262.

On peut employer avec avantage des potences (fig. 262) qui, au lieu d'être scellées dans le mur, sont mobiles autour des points *a* et *b*, ce qui permet d'enlever à volonté les planches M, S, N qu'elles supportent, et de rabattre les supports eux-mêmes le long du mur, quand, par suite d'un ralentissement ou de la cessation de la fabrication, elles deviennent inutiles.

3° *Les récipients pour la mise en présure du lait.*

La forme et la capacité des vases dans lesquels on met le lait en présure sont variables, mais il importe de déterminer au préalable et très exactement la contenance de chacun d'eux, afin d'employer la quantité rigoureusement nécessaire de présure pour un volume donné de lait.

Nous indiquerons ici quelques-uns des récipients les plus en usage.

1° Baquet de 40 litres de capacité (fig. 253), en fer étamé et du prix de 18 francs. Chez M. Bailleux, à la Maison du Val, on emploie des baquets en bois cerclés de fer, et dans lesquels on emprésure jusqu'à 60 litres de lait à la fois. (Voir chap. v, IIIe partie.)

2° Pot en grès de Noron (Calvados) (fig. 263), de

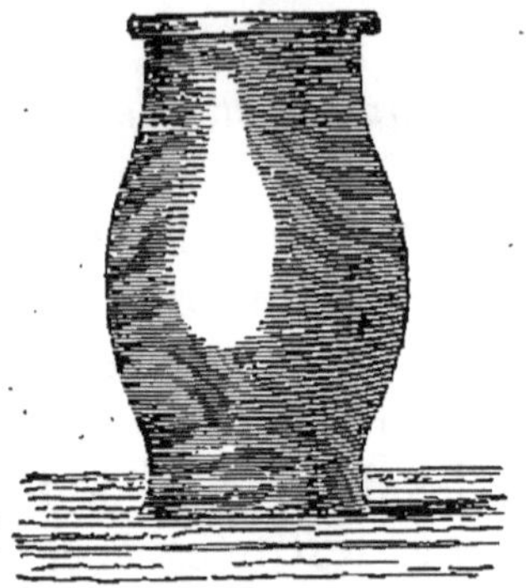

Fig. 263.

Fig. 264.

36 centimètres d'ouverture, 60 centimètres de hauteur et 70 litres de capacité, employé chez M. Quinquemelle pour la fabrication du camembert. Prix : 6 à 7 francs.

Dans la Brie, on se sert de vases de même forme, en terre ou en grès, de 18 à 20 litres de contenance.

3° Serenne en grès de Noron de 12 à 15 litres, employée chez M. Cyrille Paynel pour la fabrication du camembert. (Voir chap. vi, IIIe partie.)

4° Pot en terre ou en grès (fig. 264), de capacité variable et employé dans beaucoup de fromageries.

Quels que soient les récipients employés pour la mise en présure du lait, ceux-ci doivent être disposés à l'avance et de distance en distance le long des tables à dresser.

Tantôt les vases sont placés sur de petits escabeaux en

bois qui les élèvent à la hauteur même de la table; tantôt, lorsqu'ils n'ont pas une grande hauteur, ils reposent sur l'égouttoir même.

Dès que le lait, amené à la température convenable, arrive dans la fromagerie, on le répartit dans les récipients sous un volume exactement déterminé, et l'on procède à sa mise en présure comme il a été dit page 542.

4° *Les ustensiles pour le dressage des fromages.*

Le dressage ou la mise en moule du caillé comporte l'emploi des ustensiles suivants :

1° *Les cuillers à puiser le caillé.*

2° *Les moules pour le recevoir.*

3° *Les plateaux, planchettes ou planchaux.*

4° *Les nattes ou les cajets en jonc et en paille.*

Des cuillers. — Elles ont des dimensions en rapport avec celles des moules destinés à recevoir le caillé.

Pour les moules à petit diamètre, on emploie la cuiller (fig. 265), mais dont on raccourcit la queue suivant la profondeur du récipient dans lequel on puise le caillé.

Pour les grands moules, comme ceux des fromages de Brie, on se sert d'une cuiller beaucoup plus large, ronde et percée de trous (fig. 266), ou bien encore

Fig. 265. Fig. 266.

d'une écuelle ronde en fer-blanc (fig. 267), sans manche, un peu creuse et à bords tranchants (saucerette).

Moules à fromages. — Les moules sont généralement ronds ou carrés, en bois ou en fer-blanc, à surface lisse ou percée de trous. Exemples :

Moule à camembert, en fer-blanc et à surface lisse (fig. 268).

Moule à livarot percé de trous (fig. 269).

C. Moule à brie (fig. 270).

Fig. 267.

Fig. 268.

Fig. 269.

Moule carré en fer-blanc et percé de trous pour fromages de Void (fig. 271).

Hausses et éclisses. — Dans certaines fabrications,

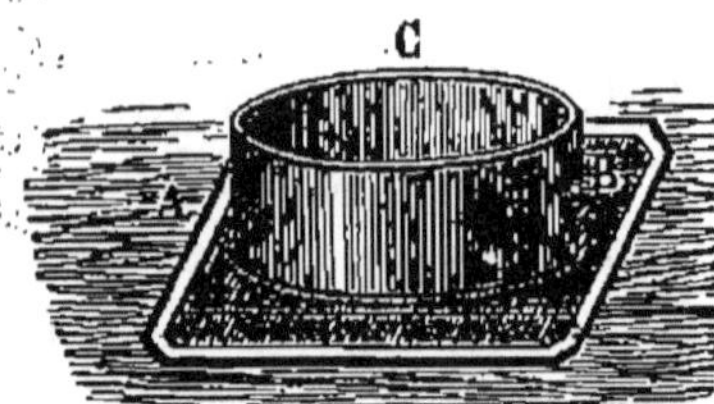

Fig. 270.

Fig. 271.

notamment celle du fromage de Brie, on se sert encore, pour le dressage des fromages, de cercles particuliers appelés *hausses* ou *éclisses*.

Hausses. — La hausse *d* (fig. 272) est un cercle qui

Fig. 272.

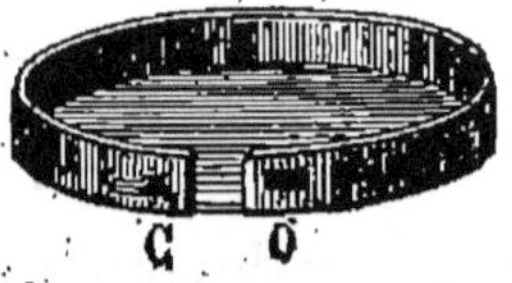

Fig. 273.

s'emboîte exactement dans le moule *c* proprement dit et qui est destiné à en augmenter la hauteur. Si le moule est en bois, la hausse est un petit feuillet de hêtre que l'on enroule de manière à lui donner le diamètre du moule et qu'on arrête avec une grosse épingle; s'il est en fer-blanc, la hausse est un cercle de même métal qui s'emboîte à frottement dans le premier.

Éclisse (fig. 273). — Cercle en fer-blanc ou en zinc de 4 à 5 centimètres de hauteur, et qui porte en *c* un crochet en fer brasé au cuivre et en *o* une série de fentes rectangulaires; en introduisant le crochet dans l'une de ces fentes, on ferme l'éclisse sous un diamètre égal à celui du fromage que l'on veut obtenir. (Voir fabrication du fromage de Brie.)

Plateaux, nattes, cajets. — Pour dresser les fromages de petite dimension, tels que les camemberts, par exemple, on dispose ordinairement sur les égouttoirs des nattes de jonc ayant la largeur du dressoir et une longueur de 80 centimètres à 1 mètre. On pose sur ces nattes 35 à 40 moules qne l'on remplit ensuite de caillé.

Pour les fromages de plus grande dimension et en vue de la facilité du retournement dans les moules, le dressage comporte l'emploi des ustensiles suivants :

1° *Un plateau ou plancheau* A (fig. 270);

2° *Un cajet ou cajereau* (fig. 274) en jonc, et qui repose sur le plateau;

3° *Un cercle ou moule* C (fig. 270) que l'on pose debout sur le cajet.

Clayons ou tournettes (fig. 275). Cercles d'osier à

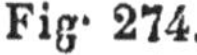

Fig. 274.

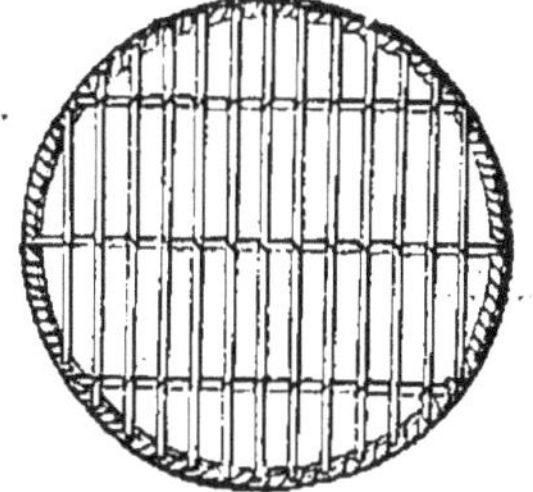

Fig. 275.

treillis plus ou moins serré, et que l'on substitue, dans

le cours de la fabrication, aux cajets en jonc, lorsque les fromages ont été égouttés et salés.

D'autres fois, on remplace les cajets de jonc par d'autres en paille lorsque l'égouttage est terminé.

Enfin, on peut encore, comme le fait M. Mer dans la fabrication du géromé, supprimer les paillassons en jonc ou en paille, et employer simplement des plancheaux en bois de hêtre cannelés longitudinalement, ce qui rend plus facile l'écoulement du petit-lait.

De la mise en présure du lait. — Du caillé. — Du sérum ou petit-lait.

Nous avons indiqué, pages 543 et suiv., les conditions à remplir :

1° Pour la mise en présure du lait dont le caillé doit servir à la fabrication des fromages à pâte molle;

2° Pour l'emploi des présures concentrées dans ce genre de fabrication.

La mise en présure effectuée, on couvre le récipient qui renferme le lait en présure, et l'on juge que la coagulation est terminée de la manière suivante :

Le vase étant découvert, on pose à la surface du caillé le revers de deux doigts, et l'on examine la nature du liquide qui s'y attache; ce doit être du petit-lait à peu près incolore, et non du lait. Si, en dirigeant les doigts vers la terre, ce petit-lait s'en détache goutte à goutte, la coagulation est achevée; si, au contraire, il reste un liquide blanchâtre adhérent aux doigts, on doit attendre encore quelque temps pour que la coagulation soit complète.

Le poids du caillé que l'on obtient en mettant du lait en présure, varie avec la richesse en matière grasse et en caséine du lait employé, avec la température et la durée de la coagulation, la quantité et la qualité de la présure, etc. Aux renseignements pratiques déjà donnés page 446 sur cette question, nous ajouterons que, d'après M. Duclaux, dans la fabrication du fromage du Cantal, le poids de *caillé* obtenu oscille entre 18 et 20 pour 100 du lait traité. Quant au sérum, son aspect, sa composition dépendent essentiellement du travail du lait, suivant la variété des fromages fabriqués.

Dans la fabrication des fromages à pâte molle, comme le brie, le camembert, etc., le caillé, traité avec beaucoup de ménagement, fournit généralement un sérum jaune citrin et presque limpide; au contraire, quand la coagulation est longue et s'effectue à une basse température, ou bien quand le caillé est soumis à un rompage avant la mise en moules, le sérum est le plus souvent rendu blanc et opaque par la caséine et la matière grasse qu'il entraîne.

D'après M. Duclaux, la perte en matière *grasse* par le sérum ne dépend nullement de la richesse du lait en matière grasse, mais uniquement du travail qu'on lui fait subir; certains fromagers obtiennent régulièrement, des sérums à peu près incolores, d'autres des sérums très blancs et très opaques; nous reviendrons sur ce fait dans le chapitre XI. Pour la fabrication cantalienne, M. Duclaux a trouvé que la perte en matière grasse par le sérum était, en moyenne, de 15 pour 100; mais nous verrons dans le même chapitre XI, à propos du beurre de petit-lait provenant de la fabrication du fromage gras de Gruyère, que cette perte peut s'élever jusqu'à 24 pour 100.

Quant à la *caséine* entraînée par le sérum, M. Duclaux a trouvé, pour quatre opérations relatives à la fabrication du même fromage, une proportion comprise entre 17 et 30 pour 100 du caséum renfermé primitivement dans le lait, ces chiffres comprenant tout à la fois la caséine en suspension, la caséine à l'état colloïdal et la caséine dissoute. (Voir p. 4.)

Il résulte de ce qui précède que le petit-lait est un liquide très riche en matière albuminoïde et grasse et qui peut, dans certains cas, représenter du lait étendu de trois fois son volume d'eau seulement. Ce petit-lait renferme, en outre, plus de sucre et à peu près autant de sels que le lait normal.

Enfin, en ce qui concerne la *lactose* ou sucre de lait, nous rappellerons ce qui a été dit page 6, à savoir, que dans la coagulation du lait, ce sucre se concentre surtout dans le sérum qui imprègne le caillé. Sous l'influence des ferments, la lactine, suivant la variété du fromage fabriqué, devient le siège d'une fermentation lactique plus ou moins active, et le sérum d'égouttage entraîne en solution de l'*acide lactique*, dont la proportion peut atteindre 3 gr. 5 par litre, comme M. Duclaux l'a constaté en analysant un sérum recueilli dans une des fermes de la Brie les plus réputées pour la valeur de leurs produits. Cette acidité explique la rapidité avec laquelle le petit-lait ronge les enduits en ciment des dressoirs (voir p. 571) dans les fromageries où l'on fabrique les fromages à pâte molle.

Le caillé de ces fromages doit donc, au début, renfermer un excès d'acide, et nous verrons bientôt que ce sont les moisissures externes qui se chargent principalement de brûler cet acide et de préparer aux ferments disséminés à l'intérieur un milieu plus favorable à leur développement et à leur rôle d'agents actifs de la maturation.

Dans la fabrication d'autres fromages pressés ou cuits, le premier sérum qui s'écoule est moins acide, mais le caillé retient alors une plus forte proportion de sucre de lait non transformé, et dont il est urgent de favoriser la disparition, à cause de la facilité avec laquelle il subit, sous l'influence de germes divers, non seulement la fermentation lactique, mais aussi celle *butyrique*. Or, il n'est pas nécessaire qu'un fromage renferme une forte proportion d'acide butyrique pour le rendre invendable, M. Duclaux ayant constaté qu'une fourme (fromage du Cantal), tout à fait avariée pour les consommateurs, ne contenait par *kilogr.* que 2 gr. 15 d'acides volatils, formés de 1 gr. 63 d'acide butyrique et 0 gr. 52 d'acide acétique.

Pour débarrasser le caillé de cet excès de lactose, la pratique a recours à des procédés variables, suivant les variétés de fromages : pour le cantal, par exemple, c'est par la fermentation préalable de la tome qu'on y arrive; pour le hollande, le gruyère, etc., c'est en soumettant ces fromages à une pression suffisamment énergique pour expulser du caillé le sérum en excès et avec lui la majeure partie du sucre. La fermentation sous la presse et dans la cave vient ensuite compléter l'effet dû à la pression.

Dressage des fromages.

Ce dressage s'effectue avec les cuillers indiquées page 574 ; mais il importe de remplir les moules en plusieurs fois, si l'on veut que la pâte des fromages soit bien homogène après l'égouttage.

Pour les camemberts et fromages analogues, par exemple, la fromagère enlève des tranches de caillé d'un volume tel, qu'il faille en superposer trois ou quatre pour remplir entièrement chaque moule. En opérant ainsi, les couches se soudent mieux les unes aux autres et ne laissent pas de vide en s'affaissant.

Pour le brie, on découpe, avec les grandes cuillers, de larges couches de caillé, pas trop épaisses, que l'on superpose dans les cercles par grands lits.

Égouttage des fromages. Température de la fromagerie proprement dite.

C'est dans la fromagerie proprement dite, là où s'effectue l'égouttage du petit-lait, qu'il importe d'entretenir une température assez élevée, et que, d'après nos expériences et celles des meilleurs praticiens, nous croyons pouvoir fixer entre 16 et 18 degrés. A cette température, le petit-lait se sépare vite et bien du caillé, et l'égouttage complet ne dépasse pas trente-six à quarante-huit heures. Au-dessous de 16 degrés, la séparation du petit-lait est beaucoup plus lente, le caillé se refroidit davantage et conserve finalement un excès d'humidité qui, plus tard, empêche que l'affinage ait lieu dans d'aussi bonnes conditions.

Retournement et salaison des fromages.

Les petits fromages sont ordinairement retournés une première fois, au bout de vingt-quatre heures, dans le moule même qui les renferme. Pour un camembert, par exemple, la fromagère passe la main gauche sous la face qui repose sur la natte en jonc, et en s'aidant de la main droite qu'elle pose sur le bord supérieur du moule, elle retourne celui-ci avec le fromage qu'il contient, de façon à mettre la face opposée en contact avec la natte. Elle saupoudre ensuite la face située à l'intérieur du moule avec du sel blanc et fin, et abandonne les fromages à un nouvel égouttage jusqu'au lendemain.

Douze ou vingt-quatre heures après ce retournement, la fromagère enlève les moules et achève la salaison. A cet effet, elle prend dans la main gauche du sel, puis le fromage, auquel elle imprime un mouvement de rotation qui facilite la salaison des bords; elle sale ensuite la face qui ne l'avait pas été la veille.

Pour les grands fromages comme ceux de Brie, le retournement s'effectue une ou deux fois dans l'espace de vingt-quatre heures, de la manière suivante :

1° Dans les fromageries où l'on se sert d'*éclisses* et non de *hausses*, on met ordinairement les fromages en éclisses douze heures après la mise en moules. A cet effet, on entoure la base du moule A (fig. 276) avec le petit cercle *a;* on enlève le grand cercle *A* et l'on boucle l'éclisse.

Le lendemain matin, c'est-à-dire douze heures plus

tard, on effectue le premier retournement comme il suit :

On pose sur l'éclisse qui entoure le fromage un cajet

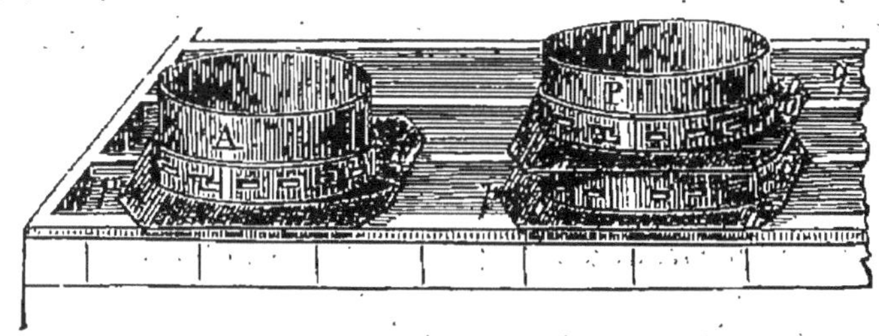

Fig. 276.

en jonc bien sec, et par-dessus un plateau de bois P' (fig. 277); on passe la main gauche sous le plateau inférieur, tandis que l'on appuie la main droite sur le plateau supérieur; puis on imprime à tout l'ensemble un mouvement de retournement; on enlève alors le plateau supérieur, ainsi que le cajet mouillé, et le fromage est retourné.

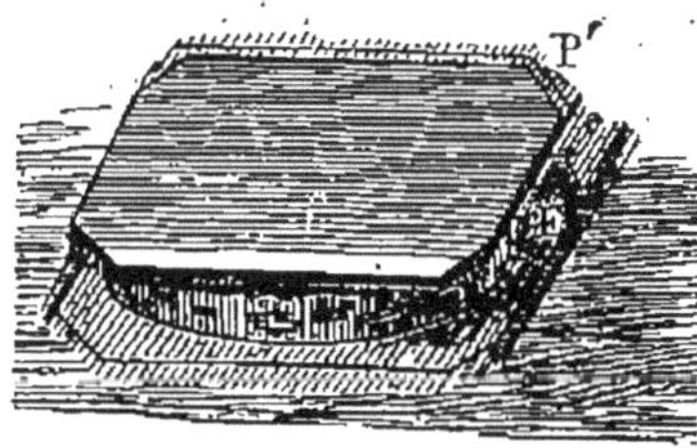

Fig. 277.

On dégrafe alors l'éclisse, on sale le fromage sur une face et le pourtour, on remet l'éclisse si cela est nécessaire, et l'on abandonne le fromage à lui-même.

Pour saler un grand fromage, on prend dans la main une poignée de sel fin que l'on commence à laisser tomber en partant de l'un des points de la surface; on fait le tour vivement; puis on revient au milieu, de façon qu'en un instant le sel se trouve réparti en une couche égale sur toute la surface. Quant au pourtour, il est salé en appliquant sur lui, à plusieurs reprises, les doigts chargés de sel. On peut également se servir, pour saler uniformément la surface, de la boîte à sel (fig. 261), ou d'une barbe de plume.

Une fois le sel complètement absorbé (soit six ou huit

heures plus tard), on effectue un second retournement du fromage, mais cette fois en remplaçant le cajet en jonc par un de paille; on laisse la surface du fromage se ressuyer un peu, on enlève l'éclisse, et l'on sale la seconde face. C'est ordinairement après cette seconde salaison que les fromages, posés simplement sur des cajets en paille ou des clayons d'osier, sont placés sur les tablettes qui règnent au-dessus des dressoirs *tout* autour de la fromagerie.

2° Dans les fromageries où la *hausse* est en usage, on enlève celle-ci lorsque le caillé est descendu au niveau du cercle C inférieur (fig. 272), et l'on procède au premier retournement; le soir, on effectue le second, et l'on abandonne le fromage à lui-même jusqu'au lendemain matin. Quand le fromage paraît suffisamment ressuyé, on enlève le moule et l'on sale la face supérieure et les tours. Le soir du second jour, on retourne le fromage sur un cajet de paille ou une tournette en osier; on sale sur l'autre face, et on le dépose sur la tablette qui surmonte l'égouttoir.

Les fromages salés restent sur ces tablettes deux ou trois jours, pendant lesquels ils sont retournés matin et soir; on les transporte ensuite au séchoir.

DU SÉCHOIR.

Dans ce local, situé au rez-de-chaussée ou au premier étage, les murs, soigneusement crépis et enduits comme il a été dit page 103, sont percés d'un certain nombre d'ouvertures pratiquées à diverses hauteurs et disposées de façon que l'on puisse faire circuler l'air tout autour des fromages et avec une activité variable suivant les circonstances.

Il est utile également, quand la disposition des locaux le permet, de ménager au plafond du séchoir une ouverture munie d'un registre et surmontée d'une petite cheminée d'appel communiquant à l'extérieur (voir page 105).

Les ouvertures murales, qui peuvent être rectangulaires (voir *Fabrication du camembert*) ou elliptiques (fig. 278), sont garnies à l'intérieur du séchoir d'un canevas très fin et d'un volet de bois qui, en glissant

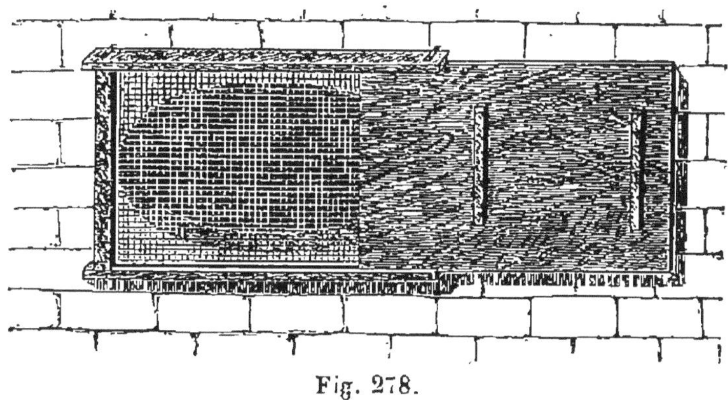

Fig. 278.

dans un cadre, permet de fermer l'ouverture en tout ou en partie.

Le séchoir renferme des étagères formées de rayons tantôt pleins, tantôt à claire-voie; dans le premier cas, on pose sur ces rayons les cajets de paille avec les grands fromages qu'ils supportent; dans le second, on étend sur les rayons à claire-voie de la paille de seigle triée et sèche, et l'on range dessus les petits fromages (fig. 279)

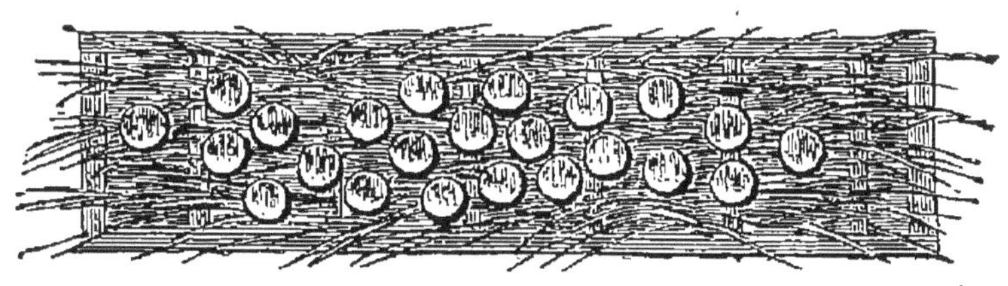

Fig. 279.

les uns à côté des autres, mais en ayant soin qu'ils ne se touchent pas.

Dans le séchoir, les fromages doivent être visités et

retournés tous les deux jours, et les cajets ou la paille changés toutes les fois que cela est nécessaire. La durée du séjour des fromages dans ce local dépend de diverses circonstances, telles que l'espèce de fromage que l'on veut obtenir, la saison, les conditions de vente, etc. Pour le fromage de Brie, par exemple, cette durée ne dépasse guère huit à dix jours, tandis que pour le camembert, elle peut aller jusqu'à vingt et même vingt-cinq jours.

Pendant leur séjour au séchoir, les fromages se raffermissent de plus en plus, en même temps qu'ils deviennent le siège d'une fermentation qui se traduit à l'extérieur par l'apparition d'une moisissure veloutée d'abord blanchâtre, et qui passe ensuite au bleu clair. C'est ordinairement quand cette moisissure recouvre à peu près entièrement le fromage qu'on transporte celui-ci à la cave d'affinage.

La température du séchoir doit être maintenue, autant que possible, entre 13 et 14 degrés; mais en hiver, par les temps de brouillards ou bien quand les vents chauds et humides du sud-ouest soufflent avec persistance, il arrive que les fromages, au lieu de se raffermir dans le séchoir, se ramollissent et ont une tendance à couler. Dans ce cas, il faut fermer toutes les ouvertures; mais comme on ne peut songer à chauffer davantage à l'intérieur, parce que les fromages deviendraient encore plus mous, le mieux, pour enlever l'excès d'humidité dans le séchoir, est d'étendre sur le sol une couche de paille bien sèche ou de sciure de bois, et de placer, de distance en distance, de grandes terrines remplies de morceaux de chaux vive.

Retournement multiple des fromages.

Pendant leur séjour au séchoir, les fromages doivent être retournés plusieurs fois et changés en même temps de paillasson. Or, quand il s'agit de petits ou moyens diamètres, tels que ceux des camemberts, coulommiers, etc., on comprend qu'en raison de la longueur de l'opération, on ait cherché à l'effectuer d'un seul coup sur un certain nombre de fromages à la fois.

Or, nous avons vu chez M. Lahalle-Geoffroy, cultivateur et fabricant de fromages façon Coulommiers, à Bonnet (Meuse), un appareil très simple qui permet d'effectuer ce retournement multiple; il consiste dans des *clayettes* ovales au lieu d'être rondes comme celles de la figure 275, mais dont les dimensions sont différentes.

Ces clayettes en osier blanchi, dont les brins sont reliés entre eux par cinq liens transversaux, ont 1 mètre de longueur sur $0^m,50$ de largeur et permettent de retourner à la fois 16 fromages de $0^m,15$ de diamètre.

Ces claies coûtent 10 francs la douzaine.

Quand on veut effectuer une opération, on tire à soi une des clayettes qui reposent sur les étagères à claire-voie du séchoir et on la pose sur deux chevalets. On place sur les 16 fromages un paillasson ayant les dimensions nécessaires pour les recouvrir complètement, on pose dessus une autre clayette, et en mettant une main sous la clayette inférieure et l'autre sur la clayette supérieure pour assujettir tout le système, on effectue le retournement d'un seul coup.

On enlève alors la clayette supérieure et le paillasson mouillé et on replace sur l'étagère l'autre clayette avec ses 16 fromages.

Appareil automatique pour la fabrication et le retournement des fromages à pâte molle.

Cet appareil est d'origine allemande et M. J. Hignette en est l'unique concessionnaire pour la France.

Celui représenté (fig. 280) peut contenir 168 moules de $0^m,11$ de hauteur sur $0^m,073$ de diamètre et coûte 400 francs.

Cet appareil a obtenu au concours de Caen, en 1894, une médaille d'argent, mais comme nous ne l'avons pas encore vu fonctionner, nous ne pouvons nous prononcer actuellement sur ses qualités ou ses défauts, et prions

Fig. 280.

nos lecteurs de s'adresser au concessionnaire français pour demande d'instructions et de renseignements relatifs à cette machine.

DES CAVES D'AFFINAGE.

La cave d'affinage est la pièce dans laquelle la pâte des fromages continue à être le siège de transformations destinées à leur faire acquérir toutes leurs qualités ; elle est installée tantôt dans le sous-sol de la fromagerie, tantôt en contre-bas du sol, de la hauteur de quelques marches. Le sol peut être simplement en terre battue, en briques ou carreaux posés sur ciment et bien jointoyés, ou encore, quand on redoute un excès d'humidité des couches inférieures, il est composé d'une couche de pierres cassées et damées sur laquelle on établit une couche de béton hydraulique de 12 à 15 centimètres, que l'on recouvre ensuite de mortier et d'un bon enduit de ciment hydraulique. Les murs et le plafond sont crépis et enduits comme ceux du séchoir, et le local est garni d'une série d'étagères formées de tablettes pleines sur lesquelles on dispose les fromages par rang d'âge.

Aucun courant d'air actif ne doit pouvoir prendre naissance dans la cave d'affinage, dont l'atmosphère doit être légèrement humide et maintenue à une douce température comprise entre 10 et 12 degrés. Une aération modérée est cependant nécessaire, et on l'obtient à l'aide de soupiraux munis de canevas et de volets, auxquels on ajoute une cheminée d'appel dans les grandes fromageries.

Enfin, nous dirons que la cave d'affinage devant être un local obscur, les ouvertures (quand il y en a d'autres que la porte d'entrée et les soupiraux) sont vitrées et munies de volets à l'intérieur pour empêcher la lumière de pénétrer.

C'est dans la cave d'affinage que les fromages sont l'objet des soins les plus minutieux, comme nous le verrons bientôt quand nous traiterons en détail de la fabrication de quelques fromages à pâte molle.

II. PARASITES ANIMAUX DES FROMAGES.

Les parasites appartenant au règne animal sont les *vers* et les *mites*.

Mouches et vers. — On trouve dans les fromages à pâte molle, ainsi que dans les fissures humides de fromages à pâte ferme, comme le roquefort, le gex, le chester, etc., la larve de la mouche du fromage (*pio-*

phila casei, L.), et accidentellement celle de la mouche domestique (*musca domestica*, L.).

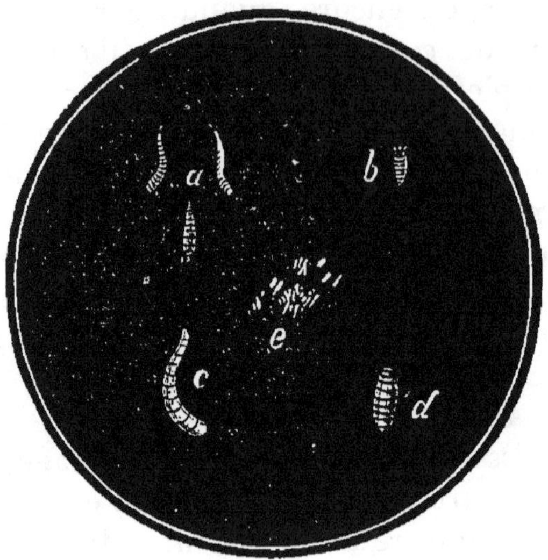

Fig. 281.

La mouche du fromage a 4 à 5 millimètres de longueur seulement ; c'est une mouche fine, moitié moins longue que la mouche domestique. Elle vient pondre ses œufs *e* (fig. 281) sur le fromage, et au bout de deux ou trois jours, ceux-ci donnent naissance à de petites *larves a* (appelées communément *vers*), d'un blanc jaunâtre, à tête noire et pointue, et tronquées à la partie postérieure.

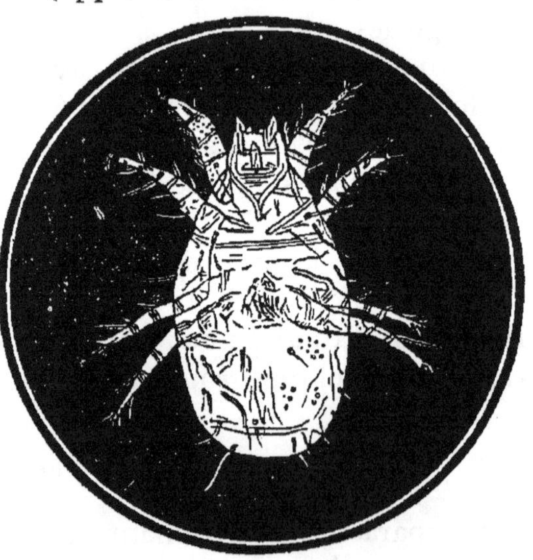
Fig. 282.

Adultes, leur longueur ne dépasse pas 5 millimètres, et, au bout de quatre à six jours, ils se transforment en *chrysalides b*, qui produisent des mouches deux ou trois semaines après. Le ver *c* de la mouche domestique a 8 à 12 millimètres de longueur ; sa chrysalide *d* est beaucoup plus grosse.

Les moyens les plus efficaces de se préserver des

mouches et des vers dans une fromagerie consistent : 1° à mettre des doubles portes à toutes les ouvertures; 2° à garnir extérieurement toutes les fenêtres d'une toile métallique ou d'un canevas dont la maille est suffisamment fine pour arrêter au passage la mouche du fromage.

Mite (fig. 282). — La mite des fromages appartient à l'ordre des acarides et ressemble beaucoup à celle de la gale. Linné l'a décrite sous le nom d'*acarus domesticus;* Latreille en a fait le genre *tyroglyphus*[1], et l'a appelé *T. Siro.*

Cet acarus abonde dans la croûte sèche des fromages durs un peu vieux, et toute la vermoulure qui en couvre la surface ou s'en détache est composée d'innombrables mites, de leurs excréments et de leurs œufs. La figure 282 représente une mite vue en dessous et dessinée au microscope sous un grossissement linéaire de 175 environ.

Pour débarrasser les gruyères et autres fromages de ce parasite, il suffit de commencer par les soumettre, à sec, à un brossage énergique, et ensuite à un second brossage avec de l'eau salée et bouillante. Les rayons qui supportent lesdits fromages doivent, d'autre part, être soigneusement brossés et lavés avec une lessive bouillante de potasse, et rincés ensuite à l'eau froide.

III. DE L'AFFINAGE OU MATURATION DES FROMAGES.

Nous avons vu dans la première partie de cet ouvrage, page 35, que les microbes ordinaires du lait, pour trouver dans ce liquide les éléments nécessaires à leur nutrition et à la rapidité prodigieuse de leur développement, s'attaquaient plus spécialement à deux de ses éléments : la *lactose* et la *caséine*, et qu'il en résultait, par suite, deux fermentations principales.

De ces deux fermentations, la première a déjà été

[1] Sculpteur de fromages.

étudiée. Quant à la seconde, la fermentation de la caséine, nous en avons renvoyé l'étude à la troisième partie, parce que les phénomènes auxquels donne naissance l'action de certains ferments sur la caséine trouvent surtout leur application en industrie fromagère (voir page 37).

La science possède aujourd'hui des notions nouvelles sur les phénomènes de maturation des fromages, grâce aux recherches d'un certain nombre de savants tels que Adametz, Weigman, Freudenreich et surtout Duclaux.

Dès 1878, ce dernier constatait que les agents qui provoquent les modifications successives dans la masse initiale d'un fromage sont de deux sortes :

1° A l'intérieur, les *microbes* ou ferments qui viennent de la présure, du pis malpropre des vaches ou des mains des vachers, des parois du récipient à lait, de l'air ambiant, etc. Après la mise en présure, et surtout si elle a lieu à une température voisine de 37°, tous ces ferments continuent à se multiplier jusqu'à ce que le coagulum qui se forme les emprisonne, pour les entraîner avec lui dans la série des opérations qui président à la confection des fromages.

2° A l'extérieur, les *mucédinées* dont les germes viennent surtout de l'air ambiant ou du matériel de la fromagerie; elles enfoncent dans la pâte leur mycélium et poussent au dehors, sous forme de végétation, leurs organes de fructification.

Parmi les microbes, les plus importants au point de vue de la maturation des fromages sont ceux qui peuvent vivre de la *caséine*. Ces ferments de la caséine sont de deux espèces : 1° les *aérobies*, qui ont besoin d'air pour se développer; 2° les *anaérobies*, qui peuvent vivre plus spécialement et même exclusivement sans air.

Ferments de la caséine. — Caséase.

Nous avons dit, page 536, que la caséine coagulée dans l'estomac et qui s'y est débarrassée de son sérum ne rencontrait son liquide digestif que plus loin. C'est le *suc pancréatique* qui renferme le principe dissolvant et que Duclaux a nommé *caséase.*

Or, ce savant a constaté que parmi les microbes qui jouissent de la propriété de se nourrir de la caséine, un certain nombre possédaient la curieuse propriété de sécréter successivement de la *présure* et de la *caséase*, de telle sorte que dans un fromage la caséine coagulée se redissout dans cette caséase et peut servir de nourriture à un grand uombre d'espèces de microbes.

Parmi ceux-ci, un des plus grands producteurs de ces deux subtances : présure et caséase, serait le *Tyrothrix tenuis,* découvert par Duclaux en étudiant la maturation du fromage du Cantal.

Une fois la caséine rendue assimilable, les ferments l'utilisent et la transforment pour les besoins de leur existence en produits variés, mais chacun la prend à un certain point de son échelle de destruction pour l'amener à un degré plus avancé, et ce sont ces transformations successives, jointes à celles provoquées par les mucédinées et les bactéries à la surface, qui déterminent dans la masse initiale les phénomènes de maturation caractérisés par le ramollissement de la pâte et l'apparition de produits nouveaux plus ou moins sapides et odorants, et parmi lesquels nous citerons : la caséine soluble, le sels ammoniacaux à acides gras fixes et volatiles, le carbonate d'ammoniaque, l'ammoniaque libre, et aussi, quand l'action des ferments anaérobies prédominent, des acides gras volatils moins saturés par l'ammoniaque, et par suite des produits plus sapides, plus odorants, mais dont l'odeur est augmentée par celle des dégagements gazeux qui contiennent toujours un peu d'hydrogène sulfuré et phosphoré.

Quant aux *mucédinées,* elles sont, en général, des agents de destruction de la masse initiale plus puissants que les microbes de l'intérieur, mais elles sont plus délicates, parce que, vivant à la surface des fromages, elles subissent plus facilement toutes les variations de température et d'humidité, ce qui rend les fabrications qui les emploient plus chanceuses que les autres.

D'autre part, tandis que les ferments de la caséine réclament un milieu *alcalin* pour agir, les mucédinées se developpent dans les milieux *acides*, y brûlant, de préférence au caséum, les acides organiques, et notamment l'acide lactique du sérum retenu par le caillé; il en résulte que, dans la fabrication des fromages à pâte molle, les mucédinées préparent en quelque sorte le terrain aux microbes.

Enfin, nous rapellerons qu'en outre des ferments de la caséine, le lait peut encore renfermer les ferments alcoolique, lactique (voir p. 36), ainsi que d'autres espèces de mycodermes qui, du lait, passent ensuite, comme les microbes précédents, dans les fromages en voie de fabrication.

Quant à des espèces de mucédinées plus ou moins favorables à la maturation des fromages à pâte molle et peuplant telle ou telle fromagerie, M. Duclaux n'y croit pas et formule son opinion à ce sujet comme il suit :

« J'ai retrouvé partout à peu près les mêmes espèces, et le problème de la bonne fabrication est bien moins dans la culture d'une espèce particulière que dans la bonne conduite de celle qui peuple l'atelier dans lequel on opère. Ce qui diffère d'un fromage à un autre, c'est la nature des êtres chargés d'accomplir la maturation.

« L'habileté du fabricant consiste à utiliser toujours la même espèce ou les mêmes espèces, celles qui depuis des siècles fabriquent le type que l'on veut reproduire, et à ne pas en laisser d'autres s'implanter dans son atelier.

« Généralement, quand la fabrication marche bien, les germes utiles ont une grande avance sur ceux qui pourraient être nuisibles ; ils imprègnent les vases, l'air, le sol et les agrès de la fromagerie, les vêtements des fromagers.

« Leur ensemencement est spontané, et une longue pratique ou routine a appris à les entourer des conditions de température et d'humidité favorables à leur développement. Mais tous ces organismes sont très délicats, et si un jour des conditions font défaut, même temporairement et à l'insu de tous, l'espèce active est exposée sinon à périr, du moins à laisser la prédominance à une espèce voisine incapable de produire la maturation ou de la produire dans le sens voulu. Le fabricant dit alors que sa cave est *malade*, et n'a souvent d'autre ressource que d'abandonner pour un certain temps sa fabrication, pour la reprendre pendant la saison de l'année où son industrie marche spontanément le mieux. »

Des mucédinées qui accompagnent la maturation des fromages à pâte molle.

Ces mucédinées appartiennent à une espèce de *penicillium* désignée habituellement sous le nom de *penicillium glaucum* (1re partie, p. 27 et 28).

Au début, cette moisissure est blanche et ressemble à du duvet ou à de la peluche de soie; elle passe ensuite au bleu clair.

Au contraire, dans les fromages dits *persillés*, où le développement du penicillium a lieu, en quelque sorte à l'abri de la lumière et sous l'influence d'une quantité limitée d'air saturée d'humidité, le penicillium prend une teinte bleue ou verte beaucoup plus foncée.

De même, dans les caves d'affinage tout à fait obscures, froides, et trop humides, il n'est pas rare de voir la moisissure blanche bleuâtre développée dans le séchoir, passer au vert foncé et même *au noir*, et son apparition coïncide avec une odeur et un goût de moisi que prend la pâte du fromage; nous reparlerons de cette moisissure un peu plus loin.

Dans les conditions normales de fabrication, après un

temps variable avec l'espèce de fromage fabriqué, la moisissure blanche, teintée de bleu clair, recouvre entièrement le fromage, si celui-ci a été salé uniformément. Mais par suite des retournements successifs, le duvet s'est aplati et commence à former la pelure du fromage; c'est alors que l'on transporte celui-ci à la cave d'affinage. Généralement, à ce moment, le développement des mucédinées s'arrête, et c'est alors le travail des bactéries qui devient prédominant. On voit alors les surfaces et les tours du fromage se colorer, d'abord en jaune clair, puis en jaune rougeâtre, sous l'influence d'un liquide glaireux que la pâte en fermentation laisse suinter à l'extérieur et que M. Duclaux a reconnu être peuplé de bactéries de diverses espèces. Ce liquide pénètre également les premières moisissures aplaties et leur donne une nouvelle coloration se traduisant par des tons rouges et violacés qui, avec le temps (comme cela a lieu pour le brie de saison, le camembert, etc.), recouvrent, à leur tour, entièrement le fromage.

Pendant que ces phénomènes se manifestent à l'extérieur des fromages, ceux-ci subissent à l'intérieur les transformations dues à l'action des microbes sur la caséine et la matière grasse. La couleur blanche du caséum disparaît peu à peu de la surface au centre, et passe au jaune clair en même temps que la pâte se ramollit et que les produits énumérés page 592 prennent naissance en plus ou moins grande quantité.

Nous ajouterons que, lorsque les fromages restent longtemps dans les caves d'affinage, on voit apparaître, au bout de six semaines ou deux mois, sur les parties les plus sèches de la croûte, une nouvelle poussière blanche de nature organique, très brillante à la loupe, et qui, d'après M. Mussat, serait une autre mucédinée appartenant au genre *mucor*.

Enfin, nous dirons qu'il se développe fréquemment sur certains fromages gardés en cave plus longtemps encore, et notamment sur le brie de saison, le roquefort, etc., des taches d'un beau rouge *vermillon* dues au développement d'une moisissure d'un autre genre et appelée : *oïdium aurantiacum*.

Fromages rouges. — Nous avons insisté, page 581, sur l'importance d'une salaison uniforme des fromages; nous ajouterons que, suivant plusieurs praticiens, il est facile de reconnaître au bout de quelques jours de fabrication les parties d'un fromage qui ont échappé à la salaison, parce que sur celles-ci la moisissure blanche ne se développe pas.

Ces parties jaunissent peu à peu à l'air, deviennent le siège d'une fermentation plus active que les parties voisines, et finissent par *rougir* assez rapidement. Mais si l'on examine ces parties à la loupe, on constate que cette couleur rouge n'est pas due à la présence d'une moisissure, mais à une simple coloration de la peau du fromage, dont la surface plus ou moins ridée laisse suinter un liquide jaune rougeâtre, glaireux, celui, sans doute, que M. Duclaux a reconnu être peuplé de bactéries.

Beaucoup de producteurs, notamment dans la Meuse et la Marne, et aussi dans la Brie, livrent à la consommation des fromages *rouges* qu'ils fabriquent à dessein, en salant très peu leurs produits. En opérant ainsi, ils ont en vue non seulement de satisfaire au goût d'un grand nombre de consommateurs, mais aussi d'obtenir un affinage rapide, ce qui leur permet de livrer ces produits à la consommation au bout de trois semaines ou un mois de fabrication.

Mais il ne faut pas perdre de vue que ces fromages, très peu salés, ont peu de résistance et ne sont pas de garde; ils demandent à être mangés dès qu'ils sont *faits;* autrement ils ne tardent pas à se fendre et à *couler,* parce qu'ils deviennent rapidement le siège d'une fermentation active.

De tout ce qui précède il résulte que les phénomènes qui accompagnent l'affinage des fromages peuvent être modifiés par un grand nombre de circonstances accompagnant la fabrication, et dont nous allons essayer d'indiquer les plus importantes.

Le degré d'égouttage du caillé a une grande influence sur la nature des ferments qui dominent et le développement des mucédinées à la surface; en général, dans les fromages à pâte molle, un excès d'humidité de la pâte favorise la fermentation butyrique et détermine la mort et la décomposition du penicillium à la surface.

L'état hygrométrique, la température des locaux de la fromagerie, ainsi que la constance de la température, ont une influence sur l'affinage. Un abaissement subit de la température au séchoir ou à la cave peut ralentir ou arrêter subitement les fermentations dans la masse, ainsi que le développement des mucédinées à l'extérieur. Au contraire, une température trop élevée, avec excès d'humidité dans l'atmosphère ambiante, active trop l'affinage; les fromages deviennent mous et ne tardent pas à *couler*, surtout s'ils sont peu salés.

L'affinage des fromages *maigres* est différent de celui des fromages gras, par suite de l'absence ou de la diminution de matière grasse contenue dans le caillé. La saponification y est peu développée, et la maturation réside surtout dans un ramollissement et une transformation très avancée du caséum, que l'on obtient ordinairement en renfermant pendant plusieurs mois ces fromages maigres dans des caves ou des caisses garnies de foin où la température ne tarde pas à s'élever notablement par suite du manque de renouvellement de l'air. L'odeur et la saveur spéciales de ces fromages (livarot, marolles, fromage de foin, etc.) permettent d'admettre que les ferments *anaérobies* jouent le principal rôle dans la maturation de ces produits (voir p. 591). Par contre, les fromages très gras se saponifient très vite et prennent rapidement un goût piquant, dû sans doute au butyrate d'ammoniaque, ce qui oblige à les consommer beaucoup plus tôt.

Dans les fromages *lavés au sel,* comme le mont-d'or, le pont-l'évêque, le port-du-salut et d'autres encore, les mucédinées ne peuvent se produire à l'extérieur; par suite, l'affinage résulte seulement des dédoublements provoqués par les fermentations internes, ce qui explique jusqu'à un certain point leur saveur spéciale et différente de celle des fromages à mucédinées externes.

Il doit en être de même aussi pour les fromages à pâte molle, lavés ou non au sel, mais qui, à la sortie du séchoir, sont conservés, empilés les uns sur les autres ou accolés les uns aux autres pendant toute la durée de leur affinage.

Certains fromages, notamment celui dit d'Olivet (Loiret), une fois *bleus,* sont laissés pendant environ trois semaines en contact avec de la cendre de sarment de vigne ou de bois, quand la première fait défaut. Or, en se reportant à ce qui a été dit (p. 593) sur les microbes de la caséine, il est permis d'admettre que l'élément alcalin de cette cendre sature l'acide qui peut être en excès dans la pâte, en même temps qu'elle arrête le développement des mucédinées à la surface. Par suite, pendant les trois semaines qui suivent, la maturation à l'intérieur s'effectue dans des conditions spéciales d'alcalinité qui doivent contribuer à donner au fromage, comme celui d'Olivet, les excellentes qualités qui le caractérisent.

Fromages persillés (voir chap. x.) — Dans le roquefort, qui est le type de ces fromages, on obtient le *persillé* en ensemençant l'intérieur de la pâte avec des spores de *penicillium* fournis par du pain moisi préparé à cet effet. Or, dans ces conditions d'enfouissement dans la masse, le penicillium se développe difficilement, et comme il a besoin d'air pour vivre, pour que l'oxygène arrive jusqu'à lui, on a recours aux deux pratiques suivantes :

1° On pratique dans la masse un grand nombre de petits conduits qui traversent le fromage de part en part.

2° On soumet les fromages, à diverses époques de leur maturation, à un raclage extérieur ayant pour objet d'enlever une couche glaireuse qui se forme à leur surface et qui, renfermant une quantité prodigieuse de bactéries avides d'oxygène, empêcherait ce gaz d'arriver au penicillium par les conduits ménagés dans la masse. Mais il ne faut pas exagérer cette introduction de l'oxygène, parce que l'on détermine alors un excès de développement du penicillium qui fructifie et donne des spores qui, étant des agents de combustion trop active, rendent la pâte sèche et friable.

L'ensemencement du penicillium dans la masse du caillé a pour effet d'assurer aux spores de cette mucédinée une large avance sur les autres espèces microscopiques. D'autre part, la basse température des caves dans lesquelles a lieu la maturation de cette variété de fromage, arrête à peu près complètement le développement de ces autres espèces, tandis qu'elle ne fait que ralentir celui du penicillium, dont la vie, rendue convenablement active par l'humidité naturelle des caves et une aération suffisante, développe les produits odorants et sapides auxquels le roquefort doit ses qualités.

Maturation des fromages pressés et des fromages cuits et pressés.

Dans les fromages simplement pressés, la fermentation a lieu avant la mise en presse, tandis que dans ceux cuits et pressés, elle ne commence qu'après ; dans les deux cas, la maturation a lieu uniquement sous l'influence des microbes emprisonnés dans le caillé au moment de la coagulation du lait.

Les ferments lactiques commencent toujours par faire disparaître presque complètement la lactose renfermée dans la masse, et ce sont ensuite les ferments de la caséine qui amènent dans la pâte les transformations caractéristiques des différents fromages appartenant à ces deux catégories et dont nous reparlerons plus tard.

Des accidents de fabrication et des maladies des fromages.

Les accidents de fabrication et, par suite, l'apparition de fromages *malades,* dans les fromageries, peuvent tenir à différentes causes, savoir :

1° Au mélange, avec le lait sain et de composition normale, de laits défectueux contenant des germes de fermentation nuisibles à la bonne qualité des produits.

2° Aux mauvaises conditions dans lesquelles se trouvent les fromages pendant les diverses opérations qui président à leur fabrication.

Les laits défectueux, tels que ceux appelés lait salé, bleu, visqueux, amer, etc. (p. 37), proviennent tantôt de vaches malades, tantôt de vaches ayant mangé certaines plantes nuisibles, ou bien encore de fermes dans lesquelles la malpropreté des étables, de la laiterie, des ustensiles, a provoqué une altération du lait. Le lait *vieux,* c'est-à-dire fourni par des vaches ayant vêlé cinq ou six mois avant, serait également défavorable, d'après M. Mer, à la fabrication de bons fromages.

Dans les fromageries alimentées uniquement par le lait des vaches entretenues dans la ferme, il est facile de surveiller l'état de santé des animaux et de juger, au goût, à l'odorat, à la vue, et au besoin en se servant d'appareils simples (voir chap. XIII), si le lait des vaches supposées malades présente quelque chose d'anormal, et par suite d'éviter de mélanger ces laits douteux avec le reste de la traite. Mais il n'en est plus de même quand il s'agit de laiteries centrales dont les fournisseurs n'ont qu'un but, celui de vendre leur lait, bon ou mauvais; il en résulte que la fabrication industrielle du fromage dans ces établissements peut se trouver compromise pendant un temps plus ou moins long, par le fait seul du mélange journalier de quelques laits défectueux au reste de la fourniture. Dans ces laiteries, en effet, l'examen à l'usine des laits de diverses provenances est rendu très difficile, non-seulement à cause du grand nombre de fournisseurs, mais aussi parce que d'habitude le laitier *ramasseur* transvase immédiatement dans un récipient unique les laits d'un certain nombre de cultivateurs appartenant au même village.

Quant aux mauvaises conditions dans lesquelles les fromages peuvent se trouver pendant les diverses phases de leur fabrication, nous allons compléter ici ce que nous avons dit déjà sur ce sujet, page 597.

Dans la fabrication des fromages à pâte molle, il peut arriver que les produits deviennent malades, à la sortie du séchoir, dans deux circonstances principales : 1° dans des caves neuves ou remises à neuf; 2° dans de vieilles caves ayant donné jusqu'alors de bons produits.

On a constaté, en effet, que dans des caves récemment enduites de ciment, de mortier de sable ou de lait de chaux, la moisissure bleuâtre des fromages à pâte molle avait une tendance à passer au vert foncé et ensuite au *noir*, en même temps que ces fromages prenaient un goût de cave et de moisi. Cet accident de fabrication, dû à un excès d'humidité provenant des enduits, peut disparaître au bout de trois ou quatre semaines; mais il est plus rationnel de le prévenir en soumettant d'abord la cave, pendant quelques jours, à un chauffage et à une aération énergiques, avant d'y introduire des fromages, et d'achever ensuite la dessiccation du local avec de la paille sèche étendue sur le sol et de la chaux vive employée comme il a été dit page 585, à propos du séchoir.

La moisissure *noire* qui se développe sur certains fromages comme le brie, le camembert, le limbourg, etc., et pénètre quelquefois à 3 ou 4 millim. de profondeur, est une maladie qui a été observée en France, en Bavière et ailleurs, et au sujet de laquelle nous avons été consulté plusieurs fois. Le développement de cette moisissure paraît devoir être attribué à ce que les fromages, insuffisamment égouttés au début, sont ensuite placés dans des caves trop froides, trop humides et insuffisamment aérées, de telle sorte que le premier remède à employer contre cette maladie consiste à supprimer les mauvaises conditions dans lesquelles a lieu l'affinage des produits.

D'autre part, M. J. Herz, assistant à la station agricole de Wurzbourg, en Prusse, qui s'est beaucoup occupé de cette question, a conseillé pour combattre cette moisissure de laver la surface des fromages sains et de ceux qui commencent à noircir, avec une solution aqueuse à 7 pour 100 d'*acide lactique*, tous les jours d'abord et ensuite tous les deux jours. M. Herz dit qu'en appliquant ce traitement il a empêché les fromages jeunes de noircir et *restauré* ceux déjà devenus *noirs*.

Nous avons vu, page 579, que le sérum qui s'écoule d'un fromage à pâte molle, comme le brie par exemple, peut renfermer jusqu'à 3 gr. 5 d'acide lactique par litre; si donc le procédé de M. Herz est réellement efficace, il sera facile de se servir de ce sérum, convenablement concentré par évaporation, pour frotter les fromages d'abord au séchoir, en même temps qu'on procédera à leur salaison, et ensuite à la cave, si cela est nécessaire.

Nous ajouterons que, consulté sur ce même sujet, nous avons conseillé l'emploi, non d'un acide, mais au contraire d'un alcali, le *carbonate de potasse* contenu dans la cendre neuve de bois. A cet effet, on incorpore intimement au sel 10 pour 100 de cendre très finement tamisée, et l'on sale les fromages avec ce mélange; il nous a été dit que cette pratique avait donné de bons résultats.

Quand les accidents de fabrication se produisent dans des caves anciennes et bonnes jusqu'alors; quand les bonnes moisissures disparaissent pour faire place à d'autres nuisibles, ou bien encore quand les fromages deviennent le siège de mauvaises fermentations, et cela malgré la bonne qualité du lait traité et les soins les plus minutieux apportés à la fabrication, il faut se résoudre à suspendre momentanément les opérations et à procéder à la purification du séchoir, de la cave, ainsi que de tous les ustensiles et agrès de la fromagerie.

Cette purification s'obtient : 1° en lavant avec une solution de *bisulfite de chaux* les étagères, les ustensiles, etc., et en badigeonnant les murs avec le même liquide; 2° en brûlant dans les locaux, sur des plaques de tôle, un mélange à parties égales de soufre en fleur et de chlorate de potasse pulvérisé, tout en laissant humide tout ce qui a été lavé au bisulfite, afin de favoriser la dissolution du gaz sulfureux.

Après ces opérations, on maintient fermées les portes et les fenêtres pendant quelques jours, on lave d'autre part à l'eau pure[1] et l'on frotte à la brosse les ustensiles et les étagères, puis on sèche les locaux à l'aide du chauffage et de la ventilation. Enfin, si tous ces moyens restaient impuissants, le seul parti à prendre serait de refaire complètement à neuf les enduits des murs et du plafond du séchoir et de la cave, et de les sécher ensuite comme il a été dit précédemment.

CONCLUSIONS.

De tout ce qui précède il résulte donc que la maturation des diverses catégories de fromages consiste dans une série de fermentations qui se succèdent les unes aux autres et qui sont occasionnées par différentes espèces de bactéries.

Duclaux, en étudiant la maturation du fromage du Cantal, n'a pas trouvé moins de dix espèces différentes

[1] Dans une importante fromagerie près de Meaux, M. Butel, vétérinaire, a obtenu d'excellents résultats, en employant comme désinfectant, l'*acide borique* dissous dans l'eau.

de bactéries (7 aérobies et 3 anaérobies), parmi lesquelles le *tyrothrix tenuis* cité page 592.

Adametz a analysé les fromages suisses (Emmenthal et autres) et y a trouvé 19 espèces différentes de bactéries, parmi lesquelles ne se trouvait pas une seule de celles signalées par Duclaux comme participant à la maturation du fromage du Cantal; les bactéries qui concourent à la maturation des fromages paraissent donc être différentes, suivant l'espèce du produit.

Jusqu'à présent, on compte environ 50 *espèces* de bactéries dites du fromage, et il est probable que ce nombre ne fera qu'augmenter avec les études ultérieures.

Adametz a également analysé un gramme de gruyère suisse et y a trouvé, au début de la maturation, 90,000 microbes et à la fin 850,000, ce qui démontre l'énorme développement des micro-organismes pendant cette maturation. En outre, il a constaté qu'à mesure que celle-ci s'avançait, une seule espèce paraissait se développer au détriment des autres et se trouvait beaucoup plus abondante à la fin. Il en a conclu que cette espèce dévait être la cause principale de la maturation. Jusqu'ici, on ne paraît pas avoir encore cherché à fabriquer tel ou tel fromage en introduisant directement dans le caillé les bactéries qui conviennent le mieux.

Cependant des recherches récentes, notamment celles d'Adametz, ayant établi que les maturations anormales des fromages (maladies) étaiant provoquées par l'introduction dans le lait d'organismes anormaux, bactéries, levures ou moisissures, Freudenreich a confirmé ces résultats expérimentalement. Il a démontré, en effet, que si l'on fabrique du fromage avec du lait dans lequel on a introduit préalablement certaines bactéries nuisibles, le fromage subissait une fermentation anormale tandis que le fromage témoin mûrissait parfaitement.

D'après le même savant bernois, faute de renfermer en quantité suffisante les bactéries favorables, 40 pour 100 des fromages d'Emmenthal n'arrivent pas à une maturation normale, et à plus forte raison la plupart des imitations qui n'ont ni le goût ni l'arome caractéristiques de cet excellent fromage.

D'après M. Grotenfeld de Finlande (et nous sommes entièrement de son avis), il en serait de même pour la plupart des fromages français à pâte molle, qu'en dehors de leurs pays d'origine on ne parvient qu'exceptionnellement à obtenir avec le goût et l'arome qui les caractérisent.

Dans l'état actuel de nos connaissances, on ne peut prévoir encore quelles applicatious pratiques résulteront, dans l'avenir, de toutes ces savantes et intéressantes recherches. Cependant il y a lieu d'espérer que l'on parviendra à faire mûrir les diverses variétés de fromages avec *les cultures pures* des espèces appropriées, ce qui aura pour résultat de faire disparaître la grande majorité des mauvais produits et de les remplacer par d'autres de qualité uniforme et supérieure.

NOTA.

Fromages toxiques. — Nous ne croyons pas devoir terminer ce chapitre sans dire quelques mots de ces fromages.

Dès 1883, on a signalé, en Amérique, de nombreux cas d'empoisonnements causés par des fromages vénéneux; depuis on a constaté les mêmes faits, en Allemagne, en Russie et même en Angleterre. M. Vaughan a fait des recherches très complètes dans le but de découvrir la véritable cause de ces empoisonnements, et, d'après ce savant, elle serait due à la présence d'un *alcaloïde volatil* particulier auquel il a donné le nom de *tyrotoxicon* (poison du fromage).

Jusqu'ici, malheureusement, on n'a pas encore déterminé sous quelle influence se développe ce poison, ni comment on peut en prévenir le développement.

CHAPITRE IV

DES APPAREILS DE CHAUFFAGE DU LAIT AVANT SA MISE EN PRÉSURE. — SYSTÈMES DIVERS DE CHAUFFAGE DES FROMAGERIES.

I. DES APPAREILS DE CHAUFFAGE DU LAIT.

Nous avons dit dans le chapitre précédent que, lorsqu'il était nécessaire de chauffer le lait avant de le mettre en présure, ce chauffage devait avoir lieu au bain-marie ou à la vapeur.

1° *Chauffage du lait au bain-marie.*

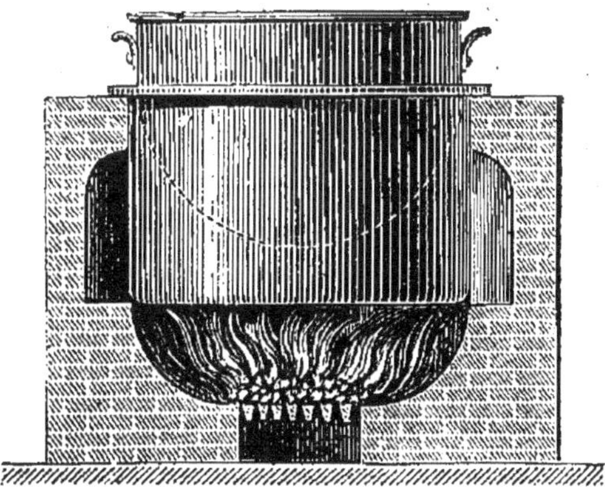

Fig. 283.

Ce chauffage s'effectue facilement à l'aide de l'appareil représenté figure 283.

Bassines à bain-marie pour fromageries.

Bassine intérieure en cuivre étamé et chaudière extérieure en fer.

Prix, suivant contenance de la bassine [1].

100 litres.....	200 fr.	700 litres.....	705 fr.
300 —	380	900 —	920
500 —	560	1.000 —	1.000

Si l'on veut éviter l'emploi d'un tuyau qui doit traverser l'enveloppe du bain-marie, ce qui occasionne quelquefois des fuites, on peut se servir, pour trans-

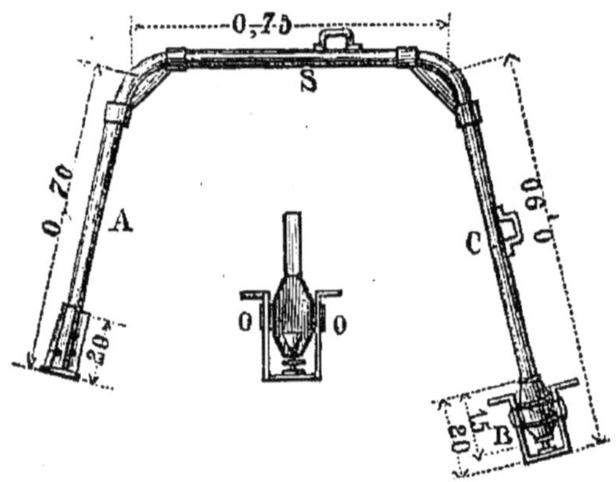

Fig. 284.

vaser le lait chaud, d'un grand siphon S en fer étamé (fig. 284), dont le maniement est bien connu.

Remarque. — C'est ici l'occasion de rappeler ce que nous avons dit page 59, relativement à l'application inverse que l'on peut faire des réfrigérants simples. On comprend, en effet, qu'en faisant passer à l'intérieur de ces appareils de l'eau à 40 ou 50 degrés au lieu d'eau froide, et en faisant circuler à l'extérieur le lait que l'on

[1] Chez Deroy, constructeur, 75, rue du Théâtre, Paris-Grenelle.

veut réchauffer, on pourra amener très rapidement et très économiquement ce lait à la température voulue.

2° *Chauffage du lait à la vapeur.*

Ce mode de chauffage du lait peut avoir lieu dans des conditions différentes, suivant l'importance de la fromagerie ou de la ferme à laquelle elle est annexée.

Dans les exploitations qui comportent l'usage d'une machine à vapeur destinée à mettre en action la pompe à élever l'eau, et d'autres appareils, etc., on peut utiliser une partie de la vapeur du générateur pour réchauffer le lait. De même, dans les fromageries où l'on traite plusieurs milliers de litres de lait par jour, l'installation d'un générateur spécial de vapeur offre de grands avantages au point de vue du chauffage du lait et des divers locaux qui composent l'usine. (Voir chap. v, fabrication industrielle du fromage de Brie dans la Meuse.)

Nous allons indiquer ici deux systèmes de générateurs pouvant être établis dans les laiteries et fromageries, suivant leur importance.

1° *Générateurs pour le chauffage du lait dans les petites et moyennes fromageries* (fig. 285).

Prix des générateurs à vapeur chez M. Deroy.

Quantité de lait pouvant être portée à 60° en une demi-heure.	PRIX
—	—
De 400 à 700 litres..............	250 à 355 francs.
De 800 à 1.000 —	380 à 425 —

Il convient d'ajouter les prix : 1° des ferrures du fourneau; 2° de la maçonnerie de celui-ci, variable suivant les pays.

2° *Générateurs pour grandes fromageries* (fig. 286).

Ces générateurs sont des chaudières tubulaires et inexplosibles, timbrées à 6 atmosphères, et que M. Deroy se charge également de fournir aux prix indiqués ci-dessous.

Fig. 285.

1. Chaudière. — 2. Robinet de prise de vapeur. — 3. Robinet d'entrée d'eau. — 4. Soupape de sûreté. — 5. Robinet d'air. — 6. Niveau d'eau. — 7. Robinet de vidange.

SURFACE de chauffe.	PRIX de la chaudière nue.	PRIX des accessoires.
—	—	—
1 à 6 mètres.	330 à 1.140 fr.	210 à 360 fr.
8 à 12 —	1.630 à 2.350	405 à 455

Nota. — Nos lecteurs trouveront également des générateurs pour moyennes et grandes fromageries, chez MM. Breuil et Risacher, constructeurs-mécaniciens, 91, boulevard de Vaugirard, à Paris.

DES CUVES POUR LE CHAUFFAGE DU LAIT A LA VAPEUR.

On peut adopter pour ce chauffage l'un des systèmes de cuves suivants :

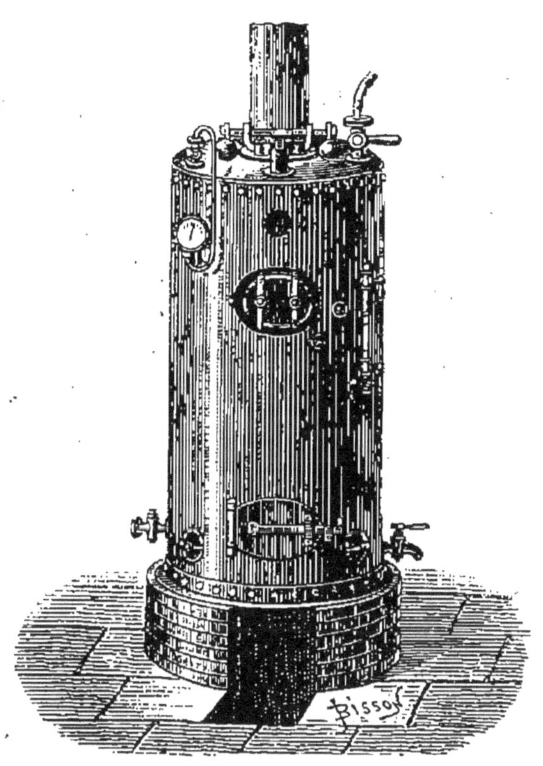

Fig. 286.

1° *Cuve mixte, bois et cuivre* (fig. 287).

La figure 287 représente une cuve en bois de sapin rouge ou de chêne, dans laquelle est encastrée une chaudière demi-sphérique en cuivre étamé, destinée à recevoir le lait que l'on veut chauffer. Après le chauffage, le lait peut être transvasé dans les récipients où il doit être mis en présure, à l'aide du siphon (fig. 284) précédemment indiqué.

Prix des cuviers précédents (chez M. Deroy, précité).

DIAMÈTRE	CAPACITÉ	SAPIN ROUGE de 0,04 c. et 3 cercles en fer.	CHÊNE de 0,0357 et 3 cercles en fer.
1m,26	400 litres....	285 francs.	330 francs.
1,50	800 —	410 —	465 —
1,65	1.000 —	520 —	580 —
1,90	1.300 —	610 —	675 —

Fig. 287.

T. Tuyau d'arrivée de la vapeur dans le double fond.
R. Robinet de sortie de la vapeur ou de l'eau de condensation de celle-ci.

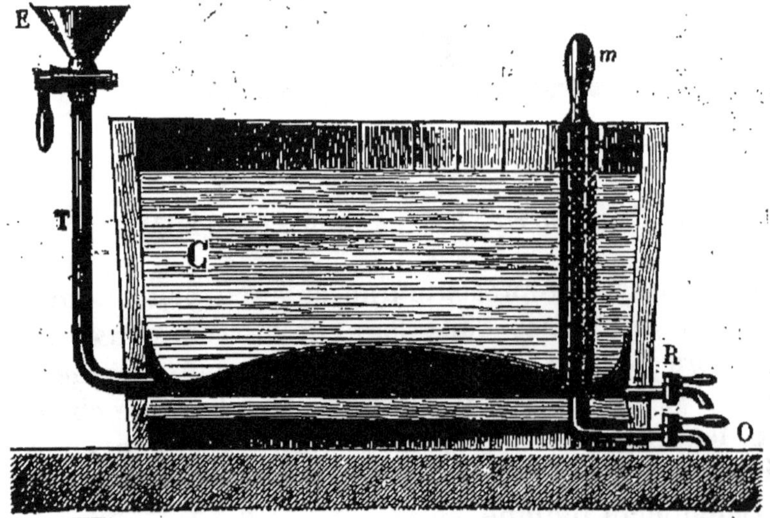

Fig. 288.

En Allemagne et aussi en Amérique, on emploie beaucoup le système de cuve représenté figure 288, et qui permet de soutirer le petit-lait du caillé préalablement découpé.

2° *Cuve mixte (cuivre et fonte)*, fig. 289 et 290.

Ces cuves sont à double enveloppe formée d'un récipient en cuivre, avec double fond extérieur en fonte; elles sont montées sur des pieds dont on peut faire varier la hauteur à volonté, suivant qu'elles doivent servir au chauffage du lait seulement ou à la fabrication de certains fromages cuits.

La chaudière *boule* (fig. 290) offre cet avantage que,

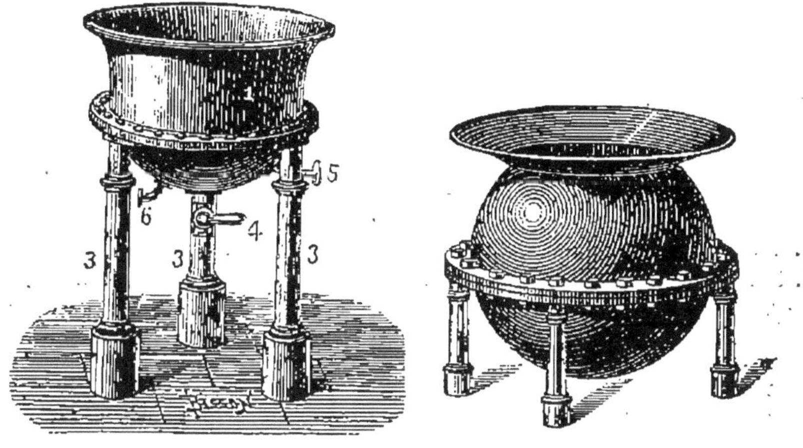

Fig. 289. Fig. 290.

1. Bassine de cuivre. — 2. Double fond extérieur en fonte. — 3. Pieds en fonte. — 4. Robinet de vidange. — 5. Prise de vapeur. — 6. Sortie de vapeur.

pendant le chauffage du lait, les mousses débordent plus difficilement.

Prix des cuves mixtes chez M. Deroy.

1° *Chaudières évasées* (fig. 289) ; 2° *chaudières boules* (fig. 290).

	CAPACITÉ	PRIX	PIEDS EN FONTE La pièce.
	—	—	—
1°	De 50 à 400 litres.	175 à 625 francs.	8 à 15 francs.
	De 500 à 1.200 —	725 à 1.450 —	15 à 18 —
2°	De 50 à 300 —	275 à 906 —	—
	De 400 à 1.200 —	1.000 à 2.200 —	—

Cuve à fromage (système américain).

Cette cuve, représentée dans la gravure (chap. IX), est très employée non seulement en Amérique, mais aussi en Danemark, en Prusse, en Hollande, etc. Elle se compose d'un bassin rectangulaire en fer étamé disposé dans une bâche en bois qui repose sur six pieds; à un bout de la bâche se trouve un réservoir contenant l'eau qui doit circuler, chaude, autour du bassin qui renferme le lait.

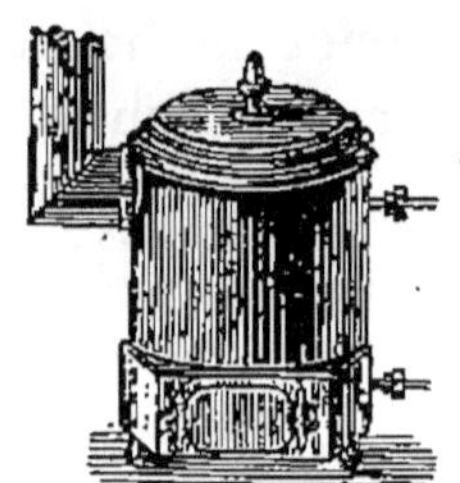
Fig. 291.

Cette eau peut être chauffée soit directement par un jet de vapeur, soit à l'aide d'un poêle (fig. 291) à circulation d'eau. Dans l'intérieur de ce poêle se trouve un serpentin dans lequel circule de l'eau, et qui communique avec le réservoir de la cuve à fromage.

M. Ahlborn, à Hildesheim (Hanovre), construit ces appareils aux prix suivants :

Poêle à circulation d'eau chaude, 67,50 marks.
Cuve à fromage d'une capacité de 400 à 1,000 litres, 215 à 360 marks.
La bâche extérieure, garnie avec des plaques, 25 pour 100 en plus.

Nous aurons occasion de reparler de ces divers systèmes de cuves, quand nous traiterons de la fabrication des fromages pressés ou cuits.

II. SYSTÈMES DIVERS DE CHAUFFAGE DES FROMAGERIES.

Nous avons vu dans le chapitre précédent qu'une des conditions de réussite dans la fabrication des fromages affinés résidait dans la constance de la température des divers locaux, et nous avons dit que l'on devait s'appliquer à obtenir, en moyenne :

Dans la fromagerie proprement dite, 18°.
— le séchoir. . . . . de 13 à 14°.
— la cave d'affinage. . . . . . de 11 à 12°.

Or, s'il est facile de maintenir la cave d'affinage à la température voulue, et le plus souvent sans faire de feu, il n'en est pas de même pour les deux premiers locaux, pendant la majeure partie de l'année. Il est donc nécessaire d'avoir recours au chauffage, en employant l'un des trois systèmes suivants :

1° Chauffage au poêle; 2° à la vapeur: 3° à l'eau chaude (thermosiphon).

1° *Chauffage au poêle.*

Ce mode de chauffage a été jusqu'ici le plus généralement employé dans les laiteries et fromageries; mais il ne faut pas se dissimuler qu'il offre de nombreux inconvénients.

1° Avec les poêles, il est difficile d'obtenir une chaleur égale dans toute la pièce; il fait trop chaud près du foyer et trop froid plus loin, surtout si les locaux sont un peu grands. 2° Les poêles réclament une surveillance continuelle, ils ont besoin d'être fréquemment rechargés, et souvent, pendant qu'on procède à cette opération, ils fument, et l'atmosphère de la fromagerie se trouve viciée. 3° Pendant la saison froide, il faut entretenir les poêles pendant la nuit: autrement ils s'éteignent, et le matin l'on constate que la température intérieure est descendue à 8 ou 10°.

On peut cependant faire disparaître la plupart de ces inconvénients en substituant au poêle ordinaire un poêle mobile à roulettes, semblable à ceux qui sont si employés aujourd'hui pour le chauffage des appartements. M. Ravallet, qui a fondé à Noyal-sur-Vilaine, près Rennes, une importante fromagerie, nous disait, en 1888, avoir adopté ce système de chauffage et en être très satisfait. Ledit poêle mobile (fig. 292) se charge de coke, matin et soir, et la consommation en combustible est de 50 à 70 centimes en 24 heures.

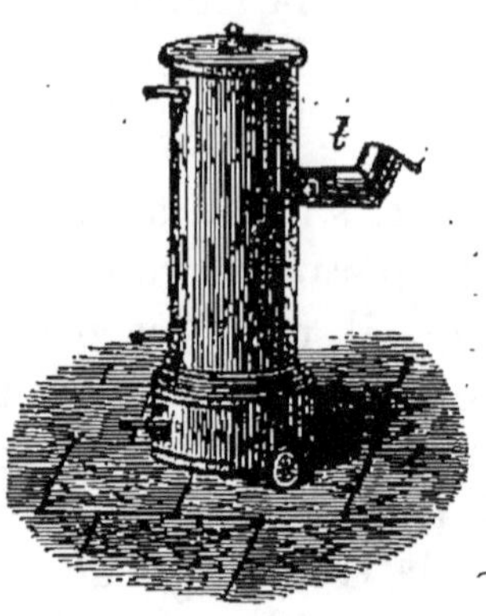

Fig. 292.

Les producteurs qui voudraient suivre cet exemple ne devront pas perdre de vue que, partout où le poêle sera transporté dans la fromagerie, le petit tuyau recourbé *t* devra pouvoir s'emboîter dans un autre communiquant avec l'extérieur; autrement l'atmosphère ambiante ne tarderait pas à être viciée par les produits de la combustion du coke, ce qui nuirait non seulement au fromage, mais plus encore aux personnes travaillant dans la fromagerie.

2° *Chauffage à l'eau chaude, à basse pression.*

Ce système n'est autre que celui employé pour le chauffage des serres et aussi des appartements et que l'on désigne sous le nom de chauffage *au thermosiphon*.

En 1878, M. Bénard, agriculteur distingué à Coupvray, près d'Esbly (Seine-et-Marne), a non seulement installé ce mode de chauffage dans sa fromagerie, mais, en outre, lui a donné le nom de *tyrotherme* (du grec τυρός fromage).

Les figures qui suivent représentent le plan et la coupe d'une fromagerie chauffée par ce système.

L'appareil à eau chaude peut chauffer :

1° A 18°, une fromagerie de 10 mètres de longueur, 4 mètres de largeur et 3ᵐ, 50 à 4 mètres de hauteur.

2° A 14°, un séchoir de mêmes longueur et hauteur, et de 5 mètres de largeur.

La température de l'eau dans la chaudière ne dépassant pas 25 à 30°, et la dépense en combustible, 75 centimes par jour.

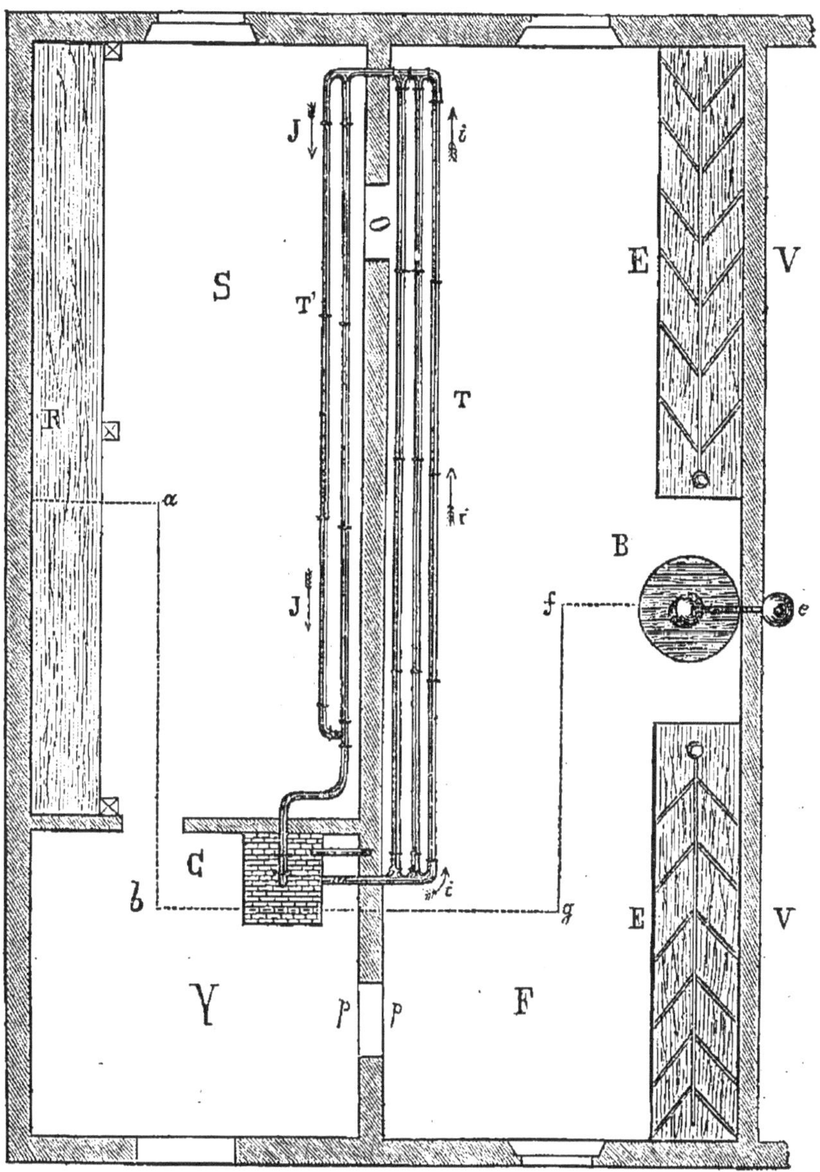

Fig. 293. — Chauffage à l'eau chaude d'une fromagerie.

Nous allons maintenant donner la légende des figures

261 et 262, dans lesquelles les mêmes lettres correspondent aux mêmes parties :

La figure 294 donne à l'échelle de 5 millimètres pour mètre le dessin de la chaudière C en fonte n° 0, propre à produire le chauffage de l'eau qui doit circuler dans la fromagerie.

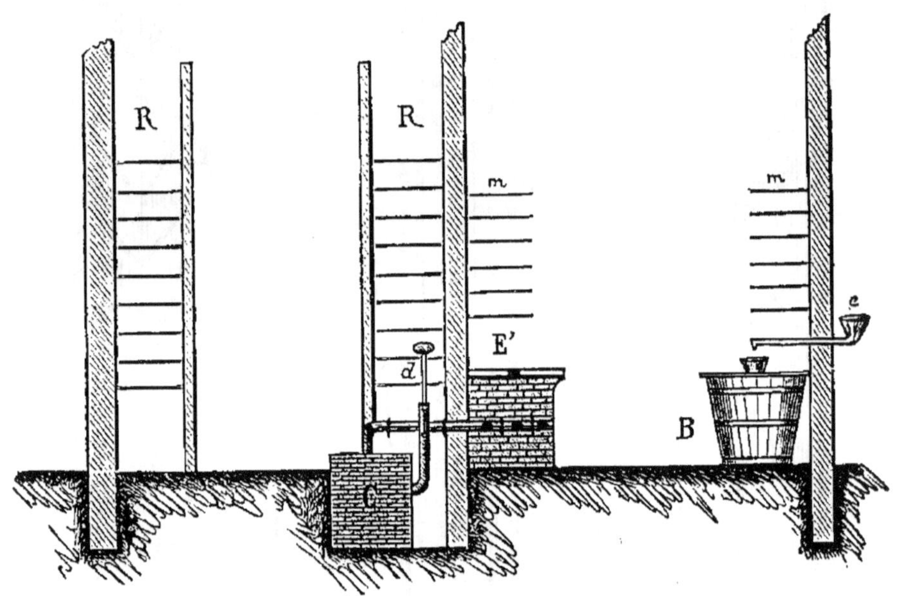

Fig. 294.

Légende des fig. 293 *et* 294.

Y. Vestibule dans lequel est installée la chaudière. — F. Fromagerie proprement dite dans laquelle ont lieu la mise en présure du lait, le dressage, l'égouttage et la salaison des fromages. — S. Séchoir. — C. Chaudière du thermosiphon dont le détail est donné figure 295. — *d*. Tuyau d'alimentation d'eau de la chaudière. — T. Tuyaux en fonte pour la circulation de l'eau chaude suivant les flèches *ii*. — T'. Tuyaux de retour dans la chaudière de l'eau refroidie, suivant les flèches JJ. — Ces tuyaux sont placés sous l'égouttoir E' dans la fromagerie, et sous l'étagère *d* dans le séchoir.

Pour les autres indications relatives à la fromagerie proprement dite, voir p. 627.

Le prix de l'installation qui précède est de 645 francs, y compris la construction du fourneau; chez M. Paul Lebœuf, 7, rue Vésale, Paris.

Il suffit d'adresser à M. Lebœuf le plan des locaux à chauffer pour recevoir un devis indiquant exactement la dépense nécessaire, suivant les circonstances.

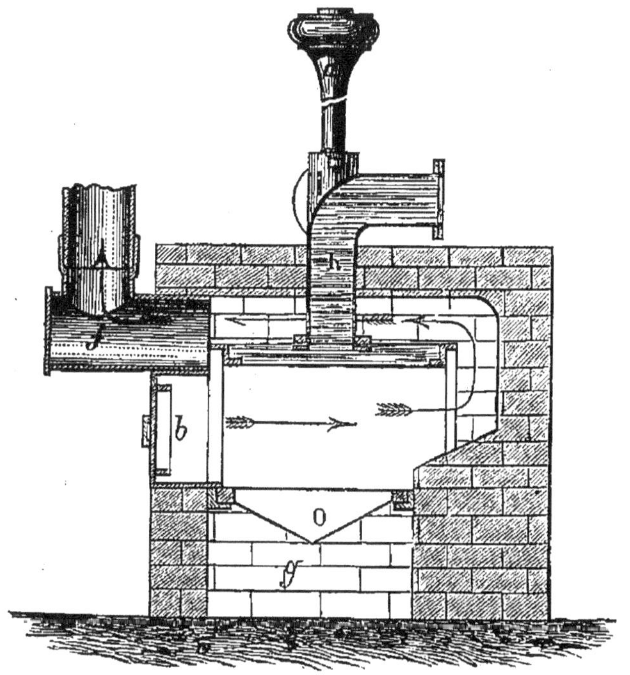

Fig. 295. — *h*. Sortie de l'eau chaude. — *d*. Tube d'alimentation de la chaudière. — *i*. Indicateur de niveau. — *f*. Sortie de la fumée après circulation, suivant les flèches. — *o*. Grille. — *g*. Cendrier.

3° *Chauffage à la vapeur à basse pression.*

Le chauffage précédent est très satisfaisant quand il s'agit d'entretenir une température constante et déterminée d'avance, dans un local ou plusieurs locaux séparés; mais il devient insuffisant quand il est nécessaire de faire varier à volonté et rapidement la température d'une pièce à l'exclusion de celle des autres. Dans ces conditions, c'est le chauffage à vapeur à basse pression qui doit être préféré, toutes les fois que l'importance de la fromagerie comporte l'application économique de ce système.

Ce mode de chauffage consiste à installer le long des parois des locaux à chauffer, et à une petite hauteur au-dessus du sol, des tuyaux en fonte dans lesquels on fait arriver de la vapeur par un petit tuyau en cuivre.

En repassant à l'état liquide, cette vapeur abandonne sa chaleur latente de vaporisation aux tuyaux en fonte, qui la cèdent à leur tour à l'air ambiant.

Dans les exploitations où l'on produit de la vapeur à 5 ou 6 atmosphères, utilisées d'abord comme *force motrice* pour faire marcher la pompe à élever l'eau, la machine à battre, le coupe-racines, le hache-paille, le concasseur, etc., on peut ensuite faire servir la vapeur d'*échappement* pour le chauffage des locaux de la fromagerie. Dans ces conditions, ce système de chauffage devient très économique, en même temps qu'il permet d'obtenir une température égale et facile à régler dans toutes les pièces de la fromagerie, que celles-ci soient toutes situées au rez-de-chaussée, ou bien à des étages différents; exemple : cave dans le sous-sol, fromagerie au rez-de-chaussée, séchoir ou haloir au premier étage. On peut également faire circuler cette vapeur dans des tuyaux de cuivre qui longent les murs des différents locaux. Le chauffage à la vapeur est encore tout indiqué dans les fromageries qui exigent l'installation d'un générateur spécial, soit parce que l'on a chaque jour de grandes quantités de lait à réchauffer, soit parce que la nature du fromage fabriqué comporte un degré de cuisson plus ou moins élevé.

Les producteurs qui voudraient adopter ce mode de chauffage pourront s'adresser à MM. Breuil et Risacher, constructeurs-mécaniciens, 91, boulevard de Vaugirard, Paris, et aussi à M. Deroy fils aîné, à Grenelle.

Nous aurons l'occasion de revenir sur cette question du chauffage des fromageries, dans le chapitre XI de cette 3e partie, quand nous traiterons de la fabrication des fromages cuits et pressés, tels que le gruyère, notamment.

CHAPITRE V

PREMIÈRE CLASSE : FROMAGES DE CONSISTANCE MOLLE. DEUXIÈME CATÉGORIE : FROMAGES AFFINÉS

I. FROMAGES DE BRIE.

Fabrication dans les fermes de Seine-et-Marne, de l'Oise, etc.

Les principaux centres de fabrication de ce fromage, dont la réputation est européenne, sont, en Seine-et-Marne :

1° L'arrondissement de Meaux, dans les vallées du Grand et du Petit Morin, et la plaine à terres fraîches qui les sépare, ainsi que dans les cantons de Crécy, de la Ferté-sous-Jouarre;

2° L'arrondissement de Coulommiers, à Rozoy en Brie, la Ferté-Gaucher, etc.

Vers Nangis, Tournan, Mormant, et sur quelques autres points des arrondissements de Melun et de Provins, on fait encore quelques fromages; mais l'engraissement des veaux et la vente du lait pour Paris constituent les deux principales industries.

On distingue trois qualités de fromages de Brie : 1° les fromages *gras,* qui comprennent les *ordinaires* et ceux de *choix;* 2° les fromages *demi-gras;* 3° les fromages *maigres.*

Les fromages *gras* sont fabriqués avec du lait non

écrémé, et parmi ceux-ci, les plus estimés sont ceux d'automne, appelés encore fromages de *saison* ou de *regain;* les fromages de *choix* sont additionnés de la crème douce d'une traite précédente. Ce sont ces derniers, dit M. Teyssier des Farges, qui ont été servis au Congrès de Vienne, où ils ont été proclamés les premiers du monde; mais aujourd'hui, ce genre de fabrication est très restreint, et ce n'est guère que parmi les coulommiers de luxe que l'on retrouve des fromages fabriqués avec du lait préalablement additionné de crème. Les fromages *demi-gras* sont préparés avec deux traites, dont l'une a été, au préalable, plus ou moins écrémée. Enfin les fromages *maigres* sont obtenus avec du lait presque complètement écrémé. Dans ce chapitre, nous nous occuperons plus particulièrement de la fabrication des fromages *gras*.

Disposition des fromageries en Seine-et-Marne.

Les fromageries en Seine-et-Marne se composent le plus souvent de deux pièces seulement : la *fromagerie* proprement dite et le *séchoir*.

Dans la première pièce ont lieu la mise en présure du lait, le dressage, l'égouttage et la salaison des fromages; dans la seconde, les fromages subissent un affinage plus ou moins avancé, jusqu'à l'époque où ils sont livrés au commerce.

L'absence de caves dans la plupart des fromageries de la Brie tient à la nature du sous-sol, qui, appartenant à la formation dite : *argiles à meulières de la Brie,* retient l'eau à une faible profondeur.

Pour obtenir un bon fromage gras de Brie, il faut un lait produit par des vaches bien nourries; mais plus le lait est riche, plus il faut de chaleur pour obtenir un bon égouttage du caillé. C'est afin d'obtenir la température nécessaire, environ 18°, que dans beaucoup de fromageries de la Brie, on a pris l'habitude de faire communiquer la vacherie avec la laiterie par une large ouverture. Cette disposition, considérée comme excellente par certains producteurs, est, selon nous, très vicieuse et présente de nombreux inconvénients.

En hiver, on est obligé de tenir les animaux toujours renfermés et de clore hermétiquement les portes et les fenêtres de la vacherie. Cette claustration absolue est très nuisible à la santé des animaux; en outre, la respiration des vaches charge l'air ambiant, non renouvelé, d'un excès de vapeur d'eau qui entre dans la fromagerie et y entretient une atmosphère humide et nuisible à la bonne fabrication des produits. Il est vrai que pour obvier à ces inconvénients on a recours, en hiver, au chauffage direct des fromageries à l'aide de poêles ou de calorifères; mais nous avons vu dans le chapitre précédent que ce mode de chauffage n'était pas sans inconvénient.

Fabrication du fromage de Brie en Seine-et-Marne.

Avant d'entrer en matière, nous résumerons en quelques lignes ce que nous avons dit dans le chapitre précédent au sujet de l'affinage ou maturation des fromages à pâte molle dont nous pouvons prendre le BRIE comme type principal.

Le brie est un des fromages dont la maturation s'accomplit sous l'influence de deux sortes de micro-organismes, à l'extérieur, les *mucédinées*, à l'intérieur, les *microbes*.

La mucédinée qui se développe habituellement à la surface des fromages de cette catégorie est le *penicillium glaucum*, qui s'attaque de préférence aux acides organiques et notamment à l'acide lactique du sérum retenu par le caillé et prépare, en brûlant cet acide, le terrain alcalin favorable au développement des microbes de la caséine.

Parmi ceux-ci, les uns sont d'actifs producteurs de

caséase, principe dont nous connaissons l'action sur la caséine, les autres se nourrissent de cette caséine dissoute, en fournissant à leur tour d'autres produits sapides et odorants qui donnent à la pâte une saveur caractéristique.

Ce sont ces phénomènes qui constituent la maturation des fromages et qui, lorsqu'ils dépassent une certaine limite, fournissent des fromages *couleux* ou d'autres piquants au goût et à l'odorat, par suite d'une action trop avancée des microbes, qui a pour conséquence le développement dans la pâte d'acides gras volatils et d'amoniaque [1].

Nous rappellerons également que la moisissure blanche que l'on voit apparaître à la surface des fromages transportés au séchoir, est formée de filaments mycéliens entrelacés, mais en ajoutant que Duclaux a reconnu qu'il ne fallait pas laisser ce mycélium se développer trop et surtout montrer ses filaments *sporifères* (p. 28), qui bientôt feraient prédominer, à la surface du fromage, la moisissure *bleue* et même *noire*, cette dernière si redoutée dans les fromageries.

Quand on voit, dans le séchoir, la moisissure *bleue* avoir tendance à prédominer, on y remédie : 1° en multipliant les retournements, qui brisent et aplatissent les filaments sporifères; 2° en abaissant la température du séchoir (parce que la chaleur pousse au bleu), mais sans exagérer cet abaissement, afin de ne pas arrêter la fermentation. Dans ces conditions, la moisissure blanche, légèrement bleuâtre, ne tardera pas à passer au jaune rougeâtre, teinte si recherchée par les producteurs.

Fabrication proprement dite du fromage de Brie.

En ce qui concerne la fabrication proprement dite du fromage dans la Brie, il nous suffira pour la décrire de

[1] Duclaux, *la Laiterie*.

résumer en quelques lignes les indications contenues dans le chapitre III, 3e partie.

Mise en présure. — Immédiatement après la traite, le lait coulé à travers un tamis est réparti dans des récipients en terre (fig. 263) ou en fer battu, dont la capacité varie de 16 à 30 litres. La mise en présure a lieu généralement à une température assez élevée, 30° à 33°, mais en employant de la présure *faible*, ou bien encore la caillette elle-même, que l'on fait agir sur le lait de la manière suivante : cette caillette, ou *mulette*, fortement épicée et salée, est conservée dans la saumure, dans un pot de grès et à l'air. On frotte avec elle, en donnant un tour, un tour et demi ou deux tours, selon la qualité et la quantité de lait à emprésurer, une petite sébile en bois qui, imprégnée alors de présure, sert à brasser le lait en tous sens dans les pots où il vient d'être coulé. Il est inutile d'insister sur le vague de cette pratique et la nécessité d'y substituer un mode d'emprésurage plus rationnel.

Dressage, égouttage, salaison. — Toutes ces opérations ont lieu successivement dans la première partie de la fromagerie et conformément aux indications renfermées dans le chapitre III.

La durée de la coagulation du lait paraît être, en moyenne, de trois à quatre heures, et celle de l'égouttage de quarante-huit à cinquante heures, suivant la saison et la température de l'atelier, qui ne doit pas descendre, autant que possible, au-dessous de 17°.

Dans l'arrondissement de Meaux, on sale avec du sel fin le plus blanc possible. Dans d'autres localités, on préfère le sel gris, et l'on y mêle même du charbon pilé, qui, dit-on, empêche les vers de se mettre dans le fromage ; c'est un pur préjugé.

Affinage des fromages. — Ordinairement, les fromages ne séjournent pas plus de deux jours dans l'atelier de dressage après la salaison ; ils sont portés ensuite dans la seconde pièce, le *séchoir*, et dès qu'ils commencent à prendre le *bleu*, c'est-à-dire à l'âge de quinze jours environ, ils sont expédiés sur les marchés de Paris et de Meaux.

De l'absence de caves dans la plupart des fromageries de Seine-et-Marne il résulte que les fromages de Brie sont livrés au commerce au bout de quinze jours ou trois semaines au plus, et que ce sont les détaillants qui se chargent d'en achever l'*affinage*. Ordinairement, les fromages *gras* et peu salés sont bons à manger au bout d'un mois, ceux plus salés et emprésurés plus ferme, au bout de cinq à six semaines seulement. Quant aux fromages dits de *saison*, leur affinage complet demande deux mois et demi à trois mois, de telle sorte que, fabriqués au commencement de l'automne, ils ne sont guère mis en vente avant le 15 décembre. Ces fromages offrent l'avantage de ne jamais couler et ont un goût exquis; on les fabrique surtout dans les environs de Coulommiers et de Melun.

Pour juger si l'affinage d'un fromage de Brie est parfait, les détaillants opèrent comme il suit :

Le fromage étant fraîchement coupé sur une certaine longueur, ils exercent avec le doigt une légère pression à la surface et sur le bord de la section fraîche. Si la matière caséeuse, réduite en bouillie homogène, ne coule pas sous l'influence de cette pression légère, mais forme simplement un bourrelet extérieur ayant pour épaisseur celle même du fromage, ce dernier est parfait comme affinage.

Les fromages demi-gras sont plus longs à se faire que les fromages gras, et leur affinage complet exige au moins deux mois; souvent on les active au moyen de la chaleur, mais c'est toujours aux dépens de la qualité.

La petite culture fournit principalement des fromages demi-gras et maigres; Montlhéry, Montfort en Seine-et-Oise en fabriquent également.

Il y a peu d'uniformité dans les dimensions et le poids des fromages de Brie livrés au commerce; le diamètre des *grands* moules varie de 30 à 40 centimètres, et l'épaisseur de 2 à 4 centimètres au plus; les fromages de moule *moyen* ont environ 25 à 30 centimètres, mais l'industrie fabrique moins de ces derniers. Le plus ordinairement, le fromage de Brie grand moule, lorsqu'on le porte au marché, pèse environ 2 kilogr. 500 à 2 kilogr. 800; le petit moule, 1 kilogr. 600.

A la halle de Paris, la vente des fromages de Brie se fait à la dizaine, mais il ne faut pas perdre de vue que ce qui se vend à la criée ne comprend guère les qualités supérieures, les bonnes marques étant expédiées directement à destination particulière. Il y a néanmoins une exception à faire pour les fromages de Brie vendus par les *forains,* et qui, généralement fabriqués dans les fermes de Seine-et-Marne, sont, comme les prix l'indiquent, d'une qualité bien supérieure à celle des fromages *façon brie* vendus par les facteurs.

En ce qui concerne la fabrication des fromages *gras* de la Brie, on peut admettre qu'il faut 18 à 19 litres de lait pour fabriquer un fromage grand moule pesant, lorsqu'on le porte au marché, 2 kilogr. 600 en moyenne. Si c'est un fromage de Brie *fermier* et de haute marque, en bonne saison, il pourra être vendu à raison de 60 francs la dizaine, 6 francs la pièce, ce qui fera ressortir le produit brut du litre de lait à 31 centimes.

Prix de vente des fromages de Brie aux Halles centrales, en mars 1895.

	LA DIZAINE
Fermiers, haute marque	50 à 70 francs.
Fermiers, grands moules	30 à 48 —
Moules moyens	25 à 35 —
Petits moules (Nanteuil)	20 à 28 —
Brie (laitiers)	15 à 24 —

En dehors du département de Seine-et-Marne, un certain nombre d'agriculteurs de l'Oise, de l'Aisne, etc., se livrent avec succès, dans leurs fermes, à la fabrication du fromage de Brie, et leurs produits rivalisent, sur les marchés et les concours, avec ceux fabriqués dans la Brie même.

Fromagerie de M. Bénard de Coupvray (Seine-et-Marne). — Chauffage par le tyrotherme.

Les figures 293 et 294, dont nous allons compléter ici la légende, nous serviront à donner une idée suffisante de l'installation adoptée par M. Bénard.

V. Vacherie mitoyenne de l'atelier F de dressage des fromages.

e. Entonnoir dans lequel on verse chaque seau plein de lait, immédiatement après la traite.

B. Grand récipient d'une capacité suffisante pour contenir la totalité de chaque traite ; un conduit qui traverse le mur mitoyen met en communication l'entonnoir *e* avec le récipient B.

F. Atelier de mise en présure, dressage, égouttage et salaison des fromages. Température constante, 18°.

O. Ouverture pour le passage des fromages salés de la première pièce F dans la seconde S.

pp. Double porte séparant de l'atelier F le vestibule Y, où est installée la chaudière à eau chaude.

EE. Tables à dresser et à égoutter les fromages. — *mm*. Tablettes.

S. Chambre dans laquelle sont introduits les fromages après l'égouttage et la salaison.

RR. Étagères de cette seconde pièce. — Température constante, 14°.

Dans cette fromagerie qui, en 1878, avait 8 mètres de longueur sur 7 mètres de largeur, les fromages séjournaient environ 48 heures dans l'atelier F, 5 à 6 jours dans le séchoir S et 3 ou 4 jours dans une troisième pièce plus aérée, où ils continuaient à prendre le velouté blanc bleuâtre. Ordinairement, au bout de douze jours de fabrication, les fromages de Coupvray étaient expédiés sur les marchés de Paris ou de Provins.

A cette époque, la vacherie renfermait 32 vaches laitières, et pendant l'année 1878, la production a été de 5,500 fromages, moyen moule.

M. Bénard vendait ses fromages, âgés de 12 jours seulement, 30 francs la douzaine, en moyenne; il estimait alors qu'en tenant compte de la consommation du lait par la ferme, du prix des veaux vendus et de la valeur des autres produits accessoires de cette industrie, beurre et petit-lait, le revenu de chaque vache de son étable s'élevait à 500 francs.

FROMAGE DE COULOMMIERS.

Outre les fromages de Brie grand moule et de premier choix, qui se fabriquent aux environs de Coulommiers, on produit encore, dans cet arrondissement, d'autres fromages plus petits, ordinairement de 13 centimètres de diamètre sur trois d'épaisseur, et qui sont dits de *Coulommiers*. Ces fromages, obtenus avec du lait pur, et souvent même additionné de crème prélevée sur un autre lait, se consomment frais ou affinés.

Parmi les producteurs qui se sont acquis une juste renommée dans cette industrie, nous citerons M. Decauville, qui, avec des vaches normandes donnant environ 3,700 litres de lait par an, retire un produit brut annuel de 1,000 francs par tête, en transformant son lait en fromages de Coulommiers[1].

Un aussi beau revenu est dû surtout à la sollicitude avec laquelle Mme Decauville préside à toutes les opérations de la laiterie.

Une partie du lait est vendue en nature à TRENTE CENTIMES le litre, en raison de la proximité de la ville et de la confiance inspirée par le nom de la fermière.

En été, on utilise une autre partie à la fabrication de petits fromages mous, qui sont vendus *blancs*, à Coulommiers, au prix de 10 à 30 centimes la pièce, suivant leur richesse en crème.

[1] CONVERT, *Excursion agricole des élèves de Grignon en Seine-et-Marne.*

Le reste du lait (et la presque totalité pendant la saison favorable) est transformé en fromages *affinés* de Coulommiers, du poids de 450 grammes environ. Ces fromages, dont la confection de chacun exige 4 litres de lait, se vendent 1 fr. 75 la pièce.

Pour arriver au degré de perfection qui justifie un prix aussi élevé, cette industrie exige non-seulement des locaux bien disposés (cave d'été et cave d'hiver) et entretenus avec une propreté méticuleuse, mais aussi une direction habile et une surveillance constante, qualités qui appartiennent en propre à Mme Decauville.

Au détail, à Paris, le prix des coulommiers est ordinairement de 1 fr. 50 pour ceux de petit format et du poids 500 à 550 grammes; ceux de grand format coûtent de 2 francs à 2 fr. 50, suivant la qualité et la grosseur.

II. FABRICATION INDUSTRIELLE DES FROMAGES FAÇON BRIE, FROMAGERIE DE LA MAISON DU VAL, PRÈS RÉVIGNY (MEUSE).

Les départements de la Meuse et de la Marne possèdent actuellement un grand nombre de fromageries, dans lesquelles on fabrique annuellement des quantités considérables de fromages *façon brie* et *façon coulommiers;* nous allons décrire celle de la Maison du Val, premier établissement de ce genre, créé en 1856 dans la région par M. Bailleux (Adrien), et devenu aujourd'hui une véritable manufacture de fromages.

III. FROMAGERIE INDUSTRIELLE DE LA MAISON DU VAL, PRÈS RÉVIGNY (MEUSE).

En 1874, 134 communes de la Meuse et de la Marne concouraient à l'alimentation de l'usine, et 2,123 fournisseurs ont livré à la fromagerie un total de 4,209,120 litres de lait. Nous allons résumer les opérations de fabrication telles que nous les avons observées sur place, en 1873 et qu'elles s'effectuent encore aujourd'hui.

Ramassage du lait chez les cultivateurs, transport à la fromagerie. — Le lait est *ramassé* dans les villages environnants par des hommes appelés *débardeurs*, qui réunissent les traites dans des pots en fer-blanc de 10 à 20 litres de capacité; ils les chargent sur des voitures et les transportent à la fromagerie.

La figure 296 représente une vue d'ensemble du local de réception et de chauffage du lait.

Coulage et chauffage du lait. — Dès qu'il est arrivé à la fromagerie une quantité de lait suffisante et que le contre-maître en a vérifié la qualité, on procède au coulage et au chauffage du lait, que l'on porte à une température de 25° en été et de 30° en hiver, dans les deux vastes coupoles représentées figures 296 et 297 chauffées au bain-marie.

Les coupoles destinées au chauffage du lait sont supportées par des colonnes L en fer forgé, reposant elles-mêmes sur des dés en pierre.

En avant du réservoir A se trouve une plate-forme en briques sur laquelle on dépose les pots à lait au fur et à mesure de leur réception; un ouvrier placé sur cette plate-forme prend les pots et en verse le contenu sur un grand tamis posé sur l'une ou l'autre des coupoles en cuivre. La vue d'ensemble (fig. 296) donne une idée de ces diverses opérations.

Le premier chauffage de 1,300 litres de lait dure environ quinze minutes; les chauffages suivants ne demandent que dix minutes.

Mise en présure du lait chauffé. — Une fois le lait porté à la température convenable, l'ouvrier donne un coup de sifflet destiné à avertir le camarade préposé à la réception du lait dans la fromagerie proprement dite (fig. 299), pièce mitoyenne de la première et qui, à la Maison du Val, n'a pas moins de quatre cents mètres carrés de superficie.

Il ouvre alors le gros robinet F, et le lait est conduit rapidement dans une rigole en fer étamé (fig. 298), qui

Fig. 296. — Chambre de réception et de chauffage du lait.

longe les deux côtés de la fromagerie où se trouvent les tables à dresser les fromages et qui, de distance en distance, est munie d'ajutages cylindriques fermés par des bouchons en bois légèrement coniques. En enlevant successivement chacun de ces bouchons, on fait tomber le lait chaud dans des seaux placés au-dessous de chaque ajutage, et une fois ces seaux remplis, on en transvase

Fig. 297.

immédiatement le contenu dans des baquets placés sur des tables voisines de celles à dresser.

Une fois le lait chaud réparti dans ces baquets, on y ajoute la quantité de présure nécessaire pour la coagulation de 60 à 65 litres de lait; on répartit uniformément ce liquide dans toute la masse, et l'on abandonne le tout au repos.

La température de la fromagerie (fig. 299) est maintenue, autant que possible, à 18° en hiver, à l'aide d'un courant de vapeur qui circule dans des tuyaux, et en été, en entretenant dans le local une ventilation suffisante.

Écrémage partiel. — Au bout de quarante minutes, le lait commence à prendre, et une certaine quantité de crème monte à la surface du lait; or, comme cette matière grasse séparée du caillé nuirait ultérieurement à la bonne confection des fromages, on procède à un écrémage partiel, environ deux heures et demie après la mise en présure.

La proportion de crème enlevée et qui, plus tard, est

Fig. 298.

transformée en beurre, fournit, au maximum, 1 kilogr. par 500 litres de lait, ou 2 grammes par litre, quantité véritablement minime.

Mise en moules ou dressage des fromages. — Quinze à trente minutes après l'écrémage, quand on voit que le petit-lait qui surnage le caillé est devenu suffisamment clair, on procède à la mise en moules.

Les formes dans lesquelles on fabrique les fromages façon brie à la Maison du Val ont les trois dimensions suivantes : grand moules, 40 centimètres; moyens, 34 centimètres; petits, 15 centimètres. Mais comme les opérations sont les mêmes, quelles que soient les gran-

Fig. 299. — Vue intérieure de la fromagerie proprement dite, à la Maison du Val.

deurs des moules, nous supposerons qu'il s'agit ici de la fabrication des fromages moyens, et nous continuerons notre description en ne nous occupant pour le moment que de ces produits.

Le dressage des fromages a lieu dans des moules en fer-blanc disposés sur un cajet de jonc très fin, qui repose lui-même sur un plateau de bois (fig. 270); on y introduit le caillé de chaque baquet, en se servant de la grande cuiller (fig. 266) et en opérant comme il a été dit page 580.

La quantité de fromages fabriqués journellement étant très considérable, il devient nécessaire de superposer les moules au fur et à mesure de leur remplissage. On en met jusqu'à cinq les uns sur les autres (fig. 300), et le petit-lait qui s'écoule de chaque cercle tombe en cascade d'un plateau sur l'autre, jusque sur la table à dresser, d'où il se rend dans une fosse spéciale.

Traitement des fromages sur la table à dresser (fig. 300). — On comprend que la superposition de cinq moules pleins de caillé doit avoir pour effet de faire peser les cercles sur les cajets avec une énergie en rapport avec le numéro d'ordre de chaque moule, et, par suite, de rendre moins facile l'écoulement du petit-lait. On obvie à cet inconvénient de la manière suivante :

Une heure après le remplissage des moules, quand le caillé s'est affaissé d'à peu près 1 centimètre, on descend le plateau supérieur p chargé de son cajet et de son cercle A, et on le place en A′ sur la table à dresser.

On soulève alors le cercle d'une hauteur de 2 à 3 millimètres, et on lui imprime pendant quelques instants un mouvement circulaire alternatif, afin de faciliter l'écoulement de la plus grande partie du petit-lait qui reste.

On descend ensuite le plateau q muni de son cercle B, on le place en B′ sur le cercle A′, et l'on imprime à ce cercle B′ le même mouvement circulaire. On descend de la même façon les plateaux portant les cercles C, D, E;

on les superpose en sens inverse, de telle sorte que, finalement, le cercle E, qui servait de base à la première colonne, se trouve à la partie supérieure de la seconde, et inversement pour le plateau A.

L'opération que nous venons de décrire est répétée

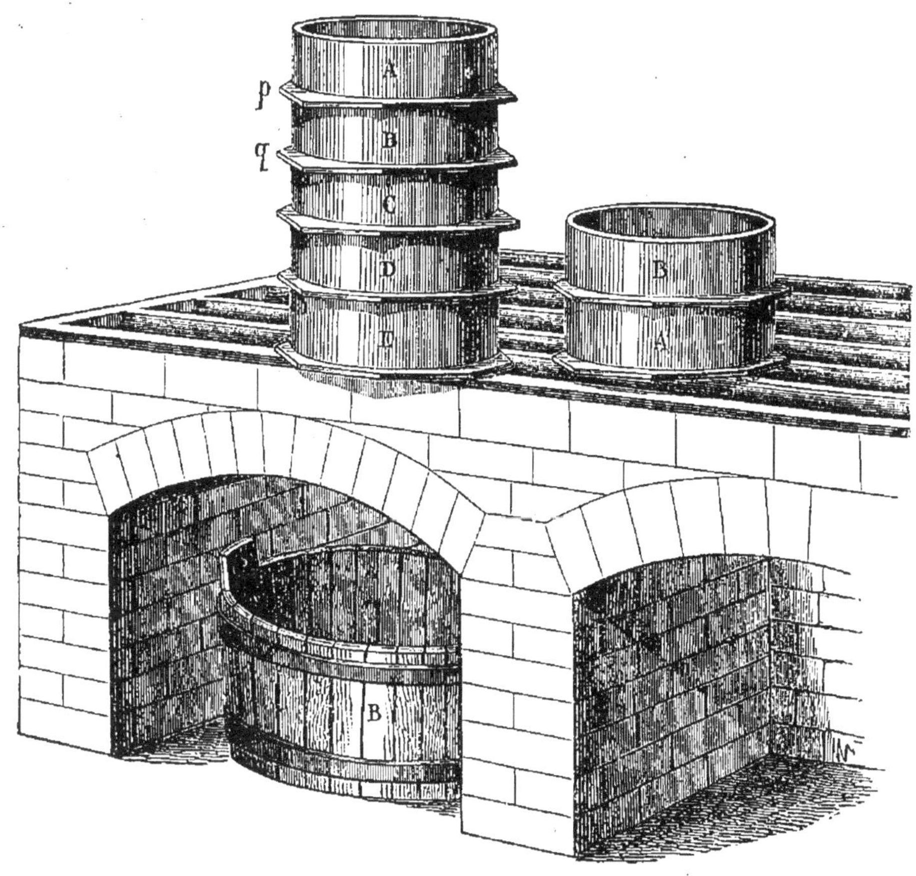

Fig. 300.

d'heure en heure, jusqu'à ce que le caillé se soit affaissé dans les cercles à la hauteur que le fromage doit sensiblement conserver; on procède alors à la *mise en éclisses*.

Mise en éclisses des fromages. — Cette opération s'exécute en effectuant sur chaque moule descendu sur la table avec son plateau l'opération décrite page 581. Au fur et à mesure de la mise en éclisses, on superpose les plateaux jusqu'à ce que l'on obtienne finalement une pile composée de six, sept, huit fromages renfermés dans ces petits cercles et reposant sur les cajets qui recouvrent les plateaux.

Lorsque tous les fromages ont été mis ainsi en éclisses,

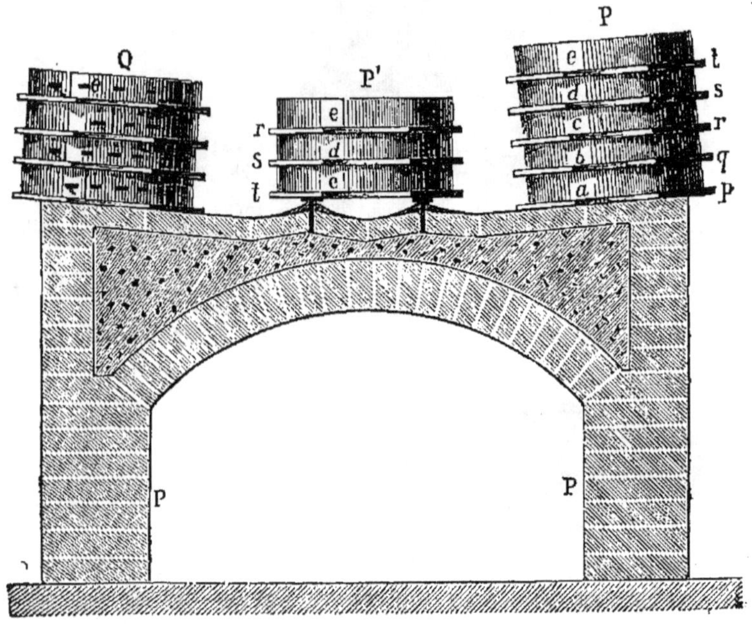

Fig. 301.

on donne aux piles une petite inclinaison en relevant légèrement l'un des bords du plateau inférieur, ce qui facilite l'écoulement du petit-lait, et l'on abandonne les fromages à eux-mêmes jusqu'au lendemain matin.

Dès cinq heures, le lendemain, on transporte les piles sur l'égouttoir (fig. 301), afin de débarrasser les *tables à dresser* qui vont être lavéees à grande eau et préparées pour la fabrication du jour.

Salaison et premier retournement aes fromages. — Les fromages sont disposés sur les tables à dresser comme l'indique la figure 301, c'est-à-dire que les piles sont placées, les unes P', sur les deux fers à T, les autres, P et Q, sur les bords légèrement inclinés de la table.

Deux ou trois heures après, on descend le plateau supérieur *t* de l'une des piles P, on dégrafe l'éclisse *e* qui entoure le fromage, on remplace le cajet mouillé par un autre bien sec, en retournant le fromage (voir p. 581), on sale celui-ci sur uue face et le pourtour, et on l'entoure de nouveau de son éclisse, que l'on boucle.

On descend le second plateau *s*, que l'on pose sur l'éclisse *e;* on retourne de la même façon le fromage renfermé dans l'éclisse *d,* on le sale, etc. En continuant ainsi, on obtient sur l'égouttoir une pile P, dont les plateaux et les éclisses sont disposés dans un ordre inverse du précédent.

Deuxième retournement. — *Six heures* après, quand le sel est bien fondu, on procède au deuxième retournement des fromages dans les éclisses, en substituant au cajet de jonc un autre en paille, et au fur et à mesure de ce retournement, on les superpose sur l'égouttoir, en en mettant jusqu'à dix et même quinze les uns sur les autres, suivant l'importance de la fabrication journalière.

Une heure après, c'est-à-dire lorsque les fromages ne laissent plus suinter de petit-lait, on enlève l'éclisse, on sale la seconde face, et chaque plateau, garni de son fromage salé, est ensuite transporté sur les rayons qui garnissent les murs de la fromagerie (fig. 299).

Là, les fromages restent *quatre jours,* pendant lesquels on les retourne une fois chaque jour, en ayant soin de substituer au cajet humide un autre de paille sèche, chaque fois que cela paraît nécessaire; les fromages sont ensuite portés au séchoir.

Remarque. — Nous avons dit plus haut, en supposant que la fabrication ait lieu en mai, par exemple, que la première salaison des fromages s'effectuait le lendemain du remplissage des moules, vers sept ou huit heures du matin. Nous devons ajouter que lorsque la température extérieure devient très élevée et que les mouches commencent à pulluler, comme en juillet, il devient nécessaire de saler un peu plus tôt et plus fortement. A cet effet, on opère la salaison de la première face et des bords des fromages le soir même du dressage, et le lendemain l'on sale la seconde face, en même temps que l'on frotte de sel les bords pour la deuxième fois.

Séjour des fromages au séchoir. — En arrivant dans ce local disposé comme il a été indiqué page 583, les fromages sont débarrassés de leurs plateaux et posés simplement avec leurs cajets de paille sur des tablettes pleines. Pendant leur séjour dans ce local, on les retourne tous les deux jours, en les changeant chaque fois de cajets.

Il se développe bientôt à la surface une belle moisissure blanche, *veloutée*, qui augmente chaque jour d'épaisseur en tirant peu à peu sur le bleu; une semaine après leur entrée au séchoir, on peut ordinairement transporter les fromages à la cave.

Séjour de fromages à la cave. — La cave, comme le séchoir, est garnie de tablettes superposées; on place dessus les fromages avec leurs cajets, et on les retourne tous les *deux* jours, en changeant les cajets toutes les fois que cela est nécessaire. La température dans ce local doit être maintenue entre 11 et 12 degrés. Pendant leur séjour à la cave, les fromages *s'affinent,* ils se ramollissent, en même temps que la moisissure bleuâtre qui les recouvre passe au *jaunâtre*, puis au *rougeâtre,* et *quinze jours* après leur entrée à la cave, les fromages de *grand* et *moyen* moule, bien conduits, sont convenablement *passés* et bons à être livrés à la consommation. L'affinage des petits fromages façon *coulommiers* (15 centimètres de diamètre) exige deux ou trois jours de moins.

Durée de la fabrication d'un fromage façon brie. — Nous allons récapituler ici les diverses opérations que nous venons d'étudier, ainsi que la durée de chacune d'elles.

Opération	Heure / durée	Total
Arrivée du lait à la fromagerie, en mai, par exemple..	5 heures du matin.	
Transvasement dans les chaudières, chauffage, remplissage des baquets.........	de 5 à 6 h. du matin.	
Mise en présure, écrémage partiel, coagulation du lait.	de 6 à 9 h. du matin.	
Dressage des fromages, égouttage, etc................	de 9 h. m. à 3 h. soir.	soit 1 jour 1/2.
Mise en éclisses...........	de 3 h. à 5 h. soir.	
Transport sur l'égouttoir le lendemain..............	à 5 heures du matin.	
Premier retournement et première salaison...........	à 8 heures du matin.	
Deuxième retournement et deuxième salaison.......	à 3 heures du soir.	
Séjour sur les rayons de la fromagerie..............	4 jours 1/2.	soit 12 jours 1/2.
Séjour au séchoir..........	8 jours.	
Séjour à la cave....................................		15 à 16 jours.
SOIT AU TOTAL.........		30 jours.

En résumé, dans des conditions normales, on peut fabriquer, en *un mois*, un fromage de grand et moyen moule convenablement passé et bon à être consommé. Un séjour plus prolongé à la cave présente de grands inconvénients, parce que les fromages en se desséchant diminuent de poids; ils se salent davantage et prennent souvent le goût de la paille sur laquelle on les laisse séjourner.

D'autre part, il est une circonstance qui vient simplifier les conditions de fabrication, c'est lorsque la consommation de ce fromage atteint son maximum, à Paris et dans les grandes villes de France. A cette époque, les fromages sont livrés au commerce dès qu'ils commencent à prendre le *bleu*, c'est-à-dire après douze ou quinze jours au plus de fabrication.

Poids des fromages. — Les poids moyens des trois grandeurs de fromages façon brie sont les suivants :

Fromage grand moule....	2 kilogr. 500 à 2 kilogr. 600		
— moyen moule....	1	»	700
Coulommiers...........	0	»	400

On peut admettre que 500 litres de lait rendent, en moyenne, 75 kilogrammes de fromage. Mais comme il est nécessaire, quand les fromages ont à voyager, de les faire sécher davantage afin de les soustraire aux chances de coulage, il en résulte que, le poids diminuant avec la dessiccation, il faut compter 7 *litres de lait pour* 1 *kilogramme de fromage.*

Or, M. Bailleux calculait que le litre de lait payé 12 centimes aux cultivateurs revenait, après transport, manipulation, etc., à 15 centimes; les 7 litres nécessaires pour fabriquer 1 kilogramme de fromage façon brie représentait donc une valeur de 1 fr. 05.

Or, le prix de vente du kilogramme de fromage étant en moyenne (sauf de juin à septembre) de 1 fr. 20 à 1 fr. 25, le bénéfice était donc de 15 à 20 centimes par kilogramme, sans compter la petite quantité de beurre prélevée sur le lait, ainsi que la masse du petit-lait qui sert à engraisser chaque année un nombre considérable de porcs.

Nous devons ajouter que de juin à septembre le fromage ne se vend pas plus de 1 franc le kilogramme. A ce prix la fabrication serait en perte, si pendant la même période le lait était payé aux cultivateurs 12 centimes; mais comme M. Bailleux contracte avec ses fournisseurs l'engagement de leur prendre leur lait toute l'année, il est stipulé dans la convention que le prix d'achat ne sera que de 10 centimes de juin à septembre.

En 1874, l'importance des opérations effectuées dans les deux fromageries de M. Bailleux, à la Maison du Val et à Courtisols (Marne), était telle, que le traitement annuel de près de six millions de litres de lait avait pour conséquence de mettre à la disposition de l'agriculture, dans le rayon d'exploitation des deux deux usines, environ *un million de francs*, et de fournir à l'alimentation publique près d'un million de kilogrammes de denrées alimentaires.

M. Bailleux (Adrien) peut être considéré, à juste titre, comme le fondateur de la fromagerie industrielle en France; il a rendu d'éminents services à son pays en créant, le premier, dans deux départements, la Marne et la Meuse, une industrie nouvelle; aussi les amis de l'agriculture ont-ils applaudi de tout cœur à la haute distinction dont il a été l'objet en 1874.

En 1885, M. Bailleux a cédé son établissement à MM. Desoutter frères et H. Fauré, ses trois neveux.

Le nombre des fromageries dans lesquelles on fabrique des fromages façon brie ou façon coulommiers, va toujours en augmentant dans les départements de la Meuse et de la Marne; nous avons cité antérieurement les établissements les plus importants, nous n'y reviendrons pas aujourd'hui.

Dans un grand nombre d'autres départements on retrouve ces mêmes fabrications, ainsi que chez les laitiers en gros de Paris, qui transforment leurs excédents de lait en fromages façon brie, désignés aux Halles sous le nom de *brie laitiers*.

De l'utilisation du petit-lait pour l'engraissement des porcs.

1° A la Maison du Val, chez M. Bailleux, le petit-lait qui s'écoule des fromages frais, soit sur les tables à dresser, soit sur les égouttoirs, se rend dans une fosse spéciale parfaitement cimentée. Une pompe, dont le corps est en fonte et le conduit d'aspiration en bois, sert à remonter le liquide dont une partie est donnée aux débardeurs et aux pauvres du pays, et dont l'autre sert à l'élevage et à l'engraissement des porcs.

Les gorets sont sevrés à six semaines; pendant les quinze jours qui suivent, on leur donne, en outre du petit-lait et deux fois par jour, de la farine d'orge, à raison d'un litre par quatre têtes. On diminue peu à peu la ration en farine, et à l'âge de deux mois, les gorets ne reçoivent plus d'autre aliment que du petit-lait, qu'ils consomment à la dose de 30 litres par tête et par jour, au maximum. A l'âge de neuf ou dix mois, les porcs soumis à ce régime donnent un poids vif de 125 kilogrammes en moyenne.

2° Chez M. Lahalle-Geoffroy, déjà cité page 586, on se livre exclusivement à l'engraissement dans les conditions suivantes : on fabrique à Bonnet (Meuse) bien plus en hiver qu'en été, en raison de la vente peu rémunératrice des fromages dans cette dernière saison ; mais pour utiliser tout le petit-lait on fait deux engraissements dans l'année, en achetant le double de gorets en hiver et en revendant en plusieurs fois les sujets engraissés.

Exemple d'un engraissement effectué en 1894-95.

Achat de gorets de 8 à 10 semaines. En hiver, 48; en été, 20 : total 68. *Coût*, tous frais payés, 2,563 francs, soit, par tête, 37 fr. 70. Poids total : 1,400 kilogr. environ.

Ration d'engraissement. — Cette ration se compose de petit-lait additionné de son, grains moulus ou cuits et pommes de terre en quantités variables suivant l'âge des sujets et la saison; quand vient l'été, on remplace la pomme de terre par une quantité sensiblement équivalente de riz.

Pendant les trois premiers mois, les gorets sont purgés tous les quinze jours.

On leur donne, *par tête* et *par jour* :

MOIS	PETIT lait.	SON	POMMES de terre.	ORGE moulue.	BLÉ cuit.	RIZ cuit.	DÉPENSES pour le lot.
	litres.	kilogr.	kilogr.	kilogr.	kilogr.	kilogr.	francs (1).
1	15	0,250	»	»	»	»	60
2	20	*Id.*	1	»	»	»	142
3	30	*Id.*	2	»	»	»	223
4	30	*Id.*	3	0,250	»	»	385
5	à volonté	»	3	0,250	0,350	»	465
6	*Id.*	»	3	*Id.*	*Id.*	»	465
7	*Id.*	»	»	*Id.*	*Id.*	0,500	445
8	*Id.*	»	»	*Id.*	*Id.*	0,500	445
			TOTAL...........................				2.630

(1) Dépenses totales sans tenir compte de la valeur du petit-lait.

Il faut ajouter au total précédent............	2.630 francs.
Soins du porcher et gratification pour 8 mois..	300 —
Mortalité $\frac{1}{20}$, cuisson des aliments, etc......	300 —
Achat de 68 gorets........................	2.563 —
TOTAL DES DÉPENSES....	5.793 francs.

Prix de vente : 8,680 kilogr. de poids vivant à raison de 114 francs les 100 kilogr......... 9.895 —

D'où un bénéfice de **4,100** francs.

En nous communiquant ce compte très intéressant, M. Lahalle nous faisait remarquer que généralement on vendait, en moyenne, 20 francs de moins les 100 kilogr., ce qui réduit le bénéfice de près de moitié, et que, souvent aussi, la mortalité dépassait, ailleurs qu'à Bonnet, la proportion de 1 sur 20.

Principales maisons fabriquant ou vendant les ustensiles propres à la fabrication des fromages de Brie, de Coulommiers et autres à pâte molle.

Pour la FERBLANTERIE, aux maisons déjà indiquées

page 116 nous ajouterons celle de M. A. Fleury, 89, boulevard Richard Lenoir, à Paris.

Vannerie, boissellerie, tonnellerie, brosserie, etc.

FABRICANTS	MM. Fleury, 83, faubourg Saint-Nicolas, à Meaux (Seine-et-Marne). Vasselon, à Fublaines, par Trilport, à Meaux (S.-et-M.). Geoffroy, à Nanteuil-les-Meaux, par Meaux — Baudoin, — — — Simonin Cuny, à Gérardmer (Vosges). Boîtes en bois.
DÉTAILLANTS	MM. Brayer, 48, rue du Marché, à Meaux (Seine-et-Marne). Jacquemin, 47, — — — Lemoine, 6, rue de Fublaines, — — Mme veuve Lorthioir, 9, rue des Prêcheurs, Paris.

Les arrondissements de Melun et Fontainebleau ne comptent pas de fabricants de ce genre d'ustensiles.

En outre, M. Cazaux, un de nos meilleurs élèves à Grignon et actuellement professeur départemental d'agriculture à Melun (Seine-et-Marne), nous a signalé comme produit spécial de la forêt de Fontainebleau le *cajet de cance* (la cance étant une graminée), très employé à Melun par les affineurs, qui le payent 0 fr. 50 à 0 fr. 60 la douzaine aux vieillards qui le confectionnent à temps perdu.

CHAPITRE VI

PREMIÈRE CLASSE : FROMAGES DE CONSISTANCE MOLLE. — DEUXIÈME CATÉGORIE : FROMAGES AFFINÉS. — I. FROMAGE DE CAMEMBERT (CALVADOS ET ORNE). — II. FROMAGE DE NEUFCHATEL, ETC. (SEINE-INFÉRIEURE). — III. FROMAGES AFFINÉS DIVERS.

I. FROMAGE DE CAMEMBERT.

Ce fromage a été fabriqué pour la première fois par Marie Fontaine, femme Harel, qui exploitait en 1791, avec son mari, une ferme située dans la commune de Camembert, près Vimoutiers (Orne) [1]. En 1813, sa fille aînée se maria au sieur Paynel, demeurant à Champosoult, et continua l'industrie de sa mère; elle a été l'origine de quatre maisons qui ont donné de l'extension et fait faire des progrès à la fabrication de ce délicieux produit du sol normand :

MM. Paynel aîné, à Grandchamp (Calvados).
Paynel (Cyrille), à Mesnil-Mauger (Calvados).
Paynel (Victor), à Champosoult (Orne).
Mme Paynel (Julie), femme Lebret, à Mézidon (Calvados).

C'est madame Morice, de Lessart, filleule de E. Paynel père, qui a établi dans le Calvados la première fabrique de fromage de Camembert.

[1] *Industrie fromagère dans le Calvados,* par J. Morière.

Fabrication du fromage de Camembert.

Ce fromage (fig. 302), qui a ordinairement 10 centimètres de diamètre sur 3 centimètres de hauteur, est un de ceux dont la fabrication, extrêmement délicate, demande des soins exceptionnels, exige des conditions particulières de température et présente, en un mot, infiniment plus de difficultés que celle d'aucun autre fromage.

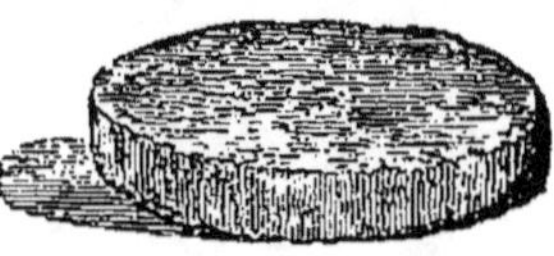
Fig. 302.

Nous allons décrire cette fabrication telle que nous l'avons pratiquée nous-même, en 1872, chez M. Quiquemelle, fabricant à Chaumont, près Gacé (Orne), et qui a obtenu de hautes récompenses dans nos concours pour l'excellence de ses produits.

Chez M. Quiquemelle, les murs et le plafond de la fromagerie proprement dite sont enduits de ciment de Portland sur toute leur surface; les tables à dresser les fromages sont construites en briques posées à plat et enduites, en dessus et en dessous, d'une couche épaisse du même ciment. Des barres de fer noyées dans la maçonnerie supportent les briques et permettent de supprimer les piliers des égouttoirs.

Mise en présure du lait. — Le lait apporté dans la fromagerie est coulé, à travers un tamis, dans de grands pots en grès de Noron (fig. 263) de 70 litres de capacité, et mis en présure à une température qui, en moyenne, s'écarte peu de 26°. En été, il suffit de laisser refroidir la traite jusqu'à cette température avant de mettre en présure; en toute autre saison, on chauffe au bain-marie une portion de la traite du matin, et on l'ajoute à la traite de la veille, de façon que finalement le mélange des deux traites, introduit dans les grands pots, possède la température convenable pour la mise en présure. Ces grands pots sont placés sur de petits escabeaux en bois qui les élèvent à la hauteur même de l'égouttoir où se trouvent les moules destinés à être remplis de caillé.

Quant à la dose de présure qu'il convient d'ajouter dans chaque pot contenant 70 litres de lait, elle ne peut être indiquée d'une façon absolue, parce qu'elle dépend, comme nous avons eu déjà l'occasion de le dire plusieurs fois, de diverses circonstances, telles que la force de la présure, la saison, la qualité du lait, etc. Nous dirons cependant que cette dose de présure, forte ou faible, doit être calculée de telle façon qu'il faille, en moyenne, cinq heures pour obtenir la coagulation complète des 70 litres de lait amenés préalablement à la température de 26°. En outre, il convient d'augmenter un peu la dose au printemps et en automne, et un peu plus encore en hiver (voir p. 542).

Une fois la présure ajoutée et bien répartie dans chaque vase, on pose sur l'orifice une planche carrée de bois qui sert de couvercle, et l'on abandonne le liquide au repos.

Mise en moules. — Pendant que la coagulation du lait s'effectue, la fromagère dispose sur les égouttoirs des nattes en jonc sur lesquelles elle range les moules cylindriques en fer-blanc destinés à être remplis de caillé.

Les moules (fig. 268) ont 12 centimètres de diamètre et une hauteur égale; tantôt leur surface est lisse, tantôt percée de petits trous à diverses hauteurs. Chez M. Quiquemelle, les moules ont seulement deux rangées de trous assez fins et situées au milieu du cylindre, des trous plus gros et plus nombreux étant nuisibles, parce que le caillé y pénètre pendant l'égouttage et s'y attache, ce qui empêche d'abord l'affaissement régulier du caillé et rend ensuite plus difficile le retournement des fromages dans le moule.

Le remplissage des moules a lieu, comme il a été dit page 580; en automne et en hiver, la quantité de caillé nécessaire pour remplir chaque moule est suffisante pour produire un fromage; en été, la pâte s'affaisse davantage, la quantité de petit-lait qui s'écoule est plus considérable, et il est nécessaire d'ajouter dans chaque moule, quelques heures après le premier emplissage, une certaine quantité de caillé fourni par une autre traite.

Retournement et salaison. — Les fromages sont retournés, puis salés successivement sur les deux faces et le pourtour, comme il a été dit page 581, puis posés, au fur et à mesure de leur salaison complète, sur des

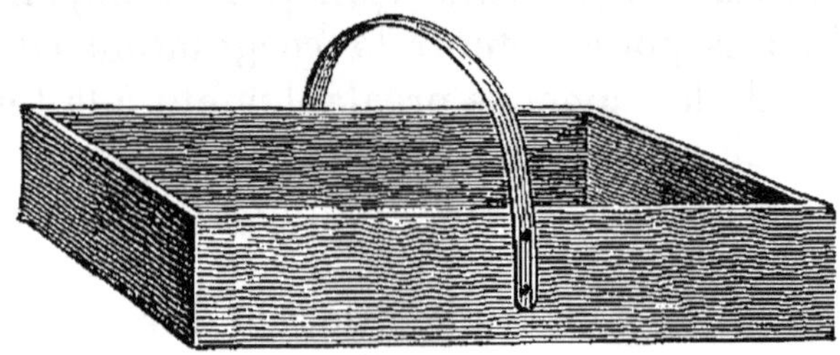

Fig. 303.

tablettes de bois situées immédiatement au-dessus des égouttoirs, et dont il a été déjà question page 572.

Suivant l'importance de la fabrication, le temps dont on dispose, les fromages blancs et salés restent sur les tablettes un ou deux jours; puis on les transporte au *séchoir* ou *haloir*. Ce transport peut s'effectuer à l'aide de seilles rectangulaires en bois blanc et à anses appelées *portoirs* (fig. 303); mais à Chaumont et dans beaucoup d'autres fromageries, on se contente de placer les fromages sur une longue planche de bois que l'aide charge ensuite sur une épaule.

Mise au séchoir ou haloir (fig. 304). — Dans la plupart des séchoirs de l'Orne et du Calvados, les fromages sont étendus sur des râteliers recouverts de paille de seigle; cependant quelques producteurs, à l'exemple de M. Paynel, substituent à la paille des claies en bois d'ypréau (fig. 305), sur lesquelles les fromages ne peuvent contracter aucun mauvais goût.

M. Quiquemelle préfère les râteliers couverts de paille, sur laquelle les fromages blancs et encore *mous* sont moins sujets à se déformer que sur les claies en bois. En outre, ces râteliers sont mobiles dans les cou-

Fig. 304. — Séchoir ou haloir.

lisses, ce qui permet de les tirer à soi quand il s'agit de retourner les fromages.

Nous avons indiqué, page 583, les conditions générales auxquelles devait satisfaire un séchoir; nous compléterons ici ces premiers renseignements.

A Chaumont, le haloir porte sur toutes ses faces de grandes ouvertures garnies de toiles métalliques, à mailles suffisamment serrées pour empêcher les oiseaux ou les rongeurs de s'introduire dans le local. Ces ouvertures peuvent être fermées hermétiquement, à l'intérieur, avec des volets rendus extrêmement mobiles à l'aide de galets qui roulent sur un rail. Une poignée sert à faire mouvoir le volet. Chez M. Cyrille Paynel, fermier au Mesnil-Mauger (Calvados), les ouvertures munies de volets intérieurs sont placées à diverses hauteurs, comme le représente la figure 304.

Dans la fromagerie installée en 1876 à Hottot en Auge, chez M. Hébert Desroquettes, le séchoir a 13 mètres de longueur sur 5^{m},60 de largeur. Sur les deux côtés longs de ce bâtiment règnent, en haut et en bas, deux rangées d'ouvertures rectangulaires de 40 centimètres de hauteur sur 25 centimètres de largeur. Ces ouvertures, au nombre de dix-huit pour chaque rangée, sont garnies d'une toile métallique à très petites mailles et recouverte d'un volet à charnière, garni à son centre d'un carreau circulaire de 8 centimètres de diamètre. En ouvrant plus ou moins les volets de l'un ou l'autre rangée, on varie l'intensité des courants d'air et la rapidité de l'assèchement des fromages.

Fig. 305.

Enfin, nous ajouterons que l'on doit éviter soigneusement que les rayons solaires ne viennent pénétrer dans le séchoir et frapper directement les fromages.

Une fois transportés au haloir, les fromages sont retournés tous les jours, puis tous les deux jours seulement; dès le troisième jour, ils commencent à se parsemer d'une foule de points bruns, et au bout de huit à dix jours, ils se recouvrent d'une belle végétation cryptogamique blanche laissant çà et là des parties intactes. De blancs, ces fromages deviennent légèrement bleus, puis d'un jaune qui tire de plus en plus sur le rouge.

La durée du séjour des fromages dans le haloir varie surtout avec la saison et les circonstances atmosphériques; elle est, en moyenne, de vingt à vingt-cinq jours, pendant lesquels on renouvelle fréquemment l'air dans diverses directions.

Par les temps humides ou de brouillards, si l'on veut éviter que les fromages, au lieu de se ressuyer, restent mous et prennent une mauvaise moisissure, il faut dessécher artificiellement l'atmosphère ambiante comme il a été indiqué page 585.

Un certain nombre d'exploitations, où l'on se livre à la fabrication des fromages de Camembert, possèdent un local intermédiaire où l'on fait séjourner les fromages avant de les transporter à la cave de perfection, et que l'on nomme *cave halante* ou *demi-haloir*.

L'usage de ce demi-haloir n'est indispensable qu'aux époques de l'année où la fabrication devient très considérable. En effet, les fromages blancs transportés au haloir ont besoin, surtout dans les premiers jours, d'une ventilation très énergique qui pourrait être nuisible aux fromages déjà plus avancés, en arrêtant leur fermentation. Dans ces circonstances, il est nécessaire de transporter les fromages qui ont quinze à vingt jours de haloir dans un local intermédiaire demi-haloir, où la ventilation peut être conduite avec ménagement pendant les derniers jours qui les séparent du moment où ils seront bons à être transportés dans la cave de perfection.

Dans quelques fromageries, comme chez M. Roussel, à Boissey (Calvados), au lieu d'une seule et grande pièce comme *haloir*, on préfère en avoir plusieurs petites, dans lesquelles il est plus facile de gouverner la dessiccation des fromages, suivant leur âge.

Pendant leur séjour au demi-haloir la couleur jaune des fromages se fonce davantage; matin et soir on les retourne, si cela est nécessaire, mais chaque fois on a soin d'exercer à leur surface une légère pression avec les doigts, afin de juger de leur degré de fermeté, et quand ils ont acquis une mollesse convenable que la pratique seule peut indiquer, quand ils ne collent plus aux doigts, on les place sur les planches et on les transporte à la cave de perfection.

CAVE DE PERFECTION OU D'AFFINAGE.

Les conditions générales auxquelles doit satisfaire une cave d'affinage ayant été indiquées page 587, nous nous contenterons de donner ici (fig. 306) le dessin de la cave de perfection telle qu'elle existe chez M. Cyrille Paynel.

Dans ces caves, les fromages, disposés par rang d'âge sur des tablettes pleines, séjournent de vingt à trente jours, pendant lesquels ils sont l'objet des soins les plus minutieux, parce que c'est dans ce local que, pendant l'été surtout, a lieu l'éclosion des œufs qui donnent naissance à des vers.

La fromagère retourne les fromages tous les jours ou tous les deux jours, en suivant avec soin les nouvelles phases de la fermentation, qui se traduisent par l'affaissement des moisissures primitives, la coloration de plus en plus intense de la surface, le ramollissement de la pâte, etc. (Voir p. 595.)

Si elle aperçoit des parties envahies par les vers, elle les gratte immédiatement, lave la blessure avec de l'eau salée et égalise ensuite la surface avec un couteau.

En outre, quand pendant les grandes chaleurs les fromages se ramollissent trop vite, on est quelquefois obligé de les remonter dans le demi-haloir.

Dans les fromageries où l'on fabrique toute l'année, le degré d'affinage auquel on pousse les fromages dans la cave de perfection varie avec la saison.

Jusqu'au 15 octobre, les fromages qui sortent des fromageries conservent toujours une certaine fermeté; ils ne possèdent pas encore toutes les qualités qui font recherchier ce délicieux produit; aussi se vendent-ils moins cher qu'en automne et en hiver. Cet affinage

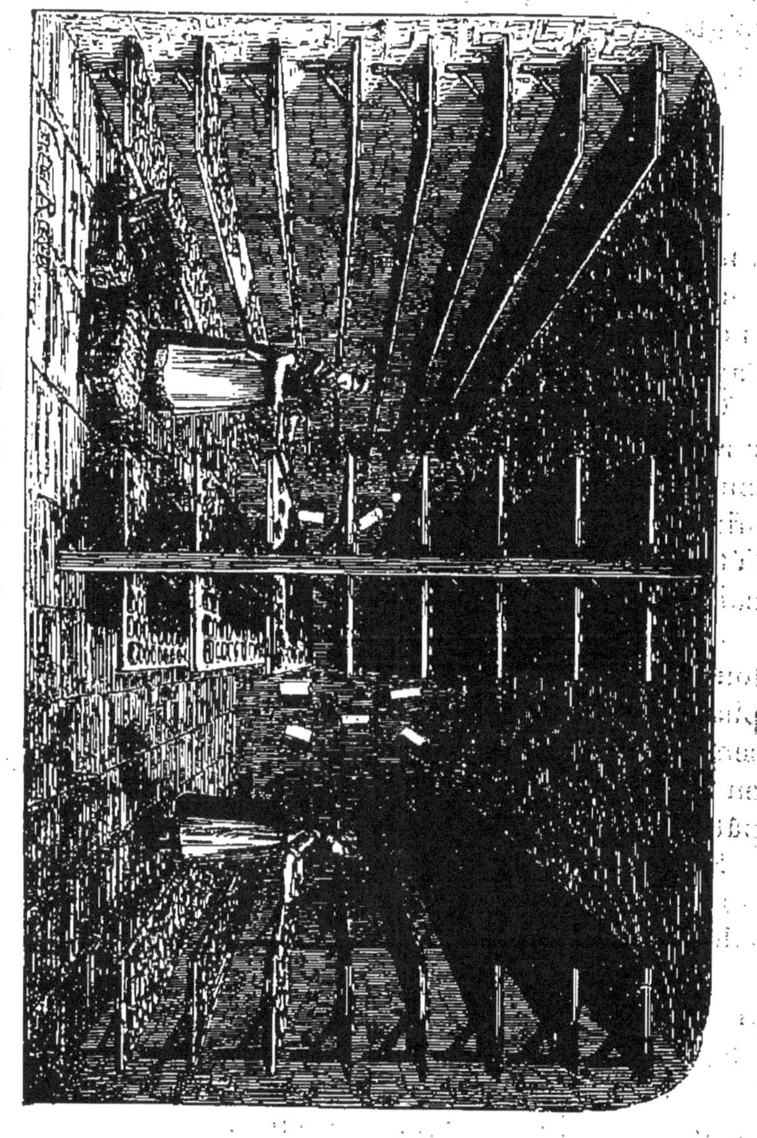

Fig. 306. — Cave de perfection.

incomplet est nécessité par l'élévation de la température de l'été; si, en effet, on voulait pousser plus loin l'affinage, on favoriserait, d'une part, l'apparition des vers, et, de l'autre, une fois expédiés en *paillots*, les fromages ne tarderaient pas, sous l'influence de la température encore élevée, à s'échauffer et à *couler*, ce qui serait une cause de perte pour le producteur. A partir du 15 octobre, ces inconvénients disparaissent, et l'on commence alors à trouver chez les détaillants des fromages parfaits.

Une fois les fromages *faits*, on les réunit par six ou par *paillots;* on les enveloppe de papier, et on les emballe dans des paniers en osier blanc ou dans des caisses en bois blanc et à claire-voie.

En outre, on a la précaution de séparer chaque fromage du suivant par un petit carré de papier, afin d'empêcher qu'ils ne se collent les uns aux autres pendant le transport.

Le prix des fromages varie avec la saison; pendant l'été, il descend souvent à 5 francs la douzaine, pour remonter à 7 et 8 francs pendant l'automne et l'hiver[1].

Il faut, en moyenne, deux litres de lait pour faire un fromage du poids moyen de trois cents grammes lorsqu'il est livré à la vente.

Au détail, les bons camemberts se vendent, dans les maisons de premier ordre à Paris, 90 centimes à 1 franc la pièce.

Il résulte des renseignements qui précèdent que, chez M. Quinquemelle, les fromages sont faits avec du lait pur et non écrémé; ce fabricant dit qu'il trouve avantage à s'abstenir de tout écrémage, ses produits étant de qualité supérieure, et par suite plus recherchés par les marchands en gros.

Dans d'autres laiteries, on laisse reposer le lait pendant deux ou trois heures, et avant de le mettre en présure on enlève à sa surface une pellicule de crème, *sève* du lait, qui sert à faire un beurre remarquable par

[1] Le 2 mars 1895, les camemberts se sont vendus aux Halles de Paris : ceux de la première qualité, 60 à 85 francs le cent, ou 7 à 10 francs la douzaine, et ceux ordinaires, 25 à 40 francs le cent, ou 3 à 4 fr. 80 la douzaine.

sa finesse, et dont le poids ne dépasse pas 1 kilogramme pour 240 à 250 litres de lait *essévé*.

Fig. 307. — Fabrication du fromage de Camembert.

Malheureusement, un trop grand nombre de fabricants, sous prétexte que l'*essévage* du lait est nécessaire pour que la pâte du fromage conserve une consistance convenable, exagèrent aujourd'hui l'écrémage et livrent à la consommation des fromages maigres à pâte sèche qui sont loin de posséder les qualités exquises des véritables camemberts. Ces fromages ne se vendent, il est vrai, que 35 à 50 centimes la pièce, au détail, mais leur bon marché relatif ne compense nullement leur infériorité. Si les producteurs de l'Orne et du Calvados veulent conserver au camembert sa réputation si justement méritée, il faut qu'ils consentent à ne faire du beurre que pendant les mois de juin, juillet et août, époque où les chaleurs obligent à renoncer à la fabrication du camembert pour y substituer celle d'un fromage maigre, tel que le livarot, par exemple.

Fromagerie de M. Cyrille Paynel, à Mesnil-Mauger (Calvados)[1].

La figure 307 représente la laiterie dans laquelle on procède au coulage du lait, à la mise en présure et au remplissage des moules.

Les figures 304 et 306 représentent le séchoir, ou haloir, et la cave de perfection de cette même fromagerie.

Les vases dans lesquels s'effectue la coagulation du lait, appelés *serennes*, contiennent 20 litres de lait. Lorsque la coagulation est achevée, la fromagère met successivement chaque serenne sur un petit chariot (fig. 308) qu'elle roule près d'une des tables sur lesquelles sont placés les moules; puis elle procède à leur remplissage.

On voit également fig. 307 le poêle qui sert à chauffer la laiterie quand cela est nécessaire. Dans les fromageries de moindre importance, on remplace souvent ce poêle par des chaudrons en fer montés sur trois pieds et dans lesquels on met de la braise. Deux anses permettent de transporter ces réchauds sur un point quelconque de la laiterie. C'est ici le cas de rappeler ce que nous avons

[1] *Primes d'honneur de* 1867, par C. Heuzé.

dit, chapitre IV, relativement au chauffage des fromageries, et à l'avantage que présentent les sytèmes de chauffage à l'eau chaude ou à la vapeur à basse pression (voir p. 613).

En 1880, l'exploitation de M. Paynel comprenait 120 hectares d'herbages, et le rendement moyen et

Fig. 308.

annuel des vaches fréquemment renouvelées était d'environ 3,000 litres de lait.

La fabrication journalière était de cinq cents fromages vendus à Paris 7 francs la douzaine en moyenne.

Une vache donnait donc annuellement 1,500 fromages, représentant il y a quinze ans un produit brut de 875 francs, ce qui mettait le litre de lait à 29 centimes, plus la valeur du petit-lait, qui sert à l'engraissement des porcs. D'autre part, en déduisant de ce produit brut de 875 francs une somme de 375 francs pour tous les frais de nourriture et soins donnés au bétail, de fabrication, etc., M. Paynel estimait qu'une bonne vache, dont le lait est employé à la fabrication du camembert, pouvait donner annuellement un produit net de 500 francs.

D'après M. Morière, la production de ce fromage, dans le Calvados seul, représentait, en 1877, une valeur d'environ *deux millions* de francs, qui, malgré la crise agricole, ne doit pas avoir diminué, par suite de la grande extension que la fabrication de ce fromage a prise dans le département.

Aux producteurs déjà cités, nous ajouterons les noms de MM. Morice, Roussel, Rendu, etc., chez lesquels on fabrique *industriellement* d'excellents produits. En 1887, chez M. Rendu, la fabrication journalière était de 1,500 à 1,700 fromages.

Le nombre de fabricants de camembert est encore plus considérable dans l'Orne que dans le Calvados; mais en général les fabriques y sont moins importantes. Néanmoins, depuis vingt ans, la production a augmenté de plus de moitié dans les cantons de Vimoutiers et de Gacé (Orne).

Du fromage façon camembert.

Chaque année, au concours général de Paris, le jury se trouve en présence d'un nombre considérable de fromages façon camembert, de diverses provenances, ce qui indique que la fabrication de cette variété de fromage est pratiquée dans beaucoup d'autres départements que ceux du Calvados et de l'Orne. Parmi ceux-ci, nous citerons le département d'Ille-et-Vilaine, dans lequel il existe actuellement six fromageries (y compris celle de l'École de laiterie de Coëtlogon), dans lesquelles on fabrique journellement des quantités considérables de fromages façon camembert.

En 1888, dans sa grande laiterie de Noyal (voir p. 571), M. Ravallet, près Rennes, en produisait, à lui seul, de 1,500 à 2,000 par jour, en hiver.

A cette époque, aux environs de Rennes, le lait pris chez les cultivateurs était payé 14 à 15 centimes le litre, en hiver, et les fromages façon camembert se vendaient de 5 à 5 fr. 40 la douzaine.

On retrouve également cette même fabrication dans un certain nombre de grandes laiteries industrielles des départements du Nord, de l'Eure, des Charentes, etc. Nous citerons notamment la laiterie du domaine de Fontbouillant (Charente-Inférieure) (voir p. 369), dans laquelle on fabrique pendant quelques mois de l'année, en même temps que le beurre, un fromage façon camembert qui se vend sous le nom de *petit fontbouillant* et est très apprécié des consommateurs.

II. FROMAGE DE NEUFCHATEL (BONDON).

La production fromagère la plus importante dans le département de la Seine-Inférieure consiste dans la fabrication du fromage désigné sous le nom de *bondon, bonde*, ou simplement *neufchâtel* (fig. 309).

Fig. 309.

On distingue deux espèces de neufchâtels affinés :

1° Le fromage à *tout bien*, préparé avec le lait naturel ;

2° Le fromage *maigre*, fait avec du lait écrémé.

Nous nous occuperons plus spécialement du premier.

NEUFCHATEL OU BONDON A TOUT BIEN.

La fabrication de ce fromage comporte les opérations suivantes :

Mise en présure. — Dans une première pièce, maintenue autant que possible à une température constante de 15 à 16°, on reçoit le lait de chaque traite, on le filtre immédiatement et on le met en présure dans des pots en terre de 20 litres de capacité. La quantité de présure employée est calculée de façon qu'il faille vingt-quatre heures en été, un peu plus en hiver, pour que la coagulation du lait emprésuré à 30° soit complète, ce qui revient à dire que dans cette fabrication, comme dans celle des fromages double crème, le succès de l'opération dépend beaucoup de la lenteur avec laquelle on détermine la coagulation du caséum.

Égouttage du caillé. — Une fois la coagulation terminée, on transporte les pots dans une seconde pièce appelée *apprêt*. Là, on transvase le caillé dans des récipients dits *bannettes*, en osier ou en lattes de bois blanc, garnis intérieurement d'une toile claire dont les quatre coins sont fixés aux quatre montants verticaux des récipients, qui reposent eux-mêmes sur des éviers ou égouttoirs. Le petit-lait filtre à travers la toile, et après douze heures d'égouttage, on enlève le caillé avec le linge que l'on reploie de façon à enfermer la pâte; on introduit le tout dans une caisse percée de trous, on pose sur le linge une planche, et sur celle-ci des poids, de façon à exercer sur ce caillé une pression continue.

Enfin, pour achever d'expulser complètement le petit-lait, on transporte sur une table supportée par des tréteaux la pâte enveloppée de sa toile; on pose une planche dessus, et on la soumet à une dernière pression à l'aide d'un levier et d'un poids mobile.

Pétrissage du caillé. — Ordinairement, après douze heures de pression, on fait tomber le caillé sur une autre toile bien sèche, et on le pétrit comme de la pâte à pâtisserie, de façon à obtenir un mélange intime du caséum et de la crème. Si la pâte est trop molle, on la *ressuie* en la changeant encore de linge; si elle est trop sèche (par suite d'une addition trop grande de présure ou d'une trop forte pression) et qu'elle se brise, on y incorpore du caillé frais non encore égoutté, et l'on recommence le pétrissage.

Mise en moules. — Les moules destinés à recevoir la pâte sont de petits cylindres en fer-blanc ouverts aux deux extrémités; ils ont 5 centimètres et demi de diamètre et 6 à 7 centimètres de hauteur.

On fait avec la pâte amenée à la consistance désirable un *pâton* plus long que la hauteur du cylindre, on l'introduit dans le moule, on dresse le tout verticalement sur une table, et, tenant le cylindre de la main droite, on appuie la main gauche sur la face supérieure du pâton, de façon à faire sortir par-dessus et par-dessous le caillé en excès que le moule ne peut contenir. On *ébarbe* alors avec un couteau, de préférence en bois, les bavures supérieures et inférieures, et enfin l'on fait sortir le pâton du moule en s'aidant du pouce et en frappant légèrement sur les parois du cylindre en fer-blanc.

Salaison. — Lorsque toute la masse de pâte est ainsi moulée, on reprend un à un tous les fromages, on les couche sur l'intérieur de la main gauche, puis de la main droite on les saupoudre sur toutes les faces de sel fin et parfaitement sec. Il faut environ pour 100 fromages 500 grammes de sel en été et 400 grammes en hiver, soit 3 à 4 pour 100 de sel.

Premier apprêt. — Une fois salés, les fromages sont posés d'abord sur des planches au-dessus d'un évier, où on les laisse s'égoutter pendant vingt-quatre heures. On les transporte ensuite, à l'aide de ces mêmes planches, dans la partie de la fromagerie appelée *sécherie,* où se trouvent des claies garnies d'un lit de paille bien sèche, sur lesquelles on range les fromages de façon qu'ils ne se touchent pas.

Pendant le séjour des bondons dans ce local, soit quinze jours à trois semaines, on change presque chaque jour la portion de leur surface en contact avec la paille, en les mettant tantôt debout, tantôt couchés. Au bout de cinq ou six jours, les fromages commencent à *fleurir,* en se recouvrant d'une moisissure blanche et veloutée qui passe peu à peu au *bleu;* quand le velouté bleu recouvre toute la surface, les bondons ont leur *première peau*, et on les transporte dans la cave d'affinage.

Deuxième apprêt ou affinage. — Dans la cave, les bondes sont placés *debout*, et convenablement espacées, sur des claies garnies de paille; on les change bout pour bout, tous les trois ou quatre jours d'abord, puis on les laisse sans les tourner pendant un temps plus ou moins considérable.

Un neufchâtel à tout bien, de grosseur ordinaire, pèse environ 125 grammes, et un litre de lait fournit, en moyenne, 225 grammes de pâte. D'autre part, les bondons de première qualité se vendaient, en moyenne, pendant l'hiver de 1895, de 12 à 15 francs le cent, il en résulte qu'à 14 francs le cent, le produit brut du litre de lait ressortait à 25 centimes dans cette fabrication.

Fromage maigre de Neufchâtel. — Dans beaucoup de fermes de l'arrondissement de Neufchâtel en Bray, le lait sert, tout à la fois, à faire du beurre et des bondons maigres dont le prix de vente à la criée, aux halles de Paris, varie entre 5 et 10 francs le cent.

Fromage de Gournay. — Ailleurs, comme à Gournay, le lait plus ou moins écrémé sert à fabriquer de petits fromages ronds de 8 à 9 centimètres de diamètre sur 2 centimètres de hauteur et qui, dans le commerce, sont désignés sous le nom de *gournay*. Pendant l'hiver de 1895, le prix de vente de ces fromages aux Halles a varié de 16 à 22 francs le cent pour la première qualité et de 10 à 12 francs pour la seconde.

L'importance annuelle de la production fromagère dans le département de la Seine-Inférieure peut être évaluée de 7 à 8 millions de francs.

PETITS BONDONS, MALAKOFFS, CARRÉS AFFINÉS.

Les fromages double crème, dont nous avons indiqué le mode de fabrication page 564, au lieu d'être vendus *frais*, sont également livrés à la consommation après avoir subi un affinage qui ne doit pas dépasser quinze à vingt jours; autrement ces produits prennent un goût piquant par suite de la fermentation de l'excès de la matière grasse qu'ils renferment. M. Pommel donne tous ses soins à la fabrication de ces fromages affinés, et ses produits jouissent sur les marchés de Paris et de la province d'une réputation justement méritée.

DES PERFECTIONNEMENTS A APPORTER DANS LA FABRICATION DES FROMAGES DE NEUFCHATEL DITS BONDONS.

Nous dirons une fois de plus, dans cette nouvelle édition, que dans les fromageries où l'on fabrique journellement des quantités considérables de neufchâtels, on aurait grand avantage à effectuer les opérations ayant pour objet la compression du caillé, le pétrissage de la pâte, la mise en moules, à l'aide d'instruments perfectionnés, tels que :

1° *Presses à pression variable et progressive* pour l'expulsion du petit-lait de la pâte préalablement égouttée. (Voir les presses de divers systèmes, chap. VII.)

2° *Machines à maxaler et à pétrir le caillé.* — Cette opération pourrait s'effectuer soit à l'aide des cylindres indiqués figure 258, soit à l'aide de moulins à pétrir (chap. VII) ou de malaxeurs à table tournante (p. 289). Dans ce dernier cas, afin d'obtenir une action mécanique plus puissante, il conviendrait de substituer au rouleau compresseur en bois un autre en fer étamé et à surface lisse.

3° *Machines à mouler les bondons.* — Une machine de ce genre figurait au concours général de Paris, en 1875, dans la partie de l'Exposition relative à l'industrie laitière que nous avions été chargé d'organiser; elle avait été construite par MM. Chippart frères, mécaniciens au Boulay, canton d'Orgueil (Seine-Inférieure).

Nous en avons donné les dessins et la description dans

nos éditions précédentes, afin d'attirer l'attention sur elle et de provoquer de nouveaux essais dans cette direction; mais les inventeurs ayant renoncé à la construction de ce genre de machine, nous nous contenterons de dire aujourd'hui que cet ingénieux appareil ne réclamait, en 1875, que quelques légers perfectionnements pour donner d'excellents résultats.

Remarque. — Nous nous sommes souvent demandé, sans pouvoir mettre notre idée à exécution, faute d'une machine convenable, s'il ne serait pas possible de fabriquer les bondons comme les tuyaux de drainage, c'est-à-dire à l'aide d'un piston qui, en s'avançant horizontalement, refoulerait la pâte à fromage convenablement préparée dans des cylindres creux, et l'en ferait sortir sous forme de longs boudins cylindriques. Pour transformer ces derniers en bondons, il suffirait de les couper à l'aide de cinq à six couteaux en acier, distants les uns des autres de la longueur même des fromages et fixés verticalement sur une tige horizontale mobile. A des intervalles égaux, on ferait tomber sur les cylindres de pâte cette espèce de scarificateur qui les diviserait en fromages dont on n'aurait plus besoin que d'arrondir les bords à la main avant de procéder à leur salaison.

III. FROMAGES AFFINÉS DIVERS.

Après avoir étudié en détail la fabrication des trois variétés de fromages affinés que la France et l'étranger consomment en plus grande quantité, nous nous contenterons de faire l'énumération d'un certain nombre d'autres fromages moins importants, et sur la fabrication desquels nous n'avons rien de plus à dire que ce que nous avons indiqué dans nos éditions antérieures.

1° *Fromage de Rollot*, fabriqué dans un groupe de communes de l'arrondissement de Montdidier (Somme), et parmi lesquelles se trouve celle de Rollot.

2° *Fromage de Compiègne* (Oise).

3° *Fromages de Macquelines et de Thury en Valois* (Oise).

4° *Fromage dit d'Olivet* (Loiret) [1]. — Les centres les plus importants de fabrication de ce fromage sont actuellement Jargeau et Châteauneuf-sur-Loire, qui en expédient chaque semaine pour plus de 25,000 francs.

5° *Fromages de l'Aube*, comprenant les fromages de *Troyes* dits de *Barberey*, ceux d'*Ervy* et de *Chaource*. M. Huguier-Truelle, pharmacien à Troyes, a donné une bonne monographie de la fabrication de ces fromages.

6° *Fromages de Langres* et de Villiers (Haute-Marne).

7° — *d'Époisse* (Côte-d'Or).

8° — *de Soumaintrain* (Yonne).

9° — *de Mignot* (Calvados).

10° — *de Saint-Marcellin* (Isère). Ce fromage est généralement fabriqué avec du lait de chèvre.

[1] M. Piégard, préparateur au laboratoire de Blois, a publié en 1892 une monographie intéressante sur la fabrication du fromage de Vendôme (Loir-et-Cher), dont l'affinage à la cave a lieu, comme celui d'Olivet, après avoir été frotté avec de la cendre (voir p. 598).

CHAPITRE VII

PREMIÈRE CLASSE : FROMAGES DE CONSISTANCE MOLLE. — DEUXIÈME CATÉGORIE : FROMAGES AFFINÉS. — I. FROMAGE DE MONT-D'OR, DE PONT-L'ÉVÊQUE, DE VOID, DE GÉROMÉ, DE MUNSTER. — II. FROMAGES MAIGRES DIVERS.

Nous traiterons, dans la première partie de ce chapitre, d'un certain nombre de fromages affinés dont la fabrication présente certaines analogies, en même temps que des différences assez notables, avec celle de fromages précédemment étudiés.

I. FROMAGES DE MONT-D'OR, DE PONT-L'ÉVÊQUE, DE VOID, ETC.

La fabrication de ces fromages offre les caractères communs suivants : 1° Le lait destiné à les fournir est mis en présure à une température généralement plus élevée que celle indiquée pour les fromages précédemment étudiés, et dans certains cas cette élévation de température équivaut à une légère coction du caillé.

2° Ces fromages sont lavés à l'eau salée, ce qui empêche le développement des mucédinées à l'extérieur (voir p. 598) et contribue à leur donner un goût spécial, en les plaçant dans des conditions d'affinage différentes de celles propres aux fromages de Brie, de Camembert, de Neufchâtel, etc.

1° FABRICATION DU FROMAGE DE MONT-D'OR.

Il y a cinquante ans, dans les environs de Lyon et principalement dans plusieurs communes du Mont-d'Or lyonnais, on fabriquait avec du lait de chèvre des fromages d'un goût très délicat, mais aujourd'hui, comme nous l'avons dit page 12, cette industrie a disparu presque complètement, et tous les fromages qui se vendent sous le nom de Mont-d'Or, surtout à Paris, sont exclusivement préparés avec du lait de vache.

La première monographie que nous avons publiée sur la fabrication de ce fromage date de trente ans (1864); nous étions alors professeur à l'École d'agriculture de la Saulsaie (Ain), et à 2 kilomètres de l'École se trouvait une fromagerie appartenant à M. L. Nivière et dans laquelle nous avions pu, tout à loisir, étudier cette fabrication et même y prendre part.

Or, à cette époque, on obtenait avec le lait de vache d'excellents produits auxquels ne ressemblent en rien la presque totalité de ceux que l'on trouve aujourd'hui sur les marchés, ce qui tient à ce que les procédés mis en œuvre actuellement sont absolument différents de ceux d'autrefois.

On opérait alors sur du lait vierge d'écrémage; les premières opérations étaient identiques à celles que nous avons décrites page 622 et suivantes pour la fabrication des fromages à pâte molle tels que le brie, le camembert, etc., et c'était seulement lorsque ces fromages étaient transportés au séchoir que commençait le traitement qui devait différencier les mont-d'or des précédents produits.

Ce traitement consistait à frotter les mont-d'or avec *une dissolution saturée de sel marin,* chaque fois que l'on procédait à leur retournement dans le séchoir.

Dans ces conditions, les mucédinées extérieures ne

pouvant se produire, l'affinage résultait seulement des modifications provoquées par les fermentations internes sur la caséine, ce qui devait avoir pour conséquence de donner à ces fromages une saveur spéciale.

Avant de décrire la fabrication du fromage du Mont-d'Or telle qu'elle se pratique aujourd'hui, nous croyons utile de résumer l'ancienne fabrication, dans l'intérêt de ceux de nos lecteurs qui voudraient fabriquer ce fromage dans les bonnes conditions d'autrefois.

Coulage et mise en présure du lait. — Lait apporté de la vacherie deux fois par jour, à huit heures du matin et trois heures du soir, coulage sur le tamis P; réception dans une cuve V en tôle étamée de cent litres de capacité et transvasement dans des pots T d'une contenance de dix litres, dans lesquels on a versé préalablement la quantité de *présure* nécessaire pour la coagulation du lait à 28° en été et 30° en hiver.

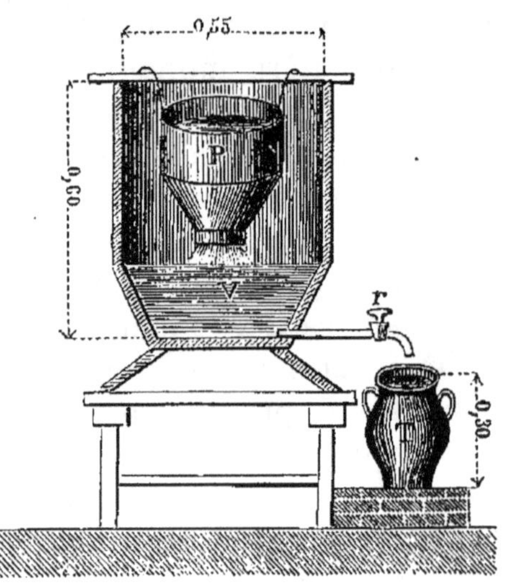

Fig. 310.

Durée de coagulation (deux heures à deux heures et demie). — Avec ces données on peut facilement calculer la quantité exacte de présure à employer suivant sa force coagulatrice initiale. (Voir p. 364.)

Mise en moules, égouttage. — Ces opérations peuvent s'effectuer absolument comme il a été dit, page 622, pour la fabrication du fromage de Brie. Chez M. Nivière, la mise en moules avait lieu dans des cercles de 12 centimètres de diamètre sur 8 à 9 centimètres de hauteur; et les cajets, au lieu d'être de petits paillassons, étaient de petites corbeilles composées d'un petit cercle de châ-

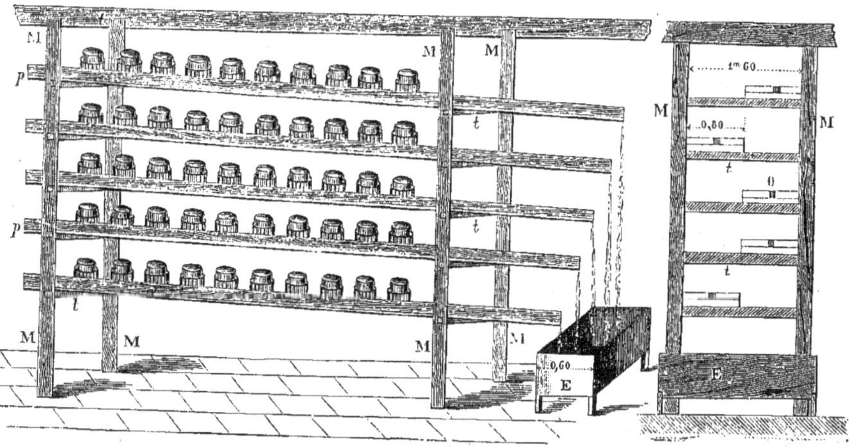

Fig. 311. Fig. 312.

taignier ou de sapin, sur lequel étaient tendus à angle droit (fig. 313) deux rangs de brins de paille de seigle. Au début, le moule G était placé dans la corbeille *m*, et lors du retournement on plaçait sur le moule une autre corbeille *m* (fig. 313), de telle sorte qu'après le retournement, et le cajet *m* enlevé, le moule se trouvait *sur fond*, comme on le voit figure 314.

Les figures 311 et 312 représentent l'égouttoir sur lequel on dispose les moules que l'on remplit de caillé, une fois la coagulation terminée.

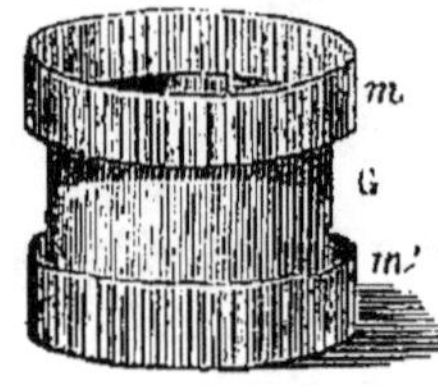

Fig. 313.

Fig. 314.

Retournement des fromages. — Deux ou trois heures après le remplissage a lieu le *premier retournement;* on continue à retourner ainsi les fromages toutes les trois heures, et douze heures après la mise en moules, on porte ceux-ci, avec leurs cajets secs, sur un égouttoir en tout semblable au premier, où ils achèvent leur égouttage.

La température du local où s'effectuent la mise en présure, en moules, ainsi que l'égouttage, ne doit pas descendre au-dessous de 18 à 20°.

Mise au séchoir. — Après un séjour de douze heures sur le second égouttoir, les fromages sont transportés au séchoir et placés sur des *claies* (fig. 279) recouvertes de paille de seigle. Ce local doit satisfaire aux conditions d'aération et de température indiquées page 583.

Affinage des fromages. — Une fois placés sur les claies du séchoir, les fromages sont retournés toutes les deux ou trois heures, et à chaque retournement on les frotte *avec une dissolution saturée de sel marin.* Ils prennent alors une belle couleur jaune à l'extérieur, en même temps que la pâte devient plus ou moins crémeuse à l'intérieur. En été, l'affinage dure environ six à huit jours; en hiver, il faut quinze jours et même davantage, si la température extérieure est très basse.

En 1864, chez M. Nivière, on comptait qu'un litre de lait pouvait fournir, en moyenne, un fromage et que *sept* fromages pesaient environ 1 kilogr. Les fromages transportés à 10 kilomètres de la ferme étaient vendus 16 francs le cent, ce qui fait ressortir le litre de lait à 16 centimes.

Dequis vingt ans la fabrication du mont-d'or a pris une énorme extension, et on la retrouve dans l'Ain, le Rhône, l'Isère, l'Oise, l'Eure, et un grand nombre d'autres départements.

DU MONT-D'OR CONSIDÉRÉ COMME FROMAGE D'ÉTÉ.

Comme tous les fromages *lavés à l'eau salée*, le mont-d'or est un de ceux dont on peut continuer la fabrication même pendant les chaleurs; toutefois, il est nécessaire d'apporter, pendant la saison chaude, quelques modifications à la fabrication ordinaire que nous venons de décrire.

1° *Écrémage partiel du lait.* — Les fromages d'été doivent être fabriqués avec un lait moins gras que le lait doux, et, à cet effet, on mélange deux traites, en ajoutant à celle du matin la traite de la veille au soir, préalablement écrémée.

Mise en présure. — Dans la fabrication du fromage gras de Mont-d'Or, le lait est ordinairement emprésuré entre 28° et 30°, tandis que pour celle des fromages d'été, le mélange des deux traites doit être porté à une température un peu plus élevée, 33 à 35°, avant la mise en présure. Dans ces conditions, le caillé subit une légère coction qui a pour effet d'empêcher plus tard les fromages de couler, même pendant les plus grandes chaleurs.

2° *Séparation rapide du petit-lait.* — Quand la coagulation est complète, on facilite la sortie du petit-lait en coupant le caillé dans tous les sens avec une espèce de couteau de bois (fig. 315), on laisse reposer pendant quelques minutes, on enlève le sérum qui surnage et l'on procède à la mise en moules. En procédant ainsi, l'égouttage complet du caillé se termine plus vite, et

Fig. 315.

l'on procède *plus tôt* au premier lavage à l'eau salée, ce qui assure mieux la conservation des fromages pendant les grandes chaleurs.

Dans les grandes fromageries, on emploiera utilement pour le chauffage du mélange des deux traites un des appareils à bain-marie ou à vapeur précédemment décrits.

Avec les cuves à double enveloppe, chapitre IV, on effectuera dans l'appareil même toutes les opérations indiquées ci-dessus : chauffage de deux traites, mise en présure, découpage du caillé et enlèvement du petit-lait, ce liquide étant puisé dans la cuve à l'aide d'une sébile en bois, d'un pochon (fig. 97) ou de tout autre récipient creux, lorsque le caillé s'est déposé au fond de la cuve.

Avec le système de cuve représenté figure 288 on pourra séparer par soutirage, le petit-lait du caillé.

Dans certaines fromageries, on rend plus rapide la séparation du petit-lait d'avec le caillé, surtout en été, en soumettant ce caillé à une légère pression après que les moules ont été remplis ; à cet effet, on pose sur chaque fromage frais un petit disque de bois dont le diamètre est de 1 millimètre 5 à 2 millimètres plus petit que celui du moule, et sur ce disque, une moitié de brique.

Du 1er décembre 1894, à la fin de mars 1895, le prix

de vente des fromages de Mont-d'Or aux halles de Paris a été de :

	LE CENT	
	Maximum.	Minimum.
Première qualité............	40 francs.	25 francs.
Ordinaires.................	25 —	6 —

Les mont-d'or de première qualité se vendent généralement bien, et ce qui fait voir qu'en les fabriquant en conséquence on en fait de véritables fromages d'été, c'est qu'en août 1894 ils ont été vendus de 30 à 43 francs le cent.

Mais, comme dans beaucoup de fromageries, ce que l'on appelle *essever* le lait consiste dans un écrémage poussé presque à fond, il en résulte qu'il arrive aux halles des fromages de Mont-d'Or tellement *maigres* qu'ils n'ont plus aucune valeur. En outre, ces fromages appartiennent à la catégorie de ceux dits *artificiels* (voir p. 435), c'est-à-dire de ceux que l'on fabrique avec du lait absolument maigre, émulsionné avec de l'huile d'arachide ou de l'oléo.

Il en résulte que l'on trouve sur les marchés des mont-d'or absolument infects et qui sont encore trop payés, quand leur prix de vente aux halles descend jusqu'à 6 francs le cent.

2° FROMAGE DE PONT-L'ÉVÊQUE (CALVADOS).

Ce fromage (fig. 316) est connu depuis le treizième siècle; on l'appelait autrefois *augelot,* de la vallée d'Auge, où on le fabrique.

Fig. 316.

Le pont-l'évêque est carré; quand il est *fait,* sa surface est d'un beau jaune, couleur obtenue comme celle du livarot, avec le rocou.

On fabrique aux environs de Pont-l'Évêque trois qualités de fromages qui diffèrent essentiellement par la quantité de crème contenue dans le lait employé; nous ne nous occuperons que du fromage fabriqué avec du lait entier.

Fabrication du pont-l'évêque avec le lait non écrémé. — Après avoir coulé le lait à travers une passoire en toile ou en crin, on le met sur le feu, et quand il est un peu plus que tiède, on ajoute la présure et l'on opère le mélange à la main. On ôte ensuite la chaudière de dessus le feu, et on laisse reposer jusqu'à ce que le lait soit suffisamment pris, ce qui a lieu ordinairement au bout d'*un quart d'heure*, quand la présure ou *tournure* est bonne.

On coupe alors le caillé verticalement, avec une espèce de couteau de bois, puis on appuie sur la masse une assiette creuse, afin d'en faire sortir le petit-lait, et l'on recouvre le tout d'un linge; dix minutes après, on enlève avec cette assiette le petit-lait d'abord, et ensuite le caillé, que l'on dépose sur des nattes de roseau ou de jonc (glottes), où il continue à s'égoutter.

On remplit ensuite avec ce caillé des moules carrés, en bois de hêtre ou de frêne, on retourne le fromage quatre ou cinq fois dans les vingt premières minutes qui suivent, puis on le transporte avec son moule sur une autre glotte bien sèche, où on le retourne encore cinq ou six fois dans l'espace d'une journée.

Au bout de quarante-huit heures, le fromage est sorti de son moule, salé avec du sel blanc très fin et très sec. Le matin, on sale le fromage d'un côté, le soir, de l'autre côté, et l'on continue ainsi jusqu'à ce que la salaison soit complète.

On place ensuite les fromages sur des *séchoirs*, qui ne sont autre chose que de longues échelles recouvertes de *glui* [1] et suspendues dans un endroit bien aéré; ils

[1] Grosse paille de seigle ordinairement employée pour les couvertures en chaume.

restent ainsi deux ou trois jours, pendant lesquels on les retourne une fois par jour.

Une fois secs, les fromages sont portés à la *cave* et disposés sur champ dans une boîte, en ayant soin de les accoler les uns aux autres, de façon à empêcher le développement des mucédinées ou de moisissures à leur surface.

Pendant l'affinage, on les retourne tous les deux jours, en les posant tantôt debout, tantôt à plat, et les uns sur les autres; de plus, on les préserve de l'attaque des mouches en les recouvrant d'un linge.

Les fromages *fins*, c'est-à-dire fabriqués avec du lait doux, ne demandent que quinze à vingt jours de cave, quand ils sont minces; mais on en fabrique sur commande de beaucoup plus gros, qui sont faits de tout lait doux ou de deux tiers de lait doux et d'un tiers de crème; ceux-là exigent deux à trois mois de cave, suivant leur grosseur.

Les fromages de lait non écrémé ne se font qu'en septembre et octobre; les fromages d'été se fabriquent de mai jusqu'à l'automne, mais avec les traites de la veille, celles de midi et du soir, écrémées le lendemain et chauffées ensuite à une température convenable, après les avoir mélangées avec la traite du matin.

En juin, et pendant toute la période des grandes chaleurs, on ne mélange plus à la traite du matin que celle de la veille au soir et écrémée.

Le fromage de Pont-l'Évêque, de qualité moyenne, se vend plus particulièrement à Pont-l'Évêque même, à Beaumont en Auge et à Trouville.

Observations relatives à la fabrication du fromage de Pont-l'Évêque.

Dans la fabrication de ces fromages, on ajoute ordinairement au lait, avant de le mettre en présure, une certaine quantité d'eau chaude. Beaucoup de personnes font le fromage de commande ou de *lait doux* sans addition d'eau chaude; celles qui en mettent commencent par faire chauffer le lait de manière qu'il soit un peu plus que *tiède*, puis elles y ajoutent environ 1/20 d'eau bouillante.

Pour les fromages de seconde qualité, on amène le lait à la même température, et l'on ajoute 1 litre d'eau bouillante par 5 à 6 litres de lait en été et 7 à 8 litres en automne.

Dans l'été, le mélange ne doit être que tiède, autrement on ferait des fromages trop *durs;* en automne et en hiver, il faut que le mélange brûle légèrement les doigts.

Quant aux fromages de troisième qualité, comme ils sont préparés avec des laits de plusieurs jours sujets à tourner, on ne les fait jamais chauffer avant d'y mettre la présure; on se contente d'y verser peu à peu de l'eau bouillante, et l'on remue avec la main la masse liquide, de façon à l'amener à la température voulue sans produire de coagulation.

De tout ce qui précède il résulte qu'en dehors des fromages *fins* ou de commande (dont la préparation se rapproche de celle des autres fromages à pâte molle, mais qui ne représentent guère que la soixantième partie de la production totale en Calvados), la fabrication de cette variété de fromage se caractérise par les particularités suivantes :

1° Emprésurage du lait à une température élevée (38° à 40°) et avec une dose de présure telle que la coagulation soit complète au bout d'un *quart d'heure* seulement.

2° Rompage du caillé et séparation rapide du petit-lait.

3° Empêchement aux mucédinées de se développer extérieurement, ce qui fait que la maturation de ces fromages a lieu exclusivement sous l'influence des microbes disséminés dans l'intérieur de la pâte.

Dans ces conditions, le caillé subit une légère coction, et la pâte des fromages qu'il fournit offre beaucoup d'analogie avec celle des mont-d'or d'été et d'un autre fromage, le port-du-salut, dont nous parlerons plus loin.

En outre, un certain nombre de détaillants reçoivent du pays de production les fromages de Pont-l'Évêque *blancs*, c'est-à-dire à la sortie du séchoir, et en achèvent l'affinage dans leurs caves. A cet effet, ils les lavent tous les trois ou quatre jours avec une eau *légèrement salée* pendant qu'ils s'affinent, puis les frotte finalement avec une solution étendue de rocou, qui leur donne une belle couleur jaune d'or. On comprend que, si l'on voulait fabriquer industriellement pendant l'été un fromage façon pont-l'évêque, on pourrait employer avec avantage les cuves mixtes (fig. 287 et 288) pour le chauffage du lait, la légère coction du caillé, le rompage et la séparation rapide du petit-lait, en supprimant dans cette fabrication tout ce qu'elle offre d'empirique et notamment l'addition au lait, d'eau plus ou moins chaude, avant la mise en présure.

Fromage de Trouville. — M. Lepecq, à la ferme de Pierrefitte (à 1 kilomètre de Pont-l'Evêque), fabrique un fromage façon pont-l'évêque, appelé *fromage de Trouville* et de qualité supérieure. Dans cette fabrication, on ne fait entrer que du lait venant d'être trait, et la mise en présure a lieu entre 32 et 35°. Comme dans la fabrication du pont-l'évêque, on empêche le développement des moisissures à la surface de ces fromages en les accolant les uns aux autres dans des caisses pendant leur affinage.

Fromage de Void (Meuse). — Nous ne citerons que pour mémoire ce fromage, de forme carrée, et qui offre une certaine analogie, comme pâte et comme goût, avec celui fabriqué en Bavière, en Saxe, etc., et désigné sous le nom de fromage de *Limbourg*.

Ce fromage est fabriqué dans la Meuse, dans tout le

canton de Void et la presque totalité des cantons de Vaucouleurs, Commercy, etc.

Son mode de fabrication a beaucoup d'analogie avec celui de Pont-l'Evêque; on y retrouve l'emprésurage à une température assez élevée, le découpage du caillé et la séparation rapide du petit-lait. En outre, dès l'entrée en cave, les fromages sont *accolés* les uns aux autres et, pendant l'affinage, lavés à l'*eau salée,* d'abord tous les deux jours, puis tous les huit jours, pendant environ deux mois.

Un fromage de Void moyennement affiné, c'est-à-dire âgé de deux mois environ, pèse de 500 à 550 grammes.

3° INDUSTRIE FROMAGÈRE VOSGIENNE.

Fromage de Géromé (1) *ou de Gérardmer.*

On peut désigner sous le nom général de *Fromage des Vosges* l'ensemble des produits connus sous le nom de géromé, gérardmer, munster, colmar, dont la fabrication, confinée, il y a cinquante ans, dit M. Pierrat, dans les régions montagneuses des Vosges, s'est étendue peu à peu jusque dans les plaines.

Depuis quelques années on a beaucoup travaillé dans les Vosges, et, grâce à la création d'une école de laiterie à Saulxures et aux excellents conseils prodigués par les hommes les plus dévoués, la fabrication du fromage de Géromé a été l'objet de notables améliorations qui ont contribué au relèvement de cette importante industrie.

Nous commencerons par décrire d'après Vacca la fabrication du fromage de Géromé telle qu'elle est encore pratiquée dans beaucoup de laiteries vosgiennes, et nous indiquerons ensuite les progrès déjà réalisés.

[1] Géromé, par corruption de Gérardmer (Vosges).

FABRICATION DU FROMAGE DE GÉROMÉ.

Le géromé est un fromage à pâte molle (fig. 317), anisé ou non, et qui se fabrique sous un poids variant de 2 à 5 kilogrammes.

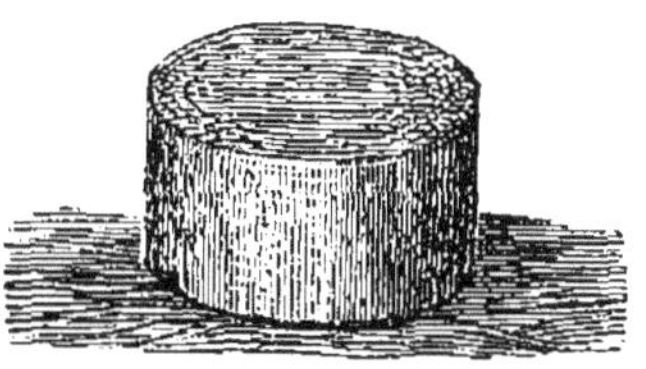

Fig. 317.

Mise en présure. — Aussitôt la traite apportée à la laiterie, on introduit le lait dans une bassine de cuivre B (fig. 318) d'une capacité d'environ 50 litres, et qui peut être fermée par un couvercle de bois C, percé en son milieu d'un trou circulaire.

A cet effet, on se sert d'un entonnoir de bois E, qui contient, à sa partie inférieure, un linge fin destiné à retenir les impuretés qui peuvent être tombées dans le lait.

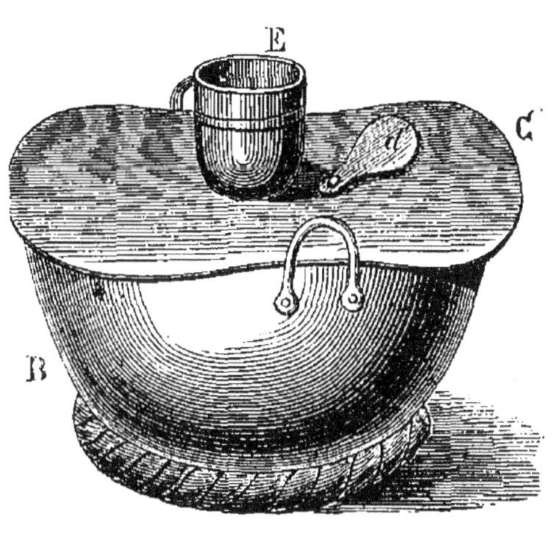

Fig. 318.

Une fois le lait dans la bassine, le fromager ou *marcaire* y ajoute la dose qu'il juge convenable d'une présure fabriquée par lui et qu'il répartit uniformément dans toute la masse; il bouche l'orifice du couvercle avec l'obturateur *d* et abandonne le tout au repos.

Séparation du petit-lait. — Environ 30 minutes après la mise en présure, on divise le caillé à l'aide de la cuiller M (fig. 319), et on enlève le petit-lait avec une fine passoire P (fig. 320).

Mises en formes et égouttage. — Pour achever la

séparation du petit-lait, on introduit le caillé à l'aide de la passoire P dans une forme cylindrique en bois de sapin (fig. 321) ; cette forme se compose de deux parties L et G pouvant s'emboîter l'une dans l'autre, suivant *ab;* la partie inférieure G est munie d'un fond percé de

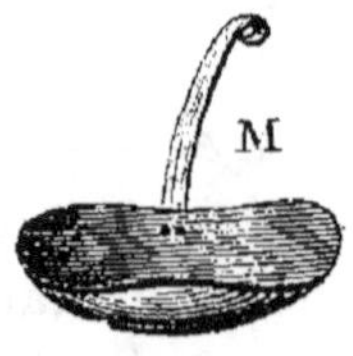

Fig. 319.

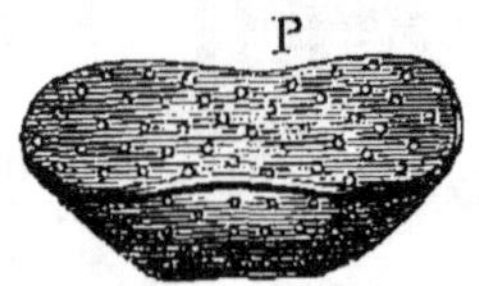

Fig. 320.

trous, la partie supérieure L est un cylindre sans fond qui fait office de *hausse*. La hauteur totale de ce double moule est d'environ 35 à 40 centimètres ; son diamètre, 15 à 18.

Une fois le caillé introduit dans cette forme, on laisse l'égouttage s'effectuer, et au bout d'environ douze heures la pâte est descendue au niveau *ab*. On introduit alors le fromage dans une forme de même diamètre, mais d'une hauteur moitié moindre ; à cet effet, on enlève la hausse L, on la remplace par le nouveau moule, et l'on imprime au système un mouvement de retournement qui a pour résultat de changer de bout le fromage dans la nouvelle forme.

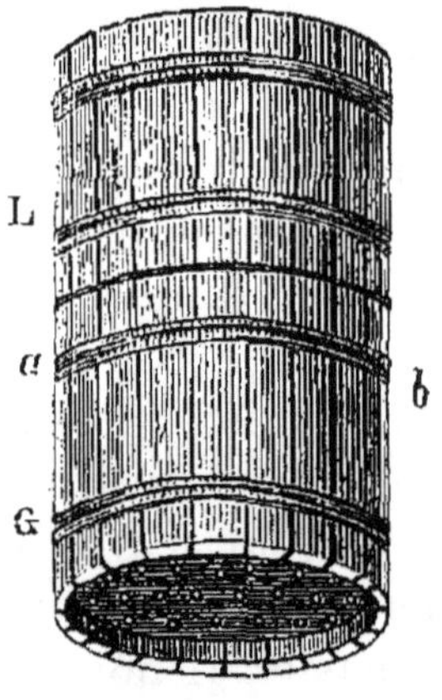

Fig. 321.

Au bout de six heures, on change encore le fromage de forme en le retournant de la même manière, puis à partir de ce moment, et pendant deux jours, on ne le change plus de forme que deux fois par jour.

La température de la pièce qui les renferme doit, autant que possible, être maintenue entre 16° et 18°.

Salaison des fromages. — Une fois les fromages suffisamment égouttés, on procède à leur salaison. A cet effet, on renverse le fromage sur une planchette de hêtre sur laquelle on a étalé une couche mince de sel pulvérisé fin, on roule le fromage dessus de façon à bien en imprégner toute la surface, et l'on répète cette opération pendant trois ou quatre jours, en ayant soin de retourner chaque fois le fromage.

Pendant les deux ou trois jours suivants, on ne fait que retourner le fromage une ou deux fois par jour, et essuyer sa surface avec un linge légèrement mouillé d'eau tiède; enfin, quand il est suffisamment ressuyé on le porte au séchoir.

Il faut environ 30 à 35 grammes de sel par kilogramme de fromage.

Quand, après l'égouttage, les fromages ne sont pas encore suffisamment résistants, au lieu de les laisser *nus* sur la planchette, après chaque salaison, on les remet dans les formes pendant les deux premiers jours, en ayant soin de les changer chaque fois de bout.

Mise au séchoir. — Le séchoir se compose de planches superposées comme les rayons d'un casier; on pose dessus les fromages.

En été, le séchage s'effectuant à l'air, il est urgent de mettre les fromages à l'abri du soleil et des mouches en les couvrant d'une toile.

En hiver, le séchage a lieu dans une pièce close et convenablement aérée.

Affinage des fromages. — Les fromages, une fois secs, sont portés dans une cave bien saine, où ils sont l'objet de soins minutieux.

Le séjour des fromages à la cave dépend de la saison et du poids sous lequel ils sont fabriqués. Plus la masse est considérable, plus est long leur affinage complet, qui, pour les plus gros, exige trois et même quatre mois.

Pendant toute la durée de leur séjour à la cave, les

fromages sont fréquemment retournés et lavés avec de l'eau tiède, quand on voit qu'ils se dessèchent trop rapidement.

Quand ce fromage a pris une teinte rouge brique, qu'il est *rousseau*, et que la surface extérieure, suffisamment résistante, cède cependant sous la pression du doigt, il est dit *passé* et peut être livré à la vente

Le fromage bien confectionné est ferme à l'extérieur, gras, onctueux et peu *œillé* à l'intérieur; au contraire, celui mal fabriqué est très œillé, fragile et s'émiette facilement; d'autres fois, par suite d'un égouttage insuffisant, il s'en va en bouillie.

Remarque. — Quelques cultivateurs ont l'habitude de réserver une traite sur deux pour faire du beurre; dans ce cas, le lait de la première traite est conservé dans des terrines de grès jusqu'au moment de l'écrémage.

Au moment où la deuxième traite arrive à la fromagerie, on verse d'abord dans la bassine de l'eau chaude, de façon à élever la température du récipient; on fait écouler cette eau, on la remplace par le lait de la première traite écrémée, auquel on mélange celui de la deuxième traite; on met ensuite en présure, et l'on continue la fabrication comme il a été dit précédemment.

On compte qu'il faut, en moyenne, de 7 litres et demi à 8 litres de lait non écrémé par kilogramme de fromage.

Fromage anisé. — Le fromage *anisé* ne diffère du précédent que par l'incorporation dans la pâte d'une certaine quantité d'*anis*. Au moment où l'on met le caillé dans la forme à égoutter, on fait des lits successifs de fromage et d'anis des Vosges (*carum carvi*), tantôt cuit, tantôt cru.

Le fromage anisé, quand il est vieux, prend des teintes verdâtres qui lui donnent une certaine ressemblance avec le fromage de Roquefort.

Le producteur vend habituellement ses fromages *nus*

au commerçant en gros, qui les introduit dans des boîtes rondes en sapin, et les revend ensuite aux 100 kilogr., *boîtage compris.*

D'après M. Vacca, une vache du pays peut fournir annuellement 260 kilogrammes de fromage.

En outre de la consommation locale, le fromage de Géromé s'expédie en quantités notables dans les grandes villes, telles que Paris, Lyon, Nancy, Besançon, Marseille : c'est un produit généralement très apprécié de la classe ouvrière, en raison de son bon marché relatif et de ses propriétés très nutritives.

Des améliorations à apporter dans l'industrie fromagère vosgienne.

Dès 1882, nous avions formulé l'ensemble des améliorations qu'il serait urgent d'apporter dans l'industrie vosgienne, et en août 1886, nous avons eu la satisfaction de constater, en lisant un article publié, à cette époque, dans le *Journal de l'Industrie laitière,* qu'à l'École de laiterie de Saulxure (Vosges), dirigée par M. Brunel, la plupart des améliorations conseillées par nous avaient été mises en pratique. Aujourd'hui, la fabrication du géromé, dans cette école, a lieu comme il suit :

1° Mise en présure du lait, à la température moyenne de 28°, dans une bassine en fer étamé d'une contenance de 28 à 30 litres seulement.

Emploi d'une présure concentrée du commerce, d'une force constante et bien déterminée.

2° Mise en présure et égouttage du caillé dans un local dont la température est maintenue, en toute saison, entre 18 et 20°.

Suppression des moules en bois munis de hausse, et leur remplacement par des cercles en fer étamé ou mieux émaillé, ouverts aux deux extrémités et percés latéralement de petits trous distants les uns des autres de 15 à 20 millimètres. Ces formes, de 16 centimètres de hauteur, sur 14 de diamètre, reposent sur un paillasson ou une natte placés eux-mêmes sur des *plancheaux* carrés de 17 centimètres de côté, et le tout est posé sur l'égouttoir.

Premier retournement du fromage au bout de six heures d'égouttage; cinq ou six heures après, remplacement des premiers moules par d'autres semblables, mais d'une hauteur moitié moindre.

3° Salaison après trois ou quatre jours d'égouttage et de retournements fréquents.

Séchage et affinage suivant les prescriptions indiquées pages 583 et 587.

A Saulxure, le séchage a lieu en cinq ou six jours, et l'affinage, effectué dans une cave aménagée de façon à pouvoir y maintenir une température de 12 à 13°, même pendant les plus grandes chaleurs de l'été, est terminé au bout de deux mois environ; les fromages sont alors *rousseaux* et propres à être livrés au commerce.

Avant de placer le fromage dans sa boîte d'expédition, on enveloppe celui-ci dans un papier dit *végétal*, imperméable, qui n'adhère pas à la croûte et empêche néanmoins la dessiccation du produit par évaporation, pendant le transport.

En 1886, l'École livrait facilement ses produits au prix de 150 francs les 100 kilogrammes, tandis que les marchands des environs payaient rarement les fromages des marcaires plus de 90 à 100 francs; dans le premier cas, le lait ressortait au prix de 21 centimes le litre; dans le second, au prix de 12 centimes seulement. Cette plus-value, disait avec raison M. Brunel, n'est évidemment due qu'à l'emploi des meilleures méthodes de fabrication complété par un bon aménagement des caves d'affinage : de semblables résultats pourraient être obtenus aussi facilement par une association de *marcaires* agissant sur une certaine quantité de lait et fabriquant suivant les principes d'une pratique bien comprise.

M. Emile Mer, propriétaire agriculteur et attaché à

la station de recherches de l'École nationale forestière, s'est beaucoup occupé aussi de l'industrie fromagère vosgienne et des améliorations à apporter dans la fabrication des produits de cette région.

Suivant lui, le fromage de 1 kilogramme devait devenir le vrai type du fromage des Vosges, à la condition, bien entendu, d'introduire dans sa fabrication toutes les améliorations nécessaires pour faire cesser les variations excessives de qualités qu'offrent habituellement ces produits.

Le gros fromage de Géromé pesant 4 et 5 kilogrammes doit complètement disparaître de la fabrication, parce que l'égouttage et la maturation ne peuvent s'effectuer convenablement dans une masse aussi considérable, et que la longue durée de l'affinage contribue à donner à ces fromages le goût et l'odeur si prononcés qui répugnent à beaucoup de consommateurs. Le grand écart des prix qui continue à exister entre le géromé et le munster prouve que le type dont il faut se rapprocher le plus possible est celui du bon munster.

De décembre 1894 à mars 1895, les prix moyens de vente de ces deux sortes de fromages, aux halles de Paris, ont été :

	LES 100 KILOGR.
Géromé	105 à 115 francs.
Munster	120 à 140 —
Munster extra	130 à 150 —

ALSACE. — FROMAGE DE MUNSTER (MUNSTERKASE).

Munster est un chef-lieu de canton du Haut-Rhin, à 17 kilomètres de Colmar. Le fromage qui porte le nom de cette ville est fabriqué principalement dans les chalets de la vallée de Munster, avec du lait de vache; son mode de préparation est analogue à celui du fromage de géromé; mais le munster est toujours bien supérieur à ce dernier, ce qui tient, comme nous l'avons dit plus haut, aux soins apportés à sa confection et au poids beaucoup plus faible sous lequel il est fabriqué.

Le munster a, en moyenne, 16 à 18 centimètres de diamètre, sur 8 de hauteur seulement.

II. FROMAGES MAIGRES DIVERS.

Les fromages appartenant à cette catégorie sont ceux fabriqués avec du lait dont on a enlevé préalablement la majeure partie, sinon la totalité de la crème.

AFFINAGE DES FROMAGES MAIGRES DE FERME.

Un mode d'utilisation de ces fromages maigres dans les fermes consiste à les saler quand ils sont bien égouttés, puis à les sécher fortement à l'air, ou même au four, comme en Alsace, et à les *affiner* ensuite au fur et à mesure des besoins.

Les procédés mis en œuvre pour faire *passer* ces fromages, variables suivant les pays, ont tous pour but de leur rendre d'abord une certaine dose d'humidité, et ensuite de déterminer dans leur masse une active fermentation qui ramollit la pâte et la transforme en produits ayant généralement une saveur et une odeur fortes, mais qui plaisent néanmoins aux consommateurs habituels.

Pour obtenir cet affinage, on place ordinairement dans de grands pots en terre ou dans des caisses, et dans un endroit chaud, les fromages, après les avoir trempés dans de la lie de vin ou de bière, que l'on renouvelle de temps en temps. Ailleurs, on les stratifie avec des linges imbibés de vinaigre ou de vin blanc, ou bien encore avec des feuilles d'ortie ou de cresson, ou du foin mis préalablement à tremper dans l'eau tiède.

FROMAGES DE FOIN.

Dans la Seine-Inférieure, et notamment dans le pays de Bray, on fabrique de grandes quantités de fromages maigres que l'on fait *passer* dans du foin humide, et qui, pour cette raison, portent le nom de : *fromages de foin*. Ce produit offre beaucoup d'analogie, quant à la saveur, avec le livarot de troisième qualité et est consommé principalement par les ouvriers des fermes.

Fabrication du fromage de foin.

Voici, d'après les indications que M. Pommel a bien voulu nous fournir, comment on fabrique ce fromage dans le pays de Bray. On introduit dans un chaudron placé sur un feu clair 50 litres de lait écrémé, et on les porte à la température de 26° à 30°, suivant la saison. On transvase le lait chaud dans un baquet de bois, d'environ 60 litres de capacité, et on le met en présure avec deux cuillerées à bouche de présure faible, comme celle de M. Fabre (voir p. 538); on recouvre le baquet, et au bout d'une heure la coagulation est terminée.

On procède alors à la division du caillé avec les mains (l'emploi d'un grand couteau de bois (fig. 315) serait bien préferable); on laisse ensuite le caillé se déposer pendant vingt minutes, puis on enlève le petit-lait qui surnage, en le puisant dans le baquet avec une grande écuelle. Le caillé est ensuite comprimé avec les mains, de façon à en expulser une nouvelle quantité de petit-lait, qu'on enlève également, après quoi l'on procède à la mise en moule.

Le moule (*caserette*) est un récipient circulaire percé de trous, de 30 centimètres de diamètre inférieur, 35 de diamètre supérieur et 18 de hauteur. On prend dans le baquet des portions de caillé, que l'on introduit dans le moule en les y tassant fortement à la main, et l'on continue ainsi jusqu'à ce que la forme soit comble. On exerce alors sur cette surface bombée, avec le plat des mains, une pression énergique, que l'on renouvelle un grand nombre de fois dans l'espace d'une demi-heure et jusqu'à ce que, par suite de l'expulsion du petit-lait, le fromage soit devenu *ferme* dans le moule. On imprime alors à ce moule des secousses progressives, de façon à en faire sortir le fromage; on retourne celui-ci, on le replace dans la forme et on le comprime de nouveau avec les mains, de façon à en augmenter encore la fermeté. Le fromage est alors introduit dans un cercle (*cliche*) de bois, de même diamètre que le moule, mais de hauteur moitié moindre, et qui est destiné à le maintenir pendant les deux jours qu'on le laisse se ressuyer.

Ces deux jours écoulés, on sale le fromage assez fortement, puis on le met *hâler,* c'est-à-dire sécher, en ayant soin de le retourner tous les huit jours, et au bout de trois semaines, il doit être complètement sec et bon à être descendu à la cave. Là, on enveloppe chaque fromage avec du regain de foin, et on les pose à terre, en en mettant trois ou quatre les uns sur les autres. Tous les huit jours on les retourne, on les examine, et si ceux qui sont en dessous paraissent s'échauffer, on les replace en dessus. On laisse les fromages dans ces conditions pendant six semaines en été et trois mois en automne et en hiver, après quoi on les sonde afin de reconnaître ceux qui sont bons à manger ou à vendre.

Dans cette fabrication, 100 kilogr. de lait maigre donnent 10 kilogr. de fromage salé, séché et bon à être descendu à la cave; après affinage, ces 10 kilogr. sont réduits à 6 kilogr. environ.

En général, les cultivateurs de cette région n'affinent que la quantité de fromage nécessaire pour la consommation dans la ferme et vendent les autres fromages, *blancs* et du poids de 5 à 6 kilogr., 27 à 30 francs la douzaine, à des *cavistes* qui les font *passer.*

Au bout d'environ cinq mois, ces fromages, qui ne pèsent plus alors que 3 à 4 kilogr., sont revendus par les cavistes, de 36 à 48 francs la douzaine, suivant la qualité.

Cette fabrication, d'après M. Pommel, est très délicate, et comme un *tiers* environ des fromages n'arrivent pas à la première qualité, on peut admettre que le prix moyen du kilogr. de ce fromage de foin, *passé*, ne dépasse guère 1 fr. 20; ce qui correspond à 3 fr. 60 pour un fromage de 3 kilogr. La meilleure saison pour ce genre de fabrication est celle dite, dans le pays, *d'après août.*

Parmi les autres fromages plus ou moins maigres et *affinés* livrés à la grande consommation, nous citerons :

1° Les fromages fabriqués dans les arrondissements d'Avesnes (Nord) et de Vervins (Aisne), et désignés sous les noms de *larrons*, *maroilles* ou *marolles*, *tuiles de Flandre*, etc. La majeure partie de ces produits se vend dans le nord de la France.

2° *Le fromage de Livarot*, à la fabrication duquel nous croyons devoir consacrer un paragraphe spécial.

FABRICATION DU FROMAGE DE LIVAROT (CALVADOS).

Nous nous sommes occupé déjà, page 448, de ce fromage au point de vue économique, et nous avons indiqué les circonstances qui, à Livarot et aux environs, conduisent les cultivateurs à fabriquer ce produit, notamment en juin, juillet et août; nous n'avons donc plus qu'à décrire, ici, la fabrication proprement dite de ce fromage.

Pour fabriquer le livarot, on commence par mettre le lait à crémer, pendant vingt-quatre heures, dans de grandes terrines coniques; après l'écrémage, on le réchauffe à 38° ou 40° et on le verse dans des cuves en bois, qui ont souvent 200 à 300 litres de capacité.

L'emprésurage a lieu à 36° ou 37°, avec une quantité de présure suffisante pour que la coagulation soit complète au bout d'une heure et demie en moyenne.

On procède alors au rompage du caillé à l'aide d'un grand couteau (fig. 315), puis on le dépose sur des nattes de roseau ou de jonc (*glottes*), comme pour le pont-l'évêque (p. 674), ou bien encore sur une toile, où on le laisse s'égoutter pendant environ un quart d'heure. Pendant cet égouttage, on achève le découpage du caillé, de façon qu'au moment de la mise en moule il se trouve réduit en fragments de la grosseur de grains de blé. Les moules (fig. 269) sont des cylindres en bois ou en fer-blanc, pleins ou percés de trous, de 15 centimètres de diamètre et d'une hauteur égale, que l'on remplit de ce caillé bien divisé. Une heure après le remplissage, on retourne les fromages dans les moules et l'on répète cette opération huit à dix fois, jusqu'au moment où, suffisamment égouttés et solidifiés, ils arrivent à l'état de *fromages blancs*.

On sale alors les fromages à la main; on les laisse quatre ou cinq jours sur des égouttoirs inclinés, en pierre ou en bois, et on les transporte ensuite au *hâloir* ou au marché.

Les hâloirs sont disposés comme ceux employés pour la fabrication des camemberts (fig. 304); les livarots y séjournent ordinairement de quinze à trente jours, après lesquels on les transporte à la cave.

Ces fromages étant tout à la fois gros et *maigres*, leur affinage exige une température uniforme et assez élevée. A cet effet, les caves sont maintenues hermétiquement closes et sans renouvellement d'air, ce qui contribue à donner à ces produits l'odeur et la saveur fortes et piquantes qui les caractérisent.

Pendant cet affinage, l'abondance des gaz ammoniacaux et autres qui se dégagent est telle, que l'on est obligé de faire les murs des caves en bauge (mélange de mortier et de foin haché), parce que toute autre construction ne résisterait pas à l'action corrosive des produits de fermentation. Ces caves sont habituellement des bâtiments situés à la surface du sol, et comme on n'y fait jamais de feu, il en résulte que, pendant l'affinage, les fromages ont à subir les variations de la température extérieure, ce qui est très nuisible à leur maturation régulière. Il serait infiniment préférable de remplacer les caves actuelles par d'autres souterraines, ou creusées dans le flanc d'une colline, quand cela est possible.

Pendant leur séjour à la cave, les fromages sont retournés deux fois la semaine en hiver, trois fois en été, en ayant soin de les frotter légèrement chaque fois avec de l'eau pure, ou *salée*, si l'on voit que quelques-uns ont manqué de sel. Ces lavages empêchent tout développement de mucédinées à la surface des fromages.

Après dix jours de cave, les livarots sont reliés sur leurs tranches avec des feuilles de *laîche* (*typha latifolia*), puis on laisse l'affinage s'achever. Les gros fromages exigent cinq à six mois de cave, tandis que pour les autres, moins épais, il ne faut que trois ou quatre mois.

Au moment de les pailler, pour les expédier sur les marchés, on les colore avec une solution de rocou (p. 326).

D'après M. Morière, le produit *brut* et annuel d'une vache dont le lait sert à fabriquer du beurre et du livarot varie entre 600 et 650 francs, et le produit *net* entre 350 et 400 francs. — Le livarot ordinaire est, de tous les fromages fabriqués dans le Calvados, celui qui rend le plus de services à la classe ouvrière, et la valeur de sa fabrication annuelle est plus du double de celle du camembert, et triple de celle du pont-l'évêque.

Quelques producteurs, comme MM. Laffilay, Jamot et autres, fabriquent des livarots *fins*, c'est-à-dire plus riches en crème et moitié moins gros que ceux ordinaires; envoyés à destination particulière, ces fromages sont vendus par les détaillants de 1 franc à 1 fr. 25 la pièce.

Remarque. — Nous dirons encore, à l'occasion de ce fromage, que sa fabrication pourrait être simplifiée et améliorée par l'emploi des cuves à double enveloppe, dans lesquelles auraient lieu le chauffage à la vapeur du lait destiné à être mis en présure, le découpage du caillé et l'égouttage du petit-lait. Dans cette fabrication, l'habitude étant d'amener le caillé à un très grand état de division avant de le mettre en moules, on pourrait aussi employer avantageusement, pour obtenir ce résultat, des *diviseurs* plus efficaces que le couteau de bois, et semblables à ceux que nous indiquerons dans le chapitre suivant. Enfin, l'installation d'un petit générateur permettrait d'utiliser l'excédent de vapeur pour le chauffage des locaux, et notamment des caves insuffisamment protégées contre les variations de température. On pourrait alors établir dans ces caves des cheminées d'appel et ventiler de temps en temps, de façon à chasser les gaz ammoniacaux et sulfurés, dont le séjour prolongé contribue à donner aux fromages qui s'*affinent* un goût et une odeur caractéristiques, mais repoussants pour beaucoup de personnes.

Du reste, comme nous l'avons vu page 448, depuis la création des grandes beurreries centrales ou coopératives, la fabrication du fromage de livarot n'est plus cantonnée dans l'arrondissement de Lisieux; on la retrouve, au contraire, dans beaucoup d'autres départements et dans des conditions d'installation tout à fait satisfaisantes.

Nous pensons donc que si dans ces beurreries on se décide à fabriquer ce fromage avec du lait écrémé aux *deux tiers* seulement et à l'époque où le beurre se vend le meilleur marché, il sera possible, en ne livrant les produits qu'à partir d'octobre, d'en obtenir un prix suffisamment rémunérateur.

Remarque. — Dans le chapitre IX, où nous traiterons des fromages *pressés*, nous retrouverons d'autres fromages *maigres*, tels que ceux de Leyde, du Danemark, etc., et nos lecteurs y verront d'autres procédés pour utiliser industriellement de grandes quantités de laits maigres, fournis notamment par les écrémeuses.

CHAPITRE VIII

DEUXIÈME CLASSE : FROMAGES DE CONSISTANCE SOLIDE OU A PATE FERME. — PREMIÈRE CATÉGORIE : FROMAGES PRESSÉS.

DES APPAREILS ET USTENSILES NÉCESSAIRES A LA FABRICATION DES FROMAGES A PATE FERME.

Nous avons dit, page 547, que cette seconde classe comprenait tous les fromages dont la pâte conservait une consistance solide plus ou moins grande après la fabrication, qualité qu'ils doivent, les uns à la mise en presse, les autres tout à la fois à la mise en presse et à la cuisson.

Nous commencerons ce chapitre par l'étude des divers appareils et ustensiles employés dans la fabrication des fromages appartenant à cette seconde classe.

1° *Cuves pour chauffer et traiter le lait.*

S'il ne s'agit que de réchauffer le lait pour le transvaser ensuite dans les récipients où il sera mis en présure, on peut employer pour ce chauffage le bain-marie (fig .283) ou les appareils à vapeur (fig. 287 à 290) indiqués précédemment.

Si la coagulation du lait doit s'effectuer dans la cuve même où il est chauffé, on se servira avec avantage des mêmes appareils à vapeur, ou bien encore de la cuve à fromage (fig. 322).

Dans la fabrication des fromages *cuits*, on emploie des chaudières spéciales dont nous indiquerons les principales dispositions dans le chapitre XI; mais il nous reste à signaler encore un nouvel appareil très employé aujourd'hui dans l'ouest de la France pour le chauffage du lait destiné à la fabrication de certains fromages à pâte ferme, et notamment le façon Hollande.

Appareil Douillard, constructeur mécanicien à Fontenay-le-Comte (Vendée).

Cet appareil, qui a obtenu une médaille d'or au concours général de Paris (1887), se compose de trois parties, savoir : une chaudière B, une cuve A pour chauffer le lait, et une pompe P.

La chaudière B, montée sur son fourneau en tôle de fer, est en cuivre; sa cheminée communique avec le foyer par trois tubulures rayonnantes, noyées dans l'eau à chauffer, puis s'élève verticalement au milieu de cette dernière, de façon à utiliser le mieux possible les produits de la combustion. L'eau étant chauffée à 100° seulement, l'ébulition se produit à l'air libre, sans qu'il y ait besoin d'aucun appareil de sûreté.

La cuve A est en cuivre rouge, étamée et entourée d'un bain-marie en tôle protégé par une enveloppe en bois cerclée, pour éviter toute déperdition de calorique. Sur le bord supérieur de cette cuve peut se placer un croisillon en bois tt', amovible à volonté et qui supporte un agitateur composé de deux grilles séparées par un axe vertical, l'une à barreaux horizontaux, l'autre à barreaux verticaux; cet agitateur pouvant être mis en mouvement par la manivelle m et l'engrenage d'angle e.

Lorsque l'eau est suffisamment chaude dans la chaudière B, et que le lait a été introduit dans la cuve A, on fait arriver l'eau chaude dans le bain-marie de la cuve, en ouvrant simplement le robinet b, et on le renferme lorsque le niveau d'eau n indique que le bain-marie est suffisamment rempli. Au bout de quelques minutes, la masse du lait ayant pris la température désirée (soit 35°

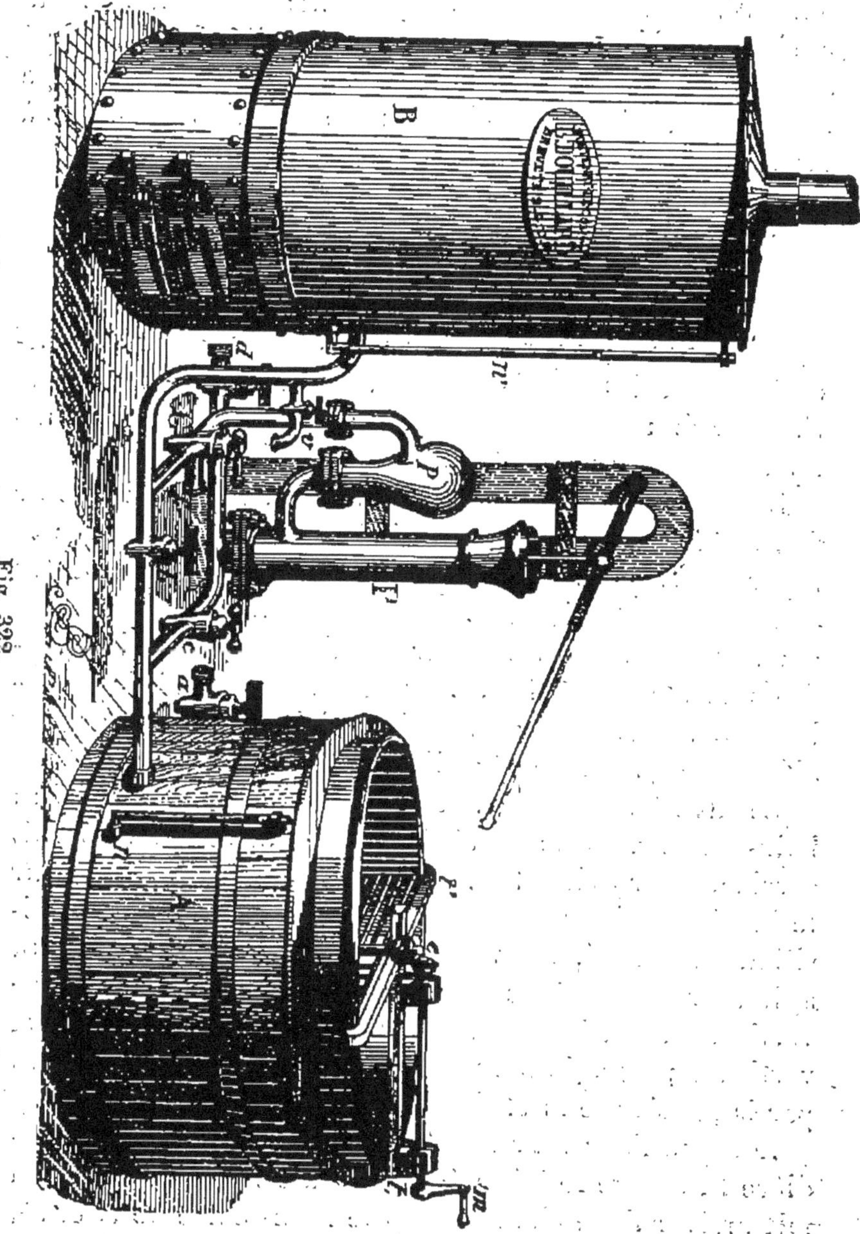

Fig. 322.

pour la fabrication du fromage de Hollande), on y ajoute la présure et la matière colorante, en ayant soin de bien brasser la masse liquide en tournant la manivelle pendant une demi-minute à une minute au plus; puis on l'abandonne au repos. On ferme alors le robinet *b*, on ouvre les robinets *c* et C, et l'on fait manœuvrer la pompe P pour ramener dans la chaudière toute l'eau du bain-marie, qui, de cette façon, peut servir presque indéfiniment. Quand la coagulation du lait est complète, on tourne la manivelle *m* très lentement, et par suite de la disposition des barreaux des deux grilles de l'agitateur, le caillé se trouve découpé en petits cubes d'où se sépare facilement le petit-lait. On enlève alors l'agitateur de la cuve et l'on décante, à l'aide d'un siphon en cuivre étamé, le petit-lait quand il s'est bien rassemblé à la surface. Le caillé est ensuite mis en moules et pressé comme nous l'indiquerons plus loin.

M. Douillard fabrique des appareils donc la capacité varie depuis 50 jusqu'à 1,000 litres et au delà. Un appareil pour chauffer 400 litres de lait, par exemple, coûte sans pompe 500 francs, et avec pompe refoulante 660 francs.

2° *Instruments servant à diviser le caillé.*

La fabrication des fromages appartenant à cette deuxième classe comporte généralement un découpage de caillé avant sa mise en moules; cette opération s'effectue, suivant les pays, avec des instruments de formes diverses; nous allons indiquer les principaux.

Le couteau ou sabre de bois (fig. 315). C'est le diviseur le plus simple; il est généralement employé en Suisse et aussi en France, notamment dans la fabrication de certains fromages tels que le pont-l'évêque, le livarot, etc. (Voir chap. VII.) En Amérique et dans le nord de l'Europe, le couteau le plus en usage a la forme représentée figure 323; il mesure 1m,40 de longueur totale et est en bois dur; ou bien encore le manche est en bois, et la lame est revêtue d'une feuille de fer-blanc étamé.

Fig. 323.

La poche ou écope en bois (fig. 324) et à bord tranchant, qui sert tout à la fois pour l'écrémage ou la mise en présure du lait, ainsi que pour le rompage du caillé. On peut également se servir pour cet usage de la pelle américaine (fig. 325), qui est en fer-blanc.

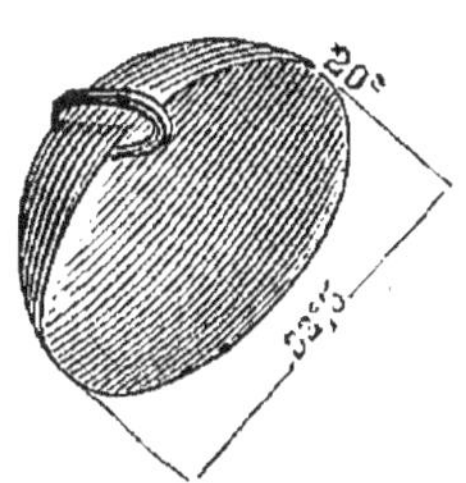

Fig. 324.

La lyre hollandaise (fig. 326). — C'est un diviseur formé de tiges d'acier à bords tranchants et encastrées dans un cadre rectangulaire de laiton muni de deux poignées.

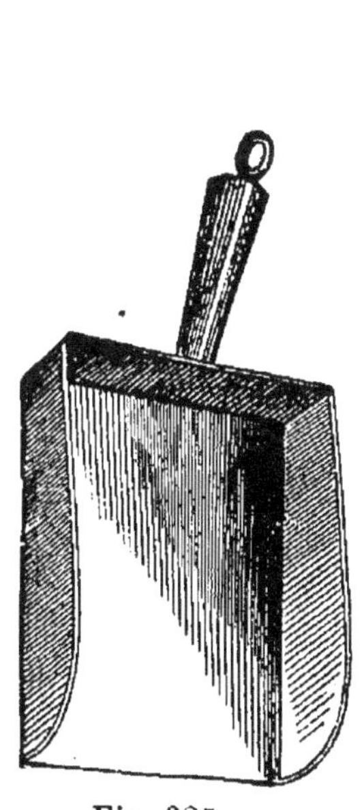

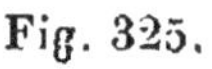

Fig. 325.

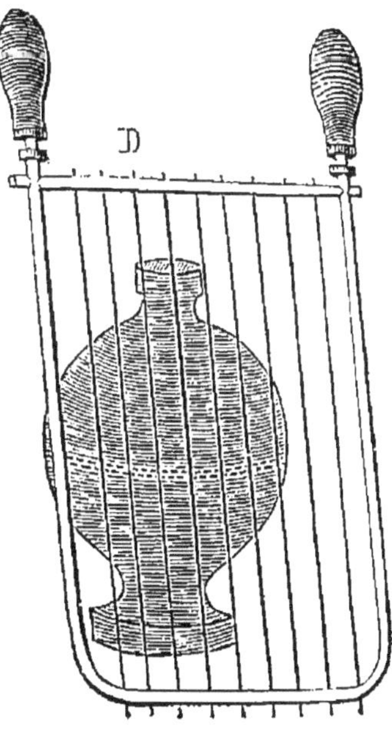

Fig. 326.

Les diviseurs américains. — Ces instruments ont, en

moyenne, de 45 à 50 centimètres de longueur et sont composés de lames horizontales ou verticales d'acier étamé et très tranchantes (fig. 327, 328 et 329).

Les Américains se servent encore, pour diviser le

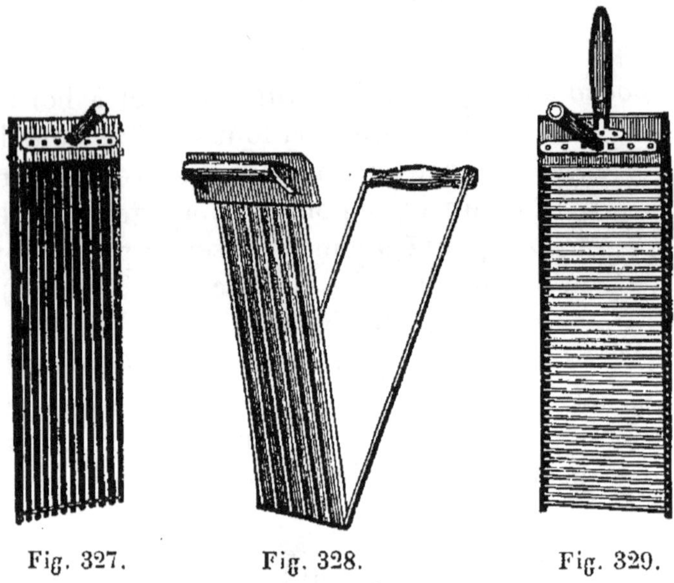

Fig. 327. Fig. 328. Fig. 329.

caillé en morceaux, des instruments représentés figures 330, 331 et 332.

Enfin, M. Keevil a imaginé un diviseur mixte composé de deux châssis, l'un à lames horizontales, l'autre à lames verticales, et qui s'adapte à la cuve à fromage avant la mise en présure du lait. C'est celui adopté dans l'appareil Douillard (fig. 322).

3° *Machines à malaxer ou pétrir le caillé.*

Généralement, dans la fabrication des fromages à pâte dure, le pétrissage du caillé a lieu à la main ; mais on obtient avec beaucoup moins de fatigue un travail plus parfait en effectuant cette opération avec des machines spéciales. On peut employer à cet effet :

Les malaxeurs à table tournante (p. 289), mais à la condition, comme nous l'avons dit déjà (p. 664), de modifier cet instrument de façon que la pression exercée

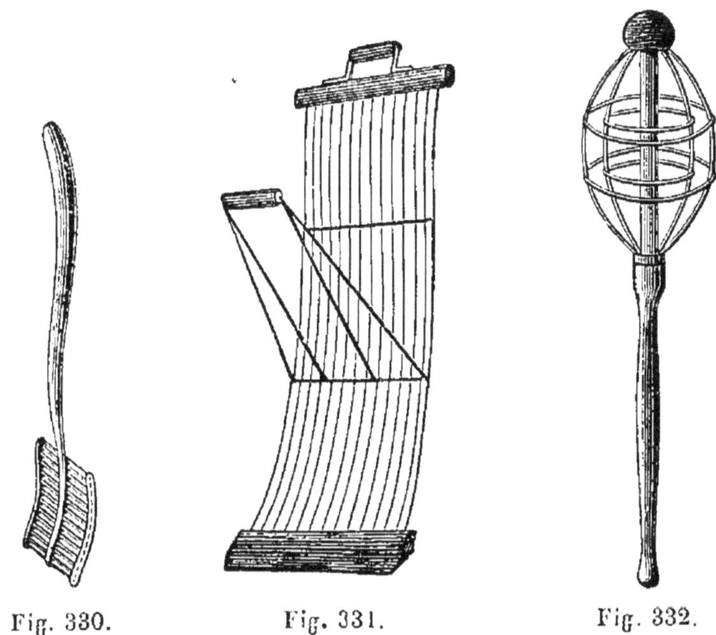

Fig. 330. Fig. 331. Fig. 332.

par le rouleau sur le caillé soit plus efficace que lorsqu'il s'agit de malaxer simplement du beurre.

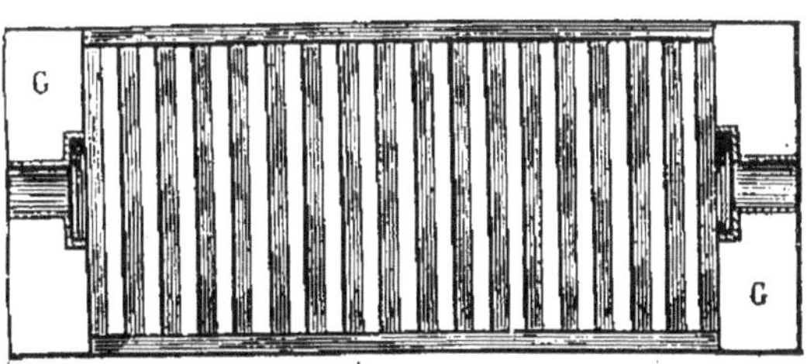

Fig. 333.

Le malaxeur à cylindres de métal ou de granit. (Voir page 565.)

Le moulin à caillé, qui se compose d'une grille en fer étamé (fig. 333), entre les barreaux de laquelle passent les dents d'un diviseur fait de même métal (fig. 334),

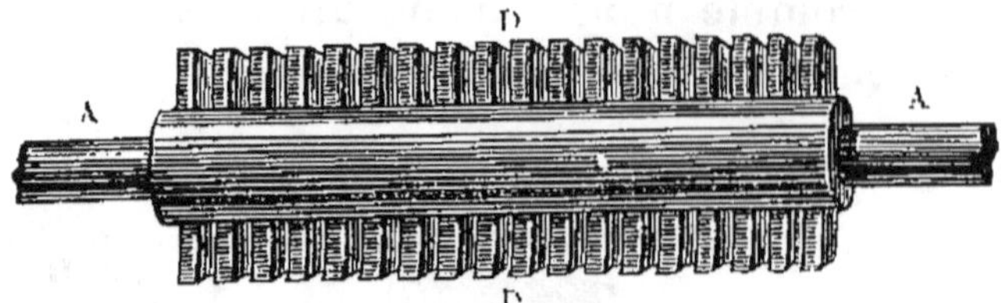

Fig. 334.

lorsqu'on imprime au cylindre un mouvement de rotation à l'aide d'une manivelle.

Fig. 335.

Ce moulin, surmonté d'une trémie dans laquelle on jette le caillé à pétrir, se fixe sur un cuvier ou tout autre récipient.

D'autres fois, l'axe de rotation du cylindre est muni d'un volant, et le moulin est supporté par un bâtis de fonte; le caillé pétri tombe sur un plan incliné qui l'amène dans un récipient logé entre les pieds du bâtis (fig. 335).

4° *Formes ou moules à fromages pressés.*

La fabrication des fromages à pâte ferme comporte l'emploi de moules de dimensions et de formes différentes de ceux précédemment décrits; nous indiquerons ceux le plus généralement en usage.

MOULES POUR FROMAGES FRANÇAIS.

1° *Moule à fromage de Roquefort* (fig. 336).

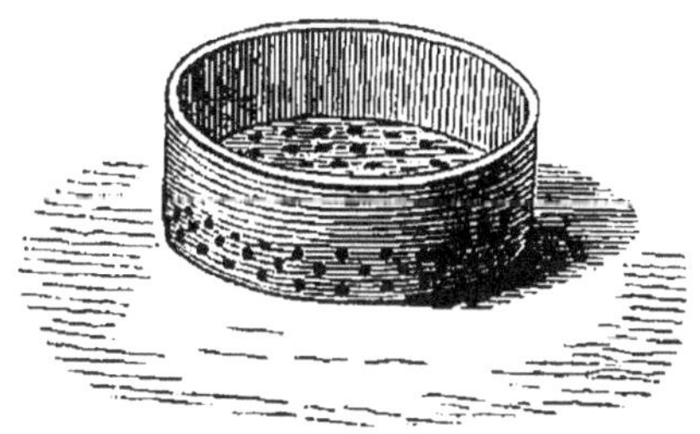

Fig. 336.

Moules cylindriques de terre cuite émaillée, de 21 centimètres de diamètre sur 9 à 10 de hauteur; le fond est percé de trous de 5 à 6 millimètres de diamètre.

2° *Moule à fromage du Cantal.*

Ce moule se compose des parties suivantes :

A. *La faisselle* (fig. 337), récipient cylindrique de bois, de 35 à 40 centimètres de largeur sur 15 centimètres de hauteur, et dont le fond est percé de trous de 4 à 5 millimètres de diamètre.

F. *La feuille* (fig. 338), lame de bois de hêtre de 20

à 22 centimètres de hauteur, et à laquelle on peut donner la forme cylindrique en rapprochant les deux extrémités.

G. *La guirlande* (fig. 338), cercle de 7 à 8 centimètres de diamètre, qui sert à envelopper la feuille.

La faisselle A constitue le fond du moule; on y engage

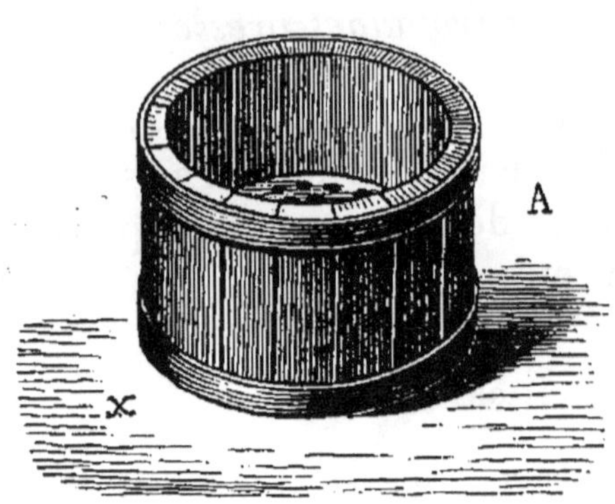

Fig. 337.

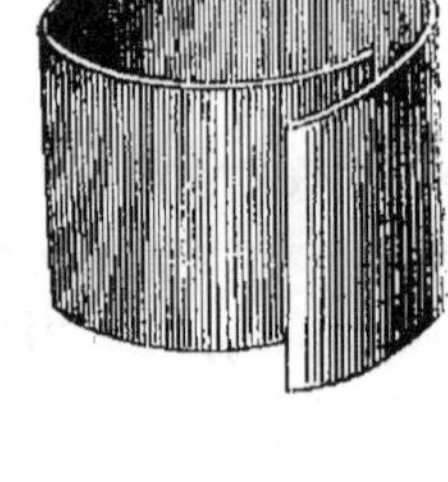

Fig. 338.

la feuille F repliée, et on la maintient par le haut à l'aide d'une ou deux guirlandes G.

3° *Moule à fromage de Gex ou de Septmoncel* (fig. 339).

Ce moule se compose des parties suivantes :

1° F. *La faisselle*, récipient cylindrique de bois, de 35 centimètres de diamètre sur 14 centimètres de hauteur, et à fond un peu concave. La faisselle est percée de 10 trous de 3 millimètres de diamètre, dont 5 au fond et 4 sur les parois, et à une petite distance du fond.

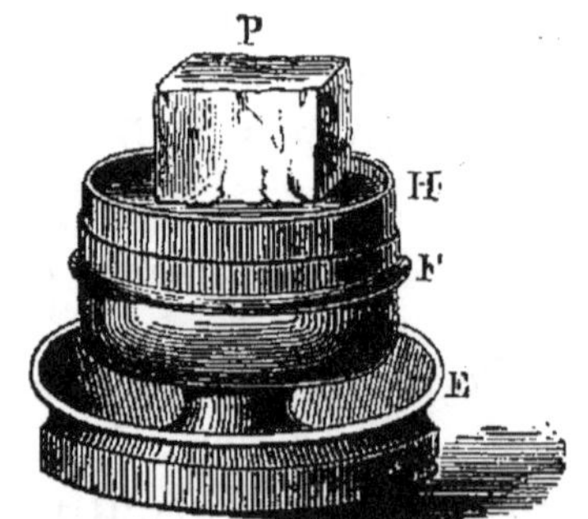

Fig. 339.

2° E. *L'égouttoir*, bassin circulaire et concave, en bois, d'un diamètre un peu plus grand que celui de la faisselle; au centre s'élève une petite plate-forme circulaire de 15 centimètres de diamètre, dont la surface supérieure ne dépasse pas les bords de l'égouttoir et sur laquelle on place les moules pleins de caillé.

3° H. *La hausse*, cercle de fer-blanc ou de bois qui, dans certains cas, sert à augmenter la hauteur du moule.

Moule à fromage de Gruyère (fig. 340).

Ces moules sont des cercles M de noyer, de sapin ou de hêtre, de 11 millimètres d'épaisseur, 13 à 15 centimètres de hauteur, 1m,65 de longueur, et dont une

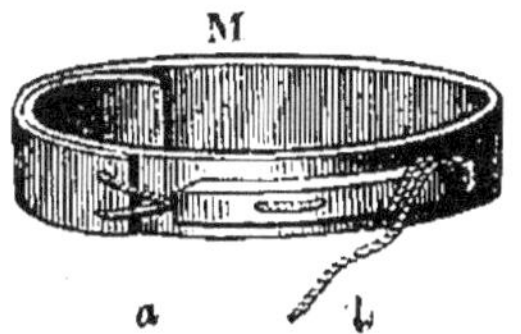

Fig. 340.

extrémité rentre sous l'autre d'environ un sixième de toute la circonférence.

A la surface extérieure de cette partie du cercle qui glisse sous l'autre, se trouve fixée une pièce de bois qu'une rainure ou gouttière traverse sur les deux tiers de sa longueur, et dans laquelle passe une corde fixée en *a*; en tirant celle-ci et en l'attachant par un simple nœud en *b*, on agrandit ou l'on rétrécit à volonté le diamètre du moule.

D'autres fois, la pièce de bois est remplacée par une crémaillère en bois *c*; la corde *f* est nouée de distance en distance, de façon à former des anneaux qui s'accrochent à l'un des crans de cette crémaillère. (Voir chap. XI.)

MOULES POUR FROMAGES ÉTRANGERS.

Moules anglais et américains pour fromages de Chester, Cheddar, Stilton.

Ces moules sont des cylindres de bois ou de fer étamé (fig. 341), ouverts aux deux bouts et percés de trous à la surface; ils ont ordinairement de 28 à 30 centimètres de diamètre.

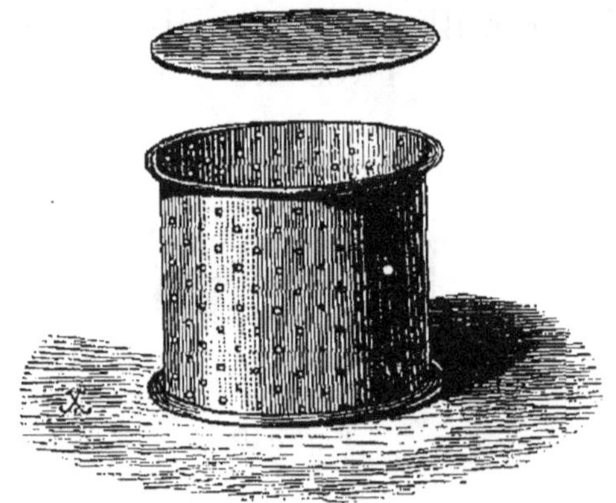

Anglais et américain. — Fig. 341.

Moules pour fromages maigres : hollandais (fig. 342), *danois* (fig. 343).

Fig. 342.

Fig. 343.

Moules pour la fabrication du fromage d'Edam (croûte rouge, tête de Maure), dans la Hollande septentrionale.

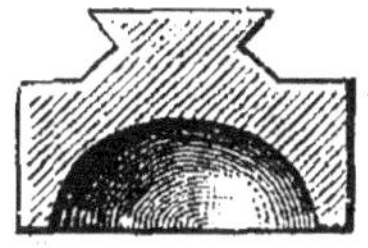

Forme pour la mise en moule du caillé (fig. 344).

Formes à saler (fig. 345).

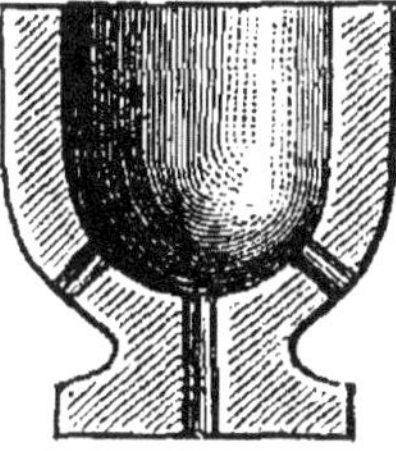

Fig. 344.

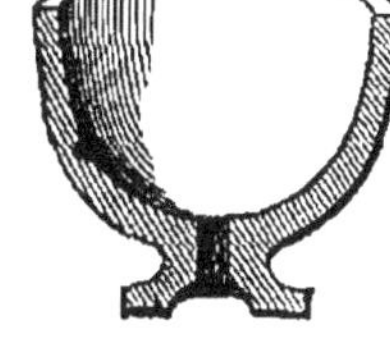

Fig. 345.

Moule pour la fabrication du fromage de Gouda (pâte grasse), dans la Hollande méridionale (fig. 346).

Ce moule, de bois ou de fer étamé, est à fond rond; il est percé de trous et a de 28 à 30 centimètres de diamètre.

Fig. 346.

Les moules des figures précédentes sont munis de disques circulaires ou de couvercles que l'on pose sur le caillé et qui servent à transmettre uniformément la pression.

Toiles, sondes, couteaux. — Nous ajouterons que dans la fabrication des fromages à pâte ferme, on se sert généralement, pour renfermer le caillé destiné à être mis en moules, de toiles à tissu peu serré et de dimensions variables avec celles des produits à obtenir [1].

[1] Desjardins, 35, rue Berger, Paris. Articles spéciaux pour enveloppes à beurre et à fromages. A. Lardet, à Bourg (Ain) et Laurioz, à Besançon, (Doubs), articles spéciaux pour fromages de Gruyère.

On emploie également, pour couper ces fromages ou les sonder, les instruments représentés figures 347 et 348.

Fig. 347.

Les couteaux à fromage ont de 13 à 18 centimètres de longeur; la lame est en acier fondu.

Fig. 348.

Les sondes ont de 15 à 18 centimètres de longueur.

PRESSES A FROMAGES.

La presse la plus primitive, mais non la plus efficace, est celle représentée figure 349; elle consiste dans l'em-

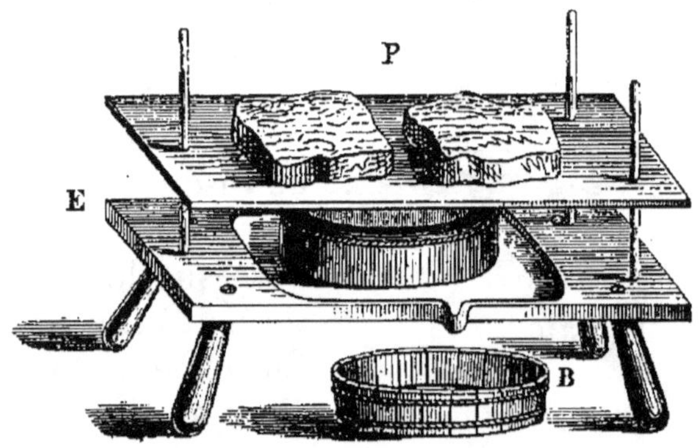

Fig. 349.

ploi de quelques pierres posées sur la planche qui couvre le caillé mis en moule.

Les autres presses en usage sont le plus souvent à levier et peuvent se partager en deux catégories.

1° *Les presses à pression constante.* — 2° *Les presses à pression variable.*

1° *Presses à pression constante.* — Avec ce système de presses, l'effort reste le même pendant toute la durée de la pression, sans qu'il soit possible de le faire varier en plus ou en moins suivant les besoins.

La figure 350 représente une presse de ce genre em-

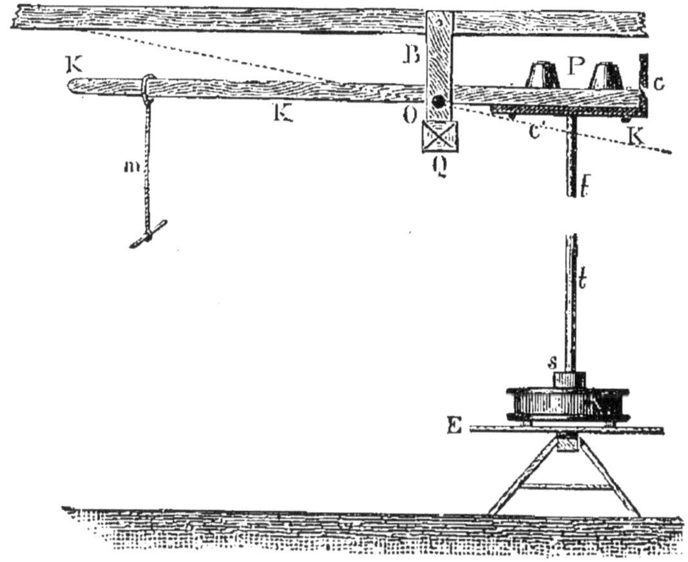

Fig. 350.

ployée à la compression du caillé dans la fabrication du fromage de Gruyère.

2° *Presses à pression variable.* — Ces presses, que l'on rencontre aujourd'hui dans toutes les fromageries bien installées, offrent les avantages suivants :

1° On peut exercer très exactement sur un fromage une pression calculée d'avance, d'après le poids que doit avoir celui-ci à la sortie du moule.

2° Cette pression peut être rendue progressive et soutenue[1].

[1] *Des presses à leviers.* — Les presses à pression variable les plus em-

La figure 352 représente une presse employée dans la fabrication du fromage de Gruyère; pour obtenir une

ployées sont des leviers du second genre (fig. 351), c'est-à-dire dans lesquels le point d'application A *de la résistance est situé entre le point* fixe O et le point d'application B de la puissance.

On sait, d'autre part, que dans tous les genres de leviers, *la puissance*

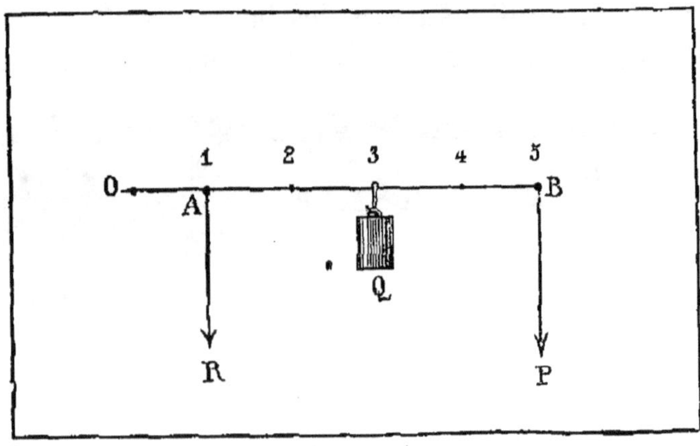

Fig. 351.

et la résistance sont inversement proportionnelles aux longueurs de leurs bras de levier.

Soit donc un levier pour lequel
O est le point d'appui,
A le point d'application de la résistance R,
OA son bras de levier égal à 1,
B le point d'application de la puissance P,
OB son bras de levier égal à 5.

En cas d'équilibre, on a, d'après l'énoncé ci-dessus :

$$\frac{R}{P} = \frac{AO}{OB} \text{ d'où } P = R \frac{OA}{OB}$$

d'où il résulte que l'on suppose que la résistance A soit de 600 kilogr., ou, ce qui revient au même, que la pression finale à exercer sur un fromage soit égale à ce poids, on trouve que la puissance P, ou le poids appliqué en B pour obtenir cette pression, est la suivante :

$$P = \frac{1}{5} 600 = 120 \text{ kilogr.}$$

Ordinairement, dans l'emploi de ces presses à levier de second genre, on met un poids *fixe*, de 60 kilogr. par exemple, à l'extrémité libre de l'arbre de presse, et l'on fait glisser le long de cet arbre un autre poids

pression croissante avec cet instrument, il suffit de rapprocher de plus en plus le poids p de l'extrémité de

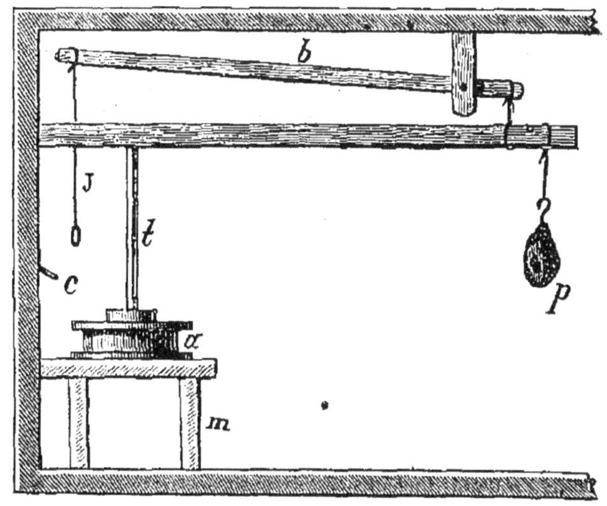

Fig. 352.

l'arbre de presse; ou bien, si on le laisse fixe à cette

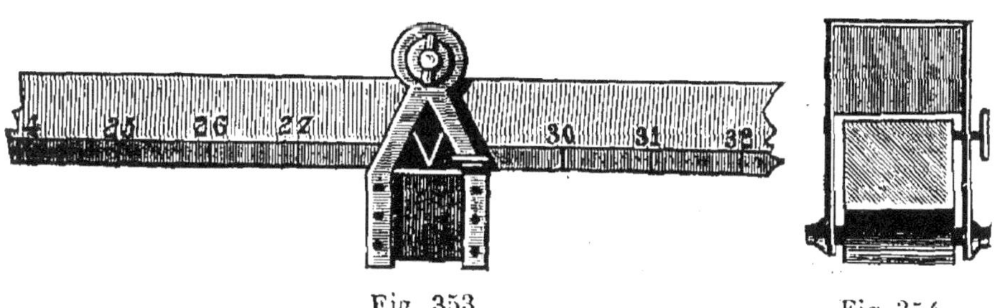

Fig. 353. Fig. 354.

extrémité, de faire glisser le long de ce même arbre un second poids mobile.

Les figures 354 et 355 indiquent deux dispositions

plus faible, mais qui néanmoins détermine sur le fromage des pressions de plus en plus fortes à mesure qu'il agit à l'extrémité d'un bras de levier plus long. Dans la figure 320, par exemple, si l'on suppose un poids de 60 kilogr. appliqué en B, la pression en A sera de 300 kilogr.; si maintenant on fait glisser sur le bras de levier, de A vers B, un poids mobile Q, également de 60 kilogr., on obtiendra des pressions successives de 120, 180, 240 et 300 kilogr., suivant que ce poids coïncidera

différentes données au poids *curseur* dans ce système de presses à pression variable et progressive.

1° Le poids pend sous l'arbre horizontal et peut être

Fig. 355.

facilement déplacé à l'aide d'un galet en fer qui roule sur le bras du levier (fig. 353 et 354).

2° Ce poids est renfermé dans un chariot dont les roues glissent sur l'arbre horizontal comme sur deux rails (fig. 355).

Dans les deux systèmes, l'arbre de presse porte une une échelle divisée qui indique immédiatement la pression exercée, d'après la position du poids mobile ou d'une aiguille fixée sur le milieu du chariot.

Presse à levier composé. — Les figures 356 et 357 représentent les presses anglaises de MM. Carson et Toone, qui ont obtenu de nombreuses récompenses dans les expositions universelles ainsi que dans les concours d'Angleterre, d'Écosse, etc. Ces instruments se recommandent tout à la fois par la puissance, la solidité, la simplicité du mécanisme, leur peu de volume, etc. ; ils sont en fer forgé, et les pieds peuvent être munis de roulettes, ce qui permet de les déplacer facilement. Ces presses conviennent à toutes les fromageries où l'on fabrique des fromages à pâte ferme, parce que leurs

avec les divisions 2, 3, 4 et 5; et ces pressions partielles viendront s'ajouter chaque fois à la pression fixe de 300 kilogr., de façon à donner finalement une pression totale de 600 kilogr. lorsqu'il sera parvenu à la division F.

dimensions et leur puissance peuvent toujours être calculées d'après le travail à obtenir.

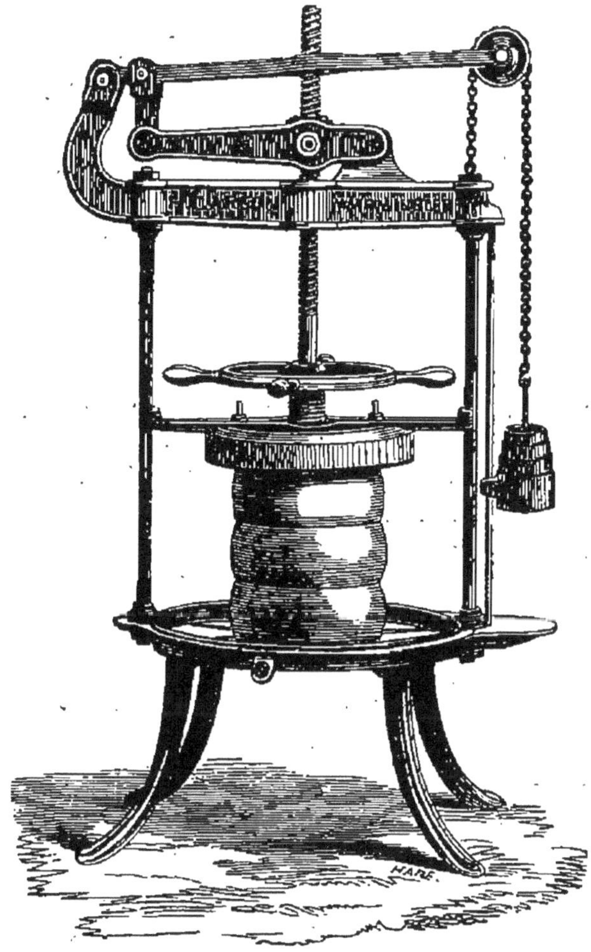

Fig. 356. — Presse simple.

La presse triple fournit le même travail que trois presses simples de la grande dimension et offre, en outre, les avantages spéciaux suivants : elle coûte moins cher que trois presses séparées, peut se mettre en équilibre sur un plancher très inégal et se placer dans un espace relativement restreint.

Le diamètre des cuvettes est calculé de façon que l'on

puisse y loger les plus grands moules à fromages, et un récipient unique que l'on glisse sous les cuvettes suffit pour recueillir tout le petit-lait qui s'écoule[1].

Fig. 357. — Presse triple.

On trouve également à Paris, chez M. Pilter, 24, rue Alibert, les presses de MM. Carson et Toone.

1 Travail des presses à levier composé.
Le mécanisme des presses Carson et Toone peut se décomposer

Presse de MM. Laurioz père et fils, constructeurs à Arbois (Jura).

Cette presse à levier articulé comme les précédentes est de plus en plus employée aujourd'hui dans les fruitières pour la fabrication des fromages de Gruyère.

comme l'indique la figure 358, dans laquelle le levier composé de la presse simple (fig. 356) et représenté par les lignes BO, AB' et B'O',

Si l'on suppose que les rapports des bras de levier soient :

$$OA = 1 \qquad OB = 8$$
$$O'A' = 1 \qquad O'B' = 4,$$

la puissance P exercée en B étant supposée de 1 kilogr., l'effort transmis

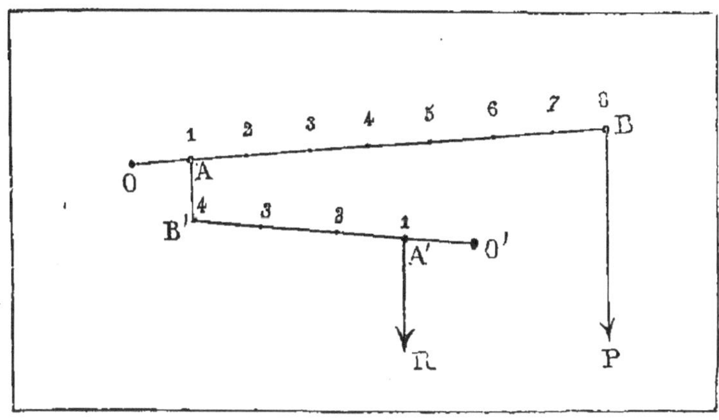

Fig. 358.

en A est de 8 kilogr. Cet effort se transmet à l'extrémité B' du second levier et se traduit en A' par une pression finale quadruple ou de 32 kilogr.

Si donc la vis A'R du piston destiné à transmettre cette pression au fromage est fixée en A' dans un écrou, cette tige sera entraînée dans le mouvement du levier O'B' tournant autour de O' et descendra d'une certaine quantité en même temps que le poids P, à mesure que le fromage se comprimera. Quand le poids mobile P est arrivé au bas de sa course, pour recommencer la pression, il suffit de le remonter à son point de départ.

On comprend qu'avec ce système de presse on puisse soumettre très-facilement les fromages à des pressions variables et progressives, car il suffit pour cela de faire varier le poids P, chaque kilogramme ajouté représentant une pression de 32 kilogr. en plus exercée sur le fromage.

Le plateau recouvrant le fromage est pressé par une barre horizontale en fer reliée avec deux bielles articulées à leur extrémité inférieure, avec deux leviers fixés sur un arbre commun à la partie inférieure de la table. L'un de ces leviers porte un bras gradué muni d'un

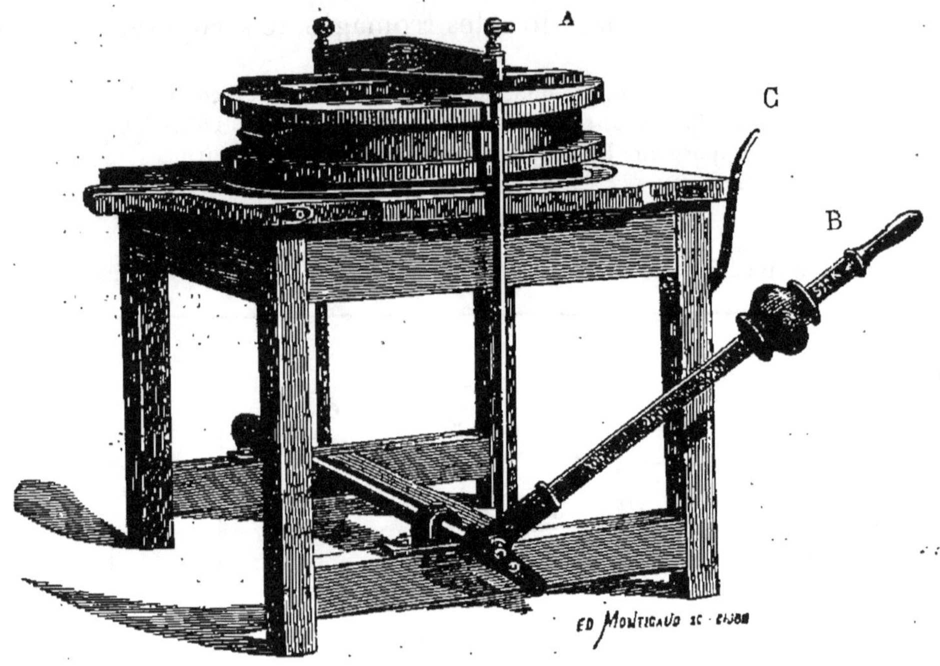

Fig. 359.

poids curseur assez lourd; ce poids se déplace longitudinalement, et on l'arrête, au moyen d'une vis, à la graduation indiquant la pression que l'on désire obtenir.

La figure 359 représente l'instrument en travail. Lorsqu'il est au repos, le piton A est engagé dans le trou B du levier, et la barre horizontale repose sur le support C.

La manœuvre en est des plus faciles. Après avoir mis le caillé dans le moule sur le milieu de la table et placé le couvercle, on ramène le levier verticalement; il entraîne dans son mouvement la barre horizontale; on dégage le levier du piton en le tirant légèrement à droite, et on le laisse aller en arrière; la barre horizontale appuie sur le milieu du couvercle, et, par l'effet du poids curseur fixé sur le levier, la pression s'opère d'elle-même, le levier s'abaissant à mesure que le caillé se débarrasse de son petit-lait.

Perfectionnements. — Dans ces dernières années, MM. Laurioz ont apporté, dans l'établissement de la presse précédente, certains perfectionnements que nous allons indiquer.

Le bâti qui supporte le plateau destiné à recevoir le petit-lait, au lieu d'être en bois, est aujourd'hui tout en fer, ce qui augmente la solidité du mécanisme et la durée de l'instrument.

Deux roulettes placées en arrière de la presse permettent, en soulevant l'extrémité C, de déplacer la presse très facilement.

Prix des presses de MM. Laurioz, constructeurs à Arbois (Jura).

Nos	Diamètre des fromages	Pression maxima	Prix sans accessoires
—	—	—	—
1	750 millim.	400 kilogr.	80 francs.
2	900 —	800 —	105 —

Foncet en sapin avec deux traverses. No 1, la paire **10** *francs, no 2* **12** *francs.*

Le no 2 se fait aussi avec dynamomètre; prix total, **125** *francs.*

MM. Laurioz ont obtenu de nombreuses récompenses pour leurs appareils de fromagerie, et notamment, une médaille d'or, au concours international d'industrie laitière à Besançon, en 1893.

CHAPITRE IX

DEUXIÈME CLASSE : FROMAGES DE CONSISTANCE SOLIDE OU A PATE FERME. — PREMIÈRE CATÉGORIE : FROMAGES PRESSÉS. 1° FROMAGES MAIGRES DU NORD DE L'EUROPE ; 2° FROMAGES DE HOLLANDE ET DU CANTAL.

PREMIÈRE CATÉGORIE. — FROMAGES PRESSÉS.

Dans l'étude qui va suivre de la fabrication des fromages à pâte dure, nous procéderons comme il a été fait déjà pour ceux à pâte molle, c'est-à-dire que nous prendrons pour types quelques fromages français ou étrangers de grande consommation.

Parmi les fromages étrangers, nous choisirons ceux de la Hollande ; et parmi les fromages français, ceux du Cantal et de Gruyère.

1. FROMAGES MAIGRES ET DURS.

Nous commencerons par décrire la fabrication du fromage en Hollande et en Danemark, parce que celle-ci est applicable dans tous les pays et peut fournir à beaucoup de personnes le moyen d'utiliser le lait dont la crème a servi préalablement à faire du beurre.

1° *Fabrication du fromage maigre de Leyde*[1].

Ce fromage se fabrique à Leyde et aux environs avec

[1] Leyde, ville de la Hollande méridionale, à 27 kilom. N. de Rotterdam.

du lait maigre qui, généralement aujourd'hui, provient des écrémeuses centrifuges.

Mise en présure du lait. — Température 32° en hiver, 28° en été. A la sortie du centrifuge le lait maigre doit être traité comme nous l'avons indiqué page 451, c'est-à-dire réchauffé au pasteurisateur Fjord jusqu'à 55 à 60°, refroidi ensuite sur un réfrigérant qui le ramène à la température voisine de celle de la mise en présure, opération qui a lieu dans une des cuves à double enveloppe déjà citées.

Une fois le lait mis en présure, on recouvre la cuve de son couvercle, afin d'éviter le refroidissement à la surface, et lorsque la coagulation est complète, on procède à la division du caillé, destinée à faciliter la sortie du petit-lait.

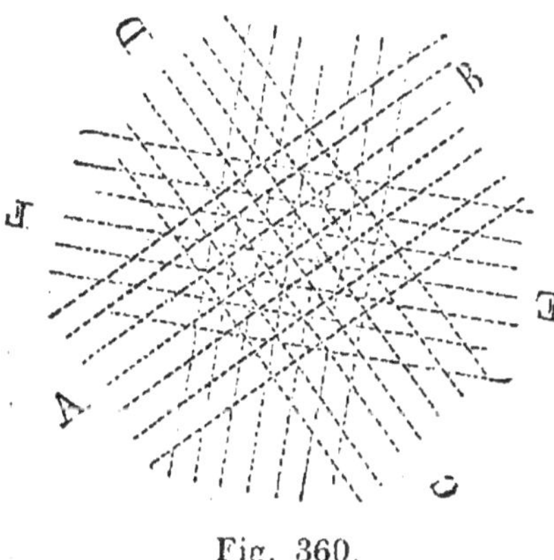

Fig. 360.

Division ou rompage du caillé. — En Hollande, on se sert généralement, pour effectuer cette division, de l'instrument en forme de lyre indiqué figure 326, et que le fromager enfonce verticalement dans la cuve, de façon à déterminer une série de sections parallèles (fig. 360), d'abord suivant AB, puis suivant CD, EF, etc., jusqu'à ce que la division soit suffisante; en temps ordinaire, le rompage du caillé fourni par 100 litres de lait dure de cinq à huit minutes.

Aujourd'hui on emploie avec avantage la cuve figure 322, dans laquelle la lyre est remplacée par le diviseur mixte de Keevil, avec lequel on obtient facilement une division très régulière du caillé.

La division terminée, on laisse le caillé se déposer au fond de la cuve pendant environ quinze minutes, après lesquelles on procède à la séparation de la majeure partie du petit-lait.

Séparation du petit-lait. — Aujourd'hui, les cuves à double enveloppe étant établies dans toutes les fromageries d'une certaine importance, nous supposerons que la fabrication du fromage a lieu dans ces conditions et que l'on opère soit avec l'appareil Douillard (fig. 322), soit avec la cuve figure 363.

Dans le premier cas, on sépare le petit-lait du caillé, comme il a été dit page 697; dans le second, il suffit de tourner le robinet de sortie du petit-lait (p. 611).

Réchauffage du caillé. — Pour avoir un fromage exquis, dit M. le docteur Hollman[1], il est nécessaire de réchauffer jusqu'à 36° le caillé qui s'est refroidi pendant les opérations précédentes. Or c'est pour effectuer ce chauffage que les cuves à double enveloppe, avec introduction d'eau chaude ou de vapeur entre les deux fonds, sont surtout utiles, car avec les cuves ordinaires on risque souvent de manquer cette opération capitale.

Si l'on dépasse 36°, le fromage obtenu sera trop compact et très long à mûrir; si, au contraire, on reste au-dessous de cette température, le caillé sera mou, spongieux, le fromage mûrira trop vite et ne se conservera pas.

Avec les cuves à double enveloppe, le réchauffage du caillé à 36° devient au contraire très facile, si l'on a soin d'enfoncer un thermomètre dans la masse et de fermer instantanément le robinet d'eau chaude ou de vapeur dès que l'instrument marque la température indiquée.

Après le réchauffage à 36°, on procède au soutirage du petit-lait restant dans la cuve, on enlève le caillé, que l'on porte sur une table où il s'égoutte encore, et enfin on l'introduit dans une auge de bois garnie préalablement d'une toile claire et assez grande pour contenir le caillé d'un fromage.

Pétrissage et broyage du caillé. — Le plus souvent,

[1] *Manuel du fabricant de fromage de Hollande*, par le Dr HOLLMAN.

ces deux opérations s'effectuent *à la main* et successivement dans l'auge; ce qui offre un double inconvénient : 1° le travail est pénible; 2° le premier pétrissage restant toujours insuffisant, il devient nécessaire de faire subir au caillé une première compression sous la presse, pendant 15 à 20 minutes, avant de procéder à son broyage.

Par suite, il est infiniment préférable d'effectuer mécaniquement et simultanément les deux opérations en combinant l'emploi des deux appareils suivants :

1° *Le moulin à caillé* (fig. 335);

2° *Le malaxeur à cylindres, de métal ou de granit* (fig. 258).

On commence par introduire le caillé dans la trémie du moulin, et à mesure que la pâte tombe dans le récipient inférieur, on la reprend et on la porte dans la trémie du malaxeur à cylindres, où s'effectue, en même temps, la salaison du fromage. Il faut que ces deux opérations se succèdent aussi rapidement que possible, afin d'éviter un trop grand refroidissement du caillé.

Salaison et mélange du caillé avec les épices. — En moyenne, la quantité de sel employée est égale à 5 pour 100 du poids du caillé, et cette addition a lieu dans la trémie même du moulin (fig. 335), au fur et à mesure qu'on y verse le caillé. Quand le fromage doit être additionné d'*épices*, telles que clous de girofle et graines de cumin, cette addition a lieu également dans la trémie; mais comme il est d'usage, en Hollande, que les parties supérieures et inférieures du fromage soient sans épices, on réserve une portion du caillé, simplement salé, pour former ces deux couches.

Mise en moule. — Le moule en usage pour la fabrication de ce fromage est celui représenté figure 342; une fois plein de caillé, on le ferme avec un disque circulaire en bois et on le porte sous la presse.

De la mise en presse. — Les presses employées en

Hollande sont des instruments à l'aide desquels on peut obtenir une pression continue et proportionnelle au poids du fromage fabriqué.

La durée totale de la pression varie entre 10 et 12 heures, pendant lesquelles ont lieu les retournements, changements de linge et augmentations de pression du fromage.

A la fin de l'opération, la pression est, en moyenne, de 18 kilogr. par kilogr. de fromage fabriqué, ce qui correspond à une pression finale comprise entre 180 et 216 kilos pour un fromage de 10 à 12 kilogr. La pression terminée, une fois le fromage sorti du moule, on le place entre deux planches qui portent gravées en creux les armoiries de la ville de Leyde (deux clefs en croix); en mettant le fromage sous la presse entre ces deux planches, pendant vingt-quatre heures, on obtient la reproduction en relief desdites armoiries à la surface du pain.

Séjour dans la chambre à fromages. — Les fromages ainsi marqués sont transportés ensuite sur les rayons de la chambre à fromages, dont la température doit être maintenue à 12 degrés environ; leur séjour dans ce local est de trois à quatre semaines, pendant lesquelles les pains se sèchent et mûrissent lentement. Quant aux soins à donner aux fromages pendant leur maturation, ils sont les mêmes que pour les fromages d'Edam et de Gouda; nous les indiquerons plus loin.

Dans le cas où l'on voudrait adopter en France la fabrication de ce fromage maigre, il conviendrait :

1° De supprimer les épices; 2° de remplacer les moules hollandais par d'autres plus petits, et dans lesquels les fromages fabriqués ne pèseraient que 3 à 4 kilogr. au maximum, au sortir de la presse.

La maturation de ces fromages serait plus rapide, ce qui compenserait largement l'augmentation de main-d'œuvre et de matériel; et, de plus, l'écoulement des produits serait plus facile.

2° *Fabrication du fromage maigre en Danemark.*

La fabrication du fromage en Danemark avait été la conséquence naturelle de l'énorme développement pris

Fig. 361. — Fromagerie pour fromage à pâte dure.

par l'industrie beurrière dans ce pays et de l'impossibilité de faire servir la totalité du lait écrémé à l'alimentation de l'homme ou des animaux.

Mais les produits danois étaient loin de valoir ceux de Leyde, et la vente en étant devenue de plus en plus difficile (voir p. 447), on a dû renoncer à peu près complètement à cette fabrication, dans ce pays.

La figure 361 représente une fromagerie pour fabrication de fromages *pressés* (installation Ahlborn), en Hollande et en Danemark. Cette fromagerie renferme :

1° *Une cuve à fromage* très employée en Amérique et aussi dans les pays du Nord, en Europe; nous l'avons décrite page 613.

2° Les moules, le moulin à caillé et son diviseur, la presse à fromages, etc.

II. FROMAGES DEMI-GRAS ET GRAS.

On fabrique en Hollande deux sortes de fromages gras :

1° Le fromage de la Hollande septentrionale ou fromage d'Edam, appelé communément *tête de Maure* ou *croûte rouge*.

2° Le fromage de la Hollande méridionale ou fromage de Gouda, désigné généralement sous le nom de *pâte grasse*.

Le fromage d'Edam est un fromage demi-gras, c'est-à-dire fabriqué avec du lait écrémé en partie.

Le fromage de Gouda est fabriqué, au contraire, avec du lait vierge de tout écrémage, ce qui le rend supérieur au premier. En outre, les terres et les prés de la Hollande méridionale sont plus riches et meilleurs que ceux du Nord, ce qui contribue à donner au fromage de Gouda des qualités spéciales et un goût différent de celui de la croûte rouge.

1° *Fabrication du fromage d'Edam* [1] (*tête de Maure ou croûte rouge*).

Ce fromage est un de ceux, parmi les fromages étrangers, dont la fabrication a été essayée à plusieurs reprises et avec succès en France [2]; et aujourd'hui dans certaines

[1] Edam, ville de Hollande près de Zuyderzée, à 19 kilomètres N.-E. d'Amsterdam.

[2] Voir nos précédentes éditions.

régions, notamment dans la Vendée, le nombre de fromageries qui y sont installées est considérable, quelques-unes fabriquent jusqu'à 1,000 kilogr. de ce fromage par jour.

La première fois que nous avons étudié cette fabrication sur place, c'était en 1860, chez M. Le Sénéchal, alors directeur de la vacherie nationale de Saint-Angeau (Cantal)[1]. A cette époque, M. Le Sénéchal fabriquait avec les appareils primitifs en usage pour la fabrication du fromage d'Auvergne ou de la *Fourme*, mais aujourd'hui, dans les fromageries industrielles, notamment en Vendée, on opère avec un matériel perfectionné, et c'est ce mode de fabrication que nous allons indiquer ici.

Fabrication industrielle du fromage d'Edam ou tête de Maure.

Ramassage du lait. — Dans les laiteries industrielles, le lait recueilli chez les cultivateurs est transvasé dans des pots en fer étamé (p. 114) dont la capacité varie depuis vingt jusqu'à cinquante litres et qui sont chargés sur des voitures ou bien encore sur des bateaux, comme cela a lieu, notamment, dans certaines régions de la Vendée.

Ecrémage partiel. — Il est préférable de ne pas fabriquer ce fromage avec du lait *entier*, parce que lorsqu'il renferme une trop forte proportion de matière grasse, il est sujet à s'affaisser sur lui-même et devient d'un transport ou d'une exportation plus difficiles. Par suite, lorsque le lait arrive à la fromagerie, on lui fait subir un écrémage préalable qui varie du *tiers* au *quart*, suivant l'époque où le lait est plus ou moins gras.

Cet écrémage a lieu au centrifuge, et comme nous l'avons dit déjà page 718, à propos du fromage de Leyde, il est bon, à sa sortie du séparateur, de faire passer le lait écrémé par le pasteurisateur et le réfrigérant (fig. 362) avant de l'amener dans la cuve à double enveloppe (fig. 363) où il doit être mis en présure.

[1] Voir nos précédentes éditions.

Mise en présure, coloration. — D'après le docteur Hollman, en Hollande, la température moyenne de la mise en présure est de 28° en été et de 32° en hiver, et

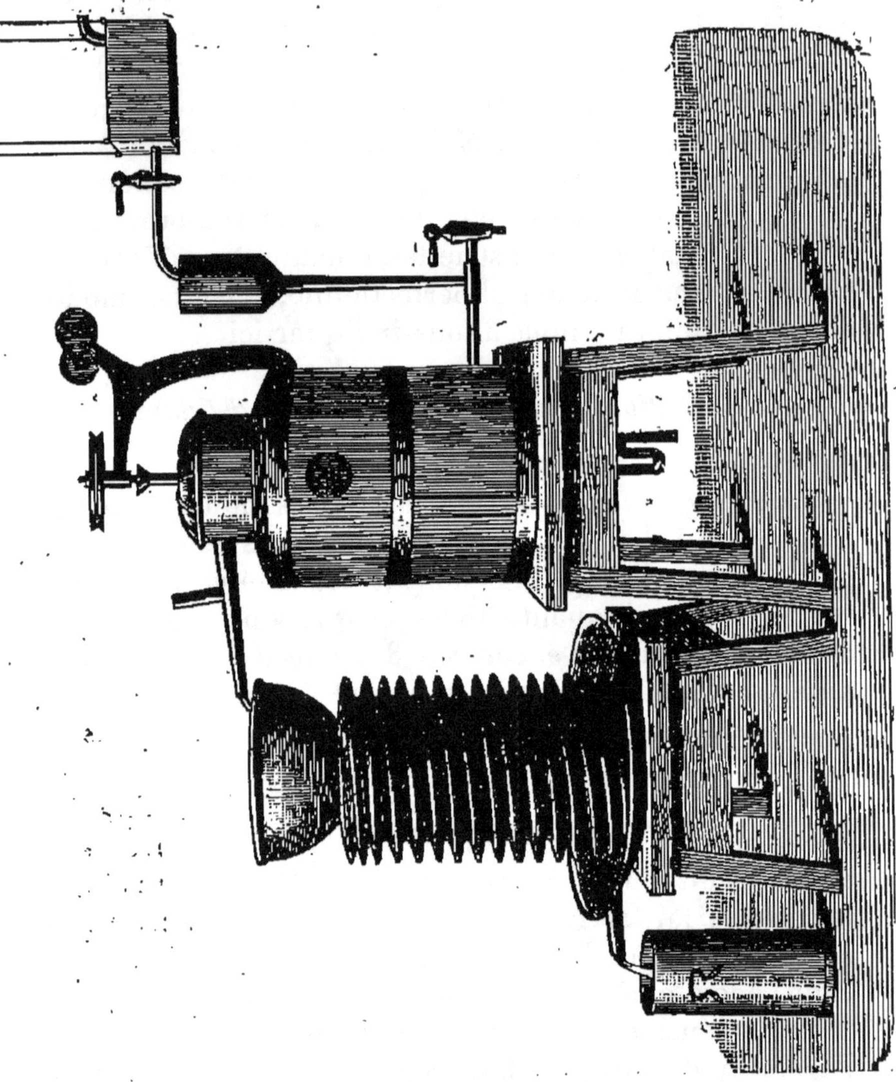

Fig. 362. — Pasteurisation du lait doux (installation Hignette).

pour obtenir un bon fromage, il faut que la coagulation du lait emprésuré (à 30° en moyenne) soit complète au bout de 15 à 20 minutes au maximum; autrement, avec une coagulation plus longue, le caillé se refroidit trop.

Par suite, avec une présure d'une force coagulatrice de 10,000, il faudra environ 23 centimètres cubes pour coaguler 100 litres de lait à 30° en 20 minutes.

En même temps que la présure, on ajoute au lait le colorant liquide ou solide, dont la quantité varie suivant

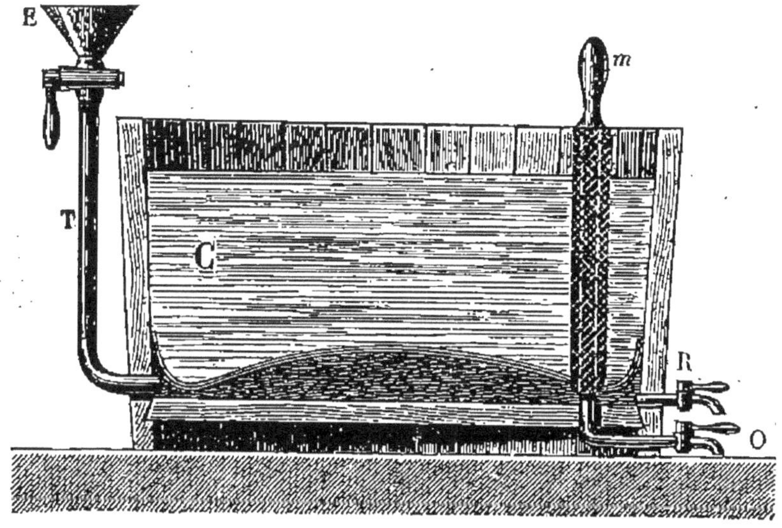

Fig. 363.

les centres de consommation ou d'exportation auxquels les produits sont destinés.

Rompage et agglomération du caillé. — Suivant l'importance de la fabrication, la fromagerie comportera l'emploi d'une écrémeuse à moteur ou à bras ; dans le premier cas, on disposera d'un générateur qui fournira la vapeur nécessaire au chauffage de la cuve à double enveloppe (fig. 363) ; dans le second, la cuve à fromage pourra être celle de M. Douillard (fig. 322). Dans tous les cas, au bout de 15 à 20 minutes, quand on reconnaît que la coagulation est complète, on procède au rompage du caillé, soit avec la lyre (fig. 326), soit avec le diviseur de Keevil, etc., comme il a été dit page 718, à propos du fromage de Leyde.

Lorsque la division est reconnue suffisante, on referme

la cuve pendant 4 à 5 minutes et l'on procède ensuite à l'*agglomération du caillé* en une seule masse, dont on sépare le petit-lait par *soutirage* ou *siphonnage*.

On facilite cette expulsion en comprimant le caillé avec les mains et en le chargeant, à la fin de l'opération, de la sébile qui a servi à l'agglomération et dans laquelle on place un poids de 10 à 20 kilogr. suivant l'importance de la fabrication.

Réchauffage du caillé. — Nous avons vu, page 719, que pour faciliter la sortie du petit-lait et avant d'opérer le pétrissage du caillé, il était nécessaire de réchauffer ce dernier jusqu'à 36°; or, pour les mêmes raisons, dans la fabrication du fromage d'Edam, on doit, avant la mise en forme, réchauffer également à 36° le caillé qui s'est refroidi, ce qui se fait comme il a été dit précédemment.

De la mise en forme. — La durée des opérations qui suivent la mise en présure du lait ne doit pas dépasser une heure, de telle sorte qu'au moment de la mise en forme, le caillé, après avoir été réchauffé à 36°, doit avoir conservé une température très voisine de 30°, surtout si l'on opère dans un atelier maintenu à une température convenable, suivant la saison.

Pour procéder à la mise en forme du caillé, l'ouvrier commence par prendre dans chaque main une poignée de pâte qu'il soumet au pétrissage; puis, lorsqu'elle est reduite en pâte douce, fine, onctueuse, il la foule avec force dans le fond du moule (fig. 344). Il prend alors deux nouvelles poignées qu'il tasse sur les premières après les avoir pétries, et ainsi de suite jusqu'à ce que la forme soit comble.

Il exerce alors pendant quatre ou cinq minutes une pression sur la partie extérieure du fromage, en ayant soin de le retourner trois ou quatre fois dans le moule et de déboucher les trous destinés à donner issue au petit-lait.

M. Le Sénéchal a reconnu que pendant les grandes chaleurs, quand on craint une fermentation trop rapide qu'il faut prévenir à tout prix, il était avantageux d'incorporer à la caséine, pendant son pétrissage, 7 à 8 centilitres d'une dissolution peu concentrée de sel marin.

La mise en forme devant se faire très rapidement pour éviter un refroidissement toujours nuisible à une bonne fabrication, le maître fromager devra, pour peu que la fabrication soit importante, se faire aider par le jeune ouvrier attaché à son service.

En outre, après la mise en moules, on enlève chaque fromage de sa forme et on le plonge dans un bain de petit-lait frais et porté préalablement à 55° en hiver et 52° en été; opération qui peut se faire très facilement dans la cuve à double enveloppe. Après une ou deux minutes d'immersion dans le bain, le fromage est pressé de nouveau dans sa forme pendant deux minutes, puis détaché et roulé avec précaution dans un linge clair, replacé encore une fois dans sa forme, recouvert de sa calotte sphérique et enfin porté sous la presse, afin d'en expulser le petit-lait.

De la mise en presse. — Dans nos précédentes éditions nous avons indiqué la presse le plus généralement employée dans le nord de la Hollande et que nous avions retrouvée dans le Cantal, chez M. Le Sénéchal; aujourd'hui, nous indiquerons une nouvelle presse progressive et réglable imaginée par M. Bochet, ingénieur.

Presse pour fromage de Hollande (*tête de Maure*), (fig. 364).

Les fromages sont réunis par deux, sous les valets B, dans lesquels peuvent glisser les tiges A qui sont tirées par le système de leviers et de contrepoids placé sous la table.

Si l'on soulève la barre du contrepoids, la tige A glisse librement dans le trou du valet B, mais si on lâche la barre, la tige fait *coin* dans le valet, et les fromages subissent l'action de la presse.

A mesure que les barres des contrepoids se rappro-

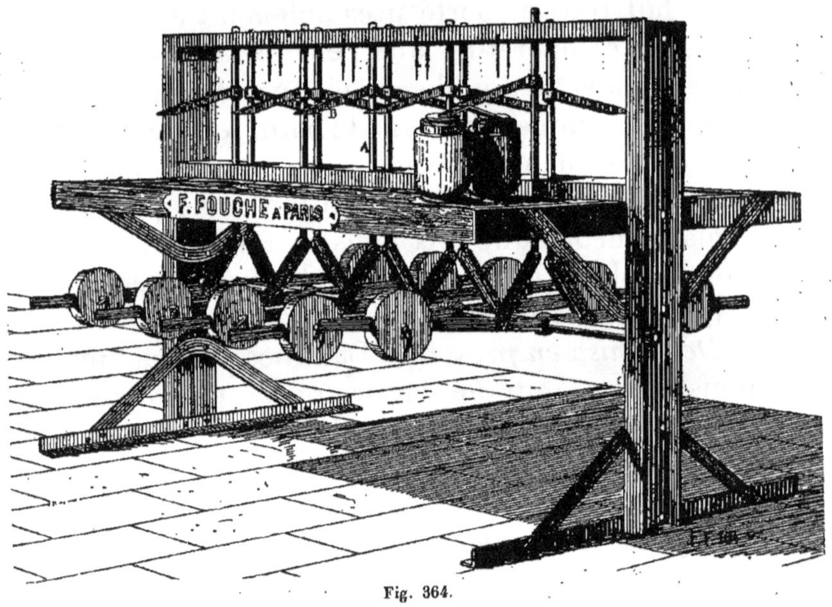

Fig. 364.

chent de l'horizontale, la pression augmente, elle est donc progressive de plus, elle se règle par le déplacement des contrepoids sur les barres.

Cette presse, sauf le bâtis et la table, est entièrement en fer, et peut être construite pour 10 ou 20 fromages.

On trouve cette presse chez M. F. Fouché, 38, rue des Écluses-Saint-Martin, Paris.

Pression et salaison. — La durée de la pression est de 8 à 12 heures suivant la saison; au début, elle doit être le double du poids du fromage, soit 4 kilogr., et quatre heures après, le quadruple.

Si l'on se propose de fabriquer un fromage destiné à se conserver longtemps, deux à quatre heures après que la pression a été doublée, on la double une seconde fois, de telle sorte que la pression finale devient égale à huit fois le poids du fromage ou 16 kilogr.

De la salaison des fromages. — En sortant de la presse, les fromages sont retirés des moules, débarrassés des linges et mis *nus* dans les formes à saler, nouveaux moules (fig. 365) destinés à donner aux fromages une forme parfaitement sphérique.

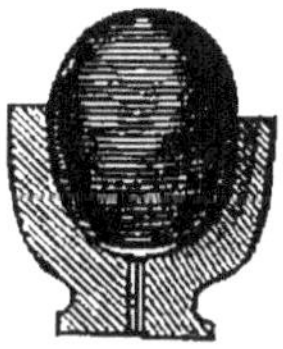

Fig. 365.

Le premier jour, on dépose à leur surface libre une pincée de sel, et on les met dans de grands coffres à couvercle où ils sont abandonnés jusqu'au lendemain matin (fig. 366).

Le deuxième jour, les fromages sont retirés de leurs

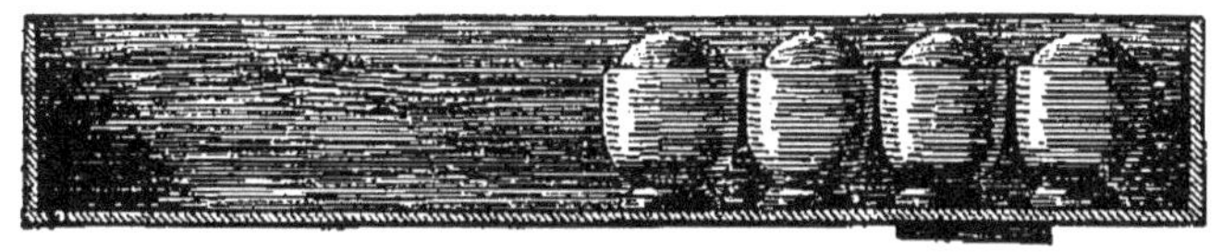

Fig. 366.

moules, roulés dans une sébile remplie de sel humide, changés de bout et remis en place dans les moules. On continue ainsi la salaison jusqu'à ce que le sel ait régulièrement pénétré dans toute la pâte; elle dure, en moyenne, de neuf à dix jours pour les fromages de 2 kilogrammes, et pendant ce temps la température du local qui renferme les coffres à saler doit être maintenue à 25°.

La dose de sel à incorporer est d'environ 5 à 6 pour 100 du poids du fromage.

Au sortir des coffres à saler, les fromages sont baignés pendant quelques heures dans la saumure évacuée des formes et recueillie à sa sortie de chaque coffre. Ils sont ensuite séchés et enfin déposés *nus* sur les rayons des magasins, où ils sont l'objet de soins minutieux et indispensables à leur conservation.

Le magasin à fromages doit être sec, bien éclairé, et sa température intérieure ne doit pas dépasser 20° en été, ni s'abaisser au-dessous de 10° en hiver.

Des soins à donner aux fromages. — Une fois sur les rayons, les fromages doivent être retournés, une fois par jour pendant le premier mois, tous les deux jours pendant le deuxième, et une fois par semaine à partir du troisième mois.

En outre, quand les fromages ont de 24 à 30 jours, on les fait tremper dans un bain d'eau tiède de 20 à 25° pendant environ une heure; on les lave, on les brosse et on les fait sécher dehors quand le temps le permet; une fois bien secs, on les remet sur les rayons.

Quinze jours après, les fromages sont de nouveau lavés, séchés, puis *graissés* avec de l'huile de lin et remis à leur place, où l'on ne fait plus que de les retourner jusqu'au moment de leur expédition.

En Hollande et aussi en France ces fromages sont souvent vendus à l'âge de *deux mois*, à des négociants qui, à leurs risques et périls, se chargent de les livrer au commerce. D'autres fois, on demande aux producteurs des fromages destinés spécialement à l'*exportation*, et, dans ce cas, il faut que ces produits soient fabriqués en vue d'une longue et parfaite conservation. Dans ce but, on porte *au tiers* l'écrémage du lait avant sa mise en présure et l'on soumet les fromages à une pression finale de 10 kilogr. au minimum par kilogr. de fromage fabriqué. Enfin, avant leur expédition, ces fromages sont l'objet des opérations complémentaires suivantes : 1° *le raclage ;* 2° *la mise en couleur.*

1° *Raclage.* — Cette opération a pour but de faire disparaître de leur surface toutes les inégalités que le moule, le linge ou toute autre cause ont pu laisser à leur surface ; on l'effectue habituellement à l'aide d'un couteau très tranchant. Mais, à ce propos, nous croyons intéressant de mentionner ici comment on procède mécaniquement pour arriver au même but, dans la fromagerie de la compagnie des Lacticinios établie à Mantiqueira (Brésil) et que nous avons déjà citée (p. 459).

Au moment de leur expédition, les fromages façon Edam sont parés à l'aide d'une machine ingénieuse dont M. Lézé a donné, dans son journal *la Laiterie*, la description suivante.

L'appareil est un tour vertical ; le fromage à peu près sphérique, comme on le sait, est placé sur une petite plate-forme et serré à l'autre extrémité de son diamètre vertical, de sorte que lorsque la plate-forme tourne, la boule est entraînée dans le mouvement de rotation.

Ce mouvement est donné à la main par une manivelle, et on le communique à la plate-forme au moyen d'une paire d'engrenages d'angles.

Puis, pendant que le fromage tourne, on promène sur sa surface le tranchant mousse d'un outil très analogue au ciseau de menuisier ; le fromage tire sur l'outil et ne bute pas contre lui, de sorte que les coups ou les encoches ne sont pas à redouter. La barbe de la croûte, les myceliums de moisissures disparaissent dans cette opération et la croûte devient nette et uniforme ; on la peint ensuite comme d'habitude.

2° *Mise en couleur.* — Si ces fromages sont destinés à l'Angleterre ou à l'Espagne, on les colore extérieurement en jaune orangé, au moyen de quelques gouttes d'huile de lin additionnée d'une petite quantité d'annato. Si, au contraire, ils doivent être livrés au commerce français ou à la marine, on les colore avec un mélange de tournesol et de rouge de Berlin, ou bien encore on leur donne deux couches successives d'une solution ammoniacale de carmin. Les fromages sont expédiés dans des caisses à compartiments (fig. 367) et quand ils ont été bien fabriqués, ils peuvent se conserver plusieurs années à bord des navires, même dans les régions tropicales.

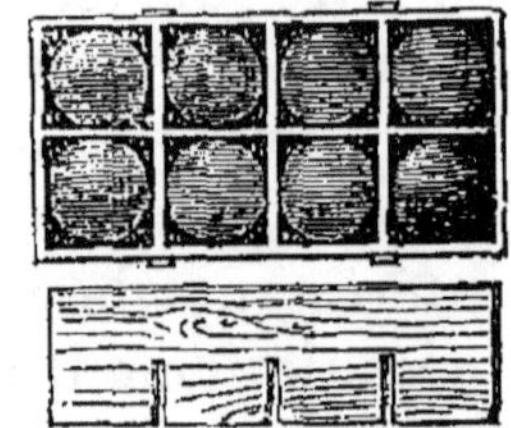

Fig. 367.

Produit brut du litre de lait. — En 1860, 100 kilogr. de fromage façon Edam, fabriqué à Saint-Angeau (Cantal), se vendaient, rendus à Marseille ou à Brest, 160 francs en moyenne. Or, comme on comptait environ 10 litres de lait partiellement écrémé pour 1 kilogr. de fromage, le produit *brut* du litre de lait ressortait à 16 centimes, sans compter la valeur du beurre fourni par l'écrémage préalable du lait et celui du petit-lait séparé du fromage.

En mars 1895, le cours des fromages de Hollande entrés dans Paris étaient :

	EXTRA.	1re QUALITÉ.
Hollandes, croûte rouge..... — Goudas plats.....	200 fr.	190 fr. les 100 kilos.

Ces prix s'appliquent aux *premières marques* telles qu'on les trouve chez Dedron jeune, notamment, rue des Prêcheurs, à Paris. Mais à côté de ces excellents produits, on en rencontre aujourd'hui de bien médiocres sur les marchés, surtout quand on a la mauvaise chance de tomber sur des fromages *artificiels*.

Nous avons dit, en effet, qu'en 1887, la Hollande, la plus grande productrice de margarine du monde entier (voir p. 435), avait eu l'idée d'ajouter à sa fabrication des beurres margarinés celle des fromages artificiels et trouvé le moyen de venir vendre sur nos places françaises des *simili-hollandes* au prix dérisoire de 100 francs les 100 kilos.

A ce prix, nos producteurs français, notamment ceux de l'Ouest, qui payaient 10 centimes le lait aux cultivateurs de la région, ne pouvaient, en fabriquant *loyalement* le fromage tête de Maure, soutenir cette concurrence frauduleuse et réclamaient déjà, à cette époque, des droits protecteurs.

Par malheur, cette industrie de la fabrication des fromages de Hollande artificiels paraît s'être implantée en France, et nous avons eu plusieurs fois l'occasion de rencontrer ces produits sur nos marchés.

Les fromages dans lesquels le beurre a été remplacé par de l'oléo ou de l'huile d'arachide, goûtés frais, sont à peu près acceptables, mais au bout de trois ou quatre jours, ils ne tardent pas à rancir, en prenant un goût et une odeur insupportables. En outre, le plus fâcheux, c'est que la différence de prix, au détail, entre les vrais et les simili-hollandes est à peine sensible, d'où il résulte que l'on ne saurait dire, pas plus que pour le beurre de margarine, que le but de cette fabrication est d'offrir à la classe pauvre un aliment nutritif et peu coûteux.

2° *Fromage du Cantal ou de la Guiole.*

Ce fromage est un produit important des montagnes d'Auvergne et aussi de celles de l'Aubrac (Lozère et Aveyron); sa fabrication, combinée avec l'élève du bétail, constitue jusqu'ici le meilleur moyen d'utiliser les pâturages naturels qui recouvrent ces contrées.

La *fourme,* nom sous lequel on désigne habituellement ce fromage en Auvergne, a la forme d'un cylindre (fig. 368), dont le diamètre, sensiblement égal à la hauteur, est d'environ 35 centimètres. Néanmoins, le poids des fromages varie de 20 à 60 kilogr., suivant le nombre des vaches entretenues dans les vacheries.

La pâte de ce fromage est de couleur jaunâtre et de saveur à la fois fade et un peu piquante.

Sa fabrication a lieu à la montagne pendant l'*estivage*, soit pendant cinq mois environ.

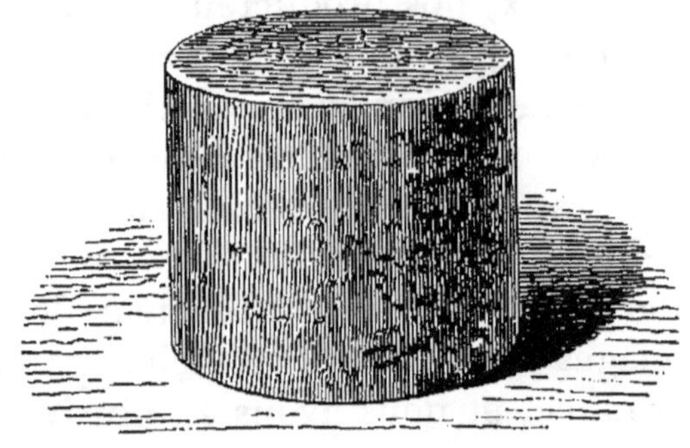

Fig. 368.

A cet effet, le vacher prend à la ferme et emporte avec lui le matériel nécessaire et s'établit dans un chalet appelé *buron* qui se compose habituellement d'un rez-de-chaussée et d'un grenier. Le rez-de-chaussée comprend :

Fig. 369.

1° une grande pièce dans laquelle sont installés les ustensiles nécessaires à la fabrication, ainsi qu'une cheminée qui sert à chauffer le local, si besoin est, et à préparer les repas des ouvriers; 2° une cave réservée presque uniquement au dépôt des fromages.

Quant au grenier, il renferme les lits des serviteurs.

Traite des vaches. — La traite a lieu dans les pâturages, deux fois par jour, le matin à quatre heures, le soir à trois heures; et trois ou quatre hommes suffisent pour traire cent vaches. Le lait, recueilli dans des seaux en bois de 30 litres (férats), est transvasé dans des *gerles* G (fig. 342), de trois à six férats de capacité (90 à 180 litres), et transporté ensuite au buron par deux hommes, à l'aide d'un grand bâton et d'une corde fixée aux oreilles de la gerle.

Tantôt le tamisage a lieu au parc même, lors du transvasement du lait du férat dans la gerle; tantôt il s'effectue au buron, quand on vide la gerle dans la cuve C de 100 à 120 litres de capacité.

Mise en présure. — Le lait est mis en présure dans la gerle même ou dans le cuvier dont nous venons de parler. On ne chauffe jamais le lait dans cette fabrication; mais comme l'emprésurage a lieu immédiatement après l'arrivée du lait au buron, et qu'une heure après cette opération la température de la masse est encore voisine de 30°, on peut admettre que la mise en présure s'effectue entre 32 et 34°, suivant la saison.

Quant à la présure, elle est préparée au buron même, en faisant macérer des caillettes de veau dans du petit-lait aigre, et, comme l'a reconnu M. Duclaux, elle est toujours peuplée des êtres microscopiques qui prennent part à la putréfaction des matières organiques complexes.

Rompage du caillé. — Quand, au bout d'une heure environ, le caillé a pris une consistance convenable, on procède à son *rompage*, à l'aide d'instruments qui varient suivant les localités, mais dont le plus généralement employé est celui appelé *ménole* (fig. 370). Il se compose d'une rondelle R percée de trous, emmanchée au bout d'un bâton A, à l'aide duquel on divise le caillé à l'infini, de façon à en séparer le petit-lait. Si l'opération est bien faite, la séparation est terminée au bout de quelques minutes, et c'est alors le moment de profiter de la mollesse et de la plasticité que possède encore le caséum pour en souder en un seul gâteau les éléments épars.

Dans ce but le fromager promène circulairement et d'un mouvement très lent, dans la gerle ou la cuve, une lame de bois mince dont la largeur est un peu moindre que le rayon du récipient. Souvent, comme dans la Lozère, cette planchette P est adaptée au manche de la *ménole* (fig. 370), et alors, dans les chalets de l'Aubrac, l'instrument se nomme *atracadou* (ramasseur).

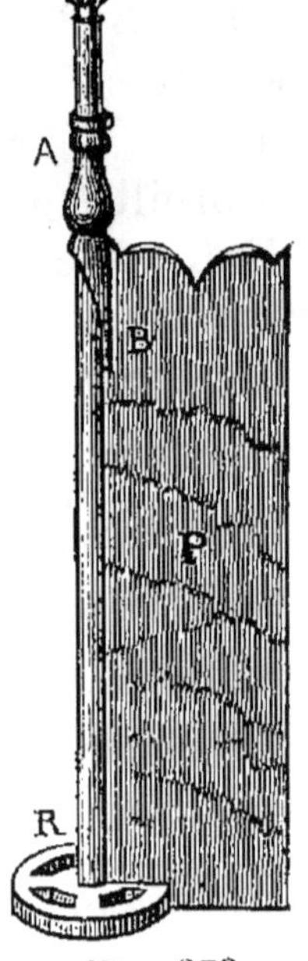

Fig. 370.

Sous l'action de cette douce pression, les particules du caillé se soudent entre elles en se séparant du petit-lait et se transforment en une masse cohérente qui finit par former au fond du récipient une sorte de gâteau élastique. On enlève alors le petit-lait avec précaution, à l'aide d'un récipient en bois muni d'un manche, appelé *pouset* (puisette) dans l'Aubrac, et on le transvase dans des cuviers ou de vieux tonneaux sciés en deux; la crème qui, par le repos, se sépare de ce liquide, sert à faire un beurre de médiocre qualité dont nous reparlerons plus loin.

Pétrissage et égouttage du caillé. — Une fois que la majeure partie du petit-lait a été enlevée, on retire du cuvier le gâteau de caillé et on le met dans un grand vase plat en bois (faisselle), percé de trous à la partie inférieure, et on le comprime fortement, d'abord avec les mains, afin d'en exprimer le petit-lait interposé. Après ce premier pétrissage, le fromager, les bras nus et le pantalon retroussé jusqu'à la moitié des cuisses, monte sur la table qui supporte la faisselle et comprime alors la masse avec ses mains et ses genoux, et cela parce qu'il est admis que la chaleur des membres, empêchant le caillé de se refroidir, intervient pour donner ensuite plus de qualité au fromage.

Dès 1872, époque où nous avons assisté pour la première fois, dans un buron, à cette opération, nous avons protesté énergiquement contre ce procédé malpropre. Cette protestation paraît avoir eu, en Auvergne, un grand retentissement, et depuis, on s'est préoccupé de substituer aux genoux du vacher une presse à tome spéciale et qui paraît devoir être de plus en plus employée [1]. (Voir appendice à la fin du chapitre.)

Le pétrissage du caillé dure environ une heure et demie, et une fois terminé, le caillé ainsi malaxé et comprimé constitue ce que l'on appelle la *tome*. On renverse alors la faisselle sur cette tome, et l'on place dessus un bloc de pierre dont la pression, pendant douze heures, fait sortir une nouvelle quantité de petit-lait.

Fermentation de la tome. — Après cette dernière pression, la tome est très élastique, assez friable, mais ses propriétés agglutinatives sont peu développées; en outre, comme il faut, pour fabriquer une pièce de fromage, un certain nombre de gâteaux de tome, il serait difficile, dans cet état, de les souder en une masse homogène. Enfin, selon M. Duclaux, la tome, à ce moment, est encore trop aqueuse, et son pressage régulier serait une opération délicate. Voici comment la pratique a tourné ces difficultés : la tome, placée dans un récipient et recouverte d'une planche chargée d'un léger poids, est descendue à la cave ou rapprochée du feu, dans la cui-

[1] Cette presse a été inventée par M. Prax, de Marmanhac (Cantal). Beaucoup de propriétaires l'ont adoptée, et M. Chibret, directeur de la fromagerie de Cueilhes, a fait de nombreuses conférences, dans les centres de fabrication du fromage du Cantal, pour démontrer la simplicité et le bon fonctionnement de l'appareil.

sine, si la température est trop basse. Abandonnée à elle-même, celle-ci ne tarde pas à subir une fermentation spontanée, la matière caséeuse éprouve une modification moléculaire remarquable, en même temps que le sucre de lait, retenu dans la masse, donne naissance à un dégagement de gaz acide carbonique, sous l'influence duquel la pâte, légèrement comprimée, se creuse de vacuoles nombreuses.

Après deux ou trois jours de fermentation, la pâte est devenue jaune clair, plus onctueuse et plus liante; elle renferme environ 45 pour 100 d'eau combinée, et l'eau en excès, c'est-à-dire celle non combinée au caséum, peut être éliminée par l'action de la presse.

On dit alors que la tome est *poussée* ou *soufflée,* et elle possède à cet état, et même à la température ordinaire, un liant que le fromager met à profit pour fabriquer avec les diverses tomes fermentées une pièce compacte.

Moulage de la tome. — Dans le Cantal, ce moulage,

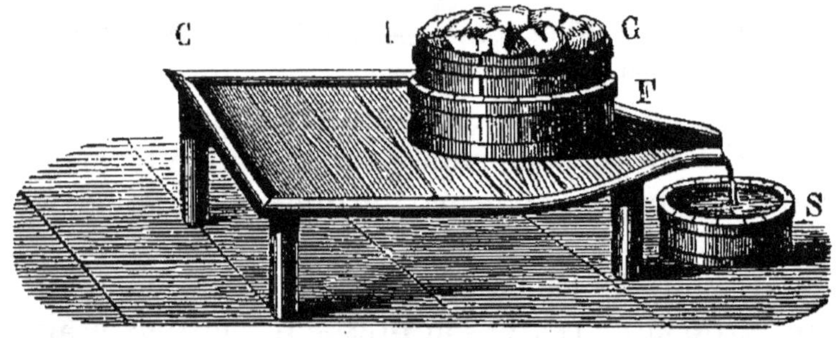

Fig. 371.

comme le pétrissage, s'effectue sur une sorte de table C à trois pieds, nommée *chèvre* (fig. 371), qui porte à son pourtour une rigole aboutissant au seau S, destiné à recevoir le liquide qui pourrait s'écouler. A côté de la chèvre se trouve le récipient qui renferme la tome *poussée*, et sur la table même, le moule dans lequel celle-ci va être introduite.

Ce moule se compose des trois parties indiquées page 529, et qui sont : 1° la *faisselle* A (fig. 337); 2° la *feuille* F ; 3° la *guirlande* G (fig. 338).

La feuille ayant été introduite dans la faisselle et maintenue par le haut à l'aide d'une ou deux guirlandes, il ne reste plus qu'à remplir de tome fermentée le moule ainsi disposé.

A cet effet, le fromager commence par triturer à la main et sur la chèvre les gâteaux de tome mûre, de façon à les diviser en petits fragments et même à les émietter; il y incopore du sel et introduit la masse divisée et *salée* dans le moule. Comme cet émiettement est une opération très fatigante, dans l'Aubrac, on se sert, pour opérer une première division de la tome, d'une sorte de massue appelée *bouc* (fig. 372).

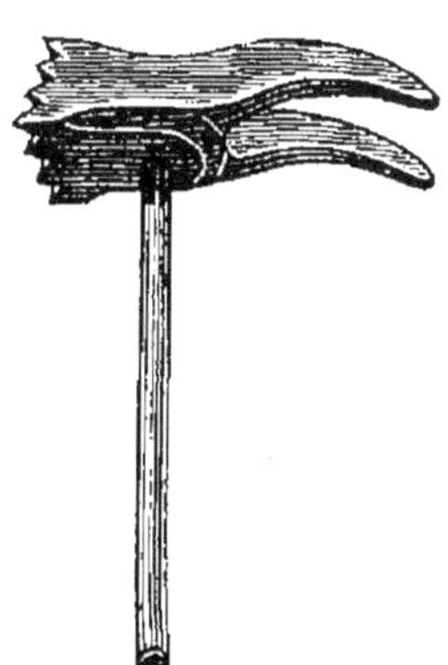

Fig. 372.

Salaison des fromages. — La quantité de sel employée varie avec la saison et les exigences des consommateurs, les uns les préférant doux, les autres très salés. M. Duffourc indique 1 kilogr. pour une pièce de 35 kilogr. de fromage doux, et 2 kilogr. pour les fromages très salés du même poids.

Mise en presse. — Le moule une fois rempli de tome salée et parfaitement émiettée, on couvre le tout d'une grosse toile et l'on met en presse.

Les presses employées dans beaucoup de burons sont très primitives; c'est ordinairement une planche fixée par un bout contre un montant en bois, au moyen de charnières en fer; on place le moule dessous, on abat la planche et on la charge de grosses pierres.

En général, la pression développée est insuffisante, car en raison du poids et de la forme même des fourmes, elle devrait être au moins égale, à la fin de l'opération, à 15 kilogr. pour 1 kilogr. de fromage bon à être descendu à la cave. Dans ces conditions, la pression finale devrait être au moins de 375 kilogr. pour une fourme de 25 kilogr. et de 900 pour une de 60 kilogr., tandis qu'elle reste le plus souvent inférieure à ces chiffres.

Sous la presse, le fromage s'affaisse peu à peu dans la faisselle, en laissant écouler un liquide peuplé d'un nombre considérable d'êtres vivants qui ont pris part à la fermentation préliminaire de la tome; au bout de vingt-quatre heures, on le retourne et on le soumet à une nouvelle pression pendant douze heures, quelquefois pendant plus longtemps, mais en ayant soin de le retourner plusieurs fois.

Maturation. — Le fromage est alors retiré du moule et porté à la cave, où il mûrit lentement : sa pâte se fonce alors en couleur, devient grasse, *longue*, comme disent les marchands, et s'affine à un tel point qu'un morceau de bon fromage du Cantal fond littéralement dans la bouche.

Pendant leur séjour à la cave, et jusqu'à l'époque de la vente, les fromages doivent être l'objet de beaucoup de soins; il convient de les changer de bout, de temps en temps, sur les planches et de les frotter fréquemment avec un linge blanc imbibé d'eau fraîche. En été, et surtout pendant les grandes chaleurs, on les frotte avec de l'eau fortement salée, afin de prévenir la multiplication des mites (fig. 282), qui, autrement, ne tarderaient pas à peupler la croûte, à la perforer et à favoriser la production de moisissures internes sous l'influence de l'air extérieur.

Vente des fromages. — On partage les fourmes en fromages gras et fromages mûrs; les premiers sont ceux faits au printemps, jusqu'à l'époque où les vaches partent pour la montagne; les seconds sont fabriqués pendant la saison du pâturage, de mai à octobre.

Les fromages gras, appelés par les marchands *fromages de foin*, sont livrés deux mois au plus après leur fabrication ; leur prix est très variable. Quant aux fromages mûrs ou de l'*estivale*, ils sont vendus vers la Toussaint.

Rendement du lait en fromage. — Le rendement le plus habituel, en fromage, des vaches d'Auvergne est annuellement de 150 kilogr. fournis, en moyenne, par 1,500 litres de lait, ce qui correspond à 10 litres de lait par kilogr. de fromage.

Utilisation du petit-lait. — Le liquide sert à fabriquer un beurre de qualité tout à fait inférieure, connu sous le nom de *beurre de montagne.*

Des modifications à apporter dans la fabrication du fromage d'Auvergne.

De l'étude qui précède il résulte qu'étant donné un des laits les plus riches et les plus savoureux qu'il soit possible de rencontrer, les habitants des montagnes du Cantal et de l'Aubrac arrivent à fabriquer avec lui, en dépensant beaucoup de travail, un fromage qui n'est accepté que par les classes pauvres, grâce à son bas prix; qui se garde mal, ne supporte pas l'exportation et, en résumé, se vend toujours à un prix inférieur à celui du gruyère, du hollande, etc.

C'est pour cette raison que dès 1880, après avoir rappelé, d'après M. Duclaux, les phénomènes qui accompagnent la maturation de la tome et ceux qui déterminent son altération subséquente, nous avons exposé nos idées[1] sur les améliorations qu'il conviendrait d'apporter à cette grande industrie fromagère de l'Auvergne et de l'Aubrac.

Nous inspirant des procédés mis en œuvre pour fabriquer les fromages de Hollande, tels que ceux de Leyde d'Edam, etc., nous avons conseillé dès cette époque de substituer à la fabrication habituelle de la *fourme* celle d'un fromage analogue à celui de Leyde, mais néanmoins un peu plus gras.

[1] Voir *la Laiterie*, 3e édition.

En adoptant cette substitution on supprimait immédiatement la *fermentation de la tome* avant la mise en moules, opération qui est la principale cause des altérations subséquentes dont la fourme est le siège en mûrissant et l'empêche d'être un fromage de conserve.

En outre, nous faisions remarquer que, si nous choisissions le fromage de Leyde comme type du nouveau produit à fabriquer, c'était parce que nous regardions sa fabrication comme étant celle qui apporterait le moins de perturbation dans les habitudes des vachers de ces régions montagneuses.

APPENDICE

MACHINE A PRESSER LES TOMES POUR FABRIQUER LE FROMAGE DU CANTAL.

Système Jules Prax, de Marmanhac (Cantal).

Fig. 373.

A. Compresseur et son récipient à eau chaude. — B. Rainures et ondulations combinées. — C. Potence supportant la chaîne avec poignée pour lever et abaisser le compresseur. — D. Charnières. — E. Maie contenant la tome. — F. Rochet moteur. — G. Tours. — H. Chaînes. — I. Cliquetis d'arrêt. — J. Levier muni de son cliquet s'engrenant sur le rochet moteur. — K. Poids. — L. Chaînette pour retenir le levier, la machine étant en repos. — M. Poignées aidant à transporter l'appareil. — N. Baquet recevant le petit-lait. — O. Trou d'évacuation.

La planchette arrête-tome, étant dans l'intérieur de la maie, ne peut se voir; mais elle se place obliquement devant le trou d'évacuation.

Du rapport fait à la Société d'agriculture du Cantal, en 1889, par M. A. Chibret, directeur de la fromagerie modèle de Cueilhes, il résulte que cet appareil a donné les meilleurs résultats et que la qualité du fromage s'est trouvée sensiblement améliorée par son emploi.

Faute d'espace, nous sommes obligé de nous borner à donner ici la figure de cette presse avec légende à l'appui; quant à sa description et aux instructions pour s'en servir, il suffira à ceux de nos lecteurs qui voudraient avoir des renseignements plus complets sur cet instrument, de demander la notice spéciale publiée à son sujet, soit à Mme veuve Prax, soit à M. Chibret, à Aurillac.

CHAPITRE X

DEUXIÈME CLASSE : FROMAGES A PATE FERME (suite). PREMIÈRE CATÉGORIE : FROMAGES PRESSÉS ET SALÉS, FROMAGES PERSILLÉS.

DES FROMAGES PERSILLÉS.

Les fromages dits *persillés* sont des fromages dont la pâte est marbrée, à l'intérieur, de veines d'un bleu verdâtre, constituées par ce champignon répandu dans la nature que les botanistes désignent sous le nom de *penicillium glaucum* (fig. 6 et 7).

Les principaux fromages appartenant à cette catégorie sont :

Le *fromage de Roquefort* (Aveyron).
— *de Gex* (Ain).
— *de Septmoncel* (Jura).
— *de Sassenage* (Isère).
— *du mont Cenis* (Savoie).
— *de Gorgonzole* (Italie).
— *le Sarrazin* (Suisse).

Dans la fabrication du fromage de Roquefort, on incorpore directement dans le caillé, au moment de la mise en moules, de la poudre de *pain moisi*, ce qui constitue une véritable semaille de sporules destinées à déterminer, dans la masse, le développement du *peni-*

cillium, agent de maturation de ce fromage (voir p. 598), et qui y produit ces veines à teinte bleuâtre qui constituent le *persillage*. Dans les autres fromages cités plus haut, l'ensemencement se fait naturellement pendant la mise en moules. On comprend, en effet, que les locaux consacrés à la production de cette espèce de fromage doivent être imprégnés de germes de ce champignon et que, pendant le pétrissage du caillé dans les moules, l'atmosphère de la fromagerie sert de véhicule aux spores qui engendreront plus tard, dans les fromages mis à la cave, la moisissure caractéristique.

Mais, dans ces conditions, le développement du persillage est loin d'être aussi régulier et aussi rapide que dans les fromages de Roquefort, d'autant plus que ceux de Gex, de Septmoncel, etc., sont fabriqués sous une masse plus considérable. En outre, dans les fromageries de récente création, la pauvreté de l'atmosphère en sporules de *penicillium* est souvent telle, qu'il faut attendre six mois et même un an avant d'obtenir des produits qui commencent à *bleuir* intérieurement. Or, il n'est pas douteux que si l'on introduisait dans la fabrication des fromages de Gex, de Septmoncel, etc., la pratique d'ensemencement suivie à Roquefort, les fromages prendraient le *bleu* beaucoup plus vite, la fabrication deviendrait plus régulière, et les producteurs pourraient livrer plus tôt leurs fromages à la consommation.

AVEYRON. — FABRICATION DU FROMAGE DE ROQUEFORT. MONTAGNE DE CAMBALOU, SON ÉBOULEMENT. — ORIGINE DU VILLAGE DE ROQUEFORT.

Sur le revers septentrional du plateau de Larzac, entre Saint-Affrique et Saint-Rome de Cernon, s'avance, de l'est à l'ouest, une sorte de contrefort dont le sommet est borné du côté nord par un escarpement abrupt, hérissé de rochers coupés à pic et d'une hauteur de plus de cent mètres : c'est la montagne de Cambalou.

A une époque dont on ne peut fixer la date précise, une partie de ce rocher, la moitié peut-être, se détacha en suivant le mouvement de glissement des assises argileuses sur lesquelles elle reposait, et les strates brisées, renversées les unes sur les autres en immenses blocs, formèrent un nouveau sol irrégulier sur lequel fut bâti plus tard le village de *Roquefort*, centre de production du fromage qui nous occupe.

Le fromage de Roquefort s'obtient, dans l'Aveyron, avec du *lait de brebis*.

DES BREBIS ENTRETENUES SUR LE LARZAC ET AUX ENVIRONS.

Le Larzac est un immense plateau calcaire (terrain jurassique) de 32 à 40 kilomètres de diamètre, dont l'altitude s'élève jusqu'à 900 mètres et dont le sol, au sommet, est aride et presque dénudé. Sur les coteaux et dans les vallons, on rencontre de vastes étendues de pâturages dont l'herbe est peu abondante, mais nutritive; dans les plis de terrain, au milieu de ces pâturages, on trouve des champs cultivés.

Dans l'origine, les brebis étaient nourries sur ces pâturages naturels; mais les demandes toujours croissantes de fromages de Roquefort excitèrent les cultivateurs à en augmenter la production, et de là l'extension que, depuis le commencement du siècle, ont prise dans la contrée les prairies artificielles de trèfle, sainfoin, luzerne, ainsi que la *fenasse*, mélange de graminées qui sert souvent de pâturage artificiel pour les troupeaux.

Dès lors, la brebis de Larzac, mieux nourrie, donna plus de lait, et les fermiers s'appliquèrent en même temps à conserver pour la reproduction les agneaux nés des meilleures brebis.

Du temps de Marcorelles (1785), le nombre des bêtes à laine entretenues sur le Larzac et les vallons environnants était de 150,000; aujourd'hui, on en compte au moins 700,000, dont 450,000 brebis laitières.

Autrefois, la tenue de la race du Larzac et la fabrication étaient bornées au plateau de Larzac et aux environs de Roquefort; aujourd'hui elles s'étendent dans tout l'arrondissement de Saint-Affrique, dans une grande partie de celui de Milhau, dans une partie de celui deLodève (Hérault), dans le canton de la Canourgue (Lozère), dans celui de Trèves (Gard), dans quelques cantons du département du Tarn, et son expansion n'est pas près de s'arrêter.

FABRICATION DU FROMAGE DANS LES FERMES.

Traite des brebis. — Les brebis sont traites soir et matin; tout le personnel de la ferme s'y emploie, et l'on compte qu'il faut sept personnes pour deux cents têtes.

Ecrémage. — La traite du soir finie, le lait est porté à la ferme, coulé sur un tamis et recueilli dans un chaudron en cuivre étamé, où on le chauffe à 45 ou 50° suivant la saison.

On répartit ensuite le lait chauffé dans des vases en terre cuite vernissée ou en fer-blanc, très évasés à la partie supérieure, afin de faciliter l'ascension de la crème, dont on enlève une partie pour faire du beurre.

La traite du matin n'est jamais chauffée ni écrémée, mais simplement mélangée à celle du soir, après que celle-ci, retransvasée dans le chaudron, a été légèrement réchauffée, de façon à équilibrer sa température avec celle du lait du matin.

Mise en présure. — On mélange les deux traites, puis on met en présure [1], à raison de deux cuillerées à bouche pour 50 litres de lait, on brasse le mélange et on laisse

[1] D'après M. Coupiac, on prépare cette présure comme il suit :
On met deux caillettes d'agneau, entières et ouvertes, dans un litre d'eau contenant une pincée de sel, quelques grains de poivre et de clous de girofle, un peu de vinaigre, et on laisse infuser pendant quarante-huit heures. Le liquide est ensuite filtré à travers un linge serré et recueilli dans une bouteille que l'on bouche soigneusement. Cette présure se conserve un mois par les temps froids, et huit jours seulement pendant les chaleurs.

reposer. La coagulation effectuée, on procède à la division du caillé en le découpant dans tous les sens avec une écumoire plate et à bords tranchants, et à mesure que le petit- lait se sépare, on l'enlève avec une cuiller demi-sphérique.

On presse ensuite avec lenteur le caillé, soit avec un moule à fromage percé de trous, soit avec une passoire profonde, et l'on continue à enlever le petit-lait jusqu'à ce que la pression n'en fasse plus sortir ; le caillé est alors pétri, brisé avec les mains, puis introduit dans les moules.

Mise en moules. — La capacité des moules (fig. 336) est calculée de manière à fournir un fromage pesant 3 kilogr. à la sortie de chez le fermier, et 2 kilogr. à 2 kilogr. 500 à la sortie des caves.

Pour remplir ces moules, on met d'abord au fond une couche de caillé ayant à peu près le tiers de l'épaisseur du fromage; on la saupoudre légèrement avec du *pain moisi;* on pose une seconde couche qu'on saupoudre comme la première, et enfin une troisième dont la surface bombée dépasse les bords du moule de 7 à 8 centimètres. On a soin de bien lier ces couches entre elles en pressant chacune successivement avec les doigts, ce qui détermine en même temps l'incorporation plus parfaite de pain moisi dans la pâte.

Un second moule étant rempli de même, on le place sur la surface bombée du premier; on le recouvre lui-même d'un moule vide, et c'est grâce à cette pression que la pâte achève de s'égoutter, se tasse et remplit exactement la capacité de chaque moule.

Mise au trennel (*égouttoir*). — Les moules ainsi remplis et disposés sont déposés dans une sorte de huche appelée *trennel*, au fond de laquelle sont pratiquées des rigoles destinées à recevoir et à faire écouler le petit-lait à mesure qu'il sort des moules (fig. 366).

On conserve les fromages dans le trennel jusqu'à ce que la pâte ne rende plus de petit-lait, et pendant ce séjour on retourne les fromages dans leurs moules deux fois par jour.

Pendant les deux ou trois jours que les fromages passent dans le trennel, on maintient la température de ce grand coffre douce et humide, au moyen de vases remplis d'eau chaude qu'on renouvelle plusieurs fois dans la journée. Du trennel, les fromages retirés des moules sont transportés au séchoir.

Mise au séchoir. — On choisit pour séchoir un local exposé au nord, et dans lequel on puisse faire circuler à volonté de l'air sec et frais. Des toiles métalliques ou des canevas cloués sur les ouvertures s'opposent à l'entrée des mouches, et les murs sont garnis de tablettes couvertes de linges propres, sur lesquelles on dépose les fromages à mesure qu'ils sortent du trennel.

Soir et matin les fromages sont retournés, et au bout de deux ou trois jours ils sont ordinairement prêts à être mis en cave.

Dans certaines fermes, le caillé, fortement tassé dans la forme, est couvert d'une planche sur laquelle on place successivement des pierres jusqu'à atteindre un poids de 15 à 20 kilogrammes.

On facilite la sortie du petit-lait en retournant de temps à autre la masse comprimée, et au bout de dix à douze heures environ, quand tout suintement a cessé, on transporte au *séchoir* les fromages enveloppés d'un linge sec, sans les faire passer par le *trennel.* Afin d'éviter qu'une dessiccation trop rapide ne fasse gercer les fromages, on commence par les serrer fortement dans une ceinture de grosse toile; dix à douze jours après, on retire la toile et l'on active la dessiccation en rendant la ventilation plus énergique.

PRÉPARATION DE PAIN MOISI.

Les fabricants qui opèrent l'affinage des fromages dans les caves attachent beaucoup d'importance à la qualité de ce pain moisi ; aussi le distribuent-ils eux-mêmes aux fermiers après l'avoir préparé comme il suit :

On fait moudre à l'ordinaire un hectolitre de froment et un hectolitre d'orge d'hiver dont on n'enlève que le gros son.

On ajoute à la mouture un levain fort et l'on pétrit vigoureusement avec peu d'eau, puis on laisse lever la pâte dans le pétrin. (Quelques fabricants ajoutent à la pâte un litre de vinaigre.)

On fait ensuite des miches de 7 à 8 kilogr. que l'on porte au four et que l'on cuit un peu plus que le pain ordinaire de table. Ces pains sont ordinairement suspendus, sous voûte, dans un lieu ni trop sec, ni trop humide. Au bout de quinze jours, la fermentation commence et s'achève en trente ou quarante jours, quand on fabrique en septembre et octobre, comme cela a lieu à Roquefort. On coupe alors les miches en morceaux, on racle la croûte au couteau, on broie au moulin, puis on fait passer la mouture au blutoir fin, et la poudre fine qui tombe est le pain moisi. Comme nous l'avons dit plus haut, l'incorporation de cette poudre de pain moisi dans le caillé constitue une véritable semaille de *sporules* destinées à produire dans les fromages cette végétation à teinte bleuâtre, le *persillage*, qu'on apprécie comme l'indice d'un produit d'excellente qualité.

Transport des fromages aux caves. — Lorsque les fromages ont atteint le degré de fermeté voulu, et qu'une ferme en a une quantité suffisante pour faire l'objet d'un chargement, on les dirige sur les caves. A cet effet, les fromages, dont la croûte est encore tendre, sont emballés avec beaucoup de soin dans les caissons de carrioles suspendues et transportés ordinairement la nuit, afin d'éviter les chaleurs du jour; ils arrivent aux caves de grand matin.

DES CAVES DE ROQUEFORT.

A l'époque où le gigantesque rocher glissa sur la couche argileuse détrempée par les eaux, pour se briser ensuite en énormes blocs qui s'amoncelèrent les uns sur les autres, il en résulta un nouveau sol constitué par de profondes déchirures, de vastes anfractuosités et de nombreuses fissures. Bientôt les eaux pluviales s'infiltrèrent à travers ces débris, et l'air, en pénétrant de tous côtés, y forma des courants qui, en rendant permanente et très active l'évaporation des eaux, déterminèrent dans ce milieu une température comprise entre 4° à l'entrée des soupiraux et 8° à l'intérieur des caves, ainsi qu'une humidité moyenne toujours très élevée; ce sont ces soupiraux naturels et l'air froid et humide qui en sort qui ont été utilisés pour la fabrication des fromages. Dans l'origine, les caves n'étaient autre chose que des grottes naturelles, c'est-à-dire des couloirs assez étroits; mais plus tard on construisit à l'entrée de chacun de ces couloirs des locaux plus vastes qui constituent les caves actuelles.

La température et le degré hygrométrique des courants d'air qui pénètrent dans les caves sont des plus favorables aux résultats que l'on se propose d'obtenir; avec une température plus basse ou plus élevée, la fermentation serait trop lente ou trop rapide; un air plus sec dessécherait trop les fromages et ôterait à la pâte son moelleux; un air plus humide les rendrait mous et d'une conservation plus difficile. (Voir p. 599.)

On voit donc qu'il existe dans les caves de Roquefort un ensemble de circonstances qui leur donnent des qualités spéciales et bien difficiles à retrouver identiques dans d'autres lieux.

A Roquefort, le mot de *cave* désigne donc un local pratiqué au milieu même des anfractuosités de la montagne, et qui comprend trois pièces nécessaires à l'achèvement des fromages; ce sont :

1° La *cave* proprement dite, lieu où débouchent les soupiraux et où les fromages sont soumis à l'action de l'air vif et humide qui arrive par ces ouvertures; le pourtour des caves et leur milieu sont garnis d'étagères destinées à supporter les fromages.

La Société des Caves réunies possède une cave qui n'a pas moins de cinq étages superposés, de $2^{m},50$ de hauteur en moyenne, et dans lesquels des ascenseurs, mus par la vapeur, facilitent singulièrement tous les services de main-d'œuvre.

2° Le *poids*, entrepôt où les fromages sont reçus lorsqu'ils arrivent à l'établissement.

3° Le *saloir*, dont le nom indique l'usage, et qui communique avec la cave proprement dite.

RÉCEPTION DES FROMAGES DANS LES CAVES. SALAISON.

A leur arrivée aux caves, les fromages sont reçus dans le *poids;* on les examine et l'on met de côté ceux qui sont défectueux; les autres sont pesés, puis placés sur le sol, qui est recouvert de paille, et sur lequel ils restent pendant douze heures.

On remet au fermier une feuille constatant le poids de la marchandise reçue, et qui lui sert de titre lors du règlement définitif.

Les fromages arrivés le matin sont portés le soir au *saloir* et traités comme il suit : on prend un fromage, on étend sur une de ses faces une poignée de sel fin, puis on le dépose sur le sol; un second fromage salé de la même manière est placé sur le premier, et ainsi d'un troisième qu'on place sur le second. Vingt-quatre heures après, on les retourne, on sale l'autre face et on les remet les uns sur les autres. Quarante-huit heures après, on les frotte vivement avec une toile forte sur les deux faces et le pourtour, de façon à faire pénétrer le sel dans la pâte. On les replace encore en piles de trois; on les laisse ainsi deux jours, puis on les transporte de nouveau dans le *poids*, où ils sont soumis à deux nouvelles opérations qui constituent le *raclage*.

Raclage des fromages. Pégot et rebarbe blanche. — La première opération consiste à enlever à la surface des fromages, avec la lame d'un couteau, une couche de matière gluante nommée *pégot,* qui s'est formée pendant la salaison, et soulevée par la sécheresse; l'épaisseur de cette couche varie avec la saison.

La seconde opération, qui suit immédiatement la première, a pour but d'enlever une seconde couche désignée sous le nom de *rebarbe blanche.* Cette matière est vendue 0 fr. 40 à 0 fr. 50 le kilogramme; tonique et stimulante pour l'estomac, elle est recherchée comme aliment par la classe ouvrière.

Le raclage terminé, on peut juger de ce que seront les fromages et procéder à leur classement en trois catégories : le premier choix ou surchoix, la première et la deuxième qualité, auxquelles correspond, à la vente, une différence de 20 francs par 100 kilogr.

Mise en plies (fig. 374). *Revirage.* — Après ce triage, les fromages sont redescendus à la cave, où ils restent pendant huit jours en piles de trois, les plus fermes sur le sol recouvert de paille, les autres sur les étagères dont nous avons parlé précédemment. On procède ensuite à la *mise en plies,* opération qui consiste à mettre les fromages de champ, en ayant soin de les écarter les uns des autres, afin d'éviter entre eux tout point de contact.

Pendant leur séjour à la cave, les fromages prennent une teinte *jaune* ou *rougeâtre,* suivant les caves.

Quelquefois aussi il se développe à leur surface une moisissure blanche, serrée, de 5 à 6 centimètres de longueur, dont l'enlèvement nécessite un second raclage. On appelle cette opération *revirer,* et le produit *reverum;* il sert de nourriture aux porcs et se vend 0 fr. 05 le kilogramme.

Le *revirage* se renouvelle tous les huit ou quinze jours, selon la qualité des fromages et la rapidité avec laquelle ils mûrissent dans les caves. Les fromages à pâte grasse et fine arrivent plus vite à maturité que ceux de qualité inférieure. Après un séjour de trente à quarante jours dans les caves, les fromages fabriqués

Fig. 874. — Mise en plies des fromages de Roquefort.

pendant les premiers mois de la campagne sont prêts pour la vente. Peu susceptibles de conservation, on les expédie au fur et à mesure des demandes, mais en ayant soin de toujours choisir ceux qui approchent le plus de la maturité.

Les fromages de l'arrière-saison sont les plus estimés; ceux entrés en cave en mai et juin, et livrés à la consommation de septembre à décembre, sont fermes, moelleux et d'un goût exquis; avec des soins convenables, on peut les conserver plusieurs mois.

Le travail des caves fait subir aux fromages de Roquefort un déchet de 20 à 25 pour 100[1].

Les fromages sont expédiés, emballés dans des paniers cylindriques en osier, des cages en bois dites *gagets*, et dans des caisses; on les sépare ordinairement entre eux à l'aide de disques en bois mince, et les plus fins sont enveloppés de feuilles d'étain.

Les fromages *nouveaux* pèsent, en moyenne, 2 kilogr. 150 gr.; les fromages *vieux*, 2 kilogr.

RENDEMENT EN LAIT ET EN FROMAGE D'UNE BREBIS DE ROQUEFORT.

Des expériences faites par la Société des Caves réunies il résulte :

1° Que 100 kilogr. de lait de brebis fournissent 18 kilogr. de fromage prêt à être mis au sel;

2° Que la production annuelle par tête de brebis est de 55 litres de lait et de 10 kilogr. de fromage.

Importance de l'industrie de Roquefort.

En 1878, la production du fromage de Roquefort s'élevait annuellement à 4,500,000 kilogr.; actuellement, ce chiffre est notablement dépassé, de telle sorte que l'on peut évaluer à plus de 22 millions de francs

[1] Ce travail est fait par des femmes nommées *cabanières*, du mot *cabo*, cave, dans le patois du pays.

le mouvement de fonds auquel donne lieu cette industrie fromagère.

Roquefort exporte ses produits dans toute l'Europe, en Amérique, dans les colonies et même en Chine. La plus grande part de ce mouvement d'affaires revient à la Société des Caves réunies, et ensuite à MM. Carrière, Tessier-Solier, G. Sambucy, Malianes, etc.

Prix en gros des fromages de Roquefort. — Ordinairement, les fromages *nouveaux*, c'est-à-dire ceux fabriqués dans les premiers mois de la campagne, valent à la sortie des caves 150 à 165 francs les 100 kilogr., et ceux de l'arrière-saison, entièrement *faits*, 245 à 265 francs, suivant les marques.

De décembre 1894 à fin mars 1895, les prix des roqueforts *dans Paris* ont varié comme il suit, pour les 100 kilogr. :

Fromages de la Société............	250 à 300 francs.
Autres marques..................	240 à 280 —

Perfectionnements apportés dans l'affinage des fromages de Roquefort, par M. Coupiac, directeur de la Société des Caves réunies.

On sait aujourd'hui, grâce aux intéressants travaux de M. Duclaux, que les raclages, revirages, brossages effectués sur les fromages dans les caves, ont pour objet d'empêcher le développement et la multiplication à leur surface du mycelium du penicillium, ainsi que des microbes aérobies qui composent surtout la couche glaireuse appelée *pégot*.

Sans ces opérations, les moisissures comme les microbes finiraient par empêcher toute pénétration de l'oxygène dans la pâte du fromage, et par suite le développement du penicillium; mais, comme complément des opérations précédentes, on a reconnu la nécessité d'ouvrir dans cette pâte des voies directes d'arrivée de l'air extérieur.

Pendant longtemps, on a compté sur les fissures qui se produisaient naturellement dans les pains, ensuite on a perforé les pains avec de longues aiguilles; mais aujourd'hui ces diverses opérations s'effectuent mécaniquement à l'aide de machines spéciales imaginées dès 1873 par M. Coupiac, et qui sont : *la brosseuse* et *la piqueuse*[1].

Brosseuse Coupiac (fig. 375).

Cette machine est employée pour opérer automatiquement les divers raclages opérés autrefois à la main par les cabanières; son travail est de 8 pains par minute, soit 4,800 pains en dix heures, et deux ouvriers suffisent pour son service; en outre, tandis que la proportion des déchets était autrefois de 20 à 25 pour 100, aujourd'hui elle ne dépasse pas 18 pour 100.

Piqueuse Coupiac (fig. 376).

La piqueuse se compose d'un plateau armé de 60 à 100 aiguilles d'acier très fines et qui est animé d'un mouvement vertical alternatif. Les fromages sont amenés par un chariot, un à un, au-dessous du plateau qui, en tombant, le perce d'autant de trous qu'il y a d'aiguilles.

Cette piqueuse opère à raison de dix à douze pains à la minute, et pour la servir, deux cabanières suffisent; l'une donne le pain, l'autre le retire.

Employée avec mesure, la piqueuse offre l'avantage de hâter l'affinage des fromages, ce qui permet de livrer ceux-ci plus tôt à la consommation; mais nous avons dit qu'un abus dans la perforation a pour effet de donner des fromages plus secs, moins savoureux, et qui s'émiettent quand on les coupe. (Voir p. 599.)

[1] Les dessins de ces deux machines ont figuré en 1875 au Palais de l'industrie, dans l'exposition relative à l'industrie laitière que le ministre de l'agriculture nous avait chargé d'organiser.

On comprend que la piqueuse Coupiac, ou toute autre machine analogue peut être utilisée avantageu-

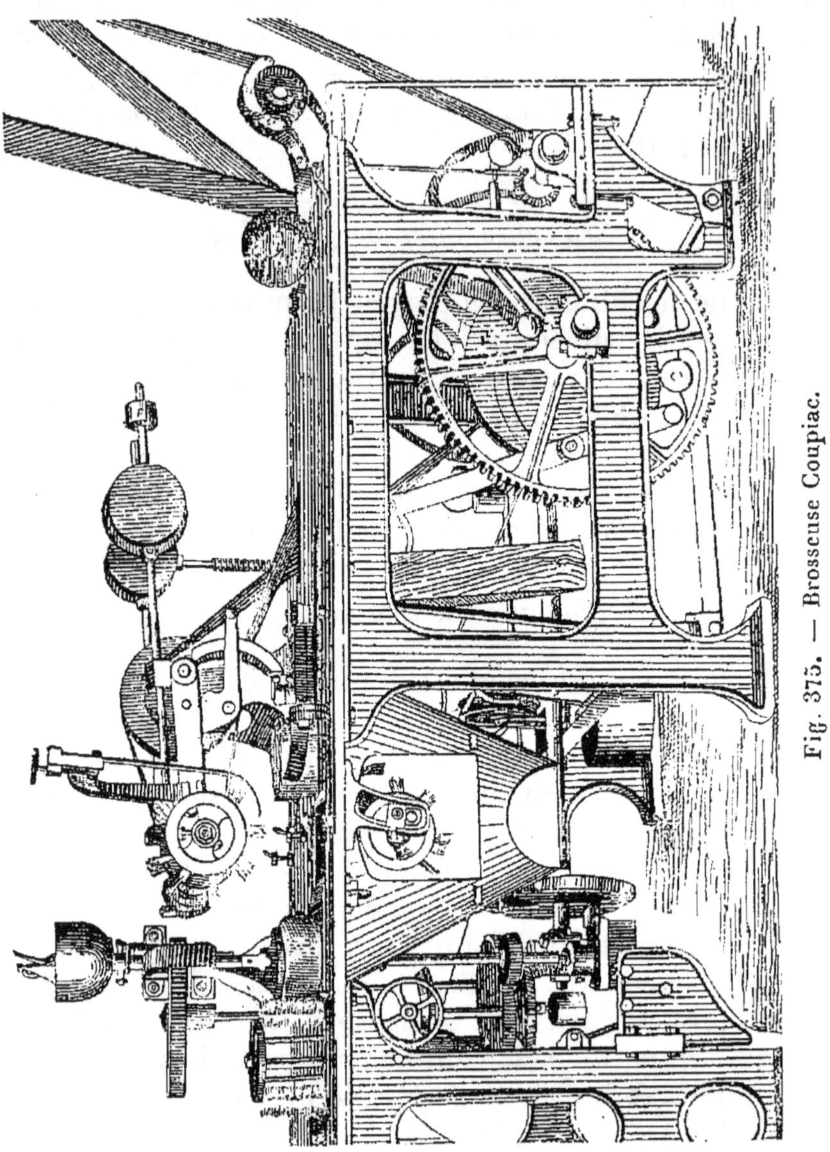

Fig. 375. — Brosseuse Coupiac.

sement dans la fabrication de tous les fromages persillés.

La figure 377 donne une vue intérieure d'un atelier de la Société des Caves réunies.

FROMAGES FAÇON ROQUEFORT.

Les résultats obtenus dans les caves de Roquefort ont

Fig. 376. — Piqueuses de la Société des Caves réunies.

donné à quelques propriétaires ou industriels d'autres départements, notamment du Puy-de-Dôme, l'idée

Fig. 377. — Vue intérieure d'un atelier de la Société des Caves réunies.

d'utiliser certaines excavations naturelles pour y préparer, avec du lait de brebis et plus souvent de vache, des fromages façon roquefort qui, bien que toujours inférieurs aux vrais roqueforts, ont souvent des qualités très appréciables.

A Pontgibaud, l'exploitant de cette industrie fait venir du Cantal du caillé frais (de la tome) qui est repétri et mis dans des moules spéciaux. Les fromages sont ensuite transportés dans des caves dites *glacées*, qui sont des tunnels creusés sous la montagne basaltique et dans lesquels règne un courant d'air violent, froid et humide.

AIN. — FABRICATION DU FROMAGE DE GEX [1], DIT ENCORE PERSILLÉ OU BLEU.

Ce fromage est fabriqué avec du lait de vache, non seulement dans l'Ain, mais aussi le Jura, l'Isère et les Hautes-Alpes.

Dans certaines fromageries, on reçoit le lait tamisé dans un récipient à bascule A, disposé comme il est indiqué figure 378.

La mise en présure a lieu à une température qui ne dépasse pas 18 à 20° suivant la saison, et avec une présure assez faible fabriquée par le fromager lui-même.

Une fois le lait coagulé, ce qui n'a lieu qu'au bout d'une heure et demie à deux heures, suivant la saison, on enlève, avec une cuiller de bois, la couche légère de crème qui s'est formée à la surface du liquide en repos, et l'on en fait du beurre. On compte que 100 litres de lait fournissent, en moyenne, 600 grammes de beurre. Après ce léger écrémage, on divise le caillé, avec la cuiller, en très menus fragments que l'on réunit ensuite, en les mouvant lentement dans la masse liquide,

[1] Gex, chef-lieu d'arrondissement du département de l'Ain, au pied du mont Jura et à 667 mètres d'altitude.

puis on laisse reposer pendant un quart d'heure environ, pour donner au caillé le temps de se déposer au fond du récipient, et l'on procède ensuite à la séparation du petit-lait. A cet effet, on tourne la manivelle de l'arbre O (fig. 378); le récipient A s'élève et bascule en entraînant la trémie B, qui reçoit le petit-lait et le déverse dans le seau S.

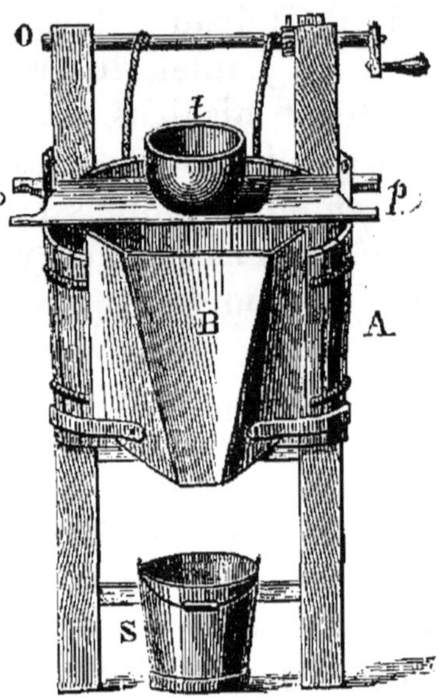

Fig. 378.

Mise en moules ou faisselles. Égouttoirs. — Le caillé, convenablement égoutté, est introduit dans les moules ou *faisselles* (fig. 339).

Au moment où le caillé est introduit dans la faisselle, on lui fait subir un pétrissage en le malaxant fortement avec les mains, et l'on tasse dans la forme la masse rendue bien homogène. On recouvre ensuite le caillé avec un disque circulaire en bois, qui s'emboîte exactement dans la faisselle, et l'on met dessus un poids P de 4 à 5 kilogr., dont la pression facilite la sortie du petit-lait.

Observation. — Quand le lait fourni par une seule traite est insuffisant pour faire un fromage, on réunit le caillé de deux traites successives, en opérant comme il suit :

On ajoute à la faisselle la hausse H (fig. 339), on émiette à la main la surface supérieure du premier caillé déjà pressé, afin qu'il n'y ait pas de solution de continuité entre les deux caillés, on ajoute ensuite celui de la seconde traite, que l'on malaxe et que l'on tasse comme le premier, puis on recouvre le tout d'un disque chargé d'un poids considérable.

Le fromage reste en presse un jour, pendant lequel

on le retourne une seule fois; on procède ensuite à sa salaison.

Salaison des fromages. — A la sortie de la faisselle, le fromage est placé dans un baquet circulaire, et sa face supérieure est saupoudrée uniformément d'environ 60 grammes de sel; vingt-quatre heures après, on retourne le fromage et l'on saupoudre également l'autre face de 60 grammes de sel, en ayant soin de frotter les bords avec la saumure qui s'est déposée dans le baquet. On répète la même opération tous les jours, pendant huit jours pour les fromages de 6 kilogr., et dix jours pour ceux de 7 kilogr., mais en diminuant la quantité de sel à partir du troisième jour, de façon que finalement, à la sortie du saloir, le fromage ait reçu 2,5 à 3 pour 100 de son poids en sel.

Affinage des fromages. — Les fromages convenablement salés sont transportés dans le local où ils doivent s'affiner et prendre le *bleu* à l'intérieur.

On choisit autant que possible une pièce exposée au nord, et sans ouverture au sud, ni à l'ouest; les caves souterraines dans lesquelles circulent des courants d'air frais et humide, et se rapprochant par conséquent de celles de Roquefort, sont très favorables à l'affinage des produits.

Les fromages sont placés sur des rayons composés de deux planches étroites et espacées de quelques centimètres, afin que l'air circule plus librement entre les pains et que ceux-ci s'échauffent moins. On retourne fréquemment ces fromages, en ayant soin de les frotter de temps en temps avec un gros chiffon, de façon à enlever la couche gluante qui se forme à l'extérieur et qui, en empêchant la pénétration de l'air à l'intérieur, retarderait l'apparition et le développement du bleu.

Un fromage de Gex, bien fabriqué, peut être livré à la consommation à l'âge de trois ou quatre mois; mais ceux trop salés bleuissent très difficilement et ne deviennent jamais bons.

On compte qu'il faut, en moyenne, 12 litres de lait pour faire 1 kilogr. de fromage.

Utilisation du petit-lait, beurre, bruchons, sérai.

On peut extraire du petit-lait séparé du caillé, soit du *beurre*, soit des *bruchons* et du *sérai*.

Extraction du beurre. — On compte que la quantité de lait employée à la fabrication d'un fromage moyen peut fournir 500 grammes de beurre par le petit-lait, sans compter la crème recueillie après la mise en présure et avant la mise en forme du caillé.

Bruchon et sérai. — On introduit le petit-lait non écrémé dans une chaudière en cuivre; on le chauffe jusqu'à la température voisine de l'ébullition, et l'on voit bientôt apparaître à la surface du liquide une matière blanche, très grasse, qu'on se hâte d'enlever avec une écumoire. Ce sont ces écumes qui constituent ce qu'on appelle les *bruchons*.

Ils peuvent servir à faire du beurre; quelquefois on les mélange à la crème enlevée après la mise en présure, et l'on bat le tout ensemble; mais en général ce résidu est donné à la cuisine de l'exploitation. Après l'enlèvement des bruchons, on porte à l'ébullition le liquide qui reste, et l'on y ajoute du petit-lait aigri qui précipite le caséum restant. Ce caillé, qui constitue le *sérai*, est mis dans une faisselle en bois semblable à celle qui sert à faire le fromage, mais beaucoup plus petite; on laisse écouler le petit-lait pendant vingt-quatre heures, et l'on peut ensuite manger le fromage ou le laisser sécher. Le petit-lait provenant d'un fromage moyen peut fournir environ *deux sérais*. On peut aussi mélanger les bruchons au sérai, ce qui rend ce dernier un peu meilleur.

Fromage persillé, façon gex. — M. Hoesli, maître fromager à l'École de fromagerie de Maillat (Ain), a donné sur la fabrication de ce fromage les renseignements suivants :

Par 100 kilogr. de lait traité pendant les mois de décembre 1883 et janvier 1884, on a obtenu en moyenne :

FROMAGES		DÉCHET	BEURRE	
frais.	mûrs.	pour 100.	de crème.	de petit-lait (grasseïon).
—	—	—	—	
11 kilogr. 10	8 kilogr. 07	27,5	1 kilogr. 36	0 kilogr. 06

Ce qui correspond à 9 kilogr. de lait pour 1 kilogr. de fromage *frais* et à 12 kilogr. pour 1 kilogr. de fromage *mûr*. En outre, en admettant un rendement de 3 kil. 333 gr. de beurre pour 100 kilogr. de lait, le beurre de crème obtenu représente un écrémage préalable de 40 pour 100.

Ces fromages ont été vendus 154 francs les 100 kilog.; le beurre de crème, 2 francs le kilogr., et le produit *brut* du litre de lait a été de 0 fr. 17.

Jura. — *Fromage de Septmoncel.*

Septmoncel est un village du Jura, à 12 kilomètres de Saint-Claude, qui a donné son nom à un fromage très persillé, dont la pâte a beaucoup d'analogie avec celle du gex, du sassenage et du roquefort. L'arrondissement de Saint-Claude est le véritable centre de production de ce fromage; il en fabrique annuellement près de 400,000 kilogrammes.

100 litres de lait convertis en fromages *gras* de Septmoncel donnent en moyenne :

Fromage bleu, 7 kilogr. 100 gr.; beurre, 800 gr. à 1 kilogr. Mais dans beaucoup de fromageries on écrème bien davantage.

La fabrication du fromage de Septmoncel ne diffère pas de celle des fromages de Gex et de Sassenage; dans certaines fermes, on mélange au lait de vache une certaine quantité de lait de chèvre avant la mise en présure. Dans beaucoup de maisons, à Paris, le septmoncel se vend indifféremment pour du gex et même du sassenage; mais le grand débouché de ce fromage est Lyon pour les premiers choix, Saint-Étienne et Roanne pour les seconds, ces derniers étant surtout consommés par les ouvriers des fabriques.

Isère. — *Fromage de Sassenage.*

Sassenage, chef-lieu de canton à six kilomètres de Grenoble, donne son nom à un fromage fabriqué sur le littoral alpestre de l'Isère avec un mélange de laits de vache, de brebis et de chèvre. Le lait de vache y entre ordinairement pour les neuf dixièmes; mais, de l'aveu des producteurs, plus il entre dans ce produit du lait de chèvre et de brebis, meilleur il est.

Ce fromage, à pâte ferme persillée, de 30 centimètres de diamètre sur 10 de hauteur en moyenne, se fabrique comme le gex et le septmoncel; gras et bien affiné, il est d'un goût très fin et très délicat.

Savoie. — *Fromage du mont Cenis.*

D'après Bonafous, la fabrication de ce fromage s'étend le long du plateau du mont Cenis, à une altitude d'environ 1,950 mètres, jusqu'aux communes de Bessans et de Bonneval, situées sur le versant septentrional de cette montagne, dans une vallée qui se termine au pied du mont Iseran. Cette industrie s'est introduite également en Maurienne et principalement dans les environs de Valloires.

Dans beaucoup de fermes, ce fromage se fabrique avec un mélange de laits de vache, de brebis et de chèvre; mais en Maurienne, on préfère employer exclusivement le lait de vache.

Nous allons indiquer ici la fabrication du fromage du mont Cenis, d'après les renseignements que M. A. Tochon a bien voulu nous fournir.

La traite du soir, préalablement écrémée, est réunie dans une chaudière à la traite du matin, et le mélange porté à la température que possède le lait à la sortie de la mamelle; on ajoute alors la crème prélevée sur la traite du soir, et l'on met en présure.

Le caillé est coupé, égoutté dans une toile, puis transvasé dans un seau en bois, où il séjourne vingt-quatre heures. Le lendemain, on fait subir la même préparation à une nouvelle quantité de lait, et l'on mélange *un tiers* de ce dernier fromage encore chaud à deux tiers de celui de la veille, en y ajoutant une quantité de sel proportionnée à la grosseur du fromage.

Le mélange est pétri jusqu'à ce qu'il ne reste aucune partie dure, et quand il est bien émietté, on l'introduit dans une forme cylindrique garnie d'une toile et qui ne doit contenir que les deux tiers du fromage; l'autre tiers est retenu par un cercle en bois ou en fer-blanc (hausse) fixé à la partie supérieure du moule, et qui a ordinairement un décimètre de hauteur.

Le fromage ainsi mis en forme et enveloppé de sa toile est recouvert d'une planche que l'on charge d'une pierre. Au bout de vingt-quatre heures, on enlève la hausse, la planche et la pierre, on retourne le fromage en le changeant de toile, et on le replace dans une forme semblable à la première, où il est soumis à une pression progressive.

On répète cette même opération tous les matins, pendant trois à six jours, suivant la température, et lorsque le fromage a acquis une consistance suffisante, on le porte à la cave où on le sale comme les autres fromages, tous les trois ou quatre jours, pendant environ deux mois, et en ayant soin de le retourner et de frotter la surface avec un linge, pour que la croûte reste propre et unie. La dose moyenne de sel est d'environ 500 gr. pour 12 à 14 kilogr. de fromage.

Maintenu en cave à une température modérée, le fromage du mont Cenis se fait en trois ou quatre mois, et c'est pendant qu'il mûrit que la pâte devient le siège de cette fermentation particulière qui favorise le développement des moisissures bleuâtres ou du *persillé*.

Les fromages du mont Cenis sont des pains cylindriques qui, lorsqu'ils sont mûrs, pèsent de 10 à 12 kilogr.

On calcule que 100 litres de lait donnent environ 9 kilogr. de ce fromage.

ITALIE. — *Fromage de Gorgonzole*. (Voir chap. XII.)

SUISSE. — *Le Sarrazin*. (Voir chap. XII.)

CHAPITRE XI

DEUXIÈME CLASSE : FROMAGE A PATE FERME. — DEUXIÈME CATÉGORIE : FROMAGES CUITS ET PRESSÉS OU FROMAGES DE CHAUDIÈRE. — DES ASSOCIATIONS FROMAGÈRES DITES FRUITIÈRES.

FROMAGES DE GRUYÈRE, DE PARMESAN, DE PORT DU SALUT, ETC.

I. FROMAGE DE GRUYÈRE.

Le fromage de Gruyère peut être pris comme type des fromages dits de *chaudière* (fig. 379), c'est-à-dire

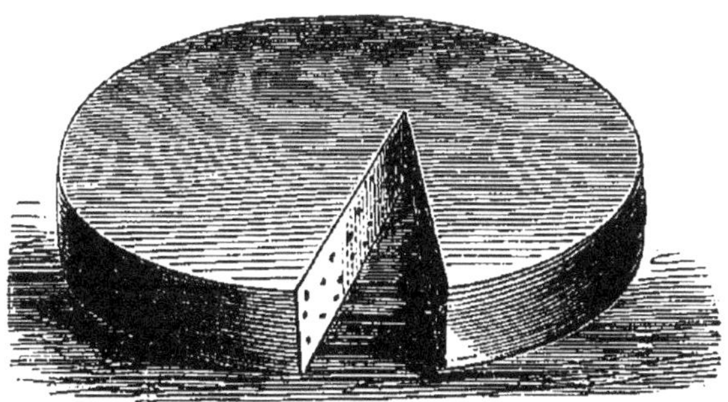

Fig. 379.

de ceux dont le caillé subit, avant d'être mis en forme, un degré de cuisson qui lui communique une consistance et des qualités spéciales.

La fabrication de ce fromage a pris naissance en Suisse, et pendant longtemps la petite ville de Gruyère (en allemand *Greierz*), située à 25 kilomètres de Fribourg, a été le seul dépôt des fromages de toute la contrée environnante; de là le nom de *Gruyère* donné à ce produit.

A cette époque, la ville de *Greierz* marquait les produits de son blason d'une *grue*, et percevait en échange un droit de balance.

Plus tard, l'expérience ayant appris que si la nature du sol et des pâturages influe sur la qualité des fromages, il est possible néanmoins, avec de bons pâturages et en suivant les mêmes procédés, de fabriquer ailleurs des fromages difficiles à distinguer de ceux du canton de Fribourg, cette fabrication ne tarda pas à s'étendre d'abord sur le plateau des hautes Alpes, entre Fribourg et Vevey, puis dans toute la Suisse, ainsi que dans les vallées du Jura, du Doubs, de l'Ain, de la Savoie, etc. Enfin, on retrouve aujourd'hui cette fabrication dans un très grand nombre d'autres départements français, comme nous le verrons plus loin.

En Suisse comme en France, le fromage de Gruyère se fabrique :

1° Dans les granges ou chalets;

2° Dans les fruitières.

Les *chalets* sont des bâtiments rustiques appartenant à des propriétaires ou des fermiers, et que l'on rencontre principalement dans les hautes montagnes de la Suisse, du Jura, de la Savoie, des Pyrénées, etc.

Les *fruitières* consistent en une association établie entre un certain nombre d'habitants, ordinairement de la plaine, qui ne pourraient isolément réunir la quantité de lait nécessaire pour faire un fromage de 30 à 35 kilogrammes en une seule cuite; nous commencerons par rappeler comment on fabriquait jusque dans ces derniers temps le fromage de Gruyère dans les chalets, et nous indiquerons ensuite les améliorations apportées dans cette fabrication, tant au point de vue des locaux que du matériel employé.

FABRICATION DU FROMAGE DE GRUYÈRE DANS LES CHALETS SUISSES OU FRANÇAIS. — LOCAUX ET USTENSILES.

Fig. 380. — Atelier de fabrication du fromage de Gruyère.

Les chalets dans lesquels on fabrique le gruyère renferment deux pièces principales :

1° L'*atelier* de fabrication proprement dite (fig. 380);

2° Le *grenier,* local où l'on procède à la salaison et au raclage des fromages (fig. 381).

Fig. 381. — Grenier pour la salaison et le raclage des fromages.

L'atelier de fabrication renferme :

1° Un *foyer* (fig. 380); placé à l'un des angles de la pièce, il est le plus souvent sans cheminée, creusé à peu de profondeur dans le sol, entouré de pierres rangées circulairement, et qui ne laissent en avant que l'intervalle nécessaire pour introduire le combustible.

Derrière ces assises s'élève une potence mobile à laquelle on suspend une chaudière, et près du foyer se trouve un baril où l'on conserve du petit-lait aigre (l'*aisy*).

2° Divers *baquets*, les uns plus larges que profonds, les autres plus profonds que larges; quelques-uns sont munis de douves qui excèdent et qui sont percées d'un trou; ils servent au transport de l'eau et du petit-lait.

3° Des *écuelles* en bois, plates ou creuses.

Fig. 382.

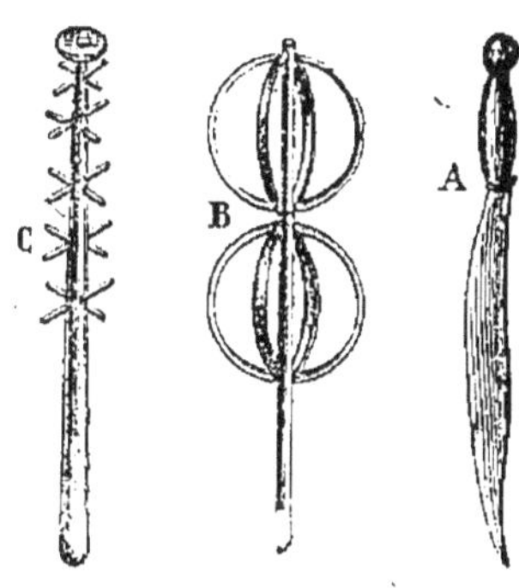

Fig. 383.

4° Des *passoires* ou *couloirs* en sapin, pour tamiser le lait.

5° Des *poches* (fig. 382) servant à mettre le lait en présure et aussi à diviser le caillé.

6° Des *épées* A pour couper le caillé, ainsi que des *brassoirs* ou *moussoirs* (fig. 383) pour diviser ce caillé et faire le grain du fromage. B, bâton garni de deux rangs de quatre demi-cercles en bois et disposés à angles droits. C, branche de sapin garnie, sur le tiers de sa longueur, de ramifications ayant 8 à 11 centimètres de long.

Dans le canton de Berne, où l'on fabrique des fromages dont le poids atteint fréquemment 100 kilogr., on se sert des moussoirs B, qui ont jusqu'à 1 mètre 35 cent. de longueur et dont les plus grands cercles mesurent

35 centimètres de diamètre. Dans le canton de Fribourg, le moussoir le plus habituellement employé est celui représenté en C; il a $1^m,10$ à $1^m,20$ de longueur.

7° Des *moules* (fig. 340 et 385).

8° Des *égouttoirs* et des *presses* (fig. 349); ces dernières généralement trop primitives et insuffisantes.

Enfin, sur tout le pourtour de l'atelier sont disposés des rayons et des crochets destinés à recevoir les divers ustensiles employés dans la fabrication.

FABRICATION DU FROMAGE DE GRUYÈRE.

Coulage du lait, mise en présure. — Le lait, préalablement écrémé, dans des proportions variables suivant les pays, est coulé sur un tamis placé au-dessus de la chaudière, et quand ce récipient en contient la quantité nécessaire à la fabrication d'un fromage, on fait tourner la grue de manière à amener la chaudière dans le foyer, et l'on porte le liquide à une température comprise entre 30 et 35°, suivant les circonstances et les saisons.

On retire alors la chaudière du feu, on verse dans la poche (fig. 382) la quantité de présure [1] nécessaire à la coagulation du lait, et on la répartit bien uniformément dans toute la masse et avec le même instrument.

Division et cuisson du caillé. — Au bout de 25 à 30 minutes en été, un peu plus longtemps en hiver, le lait étant complètement caillé et la masse ayant pris une consistance gélatineuse telle que la poche, posée à sa surface, y laisse son empreinte en creux, le fromager commence par découper le caillé en tranches horizontales, d'une manière très régulière et en se servant de cette même poche, dont le bord est tranchant. Une fois le caillé découpé jusqu'à une profondeur de 12 à 15 centimètres et chaque tranche retournée, l'ouvrier plonge le bras, armé de ladite poche, jusqu'au fond de la chau-

[1] Nous reviendrons un peu plus loin sur la nature de présure employée.

dière, et coupe alors le reste du caillé dans tous les sens. Ici, la poche remplace l'épée A (fig. 383) dont on se sert dans certains pays.

Le fromager prend ensuite un brassoir (soit celui représenté fig. 384), plonge dans la chaudière l'extrémité garnie de ramifications *e* et commence à *mouver* ou *débattre,* mais toujours en dehors du foyer, le caillé préalablement divisé avec la poche. A cet effet, il appuie l'extrémité supérieure du moussoir sur le bord de la chaudière et imprime à ce bâton un mouvement de va-et-vient, à droite et à gauche, en haut et en bas, et cela pendant un quart d'heure, en ayant soin de puiser de temps en temps, avec la main, du caillé dans la chaudière, afin de juger de son état de division; cette opération s'appelle aussi *décailler.*

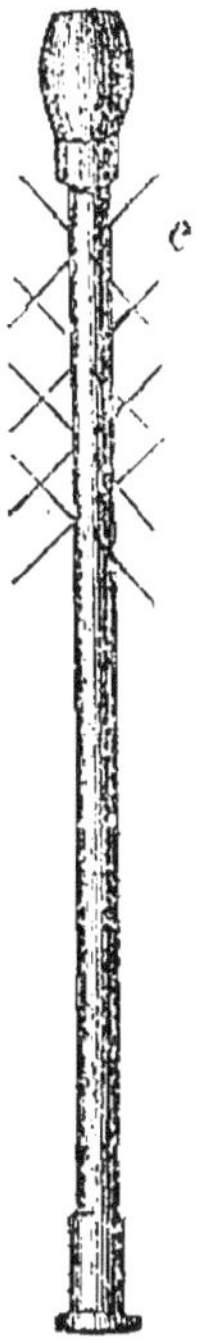

e

Fig. 384.

Après cinq minutes de repos, la chaudière est ramenée dans le foyer, où la combustion d'un fagot donne un feu vif et clair destiné à la cuisson de la pâte. A partir du moment où la chaudière est ramenée sur le feu, le fromager ne cesse de *mouver* la masse avec son brassoir et de suivre la marche de la température avec sa main, ou mieux en s'aidant d'un thermomètre, qu'il plonge de temps en temps dans le liquide.

Pour que la cuisson du caillé s'effectue dans de bonnes conditions, il faut que dans l'espace de 25 à 35 minutes la température s'élève entre 50° et 60°, suivant les circonstances que nous indiquerons plus loin.

A ce moment, l'ouvrier retire la chaudière du feu, mais sans cesser de mouver, et il continue à manœuvrer son moussoir jusqu'à ce que le *grain* du fromage lui paraisse convenable, ce qui demande, en moyenne, de 30 à 35 minutes. C'est en puisant du caillé avec la main, à diverses reprises, que le fromager suit la marche de l'opération, et elle est terminée quand les grumeaux qui nagent dans le liquide, amenés à la grosseur de grains de riz, sont d'un blanc jaunâtre, qu'ils se séparent d'eux-mêmes quand on ouvre la main, après les avoir serrés, et qu'ils forment une pâte élastique craquant sous la dent quand on les mâche.

La cuisson de la pâte est une des opérations les plus importantes dans la fabrication du fromage de Gruyère. En général, dit M. Schatzmann dans son *Manuel des fromageries,* plus la cuisson s'effectue à une température élevée et convenablement progressive, plus le fromage qui en résulte est ferme et de conserve, mais aussi plus il lui faut de temps pour mûrir; le contraire a lieu pour les produits provenant de cuissons effectuées à températures trop basses; nous reviendrons bientôt sur cette question.

Une fois le grain du fromage obtenu dans des conditions satisfaisantes, le fromager cesse de *débattre,* et il imprime alors à la masse, avec son moussoir, un mouvement *giratoire* destiné à permettre à tous les grains de caillé en suspension dans le liquide de se réunir au centre et au fond de la chaudière. Cette réunion obtenue, on procède à la mise en moule.

Mise en moule. — Pendant que les grains de caillé se rassemblent, le fromager prépare le moule destiné à recevoir le fromage. A cet effet, il dispose sur l'égouttoir E (fig. 385) un premier plateau en bois P, et dessus, le moule précédemment décrit page 704. Il prend ensuite une toile d'environ 2 mètres de longueur sur $1^{m},50$ de largeur, et il en noue une des extrémités autour de son cou, tandis qu'il enroule l'autre sur un demi-cercle formé d'un gros fil de fer ou d'une baguette. Il plonge alors le cercle au fond de la chaudière en le faisant glisser, avec la toile, sous le pain de caillé qui s'est réuni au centre, et remonte celui-ci au niveau de la chaudière. A ce moment, l'aide placé en face saisit l'extrémité de la toile enroulée sur le demi-cercle, tandis que le fromager détache de son cou l'autre extrémité, et, à eux deux, ils portent la masse de caillé jusqu'à l'égouttoir [1].

Nous avons reproduit cette phase de la fabrication

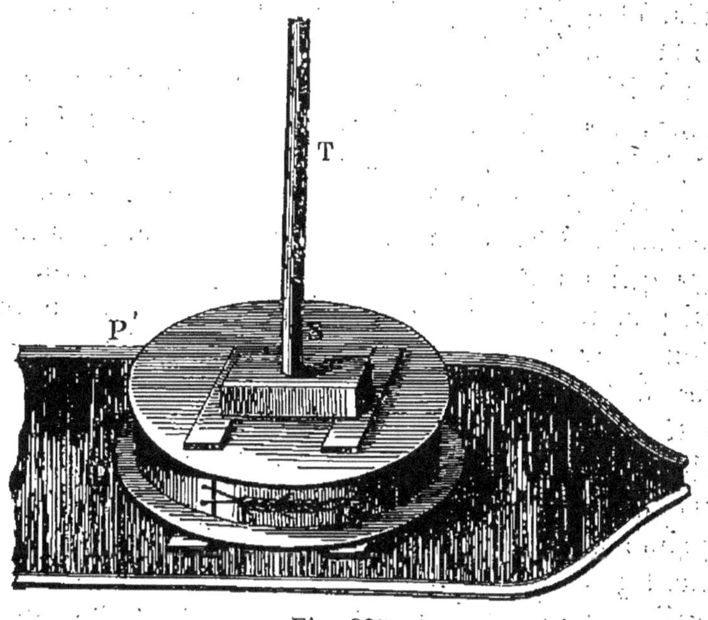

Fig. 385.

dans la figure 386, qui représente l'*ancienne* fromagerie de M. Lecomte, à Villeblevin (Yonne); aujourd'hui, ce grand industriel a remplacé les chaudières à feu nu par d'autres chauffées à la vapeur, et les presses à pression constante par d'autres à levier et très perfectionnées.

D'après Bousson, les bons fromagers s'appliquent à sortir de la chaudière le fromage et à le déposer dans le moule en conservant, autant que possible, à la masse des grains la position qu'ils ont prise en se déposant. Une fois la toile et son contenu introduits dans le moule et avant de mettre en presse, le fromager va, en se ser-

[1] Dans les grandes fromageries de la Suisse, où l'on fabrique des fromages qui pèsent jusqu'à 140 kilogr., l'enlèvement de la masse de caillé se fait à l'aide d'un treuil et d'une grue mobile, au crochet de laquelle le fromager accroche les anneaux de sa toile.

Fig. 386. — Ancieu atelier de fubrication à Villeblevin, chez M. Lecomte.

vant d'une autre toile entourée de la même manière sur un demi-cercle, chercher les portions de caillé qui ont pu lui échapper et qui constituent le *recherchon*. Il fait une pelote de ce caillé et l'introduit au centre du pain; il recouvre ensuite le tout de la toile, qu'il replie convenablement sur la face supérieure du fromage; il met par-dessus le plateau P′ et enfin soumet le fromage à la pression, en plaçant entre ce second plateau et le levier de la presse le bâton *t* (fig. 352), ou bien en faisant agir sur le fromage le plateau d'une presse à levier composé (fig. 356).

Quand le fromager a bien réussi les opérations que nous venons de décrire, la grosseur du *recherchon* ne dépasse pas ordinairement celle du poing pour un fromage de 30 kilogrammes. Or, il est important que ce résultat soit atteint, parce que cette pelote de caillé, introduite après coup au centre du pain et ne faisant pas corps avec le reste de la pâte, ne se comporte jamais à la cave comme celle-ci; la fermentation en est toujours incomplète, et par suite la qualité de cette partie du fromage laisse à désirer.

Quant à la toile employée dans la fabrication du gruyère, c'est une sorte de canevas formé de fils espacés de deux millimètres dans les deux sens.

La pressée d'un pain exige, en moyenne, 24 heures, pendant lesquelles on change six ou sept fois la toile qui enveloppe le fromage, c'est-à-dire tant qu'elle se mouille. A mesure que l'on retire une toile humide, on la lave et on la fait sécher sur une corde, au soleil ou devant un foyer.

Pour effectuer ce changement de toile, et s'il s'agit d'un fromage mis en presse comme l'indique la figure 358, l'ouvrier dégage du bras du levier le bâton T et enlève le plateau supérieur P′, ainsi que le cercle qui entoure ce pain. Il découvre ce dernier, recouvre la face du fromage mis à nu d'une toile sèche, replace le cercle, remet le plateau supérieur P′ sur la toile sèche, passe la main gauche sous le plateau inférieur P et retourne le tout de façon que le plateau P′ serve alors de base au pain; dans ces conditions, la toile humide est ramenée en dessus, et, n'étant plus retenue par le cercle, le fromager l'enlève sans difficulté. Après chaque changement de toile, on remet le cercle, en rétrécissant son diamètre, si cela est nécessaire; on replace le plateau et l'on remet en presse.

De la mise en presse. — Pour que la fermentation et, par suite, la maturation des fromages de Gruyère s'effectuent dans de bonnes conditions, il faut qu'au sortir de la presse ceux-ci retiennent une dose d'humidité comprise dans des limites bien déterminées. Un fromage trop humide fermente trop, il se boursoufle, ses yeux deviennent énormes, se rejoignent, se déchirent, et souvent aussi la pâte prend le goût de suif. Au contraire, un fromage trop sec fermente peu ou point; il reste *mort* et sans *yeux*.

Il est donc indispensable de pouvoir soumettre les fromages de Gruyère à une pression variable et telle que, sous un poids donné, ils retiennent à peu près constamment la même quantité d'humidité au sortir de la presse. Par suite, dans les chalets et les fruitières, on abandonne de plus en plus non seulement les presses primitives (fig. 349), mais même celles à levier et à poids constant (fig. 350), pour y substituer les presses à *poids variable* (page 708), les seules qui permettent d'exercer sur le fromage une pression progressive et finalement en rapport avec le poids du pain que l'on doit obtenir.

D'après Schatzmann, un fromage d'Emmenthal destiné à l'exportation, et que l'on conserve en cave pendant sept à huit mois et même davantage, doit être soumis à une pression *finale* d'environ 18 kilogr. par kilogr. de fromage mûr; mais, pour des pièces de poids moindre, cette pression finale diminue avec le poids, de telle sorte que l'on peut admettre :

Poids du fromage mûr.	Pression finale par kilogr.	Pression totale.
—	—	—
100 kilogr.	18 kilogr	1.800 kilogr.
50 —	14 —	700 —
20 —	12 —	240 —

En outre, la pression doit être faible au début, du tiers au quart de la pression finale, suivant le poids de la pièce, puis augmentée graduellement à partir de la troisième heure de pression, de façon à n'atteindre le maximum qu'au bout de cinq à six heures seulement.

Après vingt-quatre heures de pression, on sort les fromages de leurs moules, on les marque et on les transporte à la cave ou au grenier, après avoir inscrit sur un registre spécial la date de leur fabrication et la quantité de lait employée.

Salaison et maturation des fromages. — Dans les chalets de montagnes où l'on ne fabrique qu'en été, la salaison et la maturation des fromages ont lieu généralement au grenier (fig. 381), tandis que l'on est obligé de descendre à la cave les fromages fabriqués dans les fruitières de la plaine, parce que les produits placés dans un grenier s'échaufferaient trop en été et se refroidiraient trop en hiver. Ces caves, établies dans le sous-sol et non au rez-de-chaussée, doivent être voûtées en pierre et aménagées de façon que l'on puisse y entretenir, suivant les saisons, la température la plus favorable à la maturation et à la conservation des produits. Elles sont garnies, comme les greniers des chalets, de tablettes superposées sur lesquelles on range les fromages par rang d'âge; quant à la salaison, elle s'exécute comme il suit. Chaque jour, ordinairement le matin, après la fabrication du fromage, le fromager descend à la cave et jette une pincée de sel finement pulvérisé sur chaque pièce; en quelques heures ce sel est fondu. Dans l'après-midi, il donne un coup de torchon sur la surface couverte de sel en déliquescence, ainsi que sur le pourtour de la pièce. Le lendemain, cette surface étant bien sèche, il retourne le pain et jette une pincée de sel sur l'autre face, qu'il traite comme la précédente, et il continue de la même manière jusqu'à ce que la salaison soit complète.

Quand le fromage a ainsi absorbé la dose de sel convenable, et qui est d'environ 2 à 4 pour 100 du poids du fromage, suivant les pays, on l'humecte ensuite, deux ou trois fois par semaine, avec un morceau de drap imbibé d'eau salée.

A mesure que cette eau pénètre dans la masse, il se forme une première croûte que le sel tend à soulever, et qu'en Suisse le fromager a soin d'enlever avec un couteau; c'est l'opération du *raclage* (fig. 381), qui ne se pratique pas en France.

De la fermentation à la cave. — Pendant son séjour à la cave ou au grenier, le fromage soumis à la salaison subit une fermentation qui a pour conséquence de donner à la pâte, primitivement insipide à sa sortie de la presse, une saveur et une odeur caractéristiques. (Voir p. 599 et 603.)

En même temps, il se développe dans la masse des gaz qui, en s'échappant, forment des trous (les yeux) dont le nombre et le diamètre, variables avec les circonstances, ont une grande importance au point de vue commercial.

Quant au sel, il joue un rôle multiple dans la maturation du fromage. Cette substance concourt non seulement à donner à la pâte une saveur particulière, mais elle contribue à sa conservation et elle maintient la fermentation dans des limites convenables.

Caractères d'un bon fromage. — On juge de l'état ou de la qualité de la pâte d'un fromage, à la cave ou au moment de l'expédition, à l'aide d'une sonde (fig. 348), qui, introduite dans le pain, permet d'en retirer, comme échantillon, un petit cylindre de 8 à 9 centimètres de longueur.

Un bon fromage gras doit présenter une pâte unie, sans crevasses, de couleur jaune clair, et dont les *yeux* clairsemés n'ont pas plus de 6 à 8 millimètres de diamètre; à l'intérieur, ces yeux doivent être brillants, quoique légèrement humides.

La pâte doit être moelleuse, fine, s'écraser facilement entre le pouce et l'index, et fondre dans la bouche après quelques instants d'échauffement, en laissant une saveur légèrement salée.

De la perte de poids des fromages de Gruyère en cave.

Pendant leur maturation, les fromages de Gruyère subissent une perte de poids variable avec la température et l'humidité des caves. A l'École de fromagerie de Maillat (Ain), la campagne de 1883 a donné pour 100 kilogr. de lait :

FROMAGES		DÉCHET	BEURRE	
frais.	mûrs.	pour 100	de crème.	de petit-lait (grasseïon).
9 kilogr. 40	8 kilogr. 39	7 kilogr. 22	1 kilogr. 33	0 kilogr. 250

Ce qui correspond à 10 kilogr. 64 de lait pour 1 kilogr. de fromage *frais,* et à 11 kilogr. 92 pour 1 kilogr. de fromage *mûr*. En outre, en admettant un rendement de 3 kilogr. 333 de beurre pour 100 kilogr. de lait, le beurre de crème obtenu représente un écrémage préalable de 40 pour 100. — Les fromages de cette campagne ont été vendus 140 francs les 100 kilogr., le beurre de crème, 2 francs le kilogr., et le produit *brut* du litre de lait a été de 15 centimes 6, en évaluant à 2 centimes le litre des sous-produits, babeurre et petit-lait.

INSTRUCTIONS COMPLÉMENTAIRES SUR LA FABRICATION DU GRUYÈRE[1].

Suivant la qualité du lait, la saison, etc., il convient de cailler plus ou moins chaud et de brasser plus ou moins.

En hiver, il faut cailler chaud, entre 35 et 40°, promptement et un peu dur, en employant de la présure plus forte; mais, par contre, on chauffe et l'on brasse peu, afin de laisser plus d'humidité dans le caillé et de faciliter la fermentation à la cave.

En été, au contraire, on caille froid, en moyenne à 27°, lentement et un peu mou, avec de la présure faible; mais alors on doit brasser et chauffer beaucoup, quelquefois jusqu'à 65°, et cela pour bien ressuyer le caillé, la fermentation étant toujours suffisamment active à l'époque des chaleurs.

ACCIDENTS DE FABRICATION, FROMAGES DÉFECTUEUX.

1° *Fromages bréchés.* — On désigne sous ce nom des fromages qui, au lieu de fermenter à la cave et de présenter plus tard une belle *ouverture*, restent *morts*, sans yeux, et qui souvent donnent à la sonde un cylindre qui s'émiette sous les doigts (*chailleux*).

C'est généralement pendant les chaleurs et les temps orageux, lorsque, dans le lait introduit dans la chaudière, il s'en trouve une partie déjà aigrie qui fait tourner le reste, que le fromager *brèche,* et alors, non seulement il perd 4 à 5 pour 100 du poids de son fromage, mais, de plus, le produit obtenu est toujours de qualité très inférieure.

Un fromage bréché mis dans le moule doit être pressé plus qu'à l'ordinaire et changé de toile de 20 en 20 mi-

[1] Consulter, pour plus de détails, l'ouvrage de M. Martin, directeur de l'École de laiterie de Mamirolle (Doubs), et intitulé *l'Industrie du gruyère.*

nutes pendant trois ou quatre heures, afin de le débarrasser plus promptement ou plus complètement de son petit-lait.

2° *Fromages éraillés.* — Fromages à trous très irréguliers, très nombreux et semblables à ceux d'une éponge; l'éraillure se produit généralement sur les bords du fromage et rarement au centre. Les éraillés se produisent du 1er novembre au 1er mars, époque où l'on fabrique avec du vieux lait; on parvient à les éviter en caillant chaud (36 à 38°), dur et promptement, et en chauffant un peu.

3° *Fromages mille yeux.* — Fromages dont le grain a été fait trop petit; ils sont percés de milliers de petits trous qui se produisent ordinairement dans les mêmes circonstances que les *chailleux*.

4° *Fromages gercés.* — Fromages sur lesquels on rencontre extérieurement des fentes plus ou moins grandes par lesquelles ils s'altèrent rapidement. Les gerçures ne se produisent que sur les fromages très gras et dont le caillé n'a pas été tout à fait assez chauffé.

5° *Fromages montés ou levés.* — Fromages qui, par suite d'une fermentation trop active, se sont boursouflés dans toute leur étendue; quelquefois les bords seuls sont montés.

Ce défaut grave se produit surtout en été et dans les caves insuffisamment fraîches pendant cette saison.

6° *Fromages lainés.* — Fromages présentant des fentes, horizontales à l'intérieur et résultant d'une fermentation trop lente dans des caves trop froides. Ces fromages sont fabriqués le plus souvent du 1er novembre au 1er mars et salés dès qu'ils sont mis en cave. Mais si la température du local est trop basse, la salaison peut être terminée avant que la fermentation soit commencée, et alors les fromages ne fermentent plus.

7° Les fromages *unis* ou sans *yeux* se produisent dans les mêmes circonstances que les *lainés*.

On sait aujourd'hui que, parmi les causes de fabrication de fromages défectueux, il faut citer en première ligne l'influence de certains microbes qui peuplent le lait au moment de son emploi.

En effet, à côté des microbes tels que ceux de la lactose et de la caséine (voir p. 590), qui en se développant normalement dans les fromages donnent à ceux-ci des qualités spéciales qui les font rechercher, il peut s'en trouver d'autres qui, agissant en sens inverse, sont l'origine des mauvais produits.

Nous verrons, chapitre XIII, les divers essais à effectuer pour reconnaître les laits défectueux, avant la mise à travail, et éviter ainsi de les mélanger aux laits sains.

UTILISATION DU PETIT-LAIT.

Le petit-lait qui reste dans la chaudière après l'enlèvement du fromage constitue un liquide assez nutritif et qui, d'après M. Martin, présente la *composition moyenne* suivante :

Eau	93,00
Matière grasse	0,50
Caséine	1,00
Sucre et acide lactique	4,85
Sels	0,65
TOTAL	100,00

Habituellement, dans les chalets et les fruitières, on tire de ce petit-lait deux produits : du *beurre* et du *sérai*.

Beurre de petit-lait. — Nous avons indiqué, page 379, les deux procédés à l'aide desquels on peut obtenir, au lieu d'un produit absolument inférieur, le *beurre de brèches* ou le *grasseïon* suisse, un beurre d'une qualité moyenne très acceptable.

Sérai ou sérac. — Après l'enlèvement de la matière grasse restée dans le petit-lait et transformée en beurre de qualité inférieure (p. 379), on porte à l'ébullition dans la chaudière le petit-lait écrémé, et l'on y ajoute environ 3 à 5 pour 100 d'aisy (petit-lait acide, d'une opération précédente). On voit bientôt apparaître dans la masse des flocons de plus en plus abondants de matière caséeuse que l'on puise avec une passoire ou une poche percée de trous, et que l'on transvase dans un moule garni d'une toile; le fromage qui en résulte est ce que l'on nomme *sérai* ou *sérac;* 100 kilogr. de lait employés à fabriquer un fromage *gras* donnent de 4 à 5 kilogr. de ce second fromage, qui constitue un élément important de la nourriture des fromagers des montagnes. Salé à la dose de 5 pour 100 et desséché ensuite, il constitue un produit de longue conservation.

Recuite et aisy. — Le liquide verdâtre qui reste dans la chaudière, après la sortie : 1° du beurre de *brèches;* 2° du fromage dit *sérai* ou *sérac*, porte le nom de *recuite*. C'est ce liquide qui, transvasé dans un tonneau et conservé près du foyer, devient *acide* et constitue l'*aisy*.

DE LA PRÉSURE EMPLOYÉE DANS LES CHALETS ET LES FRUITIÈRES.

D'après M. Martin, la présure le plus communément employée dans ces établissements est encore celle obtenue avec les caillettes macérées dans la *recuite*, celle-ci provenant du petit-lait bouilli et additionné d'*aisy*. Ce liquide n'est donc pas autre chose qu'un bouillon de culture de microbes, de telle sorte que si l'aisy contient des germes nuisibles, ceux-ci passent dans les présures mélangées aux laits, et il résulte les graves inconvénients que nous avons signalés page 539. On comprend maintenant pourquoi, en conservant cette méthode de préparation de la présure, les fabrications deviennent solidaires les unes des autres, et comment les germes d'une mauvaise fabrication peuvent se perpétuer dans les présures successives et engendrer une série de produits défectueux.

C'est pour cette raison, et en nous appuyant sur l'opinion d'un certain nombre de praticiens, que nous avons dit précédemment qu'avec les extraits de présure d'une force constante on évitait, au contraire, tous ces inconvénients. Mais, paraît-il, cette substitution est loin d'avoir été adoptée par la majorité des fromagers, dans la fabrication du gruyère; ce qui, à notre avis, est fâcheux, parce que l'ancienne préparation de la présure avec les caillettes, au chalet même, nous représente la lutte de la routine et de l'empirisme contre la science.

Ceci est d'autant plus regrettable que, sauf quelques restrictions, il résulterait des essais entrepris à Mamirolle que les extraits de présure bien préparés, rationnellement employés, permettraient d'obtenir avec du lait sain des produits satisfaisants.

Ce seraient surtout les présures *en poudre*, dissoutes au moment de l'emploi, dans la recuite fermentée pendant trente-six heures, qui auraient fourni les meilleurs résultats, les fromages ainsi obtenus n'ayant présenté aucune différence sous le rapport du goût, ni sous celui de l'ouverture, avec les meilleurs fournis par la méthode habituelle.

DES DIVERSES SORTES DE FROMAGES DE GRUYÈRE.

On peut partager les fromages de Gruyère en trois sortes : les fromages *gras*, *demi-gras* et *maigres*, suivant la richesse en matière grasse de ces produits ou le degré d'écrémage que l'on fait subir au lait avant la fabrication.

Fromages gras. — Ces fromages obtenus avec du lait à peine écrémé ne se fabriquent guère qu'en Suisse, et parmi ceux-ci nous citerons en première ligne ceux originaires de la belle et fertile vallée d'Emmenthal, et que l'on désigne dans le commerce sous le nom de *gruyères d'Emmenthal*.

Ces fromages sont faciles à reconnaître, d'abord à leur poids, qui atteint parfois 140 kilogr., et ensuite à la finesse, l'onctuosité et la salure assez prononcée de la pâte, ainsi qu'à la rareté des yeux. Le marché principal de ces produits est Langnare, chef-lieu du Haut-Emmenthal.

Dans d'autres parties de la Suisse, notamment dans les cantons de Fribourg, Lucerne, Saint-Gall, Neufchâtel, etc., on fabrique aussi des fromages gras de moindre poids que les précédents, et qui sont également très appréciés des consommateurs, en raison de leurs qualités et de leur bonne fabrication.

M. Dedron jeune a puissamment contribué à faire connaître l'emmenthal à Paris, en fondant en Suisse même, à Aarwangen, une maison d'achat et d'entrepôt. En 1878, la maison de Paris de ce négociant en gros recevait annuellement un total d'environ 250,000 kilogr. d'emmenthal.

Fromages demi-gras. — En France, on ne fabrique guère dans les fromageries du Jura et du Doubs que les fromages demi-gras, obtenus en mélangeant dans la chaudière la traite du soir, plus ou moins écrémée, avec celle du matin vierge de tout écrémage. Ce mode de fabrication tient à ce que, dans le voisinage des villes, les producteurs trouvent un placement facile et avantageux du beurre fourni par cet écrémage partiel; nous reviendrons bientôt sur ce sujet.

Fromages maigres, séchons. — Quand, dans les petites fromageries, on ne suspend pas la fabrication en hiver, malgré l'insuffisance de lait; il faut quelquefois quatre ou cinq traites pour un fromage, et alors la crème prélevée sur tous ces laits représente les trois quarts ou les quatre cinquièmes de la quantité totale. Il en résulte que les fromages obtenus dans ces conditions, les *séchons* sont de très médiocre qualité et vendus à un prix très inférieur.

Enfin, nous dirons que le commerce établit aussi deux

catégories bien distinctes entre les fromages suisses ou français, suivant qu'ils viennent de la montagne ou de la plaine, les premiers étant bien plus estimés que les seconds. Il en est de même pour les fromages fabriqués de mai à septembre, par rapport à ceux obtenus à toute autre époque (p. 72).

DE L'ÉCRÉMAGE PARTIEL DU LAIT. — RENDEMENT DE 100 LITRES DE LAIT, EN BEURRE ET FROMAGE DE GRUYÈRE GRAS ET DEMI-GRAS.

Écrémage partiel du lait. — Cette pratique, bien ancienne dans nos fruitières, d'écrémer le lait avant de le convertir en fromage, tient à des causes multiples : l'écrémage préalable, disent les fruitiers, est indispensable pour faciliter le développement de l'*ouverture* à la cave, et éviter que les fromages ne deviennent *lainés;* de plus, ajoutent-ils, les fromages *gras* sont plus sujets à se bomber pendant les grandes chaleurs et à fondre en route, quand on les fait voyager pendant la saison chaude. Enfin, le traitement du lait entier réclame un mode de fabrication spécial plus difficile à réussir.

L'exemple de la Suisse nous démontre, au contraire, qu'avec un lait vierge d'écrémage préalable, comme dans l'emmenthal, on peut obtenir des produits supérieurs et susceptibles néanmoins, malgré leur grande richesse en matière grasse, de supporter le transport, même à de grandes distances.

Une autre cause de l'écrémage partiel, signalée plus haut, est l'insuffisance du nombre de vaches qui alimentent beaucoup de fruitières et qui, à certaines époques de l'année, cessent de fournir assez de lait pour qu'il soit possible de fabriquer un fromage avec une seule traite.

Enfin, pour justifier cet écrémage préalable, on fait encore valoir deux autres motifs : 1° que la vente du beurre subvient aux besoins journaliers du ménage dans nos montagnes; 2° que la fabrication mixte du beurre et du fromage demi-gras fournit un produit en argent plus considérable que celui obtenu en fabriquant seulement du fromage gras ou presque gras. Quant à ce dernier motif, il est loin d'être fondé, comme on peut le voir par les chiffres suivants :

Produits obtenus dans la fabrication : 1° des gruyères suisses gras et demi-gras ; 2° des fromages de Comté.

1° *Gruyères suisses.* — Voici, d'après M. Dedron jeune, quels sont ces produits ;

Fromages gras. — 1,000 kilogr. de lait fournissent :

Fromage.....	85 kilogr. 710 à 1 fr. 60 =	137	francs.
Beurre.......	7 — 140 à 2 fr. 60 =	18	—
	Total.............	155	francs.

Ce qui correspond, pour 1 kilogr. de fromage, à 11 lit. 66 de lait, dont on a prélévé préalablement 21 pour 100 de beurre seulement, soit un *cinquième.*

Dans cette fabrication, le prix du lait ressort à 0 fr. 155.

Fromages demi-gras. — 1,000 litres de lait fournissent :

Fromage.....	71 kilogr. 428 à 1 fr. 40 =	100	francs.
Beurre.......	14 — 285 à 2 fr. 60 =	37	—
	Total.............	137	francs.

Ce qui correspond, pour 1 kilogr. de fromage, à 14 litres de lait, dont on a prélevé préalablement près de 43 pour 100 de beurre.

Dans cette seconde fabrication, le prix du litre de lait ne ressort qu'à 0 fr. 137, et la différence de produit en argent pour 1,000 litres de lait est de 18 francs.

Dans la Comté, où le beurre de crème fraîche se vend à un prix plus élevé qu'en Suisse, il conviendrait de compter le kilogr. à 2 fr. 80 en moyenne, ce qui porterait à 40 francs au lieu de 37 la valeur du beurre obtenu dans la fabrication des fromages mi-gras; par suite, la différence entre les produits des deux fabrications serait réduite à 15 francs au lieu de 18; mais une plus-value notable pour la fabrication des fromages *gras* n'en subsisterait pas moins. Néanmoins, pour que les producteurs de la Comté eussent avantage à adopter cette dernière fabrication, il faudrait qu'ils fussent certains d'obtenir des négociants en gros le prix de 160 francs par 100 kilogr., et ils se montrent incrédules à cet endroit.

2° *Gruyère de Comté.* — En calculant combien il a fallu de kilogr. de lait mis en chaudière pour obtenir 1 kilogr. de fromage mûr, les fromagers comptent de 11 lit. 7 à 13 lit. 8.

Mais, l'écrémage étant souvent variable d'une fruitière à l'autre, M. Martin trouve préférable de calculer le rendement sur le lait entré à la fromagerie, en tenant compte de la quantité de beurre obtenue avec la crème fraîche, d'une part, et celle du petit-lait de l'autre, et, par suite, indique comme *moyennes* les chiffres suivants :

	FROMAGES		
	d'Emmenthal.	de Comté.	maigre.
	Pour 100	Pour 100	Pour 100
Fromage mûr........	8,9	8,3	6,0
Beurre..............	»	0,5	3,2
Beurre de petit-lait ...	0,6	0,3	»
Lait de beurre	»	1,1	6,5
Petit-lait écrémé......	84,6	83,0	75,0

Nous empruntons également à M. Martin les renseignements suivants :

Frais ordinaires de fabrication. — Ces frais sont compris entre 0 fr. 007 à 0 fr. 012 par kilogramme, suivant l'importance de la fruitière et le prix des diverses fournitures.

Prix net. — Le rendement net du kilogramme de lait transformé en gruyère est très variable, en raison des grandes fluctuations du prix du fromage, qui peuvent aller de 100 à 170 francs les 100 kilogr.; par suite, les écarts de prix sont de 12 à 13 centimes en moyenne.

Quant aux emmenthals bien réussis, ils se vendent environ 20 francs par 100 kilogr. de plus que les gruyères de Comté.

Prix au détail. — Il en est des gruyères comme des beurres, c'est-à-dire qu'il y a toujours un écart énorme entre le prix payé au producteur et celui déboursé par le consommateur. Pour les comtés, par exemple, quand les fromages sont cotés 120 ou 130 francs les 100 kilogr. à la fruitière, ils sont détaillés dans les épiceries des villes, à Paris notamment, sur la base de 2 fr. 40 le kilogr.

Si les fromages montent à 160 francs, le prix de détail s'élève à 2 fr. 80, mais il ne descend jamais au-dessous de 2 fr. 40 pour les premières qualités, quelles que soient les fluctuations des cours d'une campagne à l'autre. C'est donc seulement par le groupement coopératif, dit M. Martin, que les consommateurs peuvent arriver à s'approvisionner à des conditions plus économiques.

DES AMÉLIORATIONS INTRODUITES DANS LA FABRICATION DU FROMAGE DE GRUYÈRE.

Il y a quinze ans, dans la troisième édition de cet ouvrage, nous signalions déjà ce fait que, tandis qu'en Suisse les fromageries étaient généralement appropriées à leur but, au contraire, dans le plus grand nombre de nos fromageries du Jura, du Doubs, de l'Ain, etc., les installations étaient incomplètes et très défectueuses. Nous indiquions alors les diverses améliorations à introduire dans ces établissements; aussi est-ce avec une véritable satisfaction que nous allons énumérer aujourd'hui les progrès accomplis dans cette direction.

1° *Installation des bâtiments destinés à servir de fromagerie.*

Ces bâtiments, surtout ceux de la plaine, ont été, en France, dans beaucoup d'endroits, l'objet d'importantes améliorations. En ce qui concerne l'installation moderne d'un chalet, nous ne pouvons mieux faire que de signaler à nos lecteurs l'ouvrage, déjà cité, de M. Martin, directeur de l'école de Mamirolle (Doubs). Ils y trouveront tous les renseignements désirables, avec plans à l'appui, pour l'établissement de divers chalets, suivant les circonstances : chalets de plaine, en coteau et de montagne. Nous nous contenterons de résumer ici l'ensemble des dispositions proposées pour un chalet *complet* ou fruitière industrielle, dans laquelle tous les produits sont traités en commun.

Ces dispositions s'appliquent à une manipulation de 2,000 à 3,000 kilogr. de lait par jour, s'effectuant soit à bras avec le chauffage à feu nu, soit mécaniquement avec le chauffage à vapeur, etc.

Quant au bâtiment, il comprend :

Au rez-de-chaussée : Le vestibule, la cuisine, la chambre à lait, la salle de l'écrémeuse et de la baratte, la chambre du malaxeur, et celle à petit-lait.

Au sous-sol : Les deux caves, cave froide et cave chaude, la cave du fromager, et, au besoin, une glacière.

A l'étage supérieur se trouve le logement du fruitier.

2° *Perfectionnements apportés au matériel de fabrication.*

Des récipients à lait. — Dans les fromageries perfectionnées, la chambre à lait possède aujourd'hui un *bassin réfrigérant* destiné à recevoir le lait mis à crémer.

Dans le Doubs, les bassins sont en ciment moulé; ils sont construits par MM. Laurioz et très employés aujourd'hui.

Quant aux crémeuses appelés *rondots*, en Franche-Comté, ce sont des récipients en fer étamé, emboutis, de faible hauteur et munis de deux anses; on les place sur les saillies ménagées sur le fond du bassin dans toute sa longueur. L'écrémage a lieu à l'aide d'une poche en métal perforé qui ne retient que la crème la plus épaisse. Pendant toute la durée du crémage, les rondots sont entourés d'eau froide que l'on peut renouveler à volonté.

Foyers et chaudières. — Autrefois, le foyer qui recevait la chaudière était mal agencé, la chaleur y était mal utilisée, et, faute d'un tirage convenable, de la fumée et de la suie se répandaient dans la cuisine, gênaient le fromager dans ses opérations et viciaient le lait ou ses produits.

D'autre part, les chaudières présentaient généralement aussi les formes les plus défectueuses; les unes étaient trop profondes, les autres étranglées au sommet ou terminées en forme d'entonnoirs.

Dans le but de faire disparaître les nombreux inconvénients qui résultent de l'emploi de ces appareils défectueux, on y substitue aujourd'hui :

1° Des *foyers* dont la fumée s'échappe en totalité au dehors, par une cheminée spéciale, et après avoir cédé le plus de chaleur possible à la chaudière;

2° Des *chaudières* d'une profondeur en rapport avec la capacité, et dont la forme rend le chauffage plus uniforme et plus économique, les manipulations du caillé plus aisées et l'enlèvement du fromage beaucoup moins pénible.

Ces appareils perfectionnés peuvent être divisés en deux classes :

1° Les *foyers fixes à chaudières mobiles;*

2° Les *foyers mobiles à chaudières fixes.*

Nous allons en donner une description succincte.

I. — *Appareil à foyer fixe et à chaudière mobile.*

Les figures 387 et 388 représentent un de ces appareils en élévation et en plan.

Dans la figure 387, la chaudière *c* est suspendue à l'extrémité d'une potence en bois, mobile sur deux

Fig. 387.

pivots, et qui sert à introduire celle-ci dans le foyer, ou à l'en retirer, à volonté. Le foyer, en maçonnerie et demi-cylindrique, est fermé, en avant, par un demi-cylindre en tôle fixé par des charnières en C et que l'on peut faire tourner à l'aide de la poignée P sur une bande de fer plat *f* qui fait office de rail (fig. 388).

Le combustible est placé sur la grille, et les produits de combustion, après avoir circulé autour de la chaudière, se rendent dans une cheminée et s'échappent à l'extérieur, sans vicier l'atmosphère de la fromagerie.

De plus, quand la chaudière est retirée du foyer, on ferme presque complètement le registre de la cheminée et l'on recouvre le fourneau d'une grande plaque circulaire en tôle destinée à empêcher la fumée de s'échapper hors du foyer.

MM. Roussel-Galle, à Port-Lesnez (Jura), construisent

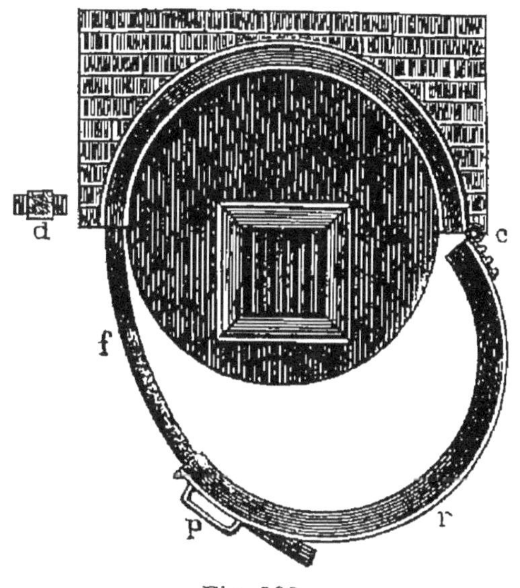

Fig. 388.

également des chaudières à gruyère installées sur des fourneaux en fonte perfectionnés.

II. — *Appareil à foyer mobile et à chaudière fixe.*

Ce système est actuellement très répandu en Suisse; voici en quoi il consiste :

La chaudière est fixe et emprisonnée dans un fourneau en briques, construit de façon que les produits de combustion circulent tout autour des parois de la chaudière avant de se rendre dans une cheminée spéciale.

Au contraire, le foyer est mobile et se compose d'un chariot rectangulaire en tôle qui peut rouler sur des rails. Le fond du chariot est muni d'une grille sur laquelle on place le combustible allumé, bois ou charbon, et au moment du chauffage du lait ou de la cuisson du fromage, on fait arriver le chariot sous la chaudière. La combustion est entretenue à l'aide d'un courant d'air qui arrive du dehors par un petit canal débouchant sous la grille du chariot, et quand on veut cesser de chauffer, on repousse celui-ci sous une chaudière contenant de l'eau destinée au nettoyage de tous les ustensiles de la fromagerie; ce mode de chauffage est très économique.

M. Vogt Gut, constructeur de ce type de chaudière à Arbon (Thurgovie), a imaginé d'adapter au chariot à combustible une chaîne sans fin actionnée par une manivelle, disposition qui facilite considérablement la manœuvre.

Dans les appareils Vogt Gut, on peut traiter jusqu'à 1,000 litres de lait à la fois et partager en deux la masse du caillé, à la fin de l'opération, de façon à fabriquer deux fromages à la fois; d'où une notable économie de combustible, de main-d'œuvre, de temps, etc.

L'installation complète d'un appareil à feu mobile coûte de 850 à 1,800 francs, suivant ses dimensions.

Nouvelles chaudières de MM. Laurioz pour fromageries perfectionnées.

Dans ces derniers temps (1893), MM. Laurioz, constructeurs à Arbois (Jura), ont fait connaître deux nouveaux systèmes de chaudières :

1° Une chaudière mobile avec foyer fixe,
2° — fixe avec foyer mobile,

Nous allons en donner la description.

I. *Chaudière mobile, avec foyer fixe.* — L'appareil représenté figure 389 est à deux chaudières, mais se fait aussi à une seule, quand on ne veut pas fabriquer deux fromages à la fois; nous supposerons d'abord qu'il en soit ainsi.

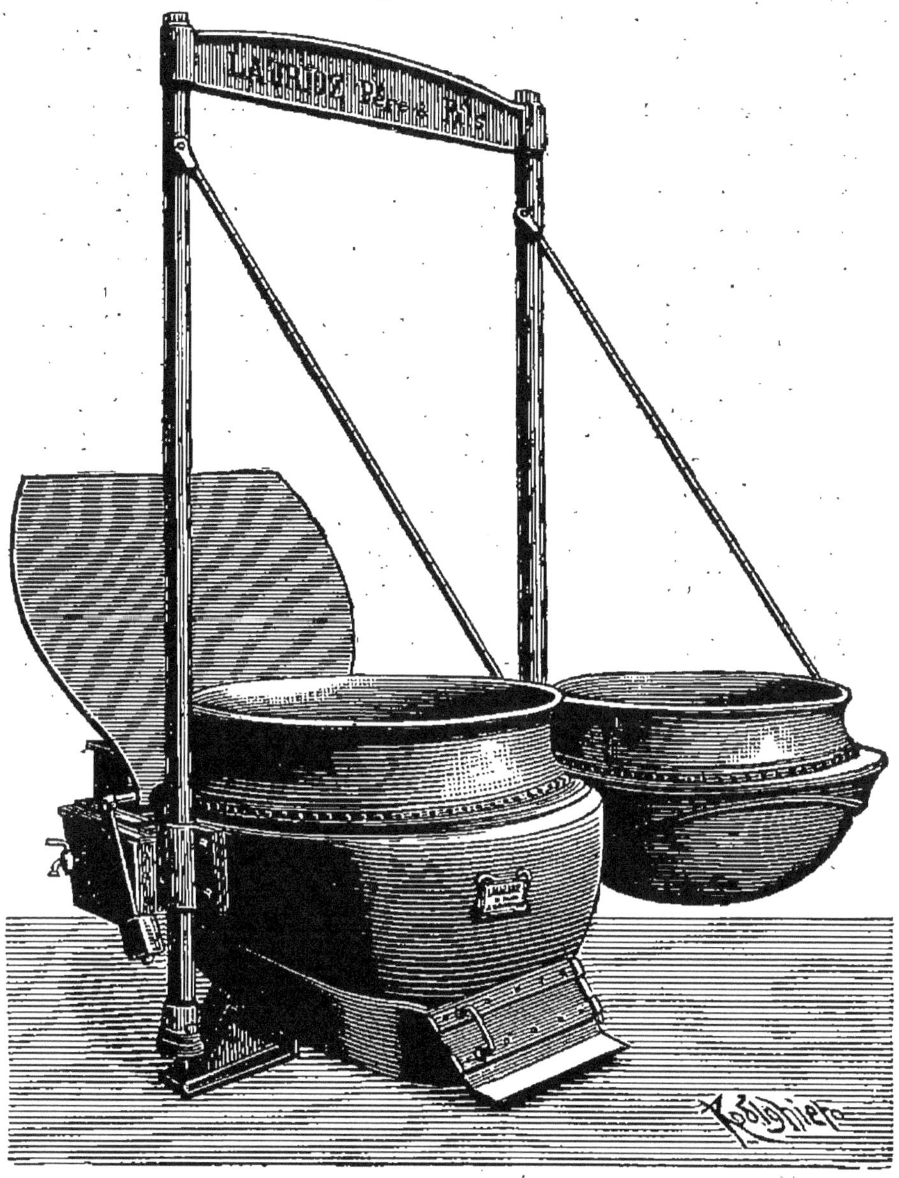

Fig. 389. — Chaudière mobile avec foyer fixe.

Le fourneau en fonte se compose de deux parties

distinctes qui se superposent; celle inférieure où se fait le feu est fixe, tandis que la partie supérieure qui porte la chaudière en cuivre est mobile.

La partie inférieure formant foyer est munie d'une porte en fer, à l'avant, pour l'introduction du combustible; à l'arrière se trouve une chambre dans laquelle passent les gaz de combustion qui chauffent, dans une bouilloire, l'eau nécessaire aux besoins de la fromagerie.

En avant de la bouilloire se trouve un système à bascule destiné à régler la hauteur de la flamme, et par-dessus, un couvercle équilibré qui sert à fermer le foyer, lorsque l'on retire la chaudière du feu.

Des deux parties superposées qui composent le foyer, celle supérieure est rendue solidaire de l'arbre vertical (situé à la gauche du lecteur) au moyen d'un manchon; cet arbre formant pivot inférieurement repose dans une crapaudine, tandis que la partie supérieure tourne dans un collier simplement fixé au plafond dans le type à une chaudière.

D'autre part, une tringle rigide fixée sur l'arbre vertical vient s'attacher à la partie *droite* de l'enveloppe qui porte la chaudière et à la même hauteur que le manchon, à la partie gauche.

Par suite, si l'on suppose, comme le représente la figure, que la chaudière soit sur la partie mobile du foyer, si l'on tire à soi la chaudière, tout le système vient en avant, puis décrit un arc de cercle autour de l'arbre vertical, et finalement il arrive un moment où cette chaudière et son enveloppe mobile se trouvent complètement hors du foyer, sur lequel on s'empresse de rabattre le couvercle pour empêcher la fumée de se répandre dans l'atelier.

Dans le cas d'un système à deux chaudières, quand la première a été retirée du feu, on la remplace par la seconde, que l'on fait tourner autour du second arbre vertical, parallèle au premier et disposé absolument de la même façon.

Enfin, nous dirons que des vis fixées sur le manchon de l'arbre vertical et à l'extrémité de la tige oblique permettent de régler la hauteur de la partie mobile du fourneau qui entre dans la partie fixe, de façon que le joint entre ces deux parties soit toujours parfait.

II. *Chaudière fixe avec foyer mobile* (fig. 390). — Cet appareil est plus simple que celui employé en Suisse; son mécanisme n'est point sujet aux mêmes dérangements.

Il se compose de deux chaudières en cuivre rouge, fixes dans leurs fourneaux en fer, la première servant au chauffage du lait, la seconde à chauffer de l'eau ou à préparer une certaine quantité de recuite.

Sous les deux chaudières se trouve un canal circulaire dans lequel doit se mouvoir le foyer, visible en avant de la figure et qui se compose d'une cuvette munie d'une grille sur laquelle on place le combustible.

Cette cuvette est reliée à un arbre vertical mis en mouvement par un secteur et une vis dont l'axe se termine par une manivelle. Quand on fait tourner cette dernière dans un sens ou dans l'autre, la cuvette est entraînée, d'un mouvement circulaire, sous le foyer de l'une ou de l'autre chaudière.

Les fourneaux ont de larges portes pour l'alimentation; une garniture en fer noyée dans le sol forme les côtés du canal et porte le plancher en fer muni d'une trappe. Ce canal, n'ayant que 30 centimètres de profondeur, peut s'installer partout, même sur la voûte d'une cave.

Les chaudières de MM. Laurioz sont de plus en plus adoptées dans les fruitières du Doubs, du Jura, etc., et leurs appareils de fromagerie ont obtenu dans les concours de nombreuses récompenses, notamment *une médaille d'or* au concours international d'industrie laitière, à Besançon, en 1893.

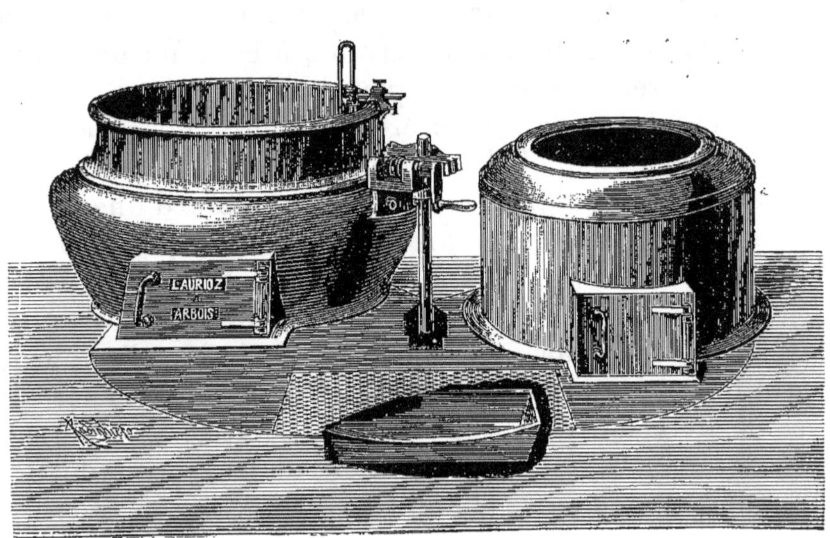

Fig. 390. — Chaudière fixe avec foyer mobile.

PRIX DES CHAUDIÈRES LAURIOZ.

I. *Foyer fixe et chaudière mobile.*

Appareil complet à 2 chaudières, 500 à 600 litres. Prix : **1,150** fr.
Appareil complet à 1 chaudière, 500 à 600 litres. Prix : **780** fr.

II. *Foyer mobile, chaudière fixe.*

Appareil complet avec 2 chaudières, 700 et 180 litres. Prix : **1,150** francs.

Appareil complet avec 2 chaudières, 900 et 200 litres. Prix : **1,300** francs.

Enfin, nous indiquerons encore 3 ustensiles acces-

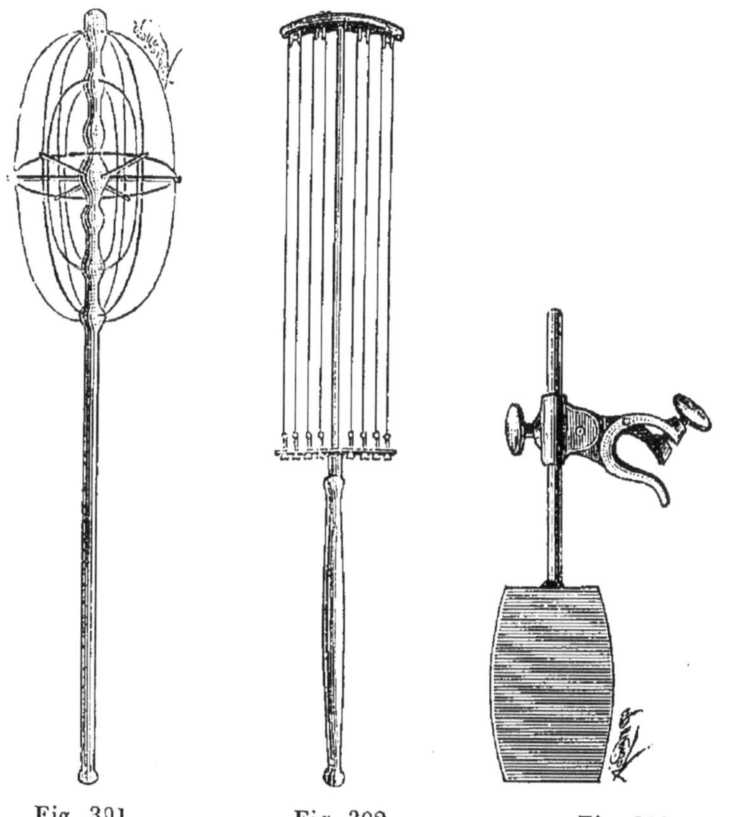

Fig. 391. Fig. 392. Fig. 393.

soires de la fabrication du gruyère qui peuvent être fournis par MM. Laurioz :

1° *Brassoir ou moulinet* (fig. 391) à doubles baguettes, maintenues rigides par un cercle. Prix : **5** francs.

2° *Tranche caillé*, forme harpe (fig. 392), à 8 fils tendus au moyen d'écrous à oreilles en cuivre. Prix : **12** francs.

3° Nouveau disque ou palette (fig. 393) en cuivre. Prix : **12** francs.

Ce dernier instrument, que l'on fixe contre la paroi de la chaudière (voir fig. 390) et dont on peut faire varier l'inclinaison à volonté, sert à arrêter le mouvement giratoire du liquide, lorsque le fromager effectue le travail du caillé avant sa cuisson.

Voir *Appendice* (p. 881), Matériel pour fruitières, fromageries, etc., de A. Lardet, constructeur, à Bourg (Ain).

CHAUFFAGE DES CHAUDIÈRES A LA VAPEUR.

Ce système est certainement le meilleur de tous, car il permet de ne jamais brûler le fromage, d'économiser notablement le combustible, d'obtenir rapidement le degré de température voulu, de faciliter, dans une large mesure, le travail du fromage, etc.; mais en raison des frais d'installation qu'il entraîne, il ne peut être établi que dans les fromageries d'une certaine importance.

Les appareils propres à réaliser la fabrication du fromage de Gruyère à la vapeur sont ceux que nous avons indiqués précédemment, et notamment la *cuve avec seconde enveloppe en fonte* (fig. 289) et montée sur trois colonnes.

Cette dernière convient parfaitement à ce genre de fabrication, et son élévation au-dessus du sol permet de soutirer facilement, après l'enlèvement du fromage, le petit-lait destiné à être refroidi immédiatement pour la fabrication du beurre.

Nous avons vu, autrefois, ce système de fabrication du gruyère, à la vapeur, installé chez M. Lecomte, dans son usine de Villeblevin (Yonne). Un générateur de douze chevaux fournissait la vapeur nécessaire, non seulement à quatre chaudières, dans lesquelles on fabriquait journellement jusqu'à **20** fromages de 30 kilogr. mais aussi aux pompes et à diverses autres machines.

La figure 394 représente un système d'installation de plusieurs chaudières chauffées à la vapeur, et propre aux grandes fromageries ; il convient aussi bien à la fabrication des fromages cuits, comme le gruyère, qu'à celle d'autres

Fig. 394.

fromages à pâte molle, mais légèrement cuits, comme le port-du-salut, dont nous parlerons un peu plus loin.

M. Deroy déjà cité construit ces appareils à vapeur aux prix de 1,200 à 2,400 francs pour une batterie de quatre chaudières dont la contenance varie de 50 à 200 litres.

DES CAVES ET DU CHAUFFAGE DES FROMAGERIES.

Il en est des caves, dans la fabrication des fromages à pâte ferme et notamment du gruyère, comme des *séchoirs* ou *haloirs* pour certains fromages à pâte molle, la température et l'humidité des locaux ayant une énorme influence sur la fermentation et, par suite, la bonne qualité des produits.

Nous avons dit, page 652, à propos de la fabrication du fromage de Camembert, qu'un certain nombre de producteurs, au lieu d'avoir un *haloir* unique, préféraient en établir deux ou trois plus petits, mais dans lesquels il était plus facile de gouverner les produits suivant leur âge, tant au point de vue de la température que du degré d'humidité.

Or, il y a plus de vingt ans, Schatzmann insistait déjà sur la nécessité de placer les fromages de Gruyère dans des caves dont la température et le degré hygrométrique seraient en rapport avec l'âge des produits : les *jeunes,* dans un air relativement *sec,* les *mûrs,* au contraire, dans un air plus humide.

Les indications de cet habile praticien ont porté leurs fruits, et aujourd'hui on est d'accord sur l'utilité d'établir, dans chaque fromagerie, deux caves (voir p. 795), l'une *froide* et l'autre *chaude.*

Cave froide. — C'est dans cette cave que sont portés les fromages à la sortie de la presse et que l'on procède à leur salaison. D'après M. Martin, le séjour des fromages *jeunes* dans la cave froide et sèche doit être de huit à dix jours avec température de 10° au minimum et degré hygrométrique compris entre 80° et 85°.

Dans ces conditions, la fermentation ne commence pas trop tôt et la formation de la croûte a lieu dans de bonnes conditions.

Cave chaude. — Au bout de huit à dix jours les fromages sont transportés dans la seconde cave, dont la température doit rester comprise entre 15° à 17°, et le degré hygrométrique entre 92° et 95°. La température, plus élevée, favorise la fermentation, tandis que l'humidité plus grande empêche le fendillement des fromages et prévient un déchet trop considérable pendant la maturation. Dans les conditions normales, ce déchet reste compris entre 5 et 6 pour 100, tandis que, dans une atmosphère trop sèche, il peut atteindre et même dépasser 10 pour 100.

On peut se rendre compte du degré hygrométrique de l'air d'une cave à l'aide d'instruments appelés *hygromètres,* dont nous parlerons dans le chapitre XIII, et c'est en faisant évaporer de l'eau dans la cave que l'on rend l'atmosphère de celle-ci plus ou moins humide. Inversement, si l'on veut rendre l'air sec, on étend sur le sol de la cave de la paille ou de la sciure sèche, ou l'on introduit dans ce local des terrines renfermant de gros morceaux de chaux vive. Enfin, on peut encore modifier le degré d'humidité de l'air, dans les caves, à l'aide d'une ventilation convenable et effectuée dans les conditions que nous avons indiquées précédemment.

Pendant longtemps, sauf quelques exceptions, les caves à gruyères offraient rarement les conditions convenables de chaleur et d'humidité, de telle sorte que les fromages étaient fréquemment exposés à des variations de température qui s'élevaient de zéro en hiver jusqu'à 25° en été; ce qui déterminait une irrégularité considérable dans les produits. Mais depuis quelques années, on a adopté en Suisse, pour le chauffage des fromageries, divers systèmes qui commencent à être appliqués très utilement en France et que nous allons indiquer.

Chauffage des caves.

Une première condition pour que les caves puissent être maintenues, en hiver, au degré voulu de température et d'humidité, c'est qu'elles soient en sous-sol et disposées de façon à pouvoir être chauffées et ventilées, suivant les besoins. Quant au mode de chauffage, il doit fournir une température *égale* et *constante* dans toutes les parties de la cave.

Les braisiers, les poêles en fonte, sans enveloppe extérieure et installés dans la cave même, sont les appareils de chauffage les plus employés dans les chalets et les fruitières; ce sont aussi les plus défectueux.

Les poêles en fonte revêtus d'une enveloppe en tôle vaudraient déjà mieux, si la tôle ne se rouillait et ne se détériorait pas très rapidement dans ce milieu humide.

Les fourneaux en maçonnerie ou en briques sont infiniment préférables, surtout si l'on a soin, comme le recommande Schatzmann, de les entourer, à une distance de 10 centimètres, d'un écran consistant en une espèce de caisse dont la face située devant la bouche du foyer est en tôle galvanisée et les trois autres côtés en bois. Quatre pieds en maçonnerie ou en bois élèvent de 20 centimètres au-dessus du sol cet écran prismatique, qui vient se terminer supérieurement à 30 centimètres du plafond.

Cette caisse fait office de cheminée d'appel; l'air froid appelé par le bas s'échauffe au contact des parois du fourneau, monte et se répand dans la partie supérieure de la cave. Il en résulte un courant constant qui entretient dans le local une chaleur égale, en même temps que les fromages les plus rapprochés du fourneau sont protégés par l'écran contre un rayonnement trop intense.

Pour les petites fromageries, Schatzmann recommandait tout spécialement les fourneaux construits avec une variété de serpentine dite *pierre olaire,* que l'on rencontre dans différentes parties du Valais, et qui a la propriété de conserver très longtemps sa chaleur. Les sociétés de fromagerie des cantons de Vaud et de Neuchâtel, qui ont adopté ce système de poêles, en sont très satisfaites, et leur emploi tend à se répandre de plus en plus en Suisse, et même dans l'est de la France.

Pour régler l'humidité, on installe ordinairement un réservoir d'eau dans la dalle supérieure du fourneau.

Les fourneaux de pierre olaire pour fromageries sont construits en France par M. Zani, de Besançon.

D'autre part, M. Scellier, à Vaujancourt (Doubs), établit des calorifères en fonte émaillée qui portent une double bassine contenant de l'eau chaude destinée à être transformée en vapeur.

Chauffage des grandes fromageries.

Pour les grandes fromageries, les divers systèmes que l'on peut employer sont : 1° le chauffage à l'air chaud;

2° le chauffage à la vapeur; 3° le chauffage à l'eau chaude.

Dans le premier système, on fait arriver en divers points de la cave de l'air chaud fourni par un calorifère extérieur; mais comme cet air est généralement trop sec, il est bon, à son entrée dans le local, de le faire circuler préalablement autour d'un récipient ouvert et contenant de l'eau.

Quand, dans une grande fromagerie, on a de la vapeur à sa disposition, on peut l'utiliser avantageusement, en hiver, pour le chauffage des divers locaux de la fromagerie et notamment de la cave. (Voir chap. IV, p. 618, chauffage à la vapeur, à basse pression.)

Enfin, quant au dernier système de chauffage, celui à l'eau chaude ou au thermosiphon (voir chap. IV, p. 615), il a commencé par être adopté par les négociants suisses et même français du Doubs et du Jura, et aujourd'hui on le retrouve dans beaucoup de grandes fromageries.

Rafraîchissement des caves. — S'il est facile, en hiver, de maintenir les caves au degré voulu de chaleur et d'humidité, il n'en est plus de même en été, la chaleur dégagée par la fermentation des pains venant s'ajouter à celle de l'air extérieur; aussi n'est-il pas rare, à l'époque des grandes chaleurs, de voir le thermomètre dépasser 25° dans les caves, surtout si celles-ci sont insuffisamment grandes et profondes.

Le procédé le plus habituellement suivi pour atténuer cette élévation de température pendant le jour consiste à munir les caves de cheminées d'aérage qui s'élèvent jusqu'au-dessus du toit du bâtiment, et à déterminer, matin et soir, une ventilation énergique dans les locaux, de façon à renouveler l'atmosphère ambiante et à rafraîchir les produits en fermentation.

Dans les fromageries qui possèdent une glacière, on pourrait utiliser la glace comme on le fait en Danemark, dans les ateliers de mise en boîtes des beurres destinés à l'exportation (p. 420). A cet effet, on fait traverser à l'air, appelé par un ventilateur à rotation perpétuelle, une colonne formée de glace concassée ou bien encore de cailloux à travers lesquels circule, en sens inverse, de l'eau glacée.

IMPORTANCE DE LA FABRICATION DU FROMAGE DE GRUYÈRE EN FRANCE.

En 1882, d'après M. Tisserand, trente-deux départements se livraient plus ou moins à la fabrication du Gruyère ou façon Gruyère, mais parmi ceux-ci on en comptait *cinq* qui, à eux seuls, fabriquaient les 91 pour 100 de la production totale, savoir : l'Ain, le Doubs, le Jura, la Savoie et la Haute-Savoie.

D'après les résultats de l'enquête, la production française à cette époque s'élevait à :

14.773.423 kilogr. pour le fromage.
2.267.628 — pour le beurre.

On retrouve aujourd'hui cette fabrication dans un certain nombre d'autres départements, tels que la Haute-Marne, la Haute-Saône, les Pyrénées, et aussi dans l'Yonne, la Côte-d'Or, etc.

D'après M. Martin, parallèlement à l'accroissement dans la production du gruyère français, on constate une diminution dans les importations durant la période de 1887 à 1893, savoir :

1887	8.791 tonnes.
1892	6.367 —
1893	5.292 —

Cette importation nous vient exclusivement de la Suisse et se compose, pour plus de moitié, d'emmenthals. D'autre part, nos exportations en pâte dure n'ont pas diminué depuis 1887.

M. Martin attribue ces résultats à une amélioration dans la qualité de nos produits, amélioration qui serait la conséquence de l'heureuse influence produite par les efforts de l'État, des départements, des sociétés d'agriculture, des syndicats, etc.

Nous croyons qu'il faut également tenir compte du relèvement de nos tarifs douaniers à l'endroit des fromages à pâte dure.

II. FROMAGES DE PORT DU SALUT, DE LA GAUTRAIS, DE LA PROVIDENCE, ETC.

Tous ces fromages sont des produits similaires et appartiennent à la catégorie des fromages gras, pressés et légèrement cuits. Cette variété de fromage a été introduite pour la première fois dans le commerce il y a environ vingt-cinq ans; elle est originaire de l'abbaye de la Trappe du Port du Salut, située à 12 kilomètres de Laval, dans la Mayenne.

Actuellement, on trouve chez les détaillants les produits similaires, tels que ceux de la Gautrais, de la Providence, de Coëtlogon, etc.

Ces fromages conservent en tout temps une certaine mollesse de pâte qui les rapproche, sous ce rapport, du hollande gras ou gouda; mais comme ils sont légèrement cuits, ils ne coulent pas, même pendant les chaleurs, et par suite conviennent parfaitement à la consommation d'été.

En 1874, nous avons, le premier en France, fabriqué avec succès, pendant quelques mois, un fromage analogue au port du salut, le *rangiport;* et de 100 kilogr. de lait vierge de tout écrémage nous retirions, en moyenne :

Fromage...........	12 kilogr.	à 2 fr. 30 =	27 fr. 60
Beurre de petit-lait..	1 —	à 3 francs =	3 fr.
		TOTAL..........	30 fr. 60

ce qui portait le produit brut du kilogramme de lait à 30 centimes.

Passons maintenant à la description des opérations.

Chauffage et mise en présure du lait. — L'appareil le plus convenable pour ce genre de fabrication est une chaudière à double enveloppe chauffée à l'eau chaude (fig. 283) ou à la vapeur (fig. 287, 288 et fig. 394).

La température de la fromagerie étant maintenue entre 16° et 18° suivant la saison, et le lait transvasé dans la chaudière, on met celui-ci en présure à 28° en été et 30° en hiver. Pour obtenir la coagulation de 100 litres de lait en 30 minutes, on verse dans la chaudière 16 grammes de présure (force, 10,000) préalablement additionnée d'une quantité d'eau telle que le volume total devienne égal à 100cc en été, et 80cc en hiver. La présure ajoutée, on couvre la chaudière, et l'on attend que la coagulation soit complète.

Rompage du caillé. — Cette opération s'effectue avec la poche (fig. 382) ou le sabre (fig. 383), ou bien encore avec un des diviseurs perfectionnés décrits page 697; elle doit être conduite avec beaucoup de soin et ne pas dépasser 8 à 10 minutes.

Brassage et cuisson du caillé. — Pour faire le grain de ce fromage, on se sert d'un petit *moussoir* en bois, armé de demi-cercles de fer étamé et semblable à celui de la figure 383. On ouvre avec précaution le robinet d'introduction d'eau chaude ou de vapeur, et l'on continue à diviser le caillé avec le brassoir, jusqu'à ce qu'un thermomètre plongé dans la masse indique le degré voulu, 33° en hiver et 36° en été.

Dès que la température convenable est atteinte, on ferme le robinet d'eau chaude ou de vapeur, et l'on continue à brasser avec le moussoir jusqu'à ce que le caillé soit divisé en fragments de la grosseur des grains de blé, ce qui demande environ 15 à 20 minutes.

On attend cinq minutes pour donner au caillé le temps de se déposer au fond de la chaudière, on soutire ensuite le petit-lait par le robinet de vidange ou on le siphonne, et l'on procède immédiatement à la mise en moules.

Mise en moules. — Les 100 litres de lait traités devant fournir cinq fromages d'environ 2 kilogr. 500 chacun, on approche de la chaudière une table à roulettes chargée de cinq moules disposés comme il suit :

Sur un plateau carré, de bois de hêtre ou de peuplier, bien dressé et d'environ 33 centimètres de côté, repose un cercle de fer-blanc de 27 centimètres de diamètre et 8 centimètres de hauteur, qui est lui-même garni entièrement d'une toile carrée, à gruyère, de 70 centimètres de côté.

On introduit dans chacun de ces moules du caillé puisé dans la chaudière avec une poche, on le comprime légèrement à la main, et quand ce caillé dépasse d'environ un centimètre le bord du moule, on replie les côtés de la toile sur le fromage, en évitant les faux plis, et l'on transporte les cinq plateaux chargés sur l'égouttoir, où ils doivent être pressés.

Mise en presse des fromages. — A l'époque où nous fabriquions ce produit, nous nous servions pour presser nos fromages d'une série de poids de 5 et de 10 kilogr., en les employant comme il suit :

On commence par poser sur chaque fromage un disque de bois dur de 12 à 15 millimètres d'épaisseur et d'un diamètre plus petit que celui du moule de 2 ou 3 millimètres seulement; puis on charge ce disque d'un premier poids de 5 kilogr.

La durée totale de la pression doit être d'environ six heures, pendant lesquelles on change le fromage de toile, trois fois pendant la première heure, deux fois pendant la seconde, et une fois seulement pendant la troisième, si cela est nécessaire. Ce changement de toile a lieu comme il a été dit page 780, et après chaque retournement le fromage doit reposer sur un plateau sec.

Quant à la pression, elle doit être progressive, mais ne pas dépasser 15 kilogr. pour un fromage de 2 kilogr. 500. A cet effet, à la fin de la première heure, on remplace le poids de 5 kilogr. par un autre de 10 kilogr., et à la fin de la deuxième heure, on ajoute sur ce dernier un second poids de 5 kilogr.; ce qui fait, au total, une pression de 15 kilogr., que l'on conserve jusqu'à la fin de la mise en presse.

Mais dans les fromageries où l'on fabrique journelle-

Fig. 395.

ment un nombre considérable de fromages, façon Port du Salut, on se sert aujourd'hui de presses perfectionnées telles que celles représentées (fig. 395 et 396) et à l'aide desquelles on peut mettre en presse jusqu'à 20 fromages à la fois et même plus au besoin; nous allons en indiquer deux modèles.

1° La figure 395 représente la presse imaginée par M. C. Petit, de Rennes, et qui en a confié l'exécution à un mécanicien expérimenté de la même ville, M. Gre-

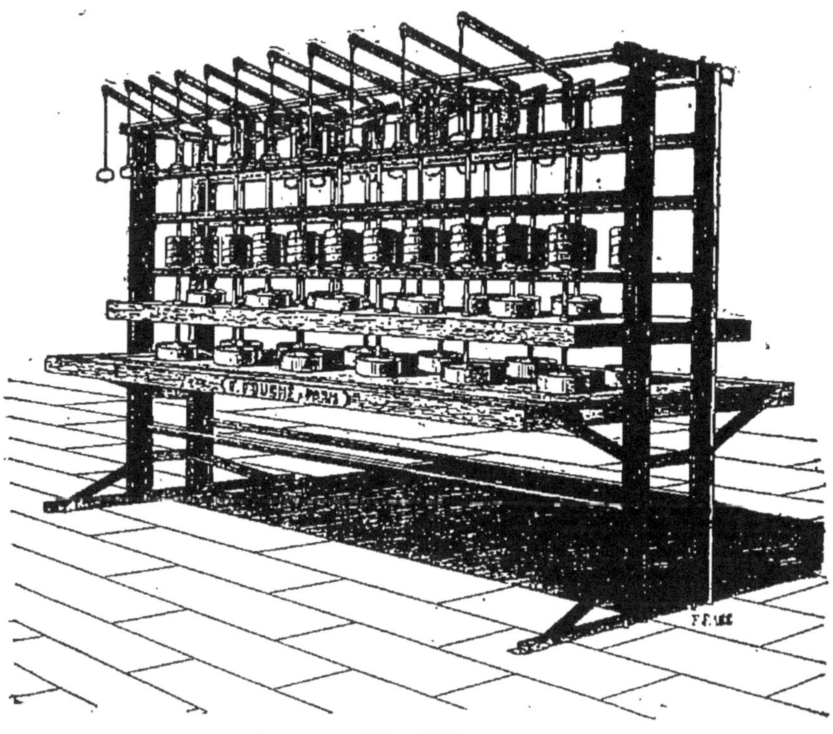

Fig. 396.

nier, rue du Mail. On voit qu'il s'agit ici d'une presse automatique à puissance continue et variable, obtenue au moyen d'un train de leviers simples du second genre (voir p. 708).

On commence l'opération avec un poids, un peu plus tard on en met un second sur le plateau de la balance, puis finalement un troisième sur les deux premiers, de façon à obtenir la compression progressive exigée pour une bonne fabrication. Cette presse fonctionne déjà avec succès dans plusieurs fromageries et notamment à l'Ecole de laiterie de Coëtlogon, près Rennes, et depuis 1893 chez M. Vignioboul, à Jort (Calvados).

2° La fig. 396 représente la presse de M. Bochet; elle est construite sur le même principe que la précédente.

Les tiges verticales sont terminées par des plateaux en fer étamé qui appuient sur les fromages, et les poids, munis d'une échancrure, sont placés directement sur des petits supports calés sur ces tiges; quand on veut retirer ces poids, on les place sur la traverse de dessus.

S'il s'agit d'enlever les fromages pour les retourner ou les changer de toiles, il suffit de tirer par les poignées les tiges fixées aux extrémités des grands bras des leviers.

Salaison des fromages. — La pression terminée, on enlève les poids, les disques, les cercles, les toiles, on retourne les fromages sur des plateaux bien secs, et on les transporte au séchoir où on les pose, avec leurs plateaux, sur les rayons des étagères. La température du séchoir ne doit pas descendre au-dessous de 14°, et l'on doit pouvoir y établir, au besoin, une ventilation modérée.

Au bout de douze heures, les fromages sont suffisamment ressuyés, et l'on peut commencer la salaison.

Cette opération constitue une des phases les plus importantes de la fabrication de ce produit et se caractérise par les deux points suivants : 1° la lenteur apportée dans la salaison de la pâte; 2° le faible degré de salure de celle-ci; ces conditions ayant pour objet de conserver au fromage une mollesse suffisante, malgré la légère coction dont le caillé a été l'objet.

Le degré de salaison peut être évalué à 2 pour 100 du poids de fromage, ce qui correspond à 50 grammes de sel par fromage pesant 2 kilogr. 500; quant à la durée de la répartition du sel, à l'abbaye du Port du Salut, elle n'est pas moins de quinze à vingt jours, pendant lesquels les fromages sont badigeonnés chaque jour à l'aide d'un gros pinceau en fil que l'on trempe dans une dissolution saturée de sel.

Quant à nous, afin d'assurer la parfaite conservation de nos fromages, surtout pendant l'été, nous avions adopté un mode de salaison *mixte*, et qui consistait à employer le sel en nature pendant les trois premiers jours et la saumure pendant les douze jours suivants [1].

Séjour à la cave, maturation. — La salaison terminée et lorsque les fromages sont recouverts d'une croûte mince et jaunâtre, ils sont bons à être transportés dans la cave où ils doivent achever leur maturation.

C'est surtout pour ces fromages d'été qu'il est indispensable d'avoir des caves creusées assez profondément dans le sous-sol et suffisamment ventilées pour que la température ne s'élève pas au-dessus de 11 à 12° à l'époque des plus grandes chaleurs et le degré hygrométrique ne descende pas au-dessous de 90°. Ce local voûté, dallé, blanchi au lait de chaux, etc., est garni de tablettes pleines et bien unies sur lesquelles on pose les fromages. Ceux-ci restent en cave cinq à six semaines, et durant ce séjour, ils doivent être l'objet de soins minutieux qui consistent à les retourner sur les planches et à les frotter sur les deux faces avec un linge doux imbibé d'eau légèrement salée et tiède.

Ces opérations s'effectuent tous les deux jours pendant la première quinzaine, tous les quatre jours pendant la seconde, et tous les huit jours seulement pendant les deux dernières.

Dans le cas où la croûte de quelques fromages aurait tendance à se fendre, on pourrait frotter ceux-ci avec un peu de beurre légèrement salé.

En moyenne, ces fromages peuvent être livrés à la consommation au bout de sept à huit semaines de fabrication.

[1] Voir, pour plus de détails, notre précédente édition.

DES ASSOCIATIONS FROMAGÈRES DITES FRUITIÈRES.

Les *fruitières* consistent dans des associations de cultivateurs ayant pour objet de réunir tous les jours, dans un local commun, le lait produit par leurs troupeaux, et de faire fabriquer avec lui du beurre et du fromage par un homme spécial aux gages de la Société, et appelé *fruitier*.

Dans nos précédentes éditions, nous avons traité en détail la question des fruitières, fait ressortir les avantages qu'elles peuvent procurer aux associés, et indiqué, d'autre part, les améliorations indispensables à y apporter tant au point de vue de leur organisation que de la transformation des locaux et du matériel.

Aujourd'hui, nous nous contenterons de renvoyer nos lecteurs à nos publications antérieures et aussi au traité si complet, sur cette matière, publié par M. Martin déjà cité.

CHAPITRE XII

DES PRINCIPAUX FROMAGES ÉTRANGERS. — FROMAGES FABRIQUÉS EN BELGIQUE, EN HOLLANDE, EN BAVIÈRE, EN ITALIE, EN SUISSE, EN ANGLETERRE, EN DANEMARK, EN NORVÈGE, ETC.

DES PRINCIPAUX FROMAGES ÉTRANGERS.

Les fromages étrangers les plus connus dont il nous reste à parler dans ce chapitre peuvent être classés comme il suit :

FROMAGES de consistance molle, affinés.	Herve ou Limbourg..........	Belgique.
	Rahmatour et Limbourg......	Bavière.
	Gorgonzola.................	Italie.
	Stracchino.................	
FROMAGES à pâte ferme, pressés et salés.	Hollandes divers...........	Hollande.
	Stilton....................	Angleterre.
	Chester....................	
	Cheddar....................	
	Façons chester et cheddar....	Hollande, Suède, États-Unis, Italie.
	Provole....................	Suisse.
	Le Sarrazin................	
	Schabzieger................	
FROMAGES à pâte ferme, cuits, pressés et salés.	Emmenthal et Gruyère.......	
	Parmesan et Reggian........	Italie.
	Cacciocavallo..............	

BELGIQUE. — FROMAGE DE HERVE OU DE LIMBOURG.

Cette double désignation affectée à ce fromage provient de ce que, autrefois, Herve et les communes environnantes appartenaient à la province de Limbourg; aujourd'hui, elles dépendent de la province de Liège.

Le fromage de Herve se fabrique spécialement dans cette dernière province, et particulièrement aux environs de la petite ville de Herve, située à quinze kilomètres de Liège.

Ce fromage, du poids moyen de 1 kilogramme, a ordinairement 15 centimètres carrés sur 8 centimètres d'épaisseur; arrivé à maturité parfaite, sa pâte est d'un jaune clair et se laisse couper comme du beurre. La Belgique en exporte annuellement plusieurs millions de kilogrammes en France. On fabrique également dans l'arrondissement de Verviers des fromages environ moitié plus petits que ceux de Herve, et que l'on nomme *ramadoux*.

BAVIÈRE. — FROMAGES DE RAHMATOUR ET DE LIMBOURG.

Fromage de Rahmatour. — Ce fromage, dit encore *réaumatour*, *romatour*, *raumadour*, etc., tire son nom du mot allemand *rahm* (crème); on l'appelle aussi fromage *bavarois*. Ce fromage, très gras quand il est fait, mais possédant trop souvent une odeur repoussante, a la forme d'un petit prisme de 12 centimètres de longueur sur 4 à 5 centimètres de côté; il se vend habituellement enveloppé d'une feuille d'étain.

Fig. 397.

Fromage de Limbourg (Backstein-kase) (fig. 397). — Ce fromage, de forme carrée, se fabrique en Bavière, ainsi que dans le Wurtemberg et la Saxe; il est très bon quand il est préparé avec du lait entier; mais dans le commerce on en trouve de deux qualités : les uns sont gras, et les autres beaucoup plus maigres.

On distingue également les gros et les petits limbourgs; les premiers ont 12 centimètres de côté sur 4 à 5 centimètres d'épaisseur; les seconds, 9 sur 4.

HOLLANDE. — FROMAGES DIVERS.

Nous avons étudié, chapitre IX, les diverses variétés de fromages fabriqués en Hollande, savoir :

1° Le fromage maigre de Leyde; 2° le fromage demi-gras ou fromage d'Edam, appelé communément *tête de Maure* ou *croûte rouge;* 3° le fromage gras de Gouda, dit pâte grasse.

Il est inutile d'y revenir ici. Nous ajouterons seulement que l'on trouve encore dans le commerce des fromages de Hollande dits *étuvés,* parce qu'on achève leur dessiccation à l'étuve; ils sont d'une conservation en quelque sorte indéfinie.

ITALIE. — FROMAGES PARMESAN ET REGGIAN. — FROMAGES DE GORGONZOLA, DE STRACCHINO, DE CACCIOCAVALLO, DE PROVOLE.

Fromage parmesan et reggian. — On fabrique en Lombardie un fromage désigné habituellement sous le nom de *parmesan* ou *grana,* et dont les principaux centres de production et de commerce sont : Lodi, Codogno, Crema, etc.

Dans le royaume d'Emilie, auquel appartiennent les provinces de Parme et de Reggio, on fabrique également un fromage souvent confondu avec le précédent, mais qui, différent d'aspect et de goût, est désigné en Italie sous le nom de fromage *reggian* (fromaggio di grana reggiano).

D'après le docteur Jacopo Rava, le fromage reggian bien réussi présente une structure granuleuse[1] et une cassure spéciale qui rappelle celle de la cire vierge; il conserve sa coupe constamment jaune, et cette couleur

[1] D'où le nom de *grana,* graine, donné à cette variété de fromage.

persiste également dans les déchets. Au contraire, le grain du fromage lombard, et surtout de celui fabriqué en hiver, prend peu à peu, après avoir été coupé, une coloration verdâtre et un goût un peu amer. Nous reviendrons bientôt sur la cause de cette coloration verdâtre.

Nous commencerons par décrire la fabrication du grana lombard telle que nous avons eu l'occasion de la suivre en 1874, d'une part, chez MM. Guzzeloni, propriétaires et cultivateurs à la Cascina Belcazzule, à 2 kilomètres de Milan; de l'autre, chez M. Therzaghi Giovanni, à Cava-Curta, près Codogno. Nous indiquerons ensuite les pratiques les plus importantes qui différencient cette fabrication de celle du fromage reggian.

FROMAGE DE PARMESAN LOMBARD.

Ecrémage et fabrication du beurre. — Le lait destiné à la fabrication du grana est préalablement coulé sur un tamis posé sur des crémeuses circulaires en *cuivre rouge*, de 90 centimètres de diamètre, 16 centimètres de profondeur et d'environ 50 litres de capacité.

On remplit d'abord ces récipients à *moitié* avec le lait de la traite du soir, et le lendemain matin l'on procède à un premier écrémage avec une crémette (panarola), sorte d'assiette en bois très peu profonde, à bords tranchants et de 30 centimètres de diamètre. Après cet écrémage, on achève de remplir les crémeuses avec la traite du matin, et deux ou trois heures après on écrème une seconde fois avant d'introduire le lait dans la chaudière destinée à la fabrication du fromage. Autrefois, les fromagers se contentaient de retirer un kilogramme et demi de beurre par hectolitre de lait; mais aujourd'hui, paraît-il, par suite de la hausse du prix du lait, l'acheteur de lait lombard retire jusqu'à 3 kilogrammes de beurre de cette même qualité de lait; ce qui amoindrit naturellement la qualité du fromage.

Mise en présure. — Le lait écrémé est introduit dans une grande chaudière conique en cuivre rouge non étamé, évasée supérieurement, et d'une capacité qui varie de 300 à 500 et même 1,000 litres. La température à laquelle ce lait est chauffé varie suivant diverses circonstances et notamment les saisons; elle est, en moyenne, de 31° C. en été et de 37° en hiver. Pendant le chauffage, le lait est constamment remué à l'aide d'un grand moussoir de 2m,25 de longueur et terminé à l'une de ses extrémités par un disque circulaire de 30 centimètres de diamètre.

Dès que le lait est arrivé à la température voulue, on enlève la chaudière du feu et l'on procède à la mise en présure. A cet effet, on écrase dans le liquide chaud une boule de présure *pâteuse*, pesant environ 50 grammes pour 550 litres de lait et préalablement enveloppée dans un linge. Une fois la présure uniformément répartie dans la masse liquide, on attend que la coagulation de celle-ci soit complète, ce qui demande environ une demi-heure en été et souvent plus d'une heure en hiver.

Rompage et cuisson. — La coagulation terminée, on opère le rompage du caillé en se servant de la crémette (panarola) et en opérant comme il a été dit pour le gruyère (p. 775). Quand la division est suffisante, on laisse reposer la masse pendant huit à dix minutes, puis on enlève, à l'aide d'un récipient en cuivre, une portion du petit-lait qui surnage, et à la surface duquel flottent ordinairement des impuretés et des flocons de matière caséeuse et grasse.

On ramène ensuite la chaudière sur le feu, on remue toute la masse avec un autre moussoir garni d'épines (fig. 384), et l'on y ajoute à ce moment du safran en poudre, à la dose de 2 gr. 1/2 pour 500 litres de lait. On procède ensuite à la cuisson du caillé, en agitant continuellement la masse, d'abord avec le moussoir à épines, puis plus tard avec celui à disque bombé, et tout en faisant le *grain*, on élève progressivement la température jusqu'à 50 et même 55°, suivant les circonstances.

Enfin, quand le caillé a été réduit en fragments de la grosseur des grains du *petit blé*, quand il a acquis les qualités voulues : viscosité et propension à s'agglutiner quand on le serre dans la main, on retire la chaudière du foyer et on laisse la masse du caillé divisé se réunir au fond. La cuisson dure, en moyenne, cinquante minutes, et le dépôt du caillé, dix à quinze.

Le fromager ou *casare* retire alors de la chaudière une nouvelle quantité de petit-lait qu'il verse dans de grands récipients en bois, en attendant qu'il soit employé à fabriquer la *ricotta,* fromage analogue au sérai (voir p. 787). Quand il ne reste plus dans la chaudière que quinze litres de petit-lait environ par cent litres de lait traité, il procède à la sortie du fromage.

A cet effet, et pour ne pas se brûler contre les bords de la chaudière, le fromager commence par fixer devant lui une grosse toile, et (si la chaudière est très profonde) il passe l'un de ses pieds dans un anneau fixé au pilier en maçonnerie; puis, se penchant la tête en bas, il fait passer une toile de chanvre tissée assez lâche sous le fromage, qu'il ramène avec l'aide d'un camarade.

Le pain, entouré de sa toile, est déposé dans un cuvier, où on le laisse s'égoutter pendant quinze à vingt minutes; on l'introduit ensuite dans la forme.

Mise en formes, salage. — Les moules sont des cercles en bois, solides, mais flexibles, de 25 centimètres de hauteur et 50 centimètres de diamètre, quand ils sont fermés à l'aide d'une forte corde.

En Lombardie, *on ne presse pas* le fromage, on pose simplement sur celui-ci, recouvert de sa toile, une planche; le fromage s'affaisse sous son propre poids, à mesure que le petit-lait se sépare, et quand il affleure exactement les bords du moule, on le retourne, on le change de linge si c'est nécessaire, et au bout de douze heures, le fromage a pris ordinairement assez de consistance pour pouvoir être transporté au saloir, *nu*, mais dans son moule.

Les fromages restent dans les moules pendant quarante jours; le premier jour, on les retourne trois ou quatre fois; le second, deux fois, et ensuite une fois tous les jours. Quant au salage, il est *mixte*, c'est-à-dire qu'il consiste tout à la fois en un lavage des fromages avec la saumure qui s'écoule de la table du saloir et en un saupoudrage direct des pains avec du sel assez gros. La quantité de sel employée est environ 4 pour 100 du poids des fromages.

La salaison terminée, on transporte les fromages sur les tablettes d'un magasin à température fraîche, où l'air se renouvelle lentement; là ils *mûrissent* jusqu'au moment de la vente.

Chez les producteurs comme chez les négociants, les fromages en magasin sont l'objet de soins minutieux. On les racle, on les frotte avec un mélange d'huile de lin et de noir d'os, et on les retourne d'autant plus fréquemment qu'ils sont plus jeunes.

Les magasins des grands négociants de Milan et de Parme renferment toujours, à l'époque des deux ventes annuelles, juin et novembre, de 150 à 200,000 pains de un an à cinq ans d'âge, et dont le poids varie depuis 20 jusqu'à 85 kilogrammes.

FROMAGE REGGIAN [1].

Ce fromage, qui se fabrique dans les provinces de Parme et de Reggio Emilia, fait actuellement, malgré son prix plus élevé, une concurrence toujours croissante

[1] Consulter pour plus de détails l'intéressante monographie publiée par M. le docteur Jacopo Rava, assistant de la station expérimentale de fromagerie à Lodi, et traduite en français dans le *Journal de l'industrie laitière* (mai 1886).

au parmesan lombard, et notamment pour l'exportation.

Nous avons indiqué plus haut quelques caractères qui différencient ces deux variétés de grana; nous allons ajouter ici quelques renseignements spéciaux à la fabrication du fromage reggian.

En été, l'écrémage du lait correspond, en moyenne, à 1 kilogr. 620 de beurre par hectolitre de lait; en hiver, cette proportion est un peu supérieure, mais toujours moindre qu'en Lombardie.

Au moment de la fabrication, les fromagers reggians attachent une grande importance à ce qu'ils appellent le degré de *maturation* du lait, c'est-à-dire à la proportion d'*acide lactique* qui a pu prendre naissance dans ce liquide, pendant le crémage. Suivant eux, le moment le plus favorable, c'est lorsque le lait se trouve dans un état intermédiaire entre la fraîcheur et la maturité, ce que dans leur jargon ils désignent sous le nom de lait *bazzo*.

Des recherches scientifiques effectuées à la station laitière de Lodi et à l'Ecole de fromagerie de Reggio Emilia, il résulterait que le lait qui se prête le mieux à la fabrication est celui qui, dès sa mise en chaudière, après le mélange des deux traites, présente une acidité qui varie entre 0,25 et 0,28 pour 1,000.

Le reggian est fabriqué sous un poids moindre que le lombard : 28 kilogr. en moyenne, après quatre mois de conserve, pour 400 litres de lait traité. Il en résulte que la durée de maturation du premier n'est que de deux à trois ans au plus, tandis que celle du lombard est de cinq ans; ce qui fait aussi que le nombre des pièces de rebut reggianes est beaucoup moindre.

Le fromage lombard n'est pas pressé; le reggian l'est, au contraire, lors de sa mise en moule, et cette pression (encore trop faible à notre avis) est d'environ 40 kilogr. pour un fromage de 28 kilogr.

Quant à la coloration *verte* que prend le grana lombard dans sa coupe exposée à l'air, M. J. Rava l'attribue, en grande partie, à ce que, dans la Lombardie, le lait est mis à crémer dans des vases en cuivre non étamé, tandis que dans le Reggian on ne se sert, pour le même usage, que de récipients en bois. Dans les vases en métal, le cuivre serait attaqué par l'acide lactique et donnerait lieu, en présence du safran, à la coloration en vert de la pâte exposée à l'air.

Enfin nous dirons qu'il en est pour le grana comme pour le gruyère, sous le rapport des nombreuses circonstances qui peuvent influer sur la réussite de la fabrication et qui nécessitent, suivant les cas, des modifications dans les températures de mise en présure, de cuisson du caillé, dans la durée du travail pour faire le grain, etc.

Or, d'après M. Rava, si les fromagers reggians, tout en traitant du lait généralement moins bon que celui de Lombardie, arrivent à fabriquer un fromage de qualité supérieure, cela tient surtout à ce qu'ils sont plus instruits, plus soigneux que leurs confrères lombards, et qu'ils savent mieux modifier leurs procédés opératoires suivant les circonstances.

FROMAGE DE GORGONZOLE.

Ce fromage, à croûte brune, à pâte d'un jaune clair avec *marbrures,* les unes d'un jaune plus foncé, les autres bleues, présente une certaine analogie d'aspect avec le gex et le roquefort tout à la fois.

Il est cylindrique, a 30 centimètres de diamètre sur 20 de hauteur, en moyenne, et pèse de 12 à 15 kilogrammes.

La fabrication de ce fromage a pris naissance en Lombardie, dans les circonstances suivantes :

Chaque année, stationnent pendant l'automne dans les gras pâturages qui environnent *Gorgonzola,* gros bourg de la délégation de Milan, tous les bergamines ou troupeaux qui descendent des montagnes de Bergame, pour aller hiverner ensuite jusqu'en mai.

Dans leur passage, ces vaches laissent dans le pays une quantité considérable de lait que les habitants de ce bourg achètent pour fabriquer en septembre et octobre un fromage *gras* très estimé, recherché même dans les contrées éloignées, et que l'on nomme *gorgonzola*.

Nous allons décrire le mode de fabrication de ce fromage, tel que nous l'avons observé en Italie, en 1874, et nous indiquerons ensuite les perfectionnements apportés à la maturation de ce produit dans ces dernières années.

Fabrication du gorgonzole.

Le gorgonzole se fabrique avec du lait *non écrémé*, aussi gras que possible, et en mélangeant le caillé fourni par deux traites successives, celle de la veille et celle du lendemain matin.

A cet effet, on verse la traite du soir dans une chaudière de 100 litres de capacité, par exemple, chauffée à feu nu, et l'on met en présure, avec une boule de présure pâteuse (voir p. 824), ce lait ramené à la température de 25° seulement. Dès que le caillé est bien pris, on le coupe une première fois verticalement avec la crémette (panarola), puis une seconde fois horizontalement; après un nouveau repos, on retire le caillé, qu'on laisse égoutter sur une toile suspendue au-dessus d'une gerle, jusqu'au lendemain matin.

La traite du matin ayant été traitée de la même façon, on transporte les deux caillés, l'un froid, l'autre encore tiède, dans des baquets posés sur une table à côté du moule destiné à renfermer le fromage.

Ce moule se compose d'un cylindre flexible en noyer, de 25 à 30 centimètres de hauteur, et que l'on serre avec une corde de façon à le fermer suivant un diamètre d'environ 30 centimètres.

Mise en moules. — Après avoir garni l'intérieur de ce moule d'une toile à canevas assez gros, on procède à son remplissage en ayant soin d'alterner les couches de caillé tiède et froid. On commence par faire un lit de caillé chaud auquel on fait subir un léger rompage à la surface, on le recouvre d'un lit de caillé froid, que l'on rompt plus menu; on continue ainsi jusqu'à ce que le moule et la *hausse* dont on le surmonte soient entièrement pleins. La hauteur de cette hausse est calculée de façon qu'après l'affaissement du caillé le moule soit complètement rempli.

Nous avons déjà rencontré dans la fabrication du fromage de Gex (p. 762) ce mode de remplissage des moules par couches successives de caillé froid et chaud, et préalablement émietté; il a évidemment pour objet de favoriser dans la pâte l'ensemencement des sporules de penicillium qui flottent dans l'atmosphère de la fromagerie.

Quand le caillé est descendu au niveau du moule, on enlève la hausse et l'on émiette le fromage avec les doigts, jusqu'à la partie inférieure; on le recouvre ensuite de sa toile et on l'abandonne pendant douze heures, après lesquelles il est ordinairement assez solide pour pouvoir être retourné dans son moule.

Le lendemain on sort le fromage, on enlève sa toile, on le remet *nu* dans la forme et on le transporte dans un local à température fraîche, où il reste sur un lit de paille sèche trois ou quatre jours, pendant lesquels on le retourne matin et soir.

Salaison. — Le gorgonzole une fois ressuyé est *salé*, frotté avec un chiffon de laine et retourné pendant huit à dix jours. On le transporte ensuite dans une cave *très fraîche*, où, dans l'espace d'un mois, il est lavé à l'eau salée trois ou quatre fois et frotté sur toute sa surface. On l'abandonne enfin à lui-même, et pendant qu'il continue à mûrir, les marbrures caractéristiques se développent de plus en plus dans son intérieur.

Des caves glacées de Gorgonzole. — A l'époque où le bourg de Gorgonzole était le centre de production de ce fromage, celui-ci ne se fabriquait guère qu'en automne, c'est-à-dire au moment où l'abaissement de la température rendait les caves des producteurs favorables à la bonne maturation de ce produit.

Mais, par suite de l'accroissement de la consommation de ce fromage, à l'intérieur comme à l'extérieur, le rayon de production s'est considérablement étendu, et l'on fabrique aujourd'hui le gorgonzole dans la majeure partie de la Lombardie et dans le Piémont. En outre, au lieu de se borner à fabriquer pendant la saison fraîche, on continue la fabrication même en été, ce qui a fait naître la nécessité de trouver, pour la maturation de ce fromage *persillé*, des caves offrant sensiblement les mêmes conditions de fraîcheur et d'humidité que celles de Roquefort. (V. p. 751.)

C'est dans une vallée latérale du lac de Lecco, sous le village de Pasturo, que M. Zazzera de Codogno a installé, il y a six ans, la première cave glacée d'Italie destinée à recevoir les gorgonzoles frais, pour y subir l'affinage. Le piquage à l'aiguille des fromages (V. p. 758) a été également emprunté à Roquefort. Actuellement, plusieurs maisons concurrentes sont installées dans le voisinage immédiat de la cave Zazzera, et les caves glacées de Pasturo reçoivent annuellement 150,000 fromages de 6 kilogr. en moyenne [1].

FROMAGE DE STRACCHINO.

Les provinces de Milan, de Pavie et de Lodi fournissent encore à la consommation le *stracchino,* fromage de crème, jaune safran, mou et très savoureux.

Ce fromage se fabrique à partir du 15 septembre ou du 1er octobre, et les premiers arrivent à Paris vers le

[1] P. Schuler, *Journal de l'industrie laitière,* novembre 1887.

15 décembre; la consommation dure jusqu'à la fin de février.

On l'expédie d'Italie dans des boîtes de bois renfermant chacune un fromage prismatique d'environ 25 centimètres de longueur sur 8 centimètres de côté, enveloppé d'une mousseline et d'une double feuille de papier fort.

FROMAGE DE CACCIOCAVALLO.

Ce fromage (fig. 398), de 40 centimètres de longueur sur 12 centimètres de diamètre, dans la partie renflée, ressemble le plus souvent à une betterave par la forme. il pèse, en moyenne, 1 kilogramme 500 et se fabrique, avec du lait de vache, principalement aux environs de Rome et de Naples, et aussi en Sicile.

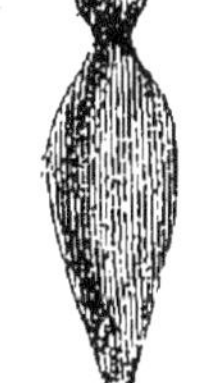
Fig. 398.

Le caractère spécial de la fabrication de ce fromage consiste en ce que l'on fait subir au caillé une coction dans du petit-lait préalablement porté à l'ébullition, jusqu'à ce qu'un fragment de ce caillé puisse s'étirer en longs fils. On porte alors toute la masse dans l'eau chaude, on l'étire, on la pétrit à la main et on lui donne une des formes voulues, telles que celle de betteraves, bouteilles, briques, etc.

Ces fromages sont ensuite plongés pendant deux heures dans l'eau froide, vingt-quatre heures dans une saumure forte; après quoi, on les réunit deux à deux à l'aide d'une corde de paille tressée et on les place comme *à cheval* sur des bâtons pour les faire sécher.

Enfin, ces fromages sont habituellement *fumés;* à cet effet, on les expose à la fumée d'herbes aromatiques sèches que l'on fait brûler, et, après cette opération, ils ont, à l'extérieur, une belle couleur jaune et offrent une saveur qui rappelle absolument celle du jambon fumé.

FROMAGE DE PROVOLE.

Ce fromage est fabriqué plus spécialement dans les Calabres et en Sicile; on distingue dans le commerce :

Les *provolini*, fabriqués avec du lait de vache; les *provoli*, faits avec du lait de buffle.

Ces fromages sont ronds; les premiers pèsent, en moyenne, de 2 kilogr. à 2 kilogr. 500; les seconds, 3 kilogr.; les uns sont fumés, et les autres non.

SUISSE. — FROMAGES D'EMMENTHAL ET DE GRUYÈRE. — FROMAGES DE SARRAZIN, DE SCHABZIEGER.

Fromages d'Emmenthal et de Gruyère. — Dans le chapitre précédent, nous avons donné sur la fabrication des fromages d'Emmenthal et de Gruyère des détails suffisants pour qu'il soit inutile d'y revenir ici.

FROMAGE LE SARRAZIN.

Le sarrazin est un nouveau fromage de la catégorie des fromages ensemencés, comme le Roquefort, et qui se prépare dans le petit bourg de la Sarraz, d'où son nom.

Il est fabriqué avec du lait de vache, la traite du soir étant mélangée avec celle du matin.

Les opérations qui président à sa fabrication sont les mêmes que celles pour le Roquefort; on ensemence le caillé avec du pain moisi, comme il a été dit page 749, et les caves dans lesquelles on place ces produits sont des glacières artificielles. Dans ces conditions, la fabrication de ce fromage présente, paraît-il, certaines difficultés, mais lorsqu'il est bien réussi, c'est un excellent produit.

FROMAGE DE SCHABZIEGER [1].

Ce fromage, dit aussi fromage *vert de Glaris*, parce qu'il se fabrique principalement dans le canton de ce nom, est un mélange intime de caillé maigre, desséché et broyé, avec des feuilles sèches de *mélilot bleu* (trifolium melilotus cærulea), plante qui croît sur les montagnes de ce pays.

Dans la préparation de ce fromage, c'est avec de l'aisy (V. p. 788) que l'on détermine la coagulation du lait, transvasé dans une grande chaudière et porté préalablement à la température voisine de l'ébullition.

Le caillé absolument maigre est introduit ensuite dans des moules en écorce de sapin et percés de trous, à travers lesquels le petit-lait s'écoule.

On abandonne ce caillé à lui-même, trois ou quatre mois, pendant lesquels il est le siége d'une fermentation lente et continue. Quand vient l'automne, les Glaronais, au moment où ils se disposent à descendre dans la vallée, mettent ce caillé dans des sacs qu'ils chargent sur des traîneaux.

Ces sacs sont portés ensuite au moulin à broyer; là, on les empile les uns sur les autres, on les charge de pierres, et au bout de trois ou quatre semaines, la masse suffisamment sèche est mise sur le lit d'une meule actionnée par l'eau.

On broie ensemble 100 kilogr. de caillé, 500 grammes de feuilles sèches et pulvérisées de mélilot, 4 à 5 kilogr. de sel en poudre, et après quelques milliers de tours de la meule, on introduit la pâte, devenue bien homogène, dans des moules tronconiques, huilés légèrement à l'intérieur, et on la tasse fortement avec un pilon en fer ou en bois.

A la sortie des moules, les fromages sont placés dans

[1] Deux de nos anciens élèves à Grignon, MM. Meyer et Stœcklin, nous ont fourni une partie des renseignements relatifs à ce fromage.

des séchoirs où l'on maintient un courant d'air très modéré; ils y restent au moins un an avant d'être vendus.

Le schabzieger, de couleur vert clair, a la forme d'un petit cône tronqué; les plus grands fromages n'ont guère plus de 10 centimètres de hauteur.

Il paraît que le schabzieger constitue un excellent apéritif pour les amateurs de ce produit; servi râpé[1] sur la table, on le délaye avec du beurre, et l'on fait avec ce mélange des tartines que l'on mange après le potage. Nous avons constaté cependant que l'odeur forte et particulière que dégage ce fromage, ainsi que son goût spécial, ne sauraient plaire à tout le monde.

ANGLETERRE. — FROMAGES DE STILTON, DE CHESTER ET DE CHEDDAR.

FROMAGE DE STILTON (fig. 399).

Ce fromage se fabrique principalement dans le comté de Leicester et il tire son nom de la ville de Stilton, sur le marché de laquelle il était à peu près exclusivement vendu dans l'origine. Il est fabriqué avec le lait entier du matin, auquel on ajoute la *crème* de la traite de la veille au soir, avant la mise en présure.

Fig. 399.

Le caillé obtenu n'est ni rompu, ni écrasé, mais placé tel quel sur un tamis qui fait office d'égouttoir, et sur lequel on le comprime très doucement; on l'entoure ensuite de bandes de linge et on l'introduit dans un moule.

Chaque jour, on retourne le fromage et l'on serre les bandes à mesure qu'il diminue de volume en s'égouttant. Quand il a assez de consistance, on le sort du

[1] D'où son nom, qui vient de *schaben* : racler, et *zieger* : caillé.

moule avec ses linges, on sale les deux faces supérieure et inférieure, on enlève ensuite les bandes qui le compriment latéralement, on sale le pourtour, et quand il est suffisamment salé, on le porte au séchoir, où il est l'objet de soins minutieux.

Le stilton est un fromage cylindrique qui, sous un diamètre de 15 centimètres et une hauteur de 25, pèse de 3 kilogr. 500 à 4 kilogrammes.

Les vrais amateurs disent que ces fromages ne possèdent toutes leurs qualités qu'à l'âge de deux ans, alors qu'ils présentent à l'intérieur des marbrures *grises* et *bleues*.

En outre, en Angleterre et même en France, certains consommateurs de stilton, avant de manger ce produit, lui font absorber une et même deux bouteilles de vin de Xérès, de Porto ou de Madère.

FROMAGE DE CHESTER (fig. 400).

Le chester, fabriqué plus spécialement dans le Cheshire et quelques parties du Shropshire, est un fromage à pâte ferme, de couleur saumon clair, et dont le poids varie depuis 10 jusqu'à 50 kilogrammes.

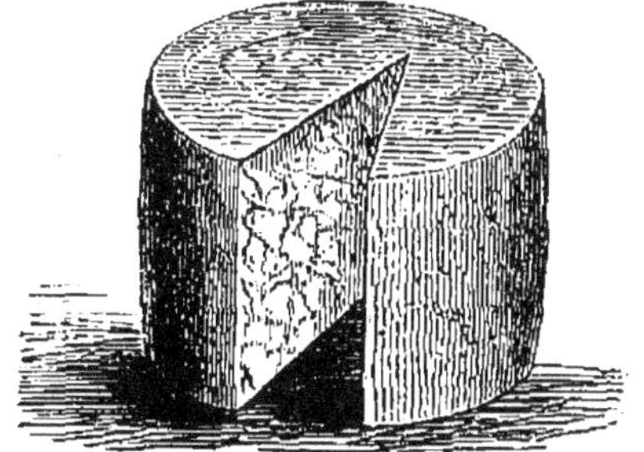

Fig. 400.

Ce fromage est fabriqué avec le lait de deux traites, celle de la veille et celle du matin ; ces deux laits vierges d'écrémage. Dans certaines fermes, pour rendre ce fromage plus gras, on écrème, le matin, la traite du soir ; on ajoute cette crème à la traite du matin et l'on mélange le tout avec un *tiers* seulement de la traite écrémée. Après avoir ajouté à la masse la quantité de matière colorante nécessaire pour donner au caillé une teinte jaune plus ou moins orangée, on ramène la température à 25 ou 30°, et l'on met en présure.

Comme dans la fabrication du fromage d'Edam (tête de Maure), le caillé est divisé, séparé du petit-lait, pétri à la main avec une certaine quantité de sel, puis fortement tassé dans une forme cylindrique et soumis à une pression toujours croissante qui, finalement, pour les grosses pièces de 40 kilogr., peut atteindre 30 kilogr. par kilogr. de fromage fabriqué.

Lors de la mise en presse, on enfonce dans la masse, à plusieurs reprises, de petites brochettes de bois, afin de faciliter la sortie du petit-lait. Quand le fromage a acquis une consistance convenable, on procède à une *seconde* salaison, opération qui consiste à le conserver, pendant un certain nombre de jours, dans une saumure, et à le frotter ensuite de sel sur toute sa surface.

Pendant la salaison, surtout si les fromages sont très gras, il est nécessaire, pour les empêcher de couler et de se fendre, de les serrer fortement avec des bandes de linge fin. La salaison terminée, on plonge pendant quelques instants les fromages dans un bain d'eau tiède ou de petit-lait chaud; on les essuie, on les met sécher, et au bout de huit jours on les transporte au magasin, où ils sont retournés, essuyés et frottés de *beurre*, de temps en temps. La maturation complète des chesters dure de six mois à deux ans, suivant la grosseur des pièces.

Les amateurs de ce fromage recherchent ceux dont la pâte, suffisamment grasse, offre intérieurement et dans le voisinage de la croûte quelques moisissures tirant sur le vert clair.

On trouve à Paris le chester dit royal, dont le poids moyen est de 20 kilogr., et le chester *ananas*, beaucoup plus petit, et qui doit son nom à sa forme particulière.

La Hollande, les États-Unis, le Canada, la Suède fabriquent depuis une quinzaine d'années des quantités toujours croissantes de fromages façon chester.

Fromage de Cheddar. — Ce fromage, à pâte ferme,

qui tire son nom de la vallée de Cheddar, dans le comté de Somerset, est surtout fabriqué dans le Ayrshire, avec du lait non écrémé. Il est peu connu en France, tandis que l'Angleterre en fait une notable consommation.

Les États-Unis, le Canada, la Suède produisent également des fromages façon cheddar, dont la majeure partie est destinée à l'exportation.

M. Mac Carthy a donné, dans son livre : *Manuel de l'industrie laitière au Canada,* une intéressante description de la fabrication de ce fromage qui, d'après l'auteur, pourrait être effectuée avec succès en France et fournirait un moyen de plus d'utiliser les laits d'été à une époque de l'année où le beurre tombe à vil prix et la fabrication des fromages à pâte molle est forcément interrompue.

Les procédés mis en œuvre pour obtenir ce fromage diffèrent peu de ceux que nous avons décrits à l'occasion du hollande et du gruyère.

NORVÈGE ET DANEMARK. — FROMAGE DIT MYSÉOST OU MYSOST.

Ce fromage est originaire des montagnes de la Scandinavie; en Norvège, on le prépare avec du petit-lait de chèvre ou de renne, auquel on ajoute une certaine quantité de crème prélevée sur du lait de ces mêmes animaux.

Le mélange est réduit, par évaporation à feu nu, en une masse pâteuse à laquelle les produits de décomposition du sucre de lait communiquent une coloration brune; on la moule ensuite dans des formes de bois prismatiques et carrées de 20 à 50 centimètres de longueur sur 10 à 15 centimètres de côté.

En Danemark, on fabrique également ce fromage, mais en remplaçant le petit-lait de chèvre par celui de vache.

CHAPITRE XIII

I. ESSAIS DES LAITS, DES BEURRES ET DES PRÉSURES. — II. DES INSTRUMENTS DE PRÉCISION POUR LAITERIES : THERMOMÈTRES, HYGROMÈTRES, PSYCHROMÈTRES, ETC. — III. DOCUMENTS STATISTIQUES RELATIFS A L'INDUSTRIE FROMAGÈRE.

I. ESSAIS DES LAITS DANS LES LAITERIES CENTRALES OU COOPÉRATIVES, LES FROMAGERIES ET FRUITIÈRES, LES EXPLOITATIONS AGRICOLES, ETC.

Les essais des laits peuvent avoir plusieurs buts différents :

1° Discerner les laits *malades* ou *altérés* des laits *sains*, afin d'éviter que quelques litres de mauvais laits mélangés aux seconds ne viennent gâter toute une opération;

2° Reconnaître les laits *falsifiés* par ablation de crème ou addition d'eau, ou par les deux ensemble;

3° Comparer les richesses relatives de laits obtenues, soit de vaches de races différentes, soit de mêmes vaches soumises à des régimes variés.

Nous allons indiquer les procédés *pratiques* à l'aide desquels on peut atteindre ces différents buts.

I. *Laits malades, altérés, etc.*

On range dans cette catégorie, les laits alcalins, acides, ainsi que ceux dits : lait bleu, rouge, jaune, amer, filant, etc., et dont nous avons déjà parlé page 37.

Les laits dits *alcalins* sont l'indice fréquent d'un état pathologique des vaches laitières, il est très important de les écarter soigneusement de la laiterie, parce qu'ils peuvent renfermer des microbes pathogènes (V. p. 30) et devenir, en outre, des ferments de putréfaction de la caséine.

Les laits *acides*, même au début, sont assez fréquents, on les reconnaît, comme les précédents, à l'aide de l'*acidimètre* (V. plus loin).

Les laits en *voie d'altération* doivent cet état à la présence des microbes ordinaires du lait (V. p. 34).

Les recherches à effectuer pour reconnaître les laits malades, en voie d'altération, etc., sont les suivants :

(*a*) *Emploi des organes des sens.*

Les employés préposés à la réception du lait dans les grandes laiteries savent, dans beaucoup de cas, reconnaître à la couleur, à l'odeur et au goût, les laits de mauvaise nature ou même falsifiés.

Les laits filants, ou ceux qui laissent déposer sur un tamis des caillots de caséine, des corpuscules pierreux, sont à rejeter; il en est de même des laits sanguinolents.

Les laits putrides se reconnaissent à l'odeur; ceux salés, amers, acides, au goût; un lait bleuâtre laisse soupçonner l'écrémage.

Il ne faut donc jamais négliger cet examen pratique qui rendra de réels services dans un grand nombre de cas, mais qui néanmoins demande à être confirmé par les procédés suivants.

(*b*) *Ébullition.*

Cet essai a pour but de reconnaître si les laits essayés peuvent bouillir normalement ; on l'effectue en chauffant jusqu'à l'ébullition, dans un tube à essai, une petite quantité de lait. Si le lait se caille, cela indique qu'il contient un excès d'acidité ou une petite quantité de *présure* sécrétée par les microbes naturels (V. p. 37). En outre, quand le lait, même sans cailler, laisse un dépôt adhérent sur les parois du tube, c'est un indice qu'il est anormal.

(*c*) *Acidimétrie.*

Un lait qui bout sans cailler ou qui ne rougit pas fortement le papier bleu de tournesol peut cependant être impropre à la fabrication de certains fromages, pour cause d'excès d'acidité.

Le but de l'acidimétrie, appliquée au lait ou à la crème, etc., est de fournir très rapidement et très exactement le degré d'acidité de ces liquides.

On doit distinguer, dans un lait, deux sortes d'acidité : 1° l'*acidité naturelle;* 2° l'*acidité artificielle*, cette dernière provenant de la transformation de la lactose en acide lactique par les ferments (V. p. 36). Cette seconde acidité s'ajoutant à la première, il peut en résulter une acidité *totale* suffisante pour rendre le lait médiocre ou mauvais.

La méthode pour doser l'acidité (connue sous le nom de méthode Soxhlet et Henkel) est basée sur l'emploi de deux réactifs spéciaux : 1° une solution sodique plus ou moins étendue; 2° une solution alcoolique de *phénolphtaléine*. A un volume déterminé de lait, on ajoute quelques gouttes de la solution de phénolphtaléine et, dans le mélange rendu homogène par l'agitation, on verse goutte à goutte la solution sodique titrée jusqu'à ce qu'une légère coloration *rose clair* apparaisse et persiste dans le liquide. La quantité de soude employée donne la mesure de l'acidité pour le lait considéré.

Dans ses recherches sur l'acidimétrie du lait, M. Dornic a été conduit à apporter certaines modifications à la méthode de MM. Soxhlet et Henkel, dans le but de la rendre plus simple, plus rapide, plus exacte et plus économique.

La solution sodique se compose de 4 gr. 445 de soude

caustique pure, dissous dans 1,000 c. cubes d'eau distillée, de façon qu'un centimètre cube de la solution équivaut à 10 milligr. d'acide lactique ou neutralise cette quantité.

Le volume de lait sur lequel l'essai a lieu est de 10 c. cubes, auxquels on ajoute seulement 4 ou 5 gouttes de phénolphtaléine; d'où une notable économie dans les quantités de lait et de réactifs employés. 23 à 26 c. cubes de la solution sodique suffisent pour neutraliser 10 c. cubes de lait normal.

Mode d'opération. — On comprend que pour faire l'essai acidimétrique d'un lait, il suffirait d'avoir à sa disposition les ustensiles suivants :

1° Un petit vase en verre, une pipette graduée de 10 c. cubes, une burette graduée en dixièmes de centimètre cube, un petit agitateur en verre ;

2° Deux flacons bouchant à l'émeri et renfermant, l'un la dissolution sodique titrée; l'autre, la solution alcoolique de phénolphtaléine.

Mais, dans le but de pouvoir effectuer dans le moins de temps possible un grand nombre d'essais de lait, on a été conduit à construire des acidimètres spéciaux qui se trouvent aujourd'hui dans le commerce, et parmi lesquels nous citerons :

1° *L'acidimètre Dornic* (fig. 401).

Chez F. Fouché, concessionnaire exclusif pour la France, 38, rue des Écluses-Saint-Martin, Paris.

Description de l'instrument et mode opératoire.

Description. — L'appareil se compose des parties suivantes :

B et C. Burettes; l'une divisée en 50 parties égales, l'autre simplement jaugée.

A. Flacon contenant le réactif sodique.

G. Flacon contenant la solution alcoolique de *phénolphtaléine.*

M. Tubes destinés à renfermer les échantillons de lait à examiner et mesurés préalablement avec le petit récipient J.

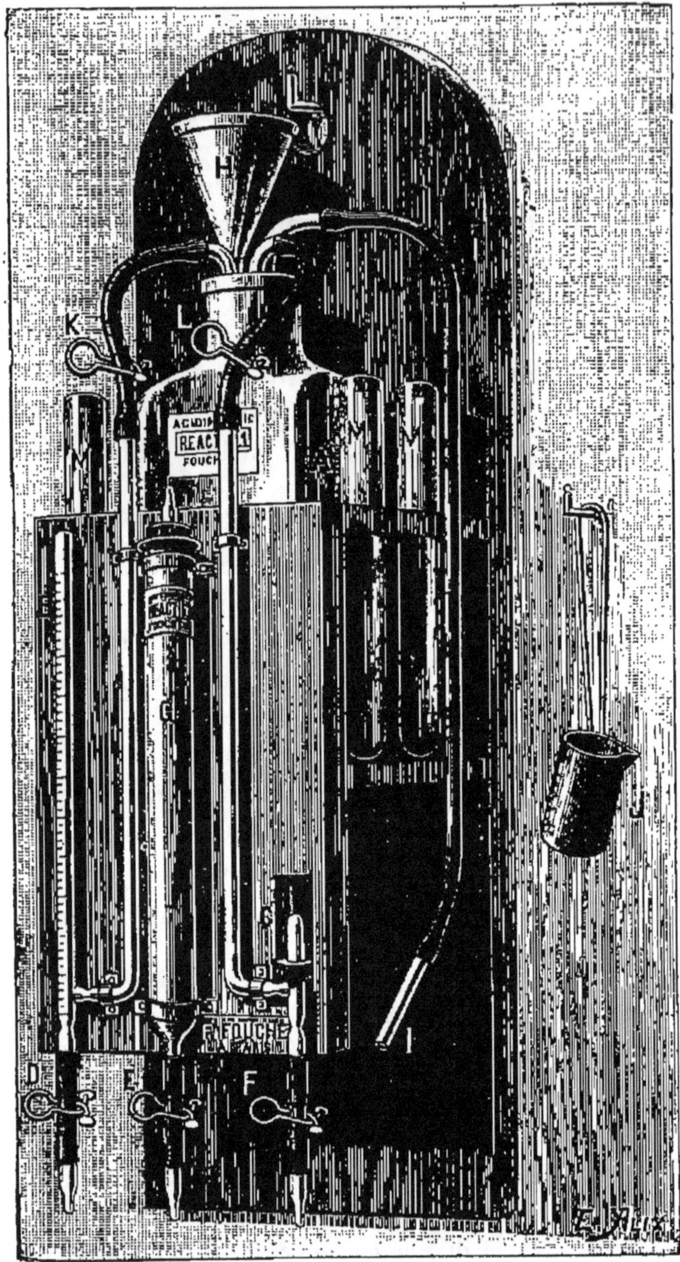

Fig. 401.

Il suffit de souffler doucement dans le tube I en ouvrant successivement les pinces K et L pour faire arriver le réactif sodique dans les burettes B et C.

MODE OPÉRATOIRE.

1° *Détermination exacte du degré d'acidité.*

On introduit dans un tube M un échantillon du lait à examiner, et mesuré bien exactement avec le petit vase J, on y fait tomber 4 ou 5 gouttes du réactif G, en ouvrant légèrement la pince E, et ensuite, goutte à goutte la solution sodique de la burette B, jusqu'à ce que le mélange prenne une teinte *rose clair*. La division à laquelle s'arrête le liquide dans la burette B donne le degré d'acidité du lait, chaque division correspondant à 1 milligr. d'acide lactique libre.

Coloration rose claire obtenue :

Avec 16 à 20 divisions, lait de bonne qualité.
Avec 15 à 14 et au-dessous, lait alcalin, malade, à rejeter.
Avec 20 à 25 et au-dessus, lait acide, malpropre, à rejeter.

2° *Détermination rapide de la qualité du lait.*

La burette C ayant été remplie, au préalable, avec la solution sodique, on fait tomber, *d'un seul coup*, son contenu dans un tube M contenant le lait à analyser et additionné de 4 à 5 gouttes du réactif G, et on observe la coloration obtenue, après quoi on conclut :

(*a*) *Rose clair*, bon lait normal.
(*b*) *Rouge violacé intense*, lait alcalin, à rejeter.
(*c*) *Peu ou point de coloration*, lait acide, à rejeter.

Le contenu de la burette C correspondant à 20 milligr. d'acide lactique, si l'on veut connaître exactement le degré d'acidité du lait ci-dessus, il suffira d'ajouter à celui-ci, dans le tube M, après l'opération précédente, quelques divisions de la burette B, de manière à obtenir la *teinte rose clair*. S'il faut ajouter, par exemple, 4 à

5 divisions, on en conclura que l'acidité de ce lait est de 24 ou 25.

Tarif. Acidimètre grand modèle, à 2 burettes : **28** francs.
— petit modèle, à 1 burette : **22** francs.
Réactifs pour 100 dosages : **4** francs. — Emballage : **2** fr. **25**

Acidimètre portatif Dornic à burette automatique.

M. Langlet, constructeur, 9, rue de Savoie, Paris.

Description. — Cet instrument (fig. 402) se compose d'une burette B, divisée en parties égales, chaque partie correspondant à 1 milligr. d'acide lactique. Cette burette communique avec le flacon A, qui contient la soude titrée. Une poire en caoutchouc E, que l'on presse, fait monter le liquide par le tube T et le déverse dans la burette B. Lorsque le liquide a atteint l'extrémité de la pointe en verre qui se trouve à l'intérieur et au sommet de la burette, on cesse de presser sur la poire qui, faisant l'office d'aspirateur, fait rentrer l'excès du liquide dans le flacon A. La burette s'ajuste donc d'elle-même, automatiquement et sans tâtonnement, au niveau du zéro de la graduation.

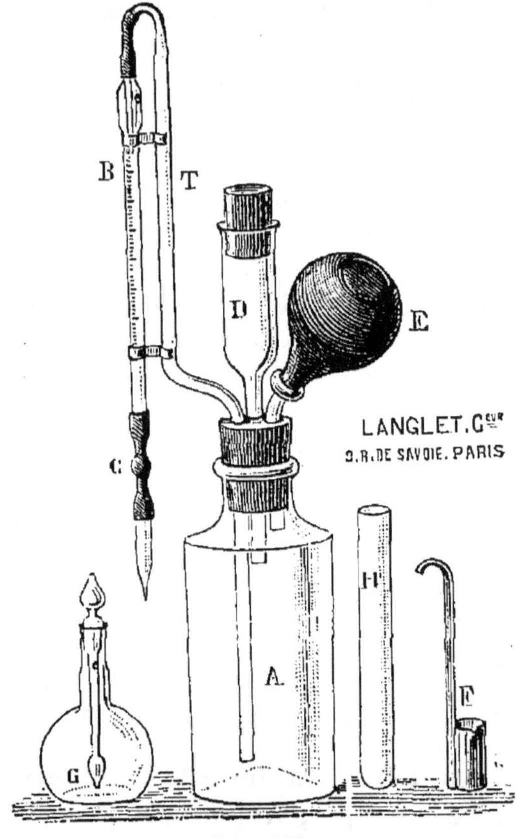

Fig. 402.

Pour provoquer l'écoulement du liquide dans le tube H, qui contient le lait à examiner, on pince entre le pouce et l'index le caoutchouc au point C, où se trouve une petite boule en verre.

D est un entonnoir qui sert à introduire la soude dans le flacon A.

G est un flacon parfaitement bouché par un compte-gouttes et renfermant la phénolphtaléine. F est une mesure de 10 c. m. c. en métal ou une pipette en verre, et H un tube à essai où se fait l'épreuve du lait. Enfin, un type de couleur rose clair est joint à chaque appareil.

Mode d'emploi de l'instrument.

On verse la soude dans le flacon A, par l'entonnoir D, après avoir eu soin d'enlever la poire E, afin de permettre la sortie de l'air. Quand le flacon est plein, on bouche l'entonnoir D, on remet la poire E en place, et on introduit de suite la phénolphtaléine dans le récipient G.

Le lait ou la crème étant bien mélangé, on en remplit très exactement la mesure F ou la pipette en verre jusqu'au trait gravé 10 c. m. c. On verse dans le tube H le liquide mesuré, on y ajoute 5 gouttes de phénolphtaléine en sortant le compte-gouttes du flacon G, et le portant rapidement au-dessus du tube H. On fait écouler le liquide de la burette B dans le tube H, en agitant de temps à autre, et en s'arrêtant lorsque le lait a pris une teinte rose clair (voir la teinte type). La division où s'arrête le liquide donne exactement le degré d'acidité du lait.

La coloration rose clair obtenue avec :

16 à 20 divisions, indique un lait de bonne qualité.
15 à 14 et au dessous, indique un lait alcalin, malade, à rejeter.
20 à 25 et au-dessus, indique un lait acide, malpropre, à rejeter.

Prix de l'acidimètre complet, avec réactifs, emballage compris : **21** francs.

Importance des essais acidimétriques appliqués aux laits.

L'acidimétrie appliquée aux laits est aujourd'hui reconnue indispensable, en raison des services qu'elle peut rendre à l'industrie laitière. Elle permet de reconnaître immédiatement les mauvais laits, défectueux ou malades et, en les éliminant, d'éviter les pertes résultant de leur emploi dans les diverses branches de l'industrie laitière : pasteurisation, stérilisation, fabrication des fromages, etc.

Dans les beurreries, elle fournit le moyen non seulement d'effectuer cette même élimination des laits défectueux, mais aussi de suivre la *fermentation de la crème* et de l'amener à un degré constant d'acidité, celui reconnu dans chaque établissement comme correspondant au meilleur rendement du beurre comme quantité et qualité.

Enfin, dans les fromageries, les essais acidimétriques ont également une grande importance. D'une manière générale, l'acidité du lait renforce l'action de la présure, de telle sorte qu'à température égale, pour faire cailler une certaine quantité de lait, dans un certain espace de temps, il faut employer d'autant moins de présure, d'une force déterminée, que le lait renferme plus d'acide, ou inversement.

L'acidimètre Dornic a déjà commencé à être employé dans les fruitières du Doubs, du Jura et de la Savoie.

D'après M. Dornic, les *bons* laits accusent avec sa liqueur alcaline 16 à 20° d'acidité, les laits *alcalins* 14 à 15, les laits *acides*, 22 et plus.

Les laits se coagulent à l'ébullition quand ils marquent 27° d'acidité et, à froid, quand leur acidité est de 80 à 85°.

Une crème *douce* marque de 15 à 16°, une crème *acidifiée* bonne à baratter 65 à 70°.

L'acidimètre est également précieux pour découvrir

les fraudes par addition d'eau ou écrémage. — Il suffit qu'un lait soit additionné de 15 à 20 pour 100 d'eau pour que son acidité baisse de 4 à 5°, par exemple de 20 à 15 ou 16.

(*d*) *Lacto-fermentateur.* — Cet instrument a pour objet de mettre les divers ferments que les laits peuvent renfermer, dans les meilleures conditions de rapide multiplication, et, par suite, de permettre d'observer les modifications qui peuvent se produire dans ces liquides.

Schatzmann est l'auteur des premiers essais effectués dans le but de reconnaître les laits altérés apportés dans les fromageries. Il conseillait, à cet effet, de prélever sur les laits fournis par les divers sociétaires, des échantillons dont on remplissait des éprouvettes à pied, et que l'on introduisait ensuite dans une caisse en bois doublé de métal et pleine d'eau tiède.

En observant le temps nécessaire à la coagulation du lait, l'aspect, l'odeur, le goût du caillé, etc.; il obtenait souvent des indices suffisants pour juger de la mauvaise qualité de certains laits mis en expérience.

M. le docteur Valter, chimiste cantonal à Soleure, a donné le nom de *lacto-fermentateur* à un instrument qui n'est autre que l'appareil Schatzmann perfectionné.

Le lacto-fermentateur que nous allons décrire est celui recommandé par M. Dornic; établi dans les conditions que nous allons indiquer, il peut servir tout à la fois comme *lacto-fermentateur* et *alcalino-crémomètre* (voir p. 858).

Cet appareil se compose d'un bain-marie en fer-blanc[1], à double enveloppe, l'intervalle compris entre les deux parois étant rempli de matières isolantes; il en est de même du couvercle qui, en outre, est muni d'un orifice destiné à livrer passage à un thermomètre.

A l'intérieur se trouve une étagère mobile percée de

[1] Ce bain-marie est celui que M. Martin a fait construire pour l'École de laiterie de Mamirolle (Doubs).

20 à 25 trous, dans lesquels on introduit les tubes d'essais des laits. Enfin, à la partie inférieure, se place une petite veilleuse destinée à maintenir le bain-marie qui se trouve au-dessus, à la température de 40° C. pendant les 18 ou 20 heures que dure l'opération.

Tubes d'essais. — M. Dornic conseille d'employer des tubes comme ceux représentés figure 403, d'une contenance de 55 à 60 c. cubes, avec un trait correspondant à la capacité de 50 c. cubes, et qui se ferment avec un petit couvercle *c* en tôle émaillée; ces tubes peuvent alors servir également pour l'alcalino-crémomètre.

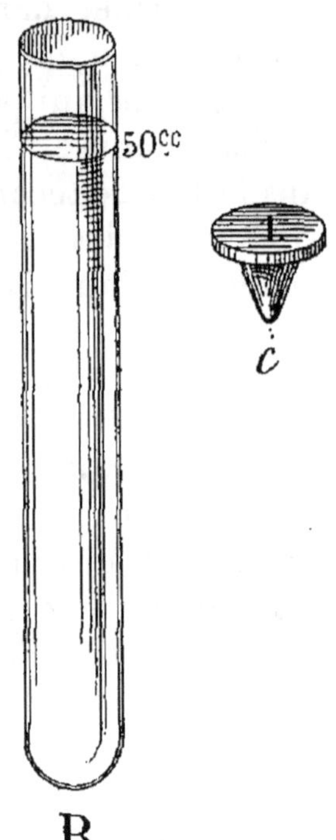

Fig. 403.

Mode d'opération. — Pour faire les essais, on garnit l'étagère mobile, retirée préalablement du bain-marie, des tubes dans lesquels on a mesuré 50 c. cubes des différents laits à essayer; au fur et à mesure, on ferme ces tubes avec les couvercles numérotés dont on inscrit les chiffres sur un registre spécial, et quand cette opération est terminée, on introduit l'étagère et ses tubes dans le bain-marie, dont l'eau doit avoir rigoureusement 40° à ce moment; on note également l'heure de l'immersion.

On examine les laits au bout de 6, 9, 12 et 18 heures, et, d'après les indications de M. Dornic, on les classe comme il suit :

Laits caillés avant 6 heures, très mauvais.
— — — 9 heures, mauvais.
— — entre 9 et 12 heures, suspects.
— — — 12 et 18 heures, bons.
— — après 18 heures, mauvais.

De plus, dans le bon lait, le caillé doit être homogène dans toute sa hauteur, sans stries ni gerçures, non floconneux et non divisé ou précipité au fond du tube. Sa surface supérieure doit être plane et non boursouflée par les gaz. Enfin, l'odeur ne doit être ni trop acide, ni surtout infecte, mais plutôt agréable.

Pour que l'on puisse tirer, des résultats fournis par le lacto-fermentateur, des conclusions exactes, les essais doivent satisfaire à un certain nombre de conditions, savoir :

1° Il faut avoir soin de stériliser dans l'eau bouillante, pendant 4 ou 5 minutes, les tubes d'essais et la pipette qui serviront à les remplir.

2° La température du bain-marie ne doit pas varier de plus de 1° en dessus ou en dessous de 40°, pendant toute la durée de l'opération.

Une critique sérieuse que l'on peut faire de cet appareil est relative à *la durée des opérations,* 12 et même 18 heures. Sous ce rapport, l'emploi de l'acidimètre est infiniment préférable, puisqu'il permet de reconnaître immédiatement les laits qu'il est urgent de rejeter.

II. Laits falsifiés par ablation de crème ou addition d'eau.

Nous admettrons que l'échantillon du lait sur lequel on doit opérer a été pris avec toutes les précautions désirables, et conformément aux indications minutieuses de M. Dornic dans son livre déjà cité [1], et nous nous contenterons d'indiquer ici la marche à suivre pour reconnaître ce genre de fraudes. On peut y arriver en employant deux sortes d'instruments : 1° *le lacto-densimètre;* 2° *le crémomètre.*

Les lacto-densimètres imaginés jusqu'ici sont nom-

[1] *Contrôle pratique et industriel du lait.*

breux, mais nous commencerons par décrire le plus connu.

Lacto-densimètre de Quévenne (fig. 404). — Cet instrument est un aréomètre dont la graduation repose sur les données suivantes :

1° A la température de 15°, la densité d'un lait normal et pur est comprise entre 1029 et 1033 (V. p. 2).

2° A la même température, la densité d'un lait écrémé, mais non additionné d'eau, est comprise entre 1032 et 1036 (la crème étant plus légère que le lait, la densité d'un lait écrémé doit augmenter).

3° Si l'on ajoute à un lait écrémé ou non écrémé des proportions croissantes d'eau, la densité du mélange va toujours en diminuant.

Quévenne a donc inscrit sur la tige de son aréomètre les deux points d'affleurement correspondant aux densités 1029 et 1033; il a partagé l'intervalle en quatre parties et reporté les divisions au-dessus et au-dessous de ces points d'affleurement.

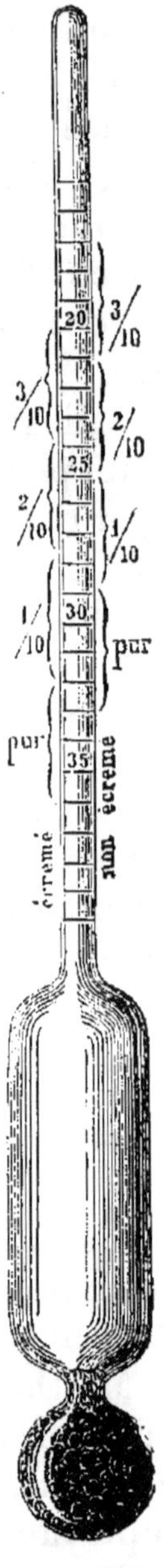

Le lacto-densimètre porte deux échelles, l'une teintée en *jaune* pour le lait *non écrémé*, d'abord pur, puis additionné d'un dixième, deux dixièmes, trois dixièmes, etc., d'eau; l'autre teintée en *bleu* pour le lait dépouillé de crème et pris dans les mêmes conditions que le précédent.

Les chiffres inscrits sur la tige correspondent au poids en grammes du litre de lait que l'on essaye, à la condition d'ajouter à chaque lecture le chiffre 10.

Ainsi un lait pur, marquant 35° au lacto-densimètre, pèse 1,035 grammes le litre.

Fig. 404.

Les points d'affleurement que peuvent donner les laits purs ou écrémés, sans eau ou additionnés de ce liquide, sont compris entre des accolades, en regard desquelles sont inscrits les mots *pur* ou *écrémé*, et les chiffres un dixième, deux dixièmes, trois dixièmes, qui correspondent au volume d'eau que ces laits peuvent renfermer.

Le lacto-densimètre permettrait de juger immédiatement de la pureté d'un lait, si les bases sur lesquelles repose sa graduation étaient toujours exactes, mais il n'en est pas ainsi.

Quand il s'agit de laits mélangés, provenant de différentes vaches, on peut admettre, avec Quévenne, que tout lait dont la densité est inférieure à 1029 est un lait falsifié par addition d'eau; mais il n'en est plus de même quand il s'agit du lait d'une seule vache ou de plusieurs vaches choisies. (V. p. 3.)

En effet, le beurre ayant une densité moindre que celle du lait et de l'eau (0,93), il en résulte que plus un lait est butyreux, plus il est léger à l'aréomètre, et, par suite, plus il a de chance d'être considéré comme un lait additionné d'eau.

De plus, le lacto-densimètre peut, en quelque sorte, servir de guide au falsificateur; ce dernier peut en effet commencer par *écrémer* son lait (la densité du liquide augmente); il y plonge alors l'aréomètre et ajoute de l'eau (la densité diminue) jusqu'à ce que le point d'affleurement corresponde à celui du lait pur non écrémé.

Quévenne, comprenant l'insuffisance de son lacto-densimètre, employé seul, a indiqué d'y joindre l'emploi d'un second instrument, le *crémomètre*.

Crémomètre de Quévenne (fig. 405). — Cet instrument, comme son nom l'indique, est destiné à mesurer la quantité de crème que peut fournir un lait en un temps donné.

Il se compose d'une éprouvette de 3 à 4 centimètres de diamètre et de 10 à 20 centimètres de hauteur.

Cette éprouvette porte une graduation en degrés qui

expriment des *centièmes* de sa capacité, et qui partent d'une ligne tracée circulairement à la partie supérieure du vase.

On remplit l'éprouvette avec du lait jusqu'au zéro de l'échelle, et l'on abandonne le liquide à lui-même dans un lieu frais. La crème se sépare bientôt, monte à la partie supérieure, et quand la couche butyreuse n'augmente plus d'épaisseur, on note le nombre de degrés qu'elle occupe.

Un lait non écrémé doit donner au moins 10°; cependant certains laits purs, mais pauvres, ne marquent quelquefois que 8° et même 7°.

Voici maintenant comment il convient d'employer simultanément le lacto-densimètre et le crémomètre.

1° On introduit le lait à essayer dans le crémomètre, et l'on prend la densité à la température de 15°; cette densité doit être comprise entre 1029 et 1033.

2° On abandonne le liquide à lui-même dans un lieu frais pendant vingt à vingt-quatre heures [1], et au bout de ce temps on note le nombre de divisions correspondant à l'épaisseur de la couche de crème formée; pour un lait pur, ce nombre de divisions doit être, en moyenne, de *dix*.

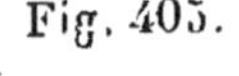

Fig. 405.

3° On enlève la couche de crème avec une petite cuiller, et l'on prend la densité du lait écrémé en plongeant le lacto-densimètre dans le liquide, dont la température doit avoir été ramenée préalablement à 15°. Dans cette seconde expérience, l'affleurement doit avoir lieu à l'accolade correspondant au mot *pur* sur l'échelle *bleue*, c'est-à-dire à 1033 au moins.

[1] La durée de l'ascension de la crème peut être réduite à douze heures seulement, en plaçant les crémomètres dans un récipient contenant de l'eau dont la température est maintenue à 10° au minimum.

Si ces trois conditions sont satisfaites, le lait peut être considéré comme pur.

Si l'on avait affaire à un lait très riche en beurre, il pourrait arriver que le point d'affleurement correspondît à un chiffre inférieur à 1030 sur l'échelle *jaune*. Dans ce cas, le crémomètre devra donner plus de 10 centièmes de crème, et l'aréomètre marquera *lait pur*, seulement dans le lait écrémé, c'est-à-dire sur l'échelle *bleue*.

Enfin, si le crémomètre donne moins de 9 centièmes de crème, le lacto-densimètre marquant néanmoins *lait pur* à l'échelle *jaune*, on pourra en conclure que ce lait a été écrémé et la soustraction de crème compensée par une addition d'eau. Dans ce dernier cas, après avoir enlevé la couche de crème formée dans le crémomètre, si l'on plonge l'aréomètre dans le liquide écrémé, l'affleurement sur l'échelle *bleue* aura lieu au-dessus de la première accolade qui porte le mot *pur*, c'est-à-dire que la densité du lait écrémé sera inférieure à 1033.

Le lacto-densimètre ayant été gradué à 15°, il ne faut pas oublier que les prises de densité doivent avoir lieu à cette température. Pour l'obtenir, il suffit, après avoir plongé un thermomètre dans l'éprouvette qui contient le lait, de placer cette éprouvette dans un autre vase contenant de l'eau fraîche ou tiède suivant la saison; on prend alors la densité quand le thermomètre plongé dans le lait marque 15°.

On peut se dispenser de faire cette petite opération, en se servant de tables de correction qui indiquent la véritable densité de ces laits pour des températures comprises entre 7° et 30°, par exemple.

M. Dornic a fait remarquer que l'on pouvait remplacer l'emploi des tables par un petit calcul bien facile à exécuter, même mentalement, et qui consiste à ajouter ou à retrancher, suivant les cas, **0,2** par degré de température au-dessus ou au-dessous de

15° centigr., donné par le thermomètre.

Exemples : 1° *Densité trouvée* : 1034. *Température* : 19°, *à ajouter* à la densité trouvée 0°,2 × 4 = 0°,8 ; densité corrigée = 1034,8.

2° *Densité trouvée* : 1034. *Température* : 12° C, *à retrancher* de la densité trouvée 0°,2 × 3 = 0°,6 ; densité corrigée = 1033,4.

Mais il faut opérer entre 10 et 20° C, parce qu'en dehors de ces limites les corrections ne sont plus justes et alors il faut forcément avoir recours aux tables.

Thermo-lacto-densimètre Dornic.

M. Dornic a fait construire cet instrument dans le but d'éviter l'emploi séparé du thermomètre et de la table de correction. Il se compose d'une chambre à air qui porte sur le devant les indications du thermomètre de 5° à 30° C avec un trait rouge à 15°, et, sur l'arrière, la correction à faire pour ramener la densité à cette température.

Cette chambre est surmontée d'une tige graduée de bas en haut en degrés et demi-degrés de 38 à 18, soit 1038 et 1018.

On trouve cet instrument chez M. Langlet, 9, rue de Savoie, Paris. Prix : **10** francs.

Avec un lacto-densimètre bien construit et contrôlé, la méthode que nous venons de décrire fournit généralement des résultats suffisam-

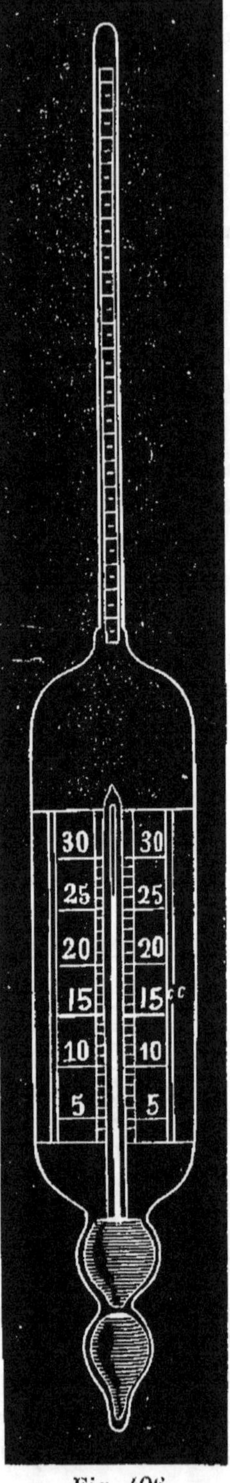

Fig. 406.

ment exacts pour le but que l'on se propose d'atteindre dans les fruitières, les centres de réception ou les exploitations agricoles; mais elle est trop souvent incertaine quand il s'agit d'expertises, dont les conclusions peuvent entraîner la condamnation des fournisseurs de lait destiné à l'alimentation des grandes villes, par exemple; dans ce cas particulier, il devient nécessaire de recourir à des procédés de vérification plus exacts.

Le caractère essentiellement pratique de cet ouvrage ne comportant pas la description des méthodes analytiques rigoureuses, nous nous contenterons d'exposer ici celle dite *alcalino-crémométrique,* qui permet de doser la matière grasse du lait beaucoup plus exactement qu'avec le crémomètre.

En rapprochant les indications fournies par cette méthode avec celles données par le lacto-densimètre, on arrive à des résultats tout à faits satisfaisants.

Mais, avant d'exposer cette méthode, nous décrirons un nouveau mode d'essai pratique des laits par la *présure,* qui a été indiqué dans ces derniers temps.

Essai des laits par la présure.

En 1894, MM. Lézé, professeur et Hilsont, répétiteur à l'école d'agriculture de Grignon, ont fait connaître un procédé simple et rapide d'essais des laits par la présure. D'après les auteurs, dans l'estimation de la valeur d'un lait, il y a deux points de vue à envisager : 1° si le lait est naturel et si sa densité est normale, ainsi que la proportion de matière grasse qu'il contient; 2° si le lait est sain et non encore en voie de désorganisation sous l'influence des microbes qu'il renferme.

Aujourd'hui, ces deux sortes d'examens peuvent s'effectuer dans un temps très court. Le dosage de la matière grasse s'effectue à l'aide de l'instrument appelé *acido-butyromètre* de Gerber dont nous parlerons plus loin.

Quant au second examen, il a lieu par l'*épreuve à la présure* effectuée comme il suit : on introduit dans un tube fermé 100^{cc} de lait que l'on porte et que l'on maintient à la température de 35° dans un bain-marie, on y ajoute une quantité déterminée de présure titrée et on note avec une montre à secondes le temps nécessaire à la prise en masse du liquide.

La présure employée est celle du commerce (force : 10,000, voir p. 538), avec laquelle on prépare une liqueur *décime* ou 10 fois plus faible, et dont on verse 1^{cc} dans les 100^{cc} de lait chauffés à 35°.

Après plusieurs centaines d'essais effectués, MM. Lézé et Hilsont sont arrivés aux conclusions suivantes :

« Un lait de bonne qualité se coagule par la présure en trois minutes et demie ou quatre minutes; le caillé est net, homogène, d'un beau blanc de porcelaine.

« Si les temps de coagulation sont très différents de quatre minutes, si le caillé est grumeleux ou terne, le lait est douteux et doit être examiné de plus près par l'analyse.

« Des temps de coagulation très considérables peuvent faire soupçonner l'addition d'eau ou d'un sel alcalin préservateur.

« Si les laits se coagulent rapidement, c'est qu'ils contiennent des matières étrangères ou qu'ils sont déjà attaqués par les organismes. Un lait naturel qui se coagule en moins de deux minutes est impitoyablement à rejeter aussi bien pour l'alimentation que pour les usages industriels. »

Remarques. — MM. Lézé et Hilsont ont constaté également que le lait essayé immédiatement après la traite se coagule plus vite que celui examiné deux ou trois heures après; et cette accélération paraît tenir à la présence de l'acide carbonique.

Enfin, les expériences des auteurs ont confirmé l'influence retardatrice d'un chauffage préalable sur la coagulation du lait par la présure (voir p. 62 et 63, Pasteurisation et Stérilisation du lait).

Dosage de la matière grasse dans le lait.

L'élément le plus important du lait, celui qui lui donne le plus de valeur, est sans contredit la *matière grasse* qu'il renferme, d'où l'intérêt de premier ordre qu'il y a à savoir doser cette substance. Ce dosage peut s'effectuer de deux façons : 1° sous forme de crème; 2° à l'état de matière grasse proprement dite.

I. — PROCÉDÉ PRATIQUE DE DOSAGE DE LA CRÈME, MÉTHODE ALCALINO-CRÉMOMÉTRIQUE.

Nous avons vu, page 307, combien la crème obtenue par le crémage spontané d'un lait, en vase ouvert, présente de différences notables, notamment au point de vue du *volume*, suivant les circonstances qui accompagnent sa production; à température égale même, les laits ne s'écrèment pas également bien et un lait acide, par exemple, donne moins de crème qu'un lait alcalin. Il en résulte que l'on ne peut sûrement déduire la richesse en matière grasse d'un lait d'après l'épaisseur de la crème formée à sa surface dans le crémomètre.

Pour remédier aux incertitudes des indications fournies par ce dernier instrument, il suffit d'avoir recours à la méthode dite *alcalino-crémométrique,* imaginée par le docteur Quesneville de Paris.

Cette méthode consiste à ajouter au lait dont on veut mesurer la crème, et qu'on maintient pendant dix à douze heures à 40° C., 1 à 2 pour 100 d'une liqueur alcaline dite Liqueur de Quesneville[1].

[1] Cette liqueur, que l'on peut acheter toute preparée, se compose d'un mélange de 225 c. cubes d'ammoniaque, D = 0,93, et de 32 c. cubes d'une liqueur de potasse ou de soude D = 1,34, le mélange devant avoir exactement une densité de 1000.

Quant à l'alcalino-crémomètre proprement dit, il comprend : 1° un bain-marie; 2° des tubes crémométriques.

1° *Bain-marie*. (Voir sa description p. 848.)

Tubes crémométriques. — Ces tubes (fig. 407) peuvent être de petites éprouvettes de 60cc de capacité environ, graduées à leur partie supérieure, de haut en bas, à partir de la capacité de 50cc en centimètres cubes, sur une longueur représentant 10cc ou 20 pour 100 de crème.

Par économie, on peut, comme le fait M. Martin, se contenter de simples tubes à essais de même capacité, parfaitement calibrés et portant simplement un trait correspondant à la capacité de 50cc et dans lesquels la hauteur de crème est mesurée au moyen d'une échelle mobile.

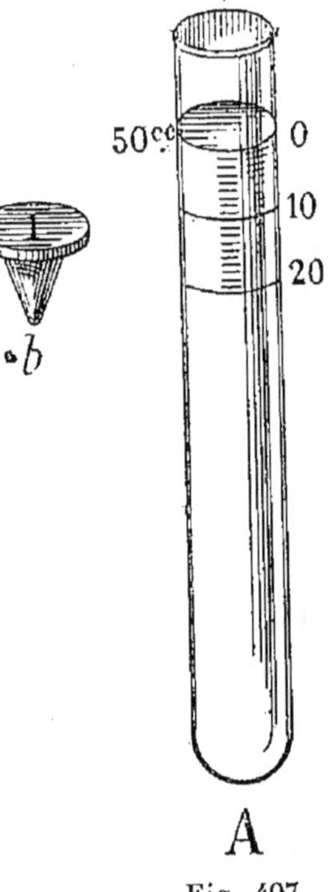

Fig. 407.

Mode opératoire. — Cinq à dix minutes avant l'opération, on remplit le bain-marie avec de l'eau à 60 ou 70°. D'autre part, on mesure très exactement dans un tube A, 50cc de lait auxquels on ajoute 1cc de liqueur Quesneville; on ferme le tube avec le pouce, on mélange bien, on recouvre l'orifice ouvert avec le petit obturateur *b*, et on introduit le crémomètre dans le bain-marie.

Mais, au préalable, on a dû avoir le soin de ramener exactement la température de l'eau à 40° et d'allumer la petite veilleuse qui suffit pour maintenir cette température sensiblement constante.

Au bout de dix à douze heures la couche de crème

se détache nettement du liquide jaune verdâtre sous-jacent et on fait la *lecture des divisions.*

Cette méthode, dit M. Dornic, est économique, à la portée du petit cultivateur, facile à exécuter et fournit des résultats suffisamment exacts pour indiquer approximativement la richesse du lait en graisse ou déceler les grosses falsifications, surtout quand on s'aide, d'autre part, du lacto-densimètre.

Mais elle a le même inconvénient que celui signalé déjà à propos du lacto-fermentateur (p. 850), celui d'exiger dix à douze heures pour la durée des opérations.

Calcul de la quantité de matière grasse pour 100, *d'après la quantité de crème fournie par l'alcalino-crémomètre.*

D'après M. Dornic, les résultats qu'il a obtenus dans un grand nombre d'essais sembleraient établir qu'en général, pour les laits *entiers*, en partie *écrémés*, ou bien, *mouillés*, la teneur en *graisse* est approximativement le *tiers* de celle de la crème ; en voici des exemples :

	LAITS					
	entiers.				écrémés.	mouillés.
Crème pour 100 (à l'alcalino-crémomètre)	14,00	10,00	17,40	9,00	6,50	8,00
Graisse pour 100 (calculée)	4,67	3,33	5,80	3,00	2,17	2,67
Méthode Gerber	4,70	3,50	5,50	3,15	2,05	3,10

D'autre part, on sait qu'un lait *moyen*, de bonne qualité, doit renfermer de 30 à 33 grammes de matière grasse par litre.

Prix de l'alcalino-crémomètre, chez Langlet, 9, rue de Savoie, Paris :
Petit bain-marie à 20 tubes : **12** francs.
Chaque tube gradué : **0** fr. **45**.
Un litre de liqueur Quesneville, pour 1,000 essais : **3** à **4** francs.

Nota. — Les professeurs Kræmer et Schulze, de l'École polytechnique de Zurich, ont donné un tableau qui permet de déterminer la qualité du lait d'après les données du lacto-densimètre et de l'alcalino-crémomètre; M. Dornic l'a reproduit dans son livre déjà cité.

Procédés industriels pour le dosage de la crème.

Ces procédés reposent sur l'emploi d'appareils centrifuges à l'aide desquels on sépare la crème du lait; les séparateurs les plus employés sont : 1° *le contrôleur du docteur Fjord;* 2° *le contrôleur Victoria;* nous allons décrire ces appareils dont l'emploi présente de si grands avantages dans les laiteries centrales et coopératives.

1° *Contrôleur centrifuge du docteur Fjord.*

Nous avons dit, page 212, que l'on pouvait adopter aux écrémeuses Burmeister et Wain le contrôleur du docteur Fjord, qui permet de vérifier rapidement et simultanément la richesse en crème d'un grand nombre d'échantillons de lait, ou bien encore celle du lait maigre qui sort du séparateur.

Appareil de contrôle à 18 *éprouvettes, destiné à être adopté aux écrémeuses B.*

Cet appareil, représenté figure 408, consiste en une pièce centrale portant neuf bras en forme de crochets auxquels on fixe neuf cylindres pouvant loger, chacun, deux éprouvettes contenant les échantillons de lait à examiner. Le fond de ces cylindres est perforé, ce qui permet à l'eau dont on remplit la turbine au moment de l'opération, de pénétrer dans les récipients cylindriques et d'entourer les éprouvettes. Cette disposition a le double avantage de mettre les éprouvettes à l'abri d'un excès de pression sous l'influence de la force centrifuge et de les protéger contre le bris; en outre, elle permet aux échantillons de lait de prendre rapidement la température du liquide ambiant.

Les éprouvettes d'essai sont de simples cylindres en

verre, d'un diamètre partout égal et contre lesquels, après l'opération, on applique une échelle en verre ou en métal, divisée de telle sorte que l'espace compris entre deux divisions représente 1 pour 100 de la capacité totale du tube.

Quand il s'agit d'essayer du lait déjà écrémé, on sub-

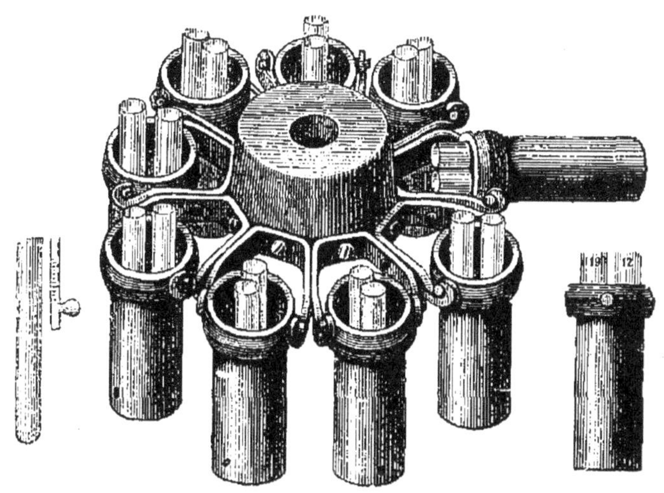

Fig. 408.

stitue à ces tubes cylindriques des éprouvettes spéciales, dont le col rétréci porte une graduation; chaque fourreau cylindrique ne pouvant contenir qu'une seule de ces éprouvettes, le contrôle est réduit à neuf échantillons pour chaque opération.

Pratique d'une opération. — Le prélèvement de l'échantillon du lait à essayer peut s'effectuer à l'aide d'une pipette graduée de telle façon que le volume de lait qu'elle laisse écouler remplisse exactement le tube d'essai jusqu'au trait supérieur; mais avant la prise, il est indispensable de bien remuer le lait, afin de rendre la masse homogène. Quand les éprouvettes sont remplies, pour effectuer une opération, on opère comme il suit :

On enlève les tubes d'emprise et l'alimentateur T de

l'écrémeuse, figure 106; on dévisse les deux écrous de l'arbre, on place le moyeu de l'appareil de contrôle sur le cône; puis on revisse les écrous et l'on serre. On suspend alors les fourreaux aux crochets, on y introduit les éprouvettes; et si l'on ne se sert pas de toutes les gaines à la fois, on fait en sorte que deux gaines diamétralement opposées soient toujours garnies, afin d'obtenir l'équilibre sur l'arbre.

On remplit la turbine jusqu'à un niveau fixe d'eau, à une température d'environ 60°, afin que cette température ne soit pas descendue au-dessous de 55° lorsque l'on commencera l'opération.

La mise en marche et l'arrêt de l'appareil s'effectuent comme il a été dit pour le centrifuge, mais la vitesse de rotation ne doit pas dépasser 1,200 tours par minute pendant le travail, parce que, au delà, les tubes de verre ne résisteraient pas.

Lorsque le nombre total de tours effectués a atteint 60,000, c'est-à-dire au bout d'environ cinquante minutes, on laisse l'appareil s'arrêter de lui-même. Pour vérifier ce nombre de tours, on peut se servir d'un compteur (fig. 116); mais son emploi n'est pas indispensable.

Pendant la rotation, dès que l'appareil a acquis une vitesse suffisante, les gaines cylindriques avec leurs tubes passent de la position verticale à la position horizontale, comme l'indique la figure 408 pour un de ces cylindres; la séparation du lait et de la crème s'effectue, et celle-ci vient se réunir à l'orifice de chaque éprouvette, sous forme d'un cylindre à bords bien définis. Quand la machine est arrêtée, on enlève successivement chaque tube, on applique contre sa paroi extérieure l'échelle graduée, en faisant coïncider son zéro avec le bord supérieur de la couche crémeuse, et on lit le nombre de centimètres de crème obtenue.

Les éprouvettes une fois vidées doivent être soigneusement nettoyées à l'eau chaude additionnée de soude, si cela est nécessaire, puis rincées et séchées.

Prix du contrôleur et de ses accessoires, chez Hignette, 162, boulevard Voltaire, Paris :

Appareil pour écrémeuse B : **100** francs. — Éprouvette, la pièce : **1** franc. — Échelle graduée : **3** francs. — Compteur de tours, simple : **25** francs; supérieur : **70** francs.

Il y a également des contrôleurs Fjord destinés à être adaptés aux écrémeuses AA de Burmeister et Wain et avec lesquels on peut essayer de 96 à 144 échantillons de lait, en une seule opération. Ces derniers appareils conviennent surtout aux laiteries centrales et coopératives; ils coûtent, complets, en fer-blanc, de 200 à 250 francs; en métal, de 230 à 300 francs.

2° *Contrôleur centrifuge « Le Victoria ».*

Cet appareil (fig. 409) se mouvant à bras et ne per-

Fig. 409.

mettant d'effectuer qu'un petit nombre d'essais à la fois, 4 à 12 suivant le modèle, convient plus particulièrement à la petite industrie laitière.

La figure 409 donne une vue d'ensemble du contrôleur Victoria.

La figure 410 en donne une coupe.

Mode opératoire. — Le lait à essayer est introduit,

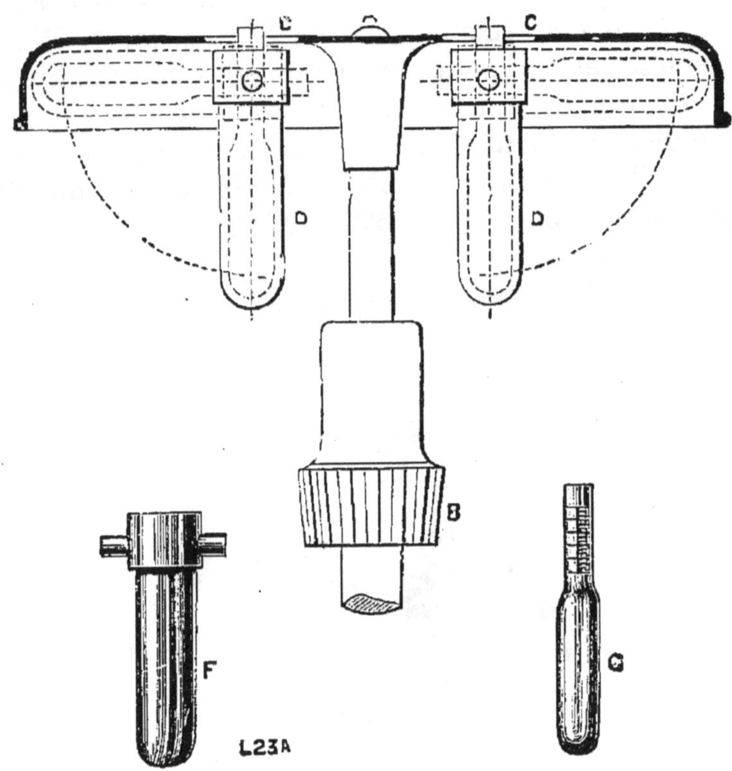

Fig. 410.

à 25° environ, dans les fioles G dont le col est *gradué* et qui se placent dans des *étuis* F montés sur deux tourillons horizontaux s'accrochant aux bras de l'axe A, qui communique le mouvement de rotation à tout l'appareil.

Dans la figure 410, on voit deux de ces étuis CD, *verticaux* avant et *horizontaux* pendant la rotation dont la durée est de 15 à 20 minutes au plus; ce temps écoulé, la lecture de la hauteur de crème réunie dans le col gradué de la bouteille G donne le tant pour 100 de cette matière contenue dans le lait.

Ce petit appareil est très simple et très pratique; il rend des services réels dans les laiteries, notamment en Belgique où il est très employé, dans les établissements coopératifs, pour le payement du lait d'après sa richesse en crème; cependant les résultats qu'il fournit laissent un peu à désirer, au point de vue de l'exactitude.

Il y a huit ans, M. Lézé, qui avait vu fonctionner ce petit appareil en Irlande, l'a signalé, le premier, à l'industrie laitière.

II. DOSAGE DE LA MATIÈRE GRASSE.

Le dosage direct de la matière grasse contenue dans un lait est toujours plus exact que celui calculé d'après la quantité de crème obtenue, et le procédé le plus employé aujourd'hui pour ce dosage repose sur la réaction suivante :

Quand on traite un lait par les acides concentrés, la caséine se dissout, en dégageant une quantité de chaleur suffisante pour fondre la matière grasse et lui permettre de se séparer complètement sous l'influence de la force centrifuge.

Quant aux appareils à l'aide desquels on met en œuvre ce procédé, ils sont au nombre de deux principaux :

1° *L'acido-butyromètre de Gerber.*

2° *Le lactocrite de Laval.*

Dans la méthode Gerber, le lait est traité par un mélange d'acide sulfurique concentré et d'acide acétique cristallisable.

Dans celle avec le lactocrite Laval, l'attaque de la caséine avait lieu, à l'origine, avec le même mélange acide que ci-dessus, actuellement ce mélange est composé de 95 pour 100 d'acide lactique à 26° et 5 pour 100 d'acide chlorhydrique fumant. Ces deux appareils sont expéditifs, mais pour les personnes qui n'ont pas l'habitude du laboratoire, l'emploi des acides concentrés qu'ils comportent peut présenter quelques dangers; en outre, ils sont d'un prix élevé.

Pour ces deux motifs, nous nous contenterons d'indiquer rapidement les dispositions que présentent ces deux instruments, et quant à la manière de s'en servir, nous renverrons nos lecteurs aux instructions détaillées qui sont délivrées par les constructeurs ou les concessionnaires, au moment de la livraison.

1° *Acido-butyromètre Gerber.*

Cet instrument se compose de deux parties :

I. *L'appareil centrifuge*. II. *Les butyromètres*.

1° L'appareil centrifuge est dit : centrifuge toupie (fig. 411) ; il peut se fixer sur une table solide et recevoir le mouvement de rotation par l'intermédiaire d'une ficelle qui s'enroule sur l'axe.

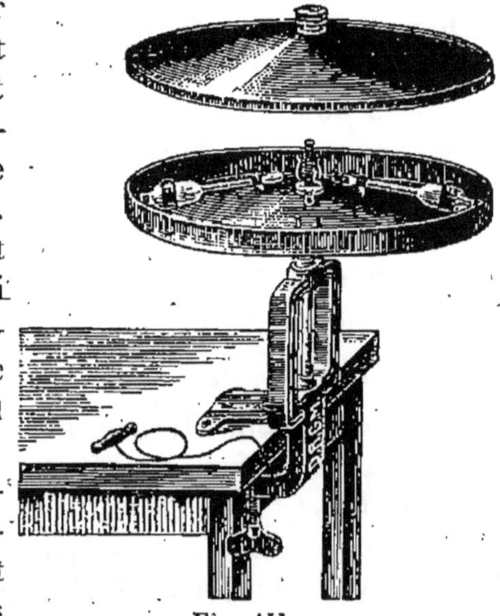

Fig. 411.

2° Les butyromètres sont des tubes gradués qui ont deux formes différentes suivant le genre d'analyses que l'on veut effectuer.

Ceux destinés aux essais du lait entier ou maigre, ou du petit-lait, n'ont qu'une ouverture; les autres, employés pour le babeurre, la crème ou le fromage, en ont deux et sont complétés par un petit dé de 1 cent. cube qui sert à mesurer ou à peser la matière, suivant le degré d'exactitude que l'on veut obtenir.

Les butyromètres contenant la matière à analyser, préalablement traitée par le mélange des deux acides avec addition d'une petite quantité d'alcool amylique, etc., sont introduits et fixés dans le disque inférieur du récipient, sur lequel on replace le couvercle et on communique au disque un mouvement de rotation très rapide, qui doit durer 2 minutes à 2 minutes et demie.

Si la séparation est complète, on lit le nombre de divisions que la couche claire et transparente de matière grasse occupe dans chaque tube retiré du disque. Une division représente 0,1 pour 100 de graisse.

L'acido-butyromètre Gerber est un appareil très simple, très expéditif et facile à manier; on peut faire avec lui 8 à 24 dosages de matière grasse en 30 à 60 minutes.

En résumé, sauf la réserve de l'emploi des acides qui exige certaines précautions, c'est un excellent appareil de contrôle industriel du lait.

Prix de l'appareil complet : **120** à **210** francs pour 8 à 24 butyromètres.

2° *Lactocrite de Laval.*

C'est de Laval, l'inventeur suédois de l'écrémeuse (fig. 113) qui porte son nom, qui a imaginé cet appareil.

La figure 412 représente le tambour qui se met à la place du col dans l'écrémeuse Laval et dans lequel on introduit les tubes d'essais du lait soumis préalablement à l'action des acides.

Les tubes (fig. 413) sont capillaires, gradués sur une longueur représentant 50 divisions ou 5 pour 100 de matière grasse.

De plus, ils sont enchâssés dans une gaine métallique portant en haut un petit trou capillaire, et s'emboîtent inférieurement dans une petite capsule également métallique.

Un modèle de lactocrite à bras a été construit pour les personnes qui ne disposent pas d'une écrémeuse cen-

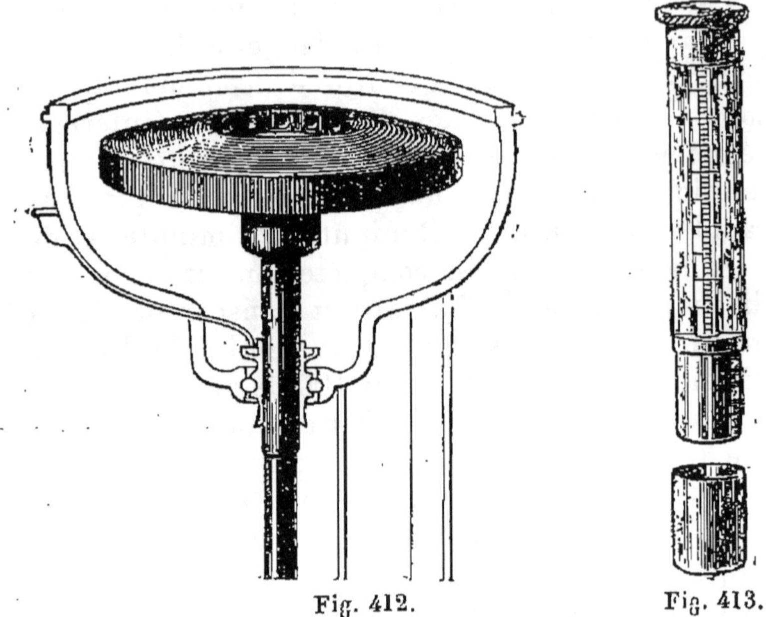

Fig. 412. Fig. 413.

trifuge Laval. M. Th. Pilter, 24, rue Alibert, Paris, est le concessionnaire de ces appareils pour la France.

Avantages de l'emploi des appareils centrifuges précédents.

Les appareils permettant de payer les laits non plus au volume ou au poids, mais d'après leur teneur en matière grasse, le vendeur n'a plus alors d'intérêt à *mouiller* sa marchandise et a tout avantage, au contraire, à peupler son étable de vaches choisies et qui, bien nourries, lui donneront un lait plus abondant et de qualité supérieure. En Danemark, en Suède, au Canada, etc., ces contrôleurs sont en usage depuis longtemps; en France, l'acido-butyromètre Gerber commence à se répandre dans beaucoup de laiteries.

En outre, ces appareils permettent d'apprécier le degré

d'écrémage des centrifuges, la quantité de matière grasse entraînée par le petit-lait dans la fabrication du fromage ou dans le lait de beurre pendant le barattage.

Enfin, l'acido-butyromètre de Gerber est, sans contredit, l'appareil le plus pratique actuellement, pour contrôler immédiatement un lait saisi et supposé adultéré, par écrémage préalable ou mouillage.

ESSAIS DES BEURRES.

Les essais des beurres intéressants pour nos lecteurs sont ceux qui permettent d'accuser dans ces produits la présence de la margarine ou d'autres corps gras étrangers, et d'en déterminer la proportion.

Nous avons dit pages 432 et 433 que l'inefficacité de la loi de 1887, pour la répression des fraudes dans le commerce des beurres, tenait surtout à ce que cette loi s'était heurtée aux difficultés d'expertise, lors des poursuites, en présence de l'incertitude que présentaient jusqu'alors les résultats analytiques, lorsque les graisses animales et les huiles exotiques étaient mélangées aux beurres au-dessous d'une certaine proportion.

En 1894, lors du dépôt par M. Viger d'un nouveau projet de loi de répression, l'exposé des motifs annonçait que les recherches poursuivies par M. Muntz permettaient actuellement d'établir la possibilité de reconnaître les fraudes par la margarine, dans des limites assez étroites pour prévenir les falsifications, les constater et en assurer la répression; mais à la condition de s'entourer de certaines garanties.

Les difficultés que nos plus habiles chimistes ont éprouvées pour arriver à un résultat satisfaisant démontrent, jusqu'à l'évidence, combien il serait inutile, pour la très grande majorité de nos lecteurs, de leur décrire les méthodes très scientifiques mises en œuvre par nos savants les plus distingués, dans l'étude de cette question de la fraude des beurres.

Nous nous contenterons donc de faire avec eux des vœux pour que tant d'efforts ne restent pas stériles et que les derniers travaux de M. Muntz, notamment, soient assez décisifs pour faciliter l'élaboration d'une nouvelle loi de répression capable d'inspirer une crainte salutaire aux fraudeurs.

ESSAIS DES PRÉSURES.

La détermination du degré de force de coagulation d'une présure est importante pour fixer l'acheteur tout à la fois sur la valeur vénale du produit et la quantité à en employer dans des conditions déterminées. Au premier abord, la méthode la plus simple à suivre pour faire cet essai est la suivante : chauffer une certaine quantité de lait à 35° par exemple, y ajouter un volume de présure indiqué par la force pour laquelle elle est vendue, et constater si la coagulation est terminée après 40 minutes.

Cependant cette méthode a l'inconvénient d'obliger, lorsque l'on essaye des présures concentrées, à opérer sur un volume de lait considérable, et à maintenir celui-ci à une température constante pendant un temps assez long. Pour une présure dont la force est de 10,000, par exemple, si l'on veut faire l'essai avec 1 cent. cube de cette présure, il faudra opérer sur 10,000 c. c., ou 10 litres de lait maintenus à 35° pendant 40 minutes.

Mais, d'après ce qui a été dit page 540, on sait que si l'on fait agir 1 cent. cube de cette même présure sur un volume de lait à 35° dix fois plus petit, ou 1 litre, le temps nécessaire à la coagulation sera également 10 fois moindre, c'est-à-dire de 4 minutes au lieu de 40, d'où la méthode d'essai suivante :

On verse dans un vase en verre (fig. 414), de un litre un quart de capacité, un litre de lait à 35°; on y mélange intimement un centimètre cube de présure d'une force présumée égale à 10,000, et l'on incline le vase, de minute en minute, jusqu'à ce que l'on constate que le lait est caillé.

Fig. 414.

Si la coagulation a lieu au bout de 4 minutes, la présure a la force annoncée et égale à 10,000; mais si elle ne se produit qu'au bout de 6 minutes, par exemple, on dira :

A doses égales, les forces des deux présures sont en raison inverse des temps nécessaires pour coaguler 1 litre de lait à 35°, d'où la relation :

$$\frac{4}{6} = \frac{x}{10{,}000}, \text{ d'où } x = 6666.$$

Comme cet essai ne demande que quelques minutes, il n'y a pas lieu de se préoccuper de l'abaissement de la température du lait pendant l'opération.

II. DES INSTRUMENTS DE PRÉCISION POUR LAITERIES : THERMOMÈTRES, HYGROMÈTRES, PSYCHROMÈTRES, ETC.

Nous avons signalé, dans le cours de cet ouvrage, la nécessité absolue de faire entrer dans le matériel de laiterie un certain nombre d'instruments de physique destinés à servir de guides dans l'exécution des opérations; nous allons donner quelques détails sur le choix et l'emploi de ces instruments.

1° *Thermomètres* [1]. — Ces instruments sont indispensables dans un grand nombre de circonstances pour vérifier les températures :

(*a*) *Des divers locaux* d'une laiterie, beurrerie ou fromagerie;

(*b*) *Du lait,* avant son passage au centrifuge, à sa sortie des pasteurisateurs et des réfrigérants ou au moment de sa mise en présure;

(*c*) *De la crème*, au moment du barattage, etc.

[1] Chez P. Rousseau et Cie, 16, rue des Fossés-Saint-Jacques, Paris.

Les thermomètres à l'aide desquels on peut effectuer ces diverses déterminations, sont les suivants :

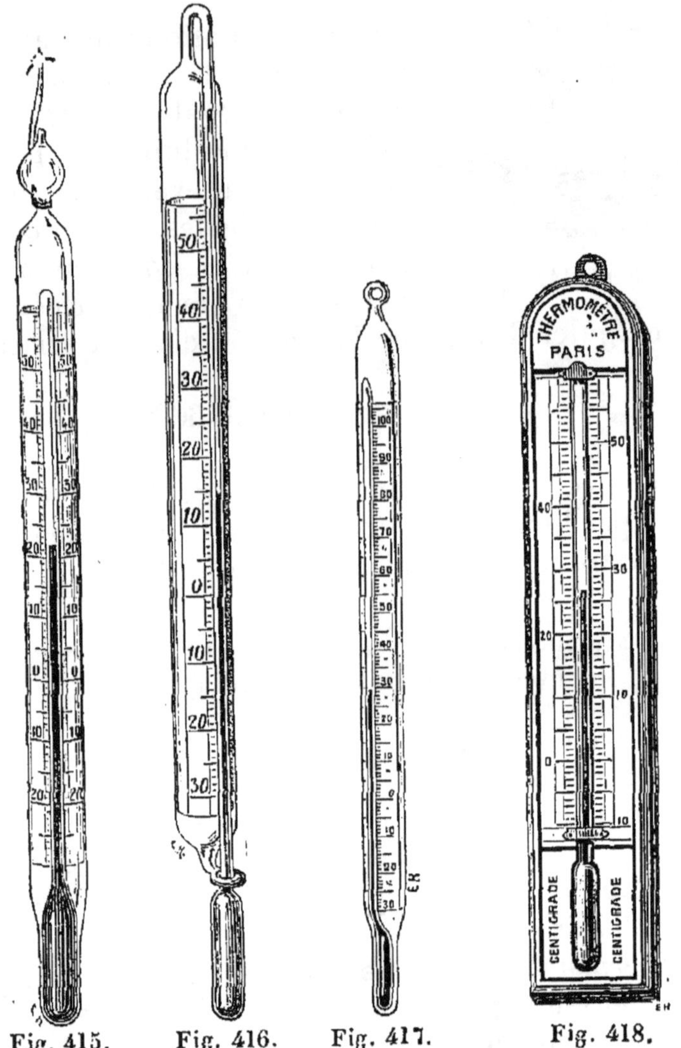

Fig. 415. Fig. 416. Fig. 417. Fig. 418.

Fig. 415 et 416. Thermomètres à alcool pour le lait. — Fig. 417. Thermomètre à mercure pour pasteurisateurs, stérilisateurs, etc. — Fig. 418. Thermomètre à alcool sur planchette pour vérifier la température des locaux.

2° *Hygromètres et psychromètres*[1]. — Ces instruments

[1] Chez Démichel, successeur de J. Salleron, 24, rue Pavée-au-Marais, Paris.

sont destinés à indiquer le degré hygrométrique de l'air, c'est-à-dire le rapport entre la quantité de vapeur d'eau qu'il contient à un moment donné et celle qu'il contiendrait à la même température, s'il était saturé.

Ainsi, quand on dit, par exemple, que le degré hygrométrique de l'air est de 90 0/0, à la température de 20°, cela signifie qu'à ce moment l'air ne contient que 90 pour 100 de la vapeur d'eau qu'il contiendrait à 20°, s'il était saturé. Nous avons vu combien il était important d'entretenir dans les divers locaux d'une fromagerie, et notamment le séchoir et la cave, un degré d'humidité en rapport avec la nature des fromages fabriqués et les diverses époques de leur maturation, on y parvient à l'aide d'hygromètres ou de psychromètres.

Hygromètres. — En dehors de l'hygromètre dit *à condensation,* tous les autres ne sont, en réalité, que des *hygroscopes,* c'est-à-dire des instruments qui indiquent seulement si l'air d'un local devient plus ou moins sec ou humide. Tel est, par exemple, l'*hygromètre de de Saussure* qui est basé sur le raccourcissement par la sécheresse et l'allongement par l'humidité *d'un cheveu,* dont les mouvements font mouvoir une aiguille sur un cadran gradué en cent parties, le point 0 correspondant à la sécheresse extrême et le point 100 à l'extrême humidité. Or, pour passer des indications fournies par l'hygromètre à cheveu ordinaire aux véritables degrés hygrométriques, il faut une table dressée pour chaque instrument, ce qui n'est pas pratique.

La figure 419 représente un de ces hygromètres ordinaires pouvant servir d'hygroscope.

Cependant, Marié-Davy, ancien directeur de l'Observatoire de Montsouris, a fait construire un hygromètre de de Saussure (fig. 420), dans lequel le cheveu unique est remplacé par la réunion de plusieurs et qui donne, par une simple lecture, le véritable degré hygrométrique de l'air. Seulement, cet instrument a le grave inconvénient de coûter 50 francs.

C'est pour ces divers motifs, que dans les ouvrages qui traitent de l'industrie laitière on recommande, de préférence, l'emploi des *psychromètres* et notamment celui d'August.

Psychromètre d'August (fig. 421). — Cet instrument se compose de deux thermomètres fixés sur une planchette ou sur un cadre métallique et divisés par 1/5 de degré; l'un indique la température de l'air du local;

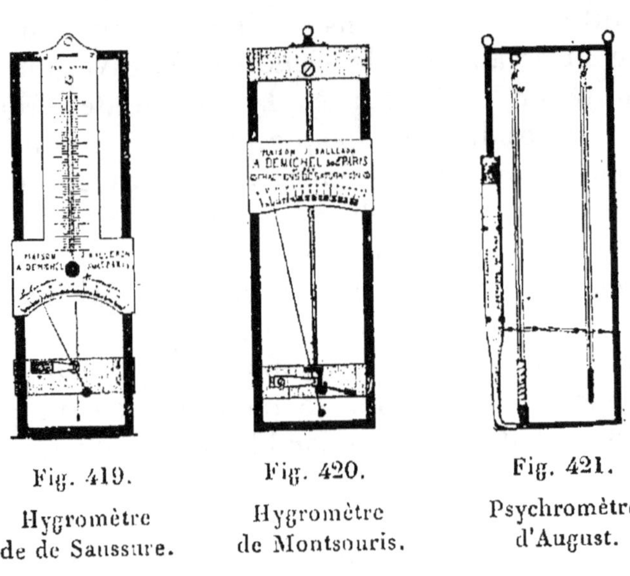

Fig. 419. Hygromètre de de Saussure.

Fig. 420. Hygromètre de Montsouris.

Fig. 421. Psychromètre d'August.

quant à l'autre, son réservoir est enveloppé d'un sac en monsseline dont l'extrémité inférieure plonge dans une petite cuvette pleine d'eau. Le thermomètre mouillé se trouve donc dans une atmosphère humide et, par suite du froid produit par l'évaporation de l'eau qui imbibe la mousseline, il indique toujours une température plus basse que celle du thermomètre sec.

Or, si ces deux thermomètres étaient placés dans un local dont l'air fût saturé d'humidité, ils marqueraient tous deux la même température; au contraire, à mesure que la différence entre le degré d'humidité de l'atmosphère qui entoure les deux thermomètres devient plus grande, les indications fournies par ces deux instruments présentent des différences de plus en plus accentuées.

Or, c'est en lisant, au même instant : 1° la température indiquée par le thermomètre *sec;* 2° celle du thermomètre *mouillé* et en se servant de tables calculées à cet effet, que l'on en déduit immédiatement le *degré hygrométrique* d'un local quelconque.

Un *psychromètre d'August*, ordinaire, avec deux thermomètres divisés en 5mes de degré, montés sur planchette en bois, avec guérite, coûte **28** francs.

Le même instrument portant la division sur opale, **30** francs.

Le même, sur cadre métallique, à jour (fig. 421), **40** francs.

Une échelle de Prazmowski, donnant sans calcul, avec le psychromètre, le degré hygrométrique, coûte **10** francs.

Dans ces conditions le psychromètre et son échelle coûtent 50 francs; à ce prix, nous préférerions faire l'acquisition de l'hygromètre de Montsouris, d'autant plus que les indications fournies par une simple lecture de ce dernier instrument sont rigoureusement exactes, tandis que l'on ne peut en dire autant de celles obtenues avec le psychromètre.

III. DOCUMENTS STATISTIQUES RELATIFS A L'INDUSTRIE FROMAGÈRE.

	EXPORTATIONS Marchandises françaises ou francisées exportées.			Valeurs actuelles.		
	1892	1893	1894	1892	1893	1894
	Tonnes.	Tonnes.	Tonnes.	Milliers de francs.	Milliers de francs.	Milliers de francs.
Italie	238	230	84	»	»	»
Suisse	623	276	107	»	»	»
Algérie	2.352	1.833	1.931	»	»	»
Autres pays	3.496	3.278	3.444	»	»	»
TOTAUX.	6.709	5.617	5.966	7.666	8.496	9.015

	IMPORTATIONS Quantités livrées à la consommation.			Valeurs actuelles.		
	1892	1893	1894	1892	1893	1894
	Tonnes.	Tonnes.	Tonnes.	Milliers de francs.	Milliers de francs.	Milliers de francs.
Pays-Bas	4.216	4.386	5.108	»	»	»
Italie	600	688	881	»	»	»
Suisse	6.396	5.307	5.423	»	»	»
Autres pays	1.172	2.261	3.210	»	»	»
TOTAUX	12.384	12.642	14.622	15.843	17.952	20.764

Commerce des fromages de 1890 *à* 1894.

ANNÉES	IMPORTATIONS Millions de kilogr.	EXPORTATIONS Millions de kilogr.
1890	13,0	5,5
1891	13,7	5,6
1892	12,4	6,7
1893	12,6	5,6
1894	14,6	5,9

Malgré le relèvement des tarifs douaniers, les importations qui avaient baissé de plus d'un million de kilogr. en 1892 et 1893, se sont relevées en 1894 de 2 millions de kilogr. par rapport à 1893.

D'autre part, le chiffre de nos exportations n'a pas diminué depuis 1890, il a même augmenté en 1892 et 1894.

VENTE DES FROMAGES AUX HALLES DE PARIS.

La vente en gros, aux Halles de Paris, est installée dans la partie sud-ouest du pavillon nº 12, elle a lieu tous les jours et aux mêmes heures que pour les beurres (voir p. 468). En 1892 et 1893, il y avait 7 facteurs pour 4 factoreries; sur ce marché, il n'y a pas de commissionnaires.

Les fromages **secs** sont seuls soumis à un droit d'octroi qui est de 11 fr. 40.

Le droit d'abri est de 1 franc par 100 kilogr. pour les fromages de toute espèce introduits aux Halles et celui de poids public de 0 fr. 20.

ÉTAT COMPARATIF DES INTRODUCTIONS DE FROMAGES SECS DANS PARIS ET AUX HALLES DE 1888 A 1893.

		INTRODUCTION AUX HALLES		
			PROVENANCES	
ANNÉES	QUANTITÉS TOTALES introduites dans Paris. Millions de kilogr.	TOTALES Milliers de kilogr.	françaises. Milliers de kilogr.	étrangères. Milliers de kilogr.
1888	5.380	632	455	177
1889	5.997	602	415	186
1890	5.333	324	282	41
1891	5.771	475	409	65
1892	6.464	537	471	66
1893	6.277	327	259	67

Fromages frais.

Les fromages frais n'acquittant aucun droit d'entrée, on ne peut établir dans les bureaux municipaux de l'approvisionnement de Paris que le relevé des introductions faites aux Halles.

Quantités de fromages FRAIS *introduites aux Halles de Paris de* 1888 *à* 1893.

ANNÉES	MILLIONS DE KILOGR.
1888	7.381
1889	6.669
1890	7.336
1891	7.075
1892	7.178
1893	7.031

En 1893, la cherté des fourrages résultant de la sécheresse ayant obligé beaucoup de cultivateurs à vendre pour la boucherie une partie de leurs bestiaux, les introductions de fromages *secs* comme celles des fromages *mous* ont été notablement inférieures à celles de 1892.

	DIMINUTION EN 1893.
Fromages secs	187.000 kilogr.
— mous	147.000 —

DÉTAILS DES INTRODUCTIONS DES FROMAGES FRAIS PAR ESPÈCES, AUX HALLES DE PARIS, EN 1893.

ESPÈCES	QUANTITÉS INTRODUITES en millions de kilogr.
Brie	2.207
Camembert	1.798
Livarot	1.016
Coulommiers	1.031
Mont-Dore	0.340
Port-du-Salut	0.065
Munster	0.059
Géromé	0.046
Limbourg	0.030
Romatour	0.014
Langres	0.028
A la pie et à la crème	0.080
Divers	0.314

INTRODUCTION DES FROMAGES DE TOUTES ESPÈCES AUX HALLES CENTRALES DE 1888 A 1893.

Fromages secs et frais.

ANNÉES	TOTAUX en millions de kilogr.
1888	8.013
1889	7.272
1890	7.660
1891	7.551
1892	7.716
1893	7.358

Pour avoir le poids *total* des fromages introduits dans Paris, pendant ces mêmes années, il faudrait connaître celui des fromages *frais* expédiés à destinations particulières et l'ajouter aux totaux ci-dessus.

Prix maximum et minimum de vente aux Halles en 1892 *et* 1893.

			1892		1893	
			Maxim.	Minim.	Maxim.	Minim.
			fr. c.	fr. c.	fr. c.	fr. c.
FROMAGES	Secs	le kilogr.	2 10	0 70	2 17	0 81
	Frais	Bondons....le cent.	17 88	4 76	20 72	5 36
		Brie.....la dizaine.	36 36	4 17	38 80	4 56
		Livarot.....le cent.	86 07	20 57	95 40	30 47
		Divers....le kilogr.	2 03	0 20	2 19	0 23

APPENDICE

DE LA DERNIÈRE HEURE.

I. PETITE ÉCRÉMEUSE MÉLOTTE. N° O.

M. Garin, constructeur à Cambrai (Nord), nous informe qu'il mettra en vente, fin mai, un nouveau modèle d'écrémeuse Mélotte, fonctionnant à bras, dont le travail sera de 100 litres à l'heure et le prix de 300 francs.

II. MATÉRIEL POUR FRUITIÈRES, FROMAGERIES ET FROMAGERS.

A. Lardet, chaudronnier-constructeur à Bourg (Ain).

Nous ne voulons pas terminer ce livre sans mentionner d'une façon spéciale la maison de M. A. Lardet, constructeur de tout le matériel, reconnu nécessaire aujourd'hui, pour les fromageries perfectionnées.

La figure 422 donne la vue d'une installation de fruitière modèle et comprend :

1° Un fourneau en fer, monté sur cercle en fonte et disposé pour deux chaudières ;

2° Une bouillotte avec robinet, d'une capacité de 60 à 100 litres d'eau qui se chauffe, pendant la fabrication du fromage, avec les chaleurs perdues du foyer ;

3° Des presses graduées à poids mobile et à pression variable (V. p. 708).

Le plancher est formé de carreaux vitrifiés et striés, résistant à l'action corrosive du petit-lait.

La maison Lardet a obtenu dans les expositions et les

Fig. 422. — Vue d'une installation de fruitière-modèle.

concours de nombreuses récompenses pour l'excellente fabrication de ses appareils.

III. NOUVEAU MALAXEUR-RETOURNEUR POUR LE PÉTRISSAGE ET LE MÉLANGE DES BEURRES (SYSTÈME WALBECQ).

Ed. Garin, ingénieur-constructeur, à Cambrai (Nord).

L'appareil (fig. 423) se compose : 1° d'une cuve tournante ; 2° d'un rouleau malaxeur cannelé ; 3° d'un moulin retourneur.

La cuve, d'une solidité à toute épreuve, a le fond convexe, afin de faciliter l'écoulement des liquides.

Le rouleau, à cannelures rondes et coupantes, saisit le beurre, le broie et le malaxe avant de l'envoyer au moulin.

Le moulin retourneur à ailes prend le beurre, le roule sur lui-même et le retourne sur toutes ses faces,

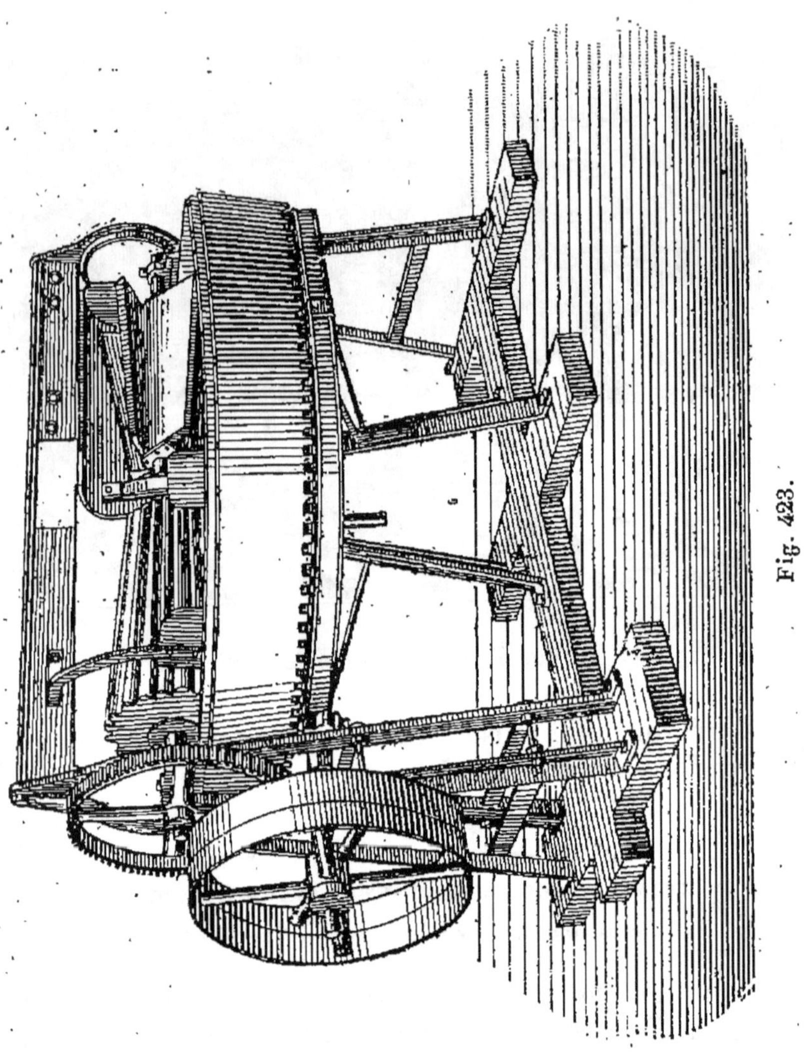

Fig. 423.

avant de l'envoyer de nouveau sous le rouleau malaxeur.

Ces appareils sont construits actuellement sous quatre numéros différents.

Nos	Force.	Quantités de beurre, par heure.	Prix.
—	—	—	—
1	Un homme	200 kilogr.	850 francs.
2	2 hommes ou un petit moteur.	250 —	950 —
3	do	300 —	1.050 —
4	Un, à 2 chevaux-vapeur.	400 —	1.200 —

M. Garin a expérimenté sur des beurres de diverses nuances et chargés de petit-lait, le résultat a été que, sur un malaxeur n° 4, en moins de 3 minutes, 50 kilogr. de beurres divers (sel jeté à même) ont été mélangés très intimement, parfaitement asséchés et régulièrement salés. Les chiffres indiqués ci-dessus sont garantis contre toute exagération ni surmenage.

IV. RÉSULTATS D'EXPÉRIENCES FAITES SUR LE LAIT STÉRILISÉ A LA FERME D'ARCY (SEINE-ET-MARNE) (voir p. 172).

Désireux de juger par nous-mêmes des qualités des laits stérilisés à la ferme d'Arcy, nous avons prié M. Nicolas de nous adresser quelques échantillons destinés à être dégustés par nous et nos voisins, après *six* mois de séjour à la cave.

Quatre flacons nous ont été expédiés, les dates de la stérilisation étaient : les 15 et 31 juillet, 15 et 31 août (1894), les deux premiers flacons ont été dégustés, en janvier 1895, chez l'auteur, les deux autres, en février et mars, par deux personnes étrangères l'une à l'autre.

Après chauffage de chaque flacon dans de l'eau chaude à 40° pendant environ 10 minutes et 3 à 4 agitations du liquide durant ce laps de temps, il a été constaté :

1° Que la quantité de matière grasse restée sur une fine passoire, à l'état de filaments, était insignifiante;

2° Que l'émulsion était bien reconstituée et avait l'apparence du lait naturel;

3° Que goûté *froid*, ce lait avait un léger goût de conserve, mais nullement désagréable;

4° Qu'une fois bouilli et employé à la préparation d'un potage, celui-ci a été trouvé très bon.

V. FABRIQUE DE LAITS CONCENTRÉS OU CONDENSÉS.

D'après les indications d'un certain nombre de journaux agricoles, nous avons annoncé, le 15 décembre 1894 (voir p. 173), l'ouverture de la *première* grande fabrique de lait concentré, en France, à Maintenon (Eure-et-Loir).

La vérité nous fait un devoir de dire ici que la Compagnie des laits purs avait, dès 1888, installé à Neufchâtel-en-Bray (Seine-Inférieure) une usine importante pour la fabrication de ce produit, en même temps qu'elle organisait la préparation des laits stérilisés. Un capital de près d'un million et demi de francs a été consacré à cette double entreprise.

En outre, M. Escuyer, président de ladite société, dans une conférence faite à la Société de l'industrie laitière, a annoncé que la Compagnie générale avait réussi à fabriquer avec le lait un nouveau produit désigné sous le nom de : *Lait condensé stérilisé, avec légère addition de sucre,* produit destiné à fournir un nouveau débouché à nos produits lactés et à faire, en même temps, une sérieuse concurrence aux laits condensés d'origine étrangère.

FIN DE LA TROISIÈME ET DERNIÈRE PARTIE.

ERRATA

Page 176, 5e ligne. — *Au lieu de :* pendant toute la durée de la crème, *lire :* de l'ascension de la crème.

TABLE DES MATIÈRES

PREMIÈRE PARTIE

Pages.

AVANT-PROPOS I

CHAPITRE PREMIER

DU LAIT.

Lait de vache. — Composition physique et chimique 1
De sa production 8
Lait de chèvre 10
Lait de brebis 13
Lait condensé ou concentré 15
Fabrication du lait condensé 16

CHAPITRE II

DES MICROBES DU LAIT ET DE LEUR ROLE DANS LA LAITERIE.

Des microbes du lait 23
Formes principales des microbes ou bactéries 24
Des levures et des mucédinées 26
Multiplication et fonctions des microbes dans le lait 29
Microbe de la tuberculose 31
De la tuberculine 33
Fermentation de la lactose ou sucre de lait 35
Fermentation de la caséine 37
Lait bleu, rouge, jaune, amer, filant, etc 37
Boissons de lait fermenté : Koumys et Kéfyr 41
Boisson alcoolique de petit-lait 42

CHAPITRE III

DES DIVERS PROCÉDÉS DE CONSERVATION DU LAIT.

Conservation du lait par les antiseptiques 46
Conservation du lait par les agents physiques 47

Conservation par le froid 48
Réfrigérants à surface ondulée 49
— tubulaires 53
— cylindriques 54
Conservation du lait par la chaleur 60
De la pasteurisation du lait 61
Pasteurisateur Fjord 62

CHAPITRE IV

CONSERVATION DU LAIT PAR LA CHALEUR (FIN).

De la stérilisation du lait 68
Appareils industriels de M. F. Fouché 69
— de Th. Timpé, concessionnaire J. Hignette 75
Bouchons et flacons pour lait stérilisé 77
Appareil Bréhier 82
— domestiques pour la stérilisation 84
— de famille de Th. Timpé 86
— Soxhlet 88
Flacon pasteurisateur et stérilisateur Legay 90
Allaitement artificiel avec le lait stérilisé 92
Biberon employé à l'hôpital de la Charité 95
Laits stérilisés du commerce 98
Du coupage du lait 99

CHAPITRE V

DE L'ÉTABLISSEMENT D'UNE LAITERIE. — DES TROIS MODES DE SPÉCULATION EN INDUSTRIE LAITIÈRE.

Considérations générales sur l'établissement d'une laiterie 101
Premier mode de spéculation laitière. — Vente du lait en nature. 110
Ustensiles propres à cette industrie 111
I. Laiteries des petites fermes ou des petits nourrisseurs 116
Appareil Bréhier pour le chauffage du lait 119
II. Laiteries des laitiers en gros. Consommation journalière du lait à Paris 120
Industrie des laitiers en gros 121
Ancien procédé de traitement du lait 125

CHAPITRE VI

VENTE DU LAIT EN NATURE (FIN).

Transformation des grandes laiteries 130
Laiterie de Chaumont-en-Vexin (Oise) 131
Salle de réception du lait (pl. I) 132
Salle du réfrigérant et des bacs refroidisseurs (pl. II) 133

Salle des écrémeuses (pl. III) 138
Salle de la machine à vapeur et du générateur (pl. IV) 140
Importance des services rendus à l'agriculture par MM. les laitiers en gros 142
Laiteries des nourrisseurs *intra muros* 144
Considérations sur les valeurs respectives du lait des nourrisseurs et celui des laitiers en gros 149
Des vaches entretenues chez les nourrisseurs 153
Spécimens de rations 154
De la drèche et des fosses à drèche 156
Quantité journalière de lait fournie à la consommation parisienne par les nourrisseurs *intra* et *extra muros* 159
Commerce des nourrisseurs 160
Vacherie *intra muros* de M. Rouchès 163
Projet d'un chalet-laiterie de M. Noël Rouchès 164
Laiterie de M. L. Nicolas, à Arcy-en-Brie 165
Laiterie d'une maison bourgeoise 171

APPENDICE 172

DEUXIÈME PARTIE

CHAPITRE PREMIER

SECOND MODE DE SPÉCULATION LAITIÈRE.

INDUSTRIE BEURRIÈRE.

Ustensiles propres à la séparation de la crème 176
Crémage spontané à l'air libre. Crémeuses diverses 177
Nouvelle méthode de crémage du lait. Procédé Diéterle 186
Ustensiles pour l'écrémage 192
Récipients à crème ou crémières 194
Considérations générales sur le crémage naturel 195
Influence de la forme, de la matière du vase, de la hauteur du lait, sur le crémage naturel 197

CHAPITRE II

APPAREILS PROPRES A LA FABRICATION DU BEURRE (SUITE).

Écrémage forcé ou mécanique, appareils centrifuge 200
1° Écrémeuse centrifuge de Burmeister et Wain 203
— à bras 212
2° Écrémeuse centrifuge du docteur Laval 213
— Laval, à bras 221
— Alpha, à moteur 222

2° Écrémeuse Alpha à bras 224
— — Colibri 227
Réchauffeur de lait pour écrémeuses, système Pilter 230
3° Écrémeuses centrifuges Mélotte 232
— à bras 233
— à moteur 239
Réchauffeur du lait destiné à l'écrémeuse 240
Généralités sur les écrémeuses centrifuges 243
Émulseur Laval 249

CHAPITRE III

APPAREILS PROPRES A LA FABRICATION DU BEURRE (SUITE).

Ustensiles nécessaires au barattage. Barattes 253
Baratte à piston 254
— à tonneau ou normande 257
— de MM. Simon et fils 258
— meule 263
— Chapellier 264
— danoise 266
— à températeur extérieur (Garin) 269
— à disque avec sécheur centrifuge 271
— à double vitesse (Simon et fils) 275
— système Valcourt (petit modèle) 276
Généralités sur les barattes 277

CHAPITRE IV

APPAREILS PROPRES A LA FABRICATION DU BEURRE (FIN).

Machines et ustensiles à délaiter, malaxer et mettre le beurre en mottes 280
Des malaxeurs à beurre pour ménages, petites fermes ou petite industrie beurrière 283
Malaxeurs à table plate 284
— alternatifs à table plate ou bombée 285
— semi-rotatif, le Progrès 287
— rotatifs, de Pilter 290
— — de Chapellier 291
— — de Simon et fils 292
— — de Garin 295
Délaiteuse centrifuge Pilter 296
Ustensiles pour la mise en mottes et en pains 298
Fabrication publique du beurre à Paris 301

CHAPITRE V

DU CRÉMAGE ET DE LA CRÈME. — DU BEURRE : COMPOSITION, PROPRIÉTÉS, ETC.

Du crémage et de la crème 303
Crémage naturel, méthode du refroidissement 304
Nombre de litres de crème nécessaire pour 1 kilogr. de beurre .. 308
Composition chimique du beurre, propriétés 309
Lait de beurre. Délaitage du beurre à l'eau ou à sec 313
Nombre de litres de lait nécessaire pour 1 kilogr. de beurre 315
Généralités relatives à la fabrication du beurre 316
Du rancissement du beurre 321
Coloration artificielle du beurre 324
Colorants du commerce 325
De l'acidification ou fermentation de la crème 327
Procédé d'acidification dans les pays du Nord 328
Ferments lactiques. Cultures pures 333
Rôle des ferments de la crème 335
Ferments lactiques purs et commerciaux 337

CHAPITRE VI

DES DEUX MÉTHODES PRINCIPALES DE FABRICATION DU BEURRE.

I. Barattage du lait doux ou plus ou moins aigri 339
II. Barattage de la crème préalablement séparée du lait 340
1° *Méthode dite tempérée* 340
Fabrication dans le Bessin. Beurres d'Isigny 341
Fabrication dans les petites fermes des autres régions de la France 349
Méthode tempérée perfectionnée. Crémage du lait à froid et en vases clos 352
Fabrication du beurre dans une petite ferme. Production journalière en lait 60 litres 360
2° *Méthode centrifuge* 363
(*a*) Procédé danois 364
(*b*) Beurreries centrifuges françaises. Beurrerie de M. Baquet, à Vesly (Eure) 366
Beurrerie de Fontbouillant (Charente-Inférieure) 369
Beurrerie de Chaumont-en-Vexin (Oise) 371
Pasteurisation de la crème à Chaumont 374
Fabrication du beurre dans une petite ferme par la méthode centrifuge. Production journalière en lait, 60 litres 376
Beurre de petit-lait 379
Caractères des bons beurres 381
III. De l'utilité en France des ferments lactiques sélectionnés ... 381

CHAPITRE VII

CONSERVATION, RAJEUNISSEMENT, FUSION DES BEURRES. — SALAISON DES BEURRES DEMI-SEL ET SALÉS. — MALAXAGE ET SALAISON DES BEURRES DESTINÉS AU COMMERCE EN GROS OU A L'EXPORTATION.

Conservation du beurre........................ 388
Rajeunissement des beurres........................ 389
Fusion ou fonte du beurre........................ 390
Salaison du beurre........................ 391
Malaxage et salaison des beurres d'exportation, etc........................ 394
Malaxeurs horizontaux........................ 395
— verticaux........................ 399
Lisseuses........................ 403
Jattes, tables, moules pour beurreries........................ 405
Usine de M. Slater, à Rennes........................ 409
Divers modes d'expédition des beurres d'exportation........................ 412
Usine de MM. Bretel frères, à Valognes (Manche)........................ 415
Salaison et exportation des beurres danois........................ 419
Importance de l'industrie de MM. Simon et fils, à Cherbourg... 420

CHAPITRE VIII

DU BEURRE ARTIFICIEL DIT MARGARINE. — DE L'UTILISATION DU LAIT DOUX ÉCRÉMÉ. — DES MACHINES A PRODUIRE LE FROID. — APPLICATIONS AUX LAITERIES.

I. *Du beurre artificiel dit margarine*........................ 422
Des lois de répression des fraudes dans le commerce des beurres........................ 432
Des fromages artificiels........................ 435
II. *De l'utilisation du lait doux écrémé*........................ 437
Alimentation de l'homme........................ 439
Alimentation des animaux........................ 440
Fabrication des fromages maigres........................ 446
III. *Des machines à produire le froid*........................ 453
Machines à gaz liquéfiables........................ 453
Machine à acide sulfureux anhydre (Pictet)........................ 454
Refroidissement des locaux à l'aide des machines frigorifiques........................ 458
Machines à compression d'ammoniaque........................ 459
Machines à affinité (Rouart frères)........................ 460
Installation d'une machine Pictet dans la laiterie-beurrerie de Lechelle (Aisne)........................ 463
Machine à affinité chez M. Baquet........................ 466

CHAPITRE IX

DU COMMERCE DES BEURRES AUX HALLES DE PARIS. — DE L'INDUSTRIE BEURRIÈRE DANS LE MONDE ENTIER. — DES AMÉLIORATIONS A APPORTER DANS L'INDUSTRIE BEURRIÈRE DE DIVERSES RÉGIONS DE LA FRANCE.

Commerce des beurres aux Halles de Paris 468
De l'industrie beurrière dans le monde entier 483
Causes de la crise beurrière en France 487
Industrie beurrière dans l'ouest et le sud-ouest de la France 502
Industrie beurrière et commerce d'exploitation en Bretagne 504

CHAPITRE X

PLANS ET DEVIS D'INSTALLATIONS DE PETITES, MOYENNES ET GRANDES LAITERIES.

Installation d'une petite laiterie (Pouriau) 515
Beurrerie à manège ou à bras et pouvant traiter 800 à 1,000 litres par jour (installation Pilter) 519
Beurrerie centrifuge pouvant traiter 5 à 6,000 litres par jour, avec les appareils Burmeister et Wain (installation Hignette).. 523
Installations de Ed. Garin. Beurreries centrifuges pour traiter journellement depuis 200 litres jusqu'à 7,000 litres de lait 525

TROISIÈME PARTIE

CHAPITRE PREMIER

TROISIÈME MODE DE SPÉCULATION LAITIÈRE. INDUSTRIE FROMAGÈRE.

De la présure et des caillettes 536
Des extraits de présure liquides et solides 537
De l'emploi de la présure 542
Tableau de la classification des fromages 546

CHAPITRE II

1re CLASSE : FROMAGES DE CONSISTANCE MOLLE. 1re CATÉGORIE : FROMAGES FRAIS.

Fromages de ferme maigres, mous, à la pie, à la crème 551
— double crème dits suisses 558

Fromages demi-sel, bondons, malakoffs, etc. 564
Salaison des fromages. Moulin à sel 565

CHAPITRE III

1re CLASSE : FROMAGES DE CONSISTANCE MOLLE. 2e CATÉGORIE : FROMAGES AFFINÉS.

I. Locaux et ustensiles nécessaires pour la fabrication des fromages affinés 569
Dressoirs ou égouttoirs. — Récipients pour la mise en présure, ustensiles pour la mise en moules, etc 570
Mise en présure. — Du caillé et du sérum ou petit-lait. 577
Dressage des fromages, température de l'atelier. — Retournement et salaison 580
Du séchoir 583
Des caves d'affinage 587
II. Parasites animaux des fromages 588
III. Affinage ou maturation des fromages 590
Accidents de fabrication et maladies des fromages 600
Fromages toxiques 605

CHAPITRE IV

DES APPAREILS DE CHAUFFAGE DU LAIT AVANT SA MISE EN PRÉSURE. SYSTÈMES DIVERS DE CHAUFFAGE DES FROMAGERIES.

I. *Chauffage du lait.* 1° Au bain-marie 606
2° A la vapeur. Générateurs pour petites et moyennes fromageries 608
Cuves à double enveloppe 610
II. *Chauffage des fromageries.* 1° Au poêle 614
2° A l'eau chaude, à basse pression (thermosiphon) 615
3° A vapeur, à basse pression 618

CHAPITRE V

1re CLASSE : FROMAGES DE CONSISTANCE MOLLE. 2e CATÉGORIE : FROMAGES AFFINÉS.

I. *Fromage de Brie.* — Fabrication en Seine-et-Marne 620
Fromagerie de M. Bénard de Coupvray 627
Fromage de Coulommiers 628
II. Fabrication industrielle des fromages façon Brie 629
III. Fromagerie industrielle de la Maison-du-Val (Meuse) 629
Utilisation du petit-lait pour l'engraissement des porcs : 1° A la Maison-du-Val ; 2° A Bonnet (Meuse) 642
Fabricants ou détaillants des ustensiles propres à la fabrication des fromages de Brie, Coulommiers, etc 645

CHAPITRE VI

1re CLASSE : FROMAGES DE CONSISTANCE MOLLE. 2e CATÉGORIE : FROMAGES AFFINÉS (SUITE).

I. *Fromages de Camembert.* — Fabrication dans le Calvados et l'Orne.... 646
II. *Fromage de Neufchâtel* (bondon). — Fabrication dans la Seine-Inférieure.... 660
Gournays, petits bondons, malakoffs, etc.... 663
Fromages affinés divers.... 665

CHAPITRE VII

1re CLASSE : FROMAGES DE CONSISTANCE MOLLE. 2e CATÉGORIE : FROMAGES AFFINÉS (FIN).

I. 1° *Fromage de Mont-d'Or.* Sa fabrication.... 667
Mont-d'Or d'été. Sa fabrication.... 672
2° *Fromage de Pont-l'Évêque.* Sa fabrication en Calvados... 674
Fromage de Trouville. — Fromage de Void (Meuse).... 678
3° Industrie fromagère vosgienne. *Fromage de Géromé.* Sa fabrication.... 679
II. *Fromages maigres divers*.... 687
Fabrication du fromage de foin.... 687
Fabrication du fromage de Livarot (Calvados).... 690

CHAPITRE VIII

2e CLASSE : FROMAGES DE CONSISTANCE SOLIDE OU A PATE FERME. 1re CATÉGORIE : FROMAGES PRESSÉS.

Des appareils et ustensiles nécessaires à la fabrication des fromages à pâte ferme. Cuves pour traiter le lait.... 694
Diviseurs de caillé.... 697
Malaxeurs et pétrisseurs de caillé.... 699
Moules pour fromages pressés.... 702
Presses à fromages.... 707

CHAPITRE IX

2e CLASSE : FROMAGES DE CONSISTANCE SOLIDE OU A PATE FERME. 1re CATÉGORIE : FROMAGES PRESSÉS (SUITE).

I. *Fromages maigres et durs.* — Fabrication du fromage de Leyde.... 717
Fromage maigre de Danemark.... 722
II. *Fromages demi-gras et gras*.... 723

1° Fabrication industrielle du fromage d'Édam (tête de Maure) ... 724
Presse Bochet pour fromage (tête de Maure) ... 729
2° Fabrication du fromage du Cantal ou de la Guiole ... 734
Machines pour presser les tomes (système J. Prax) ... 743

CHAPITRE X

2e CLASSE : FROMAGES A PATE FERME. 1re CATÉGORIE : FROMAGES PRESSÉS (SUITE).

Des fromages persillés ... 745
Aveyron. — Fabrication du fromage de Roquefort ... 746
Préparation du pain moisi ... 750
Des caves de Roquefort ... 751
Brosseuse et piqueuse Coupiac ... 758
Fromages façon Roquefort ... 760
Ain. — Fabrication du fromage de Gex ... 762
Jura. — Fromage de Septmoncel ... 766
Isère. — Fromage de Sassenage ... 767
Savoie. — Fromage du Mont-Cenis ... 768
Italie. — Fromage de Gorgonzole ... 769

CHAPITRE XI

2e CLASSE : FROMAGES A PATE FERME. 2e CATÉGORIE : FROMAGES CUITS ET PRESSÉS OU FROMAGES DE CHAUDIÈRES.

I. *Fromage de Gruyère* ... 770
Des chalets suisses ou français. Ustensiles ... 772
Fabrication du fromage de Gruyère ... 775
Accidents de fabrication. Fromages défectueux ... 785
Utilisation du petit-lait. Beurre, Sérai, Recuite ou Aisy ... 788
De la présure employée dans les chalets et les fruitières ... 788
Des diverses sortes de fromages de Gruyère. — Gras, demi-gras, maigres ou séchons ... 792
Des améliorations introduites dans la fabrication du gruyère. Locaux et matériel ... 794
Foyers et chaudières ... 796
Chaudières Laurioz ... 799
Chauffage des chaudières à la vapeur ... 805
Des caves. Chauffage ou rafraîchissement ... 806
Importance de la fabrication du gruyère en France ... 811
II. *Fromages de Port-du-Salut*, *de la Gautrais*, *de la Providence, etc.* ... 812
Fabrication de ces fromages ... 812
Nouvelles presses perfectionnées. — Presse de M. C. Petit, de Rennes ... 815

Presse de M. Bochet 817
Des associations fromagères dites fruitières .... [illegible]

CHAPITRE XII

DES PRINCIPAUX FROMAGES ÉTRANGERS. — FROMAGES FABRIQUÉS EN BELGIQUE, EN HOLLANDE, EN BAVIÈRE, EN ITALIE, EN SUISSE, EN ANGLETERRE, EN DANEMARK, EN NORVÈGE, ETC.

Tableau des principaux fromages étrangers 820
Belgique. — Fromage de Herve ou de Limbourg 820
Bavière. — Fromages de Rahmatour et de Limbourg 821
Hollande. — Fromages divers 822
Italie. — Fromage de Parmesan lombard 823
— — Reggian 826
— — de Gorgonzole 829
— — de Stracchino 831
— — de Cacciocavallo 832
— — de Provole 833
Suisse. — Fromage de Gruyère-Emmenthal 833
— — le Sarrazin 833
— — de Schabzieger 834
Angleterre. — Fromage de Stilton 835
— — de Chester 836
— — de Cheddar 837
États-Unis, Canada, Suède. — Fromages façon Chester et Cheddar 838
Norvège et Danemark. — Fromage dit Myséost ou Mysost 838

CHAPITRE XIII

I. ESSAIS DES LAITS, DES BEURRES ET DES PRÉSURES. — II. DES INSTRUMENTS DE PRÉCISION POUR LAITERIES. — III. DOCUMENTS STATISTIQUES RELATIFS A L'INDUSTRIE FROMAGÈRE.

I. 1° *Essais des laits* dans les laiteries centrales ou coopératives, les fromageries et les fruitières, etc 840
Acidimétrie. — Acidimètre Dornic 842
Lacto-fermentateur 848
Laits falsifiés par ablation de crème ou addition d'eau 850
Lacto-densimètre. Crémomètre de Quévenne 851
Essai des laits par la présure 856
Dosage pratique de la crème dans le lait. — Méthode alcalino-crémométrique 858
Procédés industriels. — Contrôleur centrifuge Fjord 861
Contrôleur Victoria 864
Dosage de la matière grasse dans le lait. — Acido-butyromètre Gerber 867

Lactocrite Laval.. 868
2° Essais des beurres 870
3° Essais des présures 871
II. *Instruments de précision pour laiteries*..................... 872
Thermomètres.. 872
Hygromètres et psychromètres.............................. 873
III. Documents statistiques relatifs à l'industrie fromagère...... 876

APPENDICE

DE LA DERNIÈRE HEURE.

Écrémeuse centrifuge Mélotte, n° 0 881
Matériel de A. Lardet, constructeur, pour fruitières et fromageries perfectionnées 881
Malaxeur-retourneur pour le pétrissage et le mélange des beurres (système Walbecq)... 882
Expériences sur les laits stérilisés de la ferme d'Arcy-en-Brie.... 884
Fabrique de laits condensés ou concentrés.................. 885

FIN DE LA TABLE DES MATIÈRES.

PARIS. TYP. DE E. PLON, NOURRIT ET Cie, 8, RUE GARANCIÈRE. — 10.

www.ingramcontent.com/pod-product-compliance
Lightning Source LLC
LaVergne TN
LVHW010111230826
846091LV00001BA/15

* 9 7 8 2 0 1 3 6 7 7 9 7 4 *